Theodor Herzog

Die Bryophyten

Meine zweite Reise durch Bolivia

weitsuechtig

Theodor Herzog

Die Bryophyten

Meine zweite Reise durch Bolivia

ISBN/EAN: 9783956561320

Auflage: 1

Erscheinungsjahr: 2013

Erscheinungsort: Bremen, Deutschland

@ weitsuechtig in Access Verlag GmbH. Alle Rechte beim Verlag und bei den jeweiligen Lizenzgebern.

weitsuechtig

Die Bryophyten
meiner zweiten Reise durch Bolivia.

Von

Dr. Theodor Herzog.

Mit 1 Karte (Taf. A) und Taf. I—VIII sowie 234 Text-Abbildungen.

STUTTGART 1916
E. Schweizerbart'sche Verlagsbuchhandlung
Nägele & Dr. Sproesser.

Vorwort.

Durch die sammlerischen Resultate einer wirtschaftlich-botanischen Forschungsreise durch Bolivia in den Jahren 1907/08 angeregt, unternahm ich im Herbst 1910 eine zweite Reise nach jenen so wenig bekannten Gegenden. Während aber auf meiner ersten Reise besonders die östlichen Tiefländer besucht worden waren und nur auf einer beschleunigten Durchreise Einblicke in die Natur des bolivischen Berglandes gewonnen wurden, lag der Schwerpunkt bei der zweiten Reise in der gründlichen Durchforschung der östlichen Cordillerenketten zwischen Santa Cruz und dem Hochplateau des Titikakasees. Kreuz- und Querreisen von Februar bis Anfang November 1911 lehrten mich dieses hochinteressante Gebirgsland bestens kennen und eine reiche Ausbeute lohnte meine botanischen Streifzüge.

In vorliegender Arbeit sind lediglich die Resultate auf bryologischem Gebiet niedergelegt. Meine Sammlungen von Phanerogamen und Gefäßkryptogamen befinden sich noch in Bearbeitung und werden an anderer Stelle veröffentlicht werden, wie auch die geographischen und geologischen Beobachtungen z. T. schon in Fachzeitschriften publiziert worden sind, z. T. erst erscheinen werden.

Eine Zusammenfassung meiner beiden Reisen habe ich in einem illustrierten Reisewerk „Vom Urwald zu den Gletschern der Kordilleren" gegeben.

Bolivia ist wohl eines der interessantesten Gebiete Südamerikas, da nirgends sich aller Art Gegensätze so schroff begegnen wie in diesem, mitten in den Tropen aus Urwäldern und Pampas bis in die ewige Schneeregion emporsteigenden Lande.

Es war aber botanisch und besonders bryologisch bislang nur sehr mangelhaft bekannt, was aus der überaus großen Zahl neuer Arten und Gattungen, die es mir lieferte, zur Genüge hervorgeht. Waren schon die Laubmoose nur sehr ungenügend erforscht, so gilt dies in noch weit höherem Maße von den Lebermoosen, deren Ausbeute von meiner Reise nicht weniger als 53 Prozent Novitäten ergab.

Die erste Publikation, in welcher wir einen Überblick über die Laubmoose Bolivias erhalten, ist der „Prodromus Bryologiae Bolivianae" von C. Müller, in welchem 216 Arten aufgezählt und der größte Teil derselben als neu beschrieben werden; angefügt findet sich hier noch ein Katalog M a n d o n scher, durch S c h i m p e r bestimmter, aber nicht publizierter Arten.

Die von C. M ü l l e r beschriebenen Arten stammen einmal aus den Sammlungen R u s b y s und M a n d o n s, welche ausschließlich in der Soratakette sammelten, ferner von L o r e n t z, der die Grenzgebiete zwischen Argentinien und Bolivia ausgiebig durchforschte, und schließlich — der weitaus größte Teil — von dem Berufssammler G e r m a i n, der im Umkreis von Choquecamata, also dem Quellgebiet des Rio Tocorani, neben seiner Hauptbeschäftigung, dem Schmetterlingsfang, auch den Moosen einige Aufmerksamkeit schenkte.

Darauf folgte einige Jahre später eine mehrmonatige Reise des amerikanischen Botanikers R. S. W i l l i a m s in die schon durch R u s b y teilweise bereisten Bergländer am Nordostabfall der Soratakette; auch die Puna um den Titikakasee wurde dabei besucht. Die Ergebnisse waren sehr befriedigend. Die Publikation „Bolivian Mosses" in Bulletin of the New York Botanical Garden enthält 335 Arten, worunter 48 novae species.

Nur wenig später besuchte auch ich auf der Rückreise aus den östlichen Tiefebenen die Cordillere und brachte davon eine größere Zahl von Laub- und Lebermoosen mit. Die ersteren sind mit den aus dem Osten stammenden Arten zusammen in den Beiheften des Botanischen Zentralblattes veröffentlicht worden; die Lebermoose (84 Arten) wurden von F. Stephani bestimmt, aber nicht im Zusammenhang publiziert, sondern lediglich dem Material der „Species Hepaticarum" einverleibt.

Kurz nachher gelangten noch kleinere Sammlungen von den Herren Dr. O. Buchtien, K. Pflanz und Frau E. Knoche, welche alle aus der Cordillera Real, also der gletschertragenden Hauptkette und ihren Abhängen stammen, zur Bearbeitung nach Europa. Ein Teil wurde von V. F. Brotherus, ein anderer von mir bestimmt und an verschiedenen Stellen veröffentlicht (siehe Literaturverzeichnis).

Trotzdem nun schon recht viel Material zusammengebracht worden war, sind die Ergebnisse meiner zweiten Reise noch über Erwarten günstig ausgefallen. Meine Ernte beläuft sich diesesmal auf 706 Laubmoose und 444 Lebermoose, zusammen 1150 Bryophyten, welche in der vorliegenden Arbeit veröffentlicht werden.

In einem zweiten Abschnitt soll ein Überblick über alle bis jetzt in den bolivischen Cordilleren gefundenen Arten gegeben, die geographische Wertung der Einzelelemente und eine Schilderung der Formationen sowie besonders interessanter Gebiete versucht werden.

Bei dem großen Umfang dieser Moossammlung (es sind ca. 2500 Nummern) hätte eine Bearbeitung des Gesamtmaterials durch einen Einzelnen allzu lange gedauert. Auch war es in hohem Maße wünschenswert, für bestimmte Gruppen Spezialisten zur Bearbeitung zu gewinnen.

Meine Bitte um freundliche Mithilfe bei der großen Arbeit schlug nicht fehl, und es ist mir heute ein Bedürfnis, dem Dank, den ich meinen Herrn Mitarbeitern gegenüber empfinde, Ausdruck zu geben.

In opferwilligster Weise übernahm Herr F. Stephani die Bestimmung meiner Lebermoose. Die betreffende Abteilung in dieser Publikation und die vorzüglichen Abbildungen der zahlreichen neuen Arten verdanke ich seiner liebenswürdigen Mithilfe, wofür ich hier meinen herzlichsten Dank ausspreche.

Ebenso tief bin ich Herrn V. F. Brotherus zu Dank verpflichtet für die überaus große Hilfe, welche er mir einmal durch die Bearbeitung schwieriger Gruppen, wie der *Andreaeales*, der *Bryaceen* und der Gattung *Rhizohypnum*, dann aber auch durch die Revision meiner eigenen Bestimmungen erwies. Die zahlreichen Diagnosen neuer Arten aus seiner Feder habe ich absichtlich unverändert gelassen und nicht meinem eigenen Beschreibungsmodus angepaßt, um eben die Eigenart des Autors in jeder Beziehung zu wahren.

Die Gattung *Philonotis* bearbeitete Herr Dismier, der gründliche Kenner dieser schwierigen Gattung, Herr Prof. J. Röll bestimmte die Arten der Gattung *Sphagnum* und Herr L. Loeske übernahm mit bekannter Bereitwilligkeit die *Drepanocladen* meiner Ausbeute. Auch Herr J. Cardot lieh mir in manchen Fällen seine wertvolle Hilfe und Erfahrung.

Ihnen allen sowie der Direktion des Kgl. Botanischen Museums in Dahlem, welche mir die Benützung des C. Müllerschen Herbars gütigst gestattete, sage ich hier meinen aufrichtigen Dank.

Zürich, im Januar 1914.

Th. Herzog.

I. Einleitung.

Die 1910/11 bereisten Gebiete gehören orographisch zu den Hochgebirgsketten der bolivischen Cordillere und ihren östlichen Abdachungen gegen die Tiefländer des Amazonas und Paraguay; sie fallen klimatisch auf die Grenze zwischen dem äquatorialen tropisch-heißen und dem subtropischen Bezirk. Dementsprechend ist ihr Vegetationscharakter in den einzelnen Teilen, je nach der Zugehörigkeit zu dem einen oder anderen Bezirk, sehr verschieden. Daß er oft auch auf engem Raum gegensätzlich beschaffen ist, geht auf die Tatsache zurück, daß die bolivische Ostcordillere zwischen C o c h a b a m b a und S a n t a   C r u z, also dasjenige Gebiet, welches ich gerade am eingehendsten durchforschte, eine Wetterscheide ersten Ranges bildet und infolgedessen an ihren entgegengesetzten Abhängen eine völlig verschiedene Pflanzendecke trägt.

Die Streichrichtung der Ostcordillere ist annähernd West-Ost. Der Nordabhang, welcher von tiefen schluchtartigen und zum weitaus größten Teile unwegsamen Tälern durchrissen, gegen die Ebenen des Amazonastieflandes absinkt, ist lückenlos von üppigem Regenwald bekleidet; es herrscht eine ungeheure Feuchtigkeit, da die Niederschläge hier in Höhen über 1500 m ein Maximum erreichen. Genaue Messungen liegen zwar nicht vor, doch dürfte die jährliche Regenmenge kaum unter 3000 mm betragen.

Der Südabhang ist Trockengebiet.

Um die Ausbreitung des Waldes und den Verlauf seiner Höhengrenzen zu verstehen, ist die Kenntnis der orographischen Verhältnisse der Ostcordillere unerläßlich. Eine Darlegung derselben erübrigt sich, da ich dafür auf meine zusammenfassenden Ausführungen in Petermanns Geogr. Mitteilungen verweisen kann. Kurz rekapitulierend mag hier nur erwähnt sein, daß die Kammhöhe der Ostcordillere von Westen nach Osten hin allmählich abnimmt. Während im Westen eine breite Masse von mehreren Parallelketten — etwa NW—SO streichend — ins eigentliche Hochgebirge eintaucht, wo auf viele Kilometer Erstreckung nicht einmal ein Blick ins waldige Tal zu erhaschen ist, bildet das Gebirge weiter östlich einen verhältnismäßig scharfen Kamm, der als schmaler Streifen von Hochgebirgscharakter auf der einen Seite, gegen Norden, von dicht bewaldeten niederen Bergketten und Tälern, auf der anderen Seite — im Süden — von Höhen und Talschaften ausgesprochen trockenen Klimacharakters begleitet wird. Schließlich senkt sich der Kamm so weit, daß über die auf 2800 m erniedrigte Schwelle der Wald von Norden herüberfluten kann und nun je nach den örtlichen Verhältnissen auch mehr oder weniger weit entweder auf den jenseits ausstrahlenden Kämmen oder auch in den Tälern südwärts sich ausbreitet. Dieses Übergreifen des Waldes auf die Südseite beginnt in der Nähe der markanten Berggestalt des C e r r o   B r a v o bei C o m a r a p a.

Dieser Ort, welcher bei meinen Fundortsangaben so oft wiederkehrt, liegt also ziemlich genau an der Grenze zwischen Regenwald und Trockengebiet. Die Verteilung des Waldes auf den Höhen um C o m a r a p a ist nun schon charakteristisch; sie gibt ein getreues Abbild der klimatischen Verhältnisse und diese wieder spiegeln sich am deutlichsten in der Bewölkung und den Niederschlägen des Gebietes. Kaum 15 km von C o m a r a p a entfernt, im Talgrund des R i o   C o m a r a p a, welcher inmitten typischer Dornbuschformationen und Felssteppen gen Süden fließt, erhebt sich der Kamm der Ostcordillere.

Ihre Höhen sind meist mit Wolken bedeckt, die wie schmale Bänke aus schneeweißer Watte auf ihnen lagern, häufig aber auch, wie Polypenarme, Wolkenfahnen oder Nebelstreifen über die das Tal von C o m a r a p a beidseitig begrenzenden Kämme aussenden. Unmittelbar neben diesen an den Kämmen scheinbar unbeweglich klebenden Nebeln strahlt über dem ganzen Land eine glühende Sonne, lacht ein blauste Himmel. Dem entspricht nun mit photographischer Treue auch die Vegetation des Gebietes. Im Tal von C o m a r a p a und seinen beidseitigen Hängen eine typische Xerophytengesellschaft, auf den Höhen taleinwärts dagegen ein ganz schmaler Streifen typischen Nebelwaldes, der mit seinen Epiphyten und seinem dichten Moospelz schon die ganze Üppigkeit des auf der nördlichen Gebirgsflanke herrschenden Bergwaldes widerspiegelt. Als schmaler Saum umgibt ihn ein Streifen Wiesenlandes, saftiger Alpenwiesen mit kleinen Gesträuchen, deren floristische Zusammensetzung ebenfalls auf die andere Gebirgsseite hinweist. Trotz dieses vermittelnden Zwischengebietes sind aber die Gegensätze noch so nahe zusammengerückt, daß man leicht in der Zeit von 2 Stunden aus dem Dornbusch des Tales mit *Capparis Fiebrigii, Aspidosperma Quebracho blanco, Bougainvillea,* dornigen Mimosen und zahllosen Cacteen in den triefenden Nebelwald aus *Podocarpeen, Weinmannien* und *Escallonien* mit seiner Fülle von Baumfarnen, epiphytischen Orchideen und Moosen gelangt.

Die „im Nebelwald über C o m a r a p a" gesammelten Moose, über 200 Arten, stammen alle aus einem kaum mehr als 1 km langen Streifen Wald, dem ich freilich 4 Tage widmen konnte.

Die Regenwälder am Nordabhang des Hauptkammes lernte ich kurz nachher in den Talschaften des R i o S a n M a t e o kennen. Dieselben sind von C o m a r a p a aus in einer Tagreise über die ca. 2800 m hohe A b r a d e S a n M a t e o zu erreichen. Beim Aufstieg an der Südseite begleiten uns Dorngebüsche und lichte Wäldchen bis ca. 2400 m, dann folgen magere, blumige Triften, von Sträuchern und einzelnen Bäumen durchsetzt; ganz auf der Höhe erscheint schließlich alpiner Rasen. Hier fliegen uns sacht von der von Norden herübergepeitschten Nebel ins Gesicht. Jenseits kaum 50 m über steilen Rasenhang absteigend erreicht man die Waldgrenze.

Es ist die erste Stelle, von Osten nach Westen gerechnet, wo der Wald nicht mehr ganz die Kammhöhe erklettert.

Ich stieg auf der Nordseite bis ca. 1400 m am R i o S a n M a t e o hinab. Den Rückweg aus den Waldtälern von S a n M a t e o nahm ich auf dem noch unvollendeten, äußerst mühseligen Weg nach dem S u n c h a l t a l und P o j o hinüber. Er führt im Aufstieg andauernd durch unsäglich üppigen Wald voll Farnen und Moosen. Die Zahl der hier aufgenommenen Arten kann nur als kleine Stichprobe gelten, da die Verhältnisse kein ausgiebiges Sammeln gestatteten. Der Kamm wird etwa bei 3000 m erreicht. Auch hier bleibt der Wald etwa 100 m unter der Wasserscheide zurück. Wieder folgt gegen Süden ein nur wenige 100 m breiter Saum von saftigen Alpenwiesen, dann steigt man durchs trockene, von xerophytischen Formationen beherrschte S u n c h a l t a l nach P o j o hinab. — Dies nur ein knapp umrissenes Situationsbild aus einem meiner ergiebigsten Sammelgebiete.

Östlich vom C e r r o B r a v o breitet sich der Wald lückenlos über Berge und Täler, so daß die Cordilleren von S a n t a C r u z zu ihrem größten Teil, wenigstens nördlich des R i o P i r a i, reines Waldland ist. Eine vertikale Höhengrenze findet der Wald hier, wenn wir ihm die Gesträuchformationen beirechnen, nicht. Seine klimatische Höhengrenze liegt hier wesentlich höher als die im Maximum auf 2300—2400 m ansteigenden Berge. Der Übergang vom Hochwald zu den Gesträuchformationen ist hier lediglich durch den Charakter der Örtlichkeit bestimmt und hängt stets von der örtlichen Kulmination, nicht von der absoluten Höhe ihrer L a g e a b.

So finden wir in den östlichsten Ketten der Cordillere von S a n t a C r u z, die ich während der Monate Februar und März 1911 in der Umgebung des Karawanenweges nach Cochabamba genauer kennen lernte und auch auf meiner ersten Reise im Gebiet des C e r r o A m b o r ó besucht hatte, schon bei 1400—1600 m Höhe Gesträuchwuchs an Stelle des Waldes, aber immer nur an exponierten Kämmen um die Gipfel, während in nächster Nähe an höher aufragenden Bergmassen der Wald bedeutend höher steigt. Die Waldgrenze ist hier also nur infolge der Erniedrigung der Gesamterhebungen stark herabgedrückt.

Die klimatisch bedingte Höhengrenze des tropischen Bergwaldes läßt sich demnach nur an den Hängen des Hochgebirges, wo seinem Aufsteigen keine örtliche Grenze gesetzt ist, beobachten. Hier ist sie ziemlich konstant und schwankt nach meinen Messungen zwischen 3200 m und 3400 m. Dies gilt gleicherweise für die Ostcordillere (C. de Cocapata) wie für die Cordillere von Quimzacruz, soweit dieselben Hochgebirge sind und zusammenhängende Erhebungen bilden. Ein tieferer Einschnitt im klimascheidenden Kamm dagegen wirkt jedesmal erniedrigend auf die Waldgrenze ein. Sehr schön läßt sich das bei den benachbarten Tälern des Rio Corani und Rio Paracti beobachten, wo im Coranital, der Lücke des oberen Coranitales mit seiner Öffnung gegen das trockene und rauhe Bergland von Tiraque entsprechend, die Waldgrenze um mindestens 200 m tiefer liegt, als in seinem Paralleltal, das durch die hohe Mauer der Cerros de Malaga gegen Süden abgeschlossen ist.

In der Cordillere von Cocapata (westlicher Teil der Cordillera Oriental), welche während 4 Monaten mein Arbeitsfeld bildete, bereiste ich alle Täler des NO-Hanges, also die des Rio Paracti (mit den Stationen Incacorral, Locotal und San Miguelito, von wo noch über einen Paß des Santa Rosa-Weges auch das obere Stück des Espiritu Santo-Tales besucht wurde), des Rio Corani, des Rio Tablas, R. Tablasmonte, R. Altamachi und R. Tocorani. Bei den Tälern des Tablasmonte und Altamachi, welche einen sehr langen Verlauf innerhalb des Hochgebirges haben, erreichte ich die Waldgrenze nicht, während ich am Rio Paracti und Espiritu Santo sowie am Tablas bis auf ca. 1400 m hinabstieg, am Rio Corani bis 1600 m und am Rio Tocorani bis ca. 2000 m. Ich lernte hier die Vegetation der Waldtäler gründlich kennen, und die Zahl der Moose, welche mir diese Reisen lieferten, ist sehr bedeutend.

An dieser Stelle mögen daher einige Bemerkungen Platz finden über den allgemeinen Landschafts- und Vegetationscharakter derjenigen Fundorte, welche in meinen Angaben häufiger wiederkehren. Auf der Übersichtskarte, in welcher die Waldgrenze eingezeichnet ist, sind dieselben besonders vermerkt.

Die Natur des Reisens in jenen Gegenden bringt es mit sich, daß man auf langen Strecken ob nur ganz kursorisch zu sammeln vermag, dann aber an einem besonders reich erscheinenden Ort längere Zeit Station macht und von da aus die nächste Umgebung, oft innerhalb mehrerer Tage nur wenige 100 m im Radius, genauestens durchforscht. Diese Methode liefert sehr befriedigende Resultate.

So widmete ich mehrere Tage des Monates Juni 1911 der nächsten Umgebung von Incacorral, das ich schon auf meiner ersten Reise im Januar 1908 kennen gelernt hatte. Die Hütten dieser Siedelung am Karawanenweg nach Santa Rosa del Chaparé liegen auf einer Talterrasse, die durch den Einfluß des Menschen in ihrem Äußeren stark beeinflußt ist. Infolge wiederholter Rodungen — es wird ja nie lange der gleiche Boden bestellt — hat sich hier ein Wechsel zwischen Kulturland, alten Waldinseln und neu heranwachsenden Gehölzen von verschiedenem Alter ergeben. Die Blumenpracht in diesen „Barbechos" ist noch im Juni — Winteranfang — ganz großartig.

Die lichten Gehölze sind eine reiche Fundgrube für Moose, da hier in der fast immer feuchten Luft alle Ästchen und Ausweigungen der Sträucher und Bäume mit Moosen und Flechten (besonders *Collemmen*) wie mit Schneeflocken dicht besetzt sind. Jenseits des in tiefer Schlucht dahinbrausenden Flusses breitet sich dagegen noch unberührter, von Nässe triefender Urwald, in dessen tiefem Schatten zahllose Rinnsale über moosige Steine plätschern und die Äste der Bäume von Hängemoosen überladen sind. Die mittlere Höhe dieser Station ist etwa 2200 m. Locotal, weiter talabwärts bei ca. 1600 m liegt am Ausgang einer wilden Schlucht, wo schon Felsen als Unterlage in der Moosflora eine wichtige Rolle spielen. Von San Miguelito, ca. 1450 m, führt dann der Weg über mehrere waldige Schwellen hinweg, häufig durch prachtvollen Hochwald mit moosigem Untergrund, wo die Hauptmenge der Moose auf Felsblöcken, faulem Holz und im Wirrsal gefallener Äste, oft auch auf modernden Farnwedeln und faulendem Laub in ewiger Feuchtigkeit wächst. Dieser Charakter verstärkt sich noch jenseits des Waldsattels Sillar, in den Schluchten, die gegen den Espiritu Santo hinabziehen; die Üppigkeit der Farn- und Moosvegetation ist hier stellenweise ungeheuer. — Durch einen Unfall wurde ich leider an der Weiterreise verhindert.

Eine der häufigst wiederkehrenden Fundortsangaben ist „die Waldgrenze über T a b l a s". Diese Stelle ist in einer starken Tagreise von C o c h a b a m b a aus zu erreichen und befindet sich zur Seite des Weges, der am H u a n u a r a s e e vorbei den Bergwall im Norden von C o c h a b a m b a bei ca. 4200 m übersteigt, jenseits über die grasige Hochebene von P a l c a und C a l u y o hinausführt und schließlich von der Hochfläche eines „Paramo" steil ins T a b l a s t a l hinabsteigt. Der Rand dieses Plateaus befindet sich bei etwa 3700 m. 300 m tiefer wird die Waldgrenze in einer kleinen Depression erreicht. Hier stellte ich mein Zelt für 2 Tage auf und durchstreifte während dieser Zeit die nächste Umgebung. Die Mulde selbst, in der das Zelt stand, war zum Teil sumpfig; an anderen Stellen durchbrach der anstehende Fels die steilen Grashänge. 2 kleine Bäche durchschnitten dieselbe in schattigen Einrissen, in welchen hohe Kräuter und dünne Bambuse wuchsen. Rings wurde diese Mulde von hartlaubigen Gesträuchdickichten umsäumt, in welchen besonders die zusammenhängende Moosdecke über dem Humus und den faulenden Resten von Holz und Laub einen Höhepunkt der Üppigkeit erreichte. Ich bezeichne dieses von Moosen förmlich ausgepolsterte und verklebte Dickicht als „Buschfilz".

Einen Tag später lagerten wir auf einer kleinen Stufe über der Schlucht des T a b l a s f l u s s e s. Die Abhänge von dieser Terrasse in die von majestätischem Urwald erfüllte Schlucht hinab boten in ihren feuchten Falten ebenfalls einen ungeheuren Reichtum an Moosen, besonders an zarten Lebermoosen, die alle Ästchen und toten Blätter überzogen. Die floristische Zusammensetzung war hier bei einer Höhe zwischen 1800 und 2000 m fast völlig verschieden von der nur wenige Stunden entfernten Stelle an der Waldgrenze.

Das untere T a b l a s t a l ergab weniger Interessantes in bryologischer Hinsicht, schon weil die beschleunigte Reise ein ergiebiges Suchen nicht gestattete. Dafür war der Rückweg durch das C o r a n i t a l um so einträglicher.

Sein unterer Teil, wo der Weg in romantischer Felsschlucht den Fluß überschreitet, bot eine Fülle von interessanten Funden. Meine Höhenangaben auf dieser Strecke bis zur Siedelung C o r a n i bewegen sich zwischen 1600 und 2000 m und sind überall nur als angenäherte Werte zu betrachten, da die hier gesammelten Moose alle auf der Durchreise aufgenommen wurden. Nach diesen Stichproben zu urteilen, liegt hier ein ganz besonders reiches, ich möchte sagen, unerschöpflich abwechslungsreiches Gebiet vor, das sicher bei genauerer Durchforschung eine Unmenge interessanter Arten liefern würde. Fast ebenso ergiebig gestaltete sich auch der obere Abschnitt des Tales, wo die Mehrzahl der Arten in Höhen zwischen 2400 und 2600 m gesammelt wurden. Leider mußte ich wegen Zeitmangels eine sehr interessante Formation an der Waldgrenze, ausgedehnte Torfmoore mit gewaltigen Puyahorsten, ganz zur Seite liegen lassen.

Eine Reise in das von Cochabamba ziemlich weit entfernte T o c o r a n i t a l bot wiederum viel Neues, obwohl auch hier nur ein im Verhältnis zu der ungeheuren Ausdehnung des Waldes winziges Gebiet genauer durchforscht werden konnte. Gerade diese letzte Reise zeigte mir aber aufs deutlichste, wie hier eigentlich jedes Tal seine eigene Moosflora hat, so daß man immer und immer wieder — auch wenn man ähnliche Gebiete wiederholt bereist, doch stets wieder Neues findet.

Daß aber der allgemeine floristische Charakter auf weite Strecken hin gleich bleibt und namentlich im obersten Waldgürtel auch gewisse Leitarten allgemein verbreitet sind, bewies mir ein Besuch des Bergwaldes auf der Ostseite der Cordillere von Q u i m z a c r u z im Tal des R i o S a u j a n a. Die Funde von hier stimmen großenteils mit denjenigen aus der Ostcordillere überein, können übrigens kein ganz befriedigendes Bild seines Reichtums geben, da wegen mangelnder Sammlungsrequisiten nur eine enge Auswahl der gefundenen Arten mitgenommen werden konnte.

Mit diesen durch das Massenauftreten der Moose charakterisierten Formationen der Täler und Talhänge ist aber der Reichtum der Cordillere an Bryophyten keineswegs erschöpft. Mindestens ebenso interessant und an e i g e n a r t i g e n T y p e n wohl noch reicher ist das eigentliche Hochgebirge. Ich habe es in der unvergletscherten Hochcordillere von C o c a p a t a an vielen Stellen bis auf die Gipfelhöhen über 5000 m kennen gelernt und bin in der Gletschercordillere von Q u i m z a c r u z auf die höchsten Spitzen, also weit über die heutige Schneegrenze hinaus gelangt, so daß meine Funde aus diesen Gebieten ein zuverlässiges Bild von dem Charakter ihrer Moosvegetation geben können. Der Reichtum an Arten ist im Verhältnis zu der physiognomisch unbedeutenden Rolle, welche die Moose hier spielen, ganz gewaltig und wohl bedeutender als z. B. in den Alpen. Ich habe über der Gesträuchgrenze nicht weniger als 270 Arten Laubmoose gefunden — und das ist gewiß nicht mehr als zwei Drittel der wirklich hier vorhandenen Arten! Die Zahl der Lebermoose ist dagegen sehr unbedeutend, aber trotzdem durch sehr eigenartige Typen ausgezeichnet.

Über die Lage der einzelnen Fundorte orientiert man sich am besten auf der beigegebenen Karte Taf. A. Einer der ergiebigsten war das obere Llavetal am Cerro Tunari in einer Höhe von 4200 bis 4600 m, und das Hochtal von Viloco in der Cordillere von Quimzacruz, wo Moose von 4300 bis 5000 m gesammelt wurden.

Näheres über die Hochgebirgsmoose selbst und ihre geographische Verbreitung bringe ich in einem späteren Abschnitt.

II. Systematischer Teil.

Sphagnales.

Sphagnaceae.

Sphagnum Ehrh. in Hannov. Mag. 1780.

1. **Sphagnum sparsum** Hpe. (Acutifolia).
    Im Buschfilz des Hartlaubgehölzes an der Waldgrenze über Tablas, ca. 3400 m, No. 2834. Große, dichte Rasen vom Habitus des Sph. acutifolium bildend.
2. **Sphagnum meridense** C. M. (Acutifolia).
    Am Wegrand im feuchten Bergwald des Sillar (Espiritu-Santo-Weg) große Rasen bildend. ca. 1800 m, No. 2686.
3. **Sphagnum pulchricoma** C. M. (Cuspidata).
    In einem kleinen Sumpf an der Waldgrenze über Tablas, ca. 3400 m, No. 2835.
4. **Sphagnum platyphylloides** Warnst. (Subsecunda).
    In einem kleinen Sumpf an der Waldgrenze über Tablas, ca. 3400 m, No. 2836, mit vorigem.
5. **Sphagnum erythrocalyx** Hpe. (Cymbifolia).
    Im Buschfilz und an lichteren Stellen an der Waldgrenze über Tablas, ca. 3400 m, No. 2826. Ausgedehnte schwammige Rasen ganz vom Habitus des Sph. medium Limpr. bildend.

Andreaeales.

Andreaeaceae.

Andreaea Ehrh. in Hannov. Mag., 1778.

Subgen. *Euandreaea* Lindb.

6. **Andreaea arachnoides** C. M. (Fig. 1.$_1$).
    An Felsen beim Huaillattansee (Quimzacruz-Cordillere), ca. 4900 m, No. 2961; mehrfach im Hochtal Viloco (Quimzacruzcord.), 4400—4700 m, No. 3144, 3153, 3154, 3155; an Schieferfelsen bei der Cumbre de Tiquipaya, ca. 4000 m, No. 2654 f. tenella; an Schieferfelsen der Yanakakabastion, ca. 4000 m, No. 3731; an Schieferfelsen des Cerro Tunari, ca. 5000 m, No. 4771 forma sine filis.

    var. gracilis Broth. nov. var.
    An Felsen im obersten Montehuaikotal, ca. 3800 m, No. 3756.

7. Andreaea Lorentziana C. M.

Mehrfach an Felsen im Hochtal von Viloco (Quimzacruz-Cord.) 4400—4700 m, No. 3143, 3203, 3204, 3205; im Pajonaltal, über 4000 m, No. 3281; an Schieferfelsen eines Gipfels der Yanakakabastion, ca. 4600 m, No. 3730.

Diese und die vorhergehende Art waren bisher nur im Hochgebirge von Argentinien bekannt, sind aber auch in den Hochanden von Bolivia über 4000 m weit verbreitet.

8. Andreaea angustifolia Broth. n. sp.

Gracillima, caespitosa, caespitibus densis, atropurpureis, opacis; c a u l i s erectus, usque ad 2,5 cm longus, dense foliosus, ramosus, ramis fastigiatis; f o l i a sicca arcte imbricata, humida erecto-patentia, concava, anguste ovato-lanceolata, acuta, marginibus superne incurvis, enervia, cellulis valde

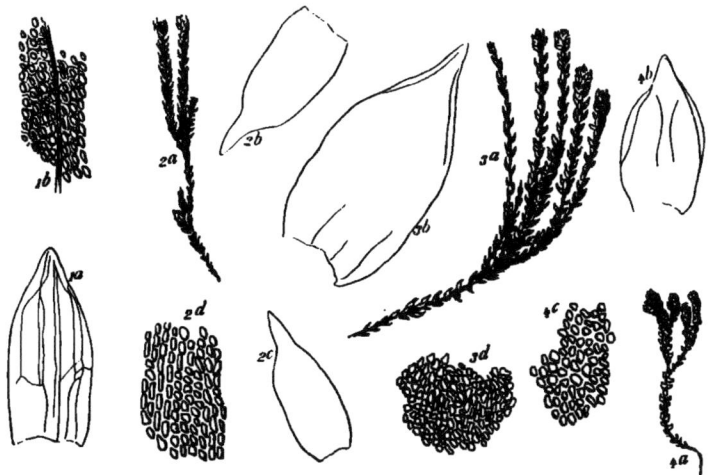

Fig. 1. 1. *Andreaea arachnoidea* C. M., No. 4771. *a* Blatt, *b* Zellnetz mit Pilzhyphe aus der B.mitte 250:1;
2. *A. tunariensis* Broth. No. 4812. *a* Habitusbild 3:1, *b, c* Blätter 30:1, *d* Zellnetz aus d. B.mitte 250:1;
3. *A. erythrodictyon* H., No. 4842, *a* Habitusbild 3:1, *b* Blatt 30:1, *c* Zellnetz in d. B.mitte 250:1;
4. *A. clavata* Broth., No. 4785. *a* Habitusbild 3:1, *b* Blatt 30:1, *c* Zellnetz in d. B.mitte 250:1.

incrassatis, sublaevibus, superioribus lumine minutissimo, plerumque ovali, basilaribus lumine angustissime lineari. **Caetera ignota.**

Huaillattani, Quimzacruz, alt. 4900 m, No. 2965.

Species statura gracillima necnon foliorum forma et structura dignoscenda.

9. Andreaea dissitifolia Broth. n. sp.

Gracilescens, caespitosa, caespitibus densis, molliculis, atrofuscis, opacis; c a u l i s usque ad 7 cm longus, flexuosus, tenuis, laxe foliosus, vage ramosus; f o l i a sicca laxe imbricata, humida patula, concava, ovata, breviter acuminata, marginibus ubique erectis, enervia, cellulis parum incrassatis, lumine ovali, sublaevibus, basilaribus rectangularibus. **Caetera ignota.**

Im Hochtal von Viloco, Quimzacruz, ca. 4600 m, No. 3159.

10. Andreaea vilocensis Broth. n. sp.

Robustiuscula, caespitosa, caespitibus densis, atropurpureis, opacis; c a u l i s usque ad 7 cm longus, ultra medium ob folia destructa nudus, dein dense foliosus, superne ramosus, ramis fastigiatis;

f o l i a sicca imbricata, humida erecto-patentia, concava, panduraeformia, lanceolato-acuminata, obtusa, marginibus apice cucullato-incurvis, dorso papillis densis, hyalinis, ventro filis parallelis, hic illic anastomosantibus obtecta, enervia, cellulis incrassatis, superioribus lumine minutissimo, subrotundo vel ovali, basilaribus lumine angustissimo. Caetera ignota.

Hochtal Viloco, Quimzacruz No. 3189, 3190.

Species A. *erythrodictyoni* Herz. affinis, sed foliorum forma et reticulatione dignoscenda.

11. Andreaea tunariensis Broth. n. sp. (Fig. 1.₃).

Gracilis, caespitosa, caespitibus densiusculis, fuscis, opacis; c a u l i s usque ad 3 cm longus, flexuosus, inferne ob folia destructa nudus, dein densiuscule foliosus, ramosus; f o l i a sicca laxe imbricata, humida subsquarroso-patula, concava, panduraeformia, breviter acuminata, obtusa, marginibus erectis, enervia, cellulis laminalibus incrassatis, lumine minutissimo subrotundo vel ovali, basilaribus anguste rectangularibus, omnibus laevibus. Caetera ignota.

Tunari, alt. ca. 5000 m No. 4812, 4865.

Species A. *erythrodictyoni* Herz. ut videtur affinis, sed foliis subsquarroso-patulis, panduraeformibus, cellulis incrassatis, laevibus dignoscenda.

12. Andreaea barbuloides Broth. n. sp.

Gracilis, caespitosa, caespitibus laxiusculis, fusco-viridibus, opacis; c a u l i s usque ad 2 cm longus, flexuosus, inferne ob folia destructa nudus, dein densiuscule foliosus, ramosus; f o l i a sicca adpressa apice plerumque patente, humida subsquarroso-patula, concava, e basi ovali sensim longe et anguste lanceolata, acuta, marginibus erectis, enervia, cellulis valde incrassatis, superioribus lumine subrotundo, dorso grosse papilloso, basilaribus elongatis, lumine angustissimo; b r a c t e a e p e r i c h a e t i i multo majores, erectae, e basi longe vaginante sensim lanceolato-subulatae, dorso superne scaberrimae.

Hochtal Viloco, Quimzacruz, alt. 4600 m No. 3158.

Species distinctissima, habitu barbuloideo foliorumque forma et structura faciliter dignoscenda.

13. Andreaea clavata Broth. n. sp. (Fig. 1.₄).

Gracilescens, caespitosa, caespitibus densis, faciliter dilabentibus, atrofuscis, opacis; c a u l i s erectus, usque ad 4 cm altus, dense et clavato-foliosus, superne ramosus, ramis fastigiatis vel simplex; f o l i a sicca imbricata, humida suberecta, cochleariformi-concava, obovata, brevissime acuminata, obtusa, marginibus apice cucullato-incurvis, dorso papillis densis, hyalinis, ventro filis parallelis, hic illic anastomosantibus obtecta, enervia, cellulis haud incrassatis, superioribus minutissimis, subrotundis, basilaribus breviter rectangularibus. Caetera ignota.

Felsen am Huaillattanisee, alt. 4900 m No. 2958, typus; Tunari, alt. 5000 m No. 4785 (forma foliis filis deficientibus).

var. **tenuior** Broth. n. var.

A. *perimbricata* Broth. in sched.

Gracillima; c a u l i s usque ad 7 cm longus, tenuissimus, ultra medium ob folia destructa nudus, dense sed haud clavato-foliosus; f o l i a filis nullis.

Huaillattani, Quimzacruz No. 2960.

Species caule elongato, clavato-folioso foliorumque forma faciliter dignoscenda.

14. Andreaea laticuspes Broth. n. sp.

Robustiuscula, caespitosa, caespitibus densis, atrofuscis, opacis; c a u l i s erectus, usque ad 2,5 cm longus, inferne ob folia destructa nudus, dein densiuscule foliosus, superne ramosus, ramis fastigiatis; f o l i a sicca laxe imbricata, humida patentia, cochleariformi-concava, late ovalia, brevissime et late acuminata, obtusa, marginibus apice cucullato-incurvis, dorso papillis densis, hyalinis, ventro plerumque filis parallelis, hic illic anastomosantibus obtecta, cellulis haud incrassatis, superioribus minutissimis, subrotundis, basilaribus breviter rectangularibus. Caetera ignota.

Huaillattani, Quimzacruz, alt. 4900 m No. 2959, typus; Cord. de Cocapata, Yanakaka, alt. 4500 m No. 4500, forma foliis filis deficientibus.

Species praecedenti affinis, sed statura robustiore, foliis patentibus, late ovalibus, acumine lato dignoscenda.

15. **Andreaea erythrodictyon** Herzog in Beih. Bot. Centr. 1909 (Fig. 1.$_a$).

An überrieselten Felsen in dem nach N herabziehenden Schneetälchen unter dem Gipfel des Cerro Tunari, ca. 5000—5200 m, No. 4778 u. 4842.

16. **Andreaea robusta** Broth.

An überrieselten Felsen im Hochtal Viloco (Quimzacruz-Cord.), ca. 4600—4800 m. No. 3191. Prachtvolle, tief- und breitrasige Art von rötlicher Färbung!

Subgen. *Chasmocalyx* Lindb.

17. **Andreaea subenervis** Mitt.

An überfluteten Steinen in kalten Wasserläufen des Hochtales von Viloco, ca. 4700 m, No. 3120 u. 3202; im Abfluß des Huaillattanisees, ca. 4900 m, No. 2952; im Schneetälchen des Cerro Tunari, ca. 5100 m, No. 4764.

Sehr eigentümliche, kräftige Art, die an ihren großen, fast kreisrunden, löffelartig-hohlen Blättern und ihrem Firnisglanz leicht zu erkennen ist.

War bisher nur aus den Hochcordilleren von Columbien und Ecuador bekannt und gehört in einen antarktischen Verwandtschaftskreis.

Eubryales.
Dicranaceae.
Ditrichieae.

Pleuridium Brid. Mant. Musc.

18. **Pleuridium andinum** Herzog nov. spec. (Sclerastomum).

Dense caespitosum humile lutescenti-virens nitidulum, caule simplici 0,5 cm longo comoso-foliato. Folia inferiora breviter ovata conchiformi-concava obtusa cucullata, media breviter subulata, comalia longius subulata subula subaequilonga, omnia superne margine eroso-denticulata denticulis hic illic subrecurvis, nervo in foliis superioribus valido superne profunde sulcato inde subduplo, cellulis basi laxioribus rectangulis superne elongate hexagonis vel subrhombeis luteis in latere dorsali p a r i e t i b u s i n c r a s s a t i s. Sporogonium immersum, seta quam theca subaequilonga (0,6 mm) tenuissima straminea recta, theca crasse o v o i d e a apiculata, calyptra l a t e cucullata; sporae grosse papillosae, diametro 0,024 mm, ochraceae.

Zwischen Gras an trockenen Abhängen im oberen Llavetal, ca. 4200 m, No. 4846.

Die erste Art der Gattung aus Hochgebirgslagen.

Ditrichum Timm Flor. megap.

19. **Ditrichum submersum** Card. et Herzog n o v. s p e c. (Tafel 1, Fig. 2).

Sterile; submersum, caulibus ad 10 cm longis dichelymoidibus iterum ramosis ramis parallelis tenuibus caudatis, obscure olivaceum inferne nigricans. Folia sat laxe disposita a p p r e s s a humefacta vix mutata duriuscula 6—7 mm longa, e basi a n g u s t e o b l o n g a vaginante raptim i n s u b u l a m r e c t a m l o n g i s s i m a m (4—5 mm) s e t o s a m in extremo apice quasi abrupto remote pauciserratam constricta, nervo valido subulam totam replente stereidium fasciculis 2 suffulto viridi, cellulis laminae elongatis angustis subprosenchymaticis incrassatis superne abbreviatis subobliquis, alaribus nullis.

Untergetaucht im Glazialsee Iscayuni bei Monteblanco, Quimzacruz ca. 4700 m, No. 2953.

Habituell der *Blindia inundata Card.* nahestehend, aber durch das Fehlen der Blattflügelzellen sofort von ihr zu unterscheiden.

20. **Ditrichum capillare** (C. M.) Par.

Leptotrichum C. M. in Prodr. Bryol. Bol. l. c.

Meist an Steinen und humusbedeckten Felsen: An der Waldgrenze über Tablas, ca. 3400 m, No. 2867; im Oberen Tocoranital, ca. 2800 m, No. 4084; im Unteren Coranital, ca. 2000 m, No. 4674; zwischen San Mateo und Sunchal, No. 4487.

Verbreitet; schon auf der ersten Reise an der Abra de San Benito, ca. 3900 m, gesammelt.

Tristichium C. M. in Linnaea XLII.

21. **Tristichium Lorentzii** C. M. (Fig. 2.).

1. forma typica Herzog (Fig. 2.₂).

Auf dem Paramo von Caluyo sehr spärlich, ca. 3800 m, No. 2927; im oberen Llavetal zusammen mit der f. intermedia, ca. 4200 m, No. 4790.

2. forma intermedia Herzog (Fig. 2.₃).

A typo differt seta parum longiore (ad 3 mm) suberecta flexili, theca ovali.

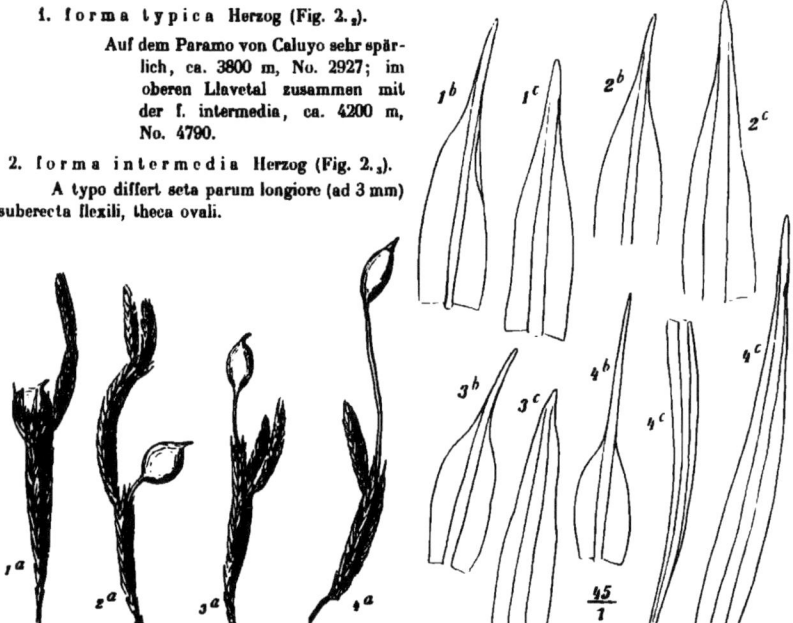

Fig. 2. 1. *Tristichium Lorentzii* C. M. var. *apodum* H., No. 3831. *a* Habitus 10 : 1, *b* Blatt 45: 1, *c* Perichaetialblatt 45 : 1; 2. *Tristichium Lorentzii* C. M., No. 2927. *a* Habitus 10 : 1, *b* Blatt 45 : 1, *c* Perichaetialblatt 45: 1; 3. *Tristichium Lorentzii* C. M. *f. intermedia* H., No. 2616. *a* Habitus 10 : 1, *b* Blatt 45: 1; *c* Perichaetialblatt 45 : 1; 4. *Tristichium mirabile* (C. M.) H., No. 3108. *a* Habitus 10 : 1, *b* Blatt 45 : 1, *c* Perichaetialblatt 45 : 1.

Im oberen Llavetal, ca. 4200 m, No. 4790/a; unter dem Cerro Incachacca, ca. 4600 m, No. 2616.

var. **apodum** Herzog nov. var. (Fig. 2.$_1$).
Caespites sat densi, 1—2 cm alti; theca a p o d a, i m m e r s a, matura d e c i d u a.
Auf den spärlich begrasten Kämmen der Yanakakaberge, ca. 4600 m, No. 3831.

Die Gattung *Tristichium*, zu der auch *Tristichiopsis mirabilis* C. M. gehört, ist im bolivianischen Hochgebirge formenreich entwickelt und läßt alle Übergänge von der Stegokarpie zur Kleistokarpie erkennen. Die extremst kleistokarpe Form ist var. apodum. Die forma intermedia stellt dagegen eine Zwischenstufe zwischen *Tr. Lorentzii* und *Tristichiopsis mirabilis* C. M. dar. Sie ist noch völlig kleistokarp, besitzt aber eine längere Seta und eine mehr eiförmige bis elliptische Kapsel. Die Gattung *Tristichiopsis* hat keine Berechtigung mehr und ich stelle daher *T. mirabilis* C. M., welche ich in den Hochgebirgen Boliviens ebenfalls mehrfach auffand, zu *Tristichium*.

22. **Tristichium mirabile** (C. M.) Herzog (Fig. 2.$_4$).
An der Waldgrenze über Tablas, ca. 3400 m, No. 2857; im oberen Llavetal, ca. 4200 m, No. 4787; im Hochtal von Viloco, ca. 4600 m, No. 3108.

Astomiopsis C. Müll. in Linnaea XLIII.

23. **Astomiopsis amblyocalyx** C. M.
Auf Erdstellen der Hochgebirgstriften im oberen Llavetal, ca. 4300 m, No. 4789 mit *Pleuridium andinum* H., *Tristichium Lorentzii* C. M., *Funaria tucumanica* Broth., einigen *Mielichhoferien*, *Stephaniella boliviensis* St., *Petalophyllum bolivianum* St., eine höchst interessante Association bildend, aber sehr spärlich.

Stimmt mit dem Müller'schen Original sehr gut überein.

Distichium Bryol. eur.

24. **Distichium capillaceum** (Sw.) Br. eur.
Am Bachrand bei der Mine Viloco (Quimzacruz-Cord.), ca. 4350 m, No. 3132.

var. **strictifolium** (C. M.) Herzog = D. strictifolium C. M. in Prodr. Bryol. Bol. l. c.
Zwischen Granitblöcken im Hochtal von Choquecota chico, ca. 4500 m, No. 3185; an Felsen des Cerro Tunari, ca. 4600—4700 m, No. 4823, 4824; zwischen Felsblöcken um den Tunarisee, ca. 4400 m, No. 4934, 4935.

Da ich keine spezifischen Unterscheidungsmerkmale finden konnte, schließe ich die Müller'sche Art als Varietät dem weitverbreiteten *D. capillaceum* an.

Das Moos wächst in der Hochcordillere immer in sehr üppigen, reich fruchtenden Rasen!

Ceratodon Brid. Bryol. univ. I.

25. **Ceratodon novogranatensis** Hpe.
Auf Erdstellen an der Waldgrenze über Tablas, ca. 3400 m, No. 2880.

Dicranelleae.

Angstroemia Bryol. eur.

26. **Angstroemia julacea** (Hook.) Mitt.
An der Waldgrenze über Tablas, ca. 3400 m, No. 2880/a; im Hochtal von Viloco (Quimzacruz-Cord.), ca. 4600 m, No. 3207.

Auf schwarzer Humuserde über der Waldgrenze gewiß weit verbreitet, aber ziemlich selten fruchtend.

Polymerodon Herzog in Beih. Bot. Centr. 1909.

27. **Polymerodon andinus** Herzog in Beih. Bot. Centr. 1909.

Am gleichen Standort wie auf der ersten Reise reichlich (Llavetal) und in bester Sporogonreife gesammelt.

Im Habitus erinnert die Art sehr an *Dicranella macrostoma* (C. M.); die sehr abweichende Struktur der Peristomzähne läßt sie aber nicht in der Gattung *Dicranella* unterbringen.

Dicranella Schimp. Coroll.

Subgen. *Microdus* Schimp.

28. **Dicranella nanocarpa** (C. M.).

Angstroemia C. M. in Prodr. Bryol. l. c.

Mit voriger Art an unbewachsenen Erdstellen zwischen Incacorral und Paracti, ca. 2100 m, No. 5006.

Subgen. *Dicranella* Sens. strict. Lindb.

29. **Dicranella Perrottetii** (Mont.) Mitt.

Am feuchten Wegrand bei San Miguelito, ca. 1600 m, No. 2777; stimmt genau mit Exemplaren (No. 2752), die R. S. Williams in Bolivia sammelte, überein.

30. **Dicranella Guilleminiana** (Mont.) Hpe.

An unbewachsenen Erdstellen zwischen Incacorral und Paracti, ca. 2100 m, No. 5005.

31. **Dicranella Beyrichii** Hpe.

An feuchten Felsen im Unteren Coranital, ca. 1600 m, No. 4675, reichlich fruchtend.

32. **Dicranella heteromalla** (Dill.) Schimp.

D. crassinervis (Hpe.) Jaeg.

An der Waldgrenze zwischen San Mateo und Sunchal, ca. 2900 m, No. 4434.

Die Exemplare unterscheiden sich von europäischen Pflanzen nur durch die verkürzten Blattzellen und stimmen mit den Hampeschen Originalen von *D. crassinervis* gut überein.

Subgen. *Anisothecium* Mitt. Musc. austr. americ.

33. **Dicranella Jamesonii** (Tayl.).

An feuchten Abhängen zwischen Mocoya- und Tarujumañabach (Aracatal) ca. 3400 m. No. 2998; große, spangrüne, sterile Rasen bildend.

34. **Dicranella campylophylla** (Tayl.) Jaeg.

Am Bachufer bei der Mine Viloco, ca. 4350 m, No. 3130, steril; im oberen Llavetal an feuchten Stellen, ca. 3800 m, No. 4827, c. fr.!

35. **Dicranella laxiretis** Herzog nov. spec.

Sterilis; denso caespitosa laete viridis inferne lutescens opaca, caulibus 5 cm altis erectis iterum divisis zonatis densiuscule foliatis. Folia duriuscula flexuoso-incurva, e basi amplectante breviter triangulari sensim subulata canaliculata obtusiuscula integerrima, nervo viridi subulam occupante, cellulis laminae medianis laxis collabentibus rectangulis, marginalibus multo minoribus, omnibus tenuibus.

An quelligen Stellen in der Quebrada de Pocona, ca. 2800 m, No. 3472, am Bachrand bei der Saittulaguna, ca. 4200 m, No. 2652.

Der *D. Jamesonii* (Tayl.) sehr nahestehend, nur durch den Habitus und die auffallend lockeren Blattzellen unterschieden; vielleicht nur eine Form derselben.

36. **Dicranella submacrostoma** Broth. n. sp.

Dioica; gracilescens, caespitosa, caespitibus densis, fuscescenti-viridibus, inferne fuscis, opacis;

c a u l i s erectus, usque ad 3 cm longus, fusco-radiculosus, dense foliosus, simplex vel furcatus; f o l i a sicca flexuoso-adpressa, humida erecto-patentia, e basi brevi, late vaginante raptim lanceolato-subulata, obtusa, marginibus erectis vel superne anguste recurvis, integerrimis, nervo lato, usque ad apicem folii a lamina distincto, cellulis superioribus subquadratis, dein breviter rectangularibus, basilaribus multo laxioribus, oblongo-hexagonis; s e t a vin ultra 1 cm alta, tenuis, lutescenti-rubra; t h e c a erecta, ovalis, atropurpurea, laevis; o p e r c u l u m e basi conica longe et oblique subulatum, subula thecae longitudinis.

Cerros de Malaga, alt. 4000 m, No. 4402.

Species *D. macrostomae* (C. Möll.) affinis, sed statura paulum robustiore, foliis latius vaginantibus, subula robustiore, nervo latiore, seta breviore, theca minore, ovali, haud macrostoma, atropurpurea, operculo longius rostrato dignoscenda.

Hygrodicranum Cardot in Rev. Bryol. 1911, No. 3.

37. **Hygrodicranum bolivianum** Herzog nov. spec. (Tafel I, 1).

Sterile; late caespitosum s u b m e r s u m, caulibus simplicibus vel paucidivisis rigidulis 4—15 cm longis obscure viridibus nigricantibus vix nitidulis. Folia d u r i u s c u l a laxe patula apicibus flexuosis patentissimis vel subrecurvis sicca haud mutata 4 mm longa, e basi concava accumbente l a t e o v a t a in subulam longam canaliculatam s u p e r n e s u b t e r e t e m sulcatam contracta, obtusius-cula, nervo valido viridi basi complanato stereïdium fasciculis 2 ducibusque nonnullis amplis exstructo superne subulam totam occupante, c e l l u l i s l a m i n a e p l e r u m q u e b i s t r a t o s i s rectangu-lis margine minoribus brevioribus in vicinitate nervi multo laxioribus.

Untergetaucht in einem Glazialtümpel am Cerro Incachacca, ca. 4600 m, No. 2599; an Steinen im Bach, oberes Llavetal, ca. 4200 m, No. 4832; in einem Quellbach des Pajonaltales, ca. 4000 m, No. 3264; in einem Quellbach der Cerros de Malaga, ca. 4000 m, No. 4359.

Im Habitus dem *H. falklandicum* Card. ähnlich. Unterscheidet sich durch den steiferen Wuchs, weniger verkrümmte Blätter, derbere Textur, in der Pfrieme verkürzte, überhaupt kleinere und derbere, weniger regelmäßig 2-schichtige Blattzellen.

Rhabdoweisieae.

Rhabdoweisia Bryol. eur.

38. **Rhabdoweisia fugax** (Hedw.).

In Felsritzen und an steilen Wegeinschnitten über der Waldgrenze häufig, z. B. an der Wald-grenze über Tablas, ca. 3400 m, No. 2905; in den Estradillas über Incacorral, ca. 3400 m, No. 3341 (schon auf der ersten Reise da gesammelt und als *Rh. Lindigiana* Hpe. be-stimmt); an den Cerros de Malaga, ca. 4000 m, No. 4351; zwischen San Mateo und Sunchal, ca. 3000 m, No. 4437.

Oreoweisia De Not. Epil.

39. **Oreoweisia Lechleri** (C. M.) Par.

Auf schwarzer Humuserde an Felsen und steilen Rasenhängen in der Hochcordillere die häufigste Art der Gattung. Z. B. im Hochtal von Viloco, ca. 4600 m, No. 3114, 3156; im Piñasgebiet gegen den Cerro Incachacca, ca. 4400 m, No. 2603/a; im oberen Chocayatal, über 4000 m, No. 3581; am Tunarisee, ca. 4400 m, No. 4892.

40. **Oreoweisia laxiretis** Broth. in herb.

Innerhalb der Waldregion, aber stets an deren oberer Grenze, häufiger als die übrigen Arten der Gattung, meist große, hellgrüne, schwammige Polsterrasen bildend. Schon auf der ersten Reise in den Estradillas bei Incacorral gesammelt und als forma elata zu

O. Lechleri gestellt. Die Art ist auf Exemplaren, von O. Buchtien bei Unduavi (Bolivia) 3300—3400 m gesammelt, begründet. Ich fand sie noch an folgenden Orten: An der Waldgrenze über Tablas, ca. 3400 m, No. 2876; im Buschfilz an der Waldgrenze des Rio Saujana, ca. 3400 m, No. 3243, 3275; im unteren Chocayatal, No. 3611; im oberen Tocoranital, 2600—2800 m, No. 4088, 4055; zwischen San Mateo und Sunchal, ca. 2800 m, No. 4489, 4506.

41. Oreoweisia ligularis Mitt.

Auf schwarzer Humuserde. An der Waldgrenze über Tablas, ca. 3400 m, No. 2948; in den Bergen der Yanakakabastion, ca. 4000 m, No. 3834; im oberen Llavetal, ca. 4200 m, No. 4803.

42. Oreoweisia bogotensis Hpe.

Im Pajonaltal (Quimzacruz-Cord.), ca. 4200 m, No. 3265.

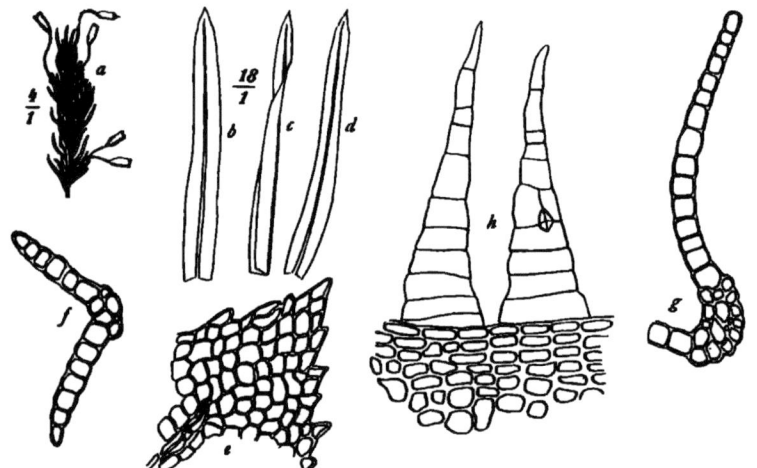

Fig. 3. *Oreoweisia tunariensis* H. n. sp. *a* Habitus einer fertilen Sproßspitze 4 : 1; *b, c, d* Blätter 18 : 1; *e* Blattspitze 250 : 1; *f, g* Blattquerschnitte 250 : 1; *h* 2 Peristomzähne 250 : 1.

43. Oreoweisia ampliata Mitt.

An Felsen beim Tunarisee, ca. 4400 m, No. 4919.

44. Oreoweisia tunariensis Herzog nov. spec. (Fig. 3).

P a r o i c a; turgide caespitosa caespitibus 3 cm altis amoene virentibus intus flavidis. Caulis iterum divisus dite fructiferus. Folia sat laxe disposita sicca contorta, humida mollia, 3—3,5 mm longa, e basi parum latiore a n g u s t e l i g u l a r i - l i n e a r i a, acuta, margine inferiore explanato undulato integerrimo, superne carinata a p i c e o b t u s e c r e n a t o - s e r r a t a, nervo ante apicem evanido, cellulis laxiusculis hexagono-rotundis chlorophylloso-obscuris s u b l a e v i s s i m i s, inferioribus elongate rectangulis pellucidis. Seta 5—6 mm longa f l e x u o s a sicca erecta straminea; theca parva ut plurimum 1,2 mm longa, oblongo-elliptica sub ore parum contracta cinnamomea, operculo breviter rostrato, peristomio s a t b r e v i aurantiaco.

An Felsen beim Tunarisee, ca. 4400 m, No. 4906.

Unterscheidet sich von der verwandten *O. Lechleri* (C. M.) durch die längeren Blätter und größeren glatten Blattzellen wie auch die kürzeren und breiter zugespitzten Peristomzähne.

Dicraneae.

Dicranoweisia Lindb. in Öfvers K. Vet.-Ak. Förh. 1864.

45. **Dicranoweisia flexipes** Herzog nov. spec. (Fig. 4. ₁).

Autoica; flore masculo terminali vel laterali, bractea perigoniali unica, ovali, rotundato-obtusa vel apiculata, nervo tenui, longe infra apicem bracteae evanido, cellulis superioribus laxe rhomboideis; gracilis, caespitosa, caespitulis densiusculis, mollibus, viridibus, inferne fuscescentibus, opacis; caulis erectus, usque ad 2 cm longus, parce radiculosus, densiuscule foliosus, plerumque furcatus; folia sicca flexuoso-patula, humida squarrosa, carinato-concava, e basi brevi, ovali sensim breviter lanceolato-subulata, obtusiuscula, marginibus ultra medium anguste recurvis, integerrimis, nervo tenui, continuo, ducibus nonnullis ventralibus, cellulis laminalibus quadratis, 0,010—0,012 mm, chlorophyllosis, basilaribus multo majoribus, rectangularibus, hyalinis, marginem versus brevioribus, infimis brevibus, laxis, alaribus haud

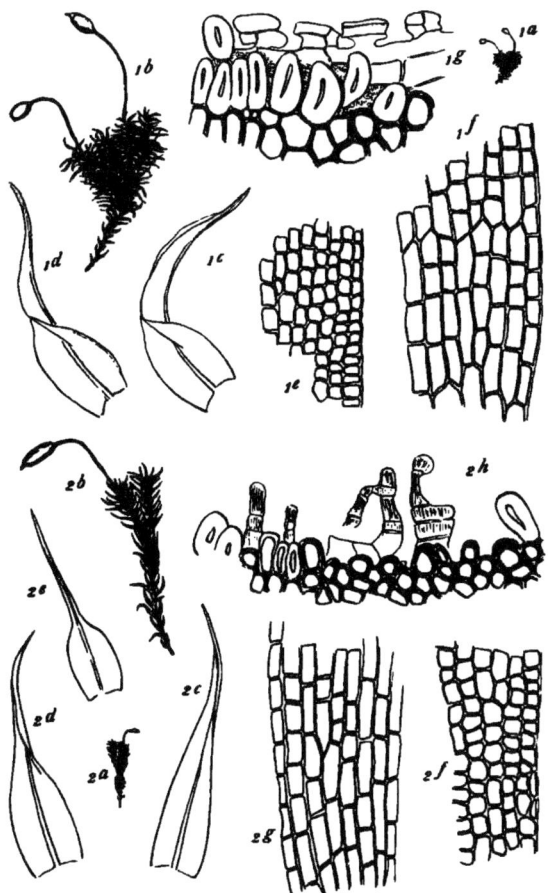

Fig. 4. 1. *Dicranoweisia flexipes* Herzog. *a* Habitus 1:1, *b* Habitus 4:1, *c, d* Blätter, *e* Blattrand oben 250:1, *f* Blattecke 250:1, *g* Peristom 250:1; 2. *Dicranoweisia fallax* H. *a* Habitus 1:1, *b* Habitus 4:1, *c, d, e* Blätter, *f* Blattrand oben 250:1, *g* Blattecke 250:1, *h* Peristom 250:1.

diversis, omnibus laevissimis; bracteae perichaetii internae e basi alte et late vaginante breviter subulatae, integerrimae; seta 5 mm vel paulum ultra longa, superne cygnoideoarcuata, tenuissima, lutea; theca turgide ovalis, brevicollis, pallide fuscidula, laevis; annulus latus, revolubilis; peristomium rudimentarium, aurantiacum, laevissimum; spori 0,015—0,020 mm, fusciduli, laeves; operculum e basi conica oblique rostratum, rostro brevi, obtuso.

An Felsblöcken beim Tunarisee, ca. 4400 m, No. 4894.

46. **Dicranoweisia fallax** Herzog nov. spec. (Fig. 4. ♀).
Poroica; dense pulvinato-caespitosa caespitibus lutescenti-viridibus intus fuscescentibus ca. 2 cm altis. Folia sat dense disposita, sicca contorte inflexa, humida flexuosa suberecto-patentia, e basi ovata subulata, subula curvata carinata aequilonga obtusa vel acutiuscula integerrima, marginibus erectis vel in uno latere anguste reflexis, nervo debili fuscescente completo, cellulis basi laxe breviter rectangulis, medianis longioribus angustioribus alaribus haud diversis, superioribus sensim brevioribus in apice quadratis vel hexagonis chlorophyllosis omnibus laevissimis; perigonialia conchiformi-concava breviter ovata obtusa, perichaetialia e basi late ovata in subulam angustam constricta, flore ♂ et ♀ in gemma terminali unitis. Seta humida cygnoideo-arcuata, sicca erigescens bis flexa straminea, 3—4 mm longa; theca elliptico-cylindrica, laevis pallide olivacea ore rubro cincta, annulo uniseriali dein diffracto deciduo, operculo conico breviter oblique rostrato; peristomium rudimentarium brevissimum pallidum verticaliter striolatum; spori laevissimi ochracei.

An Felsblöcken beim Tunarisee, ca. 4400 m, No. 4800 u. 4882; an Felsblöcken im Hochtal von Vilooo, ca. 4400 m, No. 3134.

Mit *D. flexipes* H. sehr nahe verwandt, aber durch den Blütenstand, die aufrechter abstehenden Blätter und das Peristom verschieden.

Symblepharis Mont. Ann. Sc. Nat. Ser. II T. VIII.

47. **Symblepharis boliviana** C. M.

An Baumästen im obersten Gürtel des Bergwaldes, wie es scheint, verbreitet. An der Waldgrenze über Tablas, ca. 3400 m, No. 2844/a; im Bergwald des Rio Saujana, ca. 3200 m, No. 3219; im Nebelwald über Comarapa, ca. 2600 m, No. 4244; Quebrada de Pocona, No. 5142.

Holomitrium Brid. Bryol. univ. I.

48. **Holomitrium macrocarpum** C. M.

An Baumstämmen und Ästen im oberen Waldgürtel sehr häufig; große, üppige, meist reich fruchtende Rasen von tief grüner Färbung bildend. Im Nebelwald über Comarapa, ca. 2600 m, No. 3822, 3809, 3933, 3965, 4212; im Bergwald des Meson bei Samaipata, ca. 2000 m, No. 4132; im Bergwald von Tres Cruces (Cord. von Santa Cruz), ca. 1400—1500 m, No. 3996; im oberen Coranital, ca. 2600 m, No. 3420, 5074; im Bergwald von Florida de San Mateo, ca. 2000—2500 m, No. 3851; an der Waldgrenze des Rio Saujana, ca. 3400 m, No. 3237.

Dicranum Hedw. Fund. II.

Subgen. *Chorisodontium* Mitt.

49. **Dicranum speciosum** (Hook. u. Wils.).

Auf Baumästen um die Waldgrenze, wohl verbreitet, aber meist steril. Im Nebelwald über Comarapa, ca. 2600 m, No. 3964; an der Waldgrenze über Tablas, ca. 3400 m, No. 2885, 2886 c. fr.

50. **Dicranum nigricans** Herzog in Beih. Bot. Centr. 1909.

Zwischen Felsblöcken an der Abra de San Benito, ca. 3900 m, No. 3355, der gleiche Fundort, wie auf der ersten Reise.

Subgen. *Dicranum* sens. strict. Limpr. Laubm. I.

51. **Dicranum bolivianum** C. M.

D. flaccidissimum C. M.

In der Talschlucht von Tablas an feuchten Felsblöcken, ca. 1800 m, No. 4640 c. fr.!; an der Waldgrenze über Tablas, ca. 3400 m, No. 2917 ster.; im Nebelwald über Comarapa, ca. 2600 m, No. 4191 f. flaccidissima (C. M.). Nach Einsicht der Originale von *D. flaccidissimum* C. M. muß ich dieselben aus Mangel unterscheidender Merkmale zu *D. bolivianum* C. M. ziehen.

Campylopus Brid. Mant.

Subgen. *Pseudocampylopus* Limpr. Laubm. I.

52. **Campylopus jugorum** Herzog in Beih. Bot. Centr. 1909.

An begrasten Felsen bei der Abra de San Benito, ca. 3900 m, No. 3356, an der gleichen Stelle, wie auf der ersten Reise; im oberen Llavetal, ca. 4300 m, No. 4902.

53. **Campylopus subjugorum** Broth. in Botan. Jahrb. Bd. 49.

An Felsen des Cerro San Luis (Quimzacruz-Cord.), 5200—5300 m, No. 2962; an Felsen des Cerro Tunari, ca. 5000 m, No. 4784.

Vielleicht nur eine extreme Hochgebirgsform der vorigen Art.

54. **Campylopus ptychotheca** Herzog in Beih. Bot. Centr. 1909.

An der Waldgrenze über Tablas, ca. 3400 m, No. 2824/a, 2889; im Nebelwald über Comarapa, ca. 2600 m, No. 4325.

55. **Campylopus tunariensis** Herzog nov. spec. (Tafel I, Fig. 3).

Sterilis, nanus pulvinatus albidovirens velutino-nitidus. Caulis erectus vix 1 cm altus extomentosus, foliis propagulinis fragilibus filiformibus creberrimis inter folia comalia instructus. Folia inferiora laxa, superiora dense rosulato-comosa parva erecto-patentia, e basi obovata breviter lanceolata acuta sursum canaliculato-concava, extremo apice muriculato-denticulata, nervo basi tertiam folii partem occupante sursum dilatato apicem totum explente more Pseudocampylopodum exstructo, cellulis laminae cancellatis laxissimis brevibus plerumque rectangulis subhyalinis, alaribus nullis.

Auf verrotteten Grasbülten bei den Tunariseen, ca. 4400 m, No. 3430; in einem Quellried bei Altamachi, ca. 4000 m, No. 3868.

Durch das lockere Blattzellnetz, die oben verbreiterte Rippe und die schopfig gehäuften Bruchblätter leicht zu erkennende zierliche Art.

56. **Campylopus latinervis** Herzog nov. spec. (Tafel I, Fig. 8).

Sterilis, laxiuscule caespitosus 3—4 cm altus aureofulvus nitidulus, sat dense foliatus. Folia suberecto-patentia scariosa fragilia 6—7 mm longa, quam in Camp. jugorum latiora, ab ipsa basi tubuloso-concavissima superne marginibus perfecte conniventibus, dorso laevissima haud sulcata, integerrima extremo tantum apice argute paucidentata nervo latissimo basi ⅚ folii occupante more Pseudocampylopodum cellulis ventralibus laxissimis ceteris substereidibus exstructo, cellulis laminae angustissimae utrinque seriis 8—10 conflatae irregularibus breviter ellipticis obliquis incrassatis marginalibus pluriseriatim angustissimis, alaribus brunneis paucis fugacibus.

Auf Torfboden des Moränentals von Torreni in der Yanakakabastion, ca. 3800 m, No. 3738; auf Torfboden an den Cerros de Malaga, ca. 4000 m, No. 4356.

Durch die abstehenden, etwas brüchigen, breiten, von unten an röhrig-hohlen Blätter und die sehr breite Blattrippe sowie auch den Habitus von dem verwandten *C. jugorum* H. verschieden.

57. **Campylopus albidovirens** Herzog nov. spec. (Tafel I, Fig. 12).

Sterilis, caespites densos spongiosos 5—7 cm altos efformans, caulibus inferne tomento rubiginoso obtectis foliorum basi inflata albide nitida vaginatim appressa subjulaceo-foliatis setoso-penicillatis albidovirentibus. Folia scarioso-rigidula 7 mm longa, e basi inflata laxe appressa late ovata (1,3 mm) in apicem erectum subflexilem setosum convolutaceo-canaliculatum contracta, in extremo apice parce dentata ceterum integerrima, nervo validissimo $^2/_4$ baseos occupante vesiculoso-inflato more Pseudocampylopodum exstructo, cellulis laminae limpido-pellucidis anguste oblique rhombeis elongatis, alaribus multis brunneis in auriculam angulatim prominentem conflatis.

In einer Quellwiese an der Waldgrenze über Tablas zwischen Gras und Sphagnum Polster bildend, ca. 3400 m, No. 2782.

Diese sehr ausgezeichnete Art vermehrt die Gruppe der *Pseudocampylopoden* um einen sehr eigenartigen Typus.

58. **Campylopus trichophorus** (Hpe.) Herzog (Tafel I, Fig. 13).

Sterilis; caespites latos subpulvinatos extomentosos laxos efformans, caulibus 2—3 cm altis fragilibus rigidiusculis foliis sat laxe dispositis amoene viridibus aurescentibus inferne spadiceonigricantibus vernicoso-nitidis, inter folia juvenilia ramulos plures filiformes iterum ramificatos fragiles in apice ramulorum foliola angustissima hyalina decidua gerentes nitidos foventibus. Folia setuloso-patentia subdivaricata e basi ventricoso-auriculata 0,8 mm lata sensim longe convolutacea 6 mm longa (vel in forma majore 8—9 mm longa) dorso scaberula margine ab apice infra medium dense muriculato-denticulata (vel in forma majore subintegerrima), nervo validissimo $^2/_3$ baseos occupante more Pseudocampylopodum exstructo, cellulis laminae elongate ellipticis interdum vermiculiformibus valde incrassatis punctulatis, alaribus magnis purpureo-brunneis.

An Bambushalmen bei der Waldgrenze über Tablas ca. 3400 m, No. 2858; an Baumästen bei der Waldgrenze zwischen San Mateo und Sunchal, ca. 2900 m, No. 4447; an Baumästen im oberen Coranital, ca. 2700 m, No. 5055.

forma major epropagulifera. Auf Baumästen im oberen Coranital, ca. 2700 m, No. 3409.

Diese Art ist unter den Pseudocampylopoden durch ihre gespreizt abstehenden, langen, borstigen Blätter, durch die geschwärzten alten Stengelteile und den firnisartigen Glanz sofort zu erkennen. Ich fand sie im Berliner Herbar unter *C. penicillatus* (Hornsch.) eingereiht und als *C. penicillatus* Schimp. bezeichnet, mit einem beigeklebten Ausschnitt aus Bot. Zeitschrift 1869 No. 27 versehen, worin Hampe schreibt: „Bei *Dicranum* (Camp.) *penicillatum* ist zu bemerken, daß Hornschuch in der Flora Brasiliensis *Dicranum penicillatum* zwar steril beschrieben hat, welches eins ist mit *D. lamellinerve C. M.*, daher die Schimpersche Art *D. trichophorum* genannt werden möge". Diese Exemplare stammen aus den Anden von Ecuador, leg. Krause ex hb. P. G. Lorentz. Auch im Herbar Müller liegt diese Art unter *Campylopus penicillatus* (Hornsch.) von „Peruvia, leg. Lechler, No. 2627."

Da unser Moos mit *C. penicillatus* (Hornsch.) gar nichts zu tun hat und einen auffallenden Typus unter den *Pseudocampylopoden* darstellt, wollte ich nicht versäumen, eine ausführliche Diagnose zu geben und adoptiere dazu gerne den Hampeschen Namen, der sich auf die charakteristischen Bruchäste und Bruchblätter bezieht.

Subgen. *Campylopus* sens. strict. Limpr. Laubm. I.

59. **Campylopus densicoma** C. M.
Im Nebelwald über Comarapa, ca. 2600 m, No. 4263.

60. **Campylopus leucognodes** C. M.
Besonders auf Baumwurzeln und Baumleichen im oberen Waldgürtel. Im Nebelwald über Comarapa, ca. 2600 m, No. 3797, 3963; zwischen San Mateo und Sunchal No. 4469 *f. intermedia* foliis argute serrulatis ad speciem praecedentem spectans; auf faulem Holz im oberen Coranital, ca. 2600 m, No. 3376 f. *intermedia*.

61. Campylopus fulvus Herzog nov. spec.

Caespitosus depressus e viridi fulvo-sericeus, caulibus gracilibus iterum ramosis tenuibus 4—5 cm longis tomento rubiginoso ubique denso indutis sat dense foliatis. Folia erecto-patentia vel secundula, e basi angusta valde concava amplectante sensim longissime subulato-setulosa, tubuloso-canaliculata, summo apice denticulato excepto integerrima, nervo tertiam baseos partem occupante more Eucampylopodum exstructo cellulis laminae breviter rectangulis vel obliquis sat magnis incrassatis inferioribus fuscatis, marginalibus minoribus parum elongatis alaribus permultis magnis purpureis. Seta brevis (4—5 mm) arcuata sicca flexuoso-erecta innovationes vix superans; theca suberecta parva anguste elliptica profunde plicata olivacea ore fuscato, deoperculata parum inaequalis leviter curvata macrostoma, operculo oblique rostrato ochraceo-brunneo, calyptra basi integra.

An Baumwurzeln im Tal des Rio Paracti, ca. 1800 m, No. 4996.

Durch die Tracht, die sehr schmalen, an die *filifolius*-Gruppe erinnernden, von Grund auf rinnigen Blätter und die sehr kleine, etwas gekrümmte Kapsel von den verwandten Arten wie *C. leucognodes* (C. M.) verschieden.

62. Campylopus Gertrudis Herzog nov. spec. (Tafel I, Fig. 11).

Laxiuscule caespitosus, caule a basi pluriramoso, ramis tenuibus foliis in gemma convolutis caudatis tomento atropurpureo tenui indutis laete viridibus nitidis. Folia sat laxe disposita — caule exinde diaphano — flexuosa subfalcato-secunda, e basi sat lata (0,7 mm) ventricoso-auriculata appressa longissime filiformi-subulata, superne tubuloso-canaliculata, apice usque ad medium minute arguteque denticulata, nervo basi dimidiam folii partem occupante more Eucampylopodum exstructo, cellulis laminae tenuibus elongate subhexagonis ellipticis marginalibus brevioribus aliquantulum irregularibus, alaribus ventricoso-inflatis magnis purpureis. Seta e partibus vetustioribus oriens innovationibus multo superata inde subcondita, gracillima erecta straminea 12—15 mm longa, theca erecta regularis deoperculata 2 mm longa anguste elliptica profunde plicata pallide olivacea, operculo 1,2 mm longo oblique aciculari-rostrato atropurpureo, calyptra basi integra.

An feuchtem Wurzelwerk über Felsen am Sillar (Espiritu-Santo), ca. 2000 m, No. 2731.

Unter den *Eucampylopoden* mit glatter Haube durch die sehr schmale Kapsel, die aufrechte Seta und die langen, locker gestellten Blätter ausgezeichnet.

63. Campylopus perexilis C. M.

Auf schwarzer Humuserde im Hochgebirge. Bei der Saittulaguna, ca. 4300 m, No. 2665; an den Cerros de Malaga, ca. 4000 m, No. 4404.

64. Campylopus Jamesonii (Hook.) (Tafel I, Fig. 10).

Im Nebelwald über Comarapa, ca. 2600 m, No. 3792; im Buschgürtel von Tres Cruces (Cord. von Santa Cruz), ca. 1500 m; im oberen Coranital, ca. 2600 m, No. 5069, prachtvolle, reich fruchtende Rasen!

65. Campylopus concolor Mitt.

Nach der Beschreibung und nach Vergleichung mit Exemplaren im Berliner Herbar rechne ich folgende Nummern hierher: in der Talschlucht von Tablas, ca. 1800 m, No. 4566; an der Waldgrenze über Tablas, ca. 3400 m, No. 2799, forma foliis minus denticulatis.

66. Campylopus spurioconcolor C. M.

Zwischen San Mateo und Sunchal, No. 4469 c. fr.!

67. Campylopus alopecurus C. M.

Im Bergwald von Florida de San Mateo, ca. 1500 m, No. 3629; im Bergwald von Tres Cruces (Cord. von Santa Cruz) ca. 1400 m, No. 3997.

68. Campylopus harpophyllus Herzog nov. spec. (Tafel I, Fig. 4).

Densissime contexto-caespitosus, d u r i u s c u l u s tomento fuscescente indutus, rhizoidibus hic illic e nervi latere dorsali orientibus. Caulis 5 cm altus vetustis stramineis inferne dense obtectus superne e viridi flavescens m e t a l l i c o - n i t e n s. Folia d u r i u s c u l a sat denso cauli accumbentia a p i c i b u s h a m a t i m i n c u r v a 4—5 mm longa, e basi aperta sensim lanceolato-subulata in pilum flavescentem b r e v i s s i m u m parce denticulatum exeuntia vel inferiora epila, s u r s u m c o n v o l u t a extremo apice interdum semitorta, i n t e g e r r i m a, nervo $^1/_3$ baseos occupante pro more Eucampylopodum s t e r e i d i b u s p a u c i s suffulto d o r s o e l a m e l l o s o, lamina sat l a t a ad apicem ipsum producta in parte basali cellulis subhyalinis sat laxis breviter rectangulis marginalibusque multo angustioribus superne densissimis parvis valde irregularibus oblique rhombeis vel hexagonis conflata, alaribus hyalinis fugacibus pro more valde tenuibus.

Auf Torfboden im oberen Llavetal, ca. 4200 m, No. 4796; auf Torfboden an den Cerros de Malaga, ca. 4000 m, No. 4416.

Durch die hakenförmig eingekrümmten harten Blätter von sehr eigentümlicher Tracht; gewiß eine gute Art, die an ihren beiden, wohl 50 km voneinander entfernten Fundorten völlig identisch ausgebildet ist.

69. Campylopus cucullatifolius Herzog nov. spec. (Tafel I, Fig. 7).

Sterilis, caulis f l a c c i d u s flexilis ad 10 cm altus superne in ramos paucos divisus, e partibus vetustis parce rubiginoso-tomentosus vel extomentosus, laxe foliatus, f o l i i s j u n i o r i b u s g e m m a c e o - i n v o l u t i s c u s p i d a t u s. Folia cauli atropurpureo h a m a t i m laxe i n c u m b e n t i a straminea nitida, 4 mm longa, e basi ovata 1,5 mm lata o v a t o - l a n c e o l a t a involutaceoconcava, o b t u s a, c u c u l l a t a, integerrima, n e r v o v a l i d o quartam vel tertiam baseos partem occupante j u v e n i l i in d o r s o b u l l a t o - u n d u l a t o more Eucampylopodum exstructo in apice evanescente, cellulis laminae oblique seriatis subrhombeis marginalibus ad basin paucis tenerrimis angustis elongatis, a l a r i b u s permultis in ventriculum conflatis brunneis dein decoloribus.

Zwischen Sphagnum an der Waldgrenze über Tablas, sehr spärlich, ca. 3400 m, No. 2826/a.

Durch seine an *Dicranum Bonjeani* erinnernde Tracht und die stumpf kapuzenförmige Spitze der breiten Blätter ausgezeichnet.

70. Campylopus cavifolius Mitt.

An der Waldgrenze über Tablas, ca. 3400 m, No. 2831, 2890 c. fr.!; an der Waldgrenze des Rio Saujana, ca. 3400 m, No. 3239, 3261 c. fr.!

71. Campylopus annotinus Mitt.

Im unteren Coranital, ca. 1800—2000 m, No. 4708, c. fr.!

72. Campylopus subgriseus Hpe.

In der Cordillere von Santa Cruz auf der Durchreise aufgenommen, No. 3476; auf dem Meson bei Samaipata, ca. 2000 m, No. 4129.

73. Campylopus ingenlensis R. S. W.

Auf feuchtem Sand an der Waldgrenze über Tablas, ca. 3400 m, No. 2945 f. brevipila; auf Torfboden an den Cerros de Malaga, ca. 4000 m, No. 4401.

74. Campylopus (Trichophylli) **filicuspes** Broth. n. sp.

D i o i c u s; robustus, caespitosus, caespitibus densis, stramineo-viridibus, nitidis; c a u l i s erectus, usque ad 10 cm longus, ubique atropurpureo-tomentosus, densiuscule et aequaliter foliosus, simplex vel apice furcatus; f o l i a sicca erecto-patentia, humida patentia, canaliculato-concava, e basi oblonga sensim longissime lanceolato-subulata, usque ad 15 mm longa et ca. 1,1 mm lata, marginibus erectis, superne serrulatis, nervo basi c. $^2/_5$ folii latitudinis occupante, longe excedente, dorso laevi, cellulis ventralibus magnis, inanibus, cellulis laminalibus incrassatis, lumine ovali vel anguste ellipticis, basilaribus haud incrassatis, rhomboideis vel oblongis, marginem versus angustioribus, alaribus numerosis, fuscis, in ventrem distinctissimum, valde excavatum dispositis. Caetera ignota.

Im Nebelwald der Laguna verde über Comarapa, alt. 2600 m, No. 4192.
Species pulcherrima, *C. praealto* (C. Müll.) Par. affinis, sed foliis longissime subulatis jam dignoscenda.

75. **Campylopus** (Trichophylli) **reflexus** Broth. n. sp.

D i o i c u s; robustiusculus, laete viridis, inferne fuscescens, nitidiusculus; c a u l i s erectus, usque ad 8 cm longus, ubique fusco-tomentosus, laxiuscule foliosus, simplex vel superne furcatus; f o l i a inferiora recurvo-patula, superiora reflexa, comalia sicca erecta, humida erecto-patentia, canaliculato-concava, e basi breviter oblonga sensim lanceolato-subulata, plerumque mutica, raro brevissime hyalino-mucronata, ca. 6 mm longa et ca. 0,75 mm lata, marginibus erectis, apice argute serratis, nervo basi paulum ultra tertiam partem folii latitudinis occupante, dorso lamellato, cellulis ventralibus inanibus, cellulis laminalibus minutis, irregularibus, triangularibus, rhombeis et polygonis, basilaribus internis laxe rectangularibus, marginem versus angustioribus, alaribus numerosis, ovali-hexagonis, fuscis. Caetera ignota.

Incacorral, alt. 2200 m, No. 4988.

Muscus habitu speciebus nonnullis sectionis *Rigidi* sat similis, sed ob foliorum structuram ad sect. *Trichophylli* pertinens.

Subgen. *P a l i n o c r a s p i s* Lindb. musc. scand.

76. **Campylopus malagensis** Herzog nov. spec. (Tafel I, Fig. 6).

Dense h u m i l i t e r c a e s p i t o s u s, caulibus 1—2 cm longis tenuibus iterum divisis parum tomentosis penicillatis strictiusculis e viridi brunneo-stramineolis vel crupreis s e r i c e o - n i t i d i s. Folia s t r i c t i u s c u l e e r e c t a, vix ad apicem surculi secundula, e basi concava l a n c e o l a t o - s u b u l a t a apice saepius hyalino-mucronulata, b r e v i u s c u l a (3 mm longa) superne convoluta subintegerrima vel parum r u g u l o s o - s c a b e r u l a, nervo dimidiam baseos partem o c c u p a n t e more Palinocraspidum exstructo s t e r e i d i u m f a s c i c u l o v e n t r a l i p a u- p e r o u l t r a m e d i u m e v a n e s c e n t e, dorso leviter sulcato, cellulis alaribus multis magnis purpurascentibus plerumque ventricosis, laminaribus inferioribus sat laxis b r e v i t e r r e c t a n g u l i s superioribus minoribus subobliquis chlorophyllosis, lamina ultra medium producta.

Auf Torfboden der Cerros de Malaga, alt. 4000 m, No. 4367.

Im Berliner Herbar liegen Exemplare eines *Campylopus* aus Ecuador, auf der Etikette mit *C. microphyllinus* Broth. bezeichnet, die der oben beschriebenen Art sehr nahe zu stehen scheinen. Nach einer brieflichen Mitteilung des Herrn B r o t h e r u s ist diese Art jedoch noch nicht veröffentlicht worden. Da nun beide steril sind und infolgedessen ihre Identität nicht sicher nachweisbar ist, so ziehe ich vor, meiner bolivianischen Art einen neuen Namen zu geben. Sie steht nach der Beschreibung dem *C. campiadelphus* C. M. nahe.

Subgen. *L e u c o c a m p y l o p u s* Herzog subgen. nov.

77. **Campylopus insignis** Herzog nov. spec. (Tafel I, Fig. 9).

C. leucobasis Herzog in sched.

Laxe caespitosus flavescenti-viridis vix nitidulus, speciem Bartramiae sectionis Strictidii aliquam in mentem referens. Caulis erectus subsimplex vel superne divisus rigidus stricte foliis s t r i c t e e r e c t i s accumbentibus p e n i c i l l a t u s. Folia sat densa 4—5 mm longa, e basi longa angusta i n s u b u l a m pro genere b r e v e m o b t u s i u s c u l a m tuberculoso-concavam (tamen hic illic margine angustissime revoluto) summo apice denticulatam dorso cellulis prominentibus s c a b e r u- l a m constricta, integerrima, n e r v o l a t i s s i m o deplanato cellulis ventralibus laxis hyalinis dorsalibus normalibus stereidibus interpositis modice incrassatis, i n f e r n e a m b o l a t e r e l a m i n a tumescente e stratis 2—3 c e l l u l a r u m a m p l i s s i m a r u m h y a l i n a r u m exstructa d i l a t a t o, superne leviter sulcato, cellulis laminae marginalis inferne s c r i e b u s 10 angustis elongatis hyalinis raptim i n s u p e r i o r e s d e n s i s s i m a s p a r- v a s brevissime oblique rectangulas chlorophyllosas t r a n s e u n t i b u s, alaribus haud perspicuis.

Auf Erde an der Abra de San Mateo, ca. 3000 m, No. 3721.

Scheint nach der eigenartigen Struktur der Blattrippe und der sie begleitenden 2—3schichtigen Laminastreifen, die stark an *Paraleucobryum* erinnern, eine eigene Untergattung von *Campylopus* zu bilden.

Pilopogon Brid. Bryol. univ. I.

Subgen. *Eupilopogon* Broth.

78. Pilopogon gracilis Brid.

Weit verbreitet, besonders über der Waldgrenze häufig und meist reich fruchtend. Z. B. an der Waldgrenze des Rio Saujana, ca. 3400 m, No. 3224; auf einem Bergkamm über Comarapa, ca. 2600 m, No. 4315; auch auf der ersten Reise schon gesammelt.

var. **divaricatus** Herzog nov. var.

A typo differt caule breviore foliisque stricte divaricatis.

Am Meson bei Samaipata, ca. 2000 m, No. 4128.

79. Pilopogon liliputanus C. M.

Auf steinigem Boden zwischen Gras, zwischen Colomi und Abra de Toncoli, ca. 3600 m, No. 4369; im Hochland von Totora, ca. 2800 m?, No. 5122.

80. Pilopogon nanus C. M.

An der Waldgrenze über Tablas, ca. 3400 m, No. 2848/a; im Hochtal von Viloco, ca. 4600 m, No. 3208; die letzteren Exemplare stimmen genau mit den Lindig'schen Originalen von Bogota überein.

81. Pilopogon holomitrius C. M. in Genera muscorum p. 256.

Zu dieser Art, welche ich im Herbar Müller gesehen habe, rechne ich Exemplare aus der Quebrada de Pocona, ca. 2800 m, No. 3465. Eine Beschreibung der Art konnte ich nirgends finden.

82. Pilopogon Tiquipayae Herzog nov. spec. (Tafel I, Fig. 5).

Sterilis, dense caespitosus, e viridi superne aureo-brunnescens vel purpurascens sericeo-nitidus, caulibus ad 3 cm altis strictiusculis simplicibus. Folia sicca subappressa strictiuscula, humida parum patula ad 3 mm longa, anguste lanceolato-subulata, canaliculata, apice subtubulosa, integerrima, apice extremo tantum muriculato-denticulata, nervo plus quam tertiam baseos partem occupante dorso plurisulcato, cellulis basalibus ampliatis, alaribus hyalinis mox deletis, laminaribus subrectangulis parum obliquis ultra medium productis, marginalibus tenerrimis angustissimis limbum indistinctum hyalinum efformantibus.

An Schieferfelsen der Cumbre de Tiquipaya, ca. 4100 m, No. 2655.

Leider steril; scheint trotz sehr geringer Unterschiede doch von dem nächst verwandten *P. liliputanus* C. M. spezifisch verschieden zu sein. Im Habitus an *Campylopus Schimperi* erinnernd.

Subgen. *Thysanomitrium* Schwgr. Suppl. II.

83. Pilopogon Richardii (Schwgr.).

Auf rotem Sandstein bei Tres Cruces (Cord. von Santa Cruz), ca. 1400 m, No. 3927.

Metzleria Schimp. Musc.

84. Metzleria spiripes (C. M.).

Dicranum C. M.

Im Buschfilz an der Waldgrenze über Tablas, ca. 3400 m, No. 2824, 2908; No. 2852 forma elata.

Leucobryaceae.

Octoblepharum Hedw. Musc. frond. III.

85. Octoblepharum albidum L.

Zwischen Aguarai und Yacuiba an Baumrinde, ca. 350 m, No. 5157.

Leucobryum Hpe. in Flora 1837.

86. **Leucobryum giganteum** C. M.

Auf der Erde im Bergwald des Sillar, ca. 1800 m, No. 2703; in der Talschlucht von Tablas an tiefschattigen, nassen Felsen, ca. 1800 m, No. 4577, 4530; zwischen Incacorral und Paracti an feuchten Waldstellen, ca. 2100 m, No. 4997; an schattigen Felsen bei Locotal, ca. 1600 m sine No.

Fissidentaceae.

Fissidens Hedw. Fund. II.

Subgen. *Eufissidens* Mitt. Musc. austr. am.

Sect. *Reticularia* Broth.

87. **Fissidens macrophyllus** Mitt.

Im feuchten Bergwald beim Sillar (Weg nach Espiritu Santo), ca. 1800 m, No. 2688/a.

Sect. *Heterocaulon* C. M. Gen. musc.

88. **Fissidens excurrentinervis** R. S. W. (Fig. 5, e).

An schattigen Konglomeratfelsen bei La Paz mit *Fabronia andina* Mitt, ca. 3600 m, No. 2561.

89. **Fissidens incisus** Herzog nov. spec. (Fig. 5, f).

Pseudo-dioicus; flos ♂ gemmaeformis ad basin plantae ♀ ex eodem protonemate cum caulibus nonnullis fertilibus brevibus paucijugis sterilibusque elongatis gracillimis multijugis oriens. Caulis sterilis eleganter pennaeformis 4 mm longus 16-jugus, foliis ensiformibus acuminatis, lamina vera ad $^2/_3$ folii occupante, lamina dorsali sensim angustata supra basin desinente, ubique limbo flavido tenui in lamina vera 2—3seriato ceterum uniseriato circumducta, nervo flavido percurrente, cellulis irregularibus elongate hexagonis vel pentagonis laxis pellucide reticulata; caulis fertilis 1 mm longus 3-jugus, foliorum lamina vera multo majore, lamina apicali angustissima brevi, perichaetialia in sinu inter laminam veram 3—4-seriata limbatam et processum apicalem incisoerosa, lamina dorsali subnulla, processu angustissimo divaricato. Seta 2—4 mm longa erecta; theca erecta perfecte ovalis microstoma peristomio brevi cruribus echinulato-papillosis.

In einer Erdhöhle im oberen Llavetal, ca. 4200 m, No. 4888.

90. **Fissidens Bockii** Herzog nov. spec. (Fig. 5, a—d).

Pseudo-dioicus; flos ♂ gemmaeformis inter surculos fertiles et steriles ex eodem protonemate oriens. Caulis sterilis eleganter pennaeformis, 3 mm longus 10—13-jugus, foliis breviter oblongo-ellipticis acutis; limbo ante apicem evanido; caulis fertilis 2—3-jugus foliis arcte vaginantibus lamina vera latissima in processum stricte erectum exeunte, indistincte repandodentata latiuscule limbata, lamina dorsali brevissima, nervo flavido percurrente, cellulis hexagonis vel pentagonis parum incrassatis pellucide laxe reticulatis. Seta 4—7 mm longa erecta; theca erecta perfecte ovalis, peristomio longiore cruribus spiraliter incrassatis.

Auf zersetzten Schieferfelsen in der Bachschlucht von Tarujumaña, ca. 3300 m, No. 2984; auf Erde im oberen Llavetal, ca. 4200 m, No. 4816.

F. Bockii und *F. incisus* stehen dem *F. excurrentinervis* R. S. W. nahe, unterscheiden sich aber beide von ihm durch den deutlichen Blattsaum. Die 3 Arten bilden in der *Heterocaulon*-Gruppe einen engeren Verwandtschaftskreis, von den übrigen Arten durch die normal ausgebildeten, breitblätterigen sterilen Sprosse unterschieden. Alle 3 gehören der bolivianischen Hochcordillere an.

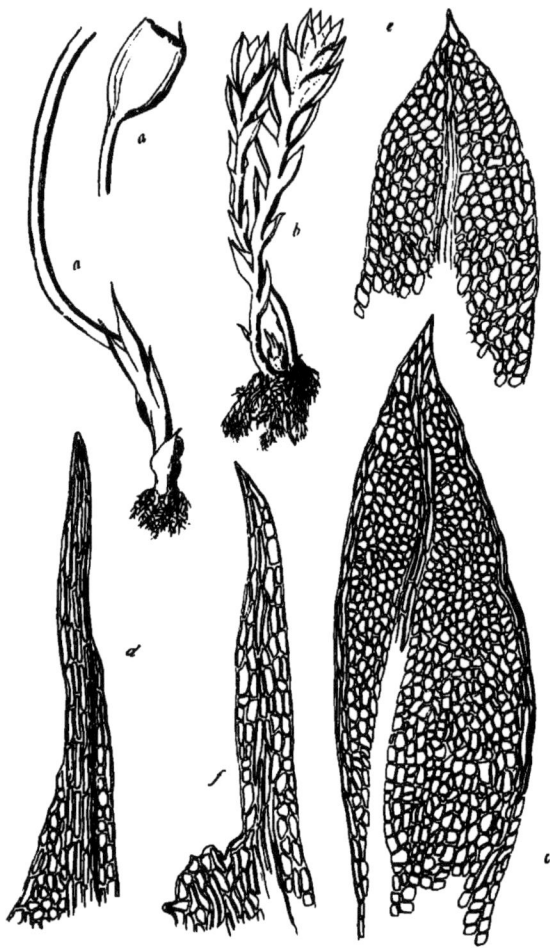

Fig. 5. *a, b, c, d Fissidens Bockii* H. n. sp. *a* fertiler Sproß u. Sporogon 15:1; *b* sterile Sprosse und ♂ Knospe 15:1; *c* Blatt 250:1; *d* Spitze eines Perichaetialblattes. *e* Blattspitze von *F. excurrentinervis* R. S. W. 250:1, *f* Spitze eines Perichaetialblattes von *F. incisus* H. n. sp. 250:1.

Sect. *Bryoidium* C. M. Gen. musc.

91. **Fissidens oligophyllus** C. M.
Auf Walderde zwischen San Mateo und Sunchal, ca. 1800 m, No. 4438; auf faulem Holz im Bergwald des Rio Saujana, ca. 2800 m, No. 3278.

92. **Fissidens Walllsii** C. M.
Im oberen Coranital, c 2600 m, No. 3385; in den Estradillas über Incacorral, No. 3326; bei Lagunillas über dem Tocoranital, ca. 3200 m, No. 3840; bei Tres Cruces (Cord. von Santa Cruz), ca. 1400 m, No. 4169; in der Quebrada de Pocona, ca. 2800 m, No. 5141.

93. **Fissidens Carionis** C. M.
Auf Waldboden zwischen San Mateo und Sunchal, ca. 1800 m, No. 4497. Von dem ähnlichen *F. palmatus* Sw. sofort durch die mamillösen, trüben Blattzellen zu unterscheiden.

94. **Fissidens Sanctae Crucis** Broth. n. sp.
Dioicus; gracilescens, caespitosus, caespitibus laxis, saturate viridibus, opacis; caulis erectus, c. 5 mm longus, cum foliis c. 1,75 mm latus, basi fuscoradiculosus, laxiuscule foliosus, simplex; folia c. 7-juga, homomalla, infima minuta, superiora multo majora, oblongo-ligulata, acuta, usque ad 1,7 mm longa, integra, limbata, limbo angusto, hyalino, infra summum apicem laminae apicalis ut etiam supra basin laminae dorsalis desinente, ad basin laminae verae intramarginali et dein desinente, lamina vera lamina

apicali longior, lamina dorsalis paulum decurrens, basi angustata, nervo pallido, in apiculum folii desinente, cellulis rotundatis, 0,007—0,010 mm, valde chlorophyllosis, laevibus; seta terminalis, ca. 5 mm alta, tenuissima, rubra; theca suberecta, minuta, ovalis, subsymmetrica, pallida. Caetera ignota. Cordillera de Santa Cruz, No. 3485.

Species limbo laminae verae basi intramarginali, laminae dorsalis supra basin desinante dignoscenda.

Sect. *Pycnothallia* C. M. Gen. musc.

95. Fissidens innovans Herzog nov. spec.

Autoicus, laxe gregarius obscure viridis, c a u l e gracili ad 12 mm longo c u r v a t o i n n o v a n t e iterum 4—5-jugo foliis siccis parum decurvis. Folia a n g u s t e o b l o n g a acuta integerrima, lamina vera ad medium pertinente, l a m i n a d o r s a l i c o m p l e t a a d b a s i n r o t u n d a t a, ubique limbo sat crasso 2—3-seriato flavescente extremo apice obsoleto circumducta, nervo pellucido in apiculum desinente, cellulis parvis rotundato-hexagonis vel pentagonis papillis minutissimis obscuris. Seta tenuissima 2 mm longa apice curvata; theca i n c l i n a t a parva e l o n g a t e c y a t h i f o r m i s m a c r o s t o m a, operculo longe oblique rostrato; peristomium dentibus bifidis cruribus filiformibus tenuissime spiraliter incrassatis exappendiculatis.

An Baumästen im Bergwald von Espiritu Santo, ca. 1600 m, No. 2772.

Sect. *Semilimbidium* C. M. Gen. musc.

96. Fissidens Incacorralis Herzog nov. spec.

Dioicus?; sat dense gregarius humilis obscure viridis, caule suberecto fertili 5 mm, sterili ad 10 mm longo, innovante, eleganter accrescentim plurijugo. Folia inferiora brevissima squamiformia, superiora e basi angustiore l i g u l a t o - o b l o n g a sensim acutata breviter acuminata, lamina vera mediam folii partem aequante vel superante pellucide complanato-limbata, l a m i n a d o r s a l i a d b a s i n a n g u s t a t a r o t u n d a t e a b r u p t a ut et lamina apicali climbata, tenuissime crenulata, folia caulium sterilium multo angustiora, omnia nervo sat valido flavescenti-pellucido i n m u c r o n e m b r e v i s s i m u m exeunte, c e l l u l i s m i n i m i s hexagono-vel pentagono-rotundis d e n s e m i n u t i m p a p i l l o s i s o b s c u r i s. — Seta gracilis suberecta f l e x u o s a 2—3 mm longa straminea, theca i n c l i n a t a s u b i n a e q u a l i s oblique elliptica sub ore ampliato constricta, e x o t h e c i o collenchymatico rubro punctato l e v i s s i m e s t r i a t o - s u l c a t o, peristomii dentibus cruribus spiraliter incrassatis intus pectinatim lamellosis sporis minimis diametro 0,008 mm laevissimis smaragdinis.

Auf feuchten beschatteten Steinen im Bergwald bei Incacorral, ca. 2300 m, No. 5039.

Sect. *Crenularia* C. M. Gen. musc.

97. Fissidens mateoënsis Broth. n. sp.

D i o i c u s; gracilis, caespitosus, caespitibus laxiusculis, saturate viridibus, opacis; c a u l i s orectus, usque ad 1 cm longus, cum foliis ca. 1,3 mm latus, basi fusco-radiculosus, dense foliosus, innovando-ramosus vel simplex; f o l i a multijuga, patentia, vix homomalla, oblongo-ligulata, obtusa vel late acuta, superiora ca. 0,9 mm longa, elimbata, integra, lamina vera lamina apicali longior, lamina dorsalis ad basin nervi enata ibidemque rotundata, nervo crassiusculo, luteo, infra summum apicem folii evanido, cellulis minutissimis, valde chlorophyllosis, valde papillosis, obscuris. Caetera ignota.

Florida de San Mateo, No. 3708.

Species *F. diplodo* Mitt. affinis, sed statura multo robustiore foliorumque forma dignoscenda.

Sect. *Pachylomidium* C. M. in Flora 1897.

98. Fissidens rigidulus (Hook. f. et Wils.).

An Steinen in Gebirgsbächen, in der Hochcordillere wohl weit verbreitet. Im Tocoranital, ca. 2800 m, No. 4062; auf der Nordseite der Cerros de Malaga, ca. 3800 m, No. 4393; im Chocayatal, ca. 3400 m, No. 2619; im oberen Llavetal massig, ca. 4200 m, No. 4836.

Sect. *Amblyothallia* C. M. Gen. musc.

99. **Fissidens asplenioides** Hedw.

In feuchten Schluchten der Waldregion häufig. An der Waldgrenze über Tablas, ca. 3400 m, No. 2855; in der Cordillere von Santa Cruz, ca. 1400 m, No. 3523; im Nebelwald über Comarapa, ca. 2600 m, No. 4218.

Simplicidens Herzog in Beih. Bot. Centr. 1909.

100. **Simplicidens andicola** Herzog in Beih. Bot. Centr. 1909.

Unter Rasenwurzeln im Tälchen San Miguel, nördlich von der Cumbre de Liryuni, ca. 4100 m, No. 2611; am alten Standort im oberen Llavetal, ca. 4200—4300 m, No. 4886.

Calymperaceae.

Syrrhopodon Schwgr. Suppl. II.

101. **Syrrhopodon** (Acaules) **macrophyllus** Broth. n. sp.

D i o i c u s; gracilescens, caespitosus, caespitibus laxiusculis, pallide viridibus; c a u l i s erectus, 1 cm vel paulum ultra longus, basi fusco-radiculosus, dense foliosus, simplex vel furcatus; f o l i a e basi

Fig. 6. *a Syrrhopodon scaber*, No. 4631, Blattspitze 250:1; *b, c Syrrhopodon ochroleucus* H. n. sp., No. 4673, *b* Blattspitze 250:1, *c* Brutkörper 250:1.

longe vaginante albescente, nitidiuscula sensim in laminam patentem, flexuosulam, anguste linearem, usque ad 8 mm longam producta, obtusa, marginibus erectis, ubique hyalino-limbata, limbo superne minute, summo apice argute serrulatis, nervo infra summum apicem folii evanido, dorso superne minute serrulato, cellulis laminalibus minutissimis, valde chlorophyllosis, minutissime papillosis, basilaribus laxis, teneris, rectangularibus, inanibus. Caetera ignota.

Cordillera de Santa Cruz, No. 3515.

Species a caeteris speciebus sectionis caule longiusculo dignoscenda.

102. **Syrrhopodon** (Acaules) **submacrophyllus** Broth. n. sp.

Species caule foliorumque forma et structura cum praecedente omnino conveniens, sed foliis parte vaginante multo breviore laminaque vix ultra 4 mm longa dignoscenda.

Cordillera de Santa Cruz, No. 3516.

103. **Syrrhopodon ochroleucus** Herzog nov. spec. (Terebellati) (Fig. 6. b u. c).

Sterilis; densiuscule caespitosus caespitibus pallide viridibus intus ochroleucis, caulibus ad 3 cm longis apice ramulosis ramis brevibus rosulato-comosis. Folia densiuscula apice dense congesta 5 mm longa, sicca terebellato-crispula, humida flexuosa margine undulata, e basi longa latiuscule limbata in laminam linearem carinato-canaliculatam apice proliferam exeuntia, lamina angustissime limbata limbo ante apicem evanido subintegerrimo vel superne remote denticulato, in apice elimbata densiuscule serrulata, nervo superne vix scaberulo, cellulis laminaribus densis rotundis modice incrassatis diaphanis grosse verrucosis.

An Felsen im unteren Coranital, ca. 1800 m, No. 4673.

104. **Syrrhopodon argentinicus** C. M.

Auf faulem Holz in der Cordillere von Santa Cruz, ca. 1400 m, No. 3563; im Nebelwald über Comarapa, ca. 2600 m, No. 3796, 4345.

105. **Syrrhopodon papillosus** C. M.

Auf faulem Holz im Bergwald des Sillar, ca. 1800 m, No. 2706.

106. **Syrrhopodon scaber** Mitt. (Fig. 6. a).

An schattigen Felsen in der Talschlucht von Tablas, ca. 1800 m, No. 4631; im Bergwald bei Incacorral, ca. 2200 m, No. 4999, forma tristicha. In der dreizeiligen Beblätterung weicht No. 4999 vom Typus ab, zeigt sich aber in allen Einzelheiten des Blattbaues mit der typischen Form übereinstimmend, so daß es mir unmöglich ist, beide zu trennen. Man kann sich denken, daß die wohl ursprünglichere 3zeilige Beblätterung bei dürftigen Exemplaren sonst mehrzeilig beblätterter Arten gelegentlich wieder auftreten kann.

107. **Syrrhopodon lycopodioides** (Sw.).

An einem Baumfarn in der Talschlucht von Tablas, ca. 1800 m, No. 4542.

Trichostomaceae.

Hymenostomum R. Brown in Transact. Linn. Soc. XII.

108. **Hymenostomum anomalum** Broth. n. sp.

Robustum, caespitosum, caespitibus laxiusculis, sordide viridibus, opacis; caulis erectus, 5 mm vel paulum ultra longus, basi fusco-radiculosus, dense foliosus, simplex; folia patula, planiuscula, e basi ovali elongate ligulata, obtusa, mucronata, c. 2 mm longa, marginibus erectis, integerrimis, nervo crasso in mucronem brevissimum excedente, cellulis laminalibus minutissimis, subrotundis, valde chlorophyllosis, minutissime papillosis, obscuris, basilaribus multo majoribus, rectangularibus vel oblongo-hexagonis, teneris, hyalinis; seta ca. 5 mm alta, tenuissima, lutea; theca erecta, minuta, ovalis, macrostoma, leptodermis, fuscidula; annulus 0; peristomium 0; spori 0,020 mm, fusci, papillosi; operculum e basi conica longe et oblique subulatum.

Cordillera de Santa Cruz, alt. 1200—1400 m, No. 3484.

Species valde peculiaris, habitu *Hyophilae*, sed ob thecae formam melius inter *Hymenostoma* collocanda.

Hymenostylium Brid. Bryol. univ. II.

109. **Hymenostylium contextum** Herzog nov. spec.

Dioicum?; flores ♂ non visi. Densissime caespitosum partibus vetustis arcte contextum, nigro-viride intus ferrugineum, caulibus tenuibus iterum dichotomis ad 4 cm longis. Folia indistincte tristicha, sat laxa, sicca patula apicibus incurvis, humida erecto-patentia strictiuscula carinata, e basi anguste ovata anguste lineari-lanceolata acutiuscula integerrima margine supra basin uno latere revoluta, nervo fuscescenti completo, cellulis omnibus pellucidis basalibus elongatis superioribus irregulariter subquadratis modice incrassatis papillis parce adspersis; perichaetialia parum longiora angustiora. Seta 5 mm longa tenuis basi flavida superne atropurpurea theca minima vix 1 mm longa ovalis deoperculata macrostoma eperistomiata atropurpurea, operculo subaequilongo oblique rostrato cum columella deciduo.

An nassen Felsen der Cerros de Malaga, ca. 4000 m, No. 4376.

Molendoa Lindb. Utkast.

110. Molendoa boliviana Broth. n. sp.

Dioica; gracilescens, caespitosa, caespitibus densis, superne saturate viridibus, intus ochraceis; caulis erectus, usque ad 4 cm longus, inferne fusco-radiculosus, dense foliosus, furcatus; folia sicca incurvo-adpressa, humida erecto-patentia, carinato-concava, e basi ovali lineari-lanceolata, plerumque obtusiuscula, ca. 1,7 mm longa, marginibus erectis, integerrimis, nervo crassiusculo, infra summum apicem folii evanido, dorso superne scabriusculo, cellulis minutissimis, subrotundis, chlorophyllosis, minutissime papillosis, basilaribus internis multo majoribus, rectangularibus, hyalinis, laevissimis; bracteae perichaetii internae erectae, e basi longe vaginante sensim lanceolato-subulatae, subintegrae; seta 5 mm vel paulum ultra alta, flexuosula, tenuissima, lutea; theca erecta, obovata, fuscescenti-lutea; operculum ignotum.

Cumbre de Liryuni, No. 2651.

Species M. andinae (Mitt.) Broth. ut videtur valde affinis, e descriptione foliis obtusiusculis nec acutis dignoscenda.

var. **brevifolia** Herzog nov. var.

M. compacta Herzog in sched.

Foliis brevioribus, cellulis basalibus hyalinis paucioribus differt.

An Felsen im oberen Chocayatal, ca. 4400 m, No. 3574.

111. Molendoa Herzogii Broth. n. sp.

Dioica; gracilis, caespitosa, caespitibus compactis, vix 2 cm altis, glauco-viridibus; caulis erectus, fusco-radiculosus, dense foliosus, dichotome ramosus; folia sicca adpressa, flexuosa, humida patentia, anguste linearia, obtusiuscula vel acuta, ca 1,3 mm longa, marginibus erectis, integerrimis, nervo crassiusculo, subcontinuo, cellulis minutis, quadratis, chlorophyllosis, minute papillosis, basilaribus internis breviter rectangularibus. Caetera ignota.

Laguna verde, Bergkamm über Comarapa, alt. 2600 m, No. 4226.

Species M. Sendtnerianae (Bryol. eur.) Limpr. affinis.

Rhamphidium Mitt. Musc. austr. amer.

112. Rhamphidium pygmaeolum (C. M.).

Auf Erde am Wegrand zwischen San Mateo und Sunchal, ca. 1800 m, No. 4498.

Trichostomum Hedw. Fund. II.

Subgen. *Trichostomum* sens. strict. Limpr. Laubm.

113. Trichostomum challaënse Broth. n. sp.

Dioicum; tenellum, caespitosum, caespitibus densis, glaucoviridibus; caulis erectus, usque ad 1,5 cm longus, inferne fusco-radiculosus, densiuscule foliosus, dichotome ramosus vel simplex; folia sicca crispatula, humida e basi subvaginante in laminam patulam, lanceolatam, acutiusculam sensim attenuata, ca. 1,5 mm longa, marginibus erectis, integerrimis, nervo crassiusculo, continuo, cellulis laminalibus minutissimis, subquadratis, valde chlorophyllosis, papillosis, vaginalibus laxis, teneris, breviter rectangularibus, hyalinis, marginem versus multo angustioribus, limbum pluriseriatum efformantibus. Caetera ignota.

Erdwände bei Challa, 3800—3900 m, No. 2565.

Species statura gracili, colore glaucoviridi foliisque brevibus dignoscenda.

114. Trichostomum apophysatulum Herzog nov. spec.

Dioicum ?; laxe humiliter caespitosum p a l l i d e v i r i d u l u m caulibus vix 5 mm longis. Folia sicca crispata, humida s q u a r r o s o - r e c l i n a t a, e basi appressa a n g u s t e l i n e a r i a o b t u s a 2 mm longa, perfecte carinata marginibus erectis, nervo valido flavido pellucido in mucronem brevem recurvum excurrente, cellulis basalibus laxe rectangulis hyalinis superioribus subrotundis parvis dense papillosis obscuris chlorophyllosis. — Seta 5 mm longa flavissima erecta flexilis; theca 1 mm longa e x a p o p h y s e d i s t i n c t a r u b r a e l l i p t i c a, pallida, microstoma, e p e r i s t o m i a t a, annulo n u l l o, operculo 0,5 mm longo basi rubro oblique rostrato; sporis majusculis diametro ad 0,020 mm fuscidulis papillosis.

Sehr spärlich an einem Berggrat über Comarapa mit *Bartramia perpumila* C. M., ca. 2600 m, No. 4341.

Durch die Kapselapophyse und die großen Sporen eigentümliche Art.

115. Trichostomum ferrugineum Herzog nov. spec.

Dioicum; l a x i u s c u l e c a e s p i t o s u m, obscure viride intus ferrugineum, caulibus ad 3 cm longis dichotomis sat denso foliatis superne comoso-accrescentibus. Folia 3,5—4 mm longa, sicca contorta, incurva, humida erecto-patula s t r i c t i u s c u l a, e basi late oblonga a n g u s t e l i n e a r i a, obtusa, carinata margine medio utrinque anguste revoluta, integerrima, nervo v a l i d i s s i m o ferrugineo in apice dissoluto d o r s o s u p e r n e s c a b r o, cellulis basalibus rectangulis flavidis superioribus irregulariter subrotundis tenuibus papillosis subpellucidis chlorophyllosis; perichaetialia vix diversa. Seta 7—8 mm longa, erecta, r u b e l l a; theca elliptica microstoma, 2,2—3 mm longa, laevissima n i t i d u l a ferruginea, annulo biseriato, e p e r i s t o m i a t a, operculo brevi (0,5 mm) oblique aciculari-rostrato, sporis tetragono-globosis diametro 0,008—0,012 mm minutissime punctulatis.

Im Chocayatal, ca. 3300 m, No. 3606.

Durch die steif aufrechten, schmalen und langen, aber stumpfen Blätter, die sehr kräftige, nicht austretende, am Rücken rauhe Rippe in der Verwandtschaft von *T. mutabile* wohl unterschieden.

116. Trichostomum edentulum Broth. n. sp.

D i o i c u m; robustiusculum, sordide fusco-viride; c a u l i s erectus, ca. 1 cm longus, parce radiculosus, dense foliosus, simplex vel furcatus; f o l i a sicca adpressa, apice incurva, humida erecto-patentia, stricta, carinati-concava, breviter et late lineari-lanceolata, obtusiuscula, aristatula, usque ad 2,5 mm longa, marginibus erectis, integerrimis, nervo crassiusculo, in aristam brevem excedente, dorso laevi, cellulis laminalibus minutissimis, subrotundis, chlorophyllosis, obscuris, basilaribus multo majoribus, elongate oblongo-hexagonis, hyalinis, minutissime papillosis; s e t a ca. 5 mm alta, tenuis, lutesconti-rubra; t h e c a erecta, oblongo-cylindrica, leptodermis, fuscidula, laevis; a n n u l u s angustus, persistens; peristomium 0; s p o r i 0,017—0,020 mm, ferruginei, papillosi; o p e r c u l u m e basi conica breviter subulatum.

Cocapata, alt. 3500 m. No. 4189.

Species *T. quitensi* Hamp. affinis, sed foliis multo brevioribus peristomioque nullo dignoscenda.

117. Trichostomum quitense Hpe.

Im Bergwald von Florida de San Mateo, ca. 2000 m, No. 3674/a; an Felsen in den Estradillas über Incacorral, ca. 3100 m, No. 3313; an feuchten Felsen im unteren Coranital, ca. 1600 m, No. 4703.

var. **longifolium** Herzog nov. var.

A typo differt foliis valde comosis duplo longioribus.

Im oberen Tocoranital, ca. 2600 m, No. 4092.

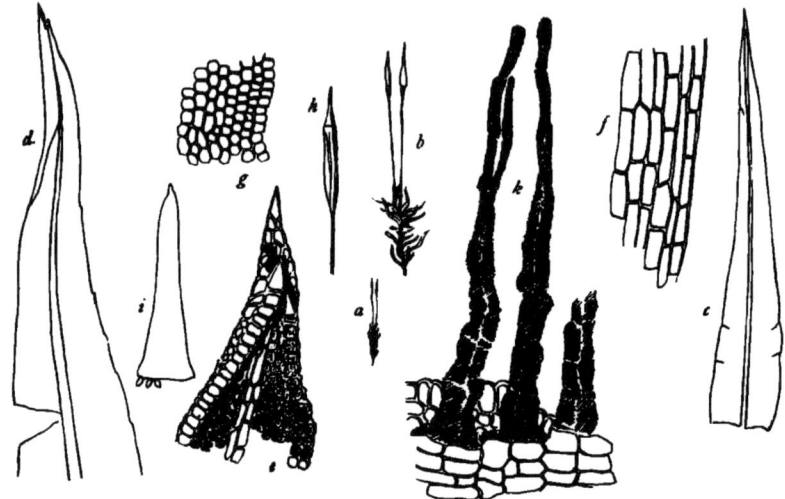

Fig. 7. *Trichostomum fallax* II. *forma minuta*. a Habitus 1:1, b Habitus 4:1, c Blatt 30:1, d Blattspitze 62:1, e Blattspitze 250:1, f unterer Blattrand 250:1, g oberer Blattrand 250:1, h Kapsel 10:1, i Deckel 62:1, k Peristom von innen 250:1.

Subgen. *Oxystegus* Lindb. de Tort.

118. **Trichostomum fallax** Herzog in Beih. Bot. Centr. 1909 (Fig. 7).

Auf faulem Holz an der Waldgrenze des Rio Saujana, ca. 3400 m, No. 3244; an der Wegböschung bei Incacorral, ca. 2200 m, No. 4972; auf schwarzer Humuserde zwischen San Mateo und Sunchal, ca. 2900 m, No. 4482, forma minuta peristomii dentibus apice saepius fissis.

Tortella (C. M.) Limpr. Laubm. I.

119. **Tortella Germainii** (C. M.).

Barbula C. M. in Prodr. Bryol. Bol.

Am Cerro Pampalarga über Vallegrande, ca. 2000 m, No. 4138; im Wald bei Yuto (N.-Argentinien), ca. 400 m, No. 3774; im Bergwald von Florida de San Mateo, ca. 2000 m, No. 3674.

120. **Tortella Pilcomayica** Herzog nov. spec.

Autoica; gregaria, humillima, caule brevissimo dense rosulato-foliato. Folia sicca crispato-incurva, nervo dorso prominente nitidula, humida explanato-patentia, brevia, insigniter late ligulata subspathulata obtusa, nervo valido viridi excurrente breviter obtuse mucronata, margine basi uno latere late inflexo supra basin undulato integerrima, cellulis basalibus breviter rectangulis hyalinis, marginalibus flavidis parum elongatis superne in margine parum productis limbum brevem hyalinum efformantibus, superioribus densis parvis subquadratis papillosis obscuris. — Seta brevissima 5 mm longa erecta; theca (unica vetusta) breviter cylindrica angusta 1 mm longa.

Auf Baumrinde bei Villa Montes am Rio Pilcomayo, ca. 500 m, No. 2547/a.
Durch den zwergigen Wuchs und die stumpf-zungenförmigen Blätter von den übrigen Arten der Gattung gut unterschieden.

Leptodontium Hpe. in Linnaea XX.

121. **Leptodontium proliferum** Herzog nov. spec. (Fig. 8).

Humile, dense caespitosum, intus parce lurido-tomentosum, e viridi flavescens, caulibus simplicibus tenuibus mollibus, fertilibus ad 1 cm altis, sterilibus iterum divisis zonatis ad 4 cm altis. Folia sicca incurva, humida erecto-patentia, inferiora minora 1,2 mm longa lanceolata acuta argute serrata, media majora 2 mm longa late ligulata apice obtusius-

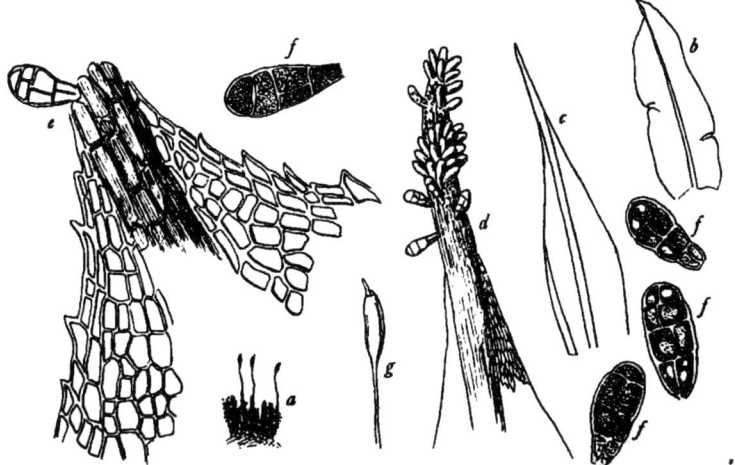

Fig. 8. *Leptodontium proliferum*. *a* Habitus 1:1, *b* mittleres Stengelblatt 30:1, *c* oberes Stengelblatt 30:1 *d* Spitze eines Brutkörper tragenden Blattes 62:1, *e* desgleichen mit abgebrochener Rippe 250:1, *f* reife Brutkörper 250:1, *g* Kapsel 10:1.

cula vel breviter acuminata argute serrata margine utrinque usque ad medium revoluta, nervo cum apice desinente, suprema cum nervo excurrente 3 mm superantia, e ligulari lanceolata, nervo crassiore longe styloso-excurrente in parte stylosa densissime propagulis valviformibus obtecto, cellulis basalibus laxe rectangulis limpidis laevissimis, superioribus quadrato-subrotundis diametro 0,010—0,012 mm tenuibus dense papillosis chlorophyllosis, marginalibus in foliis propaguliferis angustioribus elongatis laevibus. — Seta 6—8 mm longa, pallide straminea, humida flexilis; theca anguste cylindrica, erecta, interdum parum curvata, 1,1 mm longa fuscescens, operculo medio oblique aciculari-rostrato stramineo; peristomii dentibus 16 brevibus, usque ad basin bicruribus laevissimis; sporis diametro ad 0,012 mm minutissime punctulatis luteis.

Auf verrotteten Grasbülten bei den Tunariseen, ca. 4400 m, No. 3429; an der Cumbre de Liryuni, ca. 4500 m, No. 3442; im Hochtal von Choquecota chico auf einem verlandeten Seeboden, ca. 4500 m, No. 3181.

122. Leptodontium spongiosum Herzog nov. spec. (Fig. 9.₁).

Dense turgide pulvinato-caespitosum e viridi flavescens, caulibus ad 4 cm longis iterum dichotomis inter novellos ramos longiores julaceos microphyllinos emittentibus tomentosis carnosulis mollibus dense foliatis. Folia sicca subsquamoso-accumbentia, humida erecta subexplanata, late ovato-lanceolata superne canaliculato-carinata, in acumen mucroniformem unicellularem exeuntia, superne remote arguto serrata, margine usque ad medium late revoluta, nervo pellucido basi valido sensim angustato dorso minutim papilloso sat longe

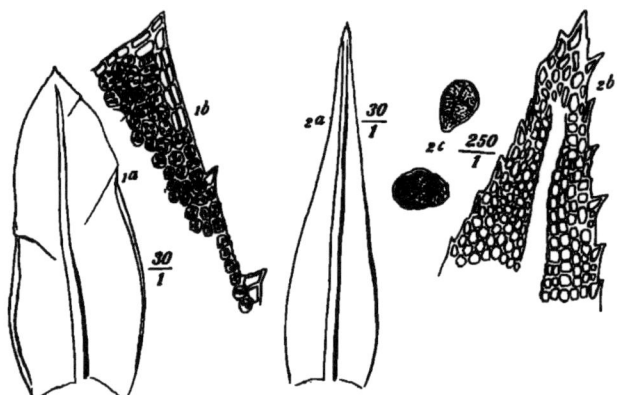

Fig. 9. 1. *Leptodontium spongiosum* H. n. sp. *a* Blatt 30:1, *b* Blattspitze 250:1: 2. *L. filicicola* H. n. sp., *a* Blatt 30:1. *b* Blattspitze 250:1, *c* Brutkörper 250:1.

ante apicem evanido, cellulis basalibus laxe rectangulis laevibus, superioribus subquadratis lumine 0,012 mm tenuibus densissime papillosis obscuris, marginalibus in apice minus papillosis modice incrassatis luteis diaphanis.

Auf Torfboden an den Cerros de Malaga, ca. 4000 m, No. 4396; im oberen Chocayatal über 4000 m, No. 3593.

Aus der Verwandtschaft des *L. filescens (Hpe.) Mitt.*, aber durch viel dichtere, breitere, sich nicht zurückkrümmende Blätter, den gelblich getuschten Blattrand und die stärkere Sägung verschieden.

123. Leptodontium filescens Hpe.

An bemoosten, freiliegenden Felsblöcken bei Calachacca, an der Waldgrenze des Rio Saujana, ca. 3400 m, No. 3229 c. fr.!

124. Leptodontium filicicola Herzog nov. spec. (Fig. 9.₂).

Laxe caespitosum, caulibus erectis simplicibus 1—1,5 cm altis rigidulis acutis, laxiuscule foliatis, in foliorum axillis propagula subglobosa pluricellulosa brevissime stipitata creberrima foventibus. Folia brevia 1,5 mm longa, sicca crispato-incurva, humida erecta, strictiuscula, anguste ovato-lanceolata acuta parum complicata, margine ultra medium anguste revoluta, superne obtuse serrata, nervo completo pellucido cum apice confluente, cellulis basalibus laxiuscule rectangulis superioribus omnibus subrotundis modice incrassatis tenerrime dense papillosis.

An einem Baumfarn zwischen San Mateo und Sunchal, ca. 1800 m, No. 4512, mit *Leptotheca boliviana*.
Sehr gut unterschiedene Art.

125. **Leptodontium erythroneuron** Herzog in Beih. Bot. Centr. 1909.

Charaktermoos oberhalb der Waldregion, aber meist steril. Auf humusbedeckten, flechtenüberzogenen Felsblöcken der Estradillas, ca. 3500 m, No. 3354 spärlich c. fr.l; am Osthang der Punta de San Miguel 4800 m, No. 3446; im Hochtal von Viloco (Quimzacruz-Cordillere), ca. 4600 m, No. 3116, 3171; an den Cerros de Malaga, ca. 4000 m, No. 4407.

Diese Art unterscheidet sich in ihrer Verwandtschaft, der acutifolium-Gruppe, scharf durch ihre steif aufrechten Blätter! Die Bezeichnung „subrecurva" in meiner Diagnose beruht auf einem Irrtum, hervorgerufen durch beigemischte Stengel des *L. acutifolium*.

126. **Leptodontium acutifolium** Mitt.

Oberhalb des Waldgürtels häufig und formenreich, aber fast immer steril. An der Cuesta de Liryuni, No. 2589; auf Hochgebirgstriften zwischen Felsköpfen bei der Saittulaguna, ca. 4300 m, No. 2659; an der Waldgrenze über Tablas, ca. 3400 m, No. 2860; im Pajonaltal (Quimzacruz-Cord.), ca. 4200 m c. fr.! No. 3245; im oberen Chocayatal, ca. 4300 m, No. 3591; im Hochgebirge über Altamachi, ca. 4000—4200 m, No. 3875.

var. **grimmioides** (C. M.) Herzog.

Ich kann diese Varietät nicht spezifisch von *L. acutifolium* Mitt. trennen. Bei seinem Formenreichtum würde es sich sogar fast empfehlen, die Varietät lediglich als extreme Hochgebirgsform aufzufassen. Ob dieselbe erblich fixiert ist, ob wir eine in Zerfall begriffene Art vor uns haben, läßt sich einstweilen nicht entscheiden. Die von Buchtien am Chacaltaya gesammelte Form (Beih. Bot. Centr. 1910, Abt. II, pag. 353) entfernt sich allerdings habituell weit vom Typus, viel weiter, als die beiden vorliegenden Exemplare: am Osthang der Punta de San Miguel, ca. 4800 m, No. 3447; im Hochland von Totora auf kahlen Höhen, ca. 2800 m, No. 3435.

127. **Leptodontium sulphureum** (C. M.) Mitt.

An der Waldgrenze über Tablas, ca. 3400 m, No. 2919 c. fr.!

128. **Leptodontium luteum** (Tayl.).

An der Waldgrenze über Tablas, ca. 3400 m, No. 2810 c. fr.!

An dem fast bis zur Basis herab grob gesägten Blattrand leicht von den ähnlichen Verwandten zu unterscheiden.

Obs. *Holomitrium bolivianum* C. M., von dem ich vor Jahren aus dem Herbar Levier eine Probe sah und untersuchte, gehört nach meinen damals gemachten Notizen zu *Leptodontium*. Da das Herbar Levier einstweilen in andern Besitz übergegangen ist, konnte ich das Material nicht nochmals nachprüfen.

129. **Leptodontium Mandoni** C. M.

An der Waldgrenze des Rio Saujana, ca. 3400 m, No. 3225/a; auf einem Bergkamm über Comarapa, ca. 2600 m, No. 3806; an der Waldgrenze über Tablas, ca. 3400 m, No. 2899.

130. **Leptodontium rufescens** Broth. n. sp.

L. geheebiaeopsis Broth. in sched.

Dioicum; robustiusculum, caespitosum, caespitibus laxiusculis, rufescentibus; caulis erectus, usque ad 3 cm longus, parce radiculosus, dense foliosus, dichotome ramosus; folia sicca flexuoso-adpressa, humida patula, subrecurva, carinato-concava, e basi ovali lanceolato-acuminata, c. 4 mm vel paulum ultra longa et c. 1 mm lata, marginibus e basi ultra medium late revolutis, dein erectis, argute et inaequaliter serratis, nervo tenui, lutescente, infra summum apicem folii evanido vel continuo, dorso laevi, cellulis incrassatis, laminalibus lumine subrotundo, superioribus minute, inferioribus grosse verrucosis, basilaribus internis lumine anguste lineari, minute et seriatim papillosis. Caetera ignota.

Cerros de Malaga, alt. 4000 m, No. 4362.

Species e robustioribus, colore rufescente notabilis.

131. Leptodontium undulatum Herzog nov. spec.

Late caespitosum, caulibus decumbentibus vagis ascendentibus remote ramosis ad 10 cm longis sat laxe foliatis extomentosis fulvescentibus. Folia sicca patentia subterebellato-contorta, humida vix mutata, e basi longa et lata ovata anguste lanceolata longe acuminata acutissima, superne carinata, undulata, margine utrinque ultra medium late revoluta sursum aliquantulum reflexa argute serrata, nervo completo dorso tenerrime papilloso luteo percursa, cellulis basalibus omnibus angustissimis elongatis valde incrassatis aureis laevibus, superne sensim abbreviatis summis parvis subrotundis pellucidis incrassatis papillosis.

Im Knieholz auf einem Bergkamm über Comarapa, ca. 2600 m, No. 4277.

132. Leptodontium turgidum Herzog nov. spec. (Fig. 10.₁).

L. latifolium Herzog nov. spec. in sched.

Late denseque caespitosum spongiosum, tomento albido floccoso dense contextum, viridi-flavescens molle, caulibus 6 cm longis erectis subsimplicibus apice divisis breviramosis sat densifoliis. Folia sicca incurva contorta, humefacta sensim recurvescentia patula, apice subcomosa majora 3,5—4 mm longa, 1,2 mm lata, late ovato-lanceolata breviter acuminata supramedium carinato-complicata, undulata, margine medio utrinque — uno latere latius — revoluta, superne irregulariter argute spinoso-serrata, nervo flavo dorso laevissimo in acumine dissoluto, cellulis basalibus angustis elongatis marginalibus laxioribus laevibus, superioribus omnibus rotundis collenchymaticis parietibus valde diaphanis, diametro 0,012—0,014 mm dense minutim papillosis; perichaetialia angustiora 5 mm longa, arcte convoluta, integerrima laevissima, cellulis omnibus elongatis. — Seta singula tenuis erecta 2 cm longa straminea; theca anguste cylindrica ad 3 mm longa, microstoma, parum curvata vix inclinata, annulo angusto, operculo recto rostrato 0,7 mm longo; peristomii dentibus brevibus bicruribus, cruribus ferrugineis subglabris tenuissime spiraliter striolatis; sporis diametro 0,012 mm viridibus.

Fig. 10. 1. *Leptodontium turgidum* H. n. sp., *a* Blatt 12:1, *b* Blattspitze 31:1, *c* Blattrand 250:1; *Leptodontium rhacomitrioides* C. M., Blattrand 250:1.

Im Gebüsch an der Cuesta de Liryuni, ca. 3400 m, No. 3461 u. 2587.

Durch die breiten Blätter und großen collenchymatischen Blattzellen, wie durch die einzelne lange Seta ausgezeichnet.

133. Leptodontium rhacomitrioides C. M. (Fig. 10.₂).

Im Buschgürtel von Tres Cruces (Cord. von Santa Cruz), ca. 1500 m, No. 3917, 3988, 3487 (forma caulibus profusis laxe caespitiformibus); im Buschgürtel des Cerro Pampalarga über Vallegrande, ca. 2300 m, No. 4146 (forma compacta caulibus erectis).

Die beiden Fundorte gehören dem östlichsten Teile der Ostcordillere an, der sich floristisch eng an die argentinischen Randketten anschließt.

134. Leptodontium capituligerum C. M.

An einem Bergkamm über Comarapa im feuchten Gebüsch, ca. 2400 m, No. 4304/a u. 4304 (forma foliis stellato-echinulatis); zwischen Cuchicancha und Sacaba, No. 4157.

135. Leptodontium papillosum Hpe.

Hierher stelle ich mit Vorbehalt, da ich die Originale nicht gesehen habe, Exemplare von faulem Holz im Bergwald von Florida de San Mateo, ca. 1800 m, No. 3638.

136. Leptodontium planifolium Herzog nov. spec.

Laxe caespitosum sordide viride, caulibus flaccidis subsimplicibus erectis 4—5 cm longis laxe foliatis inter folia rubro-diaphanis extomentosis. Folia sicca crispato-incurva, humida parum recurva patentia, 2—2,5 mm longa, e basi latiore lanceolato-ligularia, obtuse acutiuscula, parum complicata superne canaliculata, margine infero undulata medio revoluta, superne argute serrata, planiuscula, nervo dorso scaberrimo in apice evanido, cellulis basalibus medianis paucis rectangulis abbreviatis parce papillosis, ceteris omnibus subquadratis rotundatis tenuibus lumine 0,008 mm pellucidis densissime papillosis.

An der Waldgrenze im Tal des Rio Saujana, ca. 3400 m; No. 3225.

Durch die im Zuschnitt sehr an *Oreoweisia* erinnernden Blätter, die stumpfliche Spitze und den sehr starken Papillenbesatz wie durch den Habitus gut unterschieden.

137. Leptodontium vaginatum Herzog nov. spec.

Late laxeque caespitosum, e pallide viridi ferrugineum, caulibus ultra 10 cm longis vagantibus tenuibus flexilibus laxe foliatis. Folia sicca laxe patula contorta, humida squarrosa 3 mm longa, e basi ad 1 mm longa vaginata superne dilatata ibique valde revoluta undulataque refracta, in laminam anguste lanceolatam longe acuminatam complicato-carinatam strictiusculam exeuntia, superne irregulariter serrata, nervo pallido tenui dorso laevissimo excurrente, cellulis partis amplexicaulis omnibus elongate rectangulis modice sinuato-incrassatis infimis exceptis papillosis, laminae inferioribus brevissime rectangulis superioribus irregularibus quadratis vel trapezoideis rotundisque incrassatis papillosis; perichaetialia laxe convoluta, 6—7 mm longa, angustissime linearia, excurrentinervia, parte libera papillosa. — Setae 1—2 in uno perichaetio, 10—12 mm longae, rectae, pallide stramineae; theca breviter elliptica, evacuata angustata 1,5 mm longa, operculo longo oblique tenuiter rostrato, peristomii dentibus longis irregulariter fissis cruribus valde inaequalibus laevissimis aurantiacis; sporis ochraceis tetragono-globosis diametro 0,020 mm.

Auf Baumästen im Nebelwald über Comarapa, ca. 2600 m, No. 3936; an der Waldgrenze über Tablas, ca. 3400 m, No. 2873.

Mit *Lept. brevisetum* Mitt. zunächst verwandt, aber durch längere Seta und kürzere Kapsel verschieden.

Streptotrichum Herzog nov. gen.

138. Streptotrichum ramicolum Herzog nov. spec. (Tafel II, Fig. 1).

Dioicum; floribus ♂ capitatis antheridiis creberrimis (ultra 100) magnis, foliis perigonialibus latissime ovatis concavis; habitu orthotrichaceo vel streptopogonaceo, laxissime pulvinato-caespitosum lutescenti-viride opacum. Caulis erectus tenuis, simplex vel parum divisus, 2—3 cm altus laxe foliatus. Folia 4 mm longa, sicca patula contorta, madefacta facile emollescentia subrecurvo-patula, basi appressa subvaginata longe oblongo-lanceolata carinata, sensim angustata, apice latiusculo acuto, marginibus ultra medium utrinque latiuscule revolutis sursum planis vel erectis, remotiuscule argute grosseque serrata, nervo flavido sensim attenuato in extremo apice dissoluto, cellulis partis basalis valde elongatis laevibus flavidis, superioribus parvis irregularibus (subquadratis, breviter rectangulis et oblique ellipticis) pellucidis modice incrassatis tenuiter papillosis; perichaetialia duplo vel triplo longiora, nitida, e basi alte vaginata linearia, usque ad medium convoluta, apicibus flaccidis, superne grossiuscule serrata. — Inflorescentia terminalis vel pseudulateralis; sporogonia 1—3 ex uno perichaetio; seta brevis 5—6 mm longa, erectiuscula vel parum arcuata, in perichaetio involuta vel lateraliter exserta, flavida deinde rubella laevissima; theca inclinata parum curvata, e basi latiore elliptica microstoma ochracea, deoperculata 2,5—3 mm longa; operculum conicum rostratum, rostro subaequilongo obliquo flavido; calyptra cucullata vesiculata grandis thecam uno latere usque ad basin obtegens, tenuiter rostrata, apice rubra scaberrima ceterum straminea laevis; peristomium barbuloideum, dentibus in membrana basilari humili striulato-punctulata trichoideis 32, insuper irregulariter filis intermediis aequilongis tenuioribus basi diagonaliter striolatis auctis, semel tortis (madefactis suberectis) nigro-rubiginosis densissime echinato-papillosis; sporis ochraceis minutis tenuissime punctulatis.

An den Knoten eines Bambusgrases bei der Waldgrenze über Tablas, ca. 3400 m, No. 2844.

Die neue Gattung ist nach der Blattstruktur in der Nähe von *Leptodontium* einzureihen, wird aber durch das eigenartige Peristom, bei welchem zwischen den normalen 32 Haarzähnen noch weitere strukturell verschiedene Haarzähne auf der Innenseite der Membran hervorbrechen, bestens charakterisiert.

Rhexophyllum Herzog nov. gen.

139. Rhexophyllum laciniatum Herzog nov. spec. (Tafel II, Fig. 2).

Dioicum?; laxe caespitosum habitu macromitriaceo caespitibus amoene viridibus intus ferrugineis, caulibus flexuosis iterum divisis, inferne laxius superne densius foliatis. Folia tristicha, seriebus 3 sursum valde tortis inde parum distinctis, sicca crispula contorta patula fragillima, humida valde recurva, apicibus deorsum spectantibus, 3,5—4 mm longa, e basi amplexicauli erecta obovata longe lineari-lanceolata acuminata carinata, margine in parte amplexicauli valde revoluto, superne erecto, dense irregulariterque laciniato-serrata, laciniis appressis pluricellulosis, inter lacinias fissuris usque ad nervum pertinentibus diffrangentia, nervo viridi in acumen longum excurrente dorso convexo sursum scaberrimo, eurycystis 3, fasciculis substereidium 2 ventrali dorsalique suffulto, cellulis basalibus anguste rectangulis pallide flavidis marginalibus brevioribus, superioribus valde irregularibus hexagonis vel pentagonis quadratisque mixtis tenuibus minutim papillosis chlorophyllosis plerumque bistratosis, a margine 1—3 seriebus unistratosis pellucidioribus; perichaetialia longiora, interiora 6—7 mm longa, basi convoluta, erecta flexilia, exteriora breviora apicibus recurvis. — Seta erecta, 10—12 mm longa rubens; theca e collo brevi distincto anguste elliptica microstoma laevissima, sub ore cellulis parvis pluriseriatis rubrocincta, eperistomiata, annulo 1-seriato diffracto, operculo rubro subrecte aciculari-rostrato; sporis luride olivaceis laevibus diametro 0,016—0,020 mm.

Auf einem Baumast im Chocayatal, ca. 3200 m, No. 3615.

Durch die Blattstruktur sehr eigentümliche Gattung, welche einen näheren Anschluß unter den *Trichostomaceen*, wohin sie nach der Struktur der Rippe gehört, vermissen läßt. Das Fehlen des Peristoms macht die Beantwortung der Frage nach ihrer Verwandtschaft schwierig. Ich reihe sie vorderhand in der Nähe von *Leptodontium* ein, doch scheint sie mir ziemlich isoliert zu stehen.

Husnotiella Card. in Rev. bryol.

140. Husnotiella glossophylla Herzog nov. spec. (Tafel III, Fig 3).

Sterilis, tenella, laxe gregaria, caule 4—5 mm longo, flexuoso tenuissimo, basi remote, superne densiuscule subcomoso-foliato, glaucoviridis. Folia sicca laxe patula apicibus incurvis, humida e basi erecta appressa patentia, perfecte late linguiformia, marginibus parallelis superne valde revolutis, rotundata subtruncata, integerrima, nervo valido ante apicem evanido sulcato dorso fasciculo stereidium suffulto, ventre cellulis chlorophyllosis papillosis obtecto, cellulis basalibus laxe rectangularibus marginalibus angustioribus, superioribus omnibus carnosulis hexagono-rotundis haud incrassatis prominulis dense grosse papillosis obscuris chlorophyllosis.

Im Hochland von Totora, unterwegs aufgenommen, ca. 2800 m?, No. 5118.

Chrysoblastella R. S. Williams l. c.

141. Chrysoblastella revoluta Herzog nov. spec. (Tafel III, Fig. 2).

Sterilis ♀, dioica videtur; dense caespitosa, obscure viridis intus ferruginea opaca, caulibus tenuibus ad 4 cm longis iterum dichotomis ramis erectis, innovationibus microphyllis auctis. Folia r i g i d u l a, sicca incurva i n c a u l i s a p i c e s e c u n d u l a, humida erecta, inferiora breviora, e basi ovata lanceolata acuta carinata, superiora l o n g e a n g u s t e q u e l a n c e o l a t a a c u m i n a t a e x - c u r r e n t i n e r v i a, margine medio r e v o l u t a, integerrima, nervo valido viridi fasciculis duobus stereïdium dorsali ventralique — dorsali eurycystis minusculis interpositis tripartito — suffulto d o r s o s c a b e r r i m o, cellulis basalibus anguste breviter rectangulis subhyalinis, superioribus subquadratis vel hexagonis b i s t r a t o s i s bimamillosis grosse papillosis chlorophyllosis.

Auf Erde in der Quebrada de Pocona, ca. 2800 m, No. 3466.
Von *Chr. boliviana* R. S. W. durch die umgerollten Blattränder unterschieden.

Globulina C. M. Prodr. Bryol. bol.

142. Globulina boliviana C. M.

In den trockenen Hochgebirgslagen sehr weit verbreitet, gehört zu den Charaktermoosen der bolivianischen Hochcordillere; fruchtet ziemlich selten. Im Piñasgebiet, ca. 4500 m, No. 2597; auf roter Erde bei Challa, ca. 3900—4000 m, No. 2576; im oberen Llavetal, 4200—4500 m, häufig auch c. fr., No. 4775, 4853; im oberen Chocayatal, ca. 4400 m, No. 3573; am Cerro Sipascoya bei Pojo, ca. 3000 m, No. 4162/a; an Abhängen beim Asiento (Aracatal), ca. 3900 m, No. 2985 c. fr.!; bei La Paz, ca. 3600 m, No. 2559/c.

Didymodon Hedw. Descr. III.

Subgen. *E r y t h r o p h y l l u m* (Lindb.) Limpr. Laubm. I.

143. Didymodon decolorans (Hpe.) R. S. W.

Barbula Sect. *Hyophilina* Hpe in Prodr. Fl. Nov. Granat.

Im höheren Bergland von Bolivia sehr verbreitet, besonders auf der Trockenseite der Gebirgskämme. Beim Asiento (Aracatal), ca. 3900 m, No. 2986; an Lößhängen um La Paz, ca. 3600 m, No. 2559/a; im unteren Chocayatal, ca. 3100—3300 m, No. 3601, 2580; zwischen Cuchicancha und Sacaba nahe der Paßhöhe, ca. 3800 m, No. 4155; im oberen Chocayatal, ca. 4300 m, No. 3588; an den Cerros de Malaga, ca. 4000 m, No. 4378; an Mauern in Pocona, ca 2600 m, No. 5108.

var. **brevifolia** Broth. n. var.

Im Chocoyatal, No. 2643; im oberen Montehuaikotal, ca. 3900 m, No. 3758.

144. Didymodon angustifolius Herzog nov. spec.

Dioicus; plantulae t e n e l l a e vix 5 mm altae gregariae rubiginoso-fuscidulae, habitu *D. pelichucensi* R. S. W. simillimae. Folia sicca incurvo-appressa, humida patentia, inferiora breviora e basi ovata, superiora longiora (ad 1,8 mm) e basi obovata a n g u s t e l i n e a r i - l a n c e o l a t a acuta, marginibus erectis superne bistratosis, i n t e g e r r i m a, n e r v o pro foliolo v a l i d o ferrugineo completo, cellulis b a s a l i b u s v a l d e l a x i s rectangulis vel oblongo-hexagonis hyalinis vel medianis luteis, superioribus minutis subrotundis modice incrassatis pellucidis papillosis diametro ad 0,008 mm. Seta recta rubella, 7—8 mm longa; theca m i n u t a, anguste elliptica, 1,2 mm longa fusca; annulo 0,04 mm lato, operculo subrecto rostrato obtusiusculo 0,7 mm longo cellulis oblique seriatis; p e r i s t o m i i d e n t i b u s s u b e r e c t i s basi membrana humili coalitis rubellis tenuiter papillosis hic illic anguste perforatis; sporis diametro 0,007—0,01 mm ochraceis laevissimis.

Auf Erde an der Waldgrenze über Tablas, ca. 3400 m, No. 2925.

Unter den *Erythrophyllen* durch die schmalen, ganzrandigen Blätter ausgezeichnet.

145. Didymodon merceyoides Broth. n. sp.

D i o i c u s; gracilis, caespitosus caespitibus densis, sordide glauco-viridibus, inferne fuscescentibus; c a u l i s erectus, usque ad 3,5 cm longus, inferne fusco-radiculosus, laxiuscule foliosus, dichotome ramosus; f o l i a erecto-patentia, carinato-concava, sicca incurva, spathulato-ligulata, obtusa, mutica vel hyalino-mucronata, 1,2 mm longa, superne usque ad 0.10 mm lata, marginibus erectis, integerrimis, n e r v o crassiusculo, rufescente, plerumque infra summum apicem folii evanido, dorso superne minute papilloso, cellulis laminalibus subrotundis, superioribus ca. 0,010 mm, chlorophyllosis, minute verrucosis, basilaribus laxis teneris, oblongo-hexagonis hyalinis, marginem versus multo angustioribus, limbum pluriseriatum efformantibus. Caetera ignota.

Saittulaguna, 4200 m (n. 2661).

Species foliorum forma *Merceyae*, unde nomen.

146. Didymodon Jamesonii (Tayl.).

In Felslöchern des Piñasgebietes, ca. 4200 m, No. 2594 eine intensiv rostrote Form; an den Cerros de Malaga, ca. 4000 m, No. 4371/a.

147. Didymodon rubiginosus (C. M.).

Barbula (Syntrichia) C. M. in Prodr. Bryol. Argentin. II.

An der Waldgrenze über Tablas, ca. 3400 m, No. 2838/b; am Bachrand im oberen Llavetal, ca. 4200—4300 m, häufig in sehr üppigen, an *Tortula pichinchensis* erinnernden Rasen, No. 4901, 4932, 4933.

Hierher muß ich auch das in Beih. Bot. Centrbl. 1909, Bd. XXVI, Abt. II, pag. 61 beschriebene *Leptodontium albovaginatum* H. stellen.

148. Didymodon pelichucensis R. S. W.

Zwischen Cocapata und Choro sehr spärlich, ca. 3500 m, No. 4178.

149. Didymodon campylopyxis C. M.

Am Gemäuer einer zerfallenen Kapelle im Coranital, ca. 2000 m, No. 3397; im Bergwald von Florida de San Mateo, ca. 1800—2000 m auf faulem Holz, No. 3633, forma latifolia.

150. Didymodon macrophyllus Broth. n. sp.

D i o i c u s; robustiusculus, caespitosus, caespitibus laxis, sordide fusco-viridibus; c a u l i s usque ad 2 cm longus, adscendens vel erectus, inferne fusco-radiculosus, dense foliosus, simplex vel dichotome ramosus; f o l i a erecto-patentia, carinato-concava, sicca laxe flexuoso-adpressa, e basi brevi ovali lineari-lanceolata, obtusiuscula vel acuta, usque ad 3 mm longa, superne ca. 0,3 mm lata, marginibus erectis, superne inaequaliter serrulatis, nervo crasso, superne sensim angustiore, infra summum apicem folii evanido, rufescente, superne dorso minute papilloso, cellulis laminalibus minutissimis, subrotundis, superioribus vix ultra 0,007 mm, minutissime papillosis, basilaribus laxis, ovali- vel oblongo-hexagonis, rufescentibus, marginem versus angustissimis, limbum pluriseriatum efformantibus; s e t a ca. 2 cm alta, flexuosa, tenuis, inferne rubra, superne lutescenti-rubra; t h e c a inclinata, cylindracea, curvata, sicca deoperculata sub ore constricta, fusca. O p e r c u l u m ignotum.

Florida de San Mateo, 2200—2500 m, No. 3690.

Species robustitate omnium partium a speciebus omnibus sect. *Amblystegioideae* oculo nudo jam dignoscenda.

Subgen. *D i d y m o d o n* sens. strict. Limpr. Laubm. I.

151. Didymodon contortus Herzog nov. spec.

Dioicus; dense caespitosus ferrugineo-rubiginosus, caulibus ad 4 cm longis d u r i u s c u l i s iterum dichotomis triquetris dense foliatis. Folia s i c c a c o n t o r t a apicibus incurvis rigidulis, humefacta mobilia patentia apicibus sursum spectantibus, ca. 4 mm longa, e basi concava ovata in a p i c e m l i n e a r i - l a n c e o l a t u m s u b u l a t u m acutissimum c o n t r a c t a, margine usque ad medium u t r i n q u e r e v o l u t a, superne carinata marginibus erectis, nervo valido ferrugineo completo a p i c e f l e x u o s o, stereidium fasciculis duobus, cellulis basalibus a n g u s t e r e c t - a n g u l i s l u t e i s l a e v i b u s marginalibus abbreviatis, superioribus parvis subquadratis seriatis omnibus unistratosis vix incrassatis papillosis.

An Felsen des Cerro Tunari, ca. 5000 m, No. 4841.

Erythrophyllopsis Broth. **nov. gen.**

152. **Erythrophyllopsis boliviana** Broth. n. sp. (Tafel III, Fig. 4).

D i o i c a; gracilis, caespitosa, caespitibus laxiusculis, rubiginosis, opacis; c a u l i s erectus, vix ultra 2 cm longus, inferne fusco-radiculosus, densiuscule foliosus, simplex vel ramosus, in sectione transversa rotundatus, fasciculo centrali distincto; f o l i a sicca crispulo-adpressa, humida e basi vaginante, superne dilatata, hyalina in laminam patulam, carinato-concavam, lanceolatam, anguste acuminatam, hyalino-mucronatam producta, marginibus erectis, integerrimis, nervo crassiusculo, rubescente, continuo, dorso prominente, laevi, ducibus medianis pluribus fasciculoque stereideo dorsali et ventrali instructo, lamina bistratosa, e cellulis minutissimis, rotundato-quadratis, verrucosis, subobscuris instructa, cellulis vaginalibus teneris, linearibus, hyalinis, laevissimis, marginem versus brevioribus et angustioribus, limbum pluriseriatum efformantibus; b r a c t e a e p e r i c h a e t i i foliis similes; s e t a ca. 7 mm alta, flexuosula, tenuis, sicca superne dextrorsum torta, laevissima; t h e c a erecta, subcylindracea, saepe paulum asymmetrica, sporangio ca. 2 mm longo, fusco-rubra; a n n u l u s latus, revolubiis; p e r i s t o m i u m ad orificium oriundum, fuscoluteum; peristomii dentes e membrana basilari humillima erecti, usque ad basin in crura dua, filiformia, hic illic inter se conjuncta, dense papillosa divisi; s p o r i 0,012—0,015 mm, olivacei, laeves; o p e r c u l u m conico-rostratum, ca. 0,95 mm altum, obtusum, inferne cellulis in seriebus subobliquis dispositis.

Cerros de Malaga, ca. 4000 m, No. 4371; Saittulaguna, 4400 m, No. 2674; Cerros de Malaga, ca. 4000 m, No. 4379, forma foliis fuscescenti-viridibus, longioribus, siccitate laxe crispatis; am Tunarisee zwischen Felsblöcken, ca. 4400 m, No. 4765, forma glaucoviridis, inferne fuscescens, caule 4—5 cm longo.

Genus novum subg. *Erythrophyllo Didymodontis* proximum, sed foliorum structura nec non peristomio dignoscendum.

Barbula Hedw. Fund. II.

Sect. *E u b a r b u l a* Lindb. Musc. scand.

153. **Barbula fusca** C. M.

Im Hochtal von Choquecota chico, ca. 4500 m, No. 3182.

154. **Barbula Pflanzii** Broth.

Grimmia Broth. in Botan. Jahrb. Bd. 49, Heft 1.

Im Hochtal von Viloco (Quimzacruz-Cord.), ca. 4600 m, No. 3106.

var. **falcatula** (Herzog) Broth. n. var. differt a typo structura robustiore, foliis plerumque secundis falcatulis.

An feuchten Felsplatten bei der Saittulaguna, ca. 4300 m, No. 2673; im oberen Llavetal gegen den Tunarisee an überrieselten Felsplatten, ca. 4300 m, No. 4900; am Bachrand bei der Mine Viloco, ca. 4350 m, No. 3135.

Die Art steht bei der *B. fusca* C. M. nahe, unterscheidet sich aber durch im trockenen Zustand gestreifte Blätter und größere, glatte Blattzellen. Sie scheint ein Charaktermoos des „alpinen" Gürtels in der bolivischen Cordillere zu sein.

155. **Barbula flexifolia** Herzog nov. spec. (Fig. 11.$_1$).

B. flexuosa Herzog in sched.

D i o i c a; late caespitosa e viridi fuscescens, caulibus ultra 2 cm longis a basi ramosis duriusculis, F o l i a s a t l a x a, sicca v a l d e c o n t o r t a subcrispula, humida f l e x u o s o - p a t u l a subtorta.

ca. 2 mm longa, e basi subovata concava accumbente anguste lanceolato-subulata acutissima, margine a basi ad medium ambo latere revoluta superne erecta ibique canaliculata, integerrima vel apice cellulis collabentibus indistincte erosula, nervo valido viridi superne attenuato completo haud excurrente, cellulis basalibus medianis breviter rectangulis incrassatis flavis pellucidis, marginalibus subrotundis chlorophyllosis, superioribus valde irregularibus (subrotundis, transverse ellipticis, triangularibus, subtrapezoideis mixtis) incrassatis laevissimis chlorophyllosis; perichaetialia e basi vaginali longiore in subulam longam contracta. Seta ca. 1 cm longa erecta rubra; theca erecta, anguste cylindrica, elongata, rubella, nitida, 2—2,5 mm longa, operculo longe aciculari obliquo 1,5 mm longo; peristomium sat longum semel vel 1½ tortum rubrum.

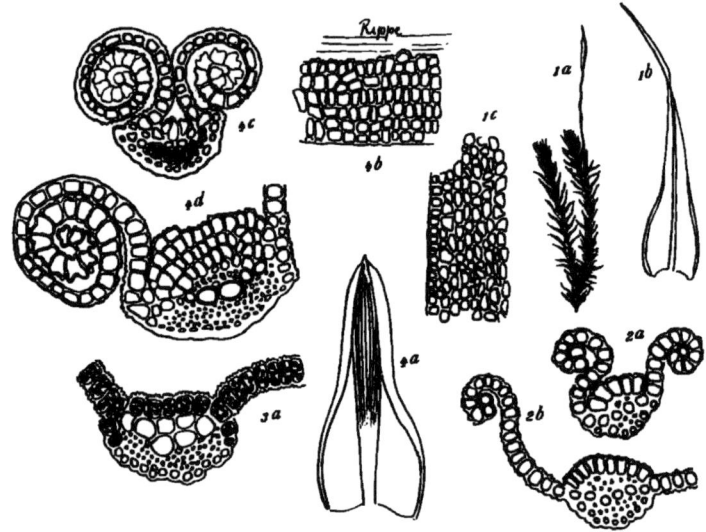

Fig. 11. 1. *Barbula flexifolia* H. *a* Habitus 2:1, *b* Blatt 30:1, *c* Blattrand oben 250:1; 2. *Barbula Punae* H. Blattquerschnitte *a* oben, *b* in der B.mitte 250:1; 3. *Barbula chocayensis* Broth. et H. Blattquerschnitt 250:1; 4. *Barbula pachygastrella* H. *a* Blatt 30:1, *b* Teil des umgerollten B.randes 250:1, *c, d* Blattquerschnitte 250:1.

An nassen Felsplatten im oberen Llavetal gegen die Tunariseen, ca. 4300 m, No. 4845.
Die gedrehten Blätter, die unregelmäßigen Blattzellen und die sehr lange, schmale Kapsel sind gute Kennzeichen dieser neuen Art.

156. **Barbula rectifolia** (Mitt.).
An Felsen im oberen Montehuaikotal, ca. 3900 m, No. 3760.

Sect. *Helicopogon* (Mitt. Musc. austr. amer.) Lindb.

157. **Barbula unguiculatula** C. M.
An Sandsteinfelsen der Cordillere von Santa Cruz, ca. 1400 m?, No. 3483. Es kann hier — die genaue Fundortsnotiz ist verloren — auch ein niederer Fundort in einer der

Schluchten des Gebietes vorliegen; die Höhenangabe wäre dann auf 800—900 m zu korrigieren.

158. **Barbula apiculata** (Hpe.).
An Lößhängen um La Paz, ca. 3600 m, No. 2570.
var. **gracilis** Broth. n. var. Zusammen mit dem Typus bei La Paz, No. 2554.
var. **breviseta** Broth. n. var. Mit den beiden vorigen zusammen bei La Paz, No. 2557.

159. **Barbula glaucescens** (Hpe.).
Echtes Hochgebirgsmoos, in sehr dichten, niederen, bläulich bis lila bereiften Polsterrasen wachsend. Auf humusbedeckten Felsen im Piñasgebiet gegen den Cerro Incachacca, ca. 4500 m, No. 2598; an Felsen im oberen Chocayatal, ca. 4400 m, No. 3596.

160. **Barbula chocayensis** Broth. et Herzog n. sp. (Fig. 11.$_3$).

D i o i c a; gracilis, laete viridis, inferne fuscidula; c a u l i s erectus, vix ultra 1 cm longus, parce radiculosus, dense foliosus, dichotome ramosus vel simplex; f o l i a erecto-patentia, carinatoconcava, sicca spiraliter contorta, superiora majora, e basi ovali lanceolato-ligulata, obtusa, aristata, usque ad 2,5 mm longa, marginibus usque ad apicem fortiter revolutis, integris, nervo crasso, lutescente, in aristam brevem, lutescentem, laevem excedente, dorso superne minute papilloso, cellulis laminalibus subrotundis, superioribus 0,010—0,012 mm, valde chlorophyllosis, dense verrucosis, basilaribus multo majoribus, rectangularibus, hyalinis, laevissimis, marginem versus angustioribus; b r a c t e a e p e r i c h a e t i i foliis subsimiles; s e t a vix 1,5 cm alta, tenuis, basi rubella, superne lutescens, sicca superne sinistrorsum torta; t h e c a erecta, majuscula, elongate ovato-oblonga, pallide fusca; a n n u l u s 0; p e r i s t o m i u m aurantiacum; m e m b r a n a b a s i l a r i s humillima; d e n t e s pluries contorti, dense papillosi; s p o r i 0,007—0,010 mm, lutescenti-virides, laevissimi; o p e r c u l u m conicorostratum, obtusum.

Chocaya-Tal, ca. 3100 m, No. 3602.

Species *B. replicatae* Tayl. affinis, sed foliis distinctius spiraliter contortis, superne latioribus cellulis majoribus faciliter dignoscenda.

161. **Barbula pachygastrella** Herzog nov. spec. (Fig. 11.$_4$).

Dioica videtur (flos ♂ non visus); d e n s e h u m i l i t e r c a e s p i t o s a, novellis c i t r i n o v i r i d u l i s, partibus vetustis fuscescentibus, caulibus ad 1 cm longis iterum dichotomis illecebrinorigidulis obtusis. Folia sicca humidaque s q u a m a t o - a p p r e s s a, t r i s t i c h a, vix spiraliter torta, d u r i u s c u l a, late ovato-lanceolata o b t u s a, m u c r o n u l a t a, margine v a l d e s p i r a l i t e r r e v o l u t a, nervo valido superne i n c r a s s a t o c a r n o s o, dorso lateraliter angulatim prominente striato, ventre s t r a t i s p l u r i b u s cellularum tenuium chlorophyllosarum p u l v i n a t i m o b t e c t o (inde nomen), fasciculis stereidium duobus dorsali validissimo suffulto, in mucronem brevissimum excurrente, cellulis basalibus usque ad medium laxe rectangulis flavidis, superioribus quadratis laxis vel transversim oblongis s u b l a e v i b u s (in plicis inter nervum partesque marginis revolutae tantum papillosis); perichaetialia convoluta, duplo longiora, flavida, laevissima, cellulis tenuibus elongatis conflata. Seta 5—8 mm longa tenuis rubella; theca anguste elliptica 1,5 mm longa cinnamomea, operculo breviter rostrato, peristomio brevi vix semel torto, dentibus in tubo basali brevi coalitis.

An Lößhängen bei La Paz, 3600 m, No. 2559.
Durch die Struktur der Blätter ausgezeichnete Art!

162. **Barbula Punae** Herzog nov. spec. (Fig. 11.$_5$).

Laxe caespitosa, e fusco g l a u c e s c e n s p r u i n a t a, caulibus ca. 1 cm longis sat dense foliatis duriusculis. Folia sicca arcte appressa, apicibus incurvis cauli s p i r a l i t e r a c c u m b e n t i a, 1—1,2 mm longa, ovato-lanceolata breviter acuminata o b t u s i u s c u l a s u b c u c u l l a t a, margine a basi ad apicem late revoluta, nervo valido fusco superne a t t e n u a t o cum apice obtusiusculo confluente, fasciculis stereidium duobus suffulto latere ventrali strato unico cellularum chlorophyllosarum majorum obtecto, cellulis o m n i b u s s u b q u a d r a t i s — basalibus laxioribus — papillosis; perichaetialia parum longiora, angustiora. Seta ad 12 mm longa erecta purpurea, theca e basi latiore breviter elliptica microstoma atropurpurea, deoperculata 1,3 mm longa, operculo 0,6 mm longo oblique obtuse rostrato; peristomii vix semel torti dentibus a basi separatis; sporis olivaceis laevissimis diametro 0,008 mm.

Auf Erde in den Bergen von Malla, ca. 3700 m, No. 2966; im oberen Montehuaikotal steril, ca. 3900 m, No. 3758/a.

Von *B. pruinosa* (Mitt.) durch die stumpfen Blätter und die kurze eiförmig-elliptische Kapsel unterschieden.

Sect. *Streblotrichum* (Pal. Beauv.) Limpr. Laubm. I.

163. **Barbula paludicola** Broth. n. sp.

D i o i c a; gracilis, caespitosa, caespitibus densis, fusco-tomentosis, viridibus, intus lutescenti-fuscescentibus; c a u l i s erectus, usque ad 4 cm longus, dense foliosus, dichotome ramosus; f o l i a erecto-patentia, carinato-concava, sicca adpressa apice incurvo, comalia indistincte contorta, elongate ligulata, breviter acuminata, aristata, usque ad 2,5 mm longa et ca. 0,38 mm lata, marginibus erectis, integerrimis, nervo crassiusculo, lutescente, in aristam brevem, integram excedente, cellulis laminalibus subrotundis vel quadratis, superioribus 0,007—0,010 mm, chlorophyllosis, verrucosis, inferioribus internis senaim longioribus, basilaribus laxis, teneris, oblongo-hexagonis, hyalinis vel lutescentibus, laevissimis. Caetera ignota.

Saittulaguna auf Moorwiesen, 4200 m, No. 2658.

Species incertae sedis.

164. **Barbula tortelloides** C. M.

Ich rechne hierher nach der Beschreibung, die auf mein allerdings spärliches steriles Material ausgezeichnet paßt, ein Moos aus dem Trockenwald bei Perico, am Ostfuß der Cordillere in Nordargentinien, ca. 300 m, No. 2640.

Williamsiella E. Britton.

165. **Williamsiella tricolor** (R. S. W.) E. Britt.

Syrrhopodon R. S. W. in Bull. N.York Bot. Gard. Vol. 3. No. 9.
Williamsia Broth. in Engl. Prantl l. c. pag. 1191.

Dieses schöne, erst durch R. S. Williams aus Bolivia bekannt gewordene Moos findet sich schon unter dem Material meiner ersten Reise, in einzelnen Stengeln dem *Leptodontium longicaule* Mitt. (damals als *L. Mandoni* Schimp. bestimmt) beigemischt. Dieser Fundort wurde später in Beih. Bot. Centr. 1910 Abt. II pag. 348 nachgetragen. Es kommen weiter folgende Fundstellen hinzu: an der Waldgrenze über Tablas, ca. 3400 m, No. 2818; in der Felsschlucht bei Toncoli zwischen Gras, ca. 3500 m, No. 4380; in Felslöchern beim Tunarisee, ca. 4400 m, No. 4941.

Immer wuchs das Moos in großen, allerdings sterilen Rasen.

Gertrudia Herzog nov. gen.

166. **Gertrudia validinervis** Herzog nov. spec. (Tafel III, Fig. 1).

D i o i c a; flores t e r m i n a l e s sessiles, ♂ antheridiis creberrimis magnis aureis, perigonialibus late ovatis breviter acuminatis, ♀ archegoniis 8—10, p e r i c h a e t i a l i b u s p a r v i s a c u l e o n e r v i b u s. Laxe caespitosa, amoene virens flavescens, caule ad 2 cm longo parce ramoso dense foliato comoso. Folia sicca v a l d e t o r t a apicibus interdum terebellatis, humida patentia h a u d r e c u r v a, e basi accumbente concavissima l o n g e l i n e a r i a sensim angustata acutissima integerrima, t u b u l o s o - c o n c a v a, marginibus a basi ad apicem a n g u s t e s p i r a l i t e r r e v o l u t a, n e r v o v a l i d o excurrente dorso superne scaberulo, steridium fasciculo dorsali suffulto, d u c i b u s c e l l u l i s superpositis sat amplis incrassatis 2-stratosis subaequalibus auctis, ventre cellulis chlorophyllosis mamillosis obtecto, cellulis basalibus medianis anguste rectangulis tenuibus hyalinis, marginalibus abbreviatis luteolis, superioribus minusculis subquadrato-rotundis seriatis tenuibus ventre mamilloso-prominentibus dorso laevibus, omnibus unistratosis. Sterilis.

In der Dornbuschsteppe des Palo, ca. 1600 m, No. 4344, ♂; an Felsen bei Tres Cruces (Cord. v. Santa Cruz), ca. 1400 m, No. 3473, forma umbrosa foliis latioribus, nervo haud excurrente.

var. **serrato-pungens** Herzog nov. var.

Flavida; rigidula, nervo longius excurrente denticulato scabro.
In der Felsheide von Teneria (Aracatal), ca. 3200 m, No. 2584 ♀.

Ich widme diese Gattung, welche ihren Platz trotz der abweichenden Rippenstruktur am besten bei den *Trichostomaceen* findet, meiner Frau.

Pottiaceae.

Streptopogon Wils.

167. Streptopogon heterophyllus Herzog nov. spec. (Fig. 12).

Paroicus; laxe pulvinatus, caulibus ad 2 cm longis iterum dichotomis, ramis divaricatis comose foliatis tomentosis. Folia 5—6 mm longa, e basi angustiore late elliptica, acuminata, explanata vel complicata, superne grosse serrata, insuper propagulis filiformibus ex una serie cellularum (ad 8) chlorophyllosarum efformatis fragilibus ornata, cellulis elongatis tenuiter limbata, limbo 1—2-seriato luteo longe ab apice desinente vel in apice valde dilatato apicem scarioso-membranaceum efficiente, inde apice diversiformia, nervo pro folio tenui longe setoso-excurrente, cellulis laxe hexagonis chlorophyllosis. Setae 1—2 ex uno perichaetio, ad 3 mm longae,

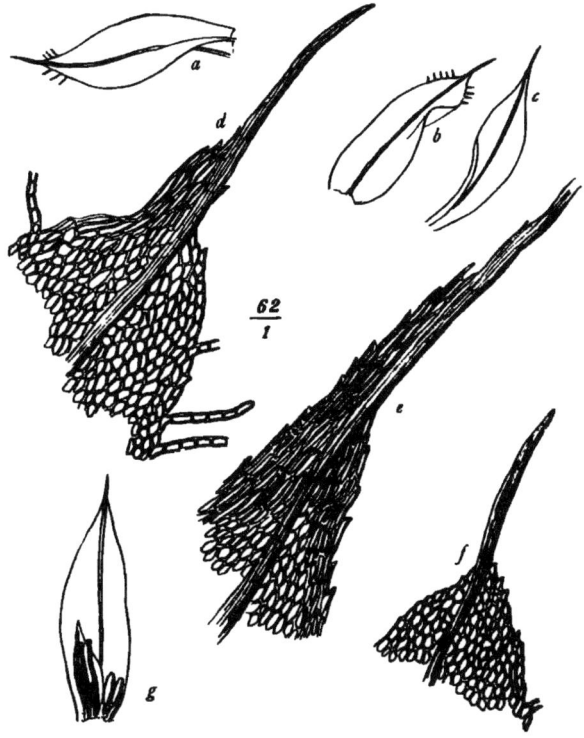

Fig. 12. *Streptopogon heterophyllus* H. n. sp. *a, b, c* Blätter 10:1, *d, e, f* Blattspitzen 62:1 *g* Zwitterblüte.

flavae erectae; theca elliptica, emersa, pallide olivacea, ca. 3 mm longa, operculo margine calloso recte vel parum oblique rostrato aurantiaco, c a l y p t r a mitrata alte conica basi lobata, u b i q u e scabra; peristomii semel torti dentibus rubris e tubo brevi tabulato orientibus; sporis obscure viridibus tenuiter punctulatis diametro 0,014—0,017 mm.

An Bäumchen beim Asiento (Aracatal), ca. 3800 m, No. 2992; an Bäumen bei Samaipata (Ost-Cordillere) ca. 1700 m, No. 5125; an Bäumchen bei Altamachi, ca. 3500 m, No. 3858.

Durch die in Brutfäden auswachsenden Randzellen der Blattspitze und ihre verschiedenartige Struktur ausgezeichnet.

168. Streptopogon erythrodontus (Tayl.) Wils.
St. bolivianus C. M.

Häufig an Gesträuchästen und dünneren Baumzweigen im oberen Waldgürtel. Z. B. in den Estradillas über Incacorral, ca. 3200 m, No. 3346; im Gebüsch bei Incacorral, ca. 2200 m, No. 4968, 5046; im unteren und oberen Coranital, 2000—2600 m, sine No.

169. Streptopogon clavipes Spruce.

Auf einem Baumast an der Cuesta de Liryuni, ca. 3400 m, No. 3455.

170. Streptopogon peruvianus Broth. in herb.

An Gesträuch- und Baumästen im Bergwald, besonders an lichten Stellen. Im oberen Coranital, ca. 2600 m, No. 3372; im Bergwald des Rio Tocorani, ca. 2600 m, No. 4104. Schon auf der ersten Reise bei Incacorral gesammelt, aber als *St. rigidus* Mitt. bestimmt.

Aloinella Cardot.

171. Aloinella boliviana Broth. n. sp.

Dioica; gracilis, caespitosa, caespitibus densis, rigidis, facillime dilabentibus, pallide viridibus, opacis; caulis erectus, usque ad 1,5 cm longus, parce radiculosus, e basi jam dense foliosus, fasciculatim ramosus, ramis fastigiatis; folia sicca et humida dense imbricata, cochleariformi-concava, e basi brevissima, angustiore ovalia, cucullata, rotundato-obtusa, marginibus incurvis, integerrimis, nervo lato, superne dilatato, infra apicem evanido, dense lamelloso, cellulis irregularibus, quadratis, subhexagonis vel trigonis, pellucidis, laevissimis, basilaribus majoribus, breviter rectangularibus vel quadratis. Caetera ignota.

Am Chacaltaya, 30 km von La Paz, alt. 4800 m, von O. B u c h t i e n entdeckt.

Species pulcherrima, e descriptione *A. galeatae* (C. Müll.) et *A. cucullatifoliae* (C. Müll.) valde affinis. Sehr eigentümliches, polsterbildendes Moos der höchsten Cordillerenkämme.

Auf einem Gipfel der Yanakakabastion, ca. 4600 m, No. 3757; am Felskamm der Negros im Tunarigebiet, 4700—4800 m, No. 4806; spärlich den Räschen von *Barbula pachygastrella* H. beigemischt, an Lößhängen bei La Paz, ca. 3600 m, No. 2559/b.

Tortula Hedw. Fund. II.

Sect. *T o r t u l a* sens. strict. Limpr. 1.

172. Tortula minima Herzog nov. spec. (Fig. 13, e—i).

A u t o i c a; caespitosula, h u m i l l i m a, p l a n t u l i s g e m m i f o r m i b u s obscure luride viridibus nigricantibus. Folia densa, sicca incurva rigidula, humida r o s u l a t o - a p e r t a. 1—1,3 mm longa, l a t e b r e v i t e r q u e o v a t o - l a n c e o l a t a, brevissime obtuse a p i c u l a t a s u b - c u c u l l a t a, integerrima, margine ubique anguste revoluta, n e r v o valido ferrugineo in apice calloso dissoluto, dorso convexo, latere ventrali c e l l u l i s a m p l i s chlorophyllosis p u l v i n a t i m o b t e c t o, cellulis basalibus laxis subquadratis hyalinis vel parce chlorophyllosis, s u p e r i o r i b u s s a t l a x i s quadratis tenuibus valde chlorophyllosis dense papillosis omnibus u n i s t r a t o s i s. Seta b r e v i s s i m a, 6—7 mm longa erecta; theca breviter elliptica, vix 1 mm longa (vetusta tantum observata).

Auf Erde zwischen Choro und Cocapata, ca. 3500 m, No. 4170.

Aus der Verwandtschaft der *T. characodonta* (C. M.), aber durch Blütenstand und Blattform sehr verschieden.

173. Tortula mniifolia (Sull.) Mitt.

Auf feuchten Steinen im Bergwald des unteren Coranitales, ca. 1800 m, No. 4696.

Sect. *Z y g o t r i c h i a* (Brid. Bryol. univ. I) Mitt. Musc. austr. amer.

174. Tortula percarnosa (C. M.) (Fig. 13a).

Echtes Hochgebirgsmoos, bisher nur aus den Hochcordilleren von Argentinien bekannt. An steilen Erdabbrüchen bei Challa in ausgedehnten, schmutzig-schwarzgrünen Rasen, ca. 3900 m, No. 2564; an Felsen im oberen Chocayatal, ca. 4400 m, No. 3575.

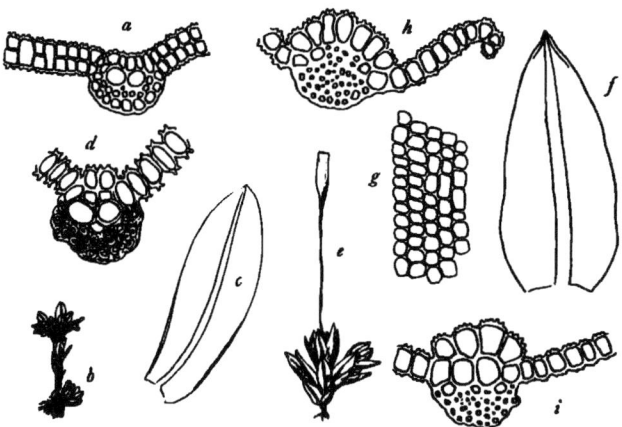

Fig. 13. *a Tortula percarnosa* C. M. Blattquerschnitt 250:1; *b—d Tortula ligulata* H. n. sp. *b* Habitus 2,5:1, *c* Blatt 16:1, *d* Blattquerschnitt 250:1; *e—i Tortula minima* H. n. sp.. *e* Habitus 7:1, *f* Blatt ca. 50:1, *g* Zellnetz aus der Blattmitte 250:1, *h* Blattquerschnitt oben 250:1, *i* Blattquerschnitt mitten 250:1.

175. Tortula polyseta (C. M.).

Charaktermoos des bolivianischen Hochgebirges, besonders an feuchten, humusreichen Stellen.

Am Bachrand bei der Mine Viloco (Quimzacruz-Cordillere), ca. 4350 m, No. 3129; beim Tunarisee, ca. 4400 m, No. 3431; in der Hochregion von Altamachi, ca. 4000 m, No. 3854; an den Cerros de Malaga, ca. 4000 m, No. 4370.

176. Tortula leiostoma Herzog nov. spec.

A u t o i c a; dense gregaria vel caespitosa humilis, caule 4—10 mm longo dichotomo, e viridi inferne rubescens. Folia sat densa erecto-patula mollia, e l o n g a t e l a n c e o l a t a acuta m u c r o n a t a, complicata, c e l l u l i s i n f e r n e 4-, s u p e r n e 3—2-s e r i a t i s e l o n g a t i s a u r e o f u s c i s l a e v i b u s limbata, superne minutim in apice ipso grossius s e r r u l a t a, cellulis baseos a l t e laxe rectangulis hyalinis vel flavidis, superioribus hexagonis vel subquadratis sat amplis tenuibus densissime papillosis g r i s e i s. Seta 5—8 mm longa crassiuscula rubra arcte spiraliter torta; theca elliptico-cylindrica, 2,5 mm longa, evacuata elongata angustata atrorubens, annulo uniseriato fragili deciduo, operculo t e n u i s s i m o o b l i q u o a c i c u l a r i $^3/_4$ thecae longitudinis aequante, calyptra cucullata i n f l a t a pallida totam fere thecam obtegente; p e r i s t o m i u m n u l l u m; sporis m a g n i s diametro 0,024—0,032 mm ferrugineis g r o s s e p u s t u l a t i s.

Im oberen Llavetal, 4400—4600 m, No. 4935; am Bach bei der Mine Viloco, ca. 4350 m, No. 3133; im Hochtal von Choquecota chico, ca. 4500 m; No. 3178; zwischen Rio Saujana und Choquetanga grande, ca. 3700 m, No. 3277.

Von *T. denticulata* (Wils.) und Verwandten durch das Fehlen des Peristoms, von *T. limbata* (Mitt.) durch schmalen Blattsaum und Statur verschieden.

177. Tortula ligulata Herzog nov. spec. (Fig. 13 b—d).

D i o i c a; sat dense caespitosa terra permixta, humilis, ex obscure viridi nigricans, caulibus simplicibus crassiusculis dense foliatis quam maxime 1 cm altis. Folia rigidula, s i c c a s p i r a l i t e r t o r t a incurva, humida patentia stellatim expansa, e basi concava b r e v i t e r l a t e q u e s p a t h u l a t o - l i g u l a t a rotundata, 2,5—3 mm longa, 1 mm lata, nervo valido dorso convexo prominente fusco excurrente brevissime o b t u s e m u c r o n u l a t a, integerrima, margine usque ad medium anguste revoluta ceterum plana, cellulis basalibus medianis laxe breviter rectangulis hyalinis marginalibus angustioribus subquadratis luteis ceteris o m n i b u s u n i s t r a t o s i s quadratis diametro 0,010—0,012 mm tenuibus chlorophyllosis papillis hippocrepidiformibus dense obtectis o b s c u r i s. Sterilis.

Auf trockener Erde im Aracatal, ca. 3000 m, No. 3193, ♂.

Im Habitus sehr stark an *T. percarnosa* C. M. erinnernd, aber schon durch die überall einschichtigen Blätter von ihr verschieden.

Sect. *S y n t r i c h i a* (Brid. Mant. musc.) Hartm.

178. Tortula Mniadelphus C. M.

In einer Felshöhle des Piñasgebietes, ca. 4200 m, No. 2633; an den Cerros de Malaga, No. 4375; am Bachrand im oberen Llavetal, ca. 4200 m, No. 4813.

179. Tortula armata Broth.

Besonders auf moosigen Baumstämmen im obersten Waldgürtel. An der Waldgrenze über Tablas, ca. 3400 m, No. 2929; an der Waldgrenze des Rio Saujana, ca. 3400 m, No. 3235; an der Cuesta de Liryuni, ca. 3400 m, No. 3451; in den Estradillas über Incacorral, ca. 3200 m, No. 3351.

180. Tortula pichinchensis Tayl.

Im Hochtal von Viloco, ca. 4600 m, No. 3161/a.

181. Tortula angustifolia Herzog.

Calyptopogon Herzog in Beih. Bot. Centr. 1909.

An der Cuesta de Liryuni, ca. 3400 m, No. 3445; am Osthang der Punta de San Miguel, ca. 4800 m, No. 3439, f. latior. Auf der ersten Reise im Bergwald von Incacorral an faulenden Baumstämmen gefunden und als *Calyptopogon angustifolius* veröffentlicht. Die Art, welche wohl zweifellos in die Verwandtschaft von *T. pichinchensis* Tayl. und *T. fragilis* Tayl. gehört, unterscheidet sich von ihren Verwandten durch schmälere, meist abgebrochene Blattspitzen und gestreckte glatte Randzellen, die einen undeutlichen schmalen Blattsaum bilden.

182. Tortula fragilis Tayl.

Auf einem Baumast im Chocayatal, ca. 3400 m, No. 3617, c. fr.!

183. Tortula Goudotii (Hamp.) Mitt.

var. **boliviana** Broth. n. var.

Folia recurva, pilo rubro subintegro.

Asiento, Baumwurzeln, 3800 m, No. 2994.

184. **Tortula aculeata** Wils.
    In den Estradillas über Incacorral, ca. 3300 m, No. 3338, tiefe, ausgedehnte, aber sterile Rasen bildend.
185. **Tortula andicola** (Mont.).
    In Felslöchern und an Felsen in der Hochregion weiche, leicht zerfallende Rasen bildend. Zwischen Cocapata und Choro, ca. 3500 m, No. 4186; am Cerro Tunari, ca. 4600 m, No. 4864; im Hochtal von Viloco, ca. 4600 m, No. 3206, forma humilis.
186. **Tortula runcinata** (C. M.).
    Am Bachrand im oberen Llavetal, ca. 4200 m, No. 4928.
    Nach Vergleichung von *T. robusta* Hook. u. Grev. und *T. runcinata* (C. M.) im Berliner Herbarium kann ich mich Cardots Ansicht, der die beiden für identisch erklärt, nicht anschließen. Trotz habituell großer Ähnlichkeit unterscheidet sich *T. robusta* von *T. runcinata* sofort durch wesentlich größere Blattzellen.
187. **Tortula scabrinervis** (C. M.) Mitt.
    An Baumrinde bei Villa Montes am Rio Pilcomayo, ca. 400 m, No. 2547.
188. **Tortula serripungens** C. M.
    Gehört zu den Charaktermoosen der Trockengebiete in mittleren Höhenlagen.
    An der Cuesta de Catalina zwischen Comarapa und Pojo, ca. 2300 m, No. 3685.
    var. **exesa** C. M.
    Mit dem Typus an der Cuesta de Catalina, No. 3675; an Sandsteinfelsen in der Cordillere von Santa Cruz, ca. 1400 m, No. 3478; im Hochland von Totora, ca. 2800 m, No. 5119.
189. **Tortula lingulifolia** Herzog nov. spec.
    D i o i c a; dense caespitosa, ex obscure viridi nigricans, in partibus vetustis ferruginea subrubella, caulibus a basi divisis ad 2 cm longis. Folia sat densa, superiora majora comosa ultra 3 mm longa, sicca r i g i d u l a i n c u r v a parum torta, humida patula substellata h a u d r e c u r v a, e basi angustiore l a t e l i g u l a t o - s p a t h u l a t a r o t u n d a t a, margine usque ad medium angustissime revoluta, superne p l a n i s s i m a integerrima, nervo valido ferrugineo in mucronem obtusum brevissimum excurrente, cellulis basalibus mediis laxis rectangulis subhyalinis vel aureo-limitatis, marginalibus pluribus seriebus angustioribus subquadratis luteis, s u p e r i o r i b u s m a j u s c u l i s quadratis vel hexagonis tenuibus grosso denseque papillosis chlorophyllosis p a r i e t i b u s v i x d i s t i n c t i s. Seta brevis recta, vix 1 cm longa; theca (vetusta tantum visa) breviter cylindrica, ca. 2 mm longa.
    An einem alten Baumstamm im Cocapatatal, ca. 3900 m, No. 4179.
    Aus der Verwandtschaft der *T. serripungens* C. M., durch die Blattform und kleine Kapsel gut unterschieden.
190. **Tortula bipedicellata** Besch.
    In der Hochregion von Altamachi, um 4000 m, No. 3856.
191. **Tortula Buchtienii** Herzog in Beih. Bot. Centr. 1910.
    Im oberen Montehuaikotal, ca. 3900 m, No. 3741, forma epila.
192. **Tortula ruralis** (L.).
    An schattigen Felsblöcken im Chocayatal, ca. 3400 m?, No. 2586; im Hochtal von Viloco, ca. 4700 m, No. 3160.
    var. **spiralis** Herzog nov. var.
    Minor; foliis siccis distincte spiraliter tortis, humidis minus squarrosis late spathulatis e m a rg i n a t i s, nervo comitibus paucis praedito.
    Im oberen Chocayatal, ca. 4000 m, No. 3592. Vielleicht eine eigene Art, aber *T. ruralis* sehr nahe.
193. **Tortula Polylepidis** Herzog nov. spec. (Fig. 14).
    S y n o i c a; d e n s e p u l v i n a t a, amoene viridis intus ferruginea, basi tomento denso fusco affixa, caulibus crassiusculis 3 cm longis iterum dichotome divisis sat dense foliatis. Folia sicca rigidula

incurva, humida parum recurva substellatim expansa, concava, 4—5 mm longa, e basi longa plicata late ligulato-spathulata rotundato-obtusa integerrima, margine ultra medium anguste revoluta apice planissima, nervo valido ferrugineo dorso minute scabro in pilum mediocrem fuscum remote serratum excurrente, cellulis basalibus medianis elongate rectangulis laxis hyalinis, marginalibus abbreviatis angustioribus luteis, superioribus majusculis hexagonis tenuibus dense papillosis chlorophyllosis. Seta brevis 5—6 mm longa, crassiuscula rubens; theca erecta vel parum inclinata, deoperculata 4 mm longa, e basi latiore cylindrica arcuata, annulo 1-seriato, operculo recte alteque conico 1—1,5 mm longo; peristomii tubo basali ⅓ altitudinis totalis aequante tabulato pallido, dentibus vix semel tortis dense tenuiter echinulato-papillosis aurantiacis; sporis pallide ochraceis laevissimis diametro 0,012—0,014 mm.

An einem Polylepisstamm im Llavetal, ca. 3800 m, No. 4874.

Durch eine ganze Summe von Merkmalen ausgezeichnete Art!

194. **Tortula xerophila** Herzog n. sp. (Fig. 15).

Dioica; laxe caespitosa, humilis, e viridi ferruginea, caulibus ad 12 mm longis laxiuscule vel densius foliatis tenuibus. Folia sicca valde torquata, arcte spiraliter appressa, humida patentia vel divaricata strictiuscula, e basi appressa latiore anguste ligulata obtusa integerrima, margine ubique valde revoluta, supra basin parum undulata, nervo latissimo aliquantulum complanato dorso laevissimo in pilum longum laeve rufum excurrente, ducibus amplis steroidium fasciculo dorsali suffulto, cellulis omnibus majusculis quadratis vel subquadratis unistratosis, basalibus vix diversis parum laxioribus medianis breviter rectangulis dense chlorophyllosis laevibus, superioribus dense papillosis chlorophyllosis; perichaetialia pilo longissimo flexuoso. Seta recta, ad 12 mm longa, rubescens, arcte torta; theca erecta e basi latiore anguste elliptica, interdum inaequalis, microstoma, leptoderma, cinnamomea, 2,5 mm longa, operculo anguste conico rubro, calyptra cucullata straminea rostrata dimidiam thecam obtegente laevissima; peristomium breve vix quartam partem thecae aequans, membrana basilari humili luteola, dentibus capillaceis strato externo aurantiaco, interno pallido exstructis dense echinato-papillosis; columellae pars superior inter peristomium remanens; spori virides.

In der Dornbuschsteppe des Palo mit *Gertrudia validinervis* H., ca. 1600 m; No. 4344/a; im Trockenwald bei Perico (N.-Argentinien), ca. 400 m. No. 2622.

Merceya Schimp. Syn.

195. **Merceya cataractae** (Mitt.).
Scopelophila Broth.
An feuchten Felsen im unteren Coranital, ca. 1600 m. No. 4754. 4755.

Fig. 14. *Tortula Polylepidis* H. n. sp. a Habitus 2:1, b, c Blätter 8:1, d Peristom 62:1.

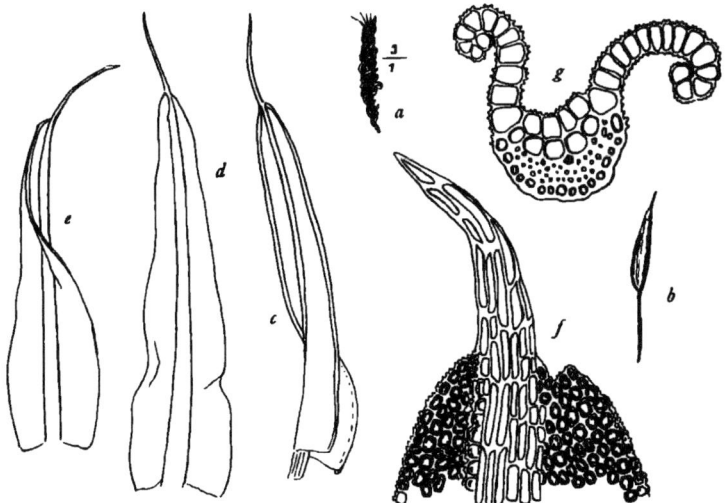

Fig. 15. *Tortula xerophila* H. n. sp. *a* Habitus eines sterilen Sprosses 3:1, *b* Kapsel 8:1, *c, d, e* Blätter 62:1, *f* Blattspitze 250:1, *g* Blattquerschnitt 250:1. *a* und *b* von No. 2622, *c—g* von No. 4344/a.

Encalyptaceae.

Encalypta Schreb. Gen. II.

196. Encalypta asperifolia Mitt.
E. vernicosa C. M.; E. emersa C. M.

Im Hochgebirge von Bolivia, wie es scheint, weit verbreitet, aber meist spärlich. Im Pajonaltal (Quimzacruz-Cordillere), über 4000 m, No. 3286; an Schieferhängen im Hochtal von Choquecota chico (Quimzacruz-Cordillere) ca. 4500 m, No. 3180; an steilen Erdböschungen bei Challa, ca. 3900 m, No. 2567; im Piñasgebiet, ca. 4500 m, No. 2629; auf einem Gipfel der Yanakakabastion, ca. 4600 m, No. 3828.

E. vernicosa C. M. und *E. emersa* C. M. sind ganz gewiß nur Standortsformen, die letztere eine hochandine Kümmerform von *E. asperifolia* Mitt. Ich kann an den Originalen keine irgendwie bemerkenswerten Unterschiede, außer im Wuchs, entdecken.

197. Encalypta coarctata (Mitt.).

An der Waldgrenze über Tablas. ca. 3400 m, No. 2863, 2903; an erdigen Felsen der Yanakakabastion über 4000 m, No. 3753, 3833.

198. Encalypta leiotheca Herzog nov. spec.

Dioica ?; late turgide caespitosa, obscure viridis, caulibus ad 3 cm longis iterum dichotomis dense foliatis. Folia sicca incurva, humida s u b e r e c t o - p a t u l a concava, 5—6 mm longa 2 mm lata, e basi macerata l a t e l o n g e q u e s p a t h u l a t a obtusa, margine ultra medium revoluta in apice plana, nervo rufo valido in mucronem parce denticulatum excurrente, dorso superne vix scaberulo, cellulis basi anguste rectangulis luteis plerumque mox deletis, superioribus parvis hexagono-rotundis densissime papillosis chlorophyllosis. Setae ex uno perichaetio 1—3 erectae, ad 10 mm longae rubentes; theca e basi subtruncata anguste elliptico-cylindrica, ultra 2 mm longa, rubrofusca, laevissima, microstoma, eperistomiata, operculo brevi recto acicular i, calyptra basi breviter fimbriata, sporis tetraedricis diametro 0,040—0,044 mm grosse pustulatis, exosporio radiatim incrassato.

Unter Rasenwurzeln bei der Abra de San Benito, ca. 3800 m, No. 4353.

Grimmiaceae.

Ptychomitrieae.

Ptychomitrium (Bruch) Fürnr. in Flora 1829 Erg. II.

199. **Ptychomitrium chimborazense** (Spruce).

An Felsen im oberen Montehuaikotal, ca. 3800 m. No. 3749, 3855; im Chocayatal, No. 3584.

Hierher gehört wahrscheinlich auch *Brachysteleum emersum* C. M. Das völlige Fehlen des Peristoms bei diesem Hochgebirgsmoos kann im Vergleich zu dem meist auch nur rudimentären Peristom des *P. chimborazense* nicht für ein artscheidendes Merkmal angesehen werden. Auch *Glyphomitrium Cochabambae* Herzog und *Gl. papillosum* Herzog gehören in die nächste Verwandtschaft von *P. chimborazense*. Vielleicht haben wir es hier überhaupt nur mit Formen oder Lokalrassen einer sehr polymorphen Art zu tun.

Grimmieae.

Coscinodon Spreng.

200. **Coscinodon trinervis** (R. S. W.) Broth.

Grimmia R. S. Williams.

Charaktermoos der höchsten Anden.

In den Aracabergen über 4000 m, No. 2982; an Felsen beim Huaillattanisee (Quimzacruz-Cordillere), ca. 4900 m, No. 2970; am Abfluß des Altaranigletschers, ca. 4900 m, No. 2972; an einem Gipfel der Yanakakabastion, ca. 4600 m, No. 3825; im oberen Montehuaikotal, ca. 3900 m, No. 3752/a; im oberen Chocayatal, ca. 4300 m, No. 3589 forma subepila.

201. **Coscinodon bolivianus** Broth. n. sp.

Dioicus; tenellus, caespitosus, caespitibus compactis, basi tomentosis, laete viridibus, griseis; caulis erectus, ca. 1 cm longus, dense foliosus, superne fasciculatim ramosus; folia sicca adpressa, humida suberecta, inferiora patentia, e basi ovali breviter lanceolata, obtusa, inferiora mutica, superiora in pilum hyalinum, elongatum, basi latum, parce serrulatum producta, lamina superne biplicata, marginibus superne incurvis, integerrimis, nervo inferne tenuiore, superne sulcato, cellulis laminalibus minutis, quadratis, basilaribus multo majoribus, breviter rectangularibus, hyalinis, omnibus laevissimis. Caetera ignota.

Felsen am Huaillattanisee, alt. 4900 m, No. 2971.

Species pulchella, foliorum forma et structura faciliter dignoscenda.

Schistidium (Brid.) Br. eur.

202. **Schistidium angustifolium** (Mitt.)

An Granitfelsen im Hochtal von Choquecota chico (Quimzacruz-Cordillere), ca. 4500 m, No. 3177.

203. **Schistidium streptophyllum** (Sull.).

An Konglomeratfelsen bei La Paz, ca. 3700 m, No. 2571, forma decolorans.

204. **Schistidium andinum** (Mitt.).
An Felsen neben dem Weg zwischen der Cumbre de Liryuni und der Abra de Piñas, ca. 4400 m, No. 2602.
205. **Schistidium apocarpum** (L.).
An schattigen Felsblöcken im unteren Chocayatal, ca. 3400 m, No. 3610.
206. **Schistidium praemorsum** (C. M.).
An Felsen im oberen Montehuaikotal, ca. 3900 m, No. 3759.
207. **Schistidium subpraemorsum** Broth. n. sp.

A u t o i c u m; gracilescens, caespitosum, caespitibus densis, sordide fuscescenti-viridibus; c a u l i s erectus, usque ad 3 cm longus, parce radiculosus, dense foliosus, fasciculatim ramosus; f o l i a sicca adpressa, humida patentia, carinato-concava, e basi ovali sensim longe et anguste lanceolata, brevipila, marginibus longe ultra medium folii revolutis, integerrimis, nervo rufescente, in pilum breve, serrulatum excedente, dorso sublaevi, cellulis incrassatis, superioribus lumine subquadrato, sinuosulo, dein sensim longioribus, basilaribus lumine lineari, valde sinuoso, infimis haud sinuosis, pellucidis, internis linearibus, marginem versus in seriebus paucis subquadratis, hyalinis; b r a c t e a e p e r i c h a e t i i erectae, multo majores, pallidae, e basi elongata, ovato-oblonga sensim breviter lanceolato-acuminatae, piliferae; t h e c a immersa, ovalis, macrostoma, leptodermis, ochracea; e x o s t o m i i d e n t e s late lanceolati, in linea media late perforati, aurantiaci, papillosi; o p e r c u l u m convexum, breviter et recte rostratum; c a l y p t r a ignota.

Oberes Llavetal gegen Tunarisee, alt. 4300 m, No. 4867.

Species S c h. p r a e m o r s o (C. Müll.) affinis, sed foliorum forma et reticulatione optime diversa.

208. **Schistidium Chocayae** Herzog nov. spec.

A u t o i c u m; caespitosum, caespitibus laxe cohaerentibus canescentibus e luride viridi intus nigricantibus, caulibus valde ramosis iterum dichotomis filiformibus vix ultra 1 cm longis. Folia sat densa, sicca a l i q u a n t u l u m s p i r a l i t e r t o r t a, accumbentia, humida erecto-patentia, h a u d r e f l e x a, p a r v a, ca. 1 mm longa, e basi perfecte ovata late breviter lanceol a t a, inferiora brevissime obtuse acuminata epila, superiora p i l o b r e v i hyalino parce dentato ornatu, carinato-concava, margine in uno latere a basi supra medium revoluta, nervo mediocri aequilato dorso prominente, cellulis superioribus parvis, basilibus laxioribus, o m n i b u s q u a d r a t i s chlorophyllosis vix incrassatis; p e r i c h a e t i a l i a v i x m a j o r a, haud calycina. Seta subnulla; theca immersa, foliis perichaetialibus breviter piliferis vix superata, cyathiformis, peristomii dentibus 16 t r u n c a t i s irregulariter lobatis perforatis aurantiacis foveolato-striolatis minutissime papillosis.

An Felsen im oberen Chocayatal, ca. 4400 m, No. 3590.

Charakteristisch sind die kaum vergrößerten Perichaetialblätter und das gestutzte Peristom. Im Habitus etwas an *Grimmia funalis* erinnernd.

209. **Schistidium malacophyllum** Herzog nov. spec.

Autoicum ?; laxe caespitosum, obscure viride, nigricans, m o l l e. Caulis decumbens, e basi iterum ramosus, ad 2 cm longus flexuosus. Folia t r i s t i c h a, sicca laxe incumbentia, humefacta hamatim recurva omnia erecto-patentia, inferiora minora, superiora 2 mm longa, omnia e basi anguste ovata decurrente e l o n g a t o - l a n c e o l a t a, inferiora obtusa, superiora brevissime hyalino-mucronata ibique paucidentata, carinata, margine uno vel ambo latere usque fere ad apicem revoluto ibique seriebus 1—2 bistratoso, nervo valido dorso convexo e viridi fuscescente, cellulis l a m i n a e u n i s t r a t o s a e basalibus breviter rectangulis sinuatis, superioribus rotundato-quadratis parum incrassatis omnibus chlorophyllosis; perichaetialia majora, ad 3 mm longa, valide carinata. Theca in seta perbrevi recta, immersa, parva, cyathiformis, operculo cupulato oblique rostrato rubro; peristomium multo infra os insertum dentibus 16 longis e basi late lanceolata a n g u s t e s u b u l a t i s irregulariter 2—3-f i s s i s papillosis aurantiacis; sporis aurantiacis.

An Steinen in einer Bachrinne im oberen Llavetal, ca. 4300 m, No. 4925.

Durch die dreizeilige Beblätterung und die schmalen Blätter, wie schon durch das Colorit und die Weichheit aller Teile bestens charakterisiert.

210. Schistidium tunariense Herzog nov. spec.

Autoicum; laxe caespitosum, caulibus decumbentibus iterum ramosis e luride viridi ochraceis fuscescentibus sat laxe foliatis. Folia sicca patentia parum contorta, h u m e f a c t a r a p t i m r e c u r v a dein valde patentia, 2,5 mm longa, e basi decurrente ovata aurantiaca longe lanceolato-lineari s u b u l a t a, superne carinata, margine usque ad medium anguste revoluto, nervo pro folio t e n u i ferrugineo sulcato in pilum brevissimum hyalinum laeve excurrente (inferiora epila), cellulis basalibus rectangulis tenuibus mox in laminales breviores s u p e r i o r e s s u b q u a d r a t a s s i n u a t o-
i n c r a s s a t a s transeuntibus; perichaetialia multo majora, late elliptica, 4 mm longa, nervo sat crasso basin versus dissoluto. Theca in seta brevissima (vix 0,5 mm longa) immersa, cyathiformis, macrostoma; peristomii d e n t i b u s 16 lanceolatis c r i b r o s o-
p e r f o r a t i s v e l i m p e r f e c t e 3—4-f i s s i s aurantiacis papillosis.

An überrieselten Felsplatten im oberen Llavetal, ca. 4200 m, No. 4866.

211. Schistidium fontanum Herzog nov. spec. (Fig. 16).

A u t o i c u m; f l u i t a n s, caulibus valde ramosis in fasciculos ramulorum brevium exeuntibus nigricantibus, habitu *S c h. a l p i c o l a e v a r.
r i v u l a r i s*, ad 4 cm longis sat laxe foliatis. Folia sicca patula, parum contorta, subsecunda, humefacta h a u d r e f l e x a, 2,5 mm longa, elliptico-lanceolata, o b t u s e s u b u l a t o-s t y l o s a, s u b u l a
s u b t e r e t e c a r n o s a, margine in uno latere medio late inflexo, epila, n e r v o n i g r i c a n t i l a t i s s i m o c o m p l a n a t o, cellulis bi-
s t r a t o s i s v i r i d i s s i m i s s e r i e b u s 2—3
d i s p o s i t i s d i l a t a t o, laminae (nervo proximae exceptae) cellulis omnibus quadratis vix incrassatis chlorophyllosis, ad basin seriebus singulis bistratosis. Seta brevissima, curvata vel recta, vix 0,2 mm longa; theca perfecte immersa, d e p r e s s e c y a t h i-
f o r m i s, macrostoma, atropurpurea; peristomii den-

Fig. 16. *Schistidium fontanum* H. n. sp. *a* Habitus 1:1, *b* fertile Sproßspitze ca. 4:1, *c, d* Blätter, *f* Zellnetz an der B.basis 250:1, *g* Querschnitt in der B.mitte 250:1. *h* Querschnitt durch die B.spitze 250:1, *i* Kapsel ca. 20:1.

tibus robustis lanceolatis solidis a basi ad medium v e r t i c a l i t e r s t r i o l a t i s superne papillosis purpureis.

An Steinen im Bach bei der Mine Viloco, ca. 4350 m, No. 3127.

Ausgezeichnete Art! Durch die Blattstruktur und das Peristom bestens gekennzeichnet.

G r i m m i a Ehrh. emend.

Subgen. *G r i m m i a* sens. strict. Limpr. Laubm. I.

212. Grimmia subovata Schimp.

G. integridens C. M.

Auf sonnigen Felsblöcken des Hochgebirges, stets reich fruchtend, besonders im Tunarigebiet. Beim Tunarisee, ca. 4400 m, No. 4938, 4912; am Cerro Tunari, ca. 5000 m, No. 4863.

213. **Grimmia micro-ovata** C. M.
Im oberen Chocayatal, ca. 4300 m, No. 3585.

214. **Grimmia navicularis** Herzog in Beih. Bot. Centr. 1909.
An Felsen bei der Saittulaguna, ca. 4300 m, No. 2675; an Felsblöcken beim Tunarisee, ca. 4400 m, No. 4913.

215. **Grimmia leucophaeola** C. M.
Zwischen Cuchicancha und Sacaba, ca. 3700 m, No. 4156.
Die Peristomzähne sind bei meinen Exemplaren etwas länger als die Beschreibung verlangt. Im übrigen stimmt dieselbe aber so gut — der Ring ist sehr breit und bleibt am Kapselrand sitzen — daß ich an der Zugehörigkeit derselben zu der Müllerschen Art nicht zweifle.

216. **Grimmia Herzogii** Broth. n. sp.

Dioica; gracilis, caespitosa, caespitibus densis, mollibus, faciliter dilabentibus, viridibus, intus nigrescentibus; caulis erectus, usque ad 1,5 cm longus, parce radiculosus, dense foliosus, dichotome ramosus; folia sicca imbricata, humida suberecta, carinato-concava, e basi late ovali breviter lanceolata, pilifera, marginibus erectis vel uno latere recurvo, nervo tenui, in pilum hyalinum sublaeve vel minutissime serrulatum breve et strictum vel longum et flexuosum excedente, cellulis laminalibus incrassatis, lumine minutissime rotundato-quadrato, chlorophyllosis, dein lumine ovali, basilaribus internis lutescentibus, elongate rectangularibus, teneris, marginem versus in seriebus pluribus laxe quadratis, hyalinis, parietibus transversis incrassatis; bracteae perichaetii internae foliis majores, parte basilari elongata, teneriter rectangulata, longe piliferae; seta ca. 2 mm alta, stricta, lutea; theca erecta, ovalis, fusca, laevis; annulus latus, revolubilis; exostomii dentes lati, apice bifidi, aurantiaci, papillosi; spori 0,010—0,012 mm, fusci, laevissimi; operculum minutum, e basi conica breviter et obtuse rostratum; calyptra mitraeformis, longirostris, basi pluries laciniata, operculum tantum obtegens. Planta mascula ignota.

Oberes Chocaya-Tal, alt. 4400 m, No. 3579; Yanakaka, alt. 4500 m, No. 3826.

Species pulchella, *Gr. vernicosulae* C. Müll. affinis, sed mollitie foliorumque forma faciliter dignoscenda.

217. **Grimmia speirophylla** Herzog nov. spec.

Dioica; dense caespitosa, caespitibus subpulvinatis obscure viridibus intus nigricantibus persistentibus, caule simplici vel diviso 1,5—2 cm longo crassiuscule folioso sursum attenuato. Folia laxiuscula, distincte spiraliter accumbentia, mollia, carinata, e basi oblongo-elliptica linearia, in pilum breve exeuntia, margine in uno latere reflexo, nervo crassiusculo concolori, cellulis superioribus subquadratis parietibus valde incrassatis sinuatis, basalibus elongate rectangulis, parietibus longitudinalibus valde sinuato-incrassatis; perichaetialia longiora. Seta 2 mm longa, recta; theca exserta, 1,5 mm longa, perfecte ovalis, laevissima, pallide cinnamomea, operculo subrecto obtusiuscule rostrato aurantiaco; peristomium dentibus 16 validis usque ad medium bifidis inferne rubris superne griseo-fuscidulis vel rubris dense papillosis; sporis minimis ochraceis.

An Felsen im Hochtal von Viloco, ca. 4600 m, No. 3148; an Felsen der Yanakakabastion, ca. 4500 m, No. 3745 u. 3827; an Felsen des Cerro Tunari, ca. 5000 m, No. 4871 u. 4811.

Stattliches Moos, das durch die deutlich spiralig gedrehten Blätter leicht kenntlich wird. Habituell etwas abweichend verhält sich eine f. *humilis* mit niederen Räschen und stärker buchtigen Zellen aus den Yanakakabergen (sine No.).

218. **Grimmia nigella** Herzog nov. spec. (Fig. 17).

Dioica; pulvinatim caespitosa, obscure viridis, nigricans, caulibus ca. 1 cm longis superne fasciculatim divisis dense foliatis. Folia sicca indistincte spiraliter torta, humefacta haud reflexa, erecta, leviter incurva, e basi late ovata lanceolato-subulata, obtusiuscula, epila, carinata, margine medio vel fere usque ad apicem uno latere revoluto, nervo valido basi attenuato dorso convexo, cellulis basalibus flavescentibus rectangulis sensim abbreviatis aequaliter in c r a s s a t i s, marginalibus laxioribus brevioribus subhyalinis, parietibus transversalibus valde incrassatis, superne mox in cellulas quadratas vel subrotundas b i s t r a t o s a s valde chlorophyllosas transeuntibus. Seta r e c t a, 2 mm longa, flavescens; theca ovalis vel breviter elliptica, microstoma, l a e v i s s i m a, sicca rugulosa, pallide aurantiaca, ore rubro, operculo conico recte obtuseque rostrato, annulo lato pluriseriato; peristomium d e n t i b u s 16 lanceolatis a d b a s i n f e r e 3-f i s s i s, cruribus trabeculis inter se cohaerentibus laxe papillosis aurantiacis; sporis flavescentibus laevissimis diametro 0,008 mm.

An Felsen im oberen Chocayatal, ca. 4400 m, No. 3597 u. 3587/a; an Felsen bei der Saittulaguna, ca. 4300 m, No. 2679.

Nach dem Habitus und der glatten Kapsel zu *Eugrimmia* gehörig. Da ich keine Haube gesehen habe, will ich jedoch nicht endgültig entscheiden.

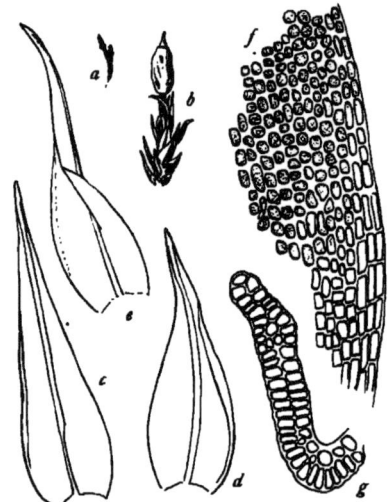

Fig. 17. *Grimmia nigella* H. n. sp. No. 2679. *a* Habitus 1 : 1, *b* fertile Sproßspitze 8 : 1, *c*, *d*, *e*. Blätter 62 : 1. *f* Zellnetz des Blattrandes nahe am B.grund 250 : 1; B.querschnitt 250 : 1.

219. Grimmia olivacea Herzog n. sp. (Fig. 18, g—m).

Sterilis; d e n s e p u l v i n a t a, ex olivaceo subcanescens intus nigricans, caule filiformi a basi ramoso tenello ca. 1 cm longo d e n s e a e q u a l i t e r foliato. Folia sicca accumbentia, apicibus incurvis, interdum indistincte spiraliter torta, humida patula, e b a s i a n g u s t a t a e l l i p t i c o - l a n c e o l a t a, parum concava, apice subcarinata, inferiora mutica, superiora pilosa, margine in uno latere ultra medium revoluta, n e r v o superne i n c r a s s a t o s u l c a t o in pilum longiusculum hyalinum remote subdenticulatum saepius flexuosum excurrente, cellulis basalibus rectangulis tenuibus flavidis, marginalibus subhyalinis parum productis, ceteris subhexagono-quadratis modice incrassatis saepius sinuatulis ubique u n i s t r a t o s i s (in apice serie una marginali tantum bistratosa) chlorophyllosis.

Im oberen Chocayatal an Felsen, ca. 4400 m, No. 3587.

Die Stellung dieser leider nur steril gefundenen Art ist unsicher. Am besten scheint sie noch in die Verwandtschaft von *G. funalis* und *G. navicularis* zu passen, von welchen sie sich jedoch durch bedeutend schmächtigeren Wuchs und breite, kurze Blätter weit unterscheidet.

220. Grimmia squamatula Herzog nov. spec. (Fig. 18, a—f).

Sterilis; densissime pulvinata, d u r i u s c u l a, f r a g i l i s, c a u l i b u s t e n u i s s i m i s a basi divisis vix 1 cm longis dense m i n u t i m foliatis superne crassioribus j u l a c e i s. Folia in parte caulis superiore imbricata, sicca s q u a m i f o r m i - a p p r e s s a, humefacta patula, laxe incumbentia, densissime disposita, 0,5 mm longa, l a t e o v a t o - l a n c e o l a t a obtusiuscula, inferiora mutica, superiora depila vel apice decolore, novissima pilo brevi lato laevissimo complanato hyalino terminata, c o n c h i f o r m i - c o n c a v a, margine in uno latere usque ad medium revoluto, n e r v o pro folio l a t i u s c u l o complanato superne vix validiore sulcato dorso parum convexo, c e l l u l i s b a s a l i b u s laxioribus q u a d r a t i s flavescenti-limpidis irregulariter incrassatis, s u p e r n e u n i s t r a t o-

— 57 —

sis hexagono-subrotundis minus incrassatis chlorophyllosis; [in parte caulis infima filiformi folia diversiformia, substipularia, remotiora, tamen vix minora, ovato-lanceolata apiculata, unistratosa, ubique cellulis oblongis vel ellipticis valde incrassatis fuscescentibus areolata.

An Felsen der Yanakakabastion, ca. 4600 m, spärlich, No.3825/a.

Durch die winzigen, breiten und sehr hohlen, dicht gestellten Blätter und das verschiedenartige Zellnetz der oberen und unteren Blätter sehr gut charakterisiert.

Subgen. *Rhabdogrimmia* Limpr. Laubm. 1.

221. **Grimmia flexicaulis** C. M.

Fig. 18 *a—f. Grimmia squamatula* H. n. sp. *a* Stück eines Stengels ca. 10 : 1, *b* junges Blatt von der Sproßspitze mit kurzem Haar 62 : 1, *c* oberes Stengelblatt 62 : 1, *d* unteres Stengelblatt 62 : 1, *e* Zellnetz in der Mitte eines oberen Stengelblattes 250 : 1. *f* Zellnetz in der Mitte eines unteren Stengelblattes 250 : 1; *g—m G. olivacea* H. n. sp., *g, h* obere Stengelblätter ca. 30 : 1, *i* Zellnetz in der Nähe des B.grundes 125 : 1, *k—m* Blattquerschnitte: *k* unten, *l* in der Mitte, *m* oben 250 : 1.

Charaktermoos auf freiliegenden Felsblöcken und an Felswänden der höchsten Gebiete; meist reichfruchtende Polster bildend.

Im oberen Chocayatal, ca. 4400 m, No. 3572; an Felsen bei der Saittulaguna, ca. 4300 m, No. 2662; an Felsblöcken beim Tunarisee, ca. 4400 m, No. 4869, 4870.

222. **Grimmia quatricruris** C. M.

An Felsen bei der Saittulaguna, ca. 4300 m, No. 2680.

223. **Grimmia subquatricruris** Broth. n. sp.

Dioica; gracilescens, caespitosa, caespitibus densis, molliculis, sordide atroviridibus; caulis erectus, 1 cm vel paulum ultra longus, parce radiculosus, dense foliosus, dichotome ramosus; folia sicca imbricata, humida patentia, canaliculato-concava, e basi breviter decurrente obovata breviter lanceolata, inferiora mutica, obtusa, superiora breviter pilifera, marginibus basi subrecurvis, superne erectis, nervo crassiusculo, dorso prominente, in foliis superioribus in pilum breve, hyalinum, sublaeve excedente, cellulis laminalibus incrassatis, rotundato-quadratis, chlorophyllosis, basilaribus internis breviter rectangularibus, lutescentibus, marginem versus in seriebus pluribus quadratis, parietibus transversis incrassatis; bracteae perichaetii internae foliis majores, longius piliferae; seta vix ultra 1,5 mm alta, cygnea, lutea; theca ovalis, laevis, ochracea, aetate fuscidula; operculum magnum, concolor, plano-convexum, indistincte umbonatum. Caetera ignota.

Felsen am Huaillattanisee, alt. 4900 m, No. 2973.

Species *Gr. quatricruri* C. Müll. affinis, sed inflorescentia, statura robustiore, theca majore nec non operculo plano-convexo, indistincte umbonato dignoscenda.

Subgen. *G ü m b e l i a* (Hpe. Bot. Ztg. 1846) Limpr. Laubm. I.

224. **Grimmia bicolor** Herzog in Beih. Bot. Centr. 1909 (Fig. 19).

An Felsen im Schneetälchen des Cerro Tunari, ca. 5100 m, No. 4772 c. fr.!

Zu der l. c. gegebenen Diagnose ist nun von den Fruchtexemplaren noch die Beschreibung des Sporogons nachzutragen.

Seta brevissima vix 2 mm longa, leviter arcuata vel suberecta, pallida; theca turgide elliptica, ultra 1 mm longa, laevissima vel sicca interdum leviter sulcata, pallida, s t o m a t i b u s d e f ic i e n t i b u s, annulo angusto diffrangente, fragmentis partim in margine thecae operculique remanentibus, o p e r c u l o o b t u s e c o n i c o rubro; peristomii dentibus validis apice parum erosis vel inferne perforatis papillosis l u t e i s.

Obgleich ich keine Haube gefunden habe, glaube ich doch die Art nach den übrigen Merkmalen zu *Guembelia* bringen zu müssen.

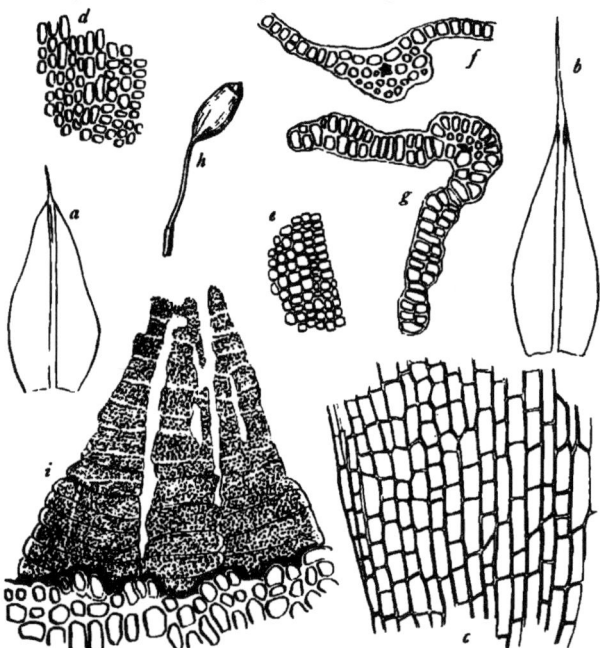

Fig. 19. *Grimmia bicolor* H. *a* Oberes Stengelblatt 20 : 1. *b* Schopfblatt 20 : 1, *c* Zellnetz des Blattgrundes 250 : 1, *d* Zellnetz in der Blattmitte 250 : 1, *e* Zellnetz oben am Blattrand 250 : 1, *f* Blattquerschnitt am Grund 250 : 1, *g* Blattquerschnitt oben 250 : 1. *h* Sporogon ca. 10 : 1, *i* Peristom 250 : 1.

225. **Grimmia tristicha** Herzog nov. spec. (Fig. 20).

Dioica videtur; dense caespitosa, caespitibus extensis ad 3 cm altis, e fusco nigricans, c a u l i b u s plerumque simplicibus interdum e basi stoloniferis, filiformibus inferne denudatis superne dense t r i st i c h e f o l i a t i s, (seriebus foliorum tribus in formis No. 2979, 3152 et 3170 valde apparentibus, in varietate No. 3188 oblitteratis). Folia d i f f ic i l e emollientia, sicca i n c u r v a parum flexuosa, humefacta vix mutata, laxe patula, anguste longe lanceolata, 2,2—3 mm longa, basi ad 0,5 mm lata, sensim angustata, o b t u s i u sc u l a, epila, profunde canaliculata, margine in uno latere a basi ad medium anguste revoluta, nervo valido sensim attenuato fuscescente dorso valde convexo in apice ipso dissoluto, cellulis basalibus breviter rectangulis, marginalibus parum laxioribus subhyalinis, superne s u b q u a d r a t i s b i s t r a t o s i s, omnibus — exceptis baseos marginalibus — valde sinuato-incrassatis chlorophyllosis. Seta e r e c t a, c r a s s i u s c u l a, arcte spiraliter torta, quam maxime 3 mm longa; t h e c a e r e c t a, breviter elliptica, 1,3 mm longa, 0,7 mm lata, laevissima, brunnea, a n n u l o b i s e r i a l i p e r s i s t e n t e, operculo rubente breviter oblique rostrato, calyptra cucullata, longe rostrata; peristomium d e n t i b u s s u b o r e i n s e r t i s 16 l o n g i s late lanceolatis i r r e g u l a r i t e r f i s s i s p e r f o r a t i s q u e marginibus erosis papillosis aurantiacis.

An feuchten Felsen im Hochtal von Viloco, ca. 4700 m, No. 3152 c. fr. u. 3170 (ster.); an nassen Felsen bei der Mine Chojñacota, ca. 4700 m, No. 2979.

var. **comosa** Herzog nov. var.

Differt a typo foliis indistincte tristichis densissimis comosis majoribus latioribus vetustis amoene aureo-ferrugineis.

An nassen Felsen im Hochtal von Viloco, ca. 4700 m, No. 3188.

Durch die ausgedehnten schwärzlichen Rasen von eigentümlicher Tracht, an einen kräftigen *Didymodon* erinnernd. Durch die dreizeilige Beblätterung, Blattstruktur und Peristom von allen Arten des Subgenus Gümbelia weit verschieden; habituell jedoch der *G. unicolor* nahe kommend.

R h a c o m i t r i u m Brid. Mant.

226. **Rhacomitrium crispipilum** (Tayl.) Jaeg.

Auf Felsblöcken sonniger Lagen des Hochgebirges sehr gewöhnlich. Physiognomisch und biologisch der Vertreter des europäischen *Rh. hypnoides*. Z. B. in den Estradillas über Incacorral, ca. 3300 m, No. 3353; im Hochtal von Viloco (Quimzacruz-Cordillere), ca. 4600 m, No. 3123, 3165; an der Waldgrenze über Tablas, ca. 3400 m, No. 2868; an der Waldgrenze des Rio Saujana, ca. 3400 m, No. 3223; auf einem Bergkamm über Comarapa, ca. 2600 m, No. 4261; am Tunarisee, ca. 4400 m, No. 4910.

227. **Rhacomitrium brachypus** C. M.

Auf Felsblöcken im Pajonaltal (Quimzacruz-Cordillere) ca. 4200 m, No. 3253; an den Cerros de Malaga, ca. 4000 m, No. 4421.

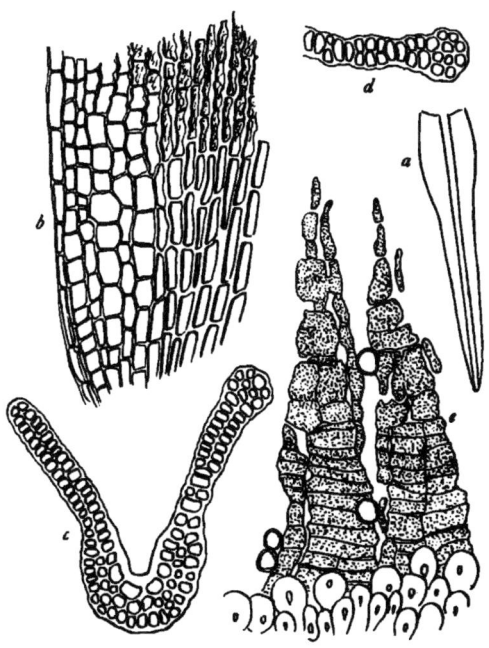

Fig. 20. *Grimmia tristicha* H. n. sp. No. 3152. *a* Blatt 22:1, *b* Zellnetz am Blattgrund 250:1, *c* Blattquerschnitt über der Mitte 250:1, *d* Teil eines B.querschnittes unterhalb der Mitte 250:1, *e* 2 Peristomzähne 250:1.

228. Rhacomitrium dimorphum C. M.
In den Estradillas über Incacorral, ca. 3200 m, No. 3315, f. umbrosa.
229. Rhacomitrium austro-sudeticum Broth. n. sp.
Dioicum; gracilescens, caespitosum, caespitibus faciliter dilabentibus, viridibus vel fuscescenti-viridibus, inferne nigrescentibus; c a u l i s adscendens, usque ad 8 cm longus, parce radiculosus, dense foliosus, dichotome ramosus; f o l i a sicca adpressa, humida reflexa, dein erecto-patentia, carinato-concava, e basi ovali sensim lanceolata, plerumque breviter pilifera, marginibus recurvis, integerrimis, nervo dorso prominente, in pilum breve, hyalinum laeve excedente, cellulis laminalibus minutissimis, rotundato-quadratis, sinuosulis, laevibus, basin versus sensim longioribus, distinctius sinuosis, basilaribus linearibus, alaribus laxioribus. Caetera ignota.

Waldgrenze über Tablas, alt. 3400 m, No. 2859; Tunarisee, alt. 4400 m, No. 4807; Cerros de Malaga, alt. 4000 m, No. 4366; Choquecota chico, alt. 4500 m, No. 3179.

Species *Rh. sudetico* (Funck.) Bryol. eur. valde affinis, unde nomen.

Orthotrichaceae.

E u s t i c h i a (Brid. Bryol. univ. II) Mitt. Musc. austr. am.

230. Eustichia Spruceana (C. M.) Par.
Zu dieser Art, von der ich leider kein Original gesehen habe, rechne ich die von mir in Bolivia gesammelten Pflanzen, vermute jedoch, daß die amerikanischen Arten zu einer einzigen, vielleicht sogar mit *E. longirostris* identischen Art gehören. Die bolivianischen Exemplare unterscheiden sich von *E. longirostris* aus Westpatagonien, leg. Dusén, nur durch kräftigeren Wuchs.

An nassen Felsen einer Bachschlucht an der Waldgrenze über Tablas, ca. 3400 m, No. 2842; in einer Felshöhle am Bergkamm über Comarapa, ca. 2600 m, No. 4193.

A n o e c t a n g i u m (Hedw.) Br. eur.

231. Anoectangium compactum Schwgr.
An Felsen eines Bergkammes über Comarapa, ca. 2600 m, No. 4254.
232. Anoectangium Pflanzii Broth.
An Felsen im oberen Montehuaikotal, ca. 3900 m, No. 3742; in der Felsschlucht von Toncoli, ca. 3600 m, No. 3359; an Felsen des Cerro Tunari, ca. 4700 m, No. 4939.
233. Anoectangium Herzogii Broth. n. sp.
Dioicum; gracilescens, caespitosum, caespitibus compactis, ca. 4 cm altis, fusco-viridibus; c a u l i s erectus, fusco-radiculosus, dense foliosus, dichotome ramosus; f o l i a sicca adpressa, humida erecto-patentia, carinato-concava, lanceolato-linearia, obtusiuscula vel acuta, usque ad 1,6 mm longa, marginibus erectis vel basi recurvis, integerrimis, nervo rufescente, continuo, dorso superne minute papilloso, cellulis incrassatis, pellucidis, lumine angulato-subrotundo, minute papillosis, basilaribus internis breviter rectangularibus. Caetera ignota.

Felsen am Tunari, alt. 4700 m, No. 4839; Cuesta de Liryuni, alt. 3600—3800 m, No. 3453.
Species *A. Pflanzii* Broth. affinis, sed statura robustiore, colore foliorumque structura longe diversa.
234. Anoectangium Lechlerianum Mitt.
An Granitfelsen im Hochtal von Choquecota chico (Quimzacruz-Cordillere) ca. 4600 m, No. 3173; in Felsritzen bei der Saittulaguna, ca. 4300 m, No. 2667.
235. Anoectangium euchloron (Schwgr.).
An nassen Felsen im unteren Coranital, ca. 1600 m, reichlich fruchtend und in verschiedenen Wuchsformen, No. 4687, 4699 f. typica; No. 4672 f. elata laxa, foliis siccis crispatis longioribus; No. 4759 f. intermedia caule robustiore caespitibus laxis haud contextis.

Amphidium (Nees) Schimp. emend. in Br. eur. Consp.

236. **Amphidium cyathicarpum** (Mont.).

An Felsen von der Waldgrenze bis ins Hochgebirge verbreitet. Z. B. an der Waldgrenze über Tablas, ca. 3400 m, No. 2864; an Felsen im Piñasgebiet, ca. 4500 m, No. 2632; in Felsritzen bei der Saittulaguna, ca. 4300 m, No. 2666; an der Cuesta de Liryuni, ca. 3400 m, No. 3459; in den Yanakakabergen über 4000 m, No. 3740; an den Cerros de Malaga, ca. 4000 m, No. 4403.

var. **fragilifolium** Herzog nov. var.
Differt a typo foliis brevioribus fragilibus.
An Felsen beim Tunarisee, ca. 4400 m, No. 4868.

Zygodon Hook. et Tayl. Musc. brit.

237. **Zygodon pichinchensis** (Tayl.).

Charaktermoos der höchsten Hochgebirgslagen; schwammige Polsterrasen bildend. Trotzdem die Art fast stets steril gefunden wird, ist sie doch an den dicht stachelig- bis wimperig-papillösen Blättern sehr leicht zu erkennen.

In Felsnischen des Pajonaltales (Quimzacruz-Cordillere) ca. 4100 m, No. 3232; in den Yanakakabergen, ca. 4500 m, No. 3836; an Felsen des Cerro Tunari, ca. 4700 m, No. 4825.

238. **Zygodon Goudotii** Hpe.

Habituell der vorigen Art durch ihre tiefen Polster sehr ähnlich, aber durch die fast glatten Blätter sofort zu unterscheiden. Nach Prüfung der Originale von *Z. aureus* C. M. und *Z. nivalis* Hpe. scheinen mir diese beiden Arten mit *Z. Goudotii* außerordentlich nahe verwandt. Durch Untersuchung reicheren Materials dürfte wohl die Identität der 3 Arten erwiesen werden. Charakteristisches Hochgebirgsmoos.

In Felsspalten des Cerro Chancapiña (Quimzacruz-Cordillere) ca. 5000 m, No. 3299; in Felslöchern des Piñasgebietes, ca. 4500 m, No. 2595.

239. **Zygodon oeneus** Herzog nov. spec. (Fig. 21. a—c).

Dioicus videtur; c a e s p i t i b u s turgidis extensis, ex obscure viridi f e r r u g i n e o - r u b e l l i s, ad 5 cm altis, c a u l i b u s t e n e l l i s iterum ramosis superne novellos microphyllinos parce emittentibus, siccis s u b c a t e n u l a t i s. Folia humida modice recurva, deinde patentia, in axillis fasciculos rhizoidium papillosorum p r o p a g u l a c l a v a t a brevia p a u c i c e l l u l o s a gerentium foventia, e basi decurrente breviter ovatolanceolata, acuminata, i n t e g e r r i m a, margine undulata, superne canaliculata, nervo basi valido oeneo-rubro superne attenuato denique subflexili

Fig. 21. a—c *Zygodon oeneus* Herzog n. sp.; d—f *Z. ramulosus* Herzog n. sp.; g—i *Z. coraniensis* Herzog n. sp.; k—l *Z. macrophyllus* Herzog n. sp. Blätter 30:1; Zellnetze 250:1.

sub apice evanido, c e l l u l i s b a s a l i b u s brevissime rectangulis p u l c h e r r i m e roseis, ceteris subrotundis laxiusculis, o m n i b u s i n c r a s s a t i s dense g r o s s e papillosis.

Im oberen Chocayatal, über 4000 m, No. 3620.

Schon wegen des eigenartigen Habitus mit keiner Art der Gattung zu verwechseln.

240. **Zygodon macrophyllus** Herzog nov. spec. (Fig. 21, k—l).

D i o i c u s ; caespitibus extensis laxis amoene viridibus, caulibus ad 5 cm longis robustis inferne dense rubiginoso-tomentosis iterum dichotome ramosis. Folia sat densa, sicca laxe patula, humide r e c u r v a, p r o g e n e r e m a g n a, ultra 2 mm longa, e basi decurrente l a t e o b l o n g o - l a n c e o l a t a, acuminata, brevissime mucronulata, i n t e g e r r i m a, carinata, lamina ambo latere valda convexa, margine parum undulata, nervo viridi sub apice evanido d o r s o i n f r a m e d i u m p a p i l l o s o, cellulis basalibus breviter rectangulis flavidis laevissimis, s u p e r i o r i b u s subrotundo-hexagonis c o l l e n c h y m a t i c i s diametro 0,012 mm dense grossiuscule papillosis.

In Felslöchern beim Tunarisee, ca. 4400 m, No. 4810.

Durch die großen, verhältnismäßig breiten und locker anliegenden Blätter ausgezeichnet.

241. **Zygodon stenocarpus** Tayl.

Zwischen San Mateo und Sunchal, ca. 2800 m, No. 4510. Die Pflanze ist durch Vergleichung mit Exemplaren im Berliner Herbar bestimmt. Das Peristom konnte jedoch nicht untersucht werden.

242. **Zygodon cylindricus** (Schimp.) .

An Baumästen in den Estradillas über Incacorral, ca. 3200 m, No. 3350.

243. **Zygodon caldensis** Angstr.

An Baumästen in den Estradillas über Incacorral, ca. 3200 m, No. 3321, 3352; bei Comarapa No. 4339 (diese Exemplare sind nicht ganz sicher, weil unvollständig).

244. **Zygodon subdenticulatus** Tayl.

In der Talschlucht von Tablas an Baumzweigen, ca. 2000 m, No. 4642; an Baumästen im unteren Coranital, ca. 1800—2000 m, No. 4749, 4756.

245. **Zygodon ovalis** Mitt.

An Bäumen an der Waldgrenze des Rio Saujana, ca. 3400 m, No. 3226.

246. **Zygodon subrecurvifolius** Broth. n. sp.

D i o i c u s ; gracilis, caespitosus, caespitibus densiusculis, fuscescenti-viridibus, opacis; c a u l i s erectus, usque ad 1,5 cm longus, fusco-tomentosus, dense foliosus, dichotome ramosus; f o l i a sicca laxe adpressa, humida reflexa, carinato-concava, decurrentia, oblongo-lanceolata, acuta, marginibus erectis, integerrimis, nervo tenui, lutescente, plerumque breviter excedente, dorso superne scaberulo, cellulis laminalibus subrotundis, ca. 0,010 mm, chlorophyllosis, papillosis, basilaribus rectangularibus, hyalinis, laevissimis; s e t a ca. 5 mm, tenuis, lutea; t h e c a erecta, e collo longiusculo ovalis, sulcata, pallide fusca. Caetera ignota.

Zwischen Cocapata und Choro, alt. 3500 m, No. 4177.

Species Z. *recurvifolio* Schimp. affinis, sed thecae forma oculo nudo jam dignoscenda.

247. **Zygodon ramulosus** Herzog nov. spec. (Fig. 21, d—f).

A u t o i c u s ; f l o r i b u s ♂ et ♀ i n r a m u l i s p r o p r i i s t e r m i n a l i b u s vel interdum ♂ gemmaceis lateralibus, caespitosus, caespitibus humilibus viridi-flavescentibus intus rubiginoso-tomentosis. F o l i a sat densa, sicca c r i s p a t o - c o n t o r t a, humida parum recurva, carinata, 2—2,5 mm longa, e basi vix decurrente angusta oblonga, brevissime acuminata, margine undulata a p i c e d e n t e u n o a l t e r o v e n o t a t a, ceterum integerrima, n e r v o flavescente in mucronem brevissimum e x c u r r e n t e dorso laevissimo, cellulis basi limpidis laevissimis rectangulis, superioribus subrotundo-hexagonis diametro 0,008—0,012 mm, modice collenchymatico-incrassatis pellucidis dense minutim papillosis; perichaetialia angustiora, acuta, interiora laevissima, cellulis omnibus parum elongatis. Seta ad 1 cm longa flavida dein fuscescens; t h e c a e c o l l o b r e v i e l e g a n t e r e l l i p t i c a, microstoma, evacuata elongata, angustata, indistincte curvata, plicata, operculo medio oblique aciculari; peristomii ciliis 8 brevissimis hyalinis.

Im oberen Coranital an Baumrinde, ca. 2600 m, No. 3414.

Durch den autoecischen Blütenstand unter den Arten mit 8 Cilien ausgezeichnet.

248. **Zygodon coraniensis** Herzog nov. spec. (Fig. 21, g—i).

Autoicus, floribus ♂ crebris lateralibus gemmaceis; habitu Z. ovali simillimus, caespitibus humilibus e viridi ochraceis intus rubiginoso-tomentosis. Folia densa, sicca subcrispatocontorta, incurva, humida parum recurva, patentia, brevia, e basi angustata oblongo-ligulata, brevissime acuminata, mucronulata, integerrima, carinata, nervo in apice ipso dissoluto flavido dorso laevissimo, cellulis basi rectangulis limpidis, superne subrotundis sat incrassatis pellucidis dense papillosis. Seta 4—6 mm longa flavida; theca e collo brevi ovali-elliptica, plicata, evacuata vix elongata, operculo medio oblique aciculari; peristomii ciliis 16 hyalinis.

Im oberen Coranital an Baumrinde, ca. 2600 m, No. 3413.

Die Blattform und das Peristom unterscheiden diese Art von dem wohl nächst verwandten *Z. ramulosus* mihi.

249. **Zygodon illiputanus** C. M.

An Bäumen an der Waldgrenze des Rio Saujana, ca. 3400 m, No. 3227.

250. **Zygodon linguiformis** C. M.

An einem Baumstumpf im Bergwald von Tres Cruces (Cord. von Sta. Cruz), ca. 1400 m mit *Anacamptodon cubensis*, No. 3552.

Orthotrichum Hedw. Descr. musc. II.

Subgen. *Calyptoporus* Lindb. Musc. scand.

251. **Orthotrichum liliputanum** Broth. n. sp.

Autoicum; gracillimum, caespitosum, caespitibus parvis, laxiusculis, pallide fuscescenti-viridibus; caulis erectus, vix ultra 3 mm longus, basi fusco-tomentosus, densiuscule foliosus, simplex; folia sicca laxe adpressa, humida patula, carinato-concava, e basi ovali lineari-lanceolata, late acuta, usque ad 2 mm longa et ca. 0,47 mm lata, marginibus ultra medium anguste recurvis, integerrimis, nervo tenui, rufescente, longe infra apicem folii evanido, cellulis laminalibus incrassatis, pellucidis, lumine subrotundo, marginem versus minoribus, basilaribus rectangularibus vel oblongo-hexagonis, marginem versus minoribus; seta ca. 0,30 mm alta; theca erecta, immersa, cylindrica, ca. 1,33 mm longa et ca. 0,33 mm lata, 8-costata, pallida; peristomium immaturum; spori immaturi; operculum convexum, breviter rostratum, rostro obtuso; calyptra nuda.

Baumäste im Bergwald des Sillar, 2000 m, No. 2762.

Species statura gracillima oculo nudo jam dignoscenda.

Subgen. *Gymnoporus* Lindb. Musc. scand.

252. **Orthotrichum exsertisetum** C. M.

An Baumästen im obersten Waldgürtel, besonders in den Polylepis- und Escallonia-Wäldchen der Trockenseite des Gebirges, häufigste Art in dem bereisten Gebiet.

Im unteren Chocayatal, ca. 3300 m, No. 3599, 3608; beim Asiento, ca. 3800 m, No. 2996.

253. **Orthotrichum undulatum** Mitt.

Mit dem vorigen sehr nahe verwandt.

An Baumästen mit *O. exsertisetum* zusammen beim Asiento, ca. 3800 m, No. 2995.

254. **Orthotrichum elongatum** Tayl.

An den Ästen der letzten Bäumchen in den Estradillas über Incacorral, ca. 3300 m, No. 3307.

Am gleichen Standort schon auf der ersten Reise gesammelt.

255. Orthotrichum verrucosum C. M.

An Bäumchen in der Ostcordillere — Samaipata? — unter 2000 m, No. 5126.

Diese Art ist vielleicht mit *O. tuberculatum* Mitt. identisch. An meinen Exemplaren habe ich Peristome mit 8 und mit 16 Cilien nebeneinander angetroffen. Ich habe die Mittenschen Originale nicht gesehen.

256. Orthotrichum rupestre Schleich.

In Anbetracht des großen Formenkreises dieser Art kann ich mich nicht entschließen, auf den von mir in der bolivianischen Hochcordillere gesammelten Proben, welche durch etwas starreren, zugleich schlankeren Wuchs und schmälere Peristomzähne, aber etwas breitere Wimpern sich von den mir bekannten Formen des *O. rupestre* unterscheiden, eine neue Art zu begründen. Ich ziehe also die Pflanzen von folgenden Fundorten hierher:

An Felsen neben dem Weg zwischen der Cumbre de Liryuni und der Abra de Piñas, ca. 4400 m, No. 2601; an Felsen im Hochtal von Choquecota chico (Quimzacruz-Cordillere) ca. 4500 m, No. 2980; an Felsen der Punta de San Miguel, ca. 4800 m, No. 3443.

257. Orthotrichum psychrophilum Mont.

An Granitfelsen im Hochtal von Choquecota chico (Quimzacruz-Cordillere), ca. 4500 m, No. 2981.

258. Orthotrichum parvum Herzog nov. spec. (Fig. 22).

Autoicum, flore ♂ parvo gemmaceo bracteis hyalinis vel aureis conchiformibus; depresse caespitosum, caespitibus laxiusculis fulvescentibus intus nigellis, caulibus 5—8 mm longis apice dichotome divisis. Folia sicca parum contorta, humefacta recurva deinde ascendenti-patula, e basi oblongo-elliptica plicata lineari-lanceolata, sensim longe angustata, carinata, acuminata, acumine tenuissimo breviter filiformi acuminis marginibus saepius decoloribus, margine ambo latere usque ad medium revoluta, parum undulata, papillis grossiusculis subcrenulata, nervo fuscoaureo in acumine dissoluto, cellulis basalibus medianis elongate rectangulis angustis, marginalibus brevioribus aureis valde sinuato-incrassatis, superioribus sat amplis (diametro ca. 0,015 mm) subrotundis valde incrassatis grosse papillosis. Seta recta, 1—2 mm longa; theca exserta, anguste breviter elliptica, laevissima vel sub ore breviplicata, pallida, operculo aciculari, rostrato rubro-marginato, calyptra aurea, apice scaberula-pilis parum crispatis scabris dense obtecta; peristomii externi dentibus

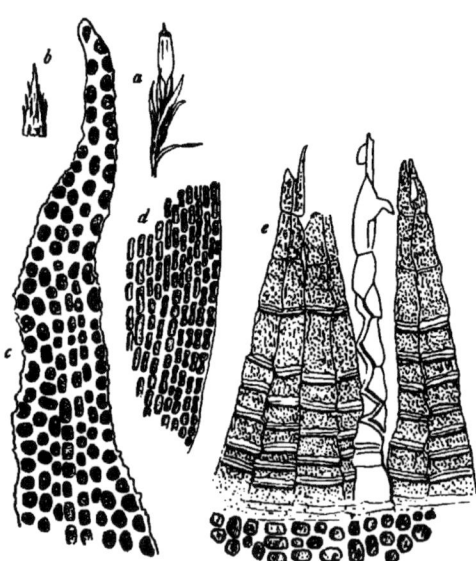

Fig. 22. *Orthotrichum parvum* H. n. sp. *a* Spitze eines fertilen Sprosses 8:1, *b* Haube 8:1, *c* Blattspitze 250:1, *d* Zellnetz am Rand der Blattbasis, *e* Peristom 250:1.

8 geminatis deinde 16 singulis pallidis punctulato-striolatis haud papillosis apice subintegerrimis obtusis, interni ciliis 8 aequilongis fugacibus; sporis fuscis.

An Felsblöcken beim Tunarisee, ca. 4400 m, No. 4818.

Macromitrium Brid. Mant. Musc.

Subgen. *Macrocoma* Hornsch. in C. Müll. Syn. I.

259. **Macromitrium filiforme** (Hook. et Grev.) Schwgr.

In den trockeneren Gebieten der Ostcordillere an Bäumen häufig. Z. B. im Wald bei Yuto (Nord-Argentinien) ca. 500 m, No. 2548; bei Tres Cruces in der Cordillere von Santa Cruz, ca. 1400 m, No. 3489, 3925, 3995; auf einem Bergkamm über Comarapa, ca. 2400 bis 2600 m, No. 3974.

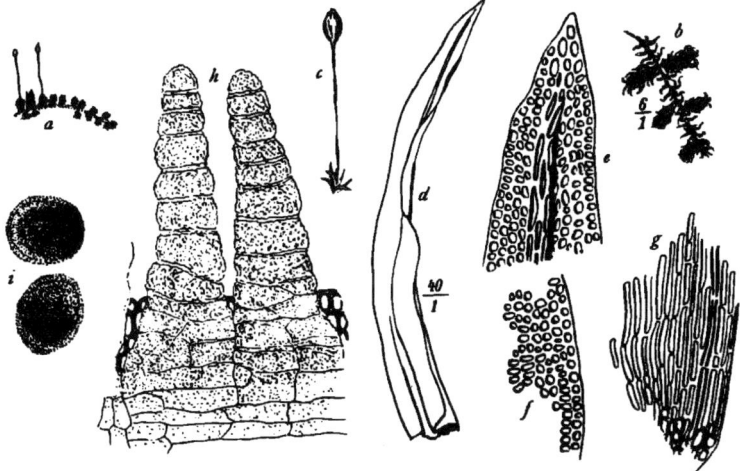

Fig. 23. *Macromitrium pinnulatum* H. n. sp. *a* Habitus 1:1; *b* steriler Sproß 6:1, *c* Sporogon 6:1, *d* Blatt 40:1, *e* Blattspitze 250:1, *f* Blattrand in der Mitte 250:1, *g* Rand an der Blattbasis 250:1, *h* Peristom von innen 250:1, *i* Sporen 250:1.

Subgen. *Eumacromitrium* C. M. Syn. I.

Sect. *Goniostoma* Mitt. Musc. austr. am.

260. **Macromitrium pinnulatum** Herzog nov. spec. (Fig. 23).

Laxe caespitosum, pusillum, aureo-fuscescens nitidulum, caule primario decumbente laxe foliato remotiuscule subpinnulato-ramoso ramis brevissimis densifoliis. Folia sicca crispula, caulina remota, sicca humidaque squarroso-patentia, apicibus saepe incurvis, ramalia densa, pentasticha, haud torquescentia, subincurvo-accumbentia, 2—2,5 mm longa, e basi plicata aurantiaca lineari-lanceolata, acuta, carinata, integerrima, margine suberecto vel hic illic basi angustissime reflexo, nervo in ipso apice dissoluto, cellulis basalibus linearibus elongatis angustissimis valde incrassatis flavescentibus, ceteris subrotundis pellucidis incrassatis, omnib u s l a e v i s s i m i s; perichaetialia haud majora, subaequalia. Seta ad 1 cm longa, suberecta, laevissima; theca o v a l i s, microstoma, sub ore plicata, laevissima, rubro-fusca, operculo oblique aciculari; peristomii dentibus 16 latiusculis obtusis papillosis griseis b a s i g e m i n a t i m c o n f l u e n t i b u s longe sub ore insertis; s p o r i s m a x i m i s subglobosis diametro 0,056 × 0,048 papillosis obscure viridibus.

Im Nebelwald über Comarapa, ca. 2600 m, No. 3945; Quebrada de Pocona, ca. 2800 m, No. 5146.

Aus der Verwandtschaft von *M. saxatile* Mitt. Großsporigkeit scheint in dieser Gruppe öfters vorzukommen. *M. fasciculare* besitzt z. B. fast ebenso große Sporen.

261. Macromitrium Hornschuchii Hpe.

An Baumrinde, loco incerto. No. 5304.

Sect. *Leiostoma* Mitt. Musc. austr. am.

262. Macromitrium crispatulum Mitt.

Im obersten Gürtel des Bergwaldes zwischen San Mateo und Sunchal, ca. 2800 m, No. 4439; im Buschgürtel bei Tres Cruces (Cord. v. Santa Cruz), ca. 1500 m, No. 3924; am Meson bei Samaipata, ca. 2000 m, No. 4130. Auf der ersten Reise im Buschgürtel des Cerro Amboró gesammelt.

263. Macromitrium subscabrum Mitt.

Im Bergwald von Florida de San Mateo, ca. 2000 m, No. 3677.

264. Macromitrium validum Herzog nov. spec.

Sterile; caespites latos turgidos pulchre aureos nitidos efformans, caulibus vagantibus arcuatis crassis (cum foliis diametro 6 mm), d e n s i s s i m e foliatis. Folia sicca patentia, apicibus crispatis, humida valde divaricata, e basi p l u r i p l i c a t a integerrima l o n g e l i n e a r i - l a n c e o l a t a, (5—6 mm), carinata, superne minutim serrulata, nervo tenui ferrugineo in apice evanido, cellulis basalibus angustissimis rectangulis valde incrassatis p a p i l l i s a l t i s notatis, superioribus brevissime ellipticis vel subrotundis p a r v i s 0,006 × 0,008 mm, mamilloso-prominulis valde incrassatis.

Im Bergwald zwischen San Mateo und Sunchal, ca. 2500 m, No. 4465.

In der Verwandtschaft von *M. cirrhosum* Sw. die weitaus kräftigste Art. Wegen der kleinen, sehr stark verdickten Zellen mit keiner der anderen Arten zu vereinigen.

265. Macromitrium subcrenulatum Broth. n. sp.

Robustiusculum, caespitosum, caespitibus densis, fuscescenti-viridibus, vix nitidiusculis; c a u l i s repens, dense ramosus, ramis erectis, usque ad 4 cm longis, fusco-tomentosis, dense foliosis, dichotome ramulosis; f o l i a r a m e a sicca flexuoso-adpressa, undulata, humida subrecurvo-patula, carinato-concava, e basi oblonga sensim lanceolato-subulata, marginibus erectis, apice minute et irregulariter serrulatis vel subintegris, nervo rufescente, brevissime excedente, cellulis laminalibus minutis, incrassatis, laevibus, lumine irregulariter subrotundo, basilaribus valde incrassatis, lumine angustissime lineari, ad plicas elevato-papillosis, internis infimis paucis laxis teneris, hyalinis, externis infimis laxis, teneris, dentiformibus; b r a c t e a e p e r i c h a e t i i erectae, longe vaginantes, plicatae, subsensim longe subulatae, subintegrae, cellulis omnibus valde incrassatis, lumine angusto; s e t a ca. 1,5 cm alta, rubra, laevissima; t h e c a erecta, ovalis, plicata, fusco-rubra; c a l y p t r a nuda. Caetera ignota.

Rio Saujana, alt. 3400 m, No. 3221; Waldgrenze über Tablas, alt. 3400 m, No. 2806a.

Species *M. crenulato* Hamp. affinis, sed statura robustiore foliisque basi latioribus, angustius acuminatis, minutius serrulatis, plerumque subintegris dignoscenda.

266. Macromitrium Herzogii Broth. n. sp.

Gracilescens, caespitosum, caespitibus densiusculis, fuscescenti-viridibus, opacis; c a u l i s repens, dense ramosus, ramis adscendentibus, usque ad 4 cm longis, dense foliosis, dichotome ramulosis; f o l i a quinquefaria, sicca et humida e basi erecta recurva, carinato-concava, e basi oblonga lineari-lanceolata, marginibus inferne recurvis, summo apice minute serrulatis, nervo rufescente, breviter excedente, cellulis laminalibus haud incrassatis, rotundato-hexagonis vel quadratis, 0,010—0,012 mm, chlorophyllosis, laevibus, marginem versus sensim minoribus, basilaribus elongatis, valde incrassatis, lumine angustissime lineari, laevibus, ad nervum paucis laxis, teneris; s e t a ca. 6 mm alta, tenuis, rubra, laevissima; t h e c a ovalis, fusco-rubra, plicata; calyptra nuda.

Im Nebelwald der Laguna verde bei Comarapa, alt. 2600 m, No. 4308, 4316.

Species ob folia quinquefaria cum *M. Osculatiano* De Not. comparanda, sed foliorum structura jam longe diversa.

267. Macromitrium longifolium Brid.

Auf Baumästen im Nebelwald über Comarapa, ca. 2600 m, No. 4229; auf Baumästen im unteren Coranital, ca. 1800—2000 m, No. 4685.

268. Macromitrium liberum Mitt.

Auf Baumästen im oberen Coranital, ca. 2600 m, No. 3419.

269. Macromitrium argutum Hpe.

In der Talschlucht von Tablas, ca. 1800 m, No. 4623.

270. Macromitrium solitarium C. M.

Im Bergwald von Tres Cruces (Cordillere von Santa Cruz) ca. 1400 m, No. 3918; schon auf der ersten Reise im Buschgürtel des Cerro Amboró, eines Gipfels der gleichen Kette, gesammelt.

var. **brevipes** Broth. nov. var.

Differt a typo seta breviore.

Im Bergwald von Tres Cruces (Cordillere von Santa Cruz) ca. 1400 m, No. 3497.

271. Macromitrium nubigenum Herzog nov. spec. (Fig. 24).

Caespitosum, fulvum nitidulum, caulibus primariis repentibus sat dense ramos erectos 1—1,5 cm longos basi microphyllinos superne fasciculatim ramosos densifolios emittentibus. Folia q u i n q u e f a r i a, in caulibus vetustis densissima, indistincte spiraliter seriata, ca. 3 mm longa, e basi angusta a r c t e p l i c a t o - s u l c a t a longe lineari-lanceolata, a c u t i s s i m a, a n g u s t a, juvenilia margine superne minute serrulata, vetusta aurea subintegerrima, canaliculata, laminis convexis subrecurvis,

Fig. 24. *Macromitrium nubigenum* H. n. sp. *a* Habitus 1:1; *b* fertile Sproßspitze 4:1, *c* Blattspitze 250:1, *d* Zellen der B.mitte 250:1, *e* Zellen des Blattgrundes 250:1, *f* Kapsel 10:1.

nervo flavido fuscescente completo, cellulis basalibus aureis elongatis valde incrassatis verrucoso-papillosis, superioribus subrotundis vel breviter ellipticis angulatisve mamilloso-papillosis in foliis vetustis valde incrassatis diametro luminis 0,008 mm haud excedentibus. Seta b r e v i s, 5—6 mm longa, recta, v e r r u c o s o - s c a b r a; theca breviter ovato-elliptica, sub ore constricta, octies profunde sulcata opaca, peristomii externi dentibus 16 basi confluentibus obtuse lanceolatis ochraceis densissime punctulatis, interni membrana hyalina $^1/_4$ dentium aequante, processibus 16 angustis hyalinis $^3/_4$ dentium vix superantibus; s p o r i s globosis m a g n i s diametro 0,036—0,042 mm, exosporio incrassato laevi vel minutissime papilloso, chlorophyllo dense repletis.

Auf Baumästen an der Waldgrenze des Rio Saujana, ca. 3400 m, No. 3228; auf Baumästen im Nebelwald über Comarapa, ca. 2600 m, No. 4310.

Durch die kurze rauhe Seta und die 5-zeiligen Blätter unter den verwandten Arten charakterisiert.

272. Macromitrium brevihamatum Herzog nov. spec. (Fig. 25).

Laxe lateque caespitosum, caulibus primariis vagantibus ferrugineo-tomentosis, ramos crebros graciles ad 2 cm longos emittentibus sat densifoliis. Folia distincte 5 sticha, sicca crispula contorta, humefacta raptim recurvescentia, brevihamata immo semicircularia, lanceolata, ad 2 mm longa, latiuscule acutata, carinata, margine ad basin hyaline dentata, superne a medio dense minutim serrata, nervo ferrugineo completo, cellulis basalibus brevibus incrassatis aureis obtuse papillosis, superioribus omnibus subrotundis mamilloso-papillosis. Seta gracilis, flexilis, longiuscula, 15 mm longa, laevis; theca erecta, elliptica, microstoma, octies plicata, operculo medio aciculari flavo dein rubro, calyptra nuda, ad medium pluries fissa, apice scaberula cupreonitidula; peristomii externi dentibus 16 geminatis arcte inter se appressis obtusis luride ochraceis punctulato-striolatis, interni membrana ¹/₃ dentium aequante obtuse lubata subhyalina papillosa; sporis mediocribus globosis minutim papillosis diametro 0,020 ad 0,024 mm chlorophyllosis.

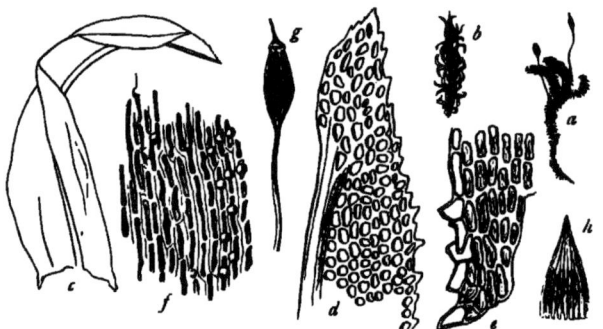

Fig. 25. *Macromitrium brevihamatum* H. n. sp. *a* Habitus 1:1, *b* trockene Stengelspitze 3:1, *c* Blatt 30:1, *d* Blattspitze 250:1, *e* Blattflügel 250:1, *f* Zellen des Blattgrundes 250:1, *g* Kapsel 7:1, *h* Haube 7:1.

An Bäumen im unteren Coranital, ca. 1800 m, No. 4714 u. 5064; im Bergwald des Rio Tocorani, No. 4065.

Durch die kurzen, breitgespitzten Blätter mit basalen Randzähnen und ihre ausgezeichnet 5-reihige Stellung gut charakterisiert.

Subgen. *Teichodontium* (C. M. Prodr. Br. Eur.) Herzog.

273. Macromitrium macrosporum Herzog nov. spec. (Fig. 26).

Laxe lateque caespitosum, caulibus ramisque flexuosis iterum breviramosis ad 8 cm longis e viridi fulvescentibus intus nigricantibus nitidulis. Folia sat densa, sicca e basi appressa patentia, vel divaricata, vix contorta, humida parum refracta dein rigide horizontaliter patentia, 5 mm longa, lineari-lanceolata, anguste subulata, usque ad medium carinata, superne laminis convexo-apertis canaliculata, margine superne minutim serrulata, nervo in extrema subula indistincto, cellulis omnibus sublaevissimis, superioribus parum prominulis rectangulis vel ellipticis (1:3—1:4) parum incrassatis lumine sat amplo (0,007 × 0,030 mm), basalibus angustis elongatis valde incrassatis aureis; perichaetialia arcte convoluta, alte vaginantia, longissima, (10 mm), secunda. Seta erecta, 15—18 mm longa, arcte spiraliter torta, laevissima; theca subglobosa (1,3 × 1,8 mm), valde microstoma, laevissima, nitidula, rubens, demum atropurpurea, exothecio coriaceo, operculo crasso hemisphaerico recte aciculari-rostrato, calyptra angusta sparsim pilosiuscula aurea; peristomii externi valli instaris dentibus inter se subconcretis abruptis dense articulatis luride flavidis dense papillosis, interni dentibus 32 basi connatis late loriformibus flavidis dense papillosis; sporis subglobosis vel breviter valviformibus maximis diametro 0,06—0,07 mm unicellulosis chlorophyllo oleoque dense repletis.

Auf Bäumen im Nebelwald über Comarapa, ca. 2600 m, No. 3932, 3784; im oberen Coranital, ca. 2600 m, No. 3396; an der Waldgrenze bei Tablas, ca. 3400 m, No. 2806.

forma **brevipes:** differt seta breviore 8 mm longa.

An der Waldgrenze des Rio Saujana, ca. 3400 m, No. 3242.

Mit *M. Rusbyanum* (C. M.) zunächst verwandt, aber durch das innere Peristom, welches bei jenem nur 16 Zähne besitzen und glatt sein soll, wie es scheint, gut unterschieden. Die Exemplare von *M. Rusbyanum* im Herbar C. Müller sind habituell unserem Moos sehr ähnlich; die schlecht erhaltenen Kapseln und die Spärlichkeit des Materials machen jedoch eine Nachprüfung der C. Müllerschen Beschreibung unmöglich.

Schlotheimia Brid. Mant. Musc.

Subgen. *Euschlotheimia* Mitt. Musc. austr. am.

Sect. *Ligularia* C. M.

274. **Schlotheimia longicaulis** Broth. n. sp.

Gracilis, caespitosa, caespitibus densis, saturate viridibus, inferne fuscescentibus, nitidiusculis; caulis secundarius usque ad 3 cm longus, erectus, flexuosus, dense foliosus, plus minusve ramosus; folia sicca adpressa, apicalia hic illic indistincte contorta, humida recurvo-patula, carinato-concava, superne rugulosa, oblongo-ligulata, mucronata, ca. 1,9 mm longa et ca. 0,55 mm lata, marginibus erectis, integerrimis, nervo tenui, in mucrone evanido, cellulis minutis, rhombeis, basilaribus elongatis, incrassatis, lumine angustissimo; bracteae perichaetii erectae, e basi lata sensim lanceolato-acuminatae; seta ca. 1 cm alta; theca immatura; calyptra sublaevis.

Florida de San Mateo, alt. 2000 m, No. 3716.

Species *S. subsinuatae* Geh. et Hamp. affinis, sed statura graciliore et caule secundario elongato oculo nudo jam dignoscenda.

275. **Schlotheimia sublaevifolia** C. M.

Auf Baumästen im Nebelwald über Comarapa, ca. 2600 m, No. 4240; im Bergwald von Florida de San Mateo, ca. 1800 m, No. 3632; im Bergwald von Tres Cruces (Cordillere von Santa Cruz), ca. 1400 m, No. 3929.

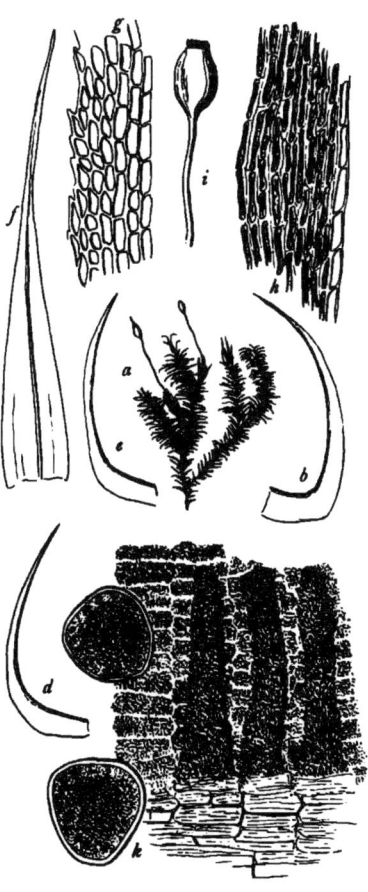

Fig. 26. *Macromitrium macrosporum* H. n. sp. *a* Habitus 1:1, *b, c, d, e* Stengelblätter ca. 10:1, *f* Perichaetialblatt ca. 10:1, *g* oberer Blattrand 250:1, *h* Blattrand an der Basis 250:1, *i* Sporogon ca. 6:1, *k* Peristom von innen und Sporen 250:1.

Splachnaceae.

Tayloria Hook. in Journ. of Sciences and Arts No. 3.

Subgen. *Brachymitrium* (Tayl.) Musc. austr. am.

276. **Tayloria Moritziana** C. M.
Auf einem gefällten Baumstamm am Weg zwischen San Miguelito und Sillar, ca. 1600 m, No. 2722.

277. **Tayloria Mandoni** C. M.
Auf schwarzem Humus über feuchten Felsen und Baumwurzeln an der Waldgrenze zwischen San Mateo und Sunchal, ca. 2800 m, No. 4481.
Die Art steht *Tayloria Jamesonii* Tayl. sehr nahe und könnte vielleicht als f o r m a m i n o r zu dieser gestellt werden.

Subgen. *Cyrtodon* (R. Br.) Lind. Musc. scand.

278. **Tayloria scabriseta** (Hook.) Mitt.
Spärlich auf Humus nahe der Waldgrenze zwischen San Mateo und Sunchal, ca. 2700 m, No. 4433.

279. **Tayloria alterum** Herzog nov. spec.
A u t o i c a, flore ♂ in ramo aequilongo terminali antheridiis ca. 25 valde crassis breviter pedicellatis aureis; d e n s i s s i m e c a e s p i t o s a, tomento villoso laevi contexta, caulibus ad 3 cm altis amoene zonatis obtusis clavatis, intus rubiginosa, superne e viridi flavescens. Folia sat dense disposita, c y m b i f o r m i - c o n c a v a, accumbentia, in gemma conniventia, 3 mm longa, 1,7 mm lata, e basi parum angustiore late o b o v a t a, perfecte r o t u n d a t a, c u c u l l a t a, integerrima, nervo viridi in ipso apice dissoluto, cellulis valde laxis chlorophyllosis, inferioribus rectangulis, superioribus quadratis modice incrassatis; perichaetialia minora, vaginantia. Seta p e r b r e v i s, 2 mm longa, flexuosa, c a r n o s u l a, sublaevis, rubens; theca e caespite vix exserta, e collo subaequilongo anguste clavata, 2 mm longa 0,6 mm lata, atropurpurea; (peristomium destructum).

Auf verrotteten Graspolstern im Schutt an den „Negros" (Cordillera de Cocapata), ca. 4700 m, No. 4792.

Funariaceae.

Physcomitrium (Brid.) Fürnr. in Flora XIII P. II Ergänz.

Subgen. *Julocladium* Herzog nov. subgen.

280. **Physcomitrium turgidum** Mitt. (Fig. 27).

In feuchten Felsritzen des Piñasgebietes, ca. 4500 m, No. 2610; an erdigen Felsen eines Gipfels der Yanakabastion, ca. 4700 m, No. 3829; auf Erde in Felsritzen des oberen Llavetales, ca. 4200 m, No. 4889.

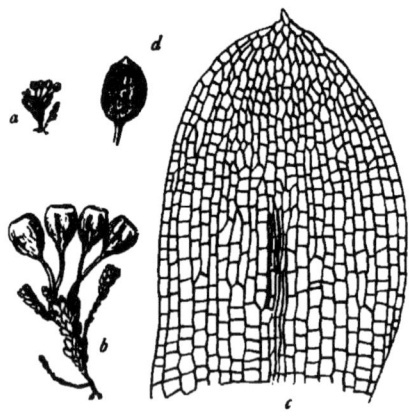

Fig. 27. *Physcomitrium turgidum* Mitt. No. 2610. *a* Habitus 1: 1, *b* Habitus 5: 1, *c* Blatt 62: 1, *d* Kapsel bei No. 4889, 9: 1.

Dieses eigenartige Hochgebirgsmoos, das schon durch die Natur seines Standortes erheblich

Von allen anderen *Physcomitrium*-Arten abweicht, ist auch morphologisch und anatomisch in so vielen Beziehungen eigentümlich, daß ich dasselbe zum mindesten als eigene Untergattung den übrigen *Physcomitrien* gegenüberstellen muß. So sind die sehr hohlen, kätzchenartig angeordneten Blätter und ihr Zellnetz von denen aller anderen Arten erheblich verschieden, desgleichen die in der Blattmitte verschwindende, in den Innovationsblättern sogar völlig fehlende Rippe. Dazu kommt häufig Polykarpie, bis 4 Sporogone aus einem Perichaetium, der synoecische Blütenstand und die Spuren einer Peristommembran, welche diese Art von den übrigen noch mehr trennen.

Ich würde meine Exemplare unbedenklich als eine eigene Art und eigene Gattung beschrieben haben, wenn ich nicht ihre völlige Identität mit den von R. S. W i l l i a m s am Huallata-Paß (Bolivia), 4260 m (No. 2769) gesammelten Pröbchen hätte feststellen können. W i l l i a m s hat seine Exemplare aber mit den Mittenschen Originalen identifiziert, so daß mir kein Zweifel an der Zugehörigkeit meiner Pflanzen zu *Ph. turgidum* Mitt. bleiben kann.

Noch wäre der Mittenschen Beschreibung gegenüber festzustellen, daß die Blätter an ihrer kappenförmigen Spitze meist einen winzigen apiculus tragen, ferner daß nach Williams der Kapseldeckel nur kurz gespitzt ist. Meine Exemplare aus dem Llavetal zeigen sogar nur einen flach-kegeligen, warzig gespitzten Deckel.

Fig. 28. *Entosthodon fontanus* H. n. sp. *a* Habitus von No. 3214 1:1. *b* Habitus von No. 2648 1:1. *c* Habitus 3:1, *d* junge Kapsel mit Haube 6:1, *e* Blatt 10:1. *f* Blattspitze 62:1. *g* Peristom von innen 250:1.

Entosthodon Schwgr. Suppl. II.

Sect. *Euentosthodon* Broth.

281. Entosthodon fontanus Herzog nov. spec. (Fig. 28).

D e n s e   e x t e n s e   c a e s p i t o s u s, obscure viridis, caule simplici dense turgido-folioso, 2—4 cm alto carnoso. Folia omnia subaequalia, erecto-accumbentia, c o c h l e a r i f o r m i - c o n c a v a, 3,5 mm longa, 1,5 mm lata, l a t e o b l o n g o - e l l i p t i c a, brevissime apiculata, margine subintegerrima, nervo fuscescente ante apicem evanido, cellulis laxissimis rectangulis in angulis hexagonis chlorophyllosis. Seta v a l i d a, erecta, 1—1,5 cm longa; theca erecta, e collo distincto clavellata, sub ore rubro parum constricta, cum collo 0,7 mm longo 2,5 mm lata, quam maxime 1 mm lata, olivacea, v e t u s t a   a t r o p u r p u r e a, exothecio cellulis valde incrassatis exstructo, sub ore seriebus 7 cellularum transversim latiorum obviis, a n n u l o   n u l l o, o p e r c u l o convexo obtuse tumideque m a m i l l a t o, c a l y p t r a maxima, i n f l a t a obtuse 3—4 - g o n a, demum 1—2-fissa longe rostrata; peristomium r u d i m e n t a r i u m, infra os insertum, d e n t i b u s remotis 16 irregularibus b r e v i b u s t r u n c a t i s aurantiacis punctulato-striatis; sporis m a g n i s diametro 0,03 mm tetragono-globosis ochraceis dense minutim verrucosis.

Am Bachrand bei der Mine Viloco, ca. 4350 m, No. 3214; an einem Bächlein bei der Saittulaguna große schwammige Rasen bildend, ca. 4300 m, No. 2648.

Ausgezeichnete, auffallend kräftige Hochgebirgsspezies.

282. Entosthodon altisetus Herzog nov. spec. (Fig. 29, a—d).

Dioicus, plantulis ♂ minutis, humillimus, gemmaceus, gregarius, caule vix 2 mm alto, foliis gemmaceo-congestis cochleariformi-concavis, late ovalibus, obtusis vel perfecte rotundatis integerrimis, nervo sat valido ante apicem evanido, cellulis laxissimis chlorophyllosis. Seta gracilis, ad 18 mm longa, tenuis, erecta, laevissima, purpurea; theca e collo brevissimo ovalis, 1—1,4 mm longa, deoperculata haud ampliata, pallida, operculo patelliformi purpureo, annulo nullo; peristomii dentibus 16 anguste lanceolatis aurantiacis apicibus pallidis papillosis; sporis magnis diametro 0,028 mm, sublaevibus indistincte punctulatis.

Am Cerro Sipascooya bei Pojo, ca. 3000 m, No. 4158 mit *E. verrucosus* (C. M.).

Durch die lange schlanke Seta, den winzigen, knospenförmigen Wuchs und die fast abgerundeten hohlen Blätter sehr charakteristisch.

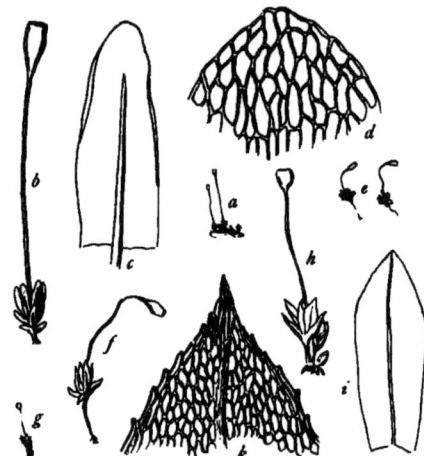

Fig. 29. a—d *Entosthodon altisetus* H. n. sp. a Habitus 1:1, b Habitus 6:1, c Blatt 31:1, d Blattspitze 125:1; e—f *Entosthodon Sipascoyae* H. n. sp. e Habitus 1:1, f Habitus 3:1; g—k *Entosthodon faucium* H. n. sp. g Habitus 1:1, h Habitus 4:1, i Blatt, k Blattspitze 62:1.

283. Entosthodon Sipascoyae Herzog nov. spec. (Fig. 29, e—f).

Autoicus?; laxe caespitosus, humilis, gracilis, caule 5 mm longo inferne nudo superne rosulato-foliato. Folia patula, concava, oblongo-subspathulata, brevissime apiculata, subintegerrima, nervo sat valido ante apicem evanido, cellulis laxissimis, marginalibus haud diversis. Seta arcuato-deflexa crassiuscula, rubra, laevissima, 5 mm longa; theca nutans, e collo longiusculo plicato piriformi-clavata, microstoma, aureo-rubens, ore seriebus cellularum depressarum 5—6 cincta, exothecio cetero cellulis elongate hexagonis tenuibus flavidis exstructo, annulo nullo, operculo subgloboso cellulis ardue ascendentibus, peristomio rudimentario, sporis magnis diametro 0,026—0,028 mm tetragono-globosis ferrugineis minutim dense punctatis.

Am Cerro Sipascoya über Pojo, ca. 3000 m, No. 4162.

284. Entosthodon faucium Herzog nov. spec. (Fig. 29, g—k).

Synoicus; plantula gregaria vel sparsa inter alios muscos, tenella, 5 mm alta, inferne laxius foliata, superne rosulato-comosa. Folia patula concava, e basi angustiore latissime obovata, brevissime acuminata, superne remote obtuse serrulata, seriebus 1—2 cellularum angustarum limbata, nervo in foliis inferioribus ante apicem evanido in superioribus completo, cellulis laxis chlorophyllosis breviter rectangulis vel rotundato-hexagonis. Seta gracilis, erecta, 6 mm longa, flavida; theca e collo brevissimo piriformis, 1—1,3 mm longa, cellularum seriebus 3—4 depressarum cincta, interdum sub ore constricta, macrostoma, eperistomiata.

An nassen Felsplatten in der Talschlucht von Tablas, ca. 1800 m, No. 4618.

Blütenstand, Blattstruktur und Peristomlosigkeit zeichnen diese Art aufs beste aus.

285. Entosthodon apishyensis (C. M.).

An feuchten Felsen in der Cordillere von Santa Cruz, ca. 1400 m?, No. 4168; Quebrada de Pocona, ca. 2800 m, No. 5148.

286. **Entosthodon acidotus** (Tayl.).
   Auf Humus am Bachrand bei der Mine Viloco, ca. 4350 m, No. 3300; auf schwarzem Humus an den Cerros de Malaga, ca. 4000 m, No. 4360.

Sect. *Plagiocleidion* C. M.

287. **Entosthodon Lindigii** Hpe.
   Auf Humus an der Waldgrenze über Tablas, ca. 3400 m, No. 2936/a; zwischen Rio Saujana und Choquetanga grande, ca. 3500 m, No. 3289.
288. **Entosthodon papillosus** C. M.
   Funaria tucumanica Broth.
   Auf Hochgebirgstriften im oberen Llavetal, ca. 4300 m, No. 4801 mit *Tristichium Lorentzii*, *T. mirabile*, *Petalophyllum bolivianum*, *Stephaniella boliviensis* und vielen anderen Seltenheiten.
289. **Entosthodon verrucosus** (C. M.).
   Am Cerro Sipascoya bei Pojo, ca. 3000 m, No. 4158/a. Scheint doch eine gute Art zu sein! Die Kapsel ist aufrecht und kürzer als bei voriger.

F u n a r i a Schreb. in L. Gen. plant. VIII ed.

290. **Funaria boliviana** Schimp.
   Im unteren Chocayatal am Wegrand, ca. 3000 m, No. 2581.
291. **Funaria linearidens** C. M.
   Auf verrotteten Distichia-Polstern im Gletscherboden von Chojñacota, ca. 4700 m, No. 2974; auf einem verlandeten Seeboden im Hochtal von Choquecota chico, ca. 4500 m, No. 3103.
292. **Funaria meesacea** C. M.
   Auf Hochgebirgstriften im oberen Llavetal, ca. 4300 m, No. 4857.
293. **Funaria calvescens** Schwgr.
   Im Tal von Florida de San Mateo, ca. 1600 m, No. 3717; im unteren Chocayatal, ca. 3400 m, No. 3452/a; in den Estradillas über Incacorral, ca. 3000 m, No. 3318; im unteren Coranital, ca. 1800 m, No. 4738.
294. **Funaria macrospora** R. S. W.
   Im unteren Chocayatal, ca. 3200 m, No. 3619 u. 3400 m. No. 3452.
295. **Funaria hygrometrica** (L.) Sibth.
   Am Bachrand bei der Mine Viloco, ca. 4350 m, No. 3131.

Bryaceae.
Mielichhoferieae.

M i e l i c h h o f e r i a Hornsch. in Bryol. germ. II. 2.

Subgen. *E u m i e l i c h h o f e r i a* Mitt. Musc. austr. amer.

296. **Mielichhoferia bryocarpa** Broth. n. sp. (Tafel IV und V, Fig. 4).
   P a r o i c a; gracillima, caespitosa, caespitibus parvis, viridibus, aetate lutescentibus, nitidiusculis; c a u l i s erectus, vix ultra 3 mm longus, basi fusco-radiculosus; superne dense et julaceo-foliosus; f o l i a imbricata, minuta, ovato-lanceolata, carinato-concava, acuta, marginibus erectis, superne serrulatis, nervo infra apicem folii evanido, cellulis elongate rhomboideis, basilaribus laxioribus, rectangularibus vel oblongo-hexagonis; s e t a 6 mm vel paulum ultra alta, adscendens, tenuis, rubra; t h e c a nutans vel pendula, symmetrica, turgide pyriformis, castanea; a n n u l u s latus, revolubilis; e n d o s t o m i u m

magnum, fusco-luteum, laevissimum; corona basilaris alta; processus ca. 0,020 mm lati, linea divisurali distincta, parce appendiculati; cilia brevissima; spori 0,020—0,022 mm, ferruginei, papillosi; operculum minutum, convexum, haud apiculatum.

Oberes Llavetal, alt. 4200—4400 m, No. 4793, typus, 4802, 4897.

Species cum *M. micropoma* C. Müll. comparanda, sed theca multo majore, turgide pyriformi peristomioque melius evoluto longe diversa.

297. Mielichhoferia macrospora Broth. n. sp.

Paroica; tenella, caespitosa, caespitibus parvis, densis, laete viridibus, nitidiusculis; caulis erectus, 2—3 mm longus, basi fusco-radiculosus, dense et julaceo-foliosus; folia imbricata, carinato-concava, ovato-lanceolata, acuta, marginibus plus minusve recurvis, superne serrulatis, nervo infra apicem folii evanido, cellulis elongate rhomboideis, basilaribus laxioribus, rectangularibus vel oblongo-hexagonis; seta vix ultra 3 mm alta, lutescenti-rubra; theca suberecta, symmetrica vel paulum asymmetrica, obovata, fuscidula; annulus latus, revolubilis; endostomium fusco-luteum, laevissimum; corona basilaris humilis; processus ca. 0,015 mm lati, linea divisurali distincta, appendiculati; spori 0,025—0,030 mm, ferruginei, papillosi; operculum plano-convexum, apiculatum.

In den Bergen der Yanakakabastion, alt. 4600 m, No. 3830.

Species minuta, sporis suis magnis notabilis.

298. Mielichhoferia seriata Broth. n. sp. (Tafel IV u. V, Fig. 3).

Paroica; tenella, caespitosa, caespitibus densis, laete viridibus, nitidis; caulis erectus vix ultra 1 cm longus, inferne radiculis longis, fuscis instructus, superne dense et julaceo-foliosus, ramosus; folia imbricata in seriebus oblique dispositis, carinato-concava, inferiora minuta, remota vel nulla, superiora ovato- vel oblongo-lanceolata brevia, raptim in acumen breve, angustum attenuata, marginibus erectis vel inferne leniter recurvis, superne serrulatis, nervo flexuoso infra acumen folii evanido, cellulis teneris elongate rhomboideis apice densis, basilaribus laxioribus, rectangularibus vel oblongo-hexagonis; seta 4—6 mm alta, flexuosula, lutescenti-rubra; theca inclinata, minuta, plerumque asymmetrica, breviter clavata, pallida, aetate fusca; annulus latus, revolubilis; endostomium flavidum, laevissimum; corona basilaris humillima; processus anguste lineares, inter se anastomosantes, linea divisurali distincta; spori 0,025—0,028 mm, ferruginei, papillosi; operculum minutum, convexum, minutissime apiculatum.

Viloco-Hochtal, 4500—4700 m, No. 3146; Cumbre de Liryuni, 4600 m, No. 3437; oberes Chocayatal, 4300—4400 m, No. 3594.

Species distinctissima, foliis oblique seriatis oculo nudo jam dignoscenda.

299. Mielichhoferia microdonta Broth. n. sp. (Tafel IV u. V, Fig. 2).

Paroica; gracilis, caespitosa, caespitibus densis, pallide viridibus, vix nitidiusculis; caulis erectus, vix ultra 1 cm longus, inferne radiculis longis, fuscis instructus, superne dense et julaceo-foliosus; folia imbricata, carinato-concava, inferiora remota, minuta vel nulla, superiora ovato-oblonga, acuta, marginibus erectis vel anguste recurvis, superne serrulatis, nervo infra apicem folii evanido, cellulis elongate rhomboideis laxiusculis, basilaribus rectangularibus vel oblongo-hexagonis; seta ca. 6 mm alta, flexuosula, tenuissima, lutescenti-rubra; theca suberecta, symmetrica vel subsymmetrica, breviter et late clavata, pallida, aetate fuscidula; annulus latus, revolubilis; endostomium luteum, laevissimum; corona basilaris haud exserta; processus brevissimi ciliiformes; spori 0,015—0,020 mm, ferruginei vel aurantiaci, papillosi; operculum minutum, conicum.

Oberes Chocayatal, alt. 4300 m, No. 3578.

Species habitu *M. seriatae* Broth. valde similis, sed foliis haud seriatis, angustioribus longioribus ovato-oblongis, peristomio brevissimo, sporis minoribus nec non operculo conico dignoscenda.

300. Mielichhoferia minutifolia C. M.

Auf Humus an der Waldgrenze über Tablas, ca. 3400 m, No. 2880/a.

301. **Mielichhoferia micropoma** C. M.

Im oberen Chocayatal, ca. 4400 m, No. 3586.

302. **Mielichhoferia pusilla** Hook.

Im Chocayatal, No. 2643/a; an der Waldgrenze über Tablas, ca. 3400 m, No. 2936; im oberen Llavetal, ca. 4200 m, No. 4791; bei den Tunariseen, ca. 4400 m, No. 4896.

var. **macrocarpa** Broth. nov. var.

An den Cerros de Malaga, ca. 4000 m, No. 4368; im oberen Llavetal, ca. 4200 m, No. 4860.

303. **Mielichhoferia modesta** C. M.

Zwischen Cocapata und Choro, ca. 3500 m, No. 4176; im Hochland von Totora, ca. 2800 m, No. 5117.

304. **Mielichhoferia pohlioidea** C. M.

An erdbedeckten Felsen im Piñasgebiet, No. 2638; an der Waldgrenze über Tablas, ca. 3400 m, No. 2935; auf einem Bergkamm über Comarapa, ca. 2600 m, No. 4247; an einem Stein im unteren Coranital (?), No. 4698; am Cerro Sipascoya über Pojo, ca. 3000 m, No. 4161, forma processibus magis papillosis.

305. **Mielichhoferia gracilis** Broth. n. sp. (Tafel IV u. V, Fig. 8).

P a r o i c a; gracillima, caespitosa, caespitibus laxiusculis, lutescenti-viridibus, vix nitidiusculis; c a u l i s erectus, 1 cm vel paulum ultra longus, basi radiculosus, dense foliosus; f o l i a erecto-patentia, carinato-concava, anguste ovato-lanceolata, anguste acuminata, marginibus erectis vel angustissime recurvis, argute serratis, nervo infra apicem folii evanido, cellulis elongate et anguste rhomboideis, basilaribus paucis oblongo-hexagonis; s e t a 1,5—2 cm alta, tenuissima, flexuosa, lutescenti-rubra; t h e c a inclinata, symmetrica, pyriformis, pallide fuscidula; a n n u l u s latus, revolubilis; e n d o s t o m i u m pallidum; c o r o n a b a s i l a r i s ca. 0,025 mm, laevissima; p r o c e s s u s ca. 0,015 mm lati, linea divisurali distincta, vix appendiculati, parce papillosi; s p o r i 0,015 mm, ferruginei, minutissime papillosi; o p e r c u l u m minutum, depresse conicum apiculatum.

Zwischen San Mateo und Sunchal, ca. 3000 m, No. 4486.

Species cum *M. pohlioidea* C. Müll. comparanda.

306. **Mielichhoferia angustata** Broth. n. sp. (Tafel IV u. V, Fig. 1).

P a r o i c a; gracillima, caespitosa, caespitibus parvis, densis, laete viridibus, aetate lutescentibus, nitidiusculis; c a u l i s erectus, usque ad 1 cm longus, basi fusco-radiculosus, dense et julaceo-foliosus; f o l i a imbricata, minuta, carinato-concava, ovato-lanceolata, acutissima, marginibus erectis, superne serrulatis, nervo crassiusculo, infra apicem folii evanido, cellulis elongate rhomboideis, basilaribus laxioribus, rectangularibus vel oblongo-hexagonis; s e t a usque ad 1 cm alta, flexuosula, tenuissima, rubra; t h e c a erecta vel suberecta, anguste clavata, ca. 3 mm longa, symmetrica vel subsymmetrica, deoperculata raro subcurvatula, fusco-rubra; a n n u l u s latus, revolubilis; e n d o s t o m i u m flavidum, laevissimum; c o r o n a b a s i l a r i s humilis; p r o c e s s u s angusti, vix ultra 0,010 mm lati, haud appendiculati, linea divisurali distincta; s p o r i 0,015 mm, ferruginei, minutissime papillosi; o p e r c u l u m alte conicum, acutum.

Oberstes Llavetal, alt. 4200—4400 m, No. 4767, 4898.

Species cum *M. pohlioidea* C. Müll. et *M. bogotensi* Hamp. comparanda, sed statura gracillima, theca anguste clavata et operculo alte conico jam dignoscenda.

307. **Mielichhoferia subclavitheca** Broth. n. sp. (Taf. IV u. V, Fig. 5).

P a r o i c a; gracillima, caespitosa, caespitibus densis, laete viridibus, nitidiusculis; c a u l i s erectus, vix 1 cm longus, basi radiculosus, dense et julaceo-foliosus; f o l i a imbricata, carinato-concava, inferiora minuta, remota vel nulla, superiora ovato-lanceolata, acutissima, marginibus erectis vel anguste recurvis, superne serrulatis, nervo infra apicem folii evanido, cellulis elongate rectangularibus, basilaribus rectangularibus vel oblongo-hexagonis; s e t a ca. 1 cm alta, tenuissima, lutescenti-rubra; t h e c a inclinata vel nutans, anguste clavato-cylindracea, curvata, macrostoma, pallide fusca; a n n u l u s latus, revolubilis; endostomium pallidum, minutissime papillosum; corona basilaris humillima; processus elongati, ca. 0,010 mm lati, linea divisurali rimosi, parce appendiculati; spori 0,015—0,020 mm, ferruginei, papillosi; operculum minutum, conicum.

Cumbre de Liryuni, alt. 4600 m, No. 3438.

Species *M. clavithecae* Herz. affinis, sed processibus parce anastomosantibus, ciliis nullis jam dignoscenda.

308. Mielichhoferia Herzogii Broth. n. sp. (Tafel IV u. V, Fig. 6).

Paroica; tenella, caespitosa, caespitibus laxiusculis, laete viridibus, opacis; caulis erectus, vix ultra 5 mm longus, basi fusco-radiculosus, superne dense et julaceo-foliosus; folia inferiora minuta, superiora multo majora, imbricata, carinato-concava, ovato-lanceolata, acuta, marginibus erectis vel leniter recurvis, superne serrulatis, nervo infra apicem folii evanido, cellulis elongate rhomboideis, basilaribus laxioribus rectangularibus vel oblongo-hexagonis; seta 6—8 mm alta, flexuosula, tenuis, lutescenti-rubra; theca nutans vel subnutans, magna, asymmetrica, turgide clavata, haud curvata, pallide fusca; annulus latus, revolubilis; endostomium luteum, laevissimum; corona basilaris humillima; processus anguste lineares, appendiculati, linea divisulari distincta; spori 0,025 mm, ferruginei, papillosi; operculum conicum, acutum.

Saittulaguna, 4200 m, No. 2670.

Species oum *M. clavitheca* Herz. et *M. subclavitheca* Broth. comparanda, sed theca magna, turgide clavata, haud curvata oculo nudo jam dignoscenda.

309. Mielichhoferia subcampylocarpa Broth. n. sp.

Paroica; gracilis, caespitosa, caespitibus laxiusculis, viridibus, aetate lutescenti-viridibus, opacis; caulis erectus, ca. 2 cm longus, inferne fusco-radiculosus, remote, superne dense foliosus, clavatulus; folia inferiora minuta, superiora multo majora, sicca laxe adpressa, humida erecto-patentia, carinato-concava, ovato-lanceolata, breviter acuminata, acutissima, marginibus erectis, superne minutissime serrulatis, nervo tenui, infra summum apicem folii evanido, cellulis elongate rhomboideis, basilaribus rectangularibus; seta ca. 1,5 cm alta, tenuissima, flexuosula, pallide fuscescenti rubra; theca suberecta, asymmetrica, subcylindracea, curvata, usque ad 4 mm longa, fuscescenti-lutea; endostomium luteum, laeve; corona basilaris humillima; processus ca. 0,3 mm longi et ca. 0,015 mm lati, appendiculati; cilia 0; spori 0,015—0,017 mm, fusci, minute papillosi. Caetera ignota.

Hochtal Viloco, alt. 4350 m, No. 3213; in den Yanakakabergen, ca. 4000 m, No. 3835; begraste Felsköpfe in der Piñasregion, ca. 4500 m, No. 2642.

Species *M. campylocarpae* (Hook. et Arn.) Mitt. (*Williams* Pl. boliv. Nr. 2793) habitu similis, sed foliis brevius acuminatis, minutissime serrulatis, laxius reticulatis, seta multo breviore processibusque endostomii appendiculatis optime diversa.

310. Mielichhoferia subglobosa R. S. W.

In Felsritzen des Hochtales von Choquecota chico, ca. 4500 m, No. 3101; im Hochtal von Viloco, ca. 4600 m, No. 3169; an Gletscherschliffen im Hochtal von Chojñacota, ca. 4800 m; im Schneetälchen des Cerro Tunari, ca. 5000 m, No. 4780.

311. Mielichhoferia secundifolia Herzog in Beih. Bot. Centr. 1909.

Im Hochtal von Viloco an humösen Felsen, ca. 4600 m, No. 3167.

312. Mielichhoferia longipes C. M. (Fig. 30).

In Felsritzen der Estradillas über Incacorral, ca. 3200 m, No. 3337.

Subgen. *Mielichhoferiopsis* Broth.

313. Mielichhoferia macrodonta Broth. n. sp.

Paroica; tenella, caespitosa, caespitibus laxiusculis, pallide viridibus, opacis; caulis erectus, usque ad 1 cm longus, basi fusco-radiculosus, superne dense foliosus; f o l i a infima minuta, superiora multo majora, erecto-patentia, carinato-concava, ovato-lanceolata, acuta, marginibus anguste revolutis, superne serrulatis, nervo infra apicem folii evanido, cellulis elongate rhomboideis, basilaribus laxioribus rectangularibus vel oblongo-hexagonis; s e t a ca. 1 cm alta, tenuissima, lutescenti-rubra; t h e c a cernua vel horizontalis, symmetrica, pyriformis, fusca; e x o s t o m i i dentes robusti, lanceolati, ca. 0,27 mm longi et ca. 0,040 mm lati, fusco-lutei, laevissimi; e n d o s t o m i u m fusco-luteum, laevissimum; c o r o n a b a s i l a r i s humilis; p r o c e s s u s dentium longitudinis vel paulum longiores, anguste lanceolato-lineares, inferne carinati, haud perforati; s p o r i 0,016—0,018 mm, ferruginei, papillosi; o p e r c u l u m ignotum.

Torreni-Yanakaka, 3800—4000 m, No. 3751.

Species peristomio magno, fusco-luteo jam dignoscenda.

314. **Mielichhoferia submacrodonta** Broth. n. sp.

Species praecedenti valde affinis, sed exostomii dentes pallidi, processus papillosi.

Waldgrenze über Tablas, alt. 3400 m, No. 2938, 2877.

315. **Mielichhoferia castanea** Broth. n. sp. (Tafel IV. u. V, Fig. 7.)

P a r o i c a; tenella, caespitosa, caespitibus densiusculis, pallide viridibus, opacis; c a u l i s vix ultra 5 mm longus, erectus, curvatulus, basi fusco-radiculosus, superne dense et julaceo-foliosus; f o l i a infima minuta, superiora multo majora, imbricata, carinato-concava, ovato-lanceolata, acuta, marginibus anguste revolutis, superne serrulatis, nervo infra apicem folii evanido, cellulis elongate rhomboideis, basilaribus laxioribus, rectangularibus vel oblongo-hexagonis; seta ca. 1 cm alta, tenuis, rubra; t h e c a inclinata vel nutans, plerumque symmetrica, elongate clavata, castanea; a n n u l u s latus, revolubilis; p e r i s t o m i u m duplex; e x o s t o m i i dentes endostomio multo breviores, lanceolati, flavidi, laevissimi; c o r o n a b a s i l a r i s humillima; p r o c e s s u s elongate et anguste lineares, flavidi, minutissime papillosi, linea divisurali distincta; s p o r i 0,015 mm, ferruginei, minute papillosi; o p e r c u l u m convexo-conicum, apiculatum.

Waldgrenze über Tablas, No. 2862a, 2926.

Species theca castanea a congeneribus oculo nudo jam dignoscenda.

316. **Mielichhoferia emergens** (C. M.).

Bryum (Senodictyon) C. M. in Prodr. Bryol. Argent. I.

Über der Waldgrenze zwischen San Mateo und Sunchal, ca. 3000 m, No. 4428.

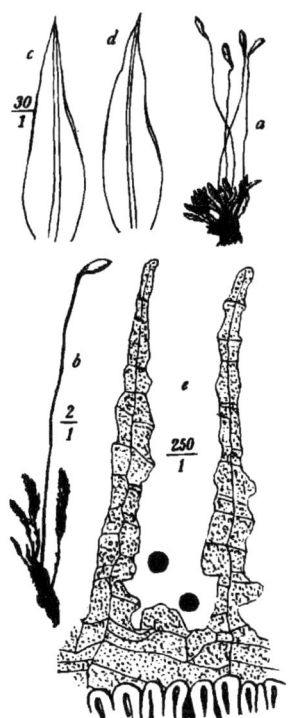

Fig. 30. *Mielichhoferia longipes* C. M. a Habitus 1:1, b Habitus 2:1, c, d Blätter 30:1, e Peristom 250:1.

Haplodontium Hpe. Prodr. Fl. Nov. Gran.

Subgen. *E u h a p l o d o n t i u m* Broth.

317. **Haplodontium humipetens** C. M.

An begrasten Felsköpfen im Piñasgebiet große Polsterrasen bildend, ca. 4500 m, No. 2615; an der Cumbre de Liryuni, ca. 4500 m, No. 3440. Wohl eines der Charaktermoose der

Hochregion, das ich oft gesehen habe, aber wegen seiner völligen Sterilität nur wenige Male mitnahm.

318. **Haplodontium sanguinolentum** C. M. (Tafel IV, Fig. 9).

H. pernanum C. M.

Charaktermoos des Hochgebirges, besonders an Erdblößen und Wegböschungen häufig. Auf roter Erde der Höhen von Challa, ca. 4000 m, No. 2575, 2578, 2562; an den Cerros de Malaga, ca. 4000 m, No. 4377.

An den Original-Exemplaren von *H. pernanum* C. M. kann ich keinen Unterschied gegen *H. sanguinolentum* finden. Umrollung des Blattrandes, Kapselform, Länge der Seta und Färbung des Peristoms wechseln. Die Rötung der Peristomzähne hängt mit dem Grad der Sporogonreife im Zusammenhang.

319. **Haplodontium cuspidatum** Herzog nov. spec. (Tafel VI, Fig. 1).

Dioicum; laxe caespitosum, h u m i l l i m u m, e minoribus generis, surculis sterilibus 3—5 mm longis flavido-albidis basi rubellis myosuroideo-julaceis tenellis subclavatis. Folia 0,5—1 mm longa, sat densa, stricte erecta, a n g u s t e l a n c e o l a t a, b r e v i t e r c u s p i d a t a, carinato-concava, marginibus erectis, n e r v o v a l i d i u s c u l o i n c u s p i d e m f l a v u m b r e v e m e x c u r r e n t e ibique angulis cellularum prominentium remote papilliformi-serrato, cellulis basalibus subquadratis rubellis ceteris l a x i s s i m i s v i t r e i s inanibus apice valde elongatis. Seta rubra, 7—10 mm longa, flexuosa, apice arcuata, deflexa; t h e c a g r a c i l l i m a, e collo longiusculo subgloboso-ovata, atropurpurea, annulo biseriali revolubili, o p e r c u l o cupulato a p i c u l a t o, peristomio simplici, d e n t i b u s s i n g u l i s pro genere a n g u s t i s longiusculis apice i n d i s t i n c t e a r t i c u l a t i s griseis papillosis.

Am Mocoyabach (Aracatal) ca. 3500 m, No. 2983.

Von dem nächstverwandten *H. sanguinolentum* C. M. durch den zierlicheren Wuchs, die wesentlich kleineren, schmalen und fast stachelig zugespitzten Blätter mit auslaufender Rippe, die kleinere, schlankere Kapsel und das Peristom gut unterschieden.

320. **Haplodontium crassinervium** Herzog nov. spec. (Tafel IV, Fig. 10).

Sterile, d e n s i s s i m e c a e s p i t o s u m, c a u l i b u s 4—5 c m l o n g i s valde ramosis, ramis inaequalibus fastigiatis, inde caulibus julaceis n o d o s i s e viridi aureis nitidis. Folia d u r i u s c u l a, densa, appressa, concava, ovato-lanceolata, a c u m i n a t a, margine medio anguste revoluta, integerrima, nervo crasso fuscescente in acumen cuspidiforme excurrente, cellulis basalibus laxis rectangulis roseis, s u p e r i o r i b u s a n g u s t i o r i b u s elongate hexagonis i n c r a s s a t i s.

Bei den Tunariseen, ca. 4400 m, No. 4840 u. 4774.

Durch die dicke auslaufende Rippe und das derbe Zellnetz von den verwandten Arten gut unterschieden.

321. **Haplodontium Herzogii** Broth. n. sp.

D i o i c u m; tenellum, caespitosum, caespitibus mollibus compactis, e glauco lutescenti-viridibus, nitidis; c a u l i s erectus, usque ad 1,5 cm longus, fusco-tomentosus, dense et julaceo-foliosus; superne fasciculatim ramosus vel simplex; folia imbricata, concava, ovalia, breviter acuminata, obtusiuscula, ca. 0,66 mm longa et ca. 0,28 mm lata, marginibus erectis, apice serrulatis, nervo lutescente, infra apicem folii evanido, cellulis laxis teneris, hexagono-rhomboideis, basilaribus breviter rectangularibus; s e t a ca. 0,5 mm alta, tenuissima, flexuosa, lutea; t h e c a nutans, pyriformis, pallide fuscidula, nitidiuscula; a n n u l u s latus, revolubilis; e x o s t o m i i d e n t e s inter se aequidistantes, e basi ca. 0,075 mm lata raptim elongate lanceolati, ca. 0,4 mm longi, papillosi, pallidi; s p o r i 0,017—0,020 mm, fusci, papillosi; o p e r c u l u m minutum, convexo-conicum.

Cumbre de Tiquipaya, an Schieferfelsen, alt. 4100 m, No. 2653; an Schieferfelsen der Cuesta de Abana bei Pojo, ca. 2300 m, No. 3464.

Species pulcherrima, foliorum forma peristomioque pallido facillime dignoscenda.

322. **Haplodontium vilocense** Broth. n. sp.

Gracilescens, caespitosum, caespitibus compactis, lutescenti-viridibus, vix nitidiusculis; c a u l i s erectus, usque ad 2 cm longus, fusco-tomentosus, dense et julaceo-foliosus, superne fasciculatim ramosus vel simplex; f o l i a imbricata, concava, late ovato-lanceolata, acuta, ca. 1,14 mm longa et ca. 0,47 mm lata, marginibus erectis, summo apice minute serrulatis, nervo crassiusculo, infra summum apicem folii evanido, cellulis laxiusculis, rhomboideis, basilaribus numerosis ovali-hexagonis vel breviter rectangularibus. Caetera ignota.

Hochtal Viloco, alt. 4700 m, No. 3168.

Species habitu praecedenti sat similis, sed statura robustiore foliorumque forma optime diversa.

323. **Haplodontium subsplendidum** Broth. n. sp.

D i o i c u m; gracile, caespitosa, caespitibus densis, mollibus, pallide lutescentibus, vix nitidiusculis; c a u l i s erectus, usque ad 2 cm longus, inferne dense fusco-radiculosus, dense foliosus, innovando-ramosus; f o l i a laxe imbricata, humida suberecta, subcarinato-concava, lanceolata, breviter acuminata, acuta, marginibus longe ultra medium recurvis, integris vel apice minutissime serrulatis, nervo tenui, infra summum apicem folii evanido, cellulis teneris, elongate rhomboideis, basilaribus oblongo-hexagonis; s e t a vix 1,5 cm alta, tenuissima, flexuosula, rubra; t h e c a nutans, anguste pyriformis, pallida; e x o s t o m i i d e n t e s inter se aequidistantes, e basi ca. 0,075 mm lata elongate lanceolati, ca. 0,04 mm longi, pallidi, dense papillosi; s p o r i ca. 0,020 mm, fusci, laeves; o p e r c u l u m ignotum.

Hochtal Viloco, alt. 4350 m, No. 3212.

Species *H. splendido* (Broth. sub *Mielichhoferia*) valde affinis, sed caespitibus haud compactis, foliis latioribus, brevius acuminatis, laxius reticulatis dignoscenda.

Bryeae.

O r t h o d o n t i u m Schwgr. Suppl. II.

324. **Orthodontium longisetum** Hpe.

Auf faulem Holz im Bergwald des Rio Tocorani, ca. 2200 m, No. 4054; auf faulem Holz im Bergwald zwischen San Mateo und Sunchal, ca. 2200—2400 m, No. 4480.

W o l l n y a Herzog in Beyh. Bot. Centr. 1909.

325. **Wollnya stellata** H.

An einer Tuff absetzenden Quelle im Llavetal, ca. 3800 m, No. 4831 (Original-Fundort!); feuchte Lehmhänge bei Challa, ca. 4000 m, No. 2563.

W e b e r a Hedw. Fund. II.

326. **Webera apolensis** (R. S. W.).

Pohlia R. S. W. l. c.

An der Waldgrenze über Tablas auf Erde, ca. 3400 m, No. 2911.

327. **Webera papillosa** (C. M.).

Auf feuchter Erde zwischen Incacorral und Paracti, ca. 2100 m, No. 5003; im oberen Coranital, ca. 2600 m, No. 5056.

328. **Webera spectabilis** (C. M.).

Im oberen Coranital, ca. 2600 m, No. 3387; im oberen Tocoranital, ca. 2800 m, No. 4096; an einem Berggrat über Comarapa, ca. 2600 m. No. 4194.

329. **Webera subleptopoda** Broth. n. sp.

P a r o i c a; gracilis, caespitosa, caespitibus rigidis, densiusculis, laete viridibus, aetate fuscescentibus, opacis; c a u l i s erectus, usque ad 1 cm longus, inferne fusco-radiculosus, dense foliosus, innovationibus binis, brevibus, strictis, dense foliosis; folia caulina sicca adpressa, humida erecto-patentia, carinato-concava, anguste lanceolato-subulata, usque ad 3 mm longa, marginibus ubique anguste revolutis, apice serrulatis, nervo crassiusculo, in summam partem subulae desinente, cellulis anguste linearibus, vix flexuosis, basilaribus infimis brevioribus et laxioribus; seta usque ad 4 cm alta, tenuissima, flexuosa, rubra; theca inclinata, cum collo elongato clavato-pyriformis, paulum asymmetrica, haud curvata, cinnamomea, aetate fusca; annulus latus, revolubilis; exostomii dentes lanceo-lato-subulati, ca. 0,4 mm longi, pallidi, dense papillosi, obscuri; endostomium papillosum; corona basilaris ad medium fere dentium producta; processus anguste lanceolati, carinati, haud pertusi, valde papillosi; cilia 0; spori 0,015 mm, ochracei, laeves; operculum minutum, alte conicum, obtusum.

Waldgrenze über Tablas, alt. 3400 m, No. 2862, typus, No. 2937, forma seta breviore et theca minore.

Species *W. leptopodae* (Hamp.) affinis, sed rigidi-tate, foliorum forma et operculo alte conico jam dignoscenda.

330. **Webera clavicaulis** Broth. n. sp.

Paroica; gracilis, caespitosa, caespitibus densis, lutescenti-viridibus, vix nitidiusculis; caulis erectus, ca. 1 cm longus, basi fusco-radiculosus, ultra medium remote, superne dense clavato-foliosus, simplex; folia inferiora minutissima, squamaeformia, superiora arcte imbricata, carinato-concava, ovato-lanceolata, acuta, usque ad 1,7 mm longa et 0,55 mm lata, mar-ginibus usque ad apicem anguste revolutis, apice minute serrulatis, nervo infra apicem folii evanido, cel-lulis lineari-rhomboideis, basilaribus multo laxioribus, breviter rectangularibus vel oblongo-hexagonis; seta ca. 5 mm alta, flexuosula, tenuis, lutescenti-rubra; theca inclinata, minuta, clavata, curvata, fusco-rubra; annulus latus, revolubilis; exostomii dentes late lanceolati, ca. 0,22 mm longi, minute papillosi et striolati, flavidi; endostomium hyalinum, sub-laeve; corona basilaris ca. ¼ dentium longi-tudinis; processus anguste lanceolati, carinati, haud perforati; cilia 0; operculum minutum, conicum, acutum.

Chocayatal, an Felsblöcken, alt. 3300 m, No. 2592.

Species *W. plurisetae* (Herz.) affinis, sed setis brevibus, singulis nec non theca minuta, curvata oculo nudo jam dignoscenda.

331. **Webera loriformis** Herzog nov. spec. (Fig. 31).

Dioica?; planta humillima gregaria, caule vix 3 mm longo tenuissimo duriusculo comose foliato. Folia inferiora pauca brevissima, vix 1 mm longa, anguste lanceolata, carinata, superiora

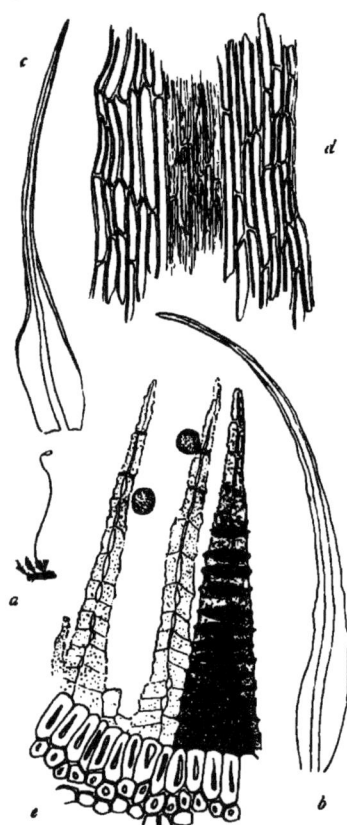

Fig. 31. *Webera loriformis* Herzog n. sp. *a* Habitus 1:1, *b*, *c* Blätter 31:1, *d* Zellnetz unter der B.mitte 250:1, *e* Peristom 250:1.

c o m o s a, 3 mm longa, e basi anguste oblonga concava accumbente l o n g e l o r i f o r m i a, flexuosa, patula, margine medio revoluta, ceterum planiuscula undulata, i n t e g e r r i m a, nervo pro folio crasso viridi acumen loriforme fere totum occupante, c e l l u l i s b a s a l i b u s elongate rectangulis vel linearibus l i m p i d i s, superioribus angustioribus. Seta f l e x u o s o - e r e c t a, 18—22 mm longa, pallide rubra, tenuissima; theca nutans vel pendula, e c o l l o b r e v i s s i m o breviter ovalis, ca. 1,5 mm longa, cinnamomea, m a c r o s t o m a, annulo biseriali, operculo c o n i c o rubro; peristomii externi dentibus anguste lanceolatis l a t e t r a b e c u l a t i s anguste marginatis tenuiter papillosis olivaceis, interni aequilongi membrana vix $^1/_4$, processibus lineari-lanceolatis margine s u p e r n e s i n u a t i s carinatis linea mediana perforato-fissis g r o s s e p a p i l l o s i s, ciliis interpositis irregularibus brevissimis vel nullis; sporis aurantiacis laevibus diametro 0,016—0,020 mm.

Auf Erde zwischen Incacorral und Paracti, ca. 2000 m, No. 5002.

Schon an den lang riemenförmigen Blättern sofort zu erkennen.

332. **Webera cruda** (L.) Lindb.

In Felsritzen bei der Saittulaguna, ca. 4300 m, No. 2657.

M n i o b r y u m (Schimp. ex parte) Limpr. Laubm. II.

333. **Mniobryum bolivianum** Broth. n. sp.

D i o i c u m; robustiusculum, caespitosum, caespitibus densis, rigidis, vinoso-rubentibus, opacis; c a u l i s erectus, usque ad 5 cm longus, inferne parce radiculosus, dense foliosus, simplex vel parce ramosus; f o l i a sicca adpressa, humida erecto-patentia, carinato-concava, breviter decurrentia, anguste oblongo-lanceolata, obtusa, ca. 2 mm vel paulum ultra longa et ca. 0,6 mm lata, marginibus erectis, superne dense et minute serrulata, nervo rubro, superne tenuiore, infra apicem folii evanido, cellulis teneris, elongate et anguste rhomboideis, basilaribus laxioribus. Caetera ignota.

Chocayatal, No. 2618; oberes Llavetal, am Bachrand, alt. 4200 m, No. 4834.

Species *Mn. albicanti* (Wahlenb.) affinis, sed rigiditate, foliis angustioribus, cellulis angustis dignoscenda.

E p i p t e r y g i u m Lindb. in Öfvers. Vet. Akad. Förh.

334. **Epipterygium pellucens** Herzog nov. spec.

Sterile; s u r c u l i s t e n e l l i s flexuosis ad 1 cm longis purpureis, foliis laxis distiche patentibus g l a u c u l i s membranaceo-pellucidis v a l d e d i m o r p h i s. Folia normalia l a t i s s i m e o v a l i a, a p i c u l a t a, sicca vix mutata, parum concava, integerrima, a n g u s t e l i m b a t a, limbo parum distincto superne 2- inferne 3-seriato concolori vel rubente, nervo medio evanido sat debili, cellulis pellucidis laxe elongate hexagonis, stipularia multo minora, anguste elliptica, acuta vel acuminata.

Auf bloßer Erde im oberen Tocoranital, ca. 2600 m, No. 4032.

B r a c h y m e n i u m Schwgr. Suppl. II.

335. **Brachymenium Jamesonii** Tayl.

An Ästen der Bäumchen im oberen Coranital, ca. 2600 m, No. 3373; an Bäumen in der Talschlucht von Tablas, ca. 1900—2000 m, No. 4643.

336. **Brachymenium barbuloides** C. M.

Auf einem gefallenen Baumstamm im Bergwald von Florida de San Mateo, ca. 2000 m, No. 3649.

337. **Brachymenium flexipilum** Herzog nov. spec.

Sterile; late d e n s i s s i m e c a e s p i t o s u m, basi tomentoso-contextum, caulibus j u l a c e i s ca. 1 cm longis superne amoene viridibus inferne rubris. Folia d e n s a, v a l d e c o n c a v a, ovata vel breviter elliptica, ca. 1 mm longa, margine plano serie una cellularum angustiorum indistincte limbato, integerrima vel apice subcrenulata, nervo mediocri flavescente i n p i l u m l o n g u m hyalinum flexuosum basi interdum ramosum vel superne hic illic dente longo ramiformi notatum excurrente, cellulis basalibus permultis angularibus quadratis, superioribus elongate hexagonis, omnibus valde chlorophyllosis.

Auf Baumästen im Bergwald von Florida de San Mateo, ca. 2500 m, No. 3673.

Acidodontium Schwgr. Suppl. II. 2.

338. **Acidodontium pallidum** Herzog nov. spec. (Tafel VI, Fig. 4d).

Dioicum; laxe caespitosum, amoene viride, fulvescens, caulibus ad 2 cm longis basi rubiginoso-tomentosis simplicibus vel sub flore ♀ innovationibus praeditis, densiuscule foliatis. Folia 5—6 mm longa, erectopatula, e basi decurrente elongate ligulari-lanceolata, acuminata, brevicuspidata, cuspide tenui flexuoso, margine ubique revoluta, angustissime limbata, apice tantum planiuscula ibique argute serrata, nervo viridi fuscescente subcompleto in cuspide ipsa evanescente, cellulis superioribus elongate hexagonis chlorophyllosis; innovationum folia ovalia, nervo breviore; perichaetialia minora, angustiora, ubique fere revoluta, cuspide longiore longe serrata. Seta solitaria vel rarius 2 ex uno perichaetio, rubra, apice pallido breviter hamata, 3 cm longa; theca e collo subaequilongo clavata, deoperculata 6 mm longa, regularis, pallide ochracea, annulo lato operculo adhaerente, operculo hemisphaerico flavido rubro-mamillato; peristomii externi dentibus robustis e basi late lanceolata in cuspidem tenuem brevem constrictis valde trabeculatis hyalino-marginatis tenuiter papillosis, interni membrana media, processibus latissimis, cruribus divaricatis latis brevibus cuspidis dentium externorum pedem vix superantibus; sporis variabilibus, nunc (f. microspora) diametro 0,02—0,024 mm, nunc (f. macrospora) 0,028—0,034 mm viridissimis.

Auf Baumästen im unteren Coranital, ca. 2000 m, No. 4701 (f. microspora); auf Baumästen im oberen Coranital, ca. 2600 m, No. 3407 (f. macrospora).

Durch die sehr breiten, kurzen Fortsätze des inneren Peristoms ausgezeichnet.

339. **Acidodontium spinicuspes** Broth. n. sp.

Dioicum; robustum, caespitosum, caespitibus densis, mollibus, laeteviridibus, opacis; caulis erectus, usque ad 2 cm longus, fusco-tomentosus, densiuscule foliosus, innovationibus ca. 1 cm longis, dense foliosis; folia caulina sicca contracta, humida erecto-patentia, inferiora late oblonga, raptim subulato-acuminata, superiora elongate oblonga, subulato-acuminata, omnia subula plerumque semitorta, marginibus late recurvis, superne minute, apice argute serratis, nervo tenui, longe infra apicem folii evanido, cellulis laxis, teneris, ovali-hexagonis, basilaribus laxioribus, marginibus angustis, limbum lutescentem, angustum efformantibus; bractoae perichaetii erectae, elongate lineares, sensim in aristam argute serratam attenuatae; seta ca. 2 cm vel paulum ultra alta, lutescenti-rubra; theca immatura.

Im Nebelwald der Laguna verde über Comarapa, alt. 2600 m, No. 3949.

Species statura robusta foliisque subula spinoso-serrata dignoscenda.

340. **Acidodontium brachypodium** (C. M.).

An Baumästen im Nebelwald über Comarapa, ca. 2600 m, No. 4319.

341. **Acidodontium longifolium** (Schimp.).

An Baumästen der Waldgrenze über Tablas, ca. 3400 m, No. 2797; an Bäumchen in den Estradillas über Incacorral, ca. 3300 m, No. 3317.

342. **Acidodontium lonchotrachylon** (C. M.).

An Ästen der Bäumchen in den Estradillas über Incacorral, ca. 3300 m, No. 3347.

343. **Acidodontium macropoma** (C. M.) (Tafel VI, Fig. 5c).

An Baumästen in der Talschlucht von Tablas, ca. 1800 m, No. 4588.

Anomobryum Schimp. Syn. 1 od.

344. **Anomobryum filiforme** (Dicks.) Husn.

Am Bachrand bei der Mine Viloco, ca. 4350 m, No. 3218; an Lößhängen bei La Paz, ca. 3600 m. No. 2556.

345. **Anomobryum soquense** Par.

An Erdhängen bei Challa, ca. 4000 m, No. 2566; an Lößhängen bei La Paz, ca. 3600 m, No. 2558; in der Quebrada de Pocona, ca. 2800 m, No. 3470, 5115; bei Comarapa, ca. 2000 m, No. 4317, 4338; im oberen Llavetal, ca. 4300 m, No. 4893.

346. **Anomobryum robustum** Broth. n. sp.

D i o i c u m; robustum, caespitosum, caespitibus densis, sordide viridibus, intus nigrescentibus, opacis; c a u l i s erectus, ca. 5 cm longus, basi fusco-radiculosus, dense julaceo-foliosus, simplex; f o l i a imbricata, convexiuscula, latissime ovata, obtusa vel obtusissima, ca. 1,14 mm longa et ca. 1,14 mm lata, marginibus erectis, superne crenulatis, nervo basi crassiusculo, dein multo tenuiore, infra summum apicem folii evanido, cellulis laxe rhombeis, teneris, basilaribus ovali-hexagonis, marginalibus multo angustioribus, limbum angustum efformantibus. Caetera ignota.

Altamachi, alt. 3900—4000 m, No. 3877. Species pulcherrima, statura robusta foliorumque structura facillime dignoscenda.

B r y u m Dill. Cat. Giss.

Sect. *P t y c h o s t o m u m* (Hornsch.) Limpr. Laubm. II.

347. **Bryum flexisetum** Mitt.

Auf schwarzer Erde im Hochtal von Viloco, ca. 4500 m, No. 3150; am Bach bei der Mine Viloco, ca. 4350 m, No. 3128; beim Tunarisee, ca. 4400 m, No. 4895; an den Cerros de Malaga, ca. 4000 m, No. 4418.

Sect. *B r y o t y p u s* Hag. Musc. Norv. bor.

Subsect. *Cladodium* (Brid.) Schimp. in Bryol. eur.

348. **Bryum oediloma** C. M.

An Steinen längs der Wasserläufe im unteren Coranital, ca. 1700 m, No. 4712.

Subsect. *Eubryum* (C. M.) Hag. Musc. Norv. bor.

349. **Bryum bimum** Schreb.

An feuchten Felsen in den Estradillas, ca. 3000—3100 m, No. 3319.

350. **Bryum** (Pseudotriquetra) **pulchrirete** Broth. n. sp.

D i o i c u m; gracile, caespitosum, caespitibus densis, pallide viridibus, opacis; c a u l i s erectus, usque ad 2 cm longus, fusco-tomentosus, superne dense foliosus; f o l i a sicca laxe adpressa, humida erecto-patentia, carinato-concava, ovata, acuta, usque ad 2 mm longa et 1 mm lata, limbata, marginibus inferne anguste revolutis, superne minute serrulatis, nervo crassiusculo, rufescente, superne tenuiore, cum apice evanido, cellulis laxis, teneris, ovali-hexagonis, basilaribus laxioribus, rubris, marginalibus angustissimis limbum lutescentem pluriseriatum efformantibus; s e t a usque ad 2 cm alta, tenuissima, flexuosula, rubra; t h e c a nutans, e collo sporangio aequilongo ovalis, ca. 3 mm longa et ca. 1 mm crassa, sicca deoperculata sub ore paulum constricta, leptodermis, pallide fusca; e x o s t o m i i dentes ca. 0,5 mm longi et ca. 0,1 mm lati, lutei, dense lamellati, haud limbati; e n d o s t o m i u m sordide luteum, papillosum; processus late perforati; c i l i a bene evoluta, longe appendiculata; s p o r i 0,020 mm, olivacei, minutissime papillosi; o p e r c u l u m magnum, convexum, mamillatum.

Llavetal, alt. 3800 m, No. 4854, 4855.

Species cum *Br. ventricoso* Dicks. comparanda, sed foliorum forma et structura longe diversa.

351. **Bryum** (Pseudotriquetra) **malacophyllum** Broth. n. sp.

D i o i c u m; robustiusculum, caespitosum, caespitibus laxis, mollibus, sordide viridibus, inferne nigrescentibus, opacis; c a u l i s erectus, usque ad 4 cm longus, inferne fusco-radiculosus, laxiuscule foliosus, simplex; f o l i a patentia, carinato-concava, ovalia vel ovata, breviter acuminata, acuta vel breviter cuspidata, 2—3 mm longa et usque ad 1,2 mm lata, limbata, marginibus ultra medium anguste revolutis vel erectis, integris vel subintegris, nervo crassiusculo, superne multo tenuiore, infra summum apicem folii evanido, cellulis laxis, oblongo-hexagonis, parce chlorophyllosis, basilaribus rectangularibus, infimis rubris, marginalibus angustis, limbum uni- vel pauciseriatum efformantibus. Caetera ignota.

Oberes Llavetal, Bachrand, alt. 4200 m, No. 4844.

Species *Br. Schleicheri* Schwaegr. affinis, sed foliorum forma et nervo infra apicem folii evanido dignoscenda.

352. **Bryum** (Pseudotriquetra) **philonoteum** Broth. n. sp.

D i o i c u m; gracilescens, caespitosum, caespitibus densis, lutescenti-viridibus, inferne fuscescentibus, nitidiusculis vel opacis; c a u l i s erectus, usque ad 2 cm longus, inferne fusco-radiculosus, dense foliosus, simplex vel ramosus, ramis elongatis, erectis, filiformibus, microphyllinis instructus; f o l i a sicca et humida arcte imbricata, ovato-lanceolata, ca. 1,5 mm longa et ca. 0,55 mm lata, elimbata, marginibus ultra medium angustissime revolutis, integris, nervo crassiusculo, superne tenuiore, breviter excedente, cellulis elongate rhomboideis, basilaribus laxioribus rectangularibus, rubris. Caetera ignota.

Oberes Chocayatal, alt. 4200 m, No. 3582; oberes Llavetal gegen Tunari, alt. 4400 m, No. 4943.

Species *Br. Schleicheri* Schwaegr. affinis, sed statura graciliore, foliis arcte imbricatis, ovato-lanceolatis, cellulis elongate rhomboideis dignoscenda.

353. **Bryum** (Argyrobryum) **challaënse** Broth. n. sp.

D i o i c u m; robustiusculum, caespitosum, caespitibus densis, sordide viridibus, opacis; c a u l i s erectus, usque ad 1 cm vel paulum ultra longus, parce radiculosus, dense clavato-foliosus, simplex; f o l i a sicca et humida arcte imbricata, concaviuscula, infima minuta, dein sensim accrescentia, superiora late ovata, obtusiuscula, ca. 0,95 mm longa et ca. 0,57 mm lata, marginibus erectis, integerrimis, nervo crassiusculo, lutescente, continuo vel subcontinuo, cellulis rhomboideis vel hexagono-rhomboideis, parce chlorophyllosis, inferioribus ad marginem in seriebus plurimis quadratis. Caetera ignota.

Challa, alt. 3800 m, No. 2574.

Species cum *Br. argenteo* L. comparanda, sed foliorum forma et structura dignoscenda.

354. **Bryum argenteum** L.

B. capillipes C. M.

Auf bloßer Erde an der Waldgrenze über Tablas, ca. 3400 m, No. 2946; auf Erde zwischen Felsen am Cerro Chancapiña, ca. 4900 m, No. 3303, etc., häufig.

355. **Bryum** (Argyrobryum) **albidum** Broth. n. sp.

D i o i c u m; gracilescens, caespitosum, caespitibus laxiusculis, sericeo-albidis; c a u l i s erectus, cum innovationibus vix ultra 5 mm longus, basi radiculosus, dense foliosus, innovationibus 3—4, brevibus, erectis; f o l i a imbricata, concava, ovato-oblonga, acuta, marginibus erectis, integerrimis, nervo tenui, ad medium folii evanido, cellulis lineari-rhomboideis, superioribus angustissimis, hyalinis, basilaribus laxis, parenchymaticis, parce chlorophyllosis; s e t a ca. 2 cm alta, tenuissima, flexuosula, rubra; t h e c a subhorizontalis, minuta, e collo brevi, ruguloso ovalis, deoperculata macrostoma, fuscidula. Caetera ignota.

Incacorral, alt. 2200 m, No. 4990.

Species habitu *Br. argenteo* var. *lanato* (Palis.) admodum similis, sed foliorum forma raptim dignoscenda.

356. **Bryum** (Argyrobryum) **subsericeum** Broth. n. sp. (Tafel VI, Fig. 5 a und b).

D i o i c u m; tenellum, caespitosum, caespitibus laxis, pallide viridibus, subopacis; c a u l i s erectus, cum innovationibus vix ultra 5 mm longus, basi fusco-radiculosus, dense foliosus, innovationibus 2—3, brevibus, erectis; f o l i a imbricata, concava, ovalia vel obovata, breviter acuminata, aristata, marginibus erectis, integerrimis, nervo lutescente, in aristam strictam, integram excedente, cellulis teneris, elongate rhomboideis, inanibus, basilaribus laxis, quadratis, parce chlorophyllosis; s e t a ca. 1,5 cm alta, tenuis, flexuosula, rubra; t h e c a horizontalis vel nutans, cum collo sporangio aequilongo clavata,

ca. 5 mm longa et ca. 1 mm crassa, pachydermis, atropurpurea; a n n u l u s latus, revolubilis; e x o-
s t o m i i dentes ca. 0,42 mm alti et ca. 0,065 mm lati, anguste limbati, aurantiaci, minute papillosi, dense
lamellati; e n d o s t o m i u m sordide luteum, minute papillosum; p r o c e s s u s lanceolato-subulati,
anguste perforati; c i l i a bene evoluta, appendiculata; s p o r i 0,015—0,017 mm, olivacei, laeves;
o p e r c u l u m alte conicum, acutum.

Llavetal, alt. 3700 m, No. 4852; Hochland von Totora, alt. 2800 m, No. 5116.

Species Br. sericeo Mitt. affinis, sed foliorum forma et reticulatione dignoscenda.

357. Bryum sericeum Mitt.

An sonnigen Erdhängen bei Incacorral, ca. 2300 m, No. 5008; an Mauern in Pocona, ca.
2600 m, No. 5109.

358. Bryum apophysatum C. M.

An feuchten Felsen beim Huaillattanisee, ca. 4900 m, No. 2964, f. robusta; an feuchten
Felsen im Hochtal von Viloco, ca. 4500 m, f. robusta; an nassen Felsen im Schneetälchen
des Cerro Tunari, ca. 5000—5100 m, f. robusta.

359. Bryum (Doliolidium) subnanophyllum Herzog nov. spec.

D i o i c u m; gregarium, h u m i l l i m u m, opacum, e viridi purpurascens, caule brevissimo vix
8 mm excedente cuspidato diviso basi tomentoso. Folia sat dense imbricata, s t r i c t e e r e c t a,
1,2—1,5 mm longa, c a r i n a t o - c o n c a v a, e basi haud decurrente l a n c e o l a t a, acuta, breviter
c u s p i d a t a, marginibus erectis vel angustissime reflexis, subintegerrima vel apice indistincte denticulata, elimbata, n e r v o v a l i d i u s c u l o fusco c u s p i d i f o r m i - e x c u r r e n t e, c e l l u l i s
s a t d e n s i s hexagonis chlorophyllosis, basi quadratis rubellis. Seta ad 22 mm longa, flexuoso-erecta,
rubra; theca horizontalis vel pendula, 2,5 mm longa, e c o l l o b r e v i v a l d e p l i c a t o breviter
piriformis macrostoma, pallide fusca, o p e r c u l o m a j u s c u l o c u p u l a t o - c o n i c o m a m i l-
l a t o rubro nitido; peristomii externi dentibus basi confluentibus f u n d o a u r a n t i a c o p e r f o-
r a t o, interni membrana alta p r o c e s s i b u s b a s i l a t i s dentes externos vix aequantibus fene-
stratis, c i l i i s i n t e r p o s i t i s 3 parum brevioribus appendiculatis.

Auf Erde an Felsen der Waldgrenze zwischen San Mateo und Sunchal, ca. 3000 m, No. 4430.

Nach der Beschreibung mit B. nanophyllum C. M. zunächst verwandt, aber durch kräftige Rippe
und dichte Blattzellen verschieden. Es kommen zwergige Exemplare mit nur 1 cm langer Seta und sehr
kleiner, aber normal ausgebildeter Kapsel vor.

360. Bryum (Erythrocarpa) rupicola Broth. n. sp.

D i o i c u m; tenellum, caespitosum, caespitibus densis, viridibus, nitidis; c a u l i s erectus,
cum innovationibus ca. 1,5 cm longus, fusco-radiculosus, dense foliosus, innovationibus pluribus, erectis,
gracillimis, ca. 6 mm longis, dense et aequaliter foliosis; f o l i a c a u l i n a erecto-patentia, carinato-
concava, longe decurrentia, anguste ovato-lanceolata, nervo excedente aristata, marginibus ubique revolutis, integris vel apice minutissime serrulatis, haud limbata, nervo viridi, sat tenui, in aristam brevem
vel longiorem, integram excedente, cellulis elongate hexagonis, chlorophyllosis, basilaribus breviter
rectangularibus; b r a c t e a e p e r i c h a e t i i multo minores; s e t a ca. 1,5 cm vel paulum ultra alta,
tenuissima, rubra, apice lutescens, nitidiuscula; t h e c a horizontalis, pyriformis, cum collo ca. 2 mm
longa et ca. 0,5 mm crassa, fusco-rubra, collo crassiusculo theca breviore, sicca deoperculata sub ore haud
constricta; p e r i s t o m i u m destructum.

Auf Felsblöcken im Chocayatale, alt. 3300 m, No. 2593, No. 3460 sterile.

Species teneritate foliisque longe decurrentibus notabilis.

361. Bryum (Trichophora) longedecurrens Broth. n. sp. (Tafel VI, Fig. 3).

D i o i c u m; gracile, caespitosum, caespitibus densis, fuscescentibus, opacis; c a u l i s erectus,
cum innovationibus ca. 1,5 cm longus, basi fusco-radiculosus, laxe foliosus, innovationibus ternis, erectis,
ca. 5 mm longis, laxe foliosis; f o l i a sicca contracta, humida patula, carinato-concava, longe decurrentia,
elongate oblongo-lanceolata, breviter acuminata, piliformiter cuspidata, ca. 2,5 mm longa et ca. 0,7 mm lata,

limbata, marginibus inferne anguste revolutis, integris, nervo rubescente, superne tenuiore, in cuspide vel infra cuspidem evanido, cellulis laxis, teneris, oblongo-hexagonis, basilaribus firmioribus, rectangularibus, infimis rubris, marginalibus angustis, limbum pauciseriatum lutescentem efformantibus; s e t a ca. 2,5 cm alta, tenuis, fuscescenti-rubra, nitidiuscula; t h e c a subnutans, e collo sporangio subaequante oblonga, fusca; e x o s t o m i i dentes lanceolato-subulati, ca. 0,5 mm longi et ca. 0,075 mm lati, lutei, minutissime papillosi, dense lamellati; e n d o s t o m i u m sordide luteum, papillosum; p r o c e s s u s lanceolati, late perforati; c i l i a bene evoluta, longe appendiculata; s p o r i 0,015 mm, laeves; o p e r c u l u m conicum, apiculatum.

Rio Tocorani, an faulem Holz, No. 4077.

Species ob folia longe decurrentia notabilis.

362. **Bryum** (Trichophora) **Stephanii** Herzog nov. spec. (Tafel VI, Fig. 4a—c).

D i o i c u m; h u m i l l i m u m, gregarium vel laxe caespitosum, opacum, rubellum, caule brevi vix 5 mm longo basi tomentoso remote, s u p e r n e c o m o s e f o l i a t o, sub flore ♀ innovationes plures basi nudiusculos tomentosos globuloso-comosos emittente. Folia laxe accumbentia, sicca parum incurva vel torta, humida concaviuscula, 2 mm longa, e basi angustiore l a t e o b o v a t a, breviter acuminata, margine ultra medium r e f l e x a, lamina superne convexa linea mediana canaliculata, seriebus 2—3 cellularum angustarum fuscescentium a n g u s t e l i m b a t a, superne parce denticulata vel subintegerrima, nervo basi robusto rubro-fusco mox attenuato sub apice vel in apice ipso dissoluto, cellulis l a x i s hexagonis. Seta ad 2 cm longa, erecta, rubella; t h e c a horizontalis vel inclinata, e collo breviusculo breviter clavato-cylindrica, 3,5 mm longa, o p e r c u l o conico a p i c u l a t o n i t i d o; peristomii externi dentibus anguste subulatis, latiuscule hyalino-marginatis crenatis papillosis, strato dorsali tenuissime punctulato, f u n d o p e r f o r a t o a u r a n t i a c o, interni membrana alta papillosa, p r o c e s s i b u s b a s i l a t i s cuspidatis carinatis l a t e f e n e s t r a t i s, ciliis 2 aequilongis filiformibus appendiculatis.

An Erdhängen bei Incacorral, ca. 2200 m, No. 5037.

363. **Bryum laevigatum** (Hook. f. et Wils.).

An Quellbächen auf Moorboden bei der Saittulaguna, ca. 4300 m, No. 2650; auf Moorboden der Cerros de Malaga, ca. 4000 m, No. 4412.

364. **Bryum linearifolium** C. M.

An feuchten, quelligen Stellen der Bergwälder häufig, seltener fruchtend.

Bei Florida de San Mateo, ca. 1600 m, No. 3639; Wegrand bei San Miguelito, ca. 1500 m, No. 2763; im Bergwald des Meson bei Samaipata, ca. 2000 m, No. 4126; im unteren Coranital c. fr. ca. 1800 m, No. 4713; im Paractital zwischen Paracti und Locotal c. fr., 1900—2000 m, No. 5007.

365. **Bryum microcomosum** C. M.

Unter Gebüsch bei Incacorral, ca. 2200 m, No. 5036.

366. **Bryum genucaule** C. M.

Zwischen Felsblöcken beim Tunarisee, ca. 4400 m, No. 4908; bei Florida de San Mateo, ca. 1600 m, No. 3709; im unteren Chocayatal an Baumwurzeln, ca. 3300—3400 m, No. 3612.

367. **Bryum** (Rosulata) **subgenucaule** Broth. n. sp.

D i o i c u m; robustum, caespitosum, caespitibus densis, fusco-tomentosis, fuscidulis, apice pallide viridibus, opacis; c a u l i s erectus, cum innovationibus usque ad 5 cm longus, foliis pro maxima parte destructis, comoso-foliosus, innovationibus ca. 1 cm longis, erectis, comoso-foliosis; f o l i a comalia sicca adpressa, saepe spiraliter contortula, humida erecto-patentia, carinato-concava, e basi breviter spathulata ovalia, late acuta vel obtusa, breviter aristata, usque ad 5 mm longa et usque ad 2 mm lata, limbata, marginibus fere ad apicem revolutis, summo apice minutissime serrulatis, nervo rufescente, superne tenuiore, in aristam brevem, subintegram excedente, cellulis ovali-hexagonis, basilaribus breviter rectangularibus, marginalibus angustissimis, limbum lutescentem, pluriseriatum efformantibus. Caetera ignota.

Buschfilz an der Waldgrenze des Rio Saujana (Quimzacruz), alt. 3400 m, No. 3230, typus; auf Sumpfboden im Hochtal Viloco, Quimzacruz, alt. 4500 m, No. 3140, 3304.

Species *Br. genucauli* C. Müll. affinis, sed statura multo robustiore foliisque late limbatis dignoscenda.

368. Bryum (Rosulata) spininervium Broth. n. sp.

D i o i c u m; robustiusculum, caespitosum, caespitibus densiusculis, rigidis, laete viridibus, inferne fuscescentibus, opacis; c a u l i s erectus, cum innovationibus usque ad 4 cm longus; inferne dense fusco-radiculosus, dense foliosus, innovationibus binis, usque ad 1,5 cm longis, erectis, dense foliosis; f o l i a sicca adpressa, humida erecto-patentia, carinato-concava, e basi breviter spathulata oblonga, late acuminata, longe aristata, usque ad 4 mm vel paulum ultra longa et ca. 1,3 mm lata, marginibus fere ad apicem revolutis, summo apice serrulatis, haud limbata, nervo viridi, superne tenuiore, in aristam elongatam, argute serratam excedente, cellulis ovali-hexagonis, chlorophyllosis, basilaribus breviter rectangularibus. Caetera ignota.

Florida de San Mateo, alt. 2000 m, No. 3686, typus; Comarapa, alt. 1900 m, No. 4337, f. minor.

Species cum *Br. genucauli* C. Müll. comparanda, sed rigiditate, foliis haud contortis, elimbatis nervo in aristam longam excedente faciliter dignoscenda.

369. Bryum (Rosulata) perserratum Broth. n. sp. (Tafel VI, Fig. 2a, b, d).

D i o i c u m; gracilescens, caespitosum, caespitibus laxiusculis, saturate viridibus, opacis; c a u l i s erectus, cum innovationibus usque ad 3 cm longus, fusco-tomentosus, comoso-foliosus, innovationibus binis, brevibus, erectis, comoso-foliosis; f o l i a sicca contracta, erecto-patentia, humida patula, carinato-concava, e basi breviter spathulata oblonga, late acuta, breviter aristata, usque ad 5 mm vel paulum ultra longa et usque ad 1,5 mm lata, limbata, marginibus fere ad apicem revolutis, apice argute serratis, nervo rufescente, superne tenuiore, in aristam brevem, serrulatam excedente, cellulis ovali-hexagonis, chlorophyllosis, basilaribus rectangularibus, marginalibus angustissimis, limbum lutescentem, pluriseriatum efformantibus; s e t a usque ad 3,5 cm alta, flexuosula, rubra, nitidiuscula; t h e c a horizontalis vel nutans, e collo breviusculo cylindracea, cum collo usque ad 4 mm longa, pachydermis, fusca; o p e r c u l u m conicum, acutum.

Incacorral, alt. 2200 m, No. 4970; im Nebelwald der Laguna Verde über Comarapa, alt. 2600 m, No. 4324.

Species *Br. genucauli* C. Müll. affinis, sed foliis late limbatis, apice argute serratis faciliter dignoscenda.

R h o d o b r y u m (Schimp.) Hpe. in Linnaea XXXII.

370. Rhodobryum caulifolium C. M.

An feuchten Stellen im obersten Wald- und Gesträuchgürtel häufig; ausgedehnte, üppige Rasen bildend, oft reich fruchtend.

Z. B. zwischen Tocorani und Lagunillas, ca. 3200 m, No. 3843; im Nebelwald über Comarapa, ca. 2600 m, No. 3815; im Buschfilz an der Waldgrenze des Rio Saujana, ca. 3400 m, No. 3231.

371. Rhodobryum Beyrichianum (Hornsch.).

Auf Waldboden, besonders der unteren Bergregion.

Am Wegrand bei San Miguelito, ca. 1500 m, No. 2764; im Bergwald von Florida de San Mateo, ca. 1600—1800 m, No. 3642; um Tres Cruces in der Cordillere von Sta. Cruz, ca. 1400 m, No. 3504; in der Talschlucht von Tablas, ca. 1800 m, No. 4655.

372. Rhodobryum roseum (Weis).

Im Gebüsch am Cerro Pampalarga bei Vallegrande, ca. 2300 m, No. 4137.

373. Rhodobryum verticillatulum Broth. n. sp. (Tafel VI, Fig. 2c).

D i o i c u m; robustiusculum, caespitosum, caespitibus laxiusculis, rigidis, viridibus, aetate fuscescentibus, opacis; c a u l i s erectus, ca. 4 cm longus, fusco-tomentosus, verticillatim foliosus.

innovando-ramosus vel simplex; f o l i a sicca contractula, humida patula, e basi spathulata obovata, obtusa, aristatula, usque ad 7 mm longa et 4 mm lata, limbata, marginibus inferne revolutis, superne minute serratis, nervo basi crasso, superne multo tenuiore, in aristam brevem, integram excedente, cellulis ovali- vel oblongo-hexagonis, basilaribus rectangularibus, marginalibus elongatis, incrassatis, limbum pluriseriatum, lutescentem efformantibus; s e t a ca. 2 cm alta, tenuis, flexuosula, rubra; t h e c a horizontalis, paulum asymmetrica, e collo sporangio breviore cylindracea, ca. 5 mm longa, pallida, deoperculata fusca; o p e r c u l u m conicum, apiculatum.

Im Nebelwald der Laguna Verde über Comarapa an Felsen, alt. 2600 m, No. 4190.

Species *Rh. verticillato* (Hamp.) et *Rh. grandifolio* (Tayl.) affinis, sed seta brevi et theca minore oculo nudo jam dignoscenda.

Mniaceae.

M n i u m (Dill. ex. p.) L. emend.; Schimp. in Br. eur.

374. Mnium rostratum Schrad. var. **ligulatum** (C. M.) Herzog.

M. ligulatum C. M. in Prodr. Bryol. Bol.

In tiefschattigen Bergwäldern an feuchten Stellen, Steinen und Holz, häufig, meist reichlich fruchtend.

Bei Tres Cruces in der Cordillere von Sta. Cruz, ca. 1400 m, No. 3544; am Meson bei Samaipata, ca. 2000 m, No. 4121; im oberen Tocoranital, ca. 2200 m, No. 4087; im Nebelwald über Comarapa, ca. 2600 m, No. 4296; bei Incacorral, ca. 2200 m, No. 5022.

Die Merkmale, durch welche C. Müller seine Art von *M. rostratum* unterscheidet, sind belanglos, da sie wechseln und auch bei europäischem *M. rostratum* vorkommen. R. S. Williams, der *M. ligulatum* anerkennt, erwähnt die großen Hyalinzellen, welche die Blattrippe beiderseits ein gutes Stück begleiten, als Unterschied gegen *M. rostratum*, doch finde ich dieselben, wenn auch schwächer entwickelt, gleichfalls bei europäischem *M. rostratum*. Ein wirklicher Unterschied, der zwar nicht zur spezifischen Abtrennung, wohl aber zur Unterscheidung einer Varietät berechtigt, liegt im Zellnetz, das einmal bei den zahlreichen Proben, die ich verglichen habe, aus kleineren Zellelementen als beim typischen *M. rostratum* besteht und dann auch stets die für *M. rostratum* so charakteristischen collenchymatischen Verdickungen vermissen läßt. Bei der andinen Varietät sind die Zellwände gleichmäßig schwach verdickt und meist etwas verbogen. Auffallend ist ferner bei den bolivianischen Proben die kleinere Kapsel und

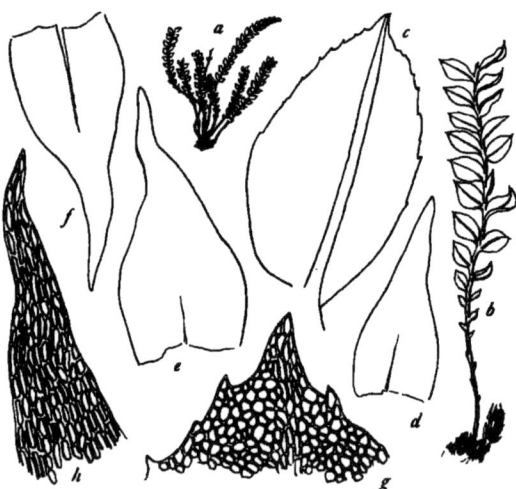

Fig. 32. *Rhizogonium bolivianum* Broth. *a* Habitus 1 : 1, *b* Habitus 5 : 1, *c* Blatt eines sterilen Sprosses 31 : 1, *d, e, f* Blätter einer ♀ Knospe; *g* Blattspitze eines sterilen Sprosses 125 : 1. *h* Spitze eines Perichaetialblattes 125 : 1.

die oft sehr große Zahl (6—9) der Sporogone. Nach allem scheint hier eine werdende Art vorzuliegen, die aber noch zu eng mit der Mutterart verbunden ist, um spezifisch abgetrennt werden zu dürfen.

Rhizogoniaceae.

Rhizogonium Brid. Bryol. univ. II.

375. **Rhizogonium bolivianum** Broth. in herb. (Fig. 32).

Auf faulem Holz im feuchten Bergwäldern; von Dr. O. B u c h t i e n 1911 bei Unduavi entdeckt.

Im Nebelwald über Comarapa, ca. 2600 m, No. 3795, 4199; zwischen San Mateo und Sunchal, ca. 2000 m, No. 4464; im Bergwald des Rio Tocorani, ca. 2200 m, No. 4053.

376. **Rhizogonium spiniforme** (L.) Bruch.

Auf faulem Holz in Bergwäldern, ziemlich häufig, z. B. Nebelwald über Comarapa, ca. 2600 m, sine No.

Aulacomniaceae.

Leptotheca Schwgr. Suppl. II.

377. **Leptotheca boliviana** Herzog nov. spec. (Fig. 33).

Sterilis, p r o p a g u l i f e r a, caespites laxos flavescentes nitidulos efformans. Caulis p e n t a g o n u s, ascendens, ad 15 mm longus, basi tomento denso minutim papilloso rubiginoso villosus, s t o l o n i f e r u s, sursum parum curvatus, foliis arcte appressis subjulaceus, caudatus, i n t e r f o l i a p r o t o n e m a rhizoideum fuscatum iterum r a m i f i c a t u m, ramis p r o p a g u l a c l a v a t a a r t i c u l a t a (cellulis 8) g e r e n t i b u s, f o v e n s. Folia erecta, arcte appressa, d u r i u s c u l a, 1,2—1,5 mm longa, a n g u s t e l a n c e o l a t a, acuminata, margine usque fere ad medium anguste reflexa, supra medium a r g u t e s e r r a t a, nervo valido sensim attenuato viridi in mucronem longum excurrente dorso semitereti sursum s p i n o s o - s e r r a t o, e cellulis ventralibus paucis laminaribus aequalibus ducibusque 2 parum amplioribus substereidibusque dorsalibus paucis exstructo, cellulis laminae basalibus breviter rectangulis sensim in superiores breviter ellipticas s u m m a s q u e aliquantulum irregulares s u b r h o m b e a s vel hexagonas oblique seriatas transeuntibus, omnibus mediocribus apicalibus 0,020—0,024 mm longis, 0,01 mm latis i n c r a s s a t i s valde chlorophyllosis.

An Baumfarnen im Bergwald zwischen S. Mateo und Sunchal, ca. 1800 m, No. 4427.

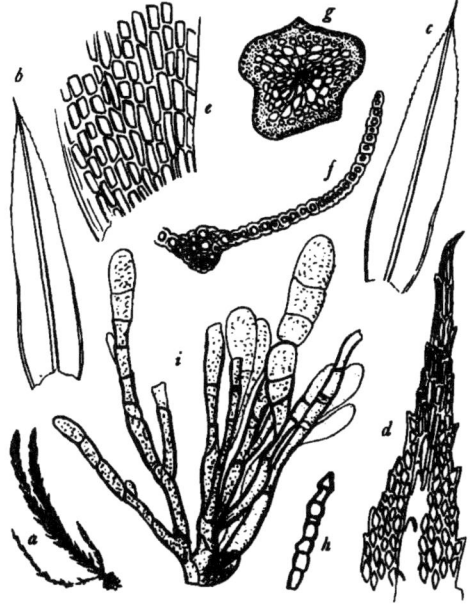

Fig. 33. *Leptotheca boliviana* H. n. sp. *a* Habitus 3 : 1, *b*, *c* Blätter 30 : 1, *d* Blattspitze 125 : 1, *e* Blattbasis 250 : 1, *f* Blattquerschnitt 250 : 1, *g* Stengelquerschnitt 125 : 1, *h* losgelöster Brutkörper 125 : 1, *i* Brutkörpertragender Protonemafaden von der Blattbasis 250 : 1.

Aulacomnium Schwgr. Suppl. III.

378. **Aulacomnium palustre** (L.) Schwgr. var. **marginatum** (Ångstr.) Herzog.
A. marginatum Ångstr. var. andinum Herzog.
In hochandinen Quellrieden, auf torfiger Erde, nur steril. Von B u c h t i e n zuerst am Chacaltaya, bei 4800 m gesammelt.
Im Hochtal von Mocoya (Quimzacruz), ca. 4300 m, No. 3251; im Pajonaltal (Quimzacruz) ca. 4000—4200 m, No. 3252; zwischen Distichiapolstern nächst dem Chojñakotagletscher, ca. 4700 m, No. 2976, 2977; im oberen Llavetal, ca. 4200 m, No. 4883.

Nach Vergleichung mit hochalpinen Formen von *A. palustre* kann ich die Ångstroemsche Art nicht mehr anerkennen. Exemplare, die ich auf der Südseite des Kistenpasses (Kt. Graubünden) bei 2400 m gesammelt habe, zeigen bis über die Blattmitte herauf lang gestreckte glatte Randzellen, genau wie bei *A. marginatum* Ångstr. Die Kräuselung der Blattspitze und damit verbundene Verbiegung der Rippe ist eine Eigenschaft, die ich unterdessen auch bei andern hochandinen Moosen, besonders *Breutelien*, kennen lernte, die auf Wachstumshemmungen infolge Erfrierens zurückzuführen sein dürfte, also systematisch nicht verwertbar ist.

Bartramiaceae.

Plagiopus Brid. Bryol. univ. I.

379. **Plagiopus Oederi** (Gunn.) Limpr.
An Felsen der Schlucht von Toncoli, ca. 3600 m, No. 3358. Mit den europäischen ganz übereinstimmende, fruchtende Rasen.

Anacolia Schimp. Syn. 2. ed.

380. **Anacolia setifolia** (Hook.) Jaeg.
An Felsen der Schlucht von Toncoli, ca. 3600 m; No. 3358, steril.

Leiomela (Mitt. musc. austr. amer.) Broth.

381. **Leiomela brachyphylla** (C. M.).
Besonders an Wurzeln und am Grund der Baumstämme in Bergwäldern häufig.
Im Wald beim Sillar, ca. 1800 m, No. 2705; bei Florida de San Mateo, ca. 1800 m, No. 3713, 3711; im oberen Tocoranital, ca. 2200—2600 m, No. 4018, 4108; in der Talschlucht von Tablas, ca. 1800 m, No. 4531; im unteren Coranital, ca. 1800—2000 m, No. 4730.

Das Moos ist d i o e c i s c h und zeichnet sich durch haarförmige, gelbliche, s e h r l a n g e Perigonialblätter aus. Der C. M ü l l e r sche Name scheint mir danach nicht passend gewählt.

382. **Leiomela deciduifolia** Herzog nov. spec.
D i o i c a; densiuscule caespitosa, nitidula, flavidovirens vel laete viridis, inferne ferrugineo-tomentosa. Caulis erectus, ad 5 cm longus, gracilis, densissime foliatus, foliis erecto-patentibus v a l d e d e c i d u i s. Folia e b a s i b r e v i a e q u a l i hyalina n i t i d a haud vaginante sensim in subulam longam angustam dense serrulatam transeuntia, nervo interdum in apice ipso evanido, cellulis basi vix diversis, paucis longioribus subhyalinis; perigonialia subtriplo longiora, flavido-setacea, quam in *L. brachyphylla* graciliora.
An faulen Baumstümpfen an der Waldgrenze über Tablas, ca. 3400 m, No. 2800; auf faulem Holz an der Waldgrenze des Rio Saujana, ca. 3400 m, No. 3283; an Baumwurzeln im Bergwald des Rio Tocorani, ca. 2200 m, No. 4011, 4056 u. 4109; im oberen Coranital, ca. 2600 m, No. 5070.

Von *L. brachyphylla* (C. M.) durch schlankeren Wuchs, abfallende Blätter und glänzende Blattbasis unterschieden. Vielleicht eine biologische Form derselben?

Bartramia Hedw. Descr. II.

Sect. *Vaginella* C. M. Syn. I.

383. **Bartramia perpumila** C. M.

In trockenen Hochgebirgslagen, besonders auf schwarzer Erde zwischen Gras. Auf einem Berggrat über Comarapa, ca. 2600 m, No. 4293; an der Punta de San Miguel, ca. 4800 m ?, No. 3441; im obersten Llavetal, ca. 4200—4400 m, No. 4890; auf dem Hochplateau von Vacas, ca. 3600 m, No. 4163.

384. **Bartramia flavicans** Mitt.

Auf schwarzer Erde, besonders in der Nähe der Waldgrenze; im Wuchs sehr veränderlich. In den Estradillas über Incacorral, ca. 3200 m, No. 3343; am Wegrand bei Incacorral, ca. 2300 m, No. 5106; zwischen San Mateo und Sunchal, ca. 2800 m, No. 4432, ca. 3000 m, No. 4509; hier auch eine *f. humilis* mit schlechter ausgebildetem Peristom und kurzer Seta, No. 4448, und eine *f. major* mit großer Kapsel, No. 4460.

385. **Bartramia Brotheri** Herzog nov. spec. (Fig. 34, a—b).

Dioica; laxe caespitosa, humilis, obscure viridis, caule brevi comoso. Folia sicca humidaque patentia, decidua; inferiora 2,5 mm longa, e basi elongata vaginata superne auriculato-dilatata hyalina nitida refracta, anguste lanceolata, acutissima, canaliculata, margine superne grosse serrata, nervo mediocri breviter excurrente, cellulis basalibus laxis, in parte dilatata abbreviatis laxioribus, laminaribus parvis viridibus alte mamillatis; comalia et perichaetialia 6—7 mm longa, parte vaginali angustiore, lamina duplo vel subtriplo longiore, subloriformia, flexuosa, argutius serrata. Seta breviuscula, 4—5 mm longa, subrecta; theca parum inclinata, asymmetrice subgloboso-ovata, arcuata, plicata, microstoma; peristomii externi dentibus 16 brevibus remotis integerrimis obtusis minutissime punctulatis aurantiacis, peristomio interno rudimentario membranoso humili flavido.

Im Hochtal Viloco (Quimzacruz), ca. 4600 m, No. 3195.

386. **Bartramia macropoma** Herzog nov. spec. (Fig. 34 d—f).

Synoica; late caespitosa, flavovirens, caulibus suberectis basi dense fusco-tomentosis 6—10 cm longis parce ramosis aequaliter

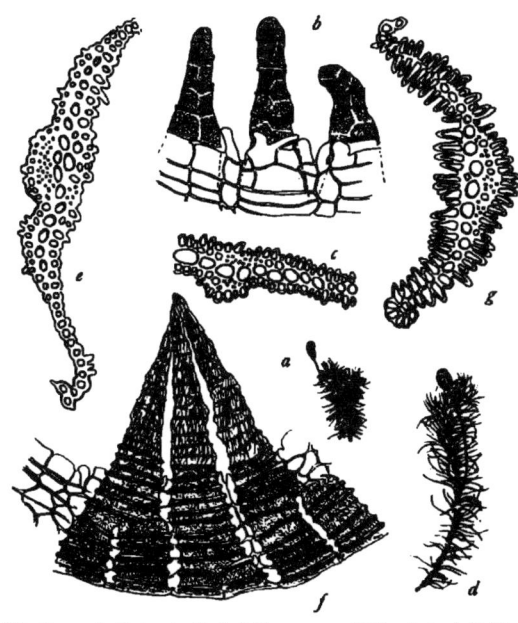

Fig. 34. *a—b Bartramia Brotheri* H. n. sp. *a* Habitus 1:1, *b* Peristom 250:1, *c B. mollis* H. n. sp. Blattquerschnitt 250:1; [*d—f Bartramia macropoma* H. n. sp. *d* Habitus 1:1, *e* Blattquerschnitt 250:1, *f* Peristom 125:1; *g B. piliuspes* H. n. sp. Blattquerschnitt 250:1.

foliatis. Folia 10—11 mm longa, haud fragilia, valde p a t e n t i a, apicibus plerumque arcuatis rarissime secundulis, e basi appressa vaginata sursum auriculato-dilatata in l a m i n a m l o n g i s s i m a m l i n e a r e m ubique dense serrulatam contracta, nervo breviter a r i s t i f o r m i excurrente pro folio t e n u i, cellulis subcostalibus dilatato complanato, stereidium fasciculis duobus ventrali tenero, c e l l u l i s b a s a l i b u s omnibus p e r a n g u s t i s e l o n g a t i s parce chlorophyllosis oleiferis, l a m i n a r i b u s r e c t a n g u l i s p e l l u c i d i s latere sursum spectante mamilla humili notatis u n i s t r a t o s i s vel serie marginali bistratosis; perichaetialia vix diversa. Seta recta, r o b u s t a, 20—23 mm longa, caespitem valde superans, rubra; theca parum inclinata, m a j u s c u l a, s u b g l o b o s a, diametro 2,5 mm, tenuiter plicata, microstoma; peristomii externi dentibus 16 sat longis anguste lanceolatis basi interdum irregulariter dilatatis, linea mediana fissis inde bipedibus, extus usque ad medium t r a b e c u l a t i s tenerrime punctulatis s u p e r n e o b l i q u o s t r i a t i s, interni membrana sat alta carinata plicata, plicis fissis, p r o c e s s i b u s b r e v i s s i m i s c r u r i b u s 2 d i v e r g e n t i b u s vix mediam dentium externorum longitudinem superantibus.

    An der Waldgrenze über Tablas, ca. 3400 m, No. 2790.

    Durch viele Merkmale ausgezeichnete Art!

387. **Bartramia secunda** Schimp.

    Auf faulem Holz dichte Rasen bildend.

    An der Waldgrenze über Tablas, ca. 3400 m, No. 2900; an der Waldgrenze des Rio Saujana, ca. 3400 m, No. 3250 m; im Bergwald von Florida de San Mateo, No. 3678.

388. **Bartramia Mathewsii** (Mitt.).

    In Felsspalten bei der Saittulaguna, ca. 4300 m, No. 2660.

389. **Bartramia pruinata** Herzog in Beih. Bot. Centr. 1909.

    An Felsen über der Waldgrenze; stets durch die hechtbläuliche Bereifung der jungen Sprosse und die langen gelben Borsten der Perigonialblätter ausgezeichnet.

    An der Waldgrenze über Tablas, ca. 3400 m, No. 2845; bei der Abra de San Benito, ca. 3900 m, No. 3329; im Hochtal von Viloco (Quimzacruz), ca. 4600 m, No. 3201; an der Waldgrenze des Rio Saujana, ca. 3400 m, No. 3285.

390. **Bartramia Wedellii** Herzog nomen novum.

    B. glauca Herzog in Beih. Bot. Centralbl. 1909.

    B. Chacaltayae Herzog in Beih. Bot. Centralbl. 1910.

    In Felsspalten des Hochgebirges häufig, aber immer steril; an den kurzen, steif aufrechten Blättern und der bläulichen Bereifung der jungen Sprosse leicht zu erkennen, immer sehr dichte Polster bildend.

    In Felsnischen bei der Mine Monteblanco (Quimzacruz), ca. 4900 m, No. 2951; im Hochtal von Viloco, ca. 4700 m, No. 3163, 3164, 3115; in einem Schneetälchen des Cerro Tunari, ca. 5000—5100 m, No. 4781.

forma **irrorata** Herzog.

    In tiefen, starren, dunkel blaugrünen Rasen in einem kalten Bach des Hochtales von Viloco, ca. 4600 m, No. 3121.

    Da es schon eine B. glauca Lor. gibt, muß ich die frühere Benennung einziehen und benütze diese Gelegenheit, die schöne Art einem der verdienstvollsten Erforscher der bolivianischen Anden, A. H. W e d e l l, zu widmen. Nach Untersuchung eines reichen Materials muß ich auch B. Chacaltayae mihi in den Formenkreis der B. Wedellii einbeziehen.

391. **Bartramia pilicuspes** Herzog nov. spec. (Fig. 34g).

    Dioica; dense caespitosa, humilis, t e n e l l a, caespitibus pruinatis intus flavidis zonatis, caulibus ad 2 cm longis erectis tenuibus mollibus dense foliatis subjulaceis. F o l i a sicca humidaque appressa, m o l l i u s c u l a, h a u d f r a g i l i a, vix 1,5 mm longa, e basi late vaginata obovata hyalina b r e v i t e r l a n c e o l a t a, acuta, in pilum brevissimum laeviusculum hyalinum e x e u n t i a, marginibus superne parum revolutis decoloribus flavidis remote serratis, n e r v o c r a s s o dorso applanato, stereidibus cellulis amplioribus intermediis in fasciculos paucos subdivisis, cellulis laminaribus omnibus altissime mamillosis, basalibus laxiusculis hyalinis.

Im oberen Chocayatal, ca. 4000 m, No. 3580.

Unter den **Vaginellen** durch den äußerst zierlichen Wuchs, das Blatthaar und die Struktur der Rippe ausgezeichnet.

392. **Bartramia fragilifolia** C. M.

B. inflata Herzog in Beih. Bot. Centralbl. 1909.
B. Pflanzii Broth. in Engl. Bot. Jahrb. 1913.

Außerordentlich vielgestaltige Art, die aus dem Waldgürtel bis auf die höchsten Höhen steigt. Stets auf bloßer Erde oder an Felsen.

An Felsen in den Estradillas über Incacorral, ca. 3000—3200 m, No. 3334; in den Bergen der Yanakakabastion, ca. 3800 m, No. 3737; in der Quebrada de Pocona, ca. 2800 m, No. 3467; in der Felsschlucht von Toncoli, ca. 3600 m, No. 3357/a; im oberen Tocoranital, ca. 2800 m, No. 4014; im Hochland von Totora, ca. 2800 m, No. 5111; beim Tunarisee, ca. 4400 m, No. 4909; an der Punta de San Miguel, über 4500 m, No. 2582; an trockenen Hängen beim Asiento (Aracatal) ca. 4000 m, No. 2991; im Hochtal von Choquecota chico (Quimzacruz), ca. 4500 m, No. 3104; im Hochtal von Viloco (Q.), ca. 4500—4600 m, No. 3125; an der Waldgrenze des Rio Saujana, ca. 3400 m, No. 3238;

forma **latifolia**. In den Yanakakabergon, No. 3761;

forma **compacta**. Im oberen Chocayatal, ca. 4000 m, No. 3621.

Die Art variiert stark im Wuchs, in der Länge und Form der Blätter und der Seta, so daß die Kapseln entweder den Rasen eingesenkt sein können oder sich mehr oder weniger über die Sproßspitzen erheben. Bei dieser großen Veränderlichkeit und der weiten Verbreitung und Anpassungsfähigkeit der Art trage ich keine Bedenken, sowohl B. inflata H. als B. Pflanzii Broth. bei B. fragilifolia C. M. unterzubringen. Vielleicht gehört auch B. thrausta C. M., von der ich nicht genügend Material zur Untersuchung besitze, in ihren Formenkreis.

393. **Bartramia potosica** Mont. (Fig. 35, h).

An begrasten Felsen und auf schwarzer Erde der hohen Bergkämme.

Bei der Abra de San Benito, ca. 3900 m, No. 3339; an den Cerros de Malaga, ca. 4000 m, No. 4365.

394. **Bartramia polytrichoides** C. M. (Fig. 35, f—g).

Auf Torfboden im Hochtal von Viloco (Quimzacruz), ca. 4500 m, No. 3197.

Der in Beih. d. Bot. Centrbl. 1909 erwähnte Fundort ist zu streichen und auf B. potosica zu übertragen. Charakteristisch für diese Art ist die merkwürdige streitkolbenartige Anschwellung am äußersten Ende der borstigen, abbrechenden Blattspitze.

395. **Bartramia squarrosa** Herzog nov. spec. (Fig. 35, a—e).

Dioica; floribus ♂ capitatis crassis, antheridiis creberrimis ultra 100; robustissima, laxe caespitosa, caulibus ad 15 cm longis erectis rigidis crassiusculis basi fusco-tomentosis, exodermide hyalina laxa. Folia 12 mm longa, rigida, haud fragilia, laxe disposita, e basi 2 mm longa arcte appressa vaginata rectangulari nivea refracta, squarrosa, longe lineari-lanceolata, aristata, margine planiusoula, inferne minutim superne argutius serrata, nervo ipso tenui, stereïdium fasciculis ventrali dorsalique pauperis, complanato, sed cellulis subcostalibus valde dilatato inde totam fere laminam explente eamque 3-stratosam sistente, cellulis infimis basalibus aureis, alaribus bistratosis, ceteris vaginalibus angustissimis hyalinis — marginalibus tenuissimis exceptis — valde incrassatis porosis; perichaetialia haud diversa. Seta erecta, crassiuscula, ad 12 mm longa, innovationibus multo superata, inde thecis in caespitibus absconditis; theca valde inclinata, subhorizontalis, majuscula, ad 4 mm longa, 2 mm lata, funarioidea, e basi strumulosa rubra inaequaliter ovalis, arcuata, valde plicata, microstoma; peristomio duplici, externi dentibus longis anguste lanceolatis attenuatis, intus usque ad apices fere late trabeculatis, inferne minutissime punctulatis, apice striatis, interni aequilongi membrana alta, valde carinato-plicata aurea, processibus in crura duo divergentia cum confinibus cruciantia infra membranae marginem fissis parce appendiculatis, ciliis brevissimis interpositis; sporis obscure fuscis reniformibus pustulatis diametro longiore 0,024 mm.

Im Buschfilz an der Waldgrenze über Tablas, ca. 3400 m, No. 2815; an der Waldgrenze zwischen San Mateo und Sunchal 2900—3000 m, No. 4507.

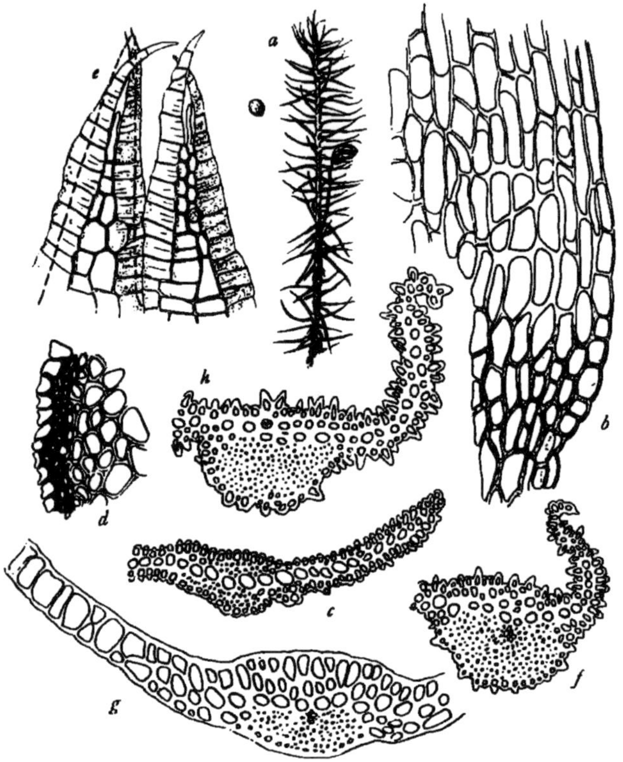

396. **Bartramia mollis** Herzog nov. spec. (Fig. 34, c).

Dioica; laxe caespitosa, caulibus inter se remotis 8—10 cm longis erectis basi fusco-tomentosis densiuscule foliatis, viridissima. Folia mollia, nec fragilia nec decidua, e basi appressa vaginante nitida superne auriculato-dilatata ibique undulata laxe patula, longe linearilanceolata, loriformia, acutissima, 10 mm longa, planissima, margine laminae inferne minutim, superne grossius serrulata, nervo complanato, cellulis subcostalibus valde dilatato, totam fere laminam explente, stereïdium fasciculis pauperrimis, cellulis basalibus angustissimis elongatis tenuibus hyalinis, infima basi aureis unistratosis, laminaribus parvis haud incrassatis humiliter mamillosis, seriebus 1—2 marginalibus tantum unistratosis, ceterum subcostalibus 3-stratosis. Sterilis.

Fig. 35. *a—e Bartramia squarrosa* H. n. sp. *a* Habitus 1:1, *b* Blattflügel 250:1, *c* B.querschnitt 250:1, *d* Stämmchenrinde 250:1, *e* Inneres Peristom 125:1; *f—g Bartr. polytrichoides* C. M., *f* Blattquerschnitt oben, *g* B.querschnitt unten 250:1; *h B. potosica* Mont. Blattquerschnitt 250:1.

Im Nebelwald über Comarapa in lockeren Rasen und einzeln zwischen anderen Moosen den Waldboden bedeckend, ca. 2600 m, No. 4228.

Mit *B. squarrosa* nächst verwandt, aber durch die weichen, nicht sparrigen Blätter und die Textur der Zellen verschieden. Vielleicht nur ihre extreme Schattenform?

397. **Bartramia defolians** Herzog nov. spec.

Dioica; laxe caespitosa, amoene viridis, fuscescens, caulibus ad 3 cm longis tenuibus fragillimis nigris basi tomentosis, exodermide hyalina, laxe foliatis. Folia 5 mm longa, sicca erecta, laxe accumbentia, humida suberecto-patula, decidua, e basi oblonga concavissima vaginante superne parum dilatata flavido-alba in laminam anguste linearem aristiformem argute serratam contracta, nervo sat lato ubique cellulis subcostalibus dilatato, inde subulam fere totam explente 3-stratosam sistente, stereidium fasciculo applanato suffulto, comitibus praesentibus, cellulis basalibus elongatis laxiusculis, marginalibus angustioribus, laminaribus omnibus elongatis satincrassatis, seriebus 2—3 marginalibus revolutis exceptis, 3-stratosis, mamillatis; perichaetialia angustiora, 8 mm longa, arista longiore flavida ornata.

An Felsen beim Tunarisee, ca. 4400 m, No. 4946.

Aus der Verwandtschaft von *B. squarrosa* und *B. mollis*.

Sect. *Strictidium* C. Müll. Gen. musc.

398. **Bartramia ambigua** Mont.

Auf bloßer Erde zwischen Gras in höheren Berglagen, ziemlich selten.

Beim Asiento (Aracatal), ca. 3900 m, No. 2990; im Hochtal von Choquecota chico (Quimzacruz), ca. 4500 m, No. 3172; an der Ostseite der Quimzacruz-Cordillere — loco incerto —, No. 3295; beim Tunarisee, ca. 4400 m, No. 4907.

399. **Bartramia rosea** Herzog in Beih. Bot. Centr. 1909.

Auf schwarzer Erde, meist charakteristisch rote Rasen bildend.

In den Estradillas über Incacorral, ca. 3000 m, No. 3348; im Buschfilz an der Waldgrenze des Rio Saujana, ca. 3400 m, No. 3248; bei der Saittulaguna, ca. 4300 m, No. 2672; zwischen San Mateo und Sunchal, ca. 2800 m, No. 4446; in einer frischen Lichtung bei Incacorral unter Gebüsch, ca. 2200 m, No. 4962 (forma umbrosa viridis).

Conostomum Sw. in Schrad. N. Journ. f. Bot.

400. **Conostomum aequinoctiale** Schimp.

Häufig auf schwarzer Erde, an exponierten Stellen des Hochgebirges.

Auf dem Plateau von Vacas, ca. 3500 m, No. 3436; im Piñasgebiet, ca. 4500 m, No. 2604; auf dem Paramo von Caluyo, ca. 3800 m, No. 2904, 2879; bei der Saittulaguna, ca. 4300 m, No. 2671; im Hochtal von Choquecota chico (Quimzacruz), ca. 4500 m, No. 3174; im Hochtal von Viloco (Quimzacruz), ca. 4600 m, No. 3157; am Nordabhang des Chancapiña. ca. 4600 m, No. 3306.

forma **breviseta,** differt seta 3 mm longa, theca vix supra caespitem emersa.

Im Hochtal von Viloco, ca. 4600 m, No. 3198/a.

401. **Conostomum macrotheca** Herzog nov. spec. (Fig. 36, a—c).

Autoicum; densissime caespitosum, viride, intus tomento fusco contextum. Caulis erectus, rigidulus, 2—3 cm longus, sub flore ♀ et ♂ ramosus, ramis stricte erectis pentastiche foliatis. Folia 1 mm longa, appressa, anguste ligulata, obtusiuscule acuta, mucronata, canaliculata, marginibus ab apice infra medium anguste revoluta, superne erosa, nervo validissimo basi tertiam folii partem occupante in apice ipso dissoluto dorso valde mamilloso, cellulis ellipticis in apice oblique subradiatim seriatis valde incrassatis sublaevibus vel laevissimis, paucis tantum marginalibus in parte revoluta mamillosis; subperigonialia latiora, subovata; perigonialia

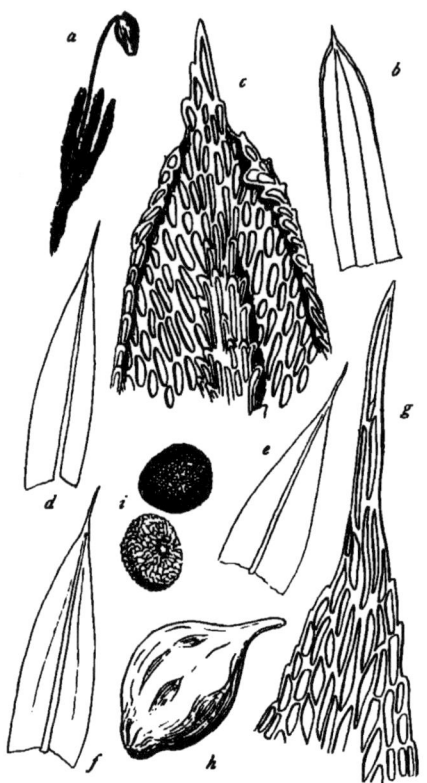

Fig. 36. *a—c Conostomum macrotheca* H. n. sp. *a* Habitus ca. 2:1
b Blatt 50:1, *c* Blattspitze 250:1. *d—i Conostomum cleistocarpum*
H. n. sp. *d, e, f* Blätter 50:1, *g* Blattspitze 250:1. *h* Kapsel 22:1,
i Sporen 250:1.

duplo longiora, late obtusa, erosa, subenervia; perichaetialia triplo longiora, basi valde plicata, tenuinervia. Seta crassa, suberecta, ultra 1 cm longa; theca horizontalis vel nutans, majuscula, 3 mm longa, e basi umbilicata ovalis, haud plicata, microstoma (vetusta tantum visa).

Auf Torfboden an den Cerros de Malaga, ca. 4000 m, No. 4419 (typus); im Hochtal von Viloco, ca. 4600 m, No. 3111 (Form mit etwas kleinerer Kapsel und breiteren Blättern).

Durch den autoecischen Blütenstand, die große, fast glatte eiförmige Kapsel und die glatten Blattzellen ausgezeichnet.

402. **Conostomum cleistocarpum** Herzog nov. spec. (Fig. 36, d—i).

Dioicum; dense humiliter caespitosum, ferrugineum, caulibus vix 1 cm longis tenuibus molliusculis sub flore ramosis caudatis. Folia inferiora minuta, vix 1 mm longa, rubescentia, superiora majora, appressa, pentasticha, seriebus saepius subobsoletis, mollia, complicato-concava, carinata, subovato-lanceolata, sensim angustata, in pilum breve exeuntia, margine erecto haud revoluto, superne obtuse serrata, nervo tenui in apice dissoluto, cellulis omnibus laevibus, elongate ellipticis vel subrhombeis; perichaetialia duplo vel subtriplo longiora, longe acuminata, apice decoloria, pilifera. Seta subnulla; theca subimmersa vel brevissime exserta, globosa, laeviuscula, oblique obtuse rostrata, clausa, matura decidua; spori maximi, diametro ad 0,052 mm, echidnaeformes, dense grosseque pustulati, olivacei obscuri.

Auf schwarzer Erde im Hochtal von Viloco, ca. 4650 m, No. 3105.

Höchst eigentümliche Art, die sich durch die kleistokarpe Kapsel und die weichen, glatten Blätter weit von allen anderen Arten unterscheidet.

Philonotis Brid. Bryol. univ. II.

Sect. *Philonotula* Bryol. eur.

403. **Philonotis curvata** (Hpe.) Jaeg.

Zwischen Tocorani und Lagunillas, ca. 3000 m, No. 3847; an der Waldgrenze über Tablas, ca. 3400 m, No. 2796.

404. **Philonotis Gardneri** (C. M.) Jaeg.
Am Wegrand bei San Miguelito, ca. 1600 m, No. 2760; zwischen Incacorral und Paracti an quelligen Erdblößen, ca. 2100 m, No. 5001; an triefenden Felsen im unteren Coranital, ca. 1600 m, No. 4682.

405. **Philonotis tenella** (C. M.) Besch.
In der Quebrada de Pocona an feuchten Felsen, ca. 2800 m, No. 3471; bei Florida de San Mateo, ca. 2000 m, No. 3714; in den Estradillas über Incacorral, ca. 3000 m, No. 3342; im unteren Coranital an triefenden Felsen, ca. 1600 m. No. 4735.

406. **Philonotis lignicola** Dismier et Herzog nov. spec.
Laxe caespitosa, pallide viridis, opaca, c a u l i b u s ad 3 cm longis t e n e l l i s flexuosis m o l l i - b u s irregulariter laxe ramosis, inferne tomento denso laevissimo fusco contextis. Folia remota, l a x e p a t e n t i a, flexuosa, flaccida, tenerrima, m o l l i a, ad 1,5 mm longa, e basi a n g u s t e e l l i p - t i c a parum decurrente a n g u s t e l a n c e o l a t a, acutissima, aristata, margine ubique vel superne tantum angustissime revoluto, tenuiter serrulata, n e r v o t e n u i viridi breviter excurrente, r e t i c e l l u l a r u m s a t l a x o p e l l u c i d o e cellulis elongate rectangulis basi abbreviatis majoribus laxe chlorophyllosis mamillosis exstructo. Seta recta, 1,5 cm longa; theca inclinata, globosa, parva, (diametro 2 mm) plicata, vetusta nigra (peristomium deletum).

Auf faulem Holz im Borgwald von Florida de San Mateo, ca. 2000 m, No. 3637.
Durch die weit abstehenden, weichen Blätter und das sehr lockere Zellnetz ausgezeichnete Art.

Sect. *C a t e n u l a r i a* C. M. in Flora 1885.

407. **Philonotis scabrifolia** (Hook. f. et Wils.).
Ph. pinnulata C. M.
Besonders in Felsspalten, auch unter Rasenüberhängen, über der Waldgrenze.
Unter Felsüberhängen bei der Saittulaguna, ca. 4300 m, No. 2678; an Felsen der Yanakakabastion gegen Tablasmonte, ca. 3500 m, No. 3736, große schwammige Polster bildend; unter Rasenwurzeln in den Estradillas über Incacorral, ca. 3400 m, No. 3324 (f. pinnulata); im Hochtal von Viloco, ca. 4600 m, No. 3198.

Die C. Müllersche *Ph. pinnulata* ist nur eine extreme Schattenform der *Ph. scabrifolia* mit lockergestellten, zarten Fiederästchen.

Sect. *E u p h i l o n o t i s* Limpr. Laubm. II.

408. **Philonotis pellucidiretis** (C. M.) Par.
Am Straßenrand zwischen Cuchicancha und Sacaba in einem Wassergraben, ca. 3700 m, No. 4154; im oberen Llavetal auf einer Sumpfwiese, ca. 4200 m, No. 4837.

409. **Philonotis fontanella** (Hpe.) Jaeg.
Auf nassen Steinen am Rand eines Bächleins an der Waldgrenze über Tablas, ca. 3400 m, No. 2789, 2891.

B r e u t e l i a Schimp. Coroll.

Sect. *A n a c o l i o p s i s* (C. Müll. Gen. musc.).

410. **Breutelia anacolioides** Herzog nov. spec.
Dioica; planta ♂ haud observata, caespitosa, caespitibus inferne t o m e n t o rubiginoso d e n - s i s s i m o contextis. Caulis erectus, strictus, 3—4 cm longus, subsimplex vel divisus, sub flore ♀ terminali ramis numerosis perbrevibus s t r i c t i s s i m i s quasi in gemmam c o n g e s t i s innovans, dense foliosus. Folia 2,5—3 mm longa, basi 0,8 mm lata, sicca strictissima, s e t o s a, a r c t e a p p r e s s a, surculum subteretem sistentia, apicibus hic illic subsecundis, humefacta vix mutantia, e basi o v a t a concava leviter striolato-plicata sensim l a n c e o l a t o - s u b -

u l a t a, marginibus ultra medium anguste revolutis sursum serrulatis, n e r v o v a l i d o a u r e o in subulam excurrente, cellulis ad basin laxioribus rectangulis, m a r g i n a l i b u s v i x d i v e r s i s paucis brevioribus immo subquadratis, s u p e r i o r i b u s e l o n g a t i s a n g u s t i s angulo superiore papilla longa notatis; perichaetialia vix diversa. Seta 8 m m l o n g a, erecta, c r a s s i u s c u l a, rubra; t h e c a e r e c t a, symmetrica, s u b g l o b o s o - o v o i d e a, pachyderma, v e r n i c o s o - n i t i d u l a, profunde denseque plicata, microstoma, collo subnullo, peristomiata; cetera haud observata.

In den Estradillas über Incacorral an Felsen, ca. 3200 m, No. 3311.

Der *B. breviseta* (Schimp.) sehr nahe stehend. Originale nicht gesehen!

Sect. *P o l y p t y c h i u m* (C. Müll. in Linnaea 38).

411. Breutelia Gertrudis Herzog nov. spec. (Fig. 37, c).

D i o i c a; sat dense caespitosa. a m o e n e v i r e n s, vix nitidula, caulibus 4 cm longis basi tomentosis iterum ramosis, ramis subparallelibus apice curvatis dense foliatis. Folia s e c u n d a, 5 mm longa, ultra 1 mm lata, e basi laxe accumbente concolore l a t e o b t r a p e z o i d e a sensim longe lineari-lanceolata, acutissima, longitudinaliter p l u r i p l i c a t a, plicis supra basin vesiculari-inflatis conico-prominentibus, margine inferne paullum reflexo, superne serrulata, nervo tenui, cellulis basalibus medianis angustissimis parce mamillosis, m a r g i n a l i b u s p l u r i b u s s e r i e b u s b r e v i t e r laxeque r e c t a n g u l i s, superioribus omnibus anguste breviter rectangulis mamillosis pellucidis. Sterilis.

An Felsen des Cerro Tunari, ca. 4600 m, No. 4826.

Hat von den *Polyptychien* die breitesten Blätter.

412. Breutelia undulata Herzog nov. spec. (Fig. 37, a—b).

D i o i c a; densissime caespitosa, aureonitens, caulibus suberectis flexilibus 4 cm longis ramosis, ramis aequilongis apicibus secundatis d e n s i s s i m e alopecuroideo-foliatis dense tomentosis. Folia appressa, suberecta, apicibus undulatis crispulis patulis, e basi brevissima l a t e o b t r a - p e z o i d e a lanceolata, acuminata, 3 mm longa, longitudinaliter profunde plicata, margine basi tantum anguste reflexiuscula, ceterum plana, superne serrulata, nervo tenui viridi breviter excurrente, cellulis basalibus medianis angustissimis, m a r g i n a l i b u s s e r i e b u s circiter octo laxis s u b - q u a d r a t i s, superioribus elongate rectangulis vix incrassatis parce mamillosis pellucidis. Sterilis.

In einem Quellried bei der Saittulaguna, ca. 4300 m, No. 2668.

Unter den *Polyptychien* durch die sehr kurze, undeutlich abgesetzte Blattbasis, die nicht kegelförmig vorgewölbten, verhältnismäßig schwachen Falten und die zahlreichen quadratischen Randzellen ausgezeichnet. Die Wellung der Blattspitzen tritt bei den hochalpinen Formen anderer *Breutelien* auch auf, nirgends aber so stark und regelmäßig wie bei vorliegender Art.

413. Breutelia Lorentzii (C. M.) Par.

Br. crispula Herzog in Beih. Bot. Centralblatt 1909.

In Quellrieden der Hochregion.

An der Waldgrenze über Tablas, ca. 3400 m, No. 2861, 2865; im Hochtal von Viloco, ca. 4500 m, No. 3142.

Sect. *A c o l e o s* (C. Müll. in Linnaea 38).

414. Breutelia inclinata (Hpe. et Lor.) Jaeg.

An feuchten, sandigen Stellen im unteren Coranital, ca. 1800 m, No. 4691; in der Talschlucht von Tablas, ca. 1800 m, No. 4524; zwischen San Mateo und Sunchal, ca. 2800 m, No.4508.

415. Breutelia Hasskarliana (Hpe.) Jaeg.

An der Waldgrenze über Tablas, ca. 3400 m, No. 2870.

416. Breutelia subdisticha (Hpe.) Jaeg.

Im unteren Coranital, ca. 1800 m, No. 4742.

Fig. 37. *a—b Breutelia undulata* H. n. sp. *a* Blatt 20:1, *b* B.flügel 250:1; *c B. Gertrudis* H. n. sp., Blatt 20:1; *d—f B. minuta* H. n. sp., *d* Habitus 1:1, *e, f* Blätter 35:1; *g—i B. brevifolia* H. n. sp., *g* Habitus 1:1, *h* Blatt 20:1, *i* B.flügel 250:1; *k—m B. boliviensis* H. n. sp. *k* Habitus 1:1, *l* Blatt 20:1, *m* Blattflügel 250:1; *n—r B. straminea* H. n. sp., *n* Habitus 1:1, *o, p* Blätter 20:1, *r* Blattflügel 250:1.

Stimmt mit den Originalen aus Brasilien sehr gut überein, doch ist bei der Sterilität beider Proben nichts Sicheres über ihren Artwert zu sagen.

417. Breutella secundifolia (C. M.) Par.

In einem Waldsumpf des oberen Coranitales, ca. 2600—2800 m, No. 3383; in der Talschlucht bei Tablas, ca. 1800 m, No. 4625/a; an der Abra de San Mateo, ca. 2800 m, No. 3723.

418. Breutella brevifolia Herzog nov. spec. (Fig. 37, g—i).

Dioica; habitu Eubreuteliae cujusdam, densiuscule caespitosa, e viridi straminea, nitidula, caulibus suberectis ad 4 cm longis pauciramosis, ramis subaequilongis parce tomentosis. Folia d e n s a, divaricato-patula vel subsquarrosa, apicibus saepius recurvulis, 3 mm longa, late o v a t o - l a n c e o l a t a, b r e v i s s i m e a c u m i n a t a, partim fragilia, profunde plicata, plicis externis usque ad apicem pertinentibus, internis ad medium obsoletis, margine ambo latere u l t r a m e d i u m r e v o l u t o, superne m i n u t i m s e r r u l a t a, nervo tenui breviter excurrente, cellulis omnibus chlorophyllosis, basalibus medianis anguste rectangulis tenuibus, m a r g i n a l i b u s p a u c i s s e r i e b u s b r e v i t e r l a x i u s r e c t a n g u l i s, superioribus anguste rectangulis tenuibus mamillosis pellucidis. Sterilis.

An der Waldgrenze über Tablas, ca. 3400 m, No. 2933.

Unter den *Acoleos*-Arten durch die dicht gedrängten sehr breiten und kurzen Blätter auffallend.

419. Breutella minuta Herzog nov. spec. (Fig. 37, d—f).

Dioica; caespitibus laxis flavescenti-viridibus nitidulis, c a u l i b u s longis v a g i s decumbentibus apice ascendentibus pauciramosis tomento fusco dense obtectis, sub flore v e r t i c i l l a t i m r a m o s i s, ramis brevibus tenuibus apice curvulis saepius caudatis. Folia minuta, 2 mm longa, s q u a r r o s o - p a t u l a immo recurva, e b a s i p e r f e c t e o v a t a breviter lineari-lanceolata, acutissima, supra basin complicata, a d b a s i n b r e v i t e r p l i c a t a, margine ambo latere usque fere ad medium anguste revoluto, superne angustissime reflexa serrulata, nervo tenui viridi breviter excurrente, cellulis basalibus angustis modice incrassatis, m a r g i n a l i b u s h a u d d i v e r s i s, alaribus perpaucis quadratis luteis, superioribus anguste rectangulis modice incrassatis. Sterilis.

An den Cerros de Malaga, auf torfigem Boden, ca. 4000 m, No. 4397.

Unter den *Acoleos*-Arten mit kurzen Falten durch die Kleinheit der Blätter und das Fehlen differenzierter Randzellen ausgezeichnet.

420. Breutella integrifolia (Tayl.) Jaeg.

In Quellrieden und an Bachrändern der höchsten Berggebiete häufig, aber immer steril. Dichte, goldbräunlich glänzende Polsterrasen bildend.

Bei der Saittulaguna, ca. 4300 m, No. 2646; in der Hochregion von Altamachi, ca. 4000 m, No. 3862; im oberen Llavetal, ca. 4200 m, No. 4786, 4945; am Bach bei der Mine Viloco (Quimzacruz), ca. 4350 m, No. 3216.

421. Breutella mniocarpa (Schimp.) Par.

Am Bachrand im oberen Tocoranital, ca. 2600 m, No. 4009, 4013.

Ich halte *Br. mniocarpa* für die Schattenform der *B. integrifolia*; da ich jedoch keine fertilen Exemplare der letzteren gesehen habe, möchte ich nicht definitiv entscheiden. Meine Exemplare stimmen mit solchen im C. Müllerschen Herbar gut überein.

Sect. *E u b r e u t e l i a* Broth.

422. Breutella bryocarpa Herzog in Beih. Bot. Centralbl. 1909.

In den Estradillas über Incacorral, 2800—3300 m, No. 3310; an der Waldgrenze des Rio Saujana, ca. 3400 m, No. 3290; in der Talschlucht bei Tablas, ca. 1800 m, No. 4625.

423. Breutella tomentosa (Sw.) Schimp.

Bei Incacorral, ca. 2200 m, No. 5034/a; auch schon auf der ersten Reise an nassen Sandsteinfelsen des Cerro Amboró (Cord. von Santa Cruz), ca. 1400 m, gesammelt.

424. Breutelia patens Herzog nov. spec.

Sterilis; laxe caespitosa, caulibus 2—6 cm longis vagis genuflexis ascendentibus vel suberectis parce ramosis vel simplicibus, inferne tomentosis fuscatis apicibus flavido-viridibus nitidis graciliter foliosis. Folia sicca humidaque undique patentisssima, subsquarrosa, strictiuscula, 4 mm longa, e basi brevi obovata appressa amplexicauli longe anguste lineari-lanceolata, cuspidata, valde plicata, plicis supra basin vesiculato-ampliatis, margine inferne supra medium anguste revoluto, superne remote argute serrata, nervo tenui in cuspidem longam tenuem remote serrulatam excurrente, cellulis basalibus infimis aurantiacis, marginalibus seriebus 5—6 laxis breviter rectangulis hyalinis, ceteris elongate rectangulis angustissimis modice incrassatis laxe papillatis.

Beim Tunarisee in Rasen von *Tortula andicola* eingesprengt, ca. 4400 m, No. 4905, typus; am Cerro Sipascoya bei Pojo, ca. 3000 m, No. 4160, forma minor pallide virens.

Mit *Br. Brittoniae* R. et Card. verwandt, aber durch viel kräftigeren Wuchs und größere Blätter sowie deren Zuschnitt verschieden.

425. Breutelia boliviensis Herzog nov. spec. (Fig. 37, k—m).

Dioica; late caespitosa, e viridi flavescens, nitida, caulibus longis sat robustis ascendentibus basi tantum tomentosis subsimplicibus vel sub apice verticillatim ramosis, ramis brevissimis 2—4 crassis. Folia densa, secunda, e basi amplexicauli superne dilatata obtrapezoidea in laminam longe lineari-lanceolatam acicularem contracta, profunde plicata, margine basi parum reflexa superne erecta, subcomplicata, superne argute grosseque serrata, nervo tenui sat longe excurrente serrato, cellulis basalibus medianis elongatis angustissimis incrassatis, marginalibus seriebus 4—5 breviter laxeque rectangulis subhyalinis infimis aurantiacis, laminaribus elongatis angustissime rectangulis incrassatis humiliter mamillosis. Sterilis.

An grasigen Felsen der Yanakakabastion, ca. 3800 m, No. 3729, typus; in der Hochregion von Altamachi, ca. 4000 m, No. 3878.

Durch eine Summe kleiner Merkmale charakterisiert und auch nach ihrem Habitus mit keiner der beschriebenen Arten zusammenzubringen; äußerlich etwas an *B. secundifolia* C. M. erinnernd.

426. Breutelia straminea Herzog nov. spec. (Fig. 37, n—r).

Dioica; late caespitosa, e viridi straminea, nitidula, caulibus longis vagantibus flexuosis irregulariter ramosis, ramis brevioribus longisque tomentosis. Folia 5 mm longa, sat laxe disposita, sicca divaricata, squarrosa, torta, humida subrefracta, e basi appressa subamplexicauli subquadrata parum dilatata longe lanceolata, acuminata, inferne denticulata, superne argute serrata, longitudinaliter profunde plicata, nervo tenui excurrente, cellulis basalibus infimis aurantiacis, ceteris elongatis angustissimis, marginalibus pluribus seriebus laxis rectangulis, superioribus anguste rectangulis partim elongatis parce mamillosis pellucidis, omnibus modice incrassatis.

In einem Quellried an der Waldgrenze über Tablas, ca. 3400 m, No. 2830.

Aus der Verwandtschaft der *B. aciphylla* (Wils.); im Habitus sehr an *B. dicranacea* (C. M.) erinnernd, aber durch zahlreiche locker rectanguläre Randzellen von ihr unterschieden.

427. Breutelia nigrescens Herzog in Beih. Bot. Centralbl. 1909.

An grasigen Felsen bei der Abra de San Benito, ca. 3900 m, No. 3335, in großen, innen geschwärzten, an den Sproßspitzen goldgrünlichen Rasen; an der Waldgrenze des Rio Saujana, ca. 3400 m, No. 3222, eine innen nicht geschwärzte Form.

Polytrichales.

Polytrichaceae.

Catharinaea Ehrh. in Hannov. Mag. 1780.

428. **Catharinaea elamellosa** Herzog nov. spec. (Fig. 38, a—g).

Dioica videtur; planta humillima, gregaria, caule 1 cm vix excedente tenui molli viridissimo laxe foliato. Folia brevia, 2,5—3 mm longa, flaccida, complicato-concava, e basi decurrente angustata ligulato-spathulata, obtusa vel brevissime obtuse apiculata, elimbata, margine superne remote obtuseque crenata, nervo mediocri viridi sensim angustato ante apicem evanido, elamelloso, cellulis omnibus valde chlorophyllosis laxis hexagonis plerumque transverse latioribus laevissimis unistratosis. Seta tenuis, erecta, solitaria, ad 18 mm longa, theca anguste cylindrica, olivacea, 2,5 mm longa, operculo crasso cupulato rubro longe oblique aciculari-rostrato.

Auf Walderde bei Incacorral, ca. 2200 m, No. 5088.

Durch die Kleinheit und das Fohlen der Lamellen sehr gut charakterisiert.

Fig. 38. a—g *Catharinaea elamellosa* H. n. sp., a Habitus 1:1, b ♂ Sproß 5:1, c, d, e Blätter 20:1, f Blattspitze 62:1, g Peristom 125:1; h—k *Psilopilum gymnostomulum* C. M. Habitus 1:1, k. Kapselvergr.

429. **Catharinaea nigricans** C. M. nov. spec. in herb.

In der Quebrada de Pocona? — unsicher —, auf der Reise zwischen Pojo und Cochabamba aufgenommen, No. 5136.

Blütenstand paroecisch; Blätter trocken hart und sehr kraus, am Rand schmal gesäumt, scharf gesägt; Rippe mit 6 Lamellen, nur oben mit wenigen Zähnchen. Lamina am Rücken gesägt.

Psilopilum Brid. Bryol. univ. II.

430. **Psilopilum gymnostomulum** (C. M.) Par. (Fig. 38, h—i).

P. pygmaeum (C. M.) Par.

Auf Erdblößen zwischen Gras im Hochgebirge.

Auf dem Paramo von Caluyo, ca. 3800—3900 m, No. 2896; im oberen Chocayatal, über 4000 m, No. 3607.

Die Originale der beiden Müllerschen Arten stimmen in allen wesentlichen Punkten überein.

431. **Psilopilum antarcticum** C. M.
Auf Torfboden im Hochtal von Viloco (Quimzacruz), ca. 4500 m, No. 3147 mit *Bartramia polytrichoides*.
Die Exemplare stimmen sehr gut mit den C. Müllerschen Originalen überein. *P. aequinoctiale* Schimp. scheint auch nur eine Form von *P. antarcticum* zu sein.

Polytrichadelphus (C. M.) Mitt. in Journ. Linn. Soc. Bot.

432. **Polytrichadelphus grossidens** (C. M.) Par.
Meist große, reich fruchtende Rasen an Erdhängen in der Nähe der Waldgrenze bildend. An der Waldgrenze über Tablas, ca. 3400 m, No. 2832; an der Abra de San Mateo, ca. 3000 m, No. 3720, 3728.

433. **Polytrichadelphus aristatus** (Hpe.) Mitt.
Zwischen Rio Saujana und Choquetanga grande, ca. 3500 m, No. 3249.

434. **Polytrichadelphus bolivianus** Herzog nov. spec.
Dioicus; laxe caespitosus, e viridi fuscescens, caulibus ad 15 cm longis. Folia l a x e d i s p o s i t a, e b a s i 2,5 mm longa fere 2 mm lata fuscescente vel r u b i g i n o s a n i t i d a late ovata caule arcte appressa vaginata in l a m i n a m 5—6 mm longam anguste lanceolatam v a l d e p a t e n t e m immo r e f r a c t a m exeuntia, m a r g i n i b u s erectis ubique r e m o t e grosse s p i n o s o - s e r r a t i s, n e r v o in cuspidem brevem fuscam excurrente d o r s o l a e v i vel denticulo uno alterove notato, lamellis totam fere laminam obtegentibus 5—6-seriatis cellulis terminalibus m a m m i f o r m i b u s incrassatis. Seta erecta, flexilis, complanata, 4—6 cm longa, theca generis, olivacea, demum nigrescens, operculo breviter oblique rostrato.
Zwischen San Mateo und Sunchal, ca. 2000 m, No. 4463; bei Locotal, ca. 1700 m, No. 5083.
Durch die weit abstehenden Blätter von den übrigen Arten der tropischen Cordilleren verschieden.

435. **Polytrichadelphus cuspidirostris** (C. M.).
An grasigen Felsen im Pajonaltal (Quimzacruz), über 4000 m, No. 3294.

Pogonatum Palis. Prodr.

Sect. *A n a s m o g o n i u m* Mitt. Musc. austr. amer.

436. **Pogonatum distantifolium** C. M.
An Erdböschungen des neu angelegten Weges zwischen San Mateo und Sunchal, ca. 1800 bis 2000 m, No. 4504.
Völlig übereinstimmend mit den Originalen, von Ule bei Nova Friburgo (Staat Rio de Janeiro) gesammelt.

437. **Pogonatum arcuatum** Mitt.
Auf Waldboden bei Incacorral, ca. 2200 m, No. 5089.

Sect. *C e p h a l o t r i c h u m* (Bryole. ur.) Broth.

438. **Pogonatum polycarpum** Schimp.
P. plurisetum (C. M.).
In Hochgebirgslagen auf schwarzer Erde häufig. Z. B. im oberen Llavetal, ca. 4200 m, No. 4911; auf der Höhe der Cuesta de Abana bei Pojo, ca. 2800 m, No. 5120, hier auch eine forma uniseta mit einzelnen Seten und größerer Kapsel, die der folgenden, jedenfalls nächst verwandten Art sehr nahekommt.

439. **Pogonatum cylindrotheca** Herzog nov. spec.
Dioicum; gregarium, caulibus ad 1,5 cm longis basi nudis comoso-foliatis. Folia inferiora 3 mm longa, e basi ovata concavissima late lanceolata, acutissima, marginibus superne inflexa, g r o s s e s e r-

r a t a, nervo in cuspidem fuscam parce serratam excurrente, lamellis totam fere laminam occupantibus 4—5 seriatis, cellulis terminalibus majoribus incrassatis impressis fuscis; superiora 8 mm longa. Seta erecta, plerumque s o l i t a r i a, rarissime duo, 3 cm longa; theca a n g u s t e   c y l i n d r i c a, 5—6 mm longa, saepius parum asymmetrica, exothecio verrucoso, operculo cupulato brevissime oblique rostellato, sporis olivaceis laevibus diametro 0,02—0,022 mm.

Am Wegrand bei Lagunillas, ca. 3200 m, No. 3839.

P o l y t r i c h u m Dill. Catal. pl. giss.

440. **Polytrichum intermedium** Herzog in Beih. Bot. Centralbl. 1909.

An Felsen der Cerros de Malaga große, reich fruchtende Rasen bildend, ca. 4100 m, No. 4357.

441. **Polytrichum juniperinum** Willd.

P. secundulum C. M.
P. patens C. M.

An Wegrändern bis über die Waldgrenze.

Z. B. an der Waldgrenze über Tablas, ca. 3400 m, No. 2833, 2931; bei Incacorral, ca. 2300 m, No. 5107; beim Tunarisee, ca. 4400 m, No. 4917.

var. **tumescens** (C. M.) Herzog.

An der Waldgrenze über Tablas, ca. 3400 m, No. 2912.

Die Art ist in der Cordillere sehr formenreich und hat C. Müller dadurch zur Aufstellung mehrerer Arten veranlaßt. Dieselben sind aber angesichts der großen Variabilität, welche die Art schon in Europa zeigt, nicht haltbar.

Die Varietät *tumescens*, welche habituell mit var. *alpinum* Schimp. nahe übereinkommt, unterscheidet sich von dieser durch die goldbräunliche Haube.

Eubryales.
Erpodiaceae.

E r p o d i u m Brid. Bryol. univ. II.

442. **Erpodium Balansae** C. M.

An Baumrinde bei Villa Montes am Rio Pilcomayo (Ostrand der Cordillere), ca. 450 m, No. 2546; im Wald bei Yuto (N. Argentinien) ca. 400 m, No. 3764.

443. **Erpodium Lorentzianum** C. M.

An Baumrinde im Wald bei Yuto (N. Argentinien), ca. 400 m, No. 2550; zwischen Aguaray und Yacuiba (Ostrand der Cordillere nahe der bolivischen Grenze) ca. 400 m, No. 5162.

Hedwigiaceae.

H e d w i g i a Ehrh. Hann. Mag.

444. **Hedwigia albicans** (Web.) Lindb.

An Felsen der Estradillas über Incacorral, ca. 3100 m, No. 3308.

H e d w i g i d i u m Bryol. eur.

445. **Hedwigidium imberbe** (Sm.) Bryol. eur.

An trockenen Felsen besonders der Trockenseite des Hochgebirges häufig; z. B. im Chocayatal, ca. 3300 m, No. 3583; am Tunarisee, ca. 4400 m, No. 4914.

var. **macrocalyx** C. M.

Auf Felsblöcken bei Calachacca an der Waldgrenze des Rio Saujana, ca. 3400 m, No. 3254.

Braunia Bryol. eur.

446. **Braunia cirrhifolia** (Wils.) Jaeg.

An sonnigen Felsen besonders auf der Trockenseite des Mittelgebirges häufig.

An der Cuesta de Sta. Catarina bei Comarapa, ca. 2400 m, No. 3703; am Cerro Pampalarga über Vallegrande, ca. 2500 m, No. 4147; an einem Berggrat über Comarapa, ca. 2600 m, No. 4230 (f. falcata); daselbst, No. 3951 (f. longipila); bei Tres Cruces in der Cord. von Santa Cruz, ca. 1500 m (f. canescens).

Zu dieser vielgestaltigen Art gehören, wie schon B r o t h e r u s bemerkt, *B. canescens* Schimp., *B. argyrotricha* C. M. u. *B. incana* C. M.

447. **Braunia argentinica** C. M.

Im Wald bei Yuto (N. Argentinien), ca. 400 m, No. 5155.

448. **Braunia subplicata** E. Britt.

An Felsblöcken im Chocayatal, ca. 3400 m, No. 2585.

449. **Braunia secunda** Schimp.

Auf Felsblöcken im Chocayatal große Rasen bildend, ca. 3400 m, No. 3462.

450. **Braunia laxifolia** Herzog nov. spec.

Laxe caespitosa, amoene viridis, caulibus 6—8 cm longis a basi ramosis, ramis longioribus ramulisque stolonoideis crebris flagelliformibus apice radicantibus. Folia l a x e p a t u l a, subsquarrosa, concavissima, ultra 2 mm longa, e b a s i c o n t r a c t a subamplectante l a t e o v a t a, breviter apiculata, margine usque ad apicem late revoluto, a p i c u l o t e n u i c r o s o, s u b e p l i c a t a vel leviter plicata, cellulis subrotundis vel ovalibus dorso tenerrime papillosis; perichaetialia alte convoluta, 5 mm longa, angusta, dense plicata. Seta 10 mm longa, recta; theca ovata, 2,5 mm longa, miorostoma.

Auf schattigen Felsblöcken im Chocayatal, ca. 3400 m, No. 3618.

Durch die lockeren, weit abstehenden und fast ungefalteten Blätter unterschieden. Vielleicht eine extreme Schattenform von *B. subplicata* E. Britt.

451. **Braunia divaricatula** Herzog nov. spec.

Densiuscule caespitosa, habitu quodam macromitrioideo, e viridi fuscescens, caulibus 5 cm longis valde ramosis tenuibus siccis duriusculis. Folia d e n s a, m i n u t a, v a l d e d i v a r i c a t a, subsquarrosa, sicca sublaevia vel leviter plicata, concava, e basi contracta breviter ovata vel subpanduriformia, acuminata, a c u m i n e d e c o l o r i p i l i f o r m i p a p i l l o s o, in summis l o n g i u s c u l o f r a g i l i, margine ubique—acumine excepto—angustius revoluto, integerrima, cellulis omnibus v a l d e i n c r a s s a t i s dorso tenerrime papillosis. Sterilis.

Auf einem Berggrat über Comarapa, ca. 2600 m, No. 4243.

Durch die sehr kleinen, sparrig abstehenden Blätter und stark verdickten Zellwände leicht zu unterscheiden.

R h a c o c a r p u s Lindb. in Öfvers. K. Vet. Akad. Förh.

452. **Rhacocarpus Humboldtii** (Hook.) Lindb.

Rh. Mandoni C. M.

An feuchten Felsen und moorigen Stellen im Hochgebirge häufig, oft große Rasen bildend; formenreich.

Z. B. an der Waldgrenze über Tablas, ca. 3400 m, No. 2839/a; am Ostabhang der Yanakakaberge, ca. 4000 m, No. 3743 (f. pilifera); in der Hochregion von Altamachi, ca. 4000 m, No. 3864; im Hochtal Viloco, ca. 4600 m, No. 3149.

Die Art zeigt, wie es scheint, Übergänge zu *Rh. excisus* (C. M.), indem gelegentlich neben der Spitze der Blätter scharfe Einschnitte vorkommen, so bei No. 2878 von der Waldgrenze über Tablas und No. 3722 von der Abra de San Mateo, ca. 3000 m.

453. **Rhacocarpus excisus** (C. M.) Par.
Typische Exemplare an der Waldgrenze über Tablas, No. 2839. Ob aber spezifisch von voriger Art zu trennen?
454. **Rhacocarpus australis** (Hpe) Par.
An Felsen der Estradillas über Incacorral, ca. 3100 m, No. 3316; an den Cerros de Malaga, ca. 4000 m, No. 4372.
Auch diese Art steht *Rh. Humboldtii* sehr nahe und ist vielleicht nicht spezifisch von ihr zu trennen.
455. **Rhacocarpus chlorotus** Herzog nov. spec.

Dioicus; caespitibus latis profundis g l a u c i s, caulibus 4—5 cm longis subpinnatim ramosis ramis decrescentibus cuspidatis. Folia caulina l a x e s q u a m o s a, concava, 1 mm longa, s u b o r b i c u l a r i a, supra basin constricta, margine basi anguste reflexo superne saepius late inflexo, ad basin latius, superne angustissime fuscescenti-limbata, tenerrime crenulata, pilifera, p i l o s u b a e q u i l o n g o v a l d e f l e x u o s o flavo fuscescente laeviusculo, cellulis omnibus tenuibus densissime punctulatis, basalibus aureis, superioribus amoene viridibus, a l a r i b u s p e r m u l t i s i n a u r i c u l a m e x c a v a t a m c o n f l a t i s, m a g n i s s u b q u a d r a t i s, l u m i n e a m p l o c h l o r o p h y l l o r e p l e t o (unde nomen); ramalia minora, a n g u s t i o r a, panduriformia, subelimbata, pilo breviore; perichaetialia 2 mm longa, anguste ovato-elliptica, acuta, longe pilifera, p i l o v a l d e f l e x u o s o fusco, subelimbata, aurea, cellulis valde incrassatis. Seta recta, 12—18 mm longa, theca subglobosa, diametro 1,5 mm, pallide fusca, ab ore ad medium plicata vel laeviuscula, operculo hamato.

An Felsen in der Schlucht bei Locotal, ca. 1800 m, No. 2707.

Nach der Beschreibung dem *Rh. orbiculatus* (Mitt.) nahestehend, jedoch durch die schmalen Astblätter unterschieden.

Fontinalaceae.

Fontinalis (Dill.) L. emend.

456. **Fontinalis turfacea** Herzog nov. spec.

Sterilis; submersa, caulibus ad 30 cm longis, a basi iterum dichotome in ramos subaequilongos divisis, s u p e r n e d e n s e r a m o s i s, ramulis brevibus subparallelis appressis ut et caule c u s p i d a t i s s q u a m o s o - f o l i a t i s, e viridi-aureo fuscescens, nigricans. Folia d e n s a, mollia, accumbentia, c o n c a v i s s i m a, dorso impressa, e basi haud decurrente angustissima inflexa longe oblonga, obtusiuscula, apiculata, vetusta apice plerumque fissa, integerrima, n e r v o o b s o l e t o b r e v i, cellulis anguste linearibus tenuibus vel parum incrassatis, a l a r i b u s p e r p a u c i s m i n u s c u l i s q u a d r a t i s.

Untergetaucht in Tümpeln eines Torfmoores der Cerros de Malaga, ca. 4000 m, No. 4423. Wohl mit *F. squamosa* u. *F. bogotensis* nahe verwandt.

Cryphaeaceae.

Acrocryphaea Bryol. eur. V. Mon. Cryph.

457. **Acrocryphaea julacea** (Hornsch.) Bryol. eur.
Im Wald bei Yuto (N. Argentinien) ca. 400 m, No. 3765.
458. **Acrocryphaea Gardneri** (Mitt.) Jaeg.
In der Talschlucht von Tablas, ca. 1800 m, No. 4576, 4663; im unteren Coranital, ca. 1800 m, No. 4722.

Cryphaea Mohr in Web. Tab. synopt. musc.

459. **Cryphaea ramosa** Wils.
An Bäumchen beim Asiento (Aracatal), ca. 3900 m, No. 3000; in den Estradillas über Incacorral, ca. 3300 m, No. 3322; im Nebelwald über Comarapa, ca. 2600 m, No. 4224.

460. Cryphaea patens Hornsch.

Im Bergwald von Florida de San Mateo, ca. 1600 m, No. 3640/a; in der Cordillere von Santa Cruz bei Tres Cruces, ca. 1400 m, No. 3507, 3509, 3492; im Nebelwald über Comarapa, ca. 2600 m, No. 4333.

461. Cryphaea Jamesonii Tayl.

An Bäumchen in den Estradillas über Incacorral, ca. 3300 m, No. 3314; bei Incacorral, ca. 2200 m, No. 5045; im Bergwald von Florida de San Mateo, ca. 1600 m, No. 3640; im unteren Coranital, ca. 1800 m, No. 4695, 4724.

462. Cryphaea pilifera Tayl.

Im Bergwald des Rio Tocorani, ca. 2200 m, No. 4080; in der Talschlucht von Tablas, ca. 1800 m, No. 4662; bei Incacorral, ca. 2200 m, No. 4963, 5028.

463. Cryphaea microspora Herzog nov. spec.

C. ruficalyx Herzog in sched.

Autoica; pendula, statura *Cr. ramosae*, caulibus ad 8 cm longis densiuscule subpinnatim ramosis, ramis tenuibus apice attenuatis. Folia caulina laxe imbricata, concavissima, late cordato-ovata, breviter latiuscule acuminata, integerrima, nervo ultra medium evanido ferrugineo, cellulis generis modice incrassatis; ramalia minora, parum longius acuminata, subintegerrima; perichaetialia longe convoluta, cupreo-rufescentia, nitida, anguste oblonga, obtusa, breviter cuspidata. Theca brevissime pedunculata, immersa, anguste cylindrica, striata, operculo albido alte cupulato rostrato; peristomio completo dentibus ad 0,5 mm longis, processibus aequilongis; sporis diametro 0,016—0,02 mm, ochraceis.

An Bäumchen in den Estradillas über Incacorral, ca. 2900 m (auf der ersten Reise gesammelt und als *C. ramosa* bestimmt).

Fig. 39. *Cryphaea gracillima* H. n. sp. No. 4115. *a* Habitusbild 1:1, *b* Sproßspitze 4:1. *c* Stengelblatt 62:1, *d* Astblätter 62:1, *e* Peristom 250:1, *f* Sporen 250:1.

Von der nächstverwandten *C. ramosa* durch die schmälere Kapsel und die auffallend kleinen, in Masse ockergelben Sporen unterschieden. Die Sporen der *C. ramosa* sind grün und messen 0,024 bis 0,032 mm.

464. Cryphaea gracillima Herzog nov. spec. (Fig. 39).

Laxe caespitosa, tenella, caulibus ascendentibus arcuatis 3—4 cm longis sat dense subpinnatim ramosis, ramis longiusculis tenuibus caudatis, flavescens. Folia caulina densiuscula, imbricata, e basi subcordata ovato-lanceolata, acuminata, subintegerrima, superne tenuissime crenulata, margine undulata, hic illic revoluta, nervo viridi ultra medium evanido, cellulis anguste ellipticis valde incrassatis laeviusculis; ramalia duplo vel subtriplo breviora, anguste ovato-acuminata, longe piliformia, margine crosula; perichaetialia ultra 2 mm longa, oblongo-obovata, obtusa, in pilum longum flexuosum remote serrulatum viride exeuntia, basi enervia, tenerrima, nitida. Theca parva, immersa, elliptica, annulo lato triseriali revolubili, operculo acute conico rubro, calyptra conica fusca scabra; peristomii externi dentibus longiusculis (0,28 mm) anguste lanceolatis papillosis flavidis, interni rudimentarii processibus mediis pellucide membranosis irregulariter sinuatis superne grosse papillosis; sporis maximis, diametro 0,044—0,052 mm, cellulis 4—8 compositis viridibus.

Im Bergwald des Rio Tocorani, ca. 2600 m, No. 4115; im Nebelwald über Comarapa, ca. 2600 m, No. 4257/a.

Durch die verschiedenartige Beblätterung von Stengel und Ästen, das rudimentäre, innere Peristom und die großen, mehrzelligen Sporen sehr gut gekennzeichnet.

465. **Cryphaea macrospora** Herzog nov. spec. (Fig. 40).

Caulis tenax, a basi valde ramosus, 8 cm longus; ramulis remotis brevibus tenuibus teretiusculis e viridi aurescens. Folia caulina subsquarrosa, laxa, e basi excisa decurrente late ovata, concava, acuminata, acumine longiusculo latiusculo flexuoso, integerrima, margine basi tantum anguste revoluta, nervo aureo supra medium evanido, cellulis breviter ellipticis valde incrassatis sublaevibus basi elongatis aureis; ramalia sicca appressa, humida patentia, subsimilia, vix minora; perichaetialia oblongo-obovata, late truncata, nervo longe excurrente setosa. Seta subnulla; theca immersa, e basi truncata ovata, breviter cylindrica, amphoriformis, sub ore leviter plicata, annulo lato biseriali revolubili, operculo cupulato flavo recte rostrato, calyptra rubra conica scabra operculum tantum obtegente; peristomii externi dentibus membranae supra os valliformi-prominenti annulo obtectae insidentibus longe lineari-lanceolatis subhyalinis papillosis, interni processibus angustis vix ³/₄ dentium externorum aequantibus; sporis maximis diametro 0,044—0,048 mm, subglobosis vel valvatis, exosporio incrassato hyalino punctulato, unicellulosis vel in cellulas 2—4 divisis valde chlorophyllosis.

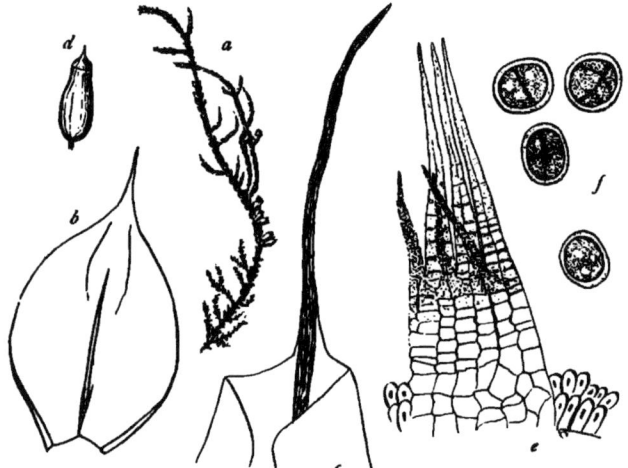

Fig. 40. *Cryphaea macrospora* H. n. sp. *a* Habitusbild 1:1, *b* Blatt 30:1, *c* Spitze eines Perichaetialblattes 62:1, *d* Kapsel ca. 15:1, *e* Peristom 125:1, *f* Sporen 250:1.

Auf Baumästen im oberen Coranital, ca. 2600 m, No. 3370.

Durch das Peristom, die Kapselform und die großen Sporen sehr ausgezeichnete Art.

Leucodontaceae.

Forsstroemia Lindb. in Öfvers. K. Vet. Ak. Förh.

466. **Forsstroemia coronata** (Mont.) Par.
In den Wäldern der Randcordillere bei Yacuiba, ca. 500 m, No. 2625; an Bäumen im Wald bei Yuto (N. Argentinien) ca. 400 m, No. 3769; im Bergwald von Tres Cruces (Cord. von Sta. Cruz) ca. 1400 m, No. 3897, 3989.

Prionodontaceae.

Prionodon C. Müll. in Bot. Ztg. 1844.

467. **Prionodon lycopodioides** Hpe.
Im Bergwald zwischen San Mateo und Sunchal, ca. 2000 m, No. 4443; im Nebelwald über Comarapa, ca. 2600 m, No. 4213, 4295 (f. angustifolia).

468. **Prionodon luteovirens** (Tayl.) Mitt.
Ich rechne hierher nach der Beschreibung Exemplare von folgenden Fundorten: im Bergwald des Rio Tocorani, ca. 2200 m, No. 4007 c. fr.; im unteren Coranital, ca. 1800 m, No. 4693.

469. **Prionodon pinnatus** Hpe.
Im oberen Coranital, ca. 2600 m, No. 3422.

470. **Prionodon patentissimus** Besch.
Im Bergwald des Rio Saujana, ca. 2900 m, No. 3258 c. fr. Nach der Beschreibung bestimmt!

471. **Prionodon ciliolato-serratus** Herzog nov. spec.
Caulibus horizontaliter patentibus vel descendentibus subpendulis ad 12 cm longis pinnatim vel s u b - f l a b e l l a t i m   r a m o s i s, ramis a d 5 cm l o n g i s habitu *P. densum* in mentem referentibus, d e n s e f o l i a t i s griseo-viridibus. Folia sicca s u b e r e c t a, accumbentia, humida laxe patula, ad 5 mm longa, e basi a n g u s t e e l l i p t i c a l i n e a r i a, subulata, acutissima, s u b u l a flexuoso-undulata fragili, valde plicata, supra basin breviter denticulata, superne a r g u t e c i l i o l a t o - s e r r a t a, nervo in apice ipso evanido, cellulis ellipticis modice incrassatis pellucidis papillosis, basi marginalibus multis seriebus transverse ellipticis substellatim incrassatis.
An Bäumen im Nebelwald über Comarapa, ca. 2600 m, No. 4348.
Durch die weit herab stark, fast wimperig gesägten Blätter und die Verzweigung gut gekennzeichnet.

472. **Prionodon ptychomnioides** Broth. n. sp.
D i o i c u s; robustiusculus, pallide viridis, inferne fuscescens, opacus; c a u l i s secundarius usque ad 10 cm longus, denso foliosus, superne pinnatim ramosus, ramis usque ad 2 cm longis, singulis longioribus, erecto-patentibus, simplicibus; f o l i a caulina patula, sicca suberecta, fragilia, plicata, e basi breviter decurrente late ovali subito lanceolato-loriformia, marginibus erectis, in parte superiore basis minute, dein argute serratis, nervo tenui, infra apicem folii evanido, cellulis ellipticis, superioribus subrotundis, papilla media, basilaribus internis linearibus, lumine angustissimo, externis in seriebus multis valde incrassatis, lumine irregulariter polygono. Caetera ignota.
Florida de San Mateo, No. 3682.
Species foliorum forma dignoscenda, habitu speciebus gracilioribus P t y c h o m n i i vel potius R h y t i d i a d e l p h o t r i q u e t r o sat similis.

473. **Prionodon cavifolius** Herzog nov. spec.
E cauli primario rhizomatico repente caulibus horizontaliter patentibus vel descendentibus ad 15 cm longis s a t r e g u l a r i t e r p i n n a t i s pinnis decrescentibus e viridi lutescentibus. Folia caulina sat densa, l a x e p a t u l a, m o l l i a, 5 mm longa, 2 mm lata, l a t e e l l i p t i c a, breviter acuminata, c o n c a v a, h a u d p l i c a t a, sicca dorso impressa, margine planiusculo, superne remote

serrulata, nervo viridi flexuoso ante apicem evanido, cellulis basalibus medianis laxe rectangulis aureis, marginalibus multis seriebus transverse ellipticis valde incrassatis, superioribus parvis angulatis irregularibus tenuibus papillosis; ramalia laxiora, sicca patentiora, minora, similia.

An Bäumen im unteren Coranital, ca. 1800 m, No. 4741.

Durch die weichen, nicht gefalteten, sehr breiten Blätter gut unterschiedene Art aus der Verwandtschaft des *P. pinnatus*.

474. Prionodon pendulus Herzog nov. spec.

Caulibus p e n d u l i s ad 30 cm longis tenellis, s u b p i n n a t i m (apice fasciculatim) r a m o s i s, ramis ut et caule flexuosis e viridi-flavo fuscescentibus. Folia sat densa, v a l d e p a t e n t i a, 6 mm longa, sicca profunde plicata, e basi late ovata subauriculata in s u b u l a m l a t i u s c u l a m longam acutissimam valde f r a g i l e m contracta, fere a basi g r o s s e c i l i a t o - s e r r a t a, nervo in extrema subula dissoluto, cellulis majusculis irregularibus ellipticis pellucidis papillosis, basi marginalibus permultis transversim ellipticis angulatis stellatim incrassatis; ramalia angustiora, breviora.

An Baumästen zwischen San Mateo und Sunchal, ca. 2500 m, No. 4495; an Baumästen im Nebelwald über Comarapa, ca. 2600 m, No. 4309.

Durch den Wuchs und die Form der sehr brüchigen Blätter leicht zu unterscheiden, jedoch *P. ciliolato-serratus* gewiß sehr nahe stehend und möglicherweise eine durch die hängende Lebensweise veränderte Form desselben.

475. Prionodon undulatus Mitt.

Im Bergwald von Florida de San Mateo, ca. 2600 m, No. 3623, 3727. Sehr charakteristisch durch die großen breiten Blätter und dicken, hängenden Äste.

476. Prionodon fuscolutescens Hpe.

An Bäumen im Bergwald des Sillar gegen Espiritu Santo, ca. 1800 m, No. 2734; im oberen Coranital, ca. 2600 m, No. 3423; an der Waldgrenze über Tablas, ca. 3400 m, No. 2902; im Bergwald des Rio Tocorani, ca. 2200 m, No. 4044 (f. angustifolia).

477. Prionodon bolivianus (C. M.).

Im Nebelwald über Comarapa, ca. 2600 m, No. 3935; im Bergwald des Rio Tocorani, ca. 2200 m, No. 4044/a c. fr.

478. Prionodon densus (Sw.) C. M.

Hauptsächlich in der unteren Bergregion.

Im Bergwald von Florida de San Mateo, ca. 2000 m, No. 3698, 3705; bei Tres Cruces in der Cordillere von Santa Cruz, ca. 1400 m, No. 3481, 3993. Schon auf der ersten Reise im Waldgebiet des Cerro Amboró in der Cordillere von Santa Cruz gesammelt.

479. Prionodon contortus Herzog nov. spec.

Dense caespitosus, caulibus subsimplicibus vel parce ramosis vel subpinnatim ramosis s u b e r e c t i s a m o e n e v i r i d i b u s d e n s i s s i m e f o l i a t i s. Folia sicca c o n t o r t a, a p i c i b u s i n c u r v i s subhelicoideis, vix plicata, humefacta facile emollientia, subrecurvescentia, dein valde patula, plicata, c o n c a v i s s i m a, c a n a l i c u l a t a, apice saepius subundulata, e basi brevi auriculata anguste ovata lineari-lanceolata, acutissima, apice saepe diffracto, margine s u p e r n e r e m o t e b r e v i t e r q u e s u b o b t u s e, inferne argutius d e n t i c u l a t a, nervo in apice ipso dissoluto, cellulis basalibus medianis angustis incrassatis, marginalibus paucis seriebus transverse ellipticis stellatim incrassatis, superioribus minusculis irregularibus s u b l a e v i b u s.

An Bäumen in der Cordillere von Santa Cruz, ca. 1400 m, No. 3567; im Bergwald von Florida de San Mateo, ca. 2000 m, No. 3702; im Nebelwald über Comarapa, ca. 2600 m, No. 4278 (f. major).

Durch die gedrehten, fast krausen, hohlrinnigen Blätter und glatten Blattzellen leicht zu erkennen.

Lepirodontaceae.

Lepyrodon Hpe. Prodr. Fl. Nov. Granat.

480. **Lepyrodon tomentosus** (Hook.) Mitt.
An Bäumen der Waldgrenze über Tablas, ca. 3400 m, No. 2795 (f. flagellifera).
var. **tunariensis** Herzog.
L. tunariensis H. in Beih. Bot. Centr. 1909.
Häufiges Felsmoos der höchsten Kämme in der Cordillere von Cocapata, nur auf Schiefer; in der Quimzacruz-Cordillere nicht beobachtet.
An Felsen des Cerro Tunari in üppigen großen Rasen, ca. 4700 m, No. 4929; an der Punta de San Miguel, ca. 4800—5000 m, sine No., an den Gipfeln des Yanakakamassives, 4500—4800 m, sine No.; in der Hochregion von Altamachi, ca. 4000 m, No. 3859.

Pterobryaceae.

Pterobryum Hornsch. in Fl. Brasil. I.

481. **Pterobryum densum** (Schwgr.) Hornsch.
Prionodon splendens Herzog in Beih. Bot. Centr. 1909.
Am Grund der Baumstämme in der unteren und mittleren Bergwaldregion, meist steril.
Am Sillar und bei Tres Cruces in der Cord. von Santa Cruz, 1400—1600 m, 3522, 3992; bei Incacorral, ca. 2200 m, No. 5035; zwischen San Mateo und Sunchal, ca. 1800 m, No. 4424, c. fr.!

Orthostichidium C. M. in K. Sv. Vet. Ak. Handl.

482. **Orthostichidium excavatum** (Mitt.).
An Bäumen im Bergwald von Florida de San Mateo, ca. 1800—2000 m, No. 3630. Der unteren Bergregion angehörend.

Pterobryopsis Fleisch. in Musc. Archip. Ind.

483. **Pterobryopsis stolonacea** (C. M.).
An Bäumen in der Randcordillere zwischen Yacuiba und Ipaguassú, ca. 500 m, No. 2623; bei Tres Cruces in der Cordillere von Santa Cruz, ca. 1400 m, No. 3547.

Meteoriaceae.

Squamidium (C. M.) Broth.

Sect. *Eusquamidium* Broth.

484. **Squamidium nigricans** (Hook.).
Orthostichidium Orthostichella C. M.
An Bäumen im Bergwald von Espiritu Santo, ca. 1500 m, No. 2733, c. fr.!

485. **Squamidium perinflatum** (C. M.).
Pilotrichella C. M.
Im Bergwald des Rio Tocorani, ca. 2200 m, No. 4024; in der Talschlucht von Tablas, ca. 1800 m, No. 4667.

486. **Squamidium filiferum** (C. M.).
An Bäumen bei San Miguelito, ca. 1500 m, No. 2748; im oberen Coranital, ca. 2600 m, No. 3428 (f. densior); zwischen Tocorani u. Lagunillas, ca. 2900 m, No. 3846.

487. Squamidium leucotrichum (Tayl.).
  An Bäumen im feuchten Bergwald häufig. Z. B. im oberen Coranital, ca. 2400 m, No. 3424; im Tocoranital, ca. 2200 m, No. 4117, 4120.

Sect. *Macrosquamidium* Broth.

488. Squamidium macrocarpum (Spruce).
  An dünnen Baumästen im Bergwald von Espiritu Santo, ca. 1600 m, No. 2735 c. fr.!; im unteren Coranital, ca. 1800 m, No. 4763; im Bergwald von Espiritu Santo, ca. 1600 m, No. 2727 (f. repens); bei Tres Cruces in der Cordillere von Santa Cruz, ca. 1400 m, No. 3999 (f. repens).

489. Squamidium turgidulum (C. M.).
  An Bäumen im Bergwald bei Tres Cruces (Cord. von Santa Cruz), ca. 1400 m, No. 3569. Bis jetzt nur in den östlichen Ketten der Cordilleren gefunden.

Pilotrichella (C. M.) Besch. Prodr. Bryol. Mexic.

490. Pilotrichella versicolor (C. M.) Jaeg. (Fig. 41, c—d).
  An Baumästen im Bergwald von Florida de San Mateo, ca. 2000 m, No. 3719; in der Talschlucht von Tablas, ca. 1800 m, No. 4665.

491. Pilotrichella angustifolia Herzog nov. spec. (Fig. 41 a—b).
  Sterilis; longe pendula, laxe subpinnatim ramosa, ramis brevibus, e pallide viridi lutescens vel fuscescens, nitidula, caulibus ramisque tenuissimis. Folia pentasticha, imbricato-accumbentia, concavissima, caulina ca. 1 mm longa, ramalia minora, e basi angustata subpanduriformia, apice cucullato-inflexa, tenerrime serrulata, breviter acuminata, brevissime mucronato-cuspidata, cellulis alaribus vix conspicuis.
  An Baumästen in der Talschlucht bei Tablas, ca. 1800 m, No. 4666.
  Von der verwandten *P. versicolor* durch die weniger gedunsene Beblätterung und die kleineren, an der Basis verschmälerten Blätter deutlich unterschieden.

492. Pilotrichella cyathipoma (C. M.).
  Nur in den östlichen Randgebirgen der Cordillere, schon auf der ersten Reise reichlich im Gebiet des Cerro Amboró gesammelt.
  An Bäumen im Wald bei Yacuiba, ca. 500 m, No. 2552; bei Tres Cruces in der Cordillere von Santa Cruz, ca. 1400 m, No. 3502/a, 3987.

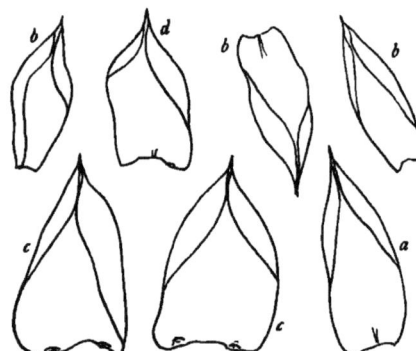

Fig. 41. a—b *Pilotrichella angustifolia* H. n. sp. a Stengelblatt 31:1. b Astblätter 31:1. c—d *Pilotrichella versicolor* (C. M.). c Stengelblätter 31:1. d Astblatt 31:1.

var. **laxiretis** Herzog nov. var.
  Differt a typo habitu robustiore retique cellularum multo laxiore.
  An Bäumen im Wald des Randgebirges bei Yacuiba, ca. 500 m, No. 2626.

493. Pilotrichella flexilis (Sw.).
  Häufig in den Nebelwäldern des obersten Waldgürtels; z. B. im Buschgürtel bei Tres Cruces

in der Cordillere von Santa Cruz, ca. 1500 m, No. 3571 und im Nebelwald über Comarapa, ca. 2600 m, No. 3837, c. fr.!

Hierher gehört wohl auch *P. turgescens* (C. M.).

Papillaria (C. M.) C. M. in Öfv. K. Sv. Vet. Ak. Förh.

494. **Papillaria appressa** (Hornsch.) Jaeg.
Im Bergwald von Florida de San Mateo, ca. 1600 m, No. 3712, 3726.

495. **Papillaria nigrescens** (Sw.) Jaeg.
Im Bergwald von Tres Cruces (Cord. von Santa Cruz), ca. 1400 m, No. 3546.

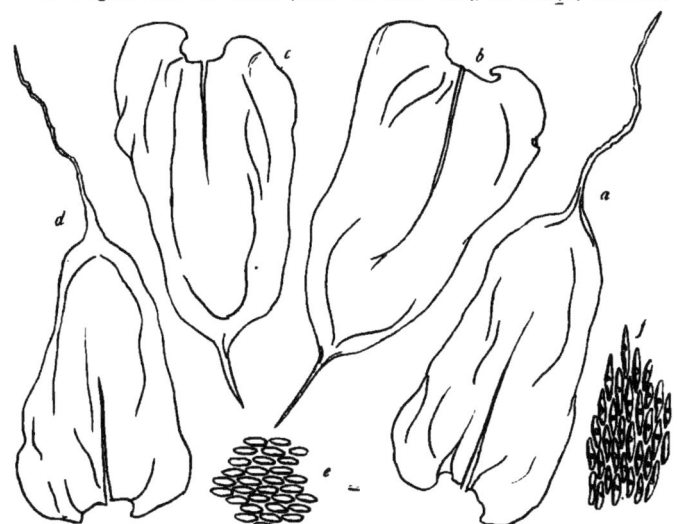

Fig. 42. *Meteorium illecebrum* (C. M.). *a, b* No. 4116. *a* Astblatt von einem hängenden Sproß 30:1. *b* Astblatt von einem kriechenden Sproß 30:1; *c—f* No. 3568: *c* unteres Astblatt 30:1, *d* oberes Astblatt 30:1, *e* Zellen aus der Blattmitte von *c* 250:1, *f* Zellen aus der Blattmitte von *d* 250:1.

496. **Papillaria Deppei** (Hornsch.) Jaeg.
Im Buschgürtel bei Tres Cruces, in der Cord. von Santa Cruz, ca. 1500 m, No. 3902, 3921, 4002.

497. **Papillaria squamatula** C. M.
An Bäumen im Bergwald von Florida de San Mateo, ca. 1600—2000 m, No. 3624; bei Tres Cruces in der Cordillere von Santa Cruz, ca. 1400 m, No. 3570; zwischen Tocorani und Lagunillas, ca. 2900 m, No. 3845.

Meteorium Doz. et Molk. Musci Archip. Ind. ined.

498. **Meteorium illecebrum** (C. M.) Mitt. (Fig. 42).
M. lonchotrichum C. M.
M. fuscoviride (Hpe).

Die äußerst formenreiche Art variiert in allen Merkmalen des Gametophyten sehr stark, ohne aber durchgreifende Unterschiede aufzuweisen, die etwa die Abgrenzung bestimmter Varietäten oder Formen gestatten würden. Die Abänderungen erstrecken sich nämlich oft auf die Teile eines und desselben Individuums, so daß z. B. Blätter mit langer Haarspitze und kurzem Acumen am gleichen Ast vorkommen. Bei den Unterschieden handelt es sich immer um ein durch alle Übergänge miteinander verbundenes Mehr oder Weniger. Die Äste können entweder dünn oder dick, spitz oder stumpf sein, die Beblätterung anliegend kätzchenförmig bis dick gedunsen wurmförmig, die Blätter selbst breiter oder schmäler, mehr oder weniger hohl und gefaltet, die Blattspitze haarförmig ausgezogen bis kurz und gerade, die Zellen der Blattspitze kurz elliptisch-hexagonal oder schmal und lang, mit unverdickten oder stark bis sehr stark verdickten und getüpfelten Wänden, fast glatt bis stark spitzig papillös. Obwohl ein nicht verkennbarer Einfluß auf die Ausgestaltung der Blätter von dem Wuchs der Pflanze, die rasenförmig mit kriechenden Stengeln und aufrechten Ästen oder mit hängenden Sprossen und wagerecht abstehenden Ästen vorkommt, ausgeübt wird, so sind doch sicher nicht alle Verschiedenheiten auf diese Verhältnisse zurückzuführen. Das Vorkommen verschiedener Blattformen zuweilen am gleichen Seitenast oder doch häufig wenigstens am gleichen Sproß, scheint mir darauf hinzudeuten, daß die Luftfeuchtigkeitsverhältnisse oder auch die Belichtungsintensität und andere äußere Umstände während der Entwicklung des einzelnen Blattes oft wichtige Faktoren für seine definitive Gestalt darstellen.

So ist es auch rein unmöglich, die Arten *M. lonchotrichum* und *M. fuscoviride* neben *M. illecebrum* aufrecht zu erhalten, da die von den Autoren verwendeten Artmerkmale, angesichts der Veränderlichkeit dieser Verwandtschaftsgruppe, hier systematisch völlig bedeutungslos werden.

Ich sammelte dieses in den Bergwäldern der Cordillere zu den häufigsten Erscheinungen gehörende Moos an folgenden Orten: im Tocoranital, ca. 2200 m, No. 4060, 4116, c. fr. cop.!; im oberen Coranital, ca. 2600 m, No. 3427; in der Cordillere von Santa Cruz, ca. 1600 m, No. 3568; am Meson bei Samaipata, ca. 2000 m, No. 4134; im Gebüsch des Cerro Pampalarga bei Vallegrande, ca. 2300 m. No. 4151; im Nebelwald über Comarapa, ca. 2600 m, sine No.

Floribundaria C. M. in Linnaea XL.
Sect. *Capillidium* (C. M.) Broth.

499. Floribundaria tenuissima (Hook. et Wils.)

In feuchten Bergwäldern an Baumästen hängend, sehr häufig, aber im Gebiet bis jetzt immer steril, so im Nebelwald über Comarapa, ca. 2600 m, No. 4231; im oberen Paractital an der Waldgrenze, ca. 3300 m, No. 4384; im unteren Coranital, ca. 1800—2000 m, No. 4716, massig; bei Incacorral, ca. 2200 m, No. 5010.

Lindigia Hpe. in Linnaea XXXI.

500. Lindigia aciculata (Tayl.) C. M.

An Baumästen in den feuchten Bergwäldern sehr häufig und auch meist reich fruchtend. Im Bergwald von Florida de San Mateo, ca. 1800—2000 m, No. 3628; im Tocoranital, ca. 2200 m, No. 4051; in der Talschlucht von Tablas, ca. 1800 m, No. 4543, 4592, 4652; im unteren Coranital, ca. 1800 m, No. 4694; bei Incacorral, ca. 2200 m, No. 5017.

Neben der typischen Form mit steifen, abstehenden Stengeln und ziemlich regelmäßigen Fiederästen kommt auch eine hängende Form mit unregelmäßiger Beästung vor, die der folgenden Art sehr ähnlich sieht. Hier entscheidet die Skulptur der Peristomzähne sehr leicht.

501. Lindigia debilis (Wils.) Jaeg.

Wie vorige an Baumästen in feuchten Bergwäldern, aber stets hängend und locker beästet. Im unteren Coranital, ca. 1800 m, No. 4677; zwischen San Mateo und Sunchal, ca. 2000 bis 2400 m, No. 4502; im Tocoranital, ca. 2200 m, No. 4078.

Meteoriopsis Fleisch. Musc. Archip. Ind. exs.

502. **Meteoriopsis remotifolia** (Hornsch.).
In breiten, flachen Rasen, mit relativ kurzen hängenden Sprossen.
Im Bergwald des Rio Tocorani auf Baumästen, ca. 2200 m, No. 4093; an den untersten Gesträuchästen im Buschgürtel von Tres Cruces (Cordillere von Santa Cruz), ca. 1400—1500 m, No. 3540.
var. **latifolia** Herzog nov. var.
Differt a typo foliis latioribus.
Im Buschgürtel von Tres Cruces (Cord. von Santa Cruz), ca. 1500 m, No. 3984; im Bergwald des Rio Tocorani, ca. 2200 m, No. 4093/a.

503. **Meteoriopsis onusta** (Spruce).
An Baumästen dichte Überzüge und Behänge bildend: an niederen Waldbäumen der Cordillere von Santa Cruz, Cuesta de la Piedra Borracha, ca. 1600 m, No. 3566.

504. **Meteoriopsis patens** (Hook.).
Die häufigste Art im Gebiet, aber meist steril. Sie erinnert im Wuchs außerordentlich an die ceylonische *M. reclinata* und gibt derselben in den Maßen kaum etwas nach.
Im Gebüsch am Cerro Pampalarga bei Vallegrande, ca. 2300 m, No. 4152; im Buschgürtel von Tres Cruces, Cord. von Santa Cruz, ca. 1500 m, No. 3508; über Baumwurzeln und Felsen in der Schlucht bei Locotal, ca. 1800 m, No. 2704; im Wald des Sillar (Espiritu Santo), ca. 1800 m, No. 2793, c. fr.!; zwischen Incacorral und Locotal, No. 5080; bei Florida de San Mateo, No. 3699; in der Talschlucht bei Tablas, ca. 1800 m, No. 4664 c. fr.!; im unteren Coranital, ca. 1800 m, No. 4762.

Neckeraceae.

Phyllogonieae.

Phyllogonium Brid. Bryol. univ. II.

505. **Phyllogonium fulgens** (Sw.) Brid.
In großer Menge von Baumästen herabhängend im Nebelwald über Comarapa, ca. 2600 m, No. 3934.

506. **Phyllogonium viscosum** (Palis.) Mitt.
An Baumästen im Bergwald des Rio Tocorani, ca. 2200 m, No. 4119; massig im Wald von Chusimayo bei Incacorral, ca. 2200 m, sine No., hier schon auf der ersten Reise, auch c. fr. gesammelt.

Neckereae.

Calyptothecium Mitt. in Journ. Linn. Soc. Bot. X.

507. **Calyptothecium duplicatum** (Schwgr.).
var. **integerrimum** Herzog nov. var.
Differt a typo foliis integerrimis.
An Bäumen in der Cordillere von Santa Cruz, ca. 1400 m?, No. 3524; im Bergwald von Florida de San Mateo, ca. 2000 m, No. 3681.

Neckeropsis Reichdt. in Novara Exp. Bot. I.

508. **Neckeropsis undulata** (Palis).
An Bäumen im Bergwald der Cordillere von Santa Cruz — zwischen Cuesta de Suspiros

und Cuesta de Guitarraz —, ca. 1000 m, No. 3904; in der Talschlucht von Tablas ca. 1800 m, No. 4526.

Neckera Hedw. Fund. II.

509. **Neckera Lindigii** Hpe.

Häufigste Art. An Bäumen im Bergwald große, meist reich fruchtende Rasen bildend. Z. B. bei Tres Cruces in der Cord. von Santa Cruz, ca. 1400 m, No. 3502, 3985; im Nebelwald über Comarapa, ca. 2600 m, No. 3953; bei Incacorral, ca. 2200 m, No. 5027; bei Florida de San Mateo, ca. 2000 m, No. 3627.

510. **Neckera Jamesonii** Tayl.

N. cyathocarpa Hpe.

Im Nebelwald über Comarapa, ca. 2600 m, No. 4336; an der Waldgrenze im obersten Paractital, ca. 3200 m, No. 4386.

N. cyathocarpa Hpe. ist von *N. Jamesonii* nicht zu unterscheiden. Die Kapselform wechselt am gleichen Exemplar.

511. **Neckera Marchalii** Herzog nov. spec. (Fig. 43).

Autoica; g r a c i l i s, caule late pinnato breviusculo, 3—5 cm longo valde complanato viridi nitidulo dite fructifero. Folia 8-seriata, a n g u s t e o b l o n g o - l i g u l a t a, horizontaliter falcata, undulata, basi uno latere inflexa, caulina 3,5 mm longa, obtusiuscula, integerrima vel subintegerrima, n e r v o s i m p l i c i m e d i o viridi tenui vel gemello brevissimo, ramalia ca. 2 mm longa, distinctius breviter acuminata, apice tenuissime serrulata, enervia vel nervis binis brevissimis obsoletis, cellulis omnibus angustissime linearibus, alaribus haud distinctis; perichaetialia interna laxe convoluta, oblonga, breviter acuminata, 2 mm longa. Seta 2—3 mm longa, perichaetialia parum superans; theca e x s e r t a, m i n u t a, 1—1,5 mm longa, cyathiformis, sub o r e a m p l i a t o constricta; peristomii externi dentibus t e n e r r i m e p u n c t u l a t i s haud striatis, interni processibus parum brevioribus.

An Bäumen im Bergwald von Florida de San Mateo, ca. 2000 m, No. 3635; im unteren Coranital, ca. 1800 m, No. 4739; im Bergwald von Tres Cruces (Cord. von Santa Cruz), ca. 1400 m, No. 3907.

Durch die K l e i n h e i t a l l e r T e i l e und die dicht punktierten, n i c h t g e s t r e i f t e n P e r i s t o m z ä h n e von ihren Verwandten in der Gruppe *N. Jamesonii* und *N. andina* gut unterschieden. Ich widme diese Art Herrn P r o f. Dr. M a r c h a l in Gembloux (Belgien).

Fig. 43. *Neckera Marchalii* H. n. sp. *a* Habitusbild 1:1, *b* fruktifizierender Ast 4—5:1, *c* Stengelblatt 31:1, *d* Astblatt 31:1, *e* Perichaetium und Kapsel 12:1.

512. **Neckera eucarpa** Schimp.

An Gesträuch- und Baumästen, um die Waldgrenze häufig.

An der Waldgrenze über Tablas, ca.

— 117 —

3400 m, No. 2827; in den Estradillas über Incacorral, ca. 3200—3300 m, No. 3323; im obersten Paractital, ca. 3300 m, No. 4387; an der Waldgrenze des Rio Saujana, ca. 3400 m, No. 3284.

Thamnieae.

Porotrichum (Brid.) Bryol. jav.

Sect. *Complanaria* Fleisch.

513. **Porotrichum pinnatelloides** C. M. (Fig. 44).

An Bäumen im feuchten Bergwald oft ausgedehnte lockere, immer reich fruchtende Rasen bildend.

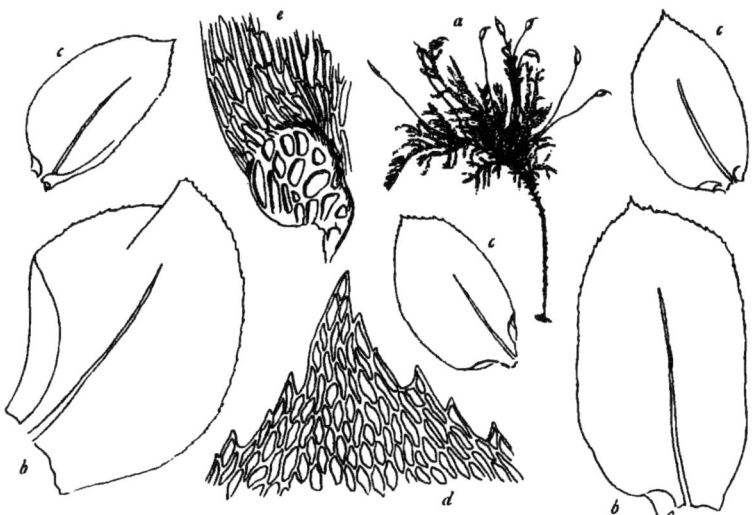

Fig. 44. *Porotrichum pinnatelloides* C. M., No. 4046. a Habitusbild 1:1, b Stengelblätter 31:1, c Astblätter 31:1, d Blattspitze 250:1, e Blattflügel 250:1.

Im Bergwald des Rio Tocorani, ca. 2200 m, No. 4046; zwischen San Mateo und Sunchal, ca. 2000 m, No. 4505; bei Incacorral, ca. 2200 m, No. 4983, hier auch auf der ersten Reise, aber fälschlich als *P. longirostre* bestimmt.

Sect. *Euporotrichum* Besch.

514. **Porotrichum Lorentzii** (C. M.).

An Baumwurzeln in der Waldcordillere von Santa Cruz häufig, z. B. am Sillar, ca. 1500 m, No. 3512, bei Tres Cruces, ca. 1400 m, No. 3893.

Nach meiner Auffassung zu Porotrichum in die Verwandtschaft von *P. longirostre* gehörig. In seine nächste Nähe gehört auch *P. amboroicum* H. in Beih. Bot. Centr. 1909.

515. Porotrichum longirostre (Hook.).

An Baumstämmen im Bergwald des Rio Tocorani, ca. 2200 m, No. 4101/a; in der Talschlucht bei Tablas, ca. 1800 m, No. 4520 u. 4606.

516. Porotrichum macropoma Herzog nov. spec. (Fig. 45).

Dioicum; laxe caespitosum, caule secundario brevi ca. 3 cm longo prolifero inferne stipitiformi denudato superne bipinnatim ramoso, ramis parum decrescentibus in frondem subflabelliformem valde complanatam coordinatis. Folia caulina ad 2 mm longa, valde complanata, pseudodisticha, e basi auriculata elliptica, breviter acuminata, margine uno latere late inflexo, nervo sat tenui $^3/_4$ folii percurrente, apice serrulata; ramalia parum minora, complanata, distincte auriculata, elliptico ligulata, apiculata, argutius serrata, nervo vix breviore, cellulis alaribus subrotundis fuscatis excavatis in auriculam congestis, ceteris anguste linearibus pellucidis tenerrimis, apicalibus valde abbreviatis subrhombeohexagonis. Seta ultra 2 cm longa, flexuose suberecta; theca pro genere majuscula, deoperculata ad 3 mm longa, parum inclinata, e collo distincto turgide ovalis, operculo alte cupulato longe subrecte rostrato.

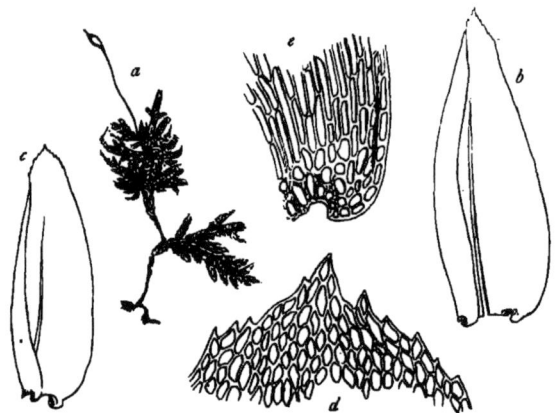

Fig. 45. *Porotrichum macropoma* H. n. sp. *a* Habitusbild 1:1, *b* Stengelblatt 31:1, *c* Astblatt 31:1, *d* Blattspitze 250:1, *e* Blattflügel 250:1.

Im Nebelwald über Comarapa, ca. 2600 m, No. 4312; im Bergwald des Rio Tocorani, ca. 2200 m, No. 4080/a.

Mit *P. longirostre* verwandt, aber durch die sehr flache Beblätterung, die deutlichen Blattöhrchen und die auffallend große Kapsel gut unterschiedene Art.

517. Porotrichum strictum Herzog nov. spec. (Fig. 46).

Dioicum; laxe caespitosum, caulibus secundariis e caule primario rhizomatico longe repente suberectis strictis a substrato horizontaliter patentibus 8—10 cm longis basi denudatis superne pinnatim ramosis, caule ramisque complanatis, ramulis vix complanatis. Folia caulina laxiuscula, majora, ramalia densa, minora, subconformia, caulina ultra 2 mm longa, e basi indistincte auriculata ovata late ligulata, rotundata, lateralia margine uno latere late inflexa, apice complanata, argute inciso-serrata, nervo sub apice evanido, cellulis inferioribus anguste linearibus, in apice breviter hexagonis laxiusculis, alaribus paucis excavatis subrotundis fuscatis; ramalia lateralia 1,5 mm longa, similia, distinctius auriculata, media parum breviora, concava, ovata, late acuminata, apice parce serrata; perichaetialia interna e basi anguste oblonga longe subulata, integerrima. Seta recta, 20—23 mm longa; theca e collo longiusculo plicato elliptica, pallide fusca, operculo longe oblique rostrato; peristomii externi dentibus inferne dense horizontaliter striatis, ciliis nullis; sporis diametro 0,01 mm ochraceis.

An Bäumen zwischen San Mateo und Sunchal, ca. 1800 m, No. 4483.

Dem *P. longirostre* (Hook.) verwandt, aber durch den Habitus und die kleingeöhrte Blattbasis verschieden.

Porothamnium Fleisch. Laubm. v. Java.

Sect. *Pseudo-Porotrichum* (Broth.) Fleisch.

518. **Porothamnium gymnopodum** (Tayl.).
An Baumrinde in schattigfeuchten Wäldern.
Im Nebelwald über Comarapa, ca. 2600 m, No. 4204 u. No. 4248 c. fr.

519. **Porothamnium ramosissimum** (Hpe.)
An ähnlichen Orten; im Nebelwald über Comarapa, ca. 2600 m, No. 3978.

520. **Porothamnium subramosissimum** Broth. in herb.
Wie die beiden vorigen.
Im Nebelwald über Comarapa, ca. 2600 m, No. 4236, 4311; im Bergwald des Rio Tocorani, ca. 2200 m, No. 4047.

Sect. II. *Thamniadelphus* Fleisch.

521. **Porothamnium neckeraeforme** (Hpe.).
Im Bergwald des Rio Tocorani, ca. 2200 m, No. 4015 c. fr.

522. **Porothamnium explanatum** (Mitt.).

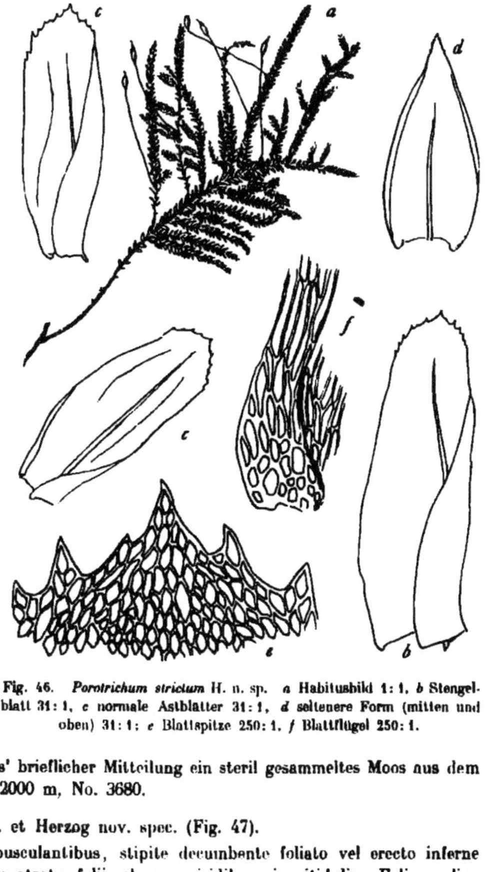

Fig. 46. *Porotrichum strictum* H. n. sp. *a* Habitusbild 1:1, *b* Stengelblatt 31:1, *c* normale Astblatter 31:1, *d* seltenere Form (mitten und oben) 31:1; *e* Blattspitze 250:1, *f* Blattflügel 250:1.

Hierher gehört wohl nach Brotherus' brieflicher Mitteilung ein steril gesammeltes Moos aus dem Bergwald von Florida de San Mateo, ca. 2000 m, No. 3680.

523. **Porothamnium subexplanatum** Broth. et Herzog nov. spec. (Fig. 47).

Dioicum: caulibus robustis arbusculantibus, stipite decumbente foliato vel erecto inferne subnudo sursum dendroideo-ramoso comoso atrato, foliis obscure viridibus vix nitidulis. Folia caulina remota, ultra 3 mm longa, basi ad 2 mm lata. l a t e o v a t a, parum acuminata, subexplanata, s u b - i n t e g e r r i m a, nervo viridi sub apice evanido, cellulis elongatis hexagonis summis tantum brevioribus; ramalia 2 mm longa, v i x c o m p l a n a t a, c o c h l e a r i f o r m i - c o n c a v a, valde asymmetrica. e basi angustata b r e v i t e r l a t e l i g u l a t o - s p a t h u l a t a, apice rotundata, apiculo brevi lato, s u p e r n e a r g u t e s e r r a t a, cellulis omnibus abbreviatis hexagonis pellucidis chlorophyllosis; perichaetialia e basi ovata subulata, integerrima, cellulis omnibus elongatis incrassatis valde punctulatis. Seta erecta, subflexuosa, apice parum arcuata, 15—17 mm longa, c r a s s i u s c u l a, atropurpurea; theca h o r i z o n t a l i s, breviter cylindrica, vix curvata, sub ore constricta, r o b u s t a, deoperculata 2,5 mm longa, operculo olivaceo longe oblique aciculari-rostrato; peristomium generis.

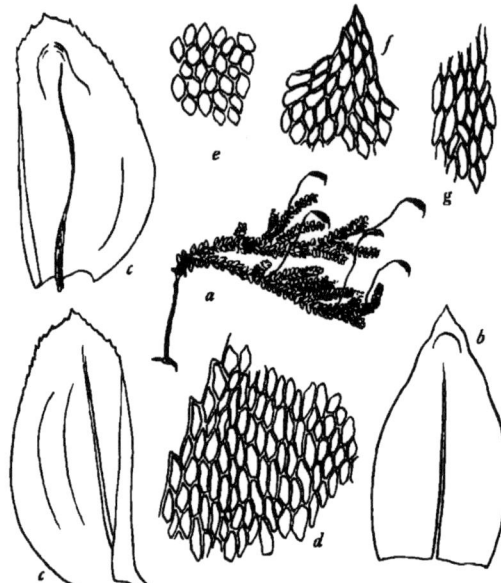

Fig. 47. *Porothamnium subexplanatum* H. n. sp. *a* Habitusbild 1:1. *b* Stengelblatt 15:1. *c* Astblätter 31:1. *d* Blattrand in der Mitte 250:1. *e* Zellen der Blattspitze 250:1. *f* Blattspitze 250:1 und *g* Zellen der Blattmitte 250:1 (*f* u. *g* von *P. explanatum*).

In der Talschlucht von Tablas, ca. 1800 m, No. 4638, 4639. Von *P. explanatum* (Mitt.) durch verschiedenartige Stamm- und Astblätter, lockreres Zellnetz in der Spitze der Astblätter, sehr hohe Astblätter und kräftigeren Wuchs zu unterscheiden.

524. **Porothamnium comosum** Herzog nov. spec. (Fig. 48).

Sterile; caule primario rhizomatico repente tomentoso, caulibus secundariis erectis arbusculantibus 6—8 cm longis, parte inferiore stipitiformi 4—5 cm longa eramosa atrata foliis squamiformibus pallidis appressis laxe obtecta, apice tantum ramosis, ramis numerosis brevibus teretiusculis iterum laxe ramosis tenuibus in comam densam congestis. Folia caulina concavissima, late triangulari-ovata, cucullata, vix apiculata, apice parce serrulata, 3 mm longa, basi 3 mm lata, nervo viridi ultra medium saepius inaequaliter furcato; ramalia multo minora, e basi ovata breviter ligulata, 1,5 mm longa, parum concava, plicata, apice argute grosse, inferne minutius serrata, nervo validiusculo ³/₄ folii percurrente, cellulis alaribus perpaucis fuscatis vix excavatis, ceteris omnibus anguste linearibus apicalibus abbreviatis laxioribus.

An der Waldgrenze über Tablas, ca. 3400 m, No. 2813.

Mit *P. leucocaulon* (C. M.) verwandt.

Porotrichodendron Fleisch. Laubm. v. Java.

525. **Porotrichodendron superbum** (Tayl.) Broth. (Fig. 49).

Porotrichum Mitt.
Porotrichodendron bolivianum Herzog in sched.
Neckera heteroclada Herzog in Beih. Bot. Centralblatt 1909.
Eine sehr kritische, formenreiche Art.

Im Nebelwald über Comarapa, ca. 2600 m, No. 3819 u. 4216 c. fr., hier auch eine lang herabhängende Form (f. pendula) No. 3818; bei Incacorral, ca. 2200 m, No. 4979, steril; eine Form mit quergewellten Stengelblättern (f. undulata) im Nebelwald über Comarapa, ca. 2600 m, No. 3950 u. 4206; in den Estradillas über Incacorral ca. 3000 m (1. Reise, als *Neckera heteroclada* mihi veröffentlicht).

Die vorliegende Art ändert im Wuchs, in der Beblätterung und der Blattform so sehr ab, daß die Unterbringung steriler Formen die größten Schwierigkeiten bereitet. Es lassen sich 2 Haupttypen unterscheiden, nämlich die mit durchaus drehrunder Beblätterung von Stengel und Ästen und die mit verflachter Beblätterung des Hauptstengels, wobei aber die Äste doch fast drehrund beblättert sind. Der erstere Typus unterscheidet sich auch durch den etagenförmigen Wuchs und durchwegs löffelartig hohle Blätter von dem zweiten, bei welchem die Äste meist fiederig in einer Ebene abstehen und die Blätter des Hauptstengels meist etwas verflacht erscheinen. Als extreme Form dieses zweiten Typus betrachte ich No. 3950 u. 4206 sowie die Pflanzen aus den Estradillas von meiner ersten Reise, die mich zur Aufstellung einer neuen *Neckera*-Art veranlaßten. Hier ist die Querwellung der Stengelblätter derartig auffallend, daß sie sofort an *Neckera* denken läßt, zumal die Sporogone fehlen und infolgedessen nicht auf die richtige Spur leiten können. Eine sorgfältige Vergleichung aller vorliegenden Exemplare läßt jedoch die Identität derselben und ihre Zugehörigkeit zu *P. superbum* erkennen. Eine seltsame Wuchs-

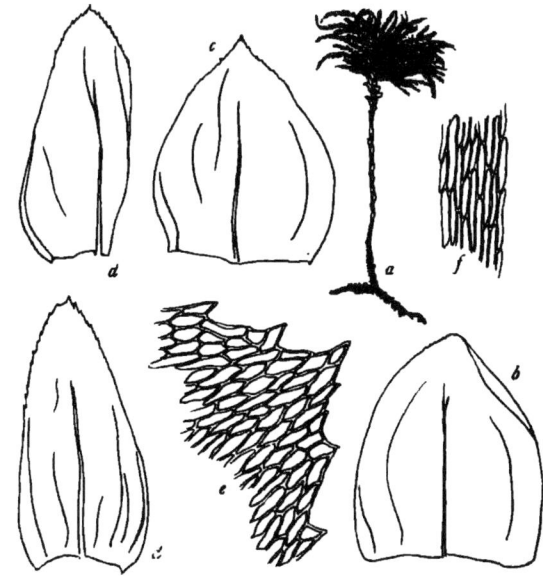

Fig. 49. *Porothamnium comosum* H. n. sp. *a* Habitusbild 1:1, *b* Stengelblatt 15:1, *c* oberes Stengelblatt 31:1. *d* Astblätter 31:1, *e* Blattspitze (Astblatt) 250:1, *f* Zellen der Blattbasis 250:1.

form ist auch die *f. pendula*, die sich aber in ihrer rundlichen Beblätterung trotzdem eng an den 1. Typus anschließt. No. 4979 zeichnet sich durch sehr verflachte Beästung und die flagellenförmigen Astendigungen aus und zeigt an einzelnen Stengelblättern den Beginn einer Querwellung, wodurch sie zu der *f. undulata* hinüberleitet; wahrscheinlich ist diese Form identisch mit *P. stolonaceum* Hpe.

526. Porotrichodendron gracile Herzog nov. spec. (Fig. 50).

Sterile; laxe caespitosum, iterum proliferum, habitu Hylocomium umbratum vel H. proliferum in mentem referens, caulibus arcuatis ad 10 cm longis tertiusculis eleganter irregulariter laxe bipinnatim ramosis, ramis flexuosis flagelliformi-attenuatis, exodermide rubro-pellucida, ceterum flavido-viridibus nitidulis. Folia caulina densiuscule imbricata, haud vel vix complanata, parum concava, e basi exauriculata late ovalia, 2 mm longa, obtusa, brevissime apiculata, apice minutim argute eroso-serrata, nervo ³/₄ folii percurrente, cellulis alaribus paucis ellipticis incrassatis vix fuscatis parum excavatis, ceteris anguste linearibus apice abbreviatis, ramalia multo minora, vix 1 mm longa, concaviora, late spathulata, (supra medium latissima), exauriculata, apice argute eroso-serrulata, nervo medio tenuissimo, cellulis alaribus perpaucis distinctis parum excavatis, ceteris limpidis angustissimis.

— 122 —

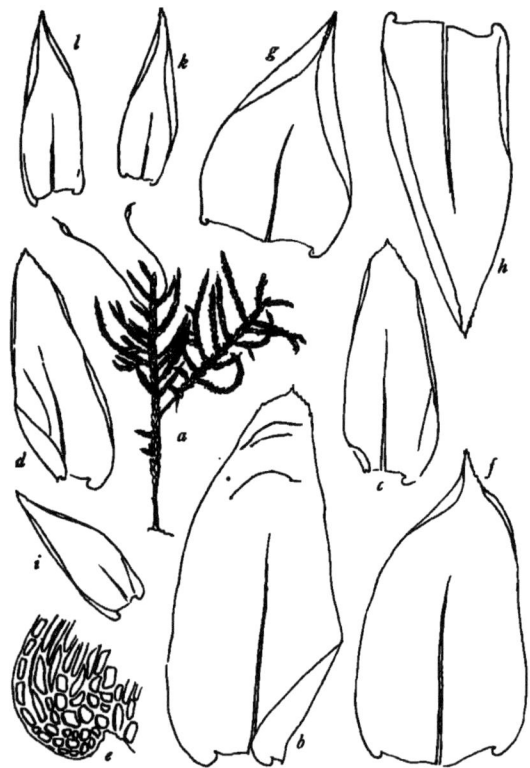

Fig. 49. *Porotrichodendron superbum* (Tayl.). *a* Habitusbild 1:1 No. 3819, *b—e* No. 4979: *b* Stengelblatt 31:1. *c, d* Astblätter 31:1, *e* Blattöhrchen 250:1, *f—l* No. 4215: *f, g, h* Stengelblätter 31:1, *i, k, l* Astblätter 31:1.

An der Waldgrenze über Tablas, ca. 3400 m, No. 2875.

Von *P. superbum* durch den schlanken Wuchs, die sehr dünnen Äste und sehr kleinen Astblätter, sowie deren Form und das Fehlen des Blattöhrchens bestens unterschieden.

527. Porotrichodendron robustum Broth. n. sp. (Fig. 51).

Robustum, lutescenti-viride, nitidiusculum; caulis secundarius ca. 8 cm longus, strictus, dense foliosus, ramosus, ramis vix complanatulis, dense pinnatim ramulosis, ramulis patentibus, plerumque raptim flagella elongata, filiformi, plus-minusve ramose instructis; folia erecto-patentia, cochleariformi-concava, caulina oblonga vel ovato-oblonga, breviter acuminata, acuta, marginibus erectis, superne incurvis ibidemque minute serrulatis, nervo tenui, ultra medium folii evanido, cellulis superioribus anguste rhomboideis, inferioribus linearibus; folia ramea angustiora. Caetera ignota.

Im Nebelwald über Comarapa, alt. 2600 m, No. 3937.

Species statura robusta ramisque uberrime filiferis oculo nudo jam dignoscenda.

Porotrichopsis Broth et Herzog nov. gen.

528. Porotrichopsis flacca Herzog nov. spec. (Fig. 52).

Dioica (planta ♂ tantum observata); caulis primarius rhizomaticus, arcuatus, apice decurvatus, stolonaceus, caules secundarios laxe dispositos simplices flaccos tenues arcuatos apice flagelloso-attenuatos ibique defoliantes emittens, floribus ♂ creberrimis gemmaceis, perigonialibus concavissimis obovatis marginibus late inflexis acuminatis integerrimis. Folia laxe disposita, undique patentia, strictiuscula, nitida, sicca immutata, 2 mm longa, carinato-concava, e basi angustiore haud auriculata anguste lineari-spathulata, acuta, apice irregulariter grosse serrata, margine a basi usque ad medium angustissime revoluto, nervo simplici tenuissimo viridi, infra medium evanido, cellulis alaribus valde distinctis totum spatium inter nervum marginemque occupantibus laxis subquadratis vel ovalibus incrassatis, nonnullis magnis fuscatis excavatis, ceteris omnibus elongate hexagonis laxiusculis laevibus chlorophyllosis.

Zwischen andern Baummoosen im feuchten Bergwald zwischen San Mateo und Sunchal, über 2000 m ?, No. 4503.

Dieses hübsche, leider nur spärlich und steril gefundene Moos gehört zweifellos zu einer neuen Gattung in der Verwandtschaft der *Porotrichen*. Der Zuschnitt der Blätter, wenn auch in dieser ungewohnt schmalen Form stark verändert, die grobe Serratur der Blattspitze, die dünne einfache Rippe und das hexagonale Zellnetz lassen die Zugehörigkeit desselben zu den *Porotrichen* ohne weiteres erkennen. Für die neue Gattung charakteristisch ist jedoch die große, ausgehöhlte Gruppe von Blattflügelzellen, die die ganze Breite des Blattgrundes mit Ausnahme der Rippe einnimmt. Eine deutliche Differenzierung von Blattflügelzellen findet sich zwar schon bei *Porotrichodendron*, aber dort sind sie viel kleiner und in einem kleinen, deutlich abgesetzten Blattöhrchen zusammengedrängt, während bei *Porotrichopsis* nicht die Spur eines Blattöhrchens zu finden ist, die Basis vielmehr die schmalste Stelle des Blattes darstellt.

Fig. 50. *Porotrichodendron gracile* H. n. sp. *a* Habitusbild 1:1, *b, c* Stengelblätter 31:1. *d, e, f* Astblätter 31:1. *h* Spitze eines Stengelblattes 250:1, *i* Flügel eines Stengelblattes. *k* Flügel eines Astblattes 250:1.

Lembophyllaceae.

Lembophyllum Lindb. in Act. Soc. Sc. Fenn. X.

529. **Lembophyllum bolivianum** Herzog nov. spec. (Fig. 53).

Late caespitosum, e pallide viridi ochraceum, caule primario repente, secundariis suberectis vel arcuatis 5—7 cm longis superne subpinnatim ramosis ramis brevibus teretibus attenuatis subcuspidatis. Folia sat densa, concavissima, cymbiformi-incumbentia, e basi latissima auriculata subrotundo-ovata, apice perfecte rotundato latissimo, ibique tenerrime crenulata, ceterum integerrima, nervis duobus brevissimis obsoletis, cellulis angustissime linearibus subvermicularibus, modice incrassatis conflata, auriculis valde excavatis cellulis multis subrotundis incrassatis chlorophyllosis fuscescentibus contexta; ramulia minora, angustiora, latissime apiculata, distinctius suberoso-crenulata.

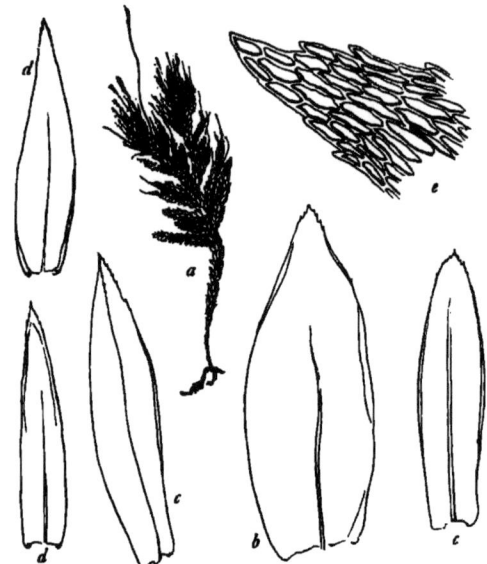

Fig. 51. *Porotrichodendron robustum* Broth. n. sp. *a* Habitusbild 1:1, *b* Stengelblatt 31:1. *c* Astblätter 31:1 (*b* u. *c* von No. 3937), *d* Astblätter 31:1. *e* Spitze eines Astblattes 250:1 (*d* u. *e* von No. 4209).

Zwischen Gras in der Felsschlucht von Toncoli, ca. 3500 m, No. 4382; an der Waldgrenze des Rio Saujana ca. 3500 m, No. 3250/a.

Das Vorkommen einer Art dieser bisher nur aus Australien, Tasmanien und Neu-Seeland bekannten Gattung ist pflanzengeographisch außerordentlich bemerkenswert. Es läßt einmal auf Zwischenstationen der bisher im antarktischen Südamerika noch nicht gefundenen Gattung in Patagonien und Feuerland schließen und bildet andererseits ein wichtiges Glied in der Reihe antarktischer Pflanzen, die längs der Cordillere nach Norden gewandert sind.

Entodontaceae.

Entodon C. M. in Bot. Ztg. 1844.

Sect. *Erythropus* Broth.

530. **Entodon Nanoclimacium** C. M.

Auf Steinen und über Baumwurzeln, breite, meist reich fruchtende Rasen bildend.

Im oberen Coranital, ca. 2600 m, No. 3366; im Bergwald von Florida de San Mateo, ca. 1600—1800 m, No. 3653 (*f. stylosa*); im Bergwald des Rio Tocorani, ca. 2600 m, No. 4076 (*f. stylosa*); bei Incacorral, ca. 2300 m, No. 4974 (*f. robustior*); bei Florida de San Mateo, ca. 1600 m, No. 3715 (*f. robustior*); an der Waldgrenze des Rio Saujana (Quimzacruz), ca. 3400 m, No. 3266 (*f. robustior*).

var. **macropterus** Herzog nov. var.

A typo differt foliis latioribus, cellulis a l a r i b u s n u m e r o s i s s i m i s alam magnam constituentibus.

Auf Steinen bei Incacorral, ca. 2200 m, No. 5011.

Bei dieser Art kommen Formen mit kürzerer und längerer Columella vor. Die letztere Form, bei welcher die Columella über den Rand der trockenen Kapsel emporragt, habe ich als *forma stylosa* bezeichnet.

531. **Entodon micans** Herzog nov. spec. (Fig. 54).

Autoicus; late caespitosus, depressus, c a u l i b u s g r a c i l l i m i s r e p e n t i b u s apice stolonoideis pallide viridibus a r g e n t e o - m i c a n t i b u s subpinnatim ramosis, ramis tenuibus s i c c i s s u b t e r e t i b u s foliis decurvis, humidis sursum convexis deorsum concavis inde subtus sulcatis. Folia caulina c o n c a v i s s i m a, m i n u t a, 1 mm longa, o v a l i a, brevissime apiculata, apiculo subrecurvo tenerrime serrulato, ceterum integerrima, nervis nullis, cellulis tenuissimis limpidis angustissimis, alaribus multis quadratis chlorophyllosis, ramalia vix minora parum angustiora; perichaetialia convoluta, anguste oblonga, longe acuminata, acumine reflexo integerrima. Seta b r e v i s, 8—10 mm longa, rubra; theca breviter cylindrica, vix ultra 2 mm longa, levissime striata, operculo brevi oblique rostrato, columella prominente, peristomio brevi 0,25 mm longo, externo dentibus ex aureo fuscatis anguste lanceolatis basi horizontaliter superne oblique striatis apice pallidis, juvenilibus laevibus, vetustis superne papillosis, interno processibus aequilongis angustissime linearibus carinatis, linea mediana hic illic fissis laevibus hyalinis; sporis ochraceis, diametro 0,010—0,012 mm laevissimis.

Auf Baumwurzeln im Wald bei Yuto (Ostrand der Cordillere, N. Argentinien), ca. 400—500 m, No. 2551 u. 3762.

Mit *E. Beyrichii* Schwgr. nahe verwandt, aber in allen Teilen bedeutend kleiner und durch das Peristom verschieden.

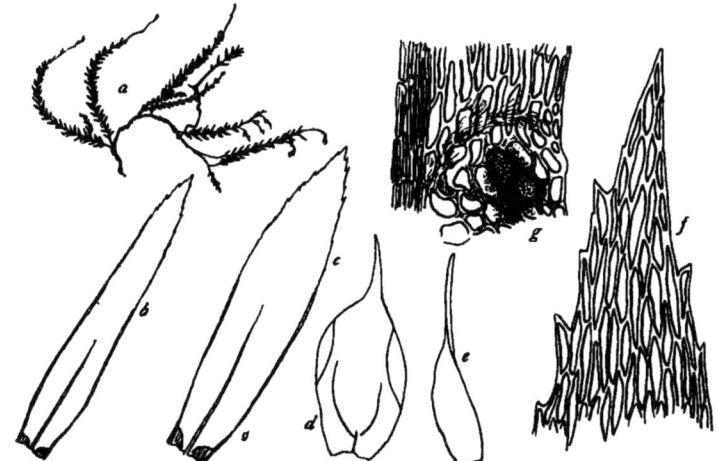

Fig. 52. *Porotrichopsis flacca* Broth. et H. n. gen. *a* Habitusbild 1:1, *b, c* Blätter 31:1, *d, e* Perigonialblätter 31:1, *f* Blattspitze 250:1, *g* Blattflügel 250:1.

Sect. *Xanthopus* Broth.

532. Entodon flexipes C. M.

Im Bergwald von Florida de San Mateo, ca. 1800 m, No. 3718.

533. Entodon flavissimus C. M.

An Baumästen und Steinen, häufig auch auf den Einfassungsmauern der kleinen Äcker im Waldgebiet.

An Bäumchen in den Estradillas über Incacorral, ca. 3100—3300 m, No. 3333; im oberen Coranital, ca. 2300—2600 m, No. 3388; zwischen Tocorani und Lagunillas, ca. 3000 m, No. 3844; bei Incacorral, ca. 2200 m, No. 5012.

534. Entodon gracilisetus Hpe.

Auf Steinen und an Baumwurzeln.

Zwischen San Miguelito u. Sillar, ca. 1600 m, No. 2728; bei Incacorral, ca. 2200 m, No. 5015, 5040.

535. Entodon microcarpus Broth. n. sp.

A u t o i c u s; gracilescens, laete viridis, nitidus; c a u l i s usque ad 3 cm longus, dense et complanate foliosus, pinnatim ramosus, ramis patulis, vix ultra 1 cm longis, cum foliis ca. 2 mm latis, obtusis; f o l i a lateralia patentia, concava, e basi contracta ovato-oblonga, breviter acuminata, acuta, marginibus erectis, apice minute serrulatis, nervis binis, brevibus, cellulis angustissime linearibus, basilaribus brevioribus et laxioribus, alaribus numerosis, quadratis; bracteae perichaetii erectae, e basi longe vaginante sensim lanceolato-subulatae, integrae; seta solitaria, ca. 1 cm alta, tenuis, lutea; theca erecta, anguste cylindracea, ca. 3 mm longa et ca. 0,57 mm crassa, pallida; exostomii dentes lanceolati, ca. 0,3 mm longi et ca. 0,07 mm lati, aurantiaci, basi transverse, superne oblique striati, laeves; endostomium fuscum, laeve; processus dentium longitudinis, angustissime lineares; spori 0,017 ad 0,020 mm, virides, laeves; operculum e basi conica breviter oblique rostratum.

Corani-Tal, Steine, alt. 2100 m, No. 3393.

Species seta solitaria, theca minuta, angusta oculo nudo jam dignoscenda.

Pylaisia Br. et Schimp. in Hook. Lond. Journ. of bot. II.

536. **Pylaisia panduraefolia** Herzog nov. spec.

Autoica; densiuscule caespitosa, e viridi aurescens vix nitidula, caulibus repentibus apice curvatis dense ramosis, ramis suberectis ad 1 cm longis crassiusculis. Folia densa, subsecunda, e basi subcordata ovata, subpanduriformia, concavissima, longiuscule acuminata, margine erecta, integerrima, nervis subnullis vel raro brevissimis obsoletis, cellulis angustis breviter linearibus chlorophyllosis, alaribus multis subquadratis valde chlorophyllosis; perichaetialia patula, angustiora, integerrima. Seta erecta, 12—15 mm longa, arcte spiraliter torta, rubra; theca cylindrica, recta vel parum curvata, 2 mm longa, operculo brevi conico; peristomii externi dentibus longiusculis cristatis apice pallidis nodoso-articulatis,

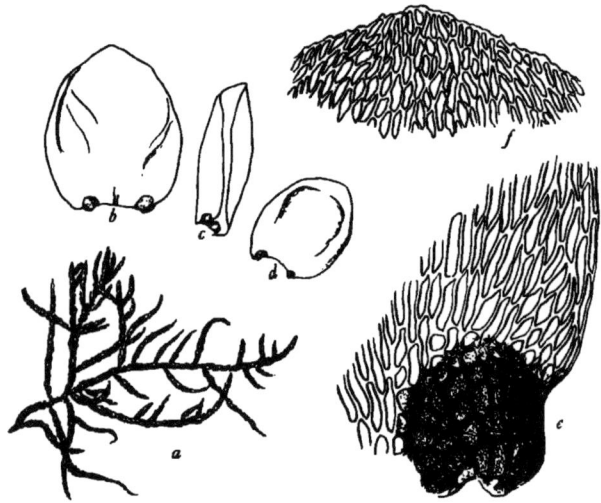

Fig. 53. *Lembophyllum bolivianum* H. n. sp. *a* Habitusbild 1:1, *b* Stengelblatt 20:1, *c*, *d* Astblätter 20:1, *e* Blattflügel 250:1, *f* Blattspitze 250:1.

interni processibus aequilongis angustis linea mediana fissis subhyalinis; sporis viridissimis, diametro 0,020 mm, tenerrime punctulatis.

Im Hochland von Totora, ca. 2800 m, No. 5123.

Der *P. subfalcata* Schimp. nahestehend, aber durch sehr hohle, etwas geigenförmige Blätter und kürzere Blattspitze unterschieden.

Erythrodontium Hampe Symb. VIII.

537. **Erythrodontium squarrosum** (C. M.) Par.

An Baumästen im Bergwald von Florida de San Mateo, ca. 1600—1800 m, No. 3652, 3683; bei Tres Cruces (Cord. von Santa Cruz), ca. 1400 m, No. 3490/a.

538. **Erythrodontium Germainii** (C. M.) Par.

var. **brevipes** Broth. nov. var.

A typo differt seta brevi.

Bei Tres Cruces, Cordillere von Santa Cruz, ca. 1400 m, No. 3490.

539. **Erythrodontium brasiliense** (Hpe.) Par.

Bei Tres Cruces, Cordillere von Santa Cruz, ca. 1400 m, No. 3490/b.

540. **Erythrodontium macrocarpum** Broth. n. sp.

A u t o i c u m; robustum, caespitosum, caespitibus densis, viridibus, inferne fuscescentibus, nitidis; c a u l i s elongatus, divisus, divisionibus repentibus, dense foliosis, dense ramosis, ramis erectis, vix ultra 1 cm longis, dense et julaceo-foliosis; f o l i a imbricata, cochleariformi-concava, late ovalia, raptim breviter acuminata, acuta, marginibus erectis, integerrimis, enervia, cellulis anguste ellipticis-alaribus numerosis quadratis vel transverse latioribus; bracteae perichaetii internae erectae, e basi longe vaginante sensim lanceolato-subulatae, apice minutissime denticulatae; s e t a 1,5 cm alta, lutescenti-rubra; t h e c a erecta, oblonga-cylindracea, ca. 3 mm longa et ca. 1 mm crassa, pallide fuscidula; e x o s t o m i i dentes aurantiaci, lanceolati, laeves, ultra orificium ca. 0,32 mm longi et ca. 0,065 mm lati; s p o r i 0,025—0,035 mm, virides, minute papillosi; o p e r c u l u m e basi conica breviter et oblique rostratum.

In der Dornbuschsteppe von Comarapa, an Gesträuchwurzeln, alt. 1900—2000 m, No. 4320.

Species robustitate omnium partium a congeneribus oculo nudo jam dignoscenda.

Stereophyllum Mitt. Musc. Ind. or.

541. **Stereophyllum Lindmanii** Broth.

An Baumwurzeln bei Yuto (Randgebirge der Cordillere), N. Argentinien, ca. 450 m, No. 3763.

542. **Stereophyllum leucostegium** (Brid.) Mitt.

Mit voriger Art bei Yuto, No. 3767; beim Asiento im Aracatal an Gesträuchwurzeln, ca. 3800 m, No. 2988 (auffallend hoher Fundort!).

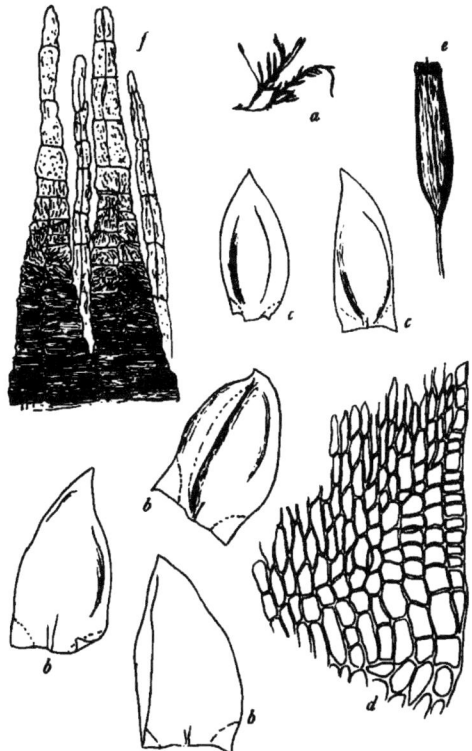

Fig. 54. *Entodon micans* H. n. sp. *a* Habitusbild 1:1. *b* 3 Stengelblätter 31:1, *c* 2 Astblätter 31:1, *d* Blattflügel (Stengelblatt) 250:1, *e* Kapsel ca. 15:1, *f* Peristom 250:1.

Fabroniaceae.

Fabronia Radd. in Atti dell. Acad. de Scienze di Siena IX.

543. **Fabronia andina** Mitt.
An Konglomeratfelsen und dünnen Ästchen unter Gebüsch bei La Paz, ca. 3600 m, No. 2560; an Felsen bei der Mine Viloco (Quimzacruz), ca. 4400 m, No. 3302.

544. **Fabronia argentinica** C. M.
An Bäumen im Wald bei Yuto (N. Argentinien), ca. 450 m. No. 2551/a, 3768.

545. **Fabronia Podocarpi** C. M.
An Baumästen bei Tres Cruces (Cord. v. Santa Cruz), ca. 1400 m, No. 3486.

546. **Fabronia Attaleae** Herzog in Beih. Bot. Centr. 1909.
In den Achseln der abgefallenen Blätter von *Attalea princeps* um Santa Cruz, ca. 400 m, No. 2621.

Anacamptodon Brid. Mant. musc.

547. **Anacamptodon cubensis** (Sull.) Mitt.
Auf faulem Holz im Bergwald von Tres Cruces, Cord. von Santa Cruz, ca. 1400 m, No. 3551.

Hookeriaceae.

Daltonieae.

Daltonia Hook. et Tayl. Musc. brit.

548. **Daltonia longifolia** Tayl.
An Baumästen im oberen Coranital, ca. 2600 m, No. 3399; im unteren Coranital, ca. 1800 m, No. 4680; in der Talschlucht bei Tablas, ca. 1800 m, No. 4650, forma foliis angustioribus, seta longiore.

549. **Daltonia tenuifolia** (Mitt.).
An der Waldgrenze über Tablas, ca. 3400 m, No. 2940; im oberen Coranital, ca. 2600 m, No. 3418; in der Quebrada de Pocona, ca. 2800 m, No. 5149.

550. **Daltonia gracilis** Mitt.
Im unteren Coranital, ca. 1800 m, No. 4721.

551. **Daltonia pulvinata** Mitt.
Auf Baumästen im Nebelwald über Comarapa, ca. 2600 m, No. 4267; im unteren Coranital, ca. 1800—2000 m, No. 4761.

552. **Daltonia Jamesonii** (Tayl.).
var. **laevis** Herzog nov. var.
A typo differt seta laevissima.
Auf schwarzer Erde an feuchten Felsen der Cerros de Malaga, ca. 4000 m, No. 4415.

553. **Daltonia pellucida** Herzog nov. spec.
Robustiuscula, pulvinata, caulibus 1—2,5 cm longis basi dense fusco-tomentosis, superne iterum ramosis vel subsimplicibus, e viridi flavescens, opaca. Folia densa, sicca contorta, flexuosa, humida e r e c t a, s t r i c t i u s c u l a, 3—4 mm longa, l o n g e o b l o n g o - l i g u l a t a, breviter acuminata, integerrima, profunde complicato-carinata, a p i c e d o r s o i m p r e s s a, m a r g i n i b u s l a t e r e c u r v i s, l a t e l i m b a t a, limbo basi 7—9-seriali, in apice 2-seriali, nervo in plica mediana abscondito longe ab apice evanido, cellulis omnibus fere l a x i s p e l l u c i d i s hexagonis in apice tantum densioribus, haud incrassatis, chlorophyllosis. Seta vix 1 cm longa, valde torta, l a e v i s s i m a, purpurea; theca ovalis, deoperculata macrostoma, atropurpurea. Cetera ignota.
Auf Baumästen im Nebelwald über Comarapa, ca. 2600 m, No. 4214, 4294, 4281.

Diese Art zeichnet sich durch das lockere Zellnetz der Blätter, stark zurückgeschlagene Blattränder und breiten Saum, sowie durch die glatte Seta aus.

554. **Daltonia subirrorata** Broth. n. sp.

Gracilescens, caespitosa, caespitibus parvis, pallide viridibus, subopacis; caulis vix ultra 1 cm longus, basi fusco-tomentosus, dense foliosus, simplex vel parce ramosus; folia sicca laxe adpressa, crispatula, humida erecto-patentia, e basi elongate oblonga lanceolato-ligulata, anguste acuminata, ca. 3 mm longa, marginibus anguste recurvis, integris, nervo longe infra apicem folii evanido, cellulis ovali-hexagonis, subpellucidis, basilaribus longioribus, pellucidis, infimis laxis, marginalibus limbum pallidum, inferne 3—4seriatum, superne angustiorem efformantibus; seta ca. 1 cm alta, tenuis, rubra, sublaevis; theca erecta, ovalis, fusca; spori 0,012—0,015 mm, virides, laeves; operculum e basi conica recte subulatum; calyptra ad medium thecae producta, fimbriata, laevis.

Incacorral, alt. 2200 m, No. 4950.

Species D. irroratae Mitt. valde affinis, sed statura graciliore, foliis cellulis superioribus brevioribus dignoscenda.

555. **Daltonia latolimbata** Broth. n. sp.

Robustiuscula, caespitosa, caespitibus parvis, lutescenti-viridibus, subopacis, caulis usque ad 2 cm longus, basi fusco-tomentosus, dense foliosus, simplex vel ramosus; folia sicca laxe adpressa, flexuosula, humida erecto-patentia, e basi oblonga lanceolato-ligulata, anguste acuminata, usque ad 4 mm longa, marginibus anguste recurvis vel subplanis (Th. H.), integris, superne parce subdenticulatis (Th. H.), nervo longe infra apicem folii evanido, cellulis superioribus incrassatulis, subpellucidis, lumine elliptico, basilaribus longioribus, infimis laxis, marginalibus limbum lutescentem, basi multiseriatum, apice 2—3seriatum efformantibus; seta ca. 7 mm alta, tenuissima, flexuosa, rubra, superne scaberula; theca erecta, ovalis, fusca; spori 0,025 mm, virides, laeves. Caetera ignota.

Incacorral, alt. 2200 m, No. 4950/a.

Species foliorum forma marginibusque recurvis ad sect. B. in Engler-Prantl referenda, sed cellulis superioribus incrassatulis, lumine haud angulato dignoscenda.

Distichophylleae.

Adelothecium Mitt. Musc. austr. am.

556. **Adelothecium bogotense** (Hpe.) Mitt.

In der Talschlucht bei Tablas, ca. 1800 m, No. 4582.

Leskeodon Broth. in Nat. Pfl.

557. **Leskeodon andicola** (Spruce).

An dünnen Lianen im Bergwald des Rio Tocorani, ca. 2200 m, No. 4043; an gefallenen Ästchen im feuchten Bergwald des Sillar gegen Espiritu Santo, No. 2757/a.

Eriopus (Brid.) C. Müll. in Bot. Ztg. 1847.

558. **Eriopus papillatus** Herzog in Beih. Bot. Centr. 1909.

Auf faulem Holz und an nassen Steinen im Nebelwald über Comarapa, ca. 2600 m, No. 4217; in der Quebrada de Pocona, ca. 2800 m, No. 5147; im Bergwald des Rio Tocorani, ca. 2200 m, No. 4021.

Hookerieae.

Hookeria Sm. in Trans. Linn. Soc. IX.

559. **Hookeria acutifolia** Hook.

Auf feuchter Erde in Felshöhlen am Bach in der Talschlucht bei Tablas, ca. 1800 m, No. 4541.

Cyclodictyon Mitt. in Journ. Linn. Soc. VII.

560. **Cyclodictyon limbatum** (Hpe.). Kuntze
   An faulen Ästen im Bergwald des Sillar, ca. 1800 m, No. 2696.

561. **Cyclodictyon albicans** (Sw.).
   Auf faulem Holz im Bergwald des Sillar, ca. 1800 m, No. 2715.

562. **Cyclodictyon roridum** (Hpe.).
   Auf faulem Holz im Bergwald des Rio Tocorani, ca. 2200 m, No. 4004, 4005; auf faulem Holz in der Quebrada de Pocona, ca. 2800 m, No. 5143.

563. **Cyclodictyon pusillum** Herzog nov. spec.
   Sterile; aliis muscis intermixtum, c a u l e repente sat dense subpinnatim ramoso r a m i s q u e brevibus p l u m u l o s i s a n g u s t i s s i m i s cum foliis 1 mm latis, e pallide glauco-viridi flavidulis.

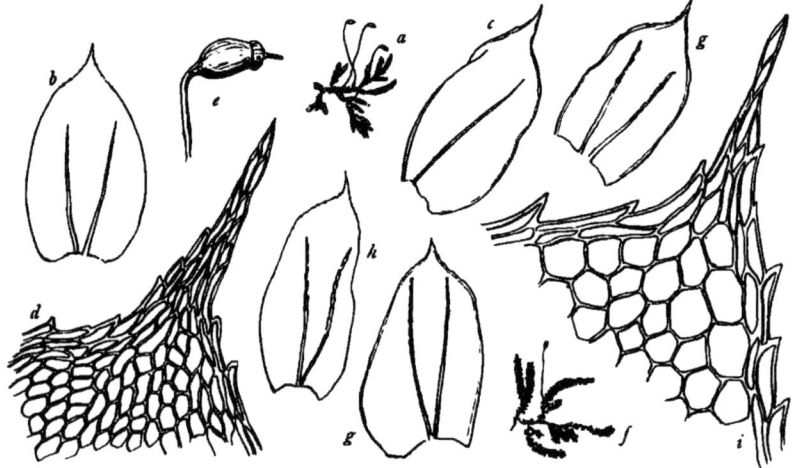

Fig. 55. *a—e Cyclodictyon obscurum* H. n. sp. *a* Habitusbild 1:1, *b* rückenständiges Blatt 31:1, *c* seitenständiges Blatt 31:1. *d* Blattspitze 250:1, *e* Kapsel; *f—i* *Cyclodictyon breve* H. n. sp. *f* Habitusbild 1:1, *g* rückenständige Blätter 31:1, *h* seitenständiges Blatt 31:1, *i* Blattspitze 250:1.

Folia e r e c t o - p a t e n t i a, complanata, sicca nec crispula nec incurva, subimmutata, m i n u t a, 1 mm longa, o b l o n g o - s u b p a n d u r i f o r m i a, anguste acuminata, acumine mediocri subpiliformi, a n g u s t e l i m b a t a, limbo 1—2seriato, s u b i n t e g e r r i m a vel superne indistincte appresse serrata, n e r v i s binis longis viridibus dorso a medio d e n s e v e s i c u l o s o - s e r r a t i s, cellulis l a x i s s i m i s h y a l i n i s.

   Auf gefallenen Ästchen im feuchten Bergwald des Sillar gegen Espiritu Santo, ca. 1600 m, No. 2757, mit *Leskeodon andicola*, *Hookeriopsis hypnacea*, *Callicostella spec.* und *Fissidens innovans*.

Die neue Art ist weitaus die zarteste und kleinste der Gattung und war mit bloßem Auge kaum von der sehr ähnlichen mit ihr zusammenwachsenden *Hookeriopsis hypnacea* zu unterscheiden.

564. Cyclodictyon obscurum Herzog nov. spec. (Fig. 55).

Dioicum; depresse caespitosum, obscure viride, caulibus repentibus substrato fasciculis rhizoidium affixis valde complanatis tenuibus humidis cum foliis 1,5 mm latis 3 cm longis valde ramosis, ramis plerumque brevibus obtusis. Folia ca. 1 mm longa, laxiuscule disposita, asymmetrica, sicca crispula, humida concava, late ovata, acuminata, acumine latiusculo mediocri argute serrato, limbata, limbo 3- in apice 4-seriato, nervis duobus laevibus viridibus divergentibus longis, cellulis sat densis hexagonis chlorophyllo repletis inferne parum laxioribus elongatis. Seta 1,5—2 cm longa, erecta, arcte spiraliter torta, laevissima, atropurpurea; theca inclinata vel horizontalis vel nutans,

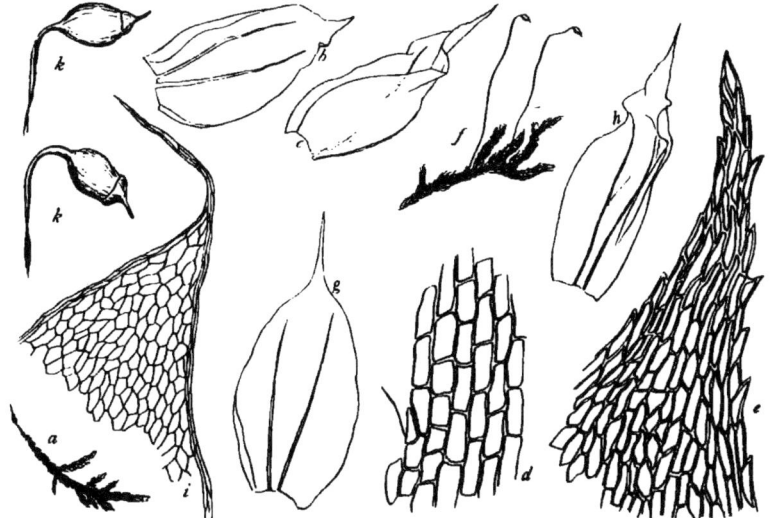

Fig. 56. *a—e Cyclodictyon angustirete* H. n. sp. *a* Habitusbild 1:1, *b* rückenständiges Blatt 15:1, *c* seitenständiges Blatt 15:1, *d* Zellnetz in der Blattmitte 250:1, *e* Blattspitze 256:1. *f—k Cyclodictyon Stephanii* H. n. sp. *f* Habitusbild 1:1, *g* rückenständiges Blatt 15:1, *h* seitenständiges Blatt 15:1, *i* Blattspitze 62:1, *k* 2 Kapseln.

e collo brevi atropurpureo breviter elliptica, pallide fusca, sub ore constricta, vix 2 mm longa, operculo alte cupulato aciculari-rostrato atropurpureo; peristomio generis; sporis diametro 0,012 mm.

Auf feucht-schattigen Steinen bei Incacorral, ca. 2200 m, No. 4973.

In die Verwandtschaft von *C. aeruginosum* (Mitt.) und *C. ulophyllum* (Besch.) gehörig, aber durch Kleinheit und kurze, breit eiförmige Blätter von ihnen unterschieden.

565. Cyclodictyon tocoraniense Herzog nov. spec.

Dioicum; depresse caespitosum, pallide glauco-virens, caulibus valde ramosis complanatis cum foliis vix 2 mm latis. Folia e basi ovata in acumen acutissimum flexuosum mediocre constricta, marginibus flexuosa, concavissima, limbata, limbo 3-seriali in apice interdum 4-seriali argute serrato, nervis binis ultra ³/₄ folii percurrentibus spinosoterminantibus dorso superne serratis, cellulis pro genere densiusculis breviter hexagonis chlorophyllosis.

An nassen Steinen im oberen Tocoranital, ca. 2600 m, No. 4106.

566. Cyclodictyon breve Herzog nov. spec. (Fig. 55).

Dioicum; depresse caespitosum, caulibus ad 5 cm longis valde ramosis ramulisque brevibus complanatis cum foliis ultra 2 mm latis pallide glaucescentibus. Folia brevia, latissime ovata, subtriangularia, in acumen cuspidiforme breviusculum constricta, margine flexuoso tenuiter limbata, limbo 2-seriato superne remote argute serrato, nervis ultra $^3/_4$ folii percurrentibus dorso superne valde serratis, cellulis omnibus laxissimis subrotundo-hexagonis diametro 0,040 mm, inferioribus 0,042 × 0,05 mm.

An feuchten Steinen im oberen Tocoranital, ca. 2600 m, No. 4049.

Dem *C. iporanganum* (Geh. et Hpe.) verwandt, aber durch sehr kurze Blätter unterschieden.

567. Cyclodictyon angustirete Herzog nov. spec. (Fig. 56).

Sterile; aliis muscis intermixtum, caulibus flaccidis ad 5 cm longis parce ramosis complanatis humidis 2,5 mm latis, pallide viridibus apicibus castaneis nigricantibus. Folia erecto-patula, concava, plicata, ovata, in acumen angustum contracta, 2 mm longa, apice remote argute serrata, limbo 4-seriali in apice evanido cellulis tenuibus fuscatis exstructo, nervis duobus pro folio tenuibus longis, cellulis superioribus densis hexagonis parum elongatis obliquatis, inferioribus laxiusculis subrectangulis, parietibus tenuibus fuscatis pellucidis.

Beim Abstieg ins Tal des Rio Paracti, 2800 m, No. 4392.

Dem *C. nivale* (C. M.), wie es scheint, nahestehend.

568. Cyclodictyon Stephanii Herzog nov. spec. (Fig. 56).

C. purpurascens Herzog in sched.

Autoicum; depressum, repens, caulibus inter alios muscos longe vagantibus 4—7 cm longis remote ramosis complanatis cum foliis ultra 3 mm latis e pallide viridi purpurascentibus. Folia sat densa, flaccida, crispata, undulata, e basi latissima late ovata, acuminata, acumine undulato in pilum tenuissimum breve flexuosum exeunte, tenerrime limbata, limbo biseriato purpurascente, subintegerrima, nervis duobus pro folio tenuibus longis parum divergentibus approximatis, cellulis laxissimis elongate hexagonis limpidis purpurascentibus. Seta 3 cm longa, purpurea, erecta, subflexuosa; theca inclinata vel horizontalis, e collo brevi ovalis, 2 mm longa, sub ore constricta, fusca, operculo conico longe recteque aciculari, calyptra ultra 1,5 mm longa, basi plurilobata glabra; peristomio generis.

Zwischen Sphagnum im feuchten Bergwald des Rio Tocorani, ca. 2300 m, No. 4026.

Durch die haarförmig gespitzten großen, ganzrandigen, sehr schmal gesäumten Blätter und das gestreckte, sehr lockere Zellnetz von dem anscheinend nahe verwandten *C. Lindigianum* (Hpe.) unterschieden. — Ich widme die Art dem bekannten Hepaticologen, meinem Mitarbeiter, Herrn F. Stephani.

Callicostella (C. M.) Jaeg. Adumbr. II.

569. Callicostella spec.

Andern Moosen untermengt — wenige sterile Stengel — an abgefallenen Ästen im Bergwald des Sillar, ca. 1800 m, No. 2757/c.

Hookeriopsis (Besch.) Jaeg. Adumbr. II.

Sect. *Enhypnella* (Hpe.).

570. Hookeriopsis variabilis (Hornsch.) Jaeg.

H. hypnacea (C. M.) Jaeg.

Auf faulem Holz in der Talschlucht bei Tablas, ca. 1800 m, No. 4659; an abgefallenen Ästchen im Bergwald des Sillar, ca. 1800 m, No. 2757/b, 2761, 2781.

Sect. *Cupressinadelphus* (C. M.) Broth.

571. **Hookeriopsis purpureophylla** (C. M.).
Auf Steinen im Bergwald des Sillar, ca. 1800 m, No. 2682.

572. **Hookeriopsis subsecunda** (Mitt.) Jaeg.
An nassen Steinen im Bergwald von Florida de San Mateo, über 2000 m, No. 3672; im Nebelwald über Comarapa, ca. 2600 m, No. 4300.

573. **Hookeriopsis falcata** (Hook.) Jaeg.
var. **latifolia** Herzog nov. var.
A typo differt foliis basi ovatis latioribus staturaque robustiore. Seta ut et in typo (lg. Humboldt) glabra non apice scabra, ut dicit Mitten.
An Steinen im Bergwald des Sillar, ca. 1800 m, No. 2729.

Sect. *Omaliadelphus* (C. M.) Jaeg.

574. **Hookeriopsis pachydictyon** Herzog nov. spec. (Fig. 57).

Dioica; laxe caespitosa, decumbens, ex aureo-fulvo fuscescens; caulibus exodermide subsphagnoidea, tenuibus cum foliis 1 mm latis, 6—8 cm longis vagantibus flexuosis, humidis distincte complanatis parce ramosis, ramis brevissimis. Folia sicca rugulosa, accumbentia, humida amoene pennaeformi-patentia, suberecta, undulata, dorsalia majora, late ovata, breviter acuminata, acumine tenui acutissimo flexuoso subrecurvo vel obliquo, valde concava, longitudinaliter plicata, superne remote serrata, nervis duobus tenuibus supra medium evanidis dorso laevibus fuscis, cellulis basalibus medianisque laxis ellipticis vel hexagonis, apicalibus marginalibusque pluribus seriebus usque fere ad basin valde angustioribus elongatis limbum male limitatum efformantibus, omnibus — marginalibus magis — incrassatis punctulatis laevibus; lateralia parum asymmetrica, angustiora, ventralia vix minora, symmetrica. Seta recta, 2,5—3 cm longa, rubra, laevissima; theca ovalis, sub ore constricta, vix 2 mm longa, operculo breviter recte rostrato.

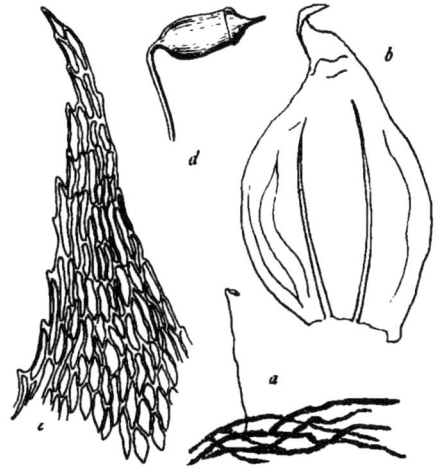

Fig. 57. *Hookeriopsis pachydictyon* H. n. sp. *a* Habitusbild 1:1, *b* Blatt 62:1, *c* Blattspitze 250:1, *d* Kapsel.

Im Buschfilz an der Waldgrenze über Tablas, ca. 3400 m, No. 2823.
Durch das Zellnetz sehr eigenartig.

575. **Hookeriopsis lepidopiloides** Herzog nov. spec. (Fig. 58).

Synoica; laxe caespitosa, caulibus repentibus ramosis valde complanatis cum foliis 4 mm latis amoene viridibus nitidis, habitu quodam lepidopiloideo. Folia undulata, densiuscula, lateralia valde patentia, horizontaliter subfalcata, oblongo-elliptica, asymmetrica, acuminata, acumine brevissimo tenui, superne argute serrata, nervis binis tenuibus viridibus inaequalibus supra medium evanidis laevissimis, cellulis elongate-hexagonis angustis chlorophyllosis; media minus asymmetrica. Seta 2—2,5 cm longa, erecta, flexilis, laevissima, rubra; theca horizontalis, e collo distincto longiusculo ovalis, sub ore constricta, sicca deoperculata curvata, vix 2 mm longa, operculo cupulato oblique breviter rostrato; peristomio generis, sporis diametro, 0,012 mm viridulis.

Auf Steinen in der Talschlucht bei Tablas, ca. 1800 m, No. 4580.

Durch glatte Blattrippen von den verwandten Arten unterschieden.

576. **Hookeriopsis Williamsii** Herzog nov. spec.

A u t o i c a; depresse caespitosa, tenella, e v i r i d i f l a v a, n i t i d a, caulibus repentibus valde ramosis, ramis vix 1 cm longis parum arcuatis gracilibus cum foliis 1,5 mm latis. Folia l a e v i a, densiuscula, 1—1,2 mm longa, e basi elliptica concava acuminata, a c u m i n e l o n g i u s c u l o argute serrato, in lateralibus parum longiore obliquo falcato, nervis binis in lateralibus ultra medium pertinentibus, in mediis brevioribus, tenuibus, d o r s o s e r r a t i s, cellulis angustis l i n e a r i b u s l a e v i s s i m i s.

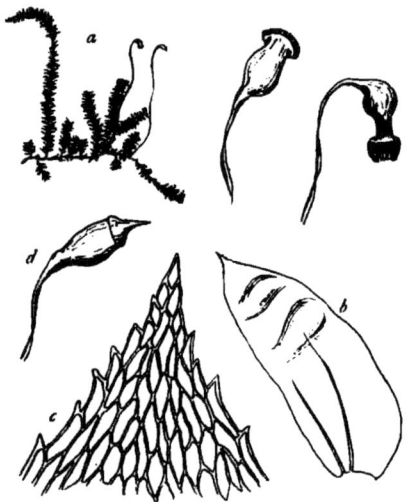

Fig. 58. *Hookeriopsis lepidopiloides* H. n. sp. *a* Habitusbild 1:1, *b* Blatt 20:1, *c* Blattspitze 250:1, *d* bedeckelte Kapsel, *e* 2 entleerte Kapseln.

Seta 16—20 mm longa, tenuis, erecta, flexuosa, apice arcuata, laevissima, rubra; theca horizontalis, ad 2 mm longa, e c o l l o t e n u i r u b r o b r e v i t e r c y l i n d r i c a, curvata, pallide ochracea, macrostoma, operculo rubro breviter rostrato, peristomio generis.

In der Talschlucht bei Tablas, ca. 1800 m, No. 4547.

Durch den Blütenstand, glatte und langzugespitzte Blätter und die geringe Größe unter den *Omaliadelphen* bestens charakterisiert.

Lepidopilidium (C. M.) Broth. in Nat. Pfl.

577. **Lepidopilidium synoicum** Herzog nov. spec.

S y n o i c u m; laxe caespitosum, amoene viride, nitidulum, caulibus decumbentibus 3 cm longis basi radicantibus ramosis, caule ramisque complanatis 3 mm latis angustatis. Folia p a t e n t i a, sicca parum contorta, apicibus subrecurvis, e basi c o r d a t a l a t e o v a l i a, b r e v i t e r a c u m i n a t a, lateralia parum asymmetrica, paullum longiora, angustiora, indistincte limbata, superne serrulata, nervis duobus medio evanidis tenuibus, c e l l u l i s m a j u s c u l i s b r e v i t e r e l l i p t i c o s u b h e x a g o n i s chlorophyllosis. Seta breviuscula, 4—5 mm longa, erecta, apice hamata, tenuis, p a p i l l o s a, pallide rubens; theca h o r i z o n t a l i s v e l d e c u r v a t a, elliptica, sub ore constricta, operculo oblique rostrato, c a l y p t r a 4—5lobata l a e v i s s i m a; peristomii externi dentibus robustis anguste lanceolatis hyalino-marginatis, linea mediana sulcatis, dense striolatis, lamellis densissimis ateraliter prominentibus, interni processibus aequilongis carinatis flavidis; sporis viridibus, diametro 0,018—0,02 mm laevibus.

An feuchten Steinen in der Quebrada de Pocona, ca. 2800 m, No. 5140.

Crossomitrium C. Müll. in Linnaea XXXVIII.

578. **Crossomitrium rotundifolium** Herzog nov. spec.

Sterile. Caulibus pro genere robustulis ad 6 cm longis laxe subpinnatim ramosis valde complanatis cum foliis ultra 3 mm latis a u r e o - v i r i d i b u s n i t i d i s. Folia sicca subexplanata, parum deflexa concava, **bullata**, e basi cordata **suborbiculari-ovata**, brevissime apiculata, ubique tenuissime serrulata, enervia, cellulis linearibus tenuibus angustissimis valde pellucidis; **propagulis in foliorum axillis** basique stipitatis, stipitibus bibrachiatis brachiis divergentibus filiformi-fusiformibus fuscatis chlorophyllosis.

Auf Gesträuchästen im feuchten Gebüsch bei San Miguelito, ca. 1400 m, No. 2716; an Ästchen in der Talschlucht bei Tablas, ca. 1800 m, No. 4594.

579. **Crossomitrium Wallisii** C. M.

Auf abgefallenen Blättern in der Talschlucht bei Tablas, ca. 1800 m, No. 4558.

Lepidopilum Brid. Bryol. univ. II.

Sect. *Eu-Lepidopilum* Mitt.

580. **Lepidopilum nanothecium** C. M.

An Baumästen im Bergwald des Sillar, ca. 1800 m, No. 2794.

581. **Lepidopilum Mülleri** (Hpe.) Mitt.

Häufigste Art! An Ästen und dünnen Baumstämmchen und Gesträuchen des Bergwaldgürtels.

Im Bergwald des Rio Tocorani, ca. 2200 m, No. 4081; in der Talschlucht bei Tablas, ca. 1800 m, No. 4515, 4516, 4581; bei Incacorral, ca. 2200 m, No. 5019, hier auch eine Form mit vereinzelten Zwitterblüten, No. 5018.

582. **Lepidopilum auriculatum** Herzog nov. spec.

Dioicum videtur; habitu L. Mülleri, caulibus repentibus ramosis, ramis patentibus complanatis cum foliis 4—5 mm latis flavescenti-viridibus **valde nitidis**. Folia densiuscula, patentia, horizontaliter **falcato-recurva**, e basi angusta distincte **minute auriculata**, auriculis inflexis, **longe oblonga, sensim acuminata**, margine usque fere ad apicem **anguste reflexa**, **subintegerrima**, acumine parce serrulata, nervis tenuissimis medio evanidis, **cellulis** omnibus infimis exceptis **angustissimis** elongate ellipticis sublinearibus tenerrimis hyalino-limpidis. Seta 6—7 mm longa, tenuis, erecta, dense echinulato-papillosa; theca cylindrica, macrostoma, peristomio generis.

An Baumästen in der Talschlucht bei Tablas, ca. 1800 m, No. 4517.

Durch die geöhrten, fast ganzrandigen und fast überall schmal zurückgeschlagenen Blätter von dem verwandten *L. Mülleri* unterschieden.

583. **Lepidopilum Herzogii** Broth. n. sp.

Dioicum; robustiusculum, lutescenti-viride, hic illic rufescens, nitidum; **caulis** secundarius usque ad 4 cm longus, dense foliosus, turgide complanatus, cum foliis ca. 3 mm latus, plus minusve ramosus; **folia** sicca vix mutata, facillime emollita, lateralia erecto-patentia, concaviuscula, ovato-oblonga, breviter acuminata, acuta, marginibus erectis, apice minutissime serrulatis, nervis binis, tenuibus, vix ultra medium folii productis, cellulis laxis, elliptico-hexagonis, marginalibus angustioribus, limbum indistinctum, uniseriatum efformantibus; **seta** 11 mm, crassiuscula, setosa. Caetera ignota.

Tocorani, alt. 2700 m, No. 4097.

Species L. **frondoso** Mitt. affinis. foliis lateralibus ovato-oblongis, breviter acuminatis, minutissime serrulatis dignoscenda.

584. **Lepidopilum malachiticum** Herzog nov. spec.

Dioicum; e caule repente rhizomatico pluriramosum, **ramis** simplicibus suberectis duriusculis angustatis **subcaudatis** complanatis cum foliis vix 3 mm latis malachiticis Folia laxiuscula, media breviora, minus asymmetrica, **late ovalia**, brevissime late acuminata, late·alia valde asymmetrica, patula, horizontaliter falcata, **ligulata** vel **ovato-ligulata**, oblique longius acuminata, **sub acumine caviuscula contracta**, **marginibus** ceterum **planis**, superne argute serrata, elimbata, nervis foliorum mediorum subobsoletis, lateralium brevissimis, e basi ventrali saepius propagula filiformia emittentibus, cellulis anguste hexagonis densiusculis chlorophyllosis basi valde elongatis; perichaetialia multo minora, angusta, longe acuminata, divaricato-serrata.

An Baumwurzeln bei San Miguelito, ca. 1500 m, No. 2746; an Baumästen beim Sillar, ca. 1800 m, No. 2769.

Durch die sehr breiten, kurzspitzigen Mittelblätter und die fädigen Brutkörper charakterisiert; dem *L. curvirameum* wohl verwandt, aber durch Habitus und flache Blattränder gut unterschieden, durch die hohlen Blattspitzen auch an *L. caviusculum* Mitt. erinnernd.

585. Lepidopilum filosum Herzog nov. spec. (Fig. 59a).

Dioicum; caulis repens, rhizomaticus, ramosus, ramis 2 cm longis simplicibus attenuatis, tenuissime caudatis, apice curvatis e viridi fuscatis, inter folia propagula filiformia sat longa crebra foventibus. Folia densiuscula, erecto-patentia, lateralia valde asymmetrica, ultra 2 mm longa, e basi late ovata in acumen sat breve complicatum margine undulatum contracta, apice argute grosseque serrata, nervis binis medio evanidis, cellulis elongate ellipticis laxiusculis. Seta (unica) brevis, carnosa, densissime echinulato-papillata.

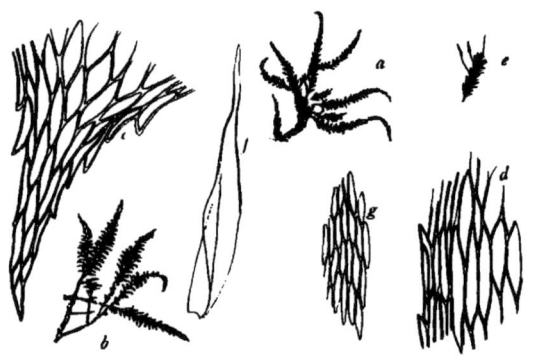

Fig. 59. *a Lepidopilum filosum* H. n. sp., Habitusbild 1:1, *b—d Lepidopilum Ballivianii* H. n. sp. *b* Habitusbild 1:1, *c* Blattspitze 125:1, *d* Blattrand in der Mitte 125:1; *e—g Lepidopilum tenuissimum* H. n. sp. *e* Habitusbild 1:1, *f* Blatt 15:1, *g* Zellnetz in der Blattspitze 125:1.

An einem Baum im unteren Chocayatal, ca. 3200 m, No. 3603.

Durch lang geschwänzte Äste und kurze, sehr scharf und grob gesägte Blätter ausgezeichnet.

586. Lepidopilum Ballivianii Herzog nov. spec. (Fig. 59, b—d).

Dioicum; caulibus rhizomaticis repentibus ramosis, ramis erectis 2—3 cm longis caudatis complanatis cum foliis 4 mm latis laxe foliatis. Folia patentia, horizontaliter falcato-recurva, lateralia oblongo-ligulata, breviter acuminata, asymmetrica; media breviora, margine inferiore inflexo subcomplicata, sub apice contracta, concava, limbata, limbo superne 4-seriato hyalino cellulis linearibus tenuibus longissimis exstructo inferne latiore minus distincto, argute serrata, nervis tenuissimis ad medium vel ultra medium pertinentibus, cellulis laxissimis elongate hexagono-ellipticis tenuibus chlorophyllosis; perichaetialia ovato-lanceolata, integerrima.

An Bäumen im Bergwald des Rio Tocorani, ca. 2200 m, No. 4041.

Durch relativ schmächtigen Wuchs, geschwänzte Äste, das äußerst lockere Zellnetz, Blattform und lange dünne Rippen gut gekennzeichnet.

587. Lepidopilum brachyphyllum Broth. n. sp.

Dioicum; robustiusculum, viride, hicillic vinoso-rubens, vernicoso-nitidiusculum; caulis secundarius usque ad 5 cm longus, cum foliis ca. 4 mm latus, filis articulatis parcis praeditus, dense foliosus.

vage ramosus, ramis plerumque arcuatulis; f o l i a sicca vix mutata, facillime emollita, lateralia patentia, asymmetrica, oblongo-ovata, in acumen breviusculum lanceolato-subulatum contracta, marginibus erectis, superne serratis, nervis binis, tenuissimis, vix ad medium folii productis, cellulis teneris, laxis, elliptico-hexagonis, marginalibus angustis, limbum angustissimum efformantibus; s e t a 2,5 mm alta, dense verrucosa. Caetera ignota.

Espiritu Santo, alt. 1400 m, No. 2724.

Species L. e r u b e s c e n t i C. Müll. et L. h u a l l a g e n s i Broth. affinis, ab hac caule brevi foliisque distincte serratis, ab illa foliorum forma et margine jam dignoscenda.

588. Lepidopilum Gertrudis Herzog nov. spec. (Fig. 60).

D i o i c u m; e robustissimis generis, caulibus 5—8 cm longis o b t u s i s i m m o a p i c e d i l a t a t i s complanatis c u m f o l i i s 7—8 m m l a t i s amoene viridibus nitidis. Folia sat densa, sicca parum contracta, m e d i a l a t e o b o v a t a, parum asymmetrica, lateralia majora, ultra 4 mm longa, 3 mm lata, magis asymmetrica, l a t e o b o v a t o - l i g u l a t a, omnia brevissime apiculata, l i m b a t a, limbo c o n c o l o r i s u p e r n e 4 - s e r i a t o, serie marginali angustiore hyalina, ceteris incrassatis angustissimis, inferne minus distincto male delimitato, a medio a r g u t e s e r r a t a, nervis duobus ultra medium evanidis, d o r s o — saepius nervi unius tantum — a basi ultra medium propagulis filiformibus articulatis basi interdum ramificatis fuscescentibus dense obtectis, cellulis l a x i s magnis hexagonis superioribus 0,045—0,05 mm longis 0,025—0,03 latis. Seta 7—8 mm longa, erecta, flexuosa, crassiuscula, p a p i l l i s altis obtusis densissime v e r r u c o s a; theca suberecta, e collo brevissimo elliptica, 2 mm longa, crassiuscula, atropurpurea, operculo longe tenuiter rostrato; peristomio generis, interni processibus angustissime subulatis.

An Baum- und Gesträuchästen im Bergwald des Rio Tocorani. ca. 2200 m, No. 4020.

Mit *L. flexifolium* (C. M.) verwandt, aber schon durch die viel längere Seta unterschieden.

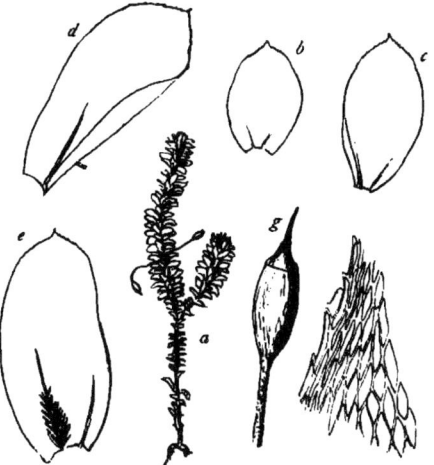

Fig. 60. *Lepidopilum Gertrudis* H. n. sp. *a* Habitusbild 1:1. *b, c* 2 rückenständige Blätter 10:1. *d, e* 2 seitenständige Blätter 10:1, *f* Blattrand 125:1. *g* Kapsel.

Species incertae sedis.

589. Lepidopilum tenuissimum Herzog nov. spec. (Fig. 59, e—g).

Autoicum?; t e n e l l u m, flavescens nitidum, caule subsimplici brevissimo 1 cm longo, h a b i t u d a l t o n i a c e o. Folia sat densa, e r e c t a, s t r i c t i u s c u l a, 3 mm longa, c o n c a v a, e basi subcarinato-concava 0,7 mm lata anguste elliptica, a n g u s t i s s i m e l i n e a r i - s u b u l a t a, subula longa tenui i n t e g e r r i m a, m a r g i n e ubique fere a n g u s t e r e v o l u t a, nervis binis inaequalibus brevissimis longe sub medio evanidis, cellulis basi paucis laxis aureis, ceteris omnibus a n g u s t i s s i m i s e l o n g a t e hexagonis laevissimis; perichaetialia breviora. Seta brevis, 5—7 mm longa, sublaevis, superne papillis humillimis planis indistincte adspersa, pallide rubra; theca (unica vetusta) vix 1 mm longa, anguste elliptica; (peristomio deleto); calyptra juvenilis laevissima.

Im Bergwald des Rio Tocorani, ca. 2800 m, No. 4079/a, zwischen andern Moosen äußerst spärlich. Die Art steht unter den *Lepidopila* ziemlich isoliert da.

Hypnelleae.

Rhynchostegiopsis C. Müll. in Prodr. Bryol. Bol.

590. **Rhynchostegiopsis complanata** C. M.

Über Sphagnum und andere Moose hinkriechend nach Art des europäischen *Plagiothecium undulatum* breite Rasen bildend, schön goldglänzend: im Bergwald des Rio Tocorani, ca. 2200 m, No. 4025.

Hypnella (C. Müll.) Jaeg. Adumbr. II.

591. **Hypnella pilifera** (Hook. et Wils.) Jaeg.

An schattig-feuchten Stellen im Bergwaldgürtel häufig. Z. B. im Nebelwald über Comarapa, ca. 2600 m, No. 4219; am Wegrand beim Sillar, ca. 1800 m, No. 2681; in der Talschlucht bei Tablas, ca. 1800 m, No. 4560, 4645.

592. **Hypnella Brotheri** Herzog nov. spec. (Fig. 61).

Sterilis. Laxe caespitosa, pallide virens, opaca, caulibus 3—4 cm longis cum foliis vix 2 mm latis complanatis, exodermide inter folia nigro-diaphana, laxe subpinnatim ramosis, ramis brevibus angustioribus. Folia l a x a, e r e c t o, p a t u l a, c o n c a v i s s i m a, media o v a l i a, 1 mm longa, symmetrica, obtusiuscula vel b r e v i s s i m e a p i c u l a t a, apiculo saepius subrecurvo, lateralia parum angustiora, asymmetrica, complicata, margine basi revoluta, superne papillis prominentibus tenuissime echinulata, n e r v i s duobus validiusculis sub apice s p i n a b r e v i t e r m i n a t i s laevissimis, cellulis angustissime hexagonis tenuibus, i n a p i c e i n c r a s s a t i s papillis acutis humilibus simplicibus vel bipartitis seriatim armatis.

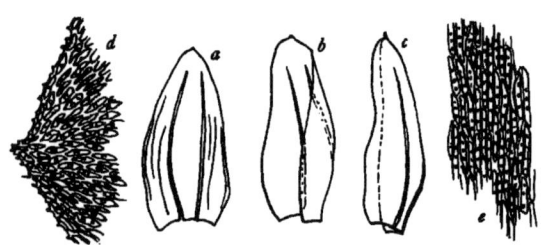

Fig. 61. *Hypnella Brotheri* H. n. sp. *a* rückenständiges Blatt 31:1, *b, c* 2 seitenständige Blätter 31:1, *d* Blattspitze 250:1, *e* Zellnetz in der unteren Blatthälfte 250:1.

Auf feuchtem Waldboden beim Sillar, ca. 1800 m, No. 2745.

Schon durch die Blattform und die 1—2spitzigen, relativ niederen Papillen von den verwandten Arten wie *H. pallescens* und *H. verrucosa* zu unterscheiden.

Helicoblepharum (Spruce) Broth.

593. **Helicoblepharum venustum** (Tayl.).

An Baumästen der Waldgrenze im oberen Tocoranital, ca. 2800 m, No. 4079.

Hypopterygiaceae.

Hypopterygium Brid. bryol. univ. II.

594. **Hypopterygium Tamarisci** (Sw.) Brid.

Im Bergwald an schattigen, feuchten Stellen, besonders auf faulem Holz, häufig. Z. B.

beim Sillar, ca. 1800 m, No. 2730, 2721; bei Tres Cruces in der Cordillere von Santa Cruz, ca. 1400 m, No. 3520, 3885; bei Florida de San Mateo, ca. 1600—1800 m, No. 3650; zwischen San Mateo und Sunchal, ca. 2000 m, No. 4500; in der Talschlucht bei Tablas, ca. 1800 m, No. 4611.

Rhacopilaceae.

Rhacopilum Palis Prodr.

595. Rhacopilum tomentosum (Sw.) Brid.

Im Bergwald des Sillar, ca. 1800 m, No. 2692; zwischen Aguarai und Yacuiba (östliche Randketten), ca. 450 m, No. 5160.

596. Rhacopilum intermedium Hpe.

In der Talschlucht bei Tablas, ca. 1800 m, No. 4634.

597. Rhacopilum Floridae Herzog nov. spec.

Synoico-autoicum, floribus ♀, ♂ et ☿ in eodem caule, floribus ♂ antheridiis 12 crassis brevibus graciliter pedunculatis, perigonialibus conchiformibus obtusis. Caespitosum, caespitibus extensis obscure viridibus, caule repente dense rubiginoso-tomentoso ramoso, ramis complanatis apice setosis microphyllis, foliolis deciduis mox denudatis. Folia e basi angustata subcordata late ovalia, aristata, margine argute serrulata, nervo excurrente, cellulis ut in Rh. tomentoso; stipulae parum minores, late cordatae, longius aristatae. (Sporogonia involuta tantum praesentia.)

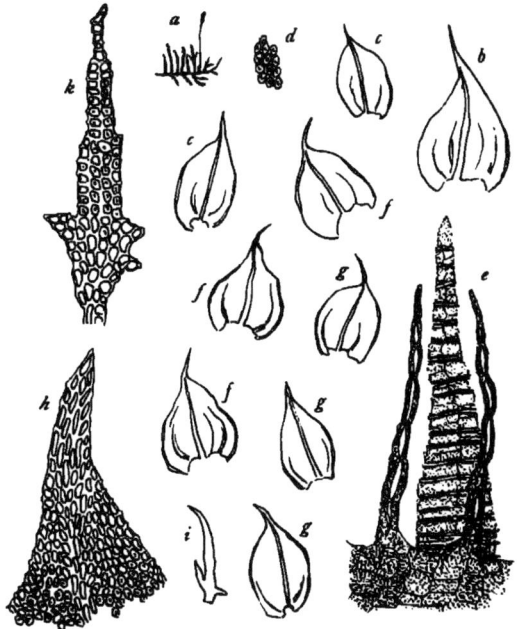

Fig. 62. *Leskea plumaria* Mitt. a—e No. 3905, f—k No. 2019 leg. R. S. Williams. a Habitus 1:1, b Stengelblatt 31:1, c 2 Astblätter 31:1, d Zellen in der Blattmitte 250:1, e Peristom 250:1, f 3 Stengelblätter 31:1, g 3 Astblätter 31:1, h Spitze eines Astblattes 250:1, i Paraphyllium 62:1, k Paraphyllium 250:1.

Im Bergwald von Florida de San Mateo, ca. 2000 m, No. 3634.

Durch den Blütenstand und die auffallend großen Stipularblätter von den mir bekannten Formen des *Rh. tomentosum* verschieden, ihm aber nahestehend. Abfallende kleine Blätter an den Astspitzen kommen auch bei *Rhacopilum tomentosum* vor.

Leskeaceae.
Leskeeae.

Lindbergia Kindb. Sp. Eur. and Northam. Bryin.

598. Lindbergia mexicana (Besch.).

Leskea Besch.

In mittleren Höhenlagen der Cordillere im Trockengebiet häufig, z. B. in der Cordillere von Santa Cruz, ca. 1400 m, No. 3479; an der Cuesta de Liryuni, ca. 3400 m, No. 3457; bei Comarapa, ca. 2000—2200 m, No. 4342; in der Ostcordillere — bei Samaipata? —, No. 5131; unter Felsüberhängen im Hochtal von Viloco, ca. 4400 m, No. 3186.

Vermutlich gehört mit dieser Art *Leskea boliviana* C. M. zusammen; ich habe das Original leider nicht vergleichen können.

Leskea Hedw. Fund. II.

599. Leskea julicaulis C. Müll. in herb.

Beim Asiento im Aracatal, ca. 3800 m, No. 2989; im Hochland von Totora, No. 5301.

Die Exemplare stimmen mit den Originalen von der Cuesta de Pinos (Cord. Argentin. subtrop.), leg. Lorentz 1873, völlig überein.

600. Leskea plumaria Mitt. (Fig. 62).

Rauia Broth.

An Bäumen bei Tres Cruces (Cord. von Santa Cruz), ca. 1400 m, No. 3905.

Diese Art gehört nach ihrem Peristombau zu der Gattung *Leskea*, nicht *Rauia*. Die Zweigestaltigkeit der Blätter, welche allerdings nicht sehr stark ausgeprägt ist und die äußerst zahlreichen Paraphyllien weisen zwar mehr auf *Rauia*, doch sind diese Merkmale nicht wichtig genug, besonders wenn man in Betracht zieht, daß die echten *Rauien* eine ganz andere Rippenstruktur haben. Hier wird nämlich die Rückenseite der Rippe von warzenförmig vorgewölbten, kurzen, dicht chlorophyllösen und papillösen Zellen überdeckt, während bei den *Leskeen* glatte, gestreckte, durchsichtige Zellen an dieser Stelle liegen. Hierzu kommt noch das Peristom, wie schon erwähnt, um die Trennung von *Rauia* zur Notwendigkeit zu machen.

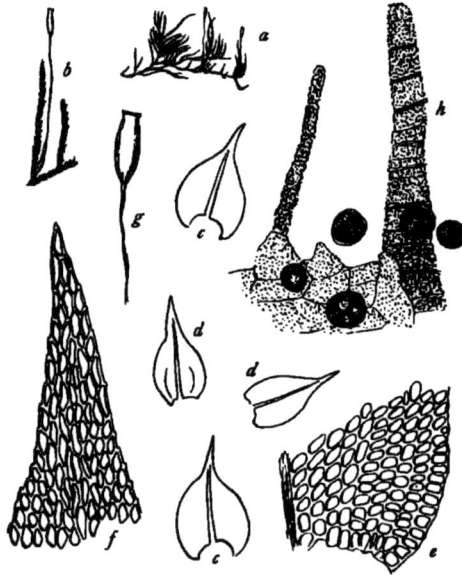

Leskeadelphus Herzog nov. gen.

601. Leskeadelphus catenulatulus (C. M.) Herzog (Fig. 63).

Pseudoleskea C. Müll. in Prodr. Bryol. Argentin. III.

An Bäumchen in den Estradillas über Incacorral, ca. 2900 m, No. 146 der ersten Reise.

Die vorliegenden Exemplare stimmen zu der C. Müllerschen Beschreibung gut. Brotherus ist der Ansicht, daß diese Art wegen der großen Sporen mit *Lindbergia* verwandt sei und wohl eine eigene Gattung bilde. Das Peristom, welches bisher nur ganz unvollständig bekannt war, sich aber an meinen Exemplaren noch gut beobachten ließ, bestätigt nun diese Ansicht. Es steht etwa in der Mitte zwischen *Leskea* und *Lindbergia*, wenn man das der letzteren als eine abgeleitete, vereinfachte Form betrachtet.

Fig. 63. *Leskeadelphus catenulatulus* (C. M.). *a* Habitusbild 1:1. *b* fruchtender Ast 3:1. *c* 2 Stengelblätter 31:1, *d* 2 Astblätter 31:1. *e* Blattflügel (Astblatter) 250:1, *f* Blattspitze 250:1, *g* entleerte Kapsel 7:1, *h* Peristom und Sporen 250:1.

Bei *Leskeadelphus* ist noch ein inneres Peristom vorhanden, es besteht aber aus einer niederen papillösen Membran mit schmalen, sehr hinfälligen Fortsätzen; auch die Zähne des äußeren Peristoms sind, was die Zahl der Lamellen und ihre Ausbildung betrifft, eine Vereinfachung des Leskea-Typus. Die Sporen messen von 0,020 bis 0,025 mm, sind lebhaft grün und fein gekörnelt, bilden also auch ein Mittelglied zwischen *Leskea* und *Lindbergia*. Paraphyllien fehlen; umgerollte Blattränder kommen nicht vor, das Zellnetz ist fast glatt und auffallend derbwandig.

Pseudoleskea Bryol. eur.

Sect. *Eu-Pseudoleskea* Broth.

602. **Pseudoleskea andina** Schimp. (Fig. 64).

P. Rusbyana C. M. in Prodr. Bryol. Bol.

An Bäumchen, Wurzeln und Ästen in der Nähe der Waldgrenze häufig.

Bei Choquetanga grande (Quimzacruz - Cordillere), c. 3000—3200 m, No. 3262 c. fr. perfect.!; an der Waldgrenze über Tablas, ca. 3400 m, No. 2914; in den Estradillas über Incacorral, ca. 3000 bis 3200 m, No. 3320; im oberen Coranital, ca. 2600 m, No. 3367; an der Waldgrenze des Rio Saujana, ca. 3400 m, No. 3282/a *f. filicuspes*, sehr spärlich.

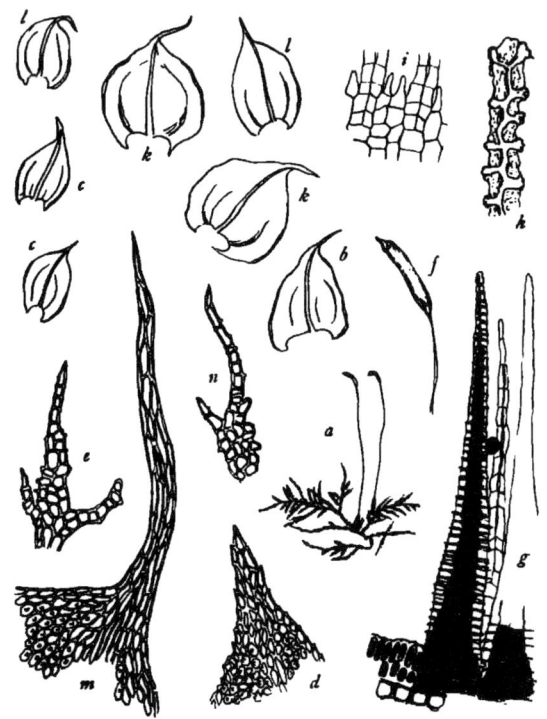

Fig. 64. *Pseudoleskea andina* Schimp. a—i No. 3262; k—l No. 2914; m—n No. 3282/a. a Habitusbild 1:1, b Stengelblatt 31:1, c 2 Astblätter 31:1, d Spitze eines Astblattes 250:1, e Paraphyllium 250:1; f Kapsel 6:1, g Peristom 125:1, h Spitze eines äußeren Peristomzahnes 500:1, i Stück des inneren Peristoms 125:1, k 2 Stengelblätter 31:1, l 2 Astblätter 31:1, m Spitze eines Stengelblattes 250:1, n Paraphyllium 250:1.

Diese Art, welche von mir versehentlich als *Rauia teretiuscula* verteilt wurde, erinnert in Blattform, Zellnetz und Paraphyllien, auch im Habitus, wenn keine Sporogone vorhanden sind, so sehr an *Leskea plumaria*, daß es oft schwer hält, sterile Pflanzen auseinander zu halten.

Bemerkenswert für diese Art ist die Größe der Sporen (0,020 mm) und das Vorhandensein eines sich in Stücken ablösenden, breiten, 2reihigen Ringes.

Rauia Aust. in Bull. Torr. Bot. Club, 7.

603. **Rauia firmula** (C. M.) Broth.

Thuidium C. M. in Prodr. Bryol. Argentin. III.

Auf faulem Holz und an Baumwurzeln des Cordillerenostrandes. Von R. S. Williams auch aus der tropischen Waldregion angegeben; ob wohl die gleiche Art?

Im Wald bei Yuto (N.-Argentinien), ca. 450 m, No. 2549, 3773.

Ob diese Art bei der Gattung *Rauia* verbleiben kann, ist mir noch nicht klar. Jedenfalls zeigt sie sich mit *Rauia subcatenulata* und *Rauia Bornii mihi* nahe verwandt, aber es wäre vielleicht richtiger, Abt. B. der Gattung in Engler und Prantl's Nat. Pfl. als eigene Gattung abzutrennen.

Die Stellung dieser Gruppe bei den *Leskeeae*, wo sie als höchstes Entwicklungsglied einer eigenen Reihe aufgefaßt werden kann, erscheint mir richtiger, als ihre Zuteilung zu den *Thuidieae*.

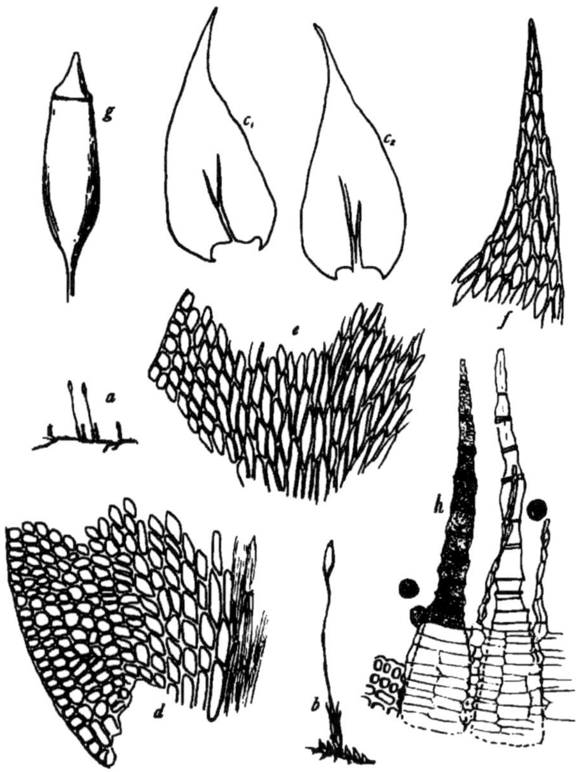

Genus incertae sedis.

Leptopterigynandrum C. Müll. in Hedw. XXXVI.

604. **Leptopterigynandrum austroalpinum** C. M. (Fig. 65).

Heterocladium Broth. In den Trockengebieten des bolivianischen Hochgebirges bis in mittlere Lagen herab ziemlich verbreitet, aber selten fruchtend; auf Steinen und an Baumrinde. An der Cuesta de Liryuni, ca. 3400 m, No. 3456; in Felslöchern des Piñasgebietes, ca. 4200 m, No. 2614; im Chocayatal, ca. 3300 m, No. 3609; im oberen Montehuaikotal, ca. 3500 m, No. 3748; im Hochland von Totora, ca. 2800 m, No. 5112; am Tunarisee, ca. 4400 m, No. 4799 u. 4915, hier auch eine *forma falcatula*, No. 4914.

Fig. 65. *Leptopterigynandrum austroalpinum* C. M. *a* Habitusbild 1:1. *b* Perichaetium mit Kapsel 4:1. *c* 2 Astblätter 20:1. *d* Blattbasis 250:1. *e* Blattmitte 250:1. *f* Blattspitze 250:1. *g* Kapsel 22:1. *h* Peristom 200:1.

Die systematische Stellung dieser Gattung dürfte wohl in der Nähe von *Leskea* zu suchen sein. Das Zellnetz hat viel Ähnlichkeit mit dem der andinen *L. julicaulis* C. M. Daß bei unserer Gattung eine Gabelrippe vorliegt, ist zwar auffallend, kann aber nicht als zwingender Grund gelten, um dieselbe von den *Leskeeae* zu trennen, mit welchen sie sonst, sowohl habituell als im Zellnetz, wie im Sporogon viel Ähnlichkeit besitzt. Eine große Ähnlichkeit besteht auch, worauf mich Herr M. Fleischer aufmerksam macht, mit *Erythrodontium* und *Trachyphyllum*; ich muß jedoch die Frage, welcher von beiden Gruppen diese jedenfalls selbständige Gattung näher steht, noch offen lassen.

Thuidieae.

Thuidium Bryol. eur.

Subgen. *Thuidiella* Schimp. in Besch. Prodr. bryol. mex.

605. **Thuidium minutulum** (Hedw.) Bryol. eur.

Auf Baumwurzeln im Bergwald von Tres Cruces (Cord. von Santa Cruz), ca. 1400 m, No. 3923, 3998.

606. **Thuidium leptocladum** (Tayl.) (Tafel VIII, Fig. 1—9).

Auf feuchten Steinen, Baumwurzeln und faulem Holz in schattigen Bergwäldern häufig und stets reichlich fruchtend.

Z. B. im Bergwald von Florida de San Mateo, ca. 1800—2000 m, No. 3631; in der Talschlucht bei Tablas, ca. 1800 m, No. 4565; bei Incacorral, ca. 2200 m, No. 4989, 5044; im oberen Coranital, ca. 2600 m, No. 5068.

607. **Thuidium Yungarum** Herzog nov. spec. (Tafel VIII, Fig. 10—16).

Autoicum; tenellum, gracillimum, depressum, laete virens, longe repens, iterum divisum, caule ad 4 cm longo pulchre latiuscule bipinnato, ramis ramulisque patentibus paraphylliferis. Folia laxiuscula, caulina late rotundato-triangularia, breviter oblique acuminata, acumine latiusculo hamato, nervo in acumine evanido; ramalia late subcordato-ovata, brevissime acuminata, margine uno vel ambo latere basi late revoluto, ubique serrulata; ramulina apice bipapillata, cellulis omnibus hexagonis, in caulinis parum elongatis, limpidis papilla alta rectiuscula ornatis; perichaetialia longa (ad 2 mm) anguste oblonga falcata eciliata. Seta 20—24 mm longa, valde spiraliter torta, erecta, basi parce scaberula, ceterum laevissima; theca inclinata vel horizontalis, cylindrica, curvata, sub ore constricta, ad 2 mm longa, operculo oblique tenuiter rostrato; peristomio completo ciliis 2—3 mediis.

Im feuchten Bergwald bei Incacorral, ca. 2200 m, No. 4993 u. 5094.

Durch breitere Fiederung, größere Blätter, Blattform, gekrümmte Kapsel und vollständiges Peristom von dem verwandten *Th. leptocladum* verschieden.

608. **Thuidium ochraceum** Herzog nov. spec. (Tafel VIII, Fig. 17—24).

Autoicum; laxe caespitosum, gracile, ochraceum, caulibus anguste bipinnatis, ramis saepius simplicibus vel parce pinnulatis tenuissimis. Folia caulina late ovata, obtusiuscule apiculata, concava, profunde plicata, nervo superne flexuoso supra medium evanido; ramalia minora, e basi subrotunda brevissime ovata, obtusa, concavissima, conchiformia, nervo tenuissimo medio vel breviore, margine dense serrulata, cellulis omnibus brevissime ellipticis vel subrotundis incrassatis pellucidis papilla alta sursum curvata ornatis; ramulina pro more majuscula; perichaetialia e basi latiuscula ovato-oblonga, in subulam contracta. Seta ad 23 mm longa, rubra, laevissima; theca horizontalis, 2 mm longa, cylindrica, curvata, sub ore constricta, fusca, operculo medio oblique obtuse rostrato; peristomio completo, ciliis 2 aequilongis.

Auf faulem Holz zwischen Sphagnum im Buschfilz an der Waldgrenze über Tablas, ca. 3400 m, No. 2924.

Durch die Form der Stengelblätter sehr ausgezeichnete Art.

609. **Thuidium latopulvinatum** Herzog nov. spec. (Tafel VIII, Fig. 25—32).

Autoicum?; late denseque pulvinato-caespitosum, e laete viridi flavescens, c a u l i b u s a r c u a t i s l a x e b i p i n n a t i s, ramis remotiusculis curvatis tenuissimis caudatis. Folia caulina d u r i u s c u l a, sicca subsquarrosa, e b a s i l a t i s s i m e t r i a n g u l a r i - c o r d a t a in s u b u l a m a n g u s t a m h a m a t a m c o n t r a c t a, concavissima, plicata, margine basi unius lateris revoluta, nervo valido in subula dissoluto, cellulis omnibus subrotundis tenuibus tenerrime papillosis s u b o b s c u r i s in subula breviter ellipticis vel ovalibus incrassatis laevibus; ramalia e b a s i p e r f e c t e c o r d a t a recte acuminata, crenulata, nervo pellucido subcompleto, cellulis subrotundis o b s c u r i s; ramulina ovato-cordata. Sterile.

Auf Baumwurzeln im Bergwald des Meson bei Samaipata in großen, tiefen Rasen, ca. 2100 m, No. 4124; in der Quebrada de Pocona, ca. 2800 m, No. 5150.

Durch den Wuchs und die Form der Stengelblätter ausgezeichnet.

Subgen. *E u t h u i d i u m* Lindb. Musc. scand.

610. **Thuidium peruvianum** Mitt.

Tamariscella tripinnata C. M. in Prodr. Bryol. Bol.

Auf Sumpfboden am Rand des Nebelwaldes über Comarapa, ca. 2600 m, No. 3779, 4303; im Tal des Rio Paracti, ca. 1800 m, No. 5000, c. fr.!; im oberen Coranital, ca. 2600 m, sine No.; im unteren Coranital, ca. 1800 m, No. 4715; in der Quebrada de Pocona, ca. 2800 m, No. 3469.

Hypnaceae.

Amblystegieae.

H y g r o a m b l y s t e g i u m Loesk. Moosfl. d. Harz.

611. **Hygroamblystegium curvicaule** (Jur.).

An quelligen Stellen im unteren Chocayatal, ca. 3100 m, No. 2634; an den Cerros de Malaga, ca. 4000 m, No. 4385.

612. **Hygroamblystegium Punae** (C. M.) Broth.

Im Bach im oberen Llavetal, ca. 4200 m, No. 4833, 4835.

var. **tenuinerve** Herzog nov. var.

A typo differt nervo distincte tenuiore.

An einem Zufluß des Llavebaches, ca. 4300 m, No. 3433.

S c i a r o m i u m Mitt. Musc. austr. am.

Sect. *L i m b i d i u m* Dus. in Bot. Not.

613. **Sciaromium crassinervatum** Mitt.

Sc. plicatum Herzog nov. spec. in sched.

An Steinen in einem Bach des oberen Tocoranitales, ca. 2800 m, No. 4114; in der Hochregion von Altamachi, ca. 4000 m, No. 3865.

Sect. *A l o m a* Dus. in Bot. Not.

614. **Sciaromium holoneuron** Herzog nov. spec. (Fig. 66).

Sterile; late caespitosum, e glaucoviridi ferrugineum, nitidulum vel opacum, caulibus 4—5 cm longis t e n u i b u s d u r i u s c u l i s valde ramosis, ramis a p i c e c u r v a t i s. Folia r i g i d u l a, densa, erecta vel secundula, sicca accumbentia, parum incurva, 1 mm longa, anguste lanceolata, subulata, subula acuta vel obtusiuscula, carinato-concava, superne tenerrime serrulata vel integerrima, nervo validissimo basi ½ folii occupante superne cum subula confluente dorso prominente, cellulis laminaribus breviter linearibus vel oblique elliptico-hexagonis, parietibus subsinuatis, plerumque bistratosis.

An nassen Felsen im Hochtal von Choquecota chico (Quimzacruz), ca. 4600 m, No. 3184.

Mit *Sc. flavidulum* Dusén aus Fuegia verwandt.

Cratoneuron (Sull.) Roth. in Hedwigia XXXVIII Beibl.

615. **Cratoneuron submersum** Herzog nov. spec.

Sterile; submersum, obscure viride, caulibus 5—10 cm longis remote pinnatim ramosis ut et rami apice subhelicoideis valde falcatis lutescentibus nitidulis. Folia laxiuscula, 5—6 mm longa, secunda, valde falcata, e basi indistincte auriculata haud decurrente lineari-lanceolata, longe tenuissime subulata, integerrima, nervo valido fusco sensim attenuato subulam totam occupante completo, cellulis alaribus paucis parvis abbreviatis, ceteris angustis longe linearibus haud incrassatis, angulo superiore parum prominente nitidulo.

Untergetaucht in Moortümpeln des oberen Montehuaikotales, ca. 3900 m, No. 2656.

Durch die sehr langen Blätter und die auslaufende Rippe gut von dem verwandten *C. falcatum* unterschieden.

Drepanocladus (C. Müll.) Roth in Hedwigia XXXVIII Beibl.

616. **Drepanocladus exannulatus** (Gümb.) Warnst.

In einem Quellried der Cerros de Malaga, ca. 3800 m, No. 4355.

617. **Drepanocladus** species **Sendtneri** (Schimp.) **affinis.**

Auf Sumpfwiesen im oberen Llavetal, ca. 4200 m, No. 4877.

Calliergon (Sull.) Kindb. Eur. and. Northam. Bryin. I.

618. **Calliergon Lulpichense** R. S. Williams l. c.

In einem alpinen Quellried der Yanakakaberge, um 4000 m, No. 3734; in einem Quellbach des Hochtales von Viloco, ca. 4600 m, No. 3122; in einem Bach zwischen Viloco und Choquecota chico, ca. 4300 m, No. 3183/a.

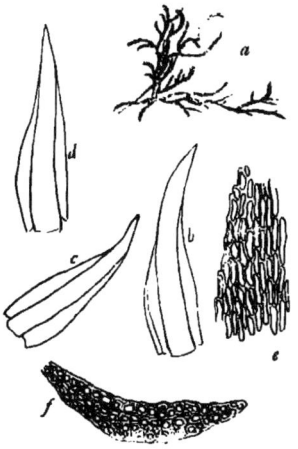

Fig. 66. *Sciaromium holoneuron* H. n. sp. *a* Habitusbild 1:1, *b*, *c*, *d* 3 Blätter 40:1, *e* Blattrand 250:1, *f* Blattquerschnitt 250:1.

Hygrohypnum Lindb. in Act. Soc. sc. fenn. X.

619. **Hygrohypnum aureum** Herzog nov. spec. (Fig. 67).

Late caespitosum, caespitibus mollibus amoene aureis nitidis, caulibus ad 6 cm longis flaccidis iterum divisis suberectis cum foliis sursum accrescentibus cochleariformi-concavis 3—4 mm crassis. Folia laxe accumbentia, concavissima, 3 mm longa, e basi subcordata contracta parum auriculata late oblonga, marginibus sursum inflexis conniventibus cucullata, apiculo muconiformi tenui brevissimo recurvo terminata, integerrima, nervis duobus brevibus tenuissimis flavidis, cellulis alaribus crebris in auriculam distinctam conflatis, paucis majoribus ovalibus, laminaribus anguste linearibus modice incrassatis.

In Quellsümpfen des oberen Llavetales, ca. 4200 m, No. 4875.
Durch Größe und Blattform sehr ausgezeichnete Art.

620. **Hygrohypnum validum** Herzog nov. spec.

Sterile; habitu H. dilatatum in mentem referens, dense caespitosum, e caule repente v a l d e
r a m o s u m, r a m i s 1,5—2 cm vel ad 4 cm longis suberectis c r a s s i s a p i c e s e c u n d i s,
e viridi aureo-fuscum, nitidulum. Folia sat densa, s e c u n d a, c o n c a v i s s i m a, 1,3 mm longa.
e basi decurrente late ovata, in a p i c e m c o n c a v u m subrecurvum breviusculum parce denticulatum
constricta, ceterum integerrima, nervo variabili, vel medio furcato vel ² ₄ folii percurrente validiore viridi,
immo dorso in spinam brevem appressam excurrente, cellulis a l a r i b u s m u l t i s b r e v i t e r r e c t -
a n g u l i s c h l o r o p h y l l o s i s, ceteris b r e v i t e r
l i n e a r i b u s modice incrassatis, apice abbreviatis
saepius fuscatis, omnibus laevissimis chlorophyllosis.

Am Bachrand im oberen Llavetal, ca.
4200 m, No. 4768; am Bachrand
im Hochtal Viloco (Quimzacruz),
ca. 4350 m, No. 3126.

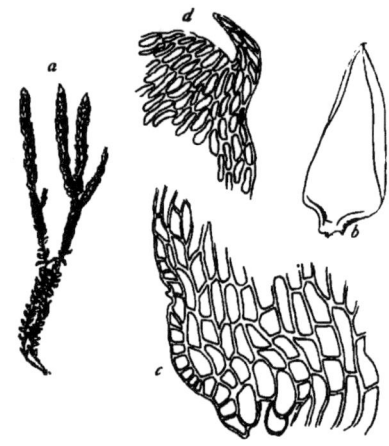

Fig. 67. *Hygrohypnum aureum* H. n. sp. *a* Habitusbild
1:1, *b* Blatt 15:1, *c* Blattflügel 250:1, *d* Blattspitze
250:1.

Gehört zu denjenigen Moosen, welche in der
Ausbildung der Blattrippe sich sehr schwankend
verhalten und, wie L o e s k e betont, die Grenze
zwischen *Oxyrrhynchium rusciforme* und Verwandten
gegen die Hygrohypnen fast verschwinden lassen.
Unsre Art ist sicher mit *Oxyrrhynchium aquaticum*
nahe verwandt, obwohl ich sie bei der derzeitigen
Umgrenzung der Gattungen nach der Struktur der
Rippe und den hohlen Blättern nur zu *Hygrohypnum*
bringen kann. *Oxyrrhynchium aquaticum* ist ein
Verbindungsglied mehr zwischen beiden Gattungen;
auch bei ihm wird die Rippe gelegentlich so stark
zurückgebildet, daß Täuschungen über die Unterbringung solcher Formen entstehen können. Eine
derartige Form habe ich unter den Moosen meiner
ersten Bolivia-Reise als *Hygrohypnum circulifolium*
var. *bolivianum* bezeichnet. Die Auflösung der gewiß
nur biologisch begründeten Gattung *Hygrohypnum* ist wohl nur eine Frage der Zeit. Denn so nahe
Verbindungen zwischen Vertretern zweier in v e r s c h i e d e n e n F a m i l i e n untergebrachten Arten
sind ein systematisches Unding.

Die Exemplare aus dem Llavetal (No. 4768) zeigen gestauchtere Äste und haben regelmäßig eine
einfache starke Rippe, diejenigen aus dem Hochtal Viloco (No. 3126) sind etwas schlanker und besitzen
neben langen, einfachen Rippen am gleichen Stengel auch kürzere gegabelte.

C a m p y l i u m (Sull.) Bryhn Explor.

621. **Campylium hispidulum** (Brid.) Mitt.

An Erdhängen und über Wurzelgeflecht selten.

Am Cerro Pampalarga bei Vallegrande, ca. 2300 m, No. 4149; bei Incacorral, ca. 2200 m,
No. 4980.

622. **Campylium polygamum** (Bryol. eur.).

var. **latifolium** Herzog nov. var.

A typo differt foliis latioribus, nervo robustiore, margine basi integerrimo, cellulis parum angustioribus.

Auf einer Sumpfwiese im oberen Llavetal, ca. 4200 m, No. 4876.

Hypneae.

(Hylocomieae Broth. ex p., Stereodonteae Broth. ex p.) = Hypnaceae Fleisch.

Ctenidium (Schimp.) Mitt. musc. austr. am.

623. **Ctenidium malacodes** Mitt.

Im Nebelwald über Comarapa, ca. 2300 m, No. 4276 und f. robustior No. 3942; im Bergwald des Rio Tocorani, ca. 2200 m, No. 4082, f. robustior; in der Talschlucht von Tablas, ca. 1800 m, No. 4535; daselbst f. robustior, No. 4616.

var. *ampliretis* Herzog nov. var.

A typo differt alis foliorum majoribus retique cellularum basali ampliore.

Im Nebelwald über Comarapa, No. 4346, 3820.

624. **Ctenidium plumulosum** Herzog nov. spec. (Fig. 68).

Dioicum videtur; densiuscule caespitosum, laete viride, molle, habitu fere *Ct. mollusci*, caulibus procumbentibus g r a c i l i t e r d e n s e c r i s t a t o - p i n n a t i s pinnulis contiguis tenuissimis 3—4 mm longis apice extremo caudatis subcurvulis. Folia caulina densiuscula p a t e n t i a, e basi decurrente l a t i s s i m e t r i a n g u l a r i - c o r d a t a i n a c u m e n s u b u l a t u m f l e x u o s u m basi subtubulosum saepius undulatum constricta, ubique a r g u t e s e r r a t a, nervis deficientibus vel obsoletis, cellulis alaribus m u l t i s laxiusculis ovalibus v a l d e e x c a v a t i s ceteris anguste breviter linearibus angulo superiore papilloso-prominente; r a m a l i a minora, parum secunda, falcatula vel plerumque u n d i q u e p l u m u l o s o - p a t e n t i a, e basi elliptica c o n c a v a anguste acuminata, superne argute serrata; perichaetialia multo majora, longius subulata, subula argute serrata. Seta 2 cm longa erecta, rubra, l a e v i s s i m a; theca inclinata, subhorizontalis, parum curvata, vetusta suberecta, atropurpurea, operculo alte c o n i c o s u b r o s t r a t o a c u t o rubro-punctato nitido.

Fig. 68. *Ctenidium plumulosum* H. n. sp. a Habitusbild 1:1, b, c 2 Stengelblätter 31:1, d, e, f, 3 Astblätter 31:1, g Blattflügel 250:1.

An der Waldgrenze über Tablas, ca. 3400 m, No. 2874.

Durch die Kleinheit aller Teile, die federig abstehenden Astblättchen und die stark ausgehöhlten Blattflügelzellen von dem verwandten *Ct. malacodes* unterschieden.

Rhizohypnum Hpe. Symbol.

625. **Rhizohypnum stigmopyxis** (C. M.).

Sigmatella C. M. in Prodr. Bryol. Bol.

Auf Baumwurzeln im Bergwald von Florida de San Mateo, ca. 1600 m, No. 3626.

626. **Rhizohypnum thelisteglum** (C. M.) Mitt.

Microthamnium Mitt.

Auf Baumwurzeln im Bergwald des Meson bei Samaipata, ca. 2000 m, No. 4133.

627. **Rhizohypnum breviusculum** (Mitt.) (Fig. 69 h—i).

Microthamnium Mitt.

Im unteren Coranital, ca. 1800 m, No. 4726.

628. **Rhizohypnum delicatulum** Herzog nov. spec. (Fig. 69, a—g).

Autoicum, floribus ♂ paucis in caule primario flori ♀ vicinis; caespitosum, sat humile, *Rh. oxystego* statura simillimum, caule primario repente, ramis sat densis suberectis ad 1 cm longis humidis parum complanatulis acutis. Folia p a t e n t i a, caulina subsquarrosa, e b a s i c o n t r a c t a parum decurrente l a t e o v a t a, anguste acuminata, concava, m a r g i n e u b i q u e f e r e a n g u s t e r e f l e x o, subintegerrima, nervis binis flavidis plerumque mediis; ramalia subsimilia, parum minora angustiora, c e l l u l i s anguste linearibus dorso angulo superiore papilloso-prominentibus, alaribus paucis parvis subquadratis vix excavatis; perichaetialia anguste lineari-lanceolata, sensim longe subulata, subintegerrima, hyalina. S e t a 1,6—2 c m l o n g a, c a p i l l a r i s, purpurea, apice breviter hamata; theca n u t a n s, p a r v a, 0,8 mm longa, s u b g l o b o s a, (operculo deleto); peristomium completum, internum ciliis 3 processibus subaequilongis; sporis minimis diametro 0,008—0,010 mm viridibus.

Im Bergwald des Sillar (Espiritu Santo), ca. 1500 m, No. 2693/a.

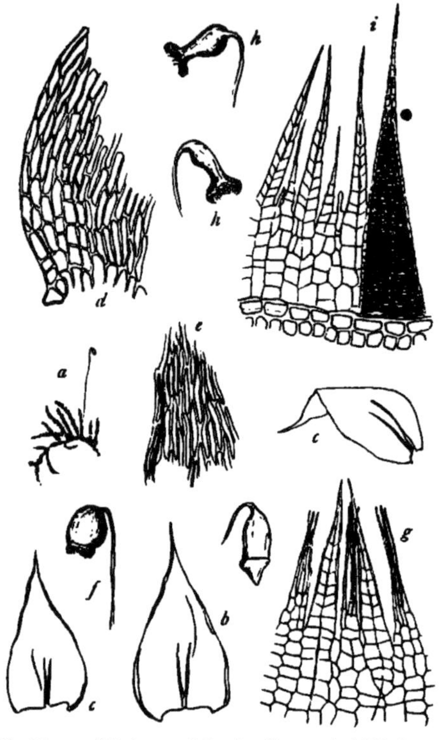

Die Art ist in der Gruppe *Pseudomicrothamnium* Broth. durch Wuchs und Länge der Seta in die Nähe von *Rh. oxystegum* zu stellen, unterscheidet sich aber von ihm durch die kleine, fast kugelige Kapsel und das Fehlen eines Kapselhalses. Bei Mitten l. c. ist bei *Rh. oxystegum* auch nichts von Wimpern des inneren Peristoms erwähnt. Von dem gleichfalls sehr nahestehenden *Rh. breviusculum* unterscheidet die neue Art sich durch das Peristom.

629. **Rhizohypnum hookerioides** Herzog nov. spec.

Autoicum; depresse caespitosum, humillimum, laete viride, opacum, caule primario repente substrato rhizoidibus affixo, sat dense subpinnatim ramoso, r a m i s b r e v i s s i m i s 2—4 mm longis horizontaliter patentibus valde complanatis. F o l i a caulina laxiuscula, m i n u t i s s i m a, 0,4 mm longa, e b a s i l a t e c o r d a t o-o v a t a tenuiter acuminata, concava, margine minutissime obtuse serrulata, nervis omnino deficientibus; ramalia densiora, sub-

Fig. 69. *a—g Rhizohypnum delicatulum* H. n. sp. *h—i Rhizohypnum breviusculum* Mitt. *a* Habitusbild 1:1, *b* Stengelblatt 31:1, *c* 2 Astblätter 31:1, *d* Blattflügel 250:1, *e* Stück des oberen Blattrandes, *f* entdeckelte Kapsel ca. 10:1, *g* inneres Peristom 125:1, *h* 2 entleerte Kapseln ca. 10:1, *i* Peristom 125:1.

disticha patentia, similia, distinctius serrulata, d o r s o c e l l u l i s p a p i l l o s o - p r o m i n e n t i b u s s c a b r a, chlorophyllosa; perichaetialia anguste oblonga, subulata, integerrima. Seta ca. 6—8 mm longa, apice breviter hamata, laevissima, purpurea; t h e c a m i n u t i s s i m a, 0,7—0,8 mm longa, nutans vel dependens, s u b g l o b o s a vel turgide ovalis, deoperculata, sub ore constricta denique macrostoma, exothecii cellulis siccis verrucoso-prominentibus, o p e r c u l o a l t e c o n i c o a c u m i n a t o; peristomium completum, ciliis singulis vel binis brevibus.

Auf Baumwurzeln im Bergwald der Cordillere von Santa Cruz bei Tres Cruces, ca. 1400 m, No. 3541, 3883.

Dem *Rh. thelistegium* (C. M.) nahestehend, aber noch kleiner und durch die verflachte Aststellung und Beblätterung von ihm leicht zu unterscheiden.

630. **Rhizohypnum heterostachys** Hpe.
Auf Baumwurzeln und über Steinen ausgedehnte Rasen bildend, im Bergwald von Florida de San Mateo, ca. 1800 m, No. 3643, 3684, 3689; in der Talschlucht von Tablas, ca. 1800 m, No. 4661; bei Incacorral, ca. 2200 m, No. 5023.

631. **Rhizohypnum acrorrhizon** (Hornsch.).
Auf Baumwurzeln und über Steinen, ausgedehnte Rasen bildend. Im Bergwald von Florida de San Mateo, ca. 1800 m, No. 3687, 3688; im Bergwald des Rio Tocorani, ca. 2200 m, No. 4019; in der Talschlucht bei Tablas, ca. 1800 m, No. 4552.

632. **Rhizohypnum reptans** (Sw.).
Im Bergwald von Florida de San Mateo, ca. 1800 m, No. 3706; im Nebelwald über Comarapa, ca. 2600 m, No. 3775; an der Waldgrenze über Tablas, ca. 3400 m, No. 2874/a, forma theca majore.

633. **Rhizohypnum decurrens** (H.).
Stereohypnum H. in Beih. Bot. Centr. 1909.
Im Bergwald bei Incacorral, ca. 2200 m, No. 5315.

634. **Rhizohypnum andicola** (Hook.).
In der Talschlucht von Tablas, ca. 1800 m, No. 4589, 4590; bei Incacorral, ca. 2200 m, No. 5316.

635. **Rhizohypnum viscidulum** Hpe.
Im unteren Coranital, ca. 1800 m, No. 4711, 4732; bei Incacorral, ca. 2200 m, No. 5317; bei Tres Cruces in der Cordillere von Santa Cruz, ca. 1400 m, No. 3517.

636. **Rhizohypnum viridicaule** (C. M.).
Im Nebelwald über Comarapa, ca. 2600 m, No. 3973; im unteren Coranital, ca. 1800 m, No. 4748, forma lutescens.

637. **Rhizohypnum plumosum** H. (Fig. 70).
Stereohypnum H. in Beih. Bot. Centrbl. 1909.
Im Bergwald bei Incacorral, ca. 2200 m, No. 5103, wohl am Originalfundort.
Die Exemplare stimmen mit den Originalen mit Ausnahme von unwesentlichen Größenunter-

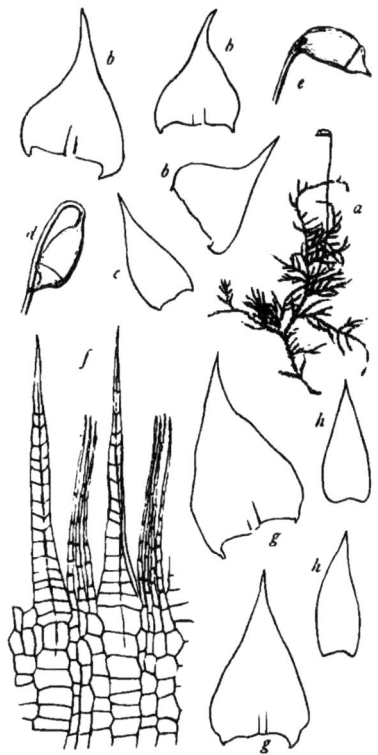

Fig. 70. *Rhizohypnum plumosum* H. No. 5103. *a* Habitusbild 1:1, *b* 3 Stengelblätter 31:1, *c* Astblatt 31:1, *d, e* 2 Kapseln ca. 7:1, *f* inneres Peristom 125:1, *g* 2 Stengelblätter 31:1, *h* 2 Astblätter 31:1 (*g—h* Original).

schieden in den Blättern sehr gut überein. Zu der a. a. O. gegebenen Diagnose mag noch folgendes hinzugefügt werden: operculum alte conicum, acutum; endostomium ciliis 2—4 (plerumque 3) optime evolutis.

Sehr charakteristisch für diese Art ist die lange kräftige Seta und die große dicke Kapsel. Sie scheint darin *Rh. Jamesonii* nahe zu kommen, unterscheidet sich aber von dieser Art durch die glatten ungefalteten Blätter und den einhäusigen Blütenstand.

638. **Rhizohypnum robustiusculum** Broth. n. sp.
Rh. cciliatum Herzog in sched.

Autoicum; robustiusculum, lutescenti-viride, nitidum; caulis procumbens, laxe foliosus, bipinnatim ramosus, ramis patulis, usque ad 3 cm longis, laxe foliosis, ramulis usque ad 1,5 cm longis, complanatis, cum foliis ca. 2 mm latis, arcuatis, densiuscule foliosis, subattenuatis; folia caulina squarroso-patula, late ovata, raptim anguste lanceolato-acuminata, marginibus basi anguste recurvis, dein erectis, superne minute serratis, nervis binis, brevibus, cellulis angustissime linearibus, laevibus, basilaribus infimis brevibus, laxis; folia ramea ovato-lanceolata, distinctius serrulata, cellulis apice papillose exstante; bracteae perichaetii internae e basi vaginante superne crenulata subsensim in subulam squarroso-patulam, integram attenuatae; seta 2 cm vel paulum ultra alta, tenuis, flexuosula, rubra; theca subhorizontalis, obovata, sicca deoperculata sub ore paulum constricta, fusca; spori 0,017—0,020 mm, virides, laeves; operculum alte conicum, acutum, apice rubro; calyptra ignota.

San Mateo-Sunchal, No. 4470; oberes Coranital, alt. 2600 m, No. 3395; im Bergwald von Florida de San Mateo, ca. 1800 m, No. 3644; beim Sillar, ca. 2000 m, No. 2752.

Species a congeneribus statura robustiore oculo nudo jam dignoscenda.

Obs. Ich füge als weiteres, sehr charakteristisches Merkmal das Fehlen der Wimpern hinzu; an ihrer Stelle sind nur 1—2 winzige Membranläppchen zu beobachten. (Th. H.).

639. **Rhizohypnum capillirameum** (C. M.).
Im Bergwald von Florida de San Mateo, ca. 1800 m, No. 3692.

Ectropothecium Mitt. in Journ. Linn. Soc.

640. **Ectropothecium apiculatum** (Hornsch.).
In der Talschlucht von Tablas, ca. 1800 m, No. 4544, 4583.

641. **Ectropothecium campanulatum** Mitt.
Im Bergwald des Sillar, ca. 1800—1600 m, No. 2753.

642. **Ectropothecium aeruginosum** (C. M.).
Auf faulem Holz im Bergwald des Sillar, ca. 1800 m, No. 2739; im Bergwald des Rio Tocorani, ca. 2200 m, No. 4102.

Stereodon Mitt. emend.

643. **Stereodon spiripes** (Hpe.).
St. entodonticarpus (C. M.).
Auf Baumästen an der Waldgrenze über Tablas, ca. 3400 m, No. 2814; an Bäumchen in den Estradillas über Incacorral, ca. 3300 m, No. 3312.

Die C. Müllersche Art scheint mir durch kein wesentliches Merkmal von *St. spiripes* (Hpe.) verschieden zu sein.

Hypnum Dill. emend.

644. **Hypnum latifolium** Herzog nov. spec. (Fig. 71).

Dioicum; dense turgide caespitosum, e viridi lutescens nitidulum, caulibus ascendentibus sat crassis subjulaceis ramosis, ramis sursum crassioribus acutis, sparsim paraphylliferis, paraphylliis majusculis laciniatis. Folia dense imbricata, concavissima, apice plerumque secundula, e basi contracta subauriculata latissime ovalia, in acumen subuliforme breviusculum constricta, integerrima vel apice indistincte serrulata, nervis omnino deficientibus, cellulis alaribus valde excavatis numerosis subquadratis viridibus modice collenchymatico-incrassatis, ceteris linearibus vermiculiformibus 1:8, haud incrassatis chlorophylliferis. Sterilis ♂.

An Felsen des Cerro Tunari, ca. 4600 m, No. 4880/81.

Aus der Verwandtschaft des *H. cupressiforme*, aber doch so stark durch den Zuschnitt der Blätter, die kürzeren unverdickten Blattzellen und die großen zerschlitzten Paraphyllien verschieden, daß mir eine Vereinigung beider nicht tunlich erscheint. Auch der Habitus weicht von allen mir bekannten Formen des *H. cupressiforme* beträchtlich ab.

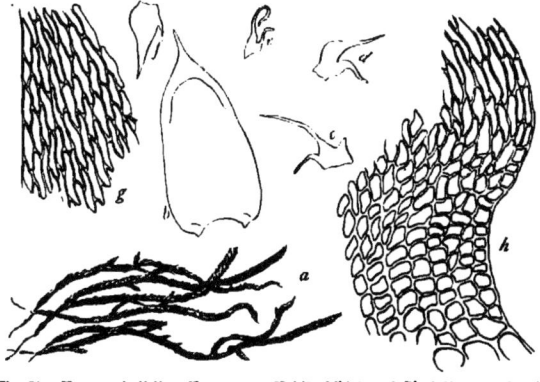

Fig. 71. *Hypnum latifolium* H. n. sp. *a* Habitusbild 1:1. *b* Blatt 15:1. *c, d, e, f* Paraphyllien 30:1. *g* Zellen des Blattrandes 250:1. *h* Blattflügel 250:1.

645. Hypnum cupressiforme Linn.

Zwischen Gras an trockenen Abhängen der Cerros de Malaga, ca. 4000 m, No. 4408, forma robusta ramis subjulaceis.

Breidleria Loeske emend.

646. Breidleria amabilis (Mitt.).

Stereodon Broth.; Hypnum subimponens Hpe. in Prodr. Flor. Nov. Granat; Ctenidium subimponens Herzog in Beih. Bot. Centr. 1909.

Häufig an feuchten, sonnigen Plätzen, besonders in der Nähe der Waldgrenze; große, aber fast immer sterile Rasen und Decken bildend.

An der Waldgrenze über Tablas, ca. 3400 m, No. 2897; an den Cerros de Malaga, ca. 4000 m, No. 4406; in einem Waldsumpf des oberen Coranitales, ca. 2600 m, No. 3384; an der Waldgrenze bei Lagunillas im Tocoranital, ca. 3000 m, No. 3849.

Plagiothecieae.

Isopterygium Mitt. musc. austr. am.

647. Isopterygium subglobosum Herzog nov. spec.

Autoicum; caulis tenellus, vagans, laxe ramosus, pallide viridis. Folia caulina sat laxe disposita, e basi contracta fibrosa ovata, anguste acuminata, integerrima, ramalia deorsum subsecunda asymmetrica, majora, latiora, brevius oblique acuminata, superne parce denticulata, omnia concava, enervia, cellulis angustis granulis chlorophylli seriatim insigniter punctatis, basalibus laxis hyalinis; perichaetialia e basi late ovato-triangulari raptim longe subulata, subula extrorsum hamata. Seta pro plantula longa (ad 2 cm) tenuissima, recta; theca nutans vel horizontalis, breviter ovalis, deoperculata subglobosa majuscula, diametro 1 mm, macrostoma, e basi rubra pallide olivacea, operculo oblique conico acuto.

Auf faulem Laub an Bachrändern beim Sillar (am Weg nach Santa Rosa del Chapare), ca. 1600 m, No. 2738.

Charakteristisch ist die langgestielte, fast kugelige, relativ große Kapsel.

648. Isopterygium vagans Herzog nov. spec.

Autoicum; caulis vagans, longe repens, parce ramosus, ramis tenuibus sericeo-nitentibus pallidis. Folia sat densa, erecta, ovata, tenuissime acuminata integerrima, ramalia minora, angustiora, integerrima, cellulis basalibus minus laxis, alaribus paucis quadratis, ceteris angustis inanibus. Seta praelonga (ad 3 cm), flexuosa; theca subglobosa, ut in praecedente.

An Wegrändern bei San Miguelito, ca. 1600 m, No. 2765.

Der vorigen Art sehr nahestehend, aber durch die schmälere Blattspitze und die Ausbildung von Blattflügelzellen unterschieden. Vielleicht kommen Zwischenformen vor; in dem spärlich gesammelten Material konnte ich solche nicht beobachten.

Plagiothecium Bryol. eur. fasc. 48 Mon.

649. Plagiothecium microsphaerothecium Herzog nov. spec. (Fig. 72).

Autoicum; pusillum, laxe caespitosum, depressum, amoene viride, nitidum, caulibus repentibus ad 2 cm longis tenuissimis apice saepius radicantibus parce ramosis hic illic stoloniferis, caule ramisque valde complanatis,

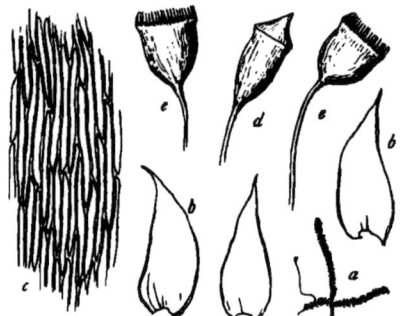

Fig. 72. *Plagiothecium microsphaerothecium* H. n. sp. *a* Habitusbild 1:1, *b* 3 Blätter 31:1, *c* Blattzellnetz 250:1, *d* bedeckelte Kapsel ca. 20:1, *e* 2 entdeckelte Kapseln ca. 20:1.

hyalodermide optime evoluta. Folia laxa, minuta, parum ultra 1 mm longa, patentia, concava, e basi amplexicauli ovata oblique anguste elliptica, breviter piliformi-acuminata, integerrima, margine plerumque anguste reflexa, nervis binis brevissimis subobsoletis, cellulis linearibus tenuissimis angustis chlorophyllosis, alaribus paucis majusculis inflatis hyalinis. Seta vix ultra 10 mm longa, capilliformis, e basi arcuata suberecta, flexuosa, pallide rubra vel flavescens, laevissima; theca suberecta vel inclinata, minutissima, deoperculata 0,7—0,8 mm longa, subgloboso-ovata, olivacea, exothecio cellulis subrotundo-hexagonis laxis collenchymaticis siccis verrucoso-prominentibus exstructo, annulo angusto diffracto, operculo pro theca majusculo oblique rostrato; peristomii externi dentibus longissimis ultra $^1/_2$ thecae aequantibus inferne dorso dense punctulatis ventre striatis superne papillosis pallidis, interni processibus aequilongis papillosis hyalinis, ciliis interpositis brevibus vel mediis 1—2 papillosis; sporis diametro 0,008 mm viridibus laevissimis.

Im Nebelwald über Comarapa, ca. 2600 m, No. 4250.

Durch die äußerst kleine, fast kugelige Kapsel und die haardünne Seta bestens charakterisiert.

650. Plagiothecium fallax Herzog nov. spec.

Autoicum?; laxe caespitosum, habitu *Pl. denticulatum* aemulans, sed *Pl. microsphaerothecio* magis affine, caulibus procumbentibus parce ramosis complanatis, foliis sat laxis quam in priore majoribus, obscure viridibus nitidulis. Folia e basi subamplexicauli parum decurrente elliptica anguste o b l o n g a, parum asymmetrica, breviter subpiliformi-acuminata, margine plana vel angustissime reflexa, integerrima, subenervia vel nervis binis valde inaequalibus subobsoletis, cellulis elongate linearibus tenuissimis basi tantum laxioribus, alaribus paucis amplioribus hyalinis. Seta ad 10 mm longa, tenuissima, purpurea, laevissima; theca m i n u t a, breviter ovata *Pl. microsphaerothecii* thecae simillima sed p a r u m m a j o r e, deoperculata macrostoma quasi truncata, exothecio laxe texto cellulis collenchymaticis siccis verrucoso-prominentibus, operculo majusculo oblique rostrato; peristomii externi dentibus robustiusculis dorso dense horizontaliter striatis apicibus papillosis, interni processibus quam in praecedente latioribus minus papillosis, c i l i i s interpositis singulis subaequilongis; sporis viridibus, diametro 0,008—0,01 mm, laevissimis.

Im Bergwald des Rio Tocorani, ca. 2200 m, No. 4064, sehr spärlich.

Der vorigen Art durch die kleine Kapsel und die trocken warzig vorragenden Zellen des Exotheciums sehr nahe stehend, aber durch die Statur in den vegetativen Teilen und das Peristom verschieden.

651. **Plagiothecium bolivianum** Broth. n. sp. (Tafel VII, Fig. 2).

Herzogiella Broth. in sched.

Autoicum; tenellum, caespitosum, caespitibus laxis, mollibus, pallide viridibus, sericeo-nitidis; caulis repens, per totam longitudinem fusco-radiculosus, dense ramosus, ramis adscendentibus, plerumque arcuatulis, usque ad 1,5 cm longis, dense foliosis, complanatulis, plus minusve distincte attenuatis; folia lateralia concaviuscula, patentia, subsymmetrica, ovato-lanceolata, in acumen elongatum, piliforme, flexuosulum sensim attenuata, marginibus erectis, ubique argute serratis, enervia, cellulis omnibus angustissime linearibus, laevissimis; folia ventralia et dorsalia erectiora, eisdem lateralibus paulum minora, caeterum similia; bracteae perichaetii

Fig. 73. a—d *Plagiothecium conostegium* H. n. sp. *a* Habitusbild 1:1. *b* Blatt 15:1. *c* Blattzellnetz 250:1. *d* Kapsel ca. 10:1. *e—h Plagiothecium novogranatense* (Hpe.). *e, f, g* Blätter 15:1. *h* Blattzellnetz 250:1.

erectae, e basi vaginante sensim longe subulatae, superne serratae; seta ca. 2 cm alta, tenuissima, rubella, laevissima; theca erecta, regularis, e basi longiuscula breviter oblonga, leptodermis, pallida, cellulis exothecii haud incrassatis, quadratis vel irregulariter polygonis, stomatibus in collo solum positis; annulus angustus, operculo adhaerens; exostomii dentes ad orificium thecae oriundi, lanceolato-subulati, ca. 0,3 mm longi et ca. 0,05 mm lati, lutei, dense striolati, apice hyalini, minute papillosi; endostomium flavidum, laeve; membrana basilaris humilis; processus dentium longitudinis, anguste lineari-lanceolati, carinati, linea media perforati; cilia rudimentaria vel nulla; spori 0,010—0,012 mm, virides, laeves; operculum alte conicum, obtusum.

Waldgrenze über Tablas, alt. 3400 m, No. 2821; auf faulem Holz zwischen San Mateo u. Sunchal, No. 4435, 4444; an der Waldgrenze des Rio Saujana, ca. 3400 m, No. 3236.

Species distinctissima, foliorum forma et structura a congeneribus longe diversa.

652. **Plagiothecium novogranatense** (Hpe.). (Fig. 73 e—h).

Im oberen Waldgürtel zwischen San Mateo und Sunchal, ca. 2600 m, No. 4426/a u. 4426/b. Nach der Beschreibung stimmen meine Exemplare zu der Hampeschen Art recht gut; die Originale habe ich nicht gesehen. Der Blütenstand ist übrigens autoecisch, wie auch M i t t e n angibt. Bemerkenswert für die Art ist die unregelmäß'ge Ausbildung der Blattrippe. Neben der normalen Gabelrippe mit ungleichen Ästen kommen Blätter mit sehr kräftiger, einfacher, bis über ³/₄ des Blattes durchlaufender Rippe vor. Das Zellnetz ist eng, nur an der Basis gelockert. Die Blätter sind wesentlich schmäler als z. B. bei *P. conostegium* und die Kapsel klein und glatt. Im Habitus erinnert die Art an schwächere Exemplare von *P. silvaticum*, ist aber immerhin kräftiger als *P. denticulatum*.

653. **Plagiothecium conostegium** Herzog nov. spec. (Fig. 73 a—d).

Dioicum videtur (flores ♂ haud observati); caulis profusus pauciramosus complanato-foliatus cum f o l i i s ca. 2,5 mm l a t u s, foliis laxis patulis luteo-viridibus nitidulis. Folia concava, o v a t a, breviter acuminata, integerrima, lateralia asymmetrica, b r e v i t e r d e c u r r e n t i a, nervo furcato brevissimo viridi, cellulis omnibus sat l a x i s (ut in *Pl. silvatico*). Seta 2 cm longa, tenuis, rubra; theca inclinata, breviter cylindrica, parum curvata, pallide olivacea, distincte s t r i a t a, sub ore parum constricta, o p e r c u l o a l t e c o n i c o a c u t o a p i c e r u b r o; peristomio generis.

An der Waldgrenze über Tablas, ca. 3400 m, No. 2947; im Nebelwald über Comarapa, ca. 2600 m, No. 4239; zwischen San Mateo und Sunchal No. 4513/a.

Habituell zwischen *P. denticulatum* und *P. silvaticum* stehend.

Catagonium (C. Müll.) C. M. in Flora 1896.

654. **Catagonium politum** (Hook. fil. et Wils.).

Auf schwarzer Humuserde in Felsspalten und unter Baumwurzeln weit verbreitet in der Waldregion und steril in einer lockerer beblätterten Form bis ins hochandine Gebiet aufsteigend.

Im Nebelwald über Comarapa, ca. 2600 m, No. 3941, 4249, 4290, 4307; an den Cerros de Malaga, ca. 4000 m, No. 4417; in der Talschlucht bei Tablas, ca. 1800 m, No. 4550, 4629; in der Quebrada de Pocona, ca. 2800 m, No. 5144; an der Waldgrenze über Tablas, ca. 3400 m, No. 2854; in den Estradillas über Incacorral, ca. 3000 m?, No. 3328; zwischen San Mateo und Sunchal, No. 4490 (forma obtusifolia); im Hochtal von Viloco (Cord. von Quimzacruz), ca. 4600—4700 m, No. 3118.

In den Formenkreis dieser vielgestaltigen Art gehört auch offenbar, wie Brotherus schon vermutet, *C. brevicaudatum* C. M. aus Bolivia. Ich habe zahlreiche Exemplare untersucht und die Pflanzen aus Chile verglichen, kann aber, trotz oft auffallend verschiedenen Aussehens, nirgends faßbare Unterschiede im Bau finden. Die C. Müllersche Beschreibung von *C. brevicaudatum* läßt sich auch ohne weiteres auf *C. politum* anwenden. Wenn der Habitus, den ich allerdings nicht unterschätze, maßgebend wäre, so ließen sich aus den mir bekannten Formen von *C. politum* zum mindesten 3 Arten machen; in Worte fassen lassen sich die Unterschiede aber kaum, nur der verschiedene Wuchs begründet den verschiedenen Eindruck.

Rhythidiaceae.

R h y t h i d i u m (Sull.) Kindb. Laubm. Schwed. und Norw.

655. **Rhytidium rugosum** (Ehrh.) Kindb.

Mit Breutelien in einem Quellried zwischen Gras bei der Saittulaguna, ca. 4300 m, No. 2647; an den Cerros de Malaga, ca. 4000 m, No. 4398.

Sematophyllaceae.
Sematophylleae.

Rhaphidostegium (Bryol. eur.) De Not. Cronaca II.

Sect. *Cupressinopsis* Broth.

656. **Rhaphidostegium decumbens** (Wils.) Jaeg.
Auf faulem Holz flache Decken bildend, im Bergwaldgürtel häufig. Z. B. im Nebelwald über Comarapa, ca. 2600 m, No. 3954, 3966, 4274; in der Talschlucht bei Tablas, ca. 1800 m, No. 4591; bei Samaipata — auf dem Meson? —, No. 5129.

657. **Rhaphidostegium Lindigii** (Hpe.).
Häufig im Bergwaldgürtel auf Baumästen, besonders um die Waldgrenze, überhaupt an offeneren Stellen.
Im Nebelwald über Comarapa, ca. 2600 m, No. 4275; bei Tres Cruces, Cord. von Santa Cruz ca. 1400 m, No. 3994; an der Waldgrenze über Tablas, ca. 3400 m, No. 2825; am Meson bei Samaipata, ca. 2000 m, No. 4127, forma propagulifera.

658. **Rhaphidostegium prominulum** (Mitt.).
In der Talschlucht von Tablas, ca. 1800 m, No. 4586.

Sect. *Aptychus* (C. Müll.) Broth.

659. **Rhaphidostegium orthocarpum** Broth. n. sp.
Autoicum; tenellum, caespitosum, caespitibus laxis, lutescenti-viridibus, nitidiusculis; caulis elongatus, repens, per totam longitudinem hic illic fusco-radiculosus, densiuscule foliosus, subpinnatim ramosus, ramis complanatulis, vix ultra 5 mm longis, singulis longioribus, simplicibus, obtusis; folia erecto-patentia, concaviuscula, anguste oblonga, sensim lanceolato-subulata, marginibus recurvis integerrimis, enervia, cellulis angustissime linearibus, alaribus magnis, oblongis, luteis; bracteae perichaetii erectae, e basi vaginante sensim longe subulatae, integrae; seta ca. 1 cm alta, tenuissima, rubra; theca erecta, regularis, ovalis. Caetera ignota.
Waldgrenze am Rio Saujana, alt. 3400 m, No. 3291.
Species e tenerioribus, theca regulari, erecta notabilis.

660. **Rhaphidostegium eurycystis** Herzog nov. spec. (Fig. 74 a—f).
Autoicum; pusillum, amoene virens, soriceo-nitidum, caulibus brevissimis acutis, humidis subcomplanatis, subsimplicibus vel ramulis brevissimis dense obtectis. Folia erecta, subappressa, e basi elliptica anguste lanceolata, sensim acuminata, 1 mm longa, concavissima, integerrima, nervis deficientibus, cellulis alaribus pluribus magnis, superpositis multis majusculis angulum laxiretem sistentibus, ceteris elongate hexagonis densiusculis in angulis longitudinalibus minutim noduloso-nitidis pellucidis. Seta brevissima, 7—9 mm longa, tenuissima, pallide rubra; theca horizontalis, brevis, turgidula, valde inaequalis, macrostoma, pallide olivacea, peristomio aurantiaco.
An Bäumen in der Cordillere von Santa Cruz, ca. 1400 m, No. 3527/a; an Bäumen im Bergwald von Florida de San Mateo, ca. 2000 m, No. 3648.
Durch die große Gruppe von Blattflügelzellen charakterisiert.

661. **Rhaphidostegium tenerifolium** (C. M.) Car.
Auf Baumwurzeln im Bergwald von Tres Cruces, Cordillere von Santa Cruz, ca. 1400 m, No. 3886/a.

662. **Rhaphidostegium cuspidiferum** (Mitt.) Jaeg.
Im Bergwald des Sillar, ca. 1800 m, No. 2714, 2725; an der Waldgrenze über Tablas, ca. 3400 m, No. 2871; im unteren Coranital, ca. 1800 m, No. 4728.
Die Art ändert in der Länge der Haarspitze stark.

663. **Rhaphidostegium caespitosum** (Sw.) Jaeg.

An Bäumen im Bergwald von Florida de San Mateo, ca. 1800 m, No. 3646.

664. **Rhaphidostegium Kegelianum** (C. M.) Jaeg.

An Bäumen im Bergwald von Florida de San Mateo mit voriger Art, ca. 1800 m, No. 3646/d.

665. **Rhaphidostegium loxense** (Hook.) Jaeg.

An feuchten Steinen in der Talschlucht von Tablas, ca. 1800 m, No. 4615.

666. **Rhaphidostegium turgidulum** Herzog nov. spec. (Fig. 74 g—m).

Autoicum; laxe caespitosum, viride, nitidum, caulibus 2—3 cm longiss ramis paucis suberecti, apice curvulis obtusis. Folia densa, parum secundula, concavissima, cochleariformia, late ovalia, brevissime late apiculata, margine late subreflexo, integerrima vel apice subserrulata, nervis perfecte deficientibus, cellulis obscuris apice valde abbreviatis densis rhombeis, alaribus 3—4 magnis flavidis, superpositis pluribus minusculis quadratis. Seta vix 1 cm longa, tenuis, rubra; theca minuta, suberecta vel nutans, sicca deoperculata, sub ore valde constricta.

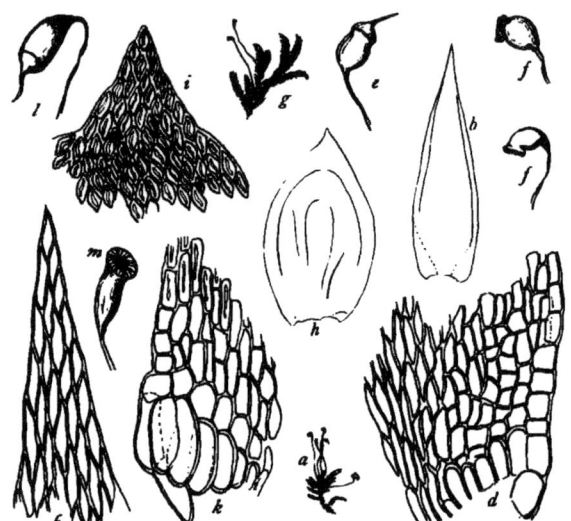

Fig. 74. a—f *Rhaphidostegium eurycystis* H. n. sp. a Habitusbild 1:1, b Blatt 31:1, c Blattspitze 250:1, d Blattflügel 250:1, e Kapsel mit Deckel, f 2 entdeckelte Kapseln; g—m *Rhaphidostegium turgidulum* H. n. sp. g Habitusbild 1:1, h Blatt 31:1, i Blattspitze 250:1, k Blattflügel 250:1, l bedeckelte Kapsel, m entleerte Kapsel.

An Bäumen im Bergwald von Florida de San Mateo, ca. 2000 m, No. 3647; bei Incacorral, ca. 2200 m, No. 5085.

Aus der Verwandtschaft von *Rh. loxense*, aber durch sehr hohle Blätter und dichte Zellen der Blattspitze verschieden.

667. **Rhaphidostegium undulatum** Herzog nov. spec. (Fig. 75).

Autoicum; caespitosum, viride, nitidulum, caule longe repente basi rhizoidibus affixo dense pinnato, ramis ultra 1 cm longis horizontaliter patentibus parum complanatis. Folia sat densa, humida valde patentia, mollia, 2 mm longa, e basi ovata longius acuminata, concavissima, margine usque ad extremum apicem late reflexo undulato, integerrima, nervis perfecte deficientibus, cellulis omnibus densis breviter hexagonis apice abbreviatis obscuris, alaribus pluribus magnis flavidis, superpositis ovalibus pluribus. Seta 1—1,5 cm longa, tenuis, rubra; theca inclinata vel horizontalis, breviter cylindrica, deoperculata macrostoma parum curvata sub ore parum constricta, vix ultra 1 mm longa.

In der Talschlucht bei Tablas, ca. 1800 m, No. 4537; im Bergwald bei Incacorral, ca. 2200 m, No. 5092.

Aus der Verwandtschaft von *Rh. rufulum* Besch.

Sematophyllum (Mitt.) Jaeg. Adumb. II.

668. **Sematophyllum ulicinum** Mitt.

An Ästen in der Talschlucht von Tablas, ca. 1800—2000 m, No. 4522.

Schröterella Herzog nov. gen.

669. **Schröterella zygodonta** Herzog n. sp. (Tafel VII, Fig. 3).

Autoica; plantula pergracilis, gregaria vel laxe caespitosa, lutescenti-viridis, sericeo-nitida, caule primario perbrevi repente rhizoidibus numerosis affixo, ramis ascendentibus vel erectis sat dense dispositis 5—8 mm longis plumulosis a pice subpungente instructis. Folia rigidula, patentia, sat laxa, concavissima, e basi anguste elliptica paulatim longe acuminata, integerrima, margine angustissime reflexo, nervis nullis, cellulis teneris prosenchymaticis sursum parum abbreviatis pellucide areolata, cellulis alaribus magnis elongatis sematophyllaceis inflatis hyalinis vel luteolis. Seta erecta, pertenuis, 2—3 mm longa, laevissima, olivacea; theca minima, 0,5—0,6 mm longa, 0,2 mm lata, anguste pyriformis, collo distincto, matura sub ore constricta, leptoderma, exothecio irregulariter collenchymatico, operculo oblique rostrato mediam thecae longitudinem aequante, calyptra cucullata pallida; peristomium duplex tenerrimum, externum orthotrichaceum, dentibus 16 in 8 paria geminatis siccis perfecte introflexis lanceolatis acutis e membrana simplici pallida tenerrime papillosa exstructis, strato dorsali nullo, internum ciliis 8 interpositis subaequilongis vel brevioribus a basi latiore capillaceis hyalinis laxe papillosis compositum; sporis minimis viridibus.

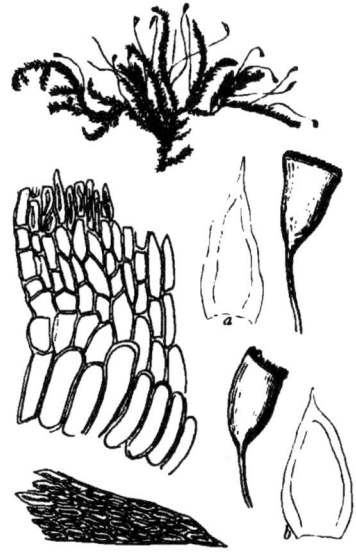

Fig. 75. *Rhaphidostegium undulatum* H. n. sp. *a* Habitusbild 1:1, *b* 2 Blätter 15:1, *c* Blattspitze 250:1, *d* Blattflügel 250:1, *e* 2 entdeckelte Kapseln.

An dünnen Lianen einer Waldschlucht im Tal des Rio Tocorani, ca. 2200 m, No. 4039, mit *Leskeodon andicola*.

Eine ausgezeichnete neue Gattung, die in manchen Zügen an *Schraderella* erinnert, sich jedoch durch doppeltes Peristom und zwerghaften Wuchs von ihr unterscheidet. Ich widme dieselbe meinem Freunde Dr. C. Schröter, Professor der Botanik an der Eidgenöss. Technischen Hochschule in Zürich.

Heterophylleae Fleisch.

Aptychella (Broth. als Section von Rhaphidostegium) Herzog nov. gen.

670. **Aptychella proligera** (Broth.) Herzog (Fig. 76).

Rhaphidostegium lageniforme Dus. Musc. bras.

Auf Baumrinde und an faulen Strünken im Bergwald.
Im oberen Coranital, ca. 2600 m, No. 3410, 5063; im unteren Coranital, ca. 1800 m, No. 4717; bei Incacorral, ca. 2200 m, No. 5016.

671. Aptychella caudata Herzog n. sp. (Fig. 76).

Clastobryum bolivianum Broth. in sched.

Dioica; laxe caespitosa, e viridi lutescens, nitida, caule repente ramis suberectis ad 3 cm longis, in apice caudato-attenuato densissime propaguliferis, propagulis filiformibus articulatis fuscis. Folia laxa, erecto-patula, plerumque secunda, ultra 2 mm longa, concava, e basi oblonga vel subpanduriformi lanceolato-subulata, subula tenui serrulata, marginibus usque ad medium, interdum ubique, latiuscule reflexis, nervis duobus inaequalibus uno saepius elongato validiore interdum folium medium aequante, cellulis alaribus fuscatis incrassatis majusculis late rectangulis a ceteris linearibus incrassatis punctulatis optime distinctis.

An Baumstrünken im Bergwald des unteren Coranitales, ca. 1800 m, No. 4745; im Nebelwald über Comarapa, ca. 2600 m, No. 4349, forma epropagulifera flaccida; an der Waldgrenze über Tablas, ca. 3400 m, No. 2866.

Diese Art unterscheidet sich von *A. proligera* (Broth.) durch die längeren und schmäleren, an der Spitze deutlich gesägten Blätter, die geringere Entwicklung der Blattflügelzellen und die Anordnung der Brutfäden, welche hier ährenförmig, dort deutlich köpfchenförmig ist.

Die Gattung steht *Clastobryum* sehr nahe, unterscheidet sich aber durch wesentlich größere Ausmaße aller Teile und die stets viel kräftiger entwickelte Rippe von den asiatischen Arten von *Clastobryum*. Die mexikanische Art *C. americanum* Card. kenne ich nicht. Vielleicht könnte die Gattung als Untergattung bei *Clastobryum* eingereiht werden, doch scheint es mir vorderhand, bis zur Auffindung der Sporogone, besser, ihr einen eigenen Platz anzuweisen.

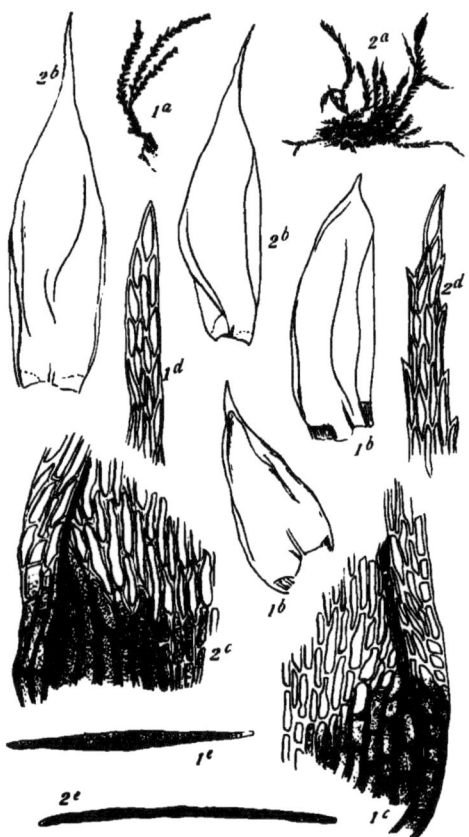

Fig. 76. 1. *Aptychella proligera* (Broth.) H. 2. *Aptychella caudata* H. n. sp. *a* Habitusbild 1:1, *b* 2 Blätter 31:1, *c* Blattflügel 250:1, *d* Blattspitze 250:1, *e* Brutkörper 61:1.

Acanthocladium Mitt.

672. **Acanthocladium subnitidum** (Hpe.).
Auf Baumwurzeln im Bergwald von Tres Cruces, Cordillere von Santa Cruz, ca. 1400 m, No. 3886.

Brachytheciaceae.

Pleuropus Griff. Not. et Icon. pl. asiat. II.

673. **Pleuropus Bonplandii** (Hook.).
An schattigen Felsen und auf Baumwurzeln.
Im Nebelwald über Comarapa, ca. 2600 m, No. 3799, 4200; am Meson bei Samaipata, ca. 2000 m, No. 4125; im Bergwald des Rio Tocorani, ca. 2200 m, No. 4059.

Brachythecium Bryol. eur.

Subgen. *Salebrosium* Loeske in Allg. Bot. Z.

674. **Brachythecium stereopoma** (Spruce) Jaeg.
Im Gebiet der Cerros de Malaga, No. 4395.
675. **Brachythecium sulphureum** (Geh. u. Hpe.).
Auf der Erde im lichten Gebüsch am Rand des Nebelwaldes über Comarapa, ca. 2300 bis 2400 m, No. 4347; auf Steinen am Waldrand bei Incacorral breite Decken bildend, ca. 2200 m, No. 5105 und 5104 (forma viridissima).
676. **Brachythecium longisetum** Herzog nov. spec.
Dioicum; late caespitosum, e viridi lutescens, nitidulum, caulibus longe repentibus subpinnatim ramosis, ramis crassioribus tenuioribusque irregulariter ramulosis. Folia caulina laxe patentia, e basi valde decurrente late subtriangulari-ovata, in acumen subtortum longiusculum constricta, 2 mm longa, ultra 1 mm lata, profunde plicata, basi remote tenerrime, in acumine distinctius serrulata, inferne saepius subintegerrima, nervo tenui ultra medium producto, cellulis basalibus angularibusque multis laxis brevissime rectangulis vel hexagonis, ceteris anguste linearibus (8:1), ramalia subsimilia, ramulina multo breviora, angustiora, vix 1 mm longa; perichaetialia majora, longissime filiformi-acuminata. Seta 3 cm longa, erecta, arcte spiraliter torta, atropurpurea, laevissima; theca suberecta vel inclinata, cylindrica, leviter curvata, deoperculata 3 mm longa, operculo 1 mm longo alte conico acuto subrostrato; peristomio generis.
An Steinen im Gebüsch bei Incacorral, ca. 2200 m, No. 4959.
Durch sehr breite Stengelblätter und auffallend lange Seten ausgezeichnet.
677. **Brachythecium cavifolium** Herzog nov. spec.
Sterile; caespites latos turgidos viridissimos nitidulos efformans, caule ramisque longiusculis ca. 3 cm longis vermiculari-turgidis sciuroideis obtusis dense foliatis. Folia e basi contracta parum decurrente latissime ovato-cochleariformia, concavissima, sicca plicata, brevissime tenuiterque acuminata, subintegerrima, nervo viridi ³/₄ folii percurrente, cellulis omnibus sat laxis elongate hexagonis in apice abbreviatis chlorophyllosis, in angulis subquadratis hic illic fuscescentibus.
An nassen Granitfelsen im Hochtal von Choquecota chico (Quimzacruz), ca. 4600 m, No. 3175.
678. **Brachythecium lescuraeoides** Broth. in Engl. Bot. Jahrb. l. c.
Über Wurzeln am Wegrand im unteren Chocayatal, ca. 3300 m, No. 3614, ster.
679. **Brachythecium grandirete** C. M. (Fig. 77, i—k).
Im Nebelwald über Comarapa, ca. 2600 m, No. 4237; bei Incacorral, ca. 2200 m, No. 4994,

5101; an den Cerros de Malaga —N.Seite —unter 4000 m, No. 4383, forma major foliis fragilibus.

680. Brachythecium fissidentoides Herzog nov. spec. (Fig. 77, e—h).

Autoicum; depresse caespitosum, obscure viride, caulibus procumbentibus breviter ramosis, humidis complanatis, habitu Fissidentem quendam hydrobium aemulans. Folia laxe accumbentia vel erecto-patula, e basi angustiore ovato-elliptica, longe subpiliformi-acuminata, concavissima, haud plicata, ubique remote serrulata, nervo debili medio viridi, cellulis basalibus multis laxis, superioribus breviter linearibus laxiusculis omnibus chlorophyllosis; ramalia breviora, angustiora, concavissima. Seta 12—15 mm longa, erecta, atropurpurea, laevissima; theca suberecta vel inclinata, 1,5—2 mm longa, breviter cylindrica, parum arcuata, sub ore calloso valde constricta, olivacea, operculo inter conico concolore vel pallidiore breviter obtuse rostrato apiculo rubro.

In der Quebrada de Pocona auf nassen Steinen, ca. 2800 m, No. 5113.

Mit *B. grandirete* C. M. verwandt, aber durch engeres Zellnetz und schmälere Astblätter unterschieden.

Subgen. *Eubrachythecium* Loeske.

Sect. *Rutabula* Limpr.

681. Brachythecium Chocayae Herzog nov. spec.

Autoicum; laxe caespitosum, vagans, viridi-lutescens, nitidulum, caule primario repente vel arcuatim deflexo apice interdum radicante robusto irregulariter subpinnatim ramoso, ramis inaequalibus sat robustis dense foliatis. Folia laxe patula, sublaevia vel leviter plicata, e basi lata parum decurrente late ovata, sensim in acumen longiusculum tenue producta, marginibus subintegerrimis vel sursum tenuissime serrulatis, nervo tenui viridi $^3/_4$ folii percurrente, cellulis tenuibus angustis basi laxioribus brevibus areolata; perichaetialia in acumen longum flexuosum exeuntia, crispula. Seta erecta, 1,5 cm longa, sat crassa, rubra, verrucellis singulis tenuibus adspersa; theca oblonga, curvata, crassiuscula, rutabuliformis, operculo conico.

Im unteren Chocayatal, ca. 3100 m, No. 3616; in der Quebrada de Pocona, ca. 2800 m, No. 3468.

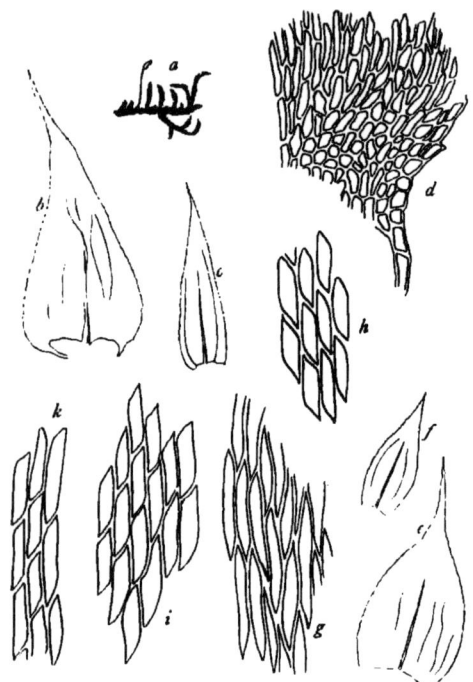

Fig. 77. a—d *Brachythecium soaherrimum* H. n. sp. *a* Habitusbild 1:1, *b* Stengelblatt 15:1, *c* Astblatt 15:1, *d* Blattflügel 250:1; e—h *Brachythecium fissidentoides* H. n. sp. *e* Stengelblatt 15:1, *f* Astblatt 15:1, *g* Zellnetz aus der Mitte eines Stengelblattes 250:1; *h* Zellnetz aus der Mitte eines Astblattes 250:1: i—k *Brachythecium grandirete* C. M., *i* Zellnetz eines Stengelblattes 250:1; *k* Zellnetz eines Astblattes 250:1.

682. Brachythecium rutabulum (Br. eur.).

Unter Gebüsch an der Waldgrenze über Tablas, ca. 3400 m, No. 2811

Subgen. *Velutinium* Loeske.

Sect. *Julacea* Broth.

683. Brachythecium subjulaceum Herzog nov. spec.

Autoicum; humile, dense caespitosum vel aliis muscis intermixtum, lutescens, vix nitidulum, caule primario repente filiformi densiuscule ramoso, ramis brevibus erectis subjulaceis acutis densissime foliatis. Folia erecto-patula, sicca appressa, valde plicata e basi subcordata late ovata, sensim acuminata, acumine longiusculo subflexuoso, marginibus toto fere ambitu leviter serrulatis, nervo viridi flexuoso supra medium evanido, carinata, cellulis omnibus chlorophyllosis angustissimis, basalibus paucis abbreviatis; ramalia argutius serrulata; perichaetialia suberoso-denticulata. Seta ad 1 cm longa, atropurpurea, verrucis tenuibus dense scabra; theca suberecta, breviter cylindrica, leviter curvata, sub ore vix constricta, operculo obtuse conico.

An schattigen Felsen und Baumwurzeln im Chocayatal, ca. 3300 m, No. 2591; in Felslöchern des Piñasgebietes mit *Philonotis scabrifolia* f. *pinnulata*, ca. 4300 m, No. 2613.

684. Brachythecium scaberrimum Herzog nov. spec. (Fig. 77a—d).

Synoico-autoicum; floribus ♀♂ et ♂ in eodem surculo, floribus hermaphroditis crebrioribus. Caespitosum, depressum, e pallide viridi aureum, sericeo-nitidum, caulibus tenuibus repentibus valde flexuosis apice saepius stolonaceis dense breviter ramosis, ramis curvatis subjulaceis. Folia caulina laxiuscula, e basi anguste decurrente subcordata lanceolata, anguste subpiliformi-acuminata, concava, valde plicata, ubique tenerrime serrulata, nervo ³/₄ folii percurrente dorso in spinam minutam terminante, cellulis angularibus multis parvis subquadratis vel ovalibus chlorophyllosis, ceteris anguste linearibus; ramalia minora, angustiora, minus decurrentia, brevius acuminata, distinctius serrulata. Seta 10—12 mm longa, crassiuscula, atropurpurea, ubique densissime echinulato-scaberrima; theca suberecta, breviter cylindrica, parum curvata.

An der Waldgrenze des Rio Saujana, ca. 3400 m, No. 3268; in einer hochandinen Form, die sich durch kürzere, zerknitterte Blätter auszeichnet, im Hochtal von Viloco, ca. 4500 m, No. 3141.

Durch Blütenstand, Blattform und sehr rauhe Seta ausgezeichnete Art, die jedoch *B. subjulaceum* mihi sehr nahe steht.

Subgen. *Cirriphyllopsis* Broth.

685. Brachythecium bolivio-plumosum C. M.

Auf nassen Steinen an Bachrändern: bei Incacorral, ca. 2200 m, No. 4966, 5090; an der Waldgrenze des Rio Saujana, ca. 3400 m, No. 3274.

686. Brachythecium flaccum C. M. in Prodr. Bryol. bol.

An Baumwurzeln und Steinen im unteren Chocayatal, ca. 3300—3400 m, No. 3605.

Species incertae sedis.

687. Brachythecium calliergonoides Broth. n. sp.

Gracile, caespitosum, caespitibus laxis, viridibus, opacis; caulis usque ad 8 cm longus, laxiuscule foliosus, vage ramosus; folia patentia, concaviuscula, breviter decurrentia, laevia, ovato-lanceolata, sensim piliformiter attenuata, marginibus erectis, integris, nervo tenui, viridi, ad medium folii evanido, cellulis elongate et anguste linearibus, basilaribus laxis, abbreviatis, alaribus haud diversis. Caetera ignota.

Laguna verde über Comarapa, alt. 2600 m, No. 4291.

Species distinctissima, incertae sedis, habitu formis gracilibus Callierg. cordifolii (Hedw.) sat similis.

Cirriphyllum Grout in Bull. Torr. Bot. Club XXV.

688. **Cirriphyllum andinum** Herzog nov. spec.

Sterile; dense pulvinato-caespitosum, zonatum, laete viride, inferne ochraceum, caulibus ad 4 cm longis erectis subsimplicibus aequalibus vel pseudodichotomis sat tenuibus julaceis. Folia densissima, cymbiformi-accumbentia, concavissima, plicata, late ovata, breviter acuminata, acumine angustissimo, inferne remote superne densissime serrulata, nervo basi valido sensim angustato ultra medium evanido viridi, cellulis angularibus paucis quadratis ceteris breviter linearibus laxiusculis, apicalibus valde abbreviatis laxis hexagonis vel ellipticis modice incrassatis.

Zwischen Felsblöcken beim Altaranigletscher (Quimzacruz) ca. 5000 m, No. 2955.

689. **Cirriphyllum laevifolium** Herzog nov. spec.

Sterile; caespitosum, e viridi flavescens, sericeum, caule repente dense fasciculato-ramoso, ramis vix 1 cm longis flexuosis haud julaceis. Folia sicca laxe appressa, humida turgescentia, imbricata, concava, laevia, 1,5—1,8 mm longa, late ovalia, breviter piliformi-acuminata, integerrima, nervo basi crassiusculo mox attenuato, infra vel supra medium evanido viridi, cellulis basalibus multis subquadratis laxiusculis, ceteris linearibus (8:1), omnibus chlorophylliferis.

An Felsen beim Huaillattanisee (Quimzacruz), ca. 4900 m, No. 2969.

Von *C. andinum* mihi unterscheidet sich diese Art schon durch den locker rasenförmigen Wuchs, die kurzen, nicht kätzchenförmigen Äste und die glatten Blätter mit starkem Seidenglanz.

Oxyrrhynchium (Bryol. eur.) Warnst. Laubm.

690. **Oxyrrhynchium clinocarpum** (Tayl.) var. **brevisetum** Herzog nov. var.

A typo differt seta multo breviore (an forma?).

An tiefschattigen Stellen im Bergwald des Rio Tocorani, ca. 2200 m, No. 4072/a.

691. **Oxyrrhynchium rugisetum** (Hpe.).

Auf nassen Steinen im Wald bei Incacorral, ca. 2200 m, No. 5014, 4985, 4991.

692. **Oxyrrhynchium aquaticum** (Hpe.).

Hygrohypnum circulifolium Kindb. var. bolivianum Herzog in Beih. Bot. C. 1909.

Untergetaucht, auf Steinen in Bergbächen.

An der Cuesta de Liryuni, ca. 3400 m, No. 2620; bei Incacorral, ca. 2200 m, No. 4960, 5093 c. fr.!; im oberen Llavetal, ca. 4200 m, No. 4879.

Eurhynchium Bryol. eur.

693. **Eurhynchium oedogonium** (C. M.).

Cratoneuron C. M. in Prodr. Bryol. Bol.

Auf nassen Steinen des Bachrandes an der Waldgrenze über Tablas, ca. 3400 m, No. 2791, c. fr.!

Bryhnia Kaur. in Bot. Notis. 1892, H. 2.

694. **Bryhnia Pflanzli** Broth. in Bot. Jahrb. Bd. 49 H. 1.

B. boliviana Broth. in sched.

In Felslöchern um den Tunarisee, ca. 4400 m, No. 4903, 4920 ster., große Rasen bildend mit *Williamsiella tricolor, Erythrophyllopsis boliviana* und einer ster. *Bryum*-species.

Rigodium Kunz mss.; Schwgr. in Linn.

695. Rigodium leptodendron C. M.

Auf Baumwurzeln und an dicken Stämmen des Bergwaldes oft große Rasen bildend. Z. B. im Nebelwald über Comarapa, ca. 2600 m, No. 3817; an der Waldgrenze des Rio Saujana, ca. 3400 m, No. 3262/a.

Ich habe das leicht kenntliche Moos noch an vielen Stellen beobachtet, aber nicht mehr mitgenommen.

Flabellidium Herzog nov. gen.

696. Flabellidium spinosum Herzog nov. spec. (Tafel VII, Fig. 1).

D i o i c u m; p u s i l l u m, laxe caespitosum, caule primario repente, c a u l i b u s s e c u n d a r i i s suberectis 1 cm vix superantibus d e n d r o i d e i s s u b f l a b e l l a t o - r a m o s i s, ramis confertis iterum ramosis tenuissimis attenuatis densiuscule foliosis eparaphylliferis obscure viridibus. F o l i a m i n u t a, laxe accumbentia, concava, caulina 1 mm parum superantia, e basi parum decurrente subcordata l a t e o v a t a, b r e v i t e r l a t e a c u m i n a t a, acuta, ubique argute minutim serrata, n e r v o ³/₄ folii percurrente viridi d o r s o s e r r a t o i n s p i n a m r o b u s t i u s c u l a m d e s i n e n t e, reti rhacopiloideo c e l l u l i s e l o n g a t e h e x a g o n i s parietibus leviter sinuatis tenuibus angulo superiore parum prominentibus s u b o b s c u r i s, alaribus m u l t i s q u a d r a t i s t r a n s v e r s e q u e r e c t a n g u l i s v e l e l l i p t i c i s, omnibus chlorophyllosis; r a m a l i a breviora, a n g u s t i o r a, elliptico-lanceolata, margine superne saepius leviter reflexo, ceterum similia; perichaetialia exteriora brevissima, obtusa, brevissime apiculata, interiora oblonga, in subulam latiusculam superne eroso-serrulatam contracta, hyalina, nervo tenuissimo. Seta (juvenilis tantum observata) rubra, laevissima.

Auf Baumwurzeln im Bergwald von Tres Cruces (Cordillere von Santa Cruz), ca. 1400 m, No. 3883/a.

Die neue Gattung erinnert im Zellnetz stark an *Scorpiurium*. Ihre Stellung im System ist aber noch unsicher; vielleicht wird die Auffindung reifer Sporogone die Frage lösen helfen.

Rhynchostegiella (Bryol. eur.) Limpr. Laubm.

Sect. *L e p t o r h y n c h o s t e g i u m* (C. M.) Broth.

697. Rhynchostegiella toncolensis Broth. n. sp.

A u t o i c a; tenella, caespitosa, caespitibus densis, mollibus, laete viridibus, nitidiusculis; c a u l i s repens, fusco-radiculosus, dense foliosus, dense ramosus, ramis pinnatim ramulosis, ramulis vix ultra 1 cm longis, adscendentibus, complanatulis, simplicibus; f o l i a erecto-patentia, concaviuscula, basi biplicata, ovato-lanceolata, cuspide brevi semitorta terminata, marginibus ultra medium anguste recurvis, superne argute serratis, nervo ultra medium folii evanido, apice exstante, cellulis anguste linearibus, basilaribus brevioribus, alaribus haud diversis; b r a c t e a e p e r i c h a e t i i squarroso-patulae, e basi vaginante raptim longe subulatae, minutissime serrulatae; seta 1—1,5 cm alta, tenuis, rubra, laevissima; t h e c a suberecta, paullum asymmetrica, ovalis, sicca deoperculata sub ore contracta, atrofusca; o p e r c u l u m ignotum.

Schlucht bei Toncoli, alt. 3400 m (No. 3362).

Species *Rh. acanthophyllae* (Mont.) Broth. affinis, sed statura multo robustiore oculo nudo jam dignoscenda.

698. Rhynchostegiella semitorta (Mitt.) Herzog.

Eurhynchium Par.

An Baumwurzeln beim Asiento (Aracatal) ca. 3800 m, No. 3176, 2997; bei Incacorral, ca. 2200 m, No. 5100; ferner rechne ich hierher unter Vorbehalt No. 3641 von Florida de San Mateo und No. 4732/a aus dem unteren Coranital.

Diese Art steht der *Rh. acanthophylla* (Mont.) so nahe, daß ich sie nicht generisch von ihr trennen kann.

Rhynchostegium Bryol. eur.

699. Rhynchostegium conchophyllum (Tayl.) Jaeg.

Auf Waldboden über nassem, faulendem Laub und Holz dünne Rasen und Überzüge bildend. Im unteren Coranital, ca. 1800 m, No. 4725; in der Talschlucht von Tablas, ca. 1800 m, No. 4540; bei Incacorral, ca. 2200 m, No. 5020; bei Florida de San Mateo, ca. 1800 m, No. 3645.

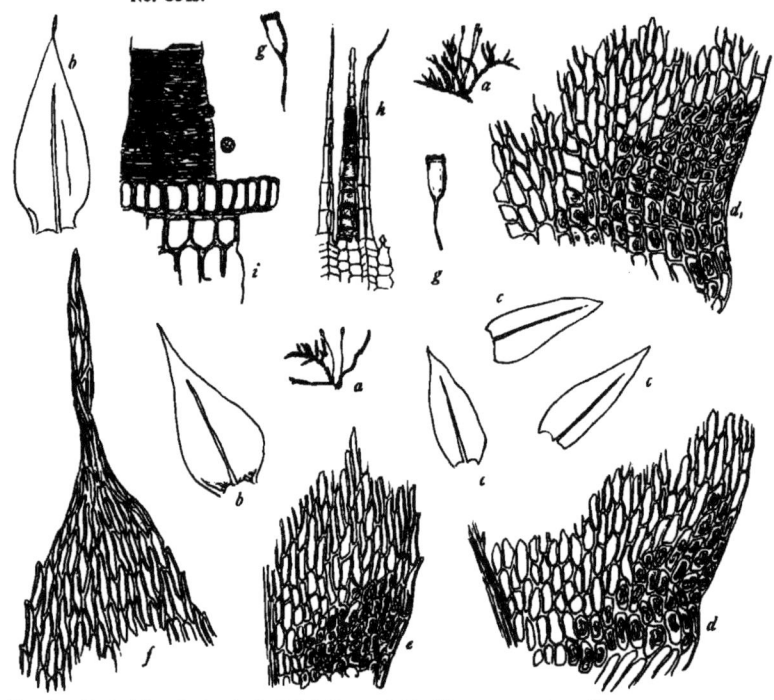

Fig. 78. *Mandoniella spicatinervia* (R. S. W.) H. *a* 2 Habitusbilder 1:1, *b* 2 Stengelblätter 31:1, *c* 3 Astblätter 31:1, *d* Flügel eines Stengelblattes von No. 5128, *d* dasselbe vom Williamsschen Original 250:1, *e* Flügel eines Astblattes 250:1, *f* Spitze eines Stengelblattes 250:1, *g* Kapseln, *h* Peristom von innen 125:1, *i* Basis eines Zahnes des äußeren Peristoms 250:1.

700. Rhynchostegium planifolium C. M.

Auf faulendem Laub, an Baumwurzeln und Ästen im Bergwald. Im unteren Coranital, ca. 1800 m, No. 4711/a; bei Incacorral, ca. 2200 m, No. 5099, im oberen Coranital, ca. 2600 m, No. 5060; bei Samaipata (?), No. 5130; bei Incacorral, ca. 2200 m, No. 5041, forma tenuis.

701. Rhynchostegium scariosum (Tayl.).

An dürren Ästchen im Bergwald, ohne Fundortnotiz, No. 5314.

702. **Rhynchostegium Tocaremae** Hpe.
Hierher rechne ich ein Moos von Baumwurzeln im Bergwald von Tres Cruces, Cord. von Santa Cruz, ca. 1400 m, No. 3561, welches zwar steril ist, aber durch seinen Glanz und die verflachte, an *Plagiothecium* erinnernde Beblätterung gut mit den Originalen übereinstimmt.

Mandoniella Herzog nov. gen.

703. **Mandoniella spicatinervia** (R. S. Williams) Herzog. (Fig. 78).
Helicodontium R. S. Williams l. c.
An Bäumen in der Ostcordillere, wahrscheinlich bei Samaipata, ca. 1700 m, No. 5128.

Meine Exemplare stimmen mit den Williams'schen Originalen völlig überein; ich kann dieses Moos jedoch unmöglich bei *Helicodontium* belassen. Eine Vergleichung mit zahlreichen Arten dieser Gattung, welche im Zellnetz der Blätter überaus konstante Verhältnisse aufweist, zeigt so bedeutende Abweichungen, daß eine Vereinigung der vorliegenden Art mit jenen in der gleichen Gattung völlig untunlich erscheint. Die Blätter erinnern in ihrer Struktur vielmehr an die Arten der Section *Juratzkaea* von *Stereophyllum*, welche bei Mitten auch noch bei *Helicodontium* stehen, bei Brotherus aber teilweise zu *Stenocarpidium* gezogen werden. Diese Gattung wird in die Nähe von *Eriodon* gestellt, dessen beide Arten von Mitten gleichfalls bei *Helicodontium* untergebracht waren. In die gleiche Verwandtschaft (*Stenocarpidium* und *Eriodon*) scheint auch unsere neue Gattung zu gehören. Die gute Beschreibung bei Williams und die von mir angefertigten Zeichnungen werden dies genügend begründen. Das Blattzellnetz und die oft gedrehte Spitze der St.blätter weist auf die *Brachythecien*-Verwandtschaft, und das lange innere Peristom, das mit seinen feinen Spitzen selbst die langen äußeren Zähne überragt, erinnert an *Eriodon*. Immerhin bleibt die Stellung der neuen Gattung noch etwas zweifelhaft; nur soviel erscheint ausgemacht, daß sie nicht bei den *Helicodontien* verbleiben kann. — Ob das gleichfalls glatt gestielte *H. laevisetum* auch hierher gehört, kann ich, da mir die Originale nicht vorlagen, nicht entscheiden.

Ich widme diese Gattung dem Sammler M a n d o n, dem wir die ersten Kenntnisse über die Moosflora Boliviens verdanken.

Nachtrag.

704. **Dicranoweisia brunnea** Herzog nov. spec.
Sterilis (autoica?); dense pulvinato-caespitosa, e flavido brunnescens, caule 2 cm longo fastigiato. Folia sicca incurva subcrispula, humida erecto-patentia apicibus incurvis, vix 2 mm longa, mollia, a n g u s t e l a n c e o l a t a, breviter subulata subula obtusiuscula, carinata, marginibus erectis vel anguste recurvis integerrimis vel apice inaequaliter subcrenulatis, nervo validiusculo completo flavido, c e l l u l i s o m n i b u s s u b a e q u a l i b u s l a x i u s c u l i s chlorophyllosis pellucidis, parietibus subsinuosis laevibus. Cetera desunt.

An Felsen bei der Abra de San Benito, ca. 3900 m, Januar 1908.

Diese Art scheint der *Dicranoweisia fastigiata* (Tayl.) nahe zu stehen, unterscheidet sich jedoch, nach der Beschreibung zu schließen, von jener durch das durchwegs gleichartige Blattzellnetz.

705. **Dicranella boliviana** Herzog nov. spec.
Dioica; humiliter dense caespitosa, viridis, ditissime fructifera; caulibus 4—5 mm longis gracillimis. F o l i a s u b f a l c a t o - s e c u n d a, ad 3 mm longa, e b a s i c o n c a v a l a t i u s c u l e e l l i p t i c a i n s u b u l a m l a t a m duplo vel subtriplo longiorem canaliculatam o b t u s i u s c u l a m c o n t r a c t a, integerrima vel apice parietibus cellularum collapsis levissime crenulata, n e r v o c r a s s o viridi usque ad extremum apicem a l a m i n a o p t i m e d i s c r e t o, cellulis inferioribus elongate rectangularibus pellucidis, superioribus brevioribus; perichaetialia minora. Seta ca. 3 mm longa, flavida, tenuissima; t h e c a e r e c t a, a n g u s t e e l l i p t i c a, cinnamomea, l a e v i s s i m a, operculo longe oblique rostrato, calyptra cucullata, annulo optime distincto; p e r i s t o m i i d e n t i b u s r o b u s t i s infra medium b i c r u r i b u s, inferne ferrugineis verticaliter foveolato-striatis, superne pallidis oblique striolatis; spori humiliter verrucosi, diametro 0,016 mm.

Auf Erde am Wegrand bei Incacorral, ca. 2200 m, No. 289, Januar 08.

Diese hübsche Art möchte man nach ihrem Habitus und der sehr deutlich begrenzten Rippe zu *Microdus* rechnen, doch ist das Peristom sehr kräftig entwickelt und zeigt die charakteristische senkrechte Streifung der Zähne der *Eudicranellen*. Von den bisher beschriebenen Arten von *Eudicranella* unterscheidet sich unsre Art einmal durch die Rippe und dann auch durch die aufrechte kleine, schmale Kapsel.

706. Fissidens terebrifolius C. M.

Auf schwarzer Erde unter Rasenwurzeln am Bacheinschnitt im oberen Llavetal, ca. 4200 m, No. 4848.

707. Fissidens pauper Herzog nov. spec. (Bryoidium) (Fig. 79).

Dioicus videtur; gregarius, humillimus, glauco-viridis, caulibus ♀ ca. 3 mm longis basi radiculosis. Folia 5—6-juga, remotiuscula, inferiora multo minora, lamina dorsali vix evoluta, superiora asymmetrica, anguste lanceolata, suprema 1,3 mm longa, lamina vera majuscula valde amplexicauli dimidiam folii partem superante apiculo mucroniformi terminata, limbo latiusculo mox in laminam introducto marginata, lamina apicali acuta angustissime pellucide limbata, limbo sub apice desinente ibique indistincte crenulata, lamina dorsali brevissima longe supra basin terminata, nervo tenui pellucido in apice parum flexuoso evanido, cellulis omnibus subhexagonis irregularibus angulatis (laminae apicalis diametro 0,005—0,006 mm metientibus) laevissimis chlorophyllosis sat pellucidis.

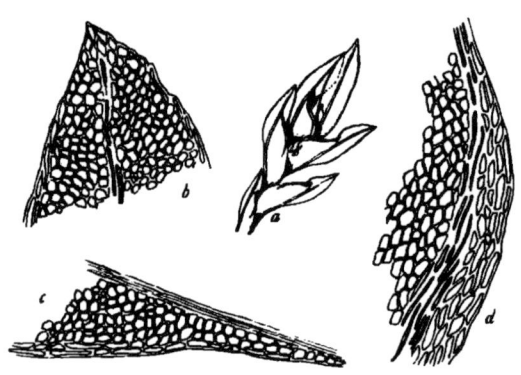

Fig. 79. *Fissidens pauper* H. n. sp. a ♂ Sproßspitze 15 : 1, b Blattspitze 250 : 1, c Ansatz des Dorsalflügels 250 : 1, Saum der Lamina vera 250 : 1.

Zwischen *Mielichhoferia modesta* im Hochland von Totora, ca. 2800 m, wenige ♀ Stengel beigemengt, No. 5117/a.

Durch den in die Lamina eintretenden Saum und den äußerst kurzen Rückenflügel ausgezeichnet.

708. Syrrhopodon ciliolatus Herzog nov. spec. (Orthotheca).

Caespitosus, obscure viridis, inferne dense radiculosus fuscescens, caulibus 4 cm longis robustiusculis. Folia sat laxa, sicca rigidula, apicibus tortis incurvis saepe diffractis, humida erecto-patentia, e basi oblonga in laminam ligulari-linearem acutiusculam concavam contracta, 5—6 mm longa, parte basilari late limbata superne densissime ciliolata, margine laminari superne bilamellato argute spinoso-serrato, nervo valido superne ambo latere spinoso, insuper dorso usque fere ad basin verrucoso-scabro, cellulis laminaribus brevissime rectangulis vel ovalibus verrucoso-obscuris chlorophyllosis, cancellinis breviter rectangulis laxis hyalinis vel flavidis, margine seriebus 6—7 cellularum elongatarum chlorophyllosarum circumductis. Cetera desunt.

Im Bergwald, ohne nähere Fundortsnotiz, No. 4203/a.

709. Trichostomum pomanglum Herzog nov. spec. (Diagnose von V. F. Brotherus).

Dioicum; gracile, caespitosum, caespitibus densiusculis, laete viridibus, opacis; caulis erectus, vix ultra 3 mm longus, basi fusco-radiculosus, dense foliosus, simplex; folia sicca incurva, humida patula, canaliculato-concava, lanceolato-linearia, obtusiuscula, mucronatula, comalia usque ad 2 mm longa, marginibus erectis, integerrimis, nervo crasso lutescente brevissime excedente dorso laevi, cellulis laminalibus minutissimis, quadratis, dense papillosis, inferioribus sensim rectangularibus, basilaribus oblongo-hexagonis, pellucidis, teneris; seta ca. 4 mm alta, tenuissima, lutea; theca erecta, minuta, ovalis, fusco-rubra, nitidiuscula, laevis; peristomium 0; operculum e basi conica oblique rostratum.

Cerro Sipascoya, ca. 3000 m, No. 4159. Species *Tr. Elliothii* Broth. affinis, sed foliis brevioribus et angustioribus necnon thecae forma dignoscenda.

710. **Leptodontium cirrhifolium** Mitt.

Auf Baumästen im oberen Coranital, ca. 2600 m, No. 3371, 5076; im Bergwald des Tocoranitales nahe der Waldgrenze, ca. 2800 m, No. 4045.

711. **Leptodontium longicaule** Mitt.

Im oberen Coranital, ca. 2600 m, No. 3368.

712. **Barbula Humboldtii** Herzog nov. spec. (Fig. 80).

Dioica videtur. Laxe caespitosa, caulibus 1—2 cm longis tenellis flexuosis irregulariter ramosis ramis tenuioribus, e sordide viridi glaucescens, in foliorum axillis propagula minuta globulosa stipitata creberrima fovens. Folia sat densa, sicca incurva, saepius indistincte spiraliter torta, humefacta raptim recurvescentia, dein suberecta, apicibus parum patulis, ad 1 mm longa, e basi late ovata decurrente concava in subulam subaequilongam obtusiusculam contracta, margine supra medium uno vel ambo latere anguste revoluto, nervo crasso luteo subulam extremam totam occupante, cellulis omnibus subrotundis, vel parum oblatis prominulis laevibus incrassatis chlorophyllosis, paucis infimis elongatis vel subsimilibus.

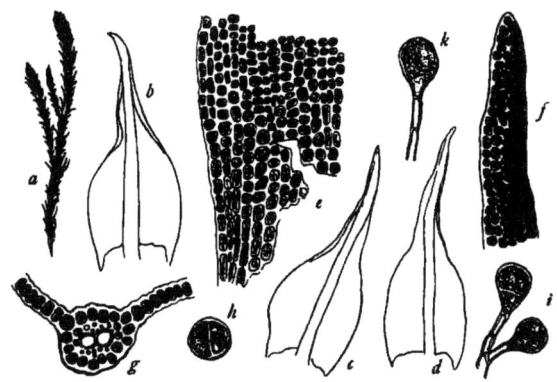

Fig. 80. *Barbula Humboldtii* H. n. sp. *a* Habitus 4:1, *b, c, d* Blätter 31:1, *e* Blatt basis 250:1. *f* Blattspitze 250:1. *g* Blattquerschnitt 250:1. *h, i, k* Brutkörper 250:1.

An Wegrändern auf Sandstein in der Waldcordillere von Santa Cruz, ca. 1400 m, No. 3564. — Durch Blattform, glatte Blattzellen und kugelige Brutkörper ausgezeichnete Art der Section *Eubarbula*.

713. **Zygodon basidentatus** Herzog nov. spec. (Fig. 81).

Sterilis; dense humiliter caespitosus, viridis, caulibus inferne rubiginoso-tomentosis. Folia densa, superne accrescentia, comose congesta, sicca crispatissima contorta, humida recurva, e basi angustata decurrente longe ligulata, obtusa, mucronata, parum carinata, lamina convexa marginibus leviter reclinatis, integerrima, basi tantum cellulis prominentibus setuloso-papillosis subappendiculato-dentata, nervo pellucido basin versus robustiore breviter excurrente, e basi dorsali propagula stipitata emittente, cellulis basalibus paucis elongatis, ceteris hexagonis parvis collenchymaticis obscuris densissime papillosis chlorophyllosis.

An Bäumen bei Comarapa, No. 4340.

714. **Orthotrichum apiculatum** Mitt.

Auf Baumästen an der Cuesta de Liryuni, ca. 3400 m, No. 2607.

715. Rhizohypnum pelichucense (R. S. W.).
Hygrohypnum R. S. W. l. c.

An schattig-feuchten Steinen. Im Nebelwald über Comarapa, ca. 2600 m, No. 4283, 4223; an der Waldgrenze des Rio Saujana, ca. 3400 m, No. 3260; im oberen Tocoranital, ca. 2600 m, No. 4010.

Diese Art weicht durch sehr schmale Stengelblätter, gekrümmte Äste und mehr oder weniger einseitswendige Blätter von allen andern *Rhizohypna* ab. Das R. S. Williams'sche Original, No. 2781, hält ungefähr die Mitte zwischen den beiden extremen Formen No. 4010 und No. 4283, von denen erstere durch kürzere Blätter und weiteres Zellnetz sich einigermaßen abseits stellt. Doch scheinen mir die Unterschiede bei der offensichtigen Veränderlichkeit dieser Art nicht zu genügen, No. 4010 von den übrigen abzutrennen. Jedenfalls ist nicht daran zu denken, die Art bei *Hygrohypnum* stehen zu lassen.

716. Thuidium breviacuminatum Herzog nov. spec.

Dioicum; late depresse caespitosum, e viridi flavescens, habitu *Th. peruvianum* aemulans (cui quoque proximum videtur). Caulis decumbens, ad 8 cm longus, tomento paraphyllino dense obtectus gracillime 2—3-pinnatus, pinnis primariis 5—9 mm longis. F o l i a c a u l i n a p a r v a, 0,6 mm vix excedentia, late cordato-triangularia, b r e v i t e r a c u m i n a t a, profunde plicata, sub acumine contracta, marginibus inferne revolutis tenerrime crenulatis, nervo in acuminis basi evanido flavescente, cellulis omnibus papillosis, terminali 2—3-cuspidata; ramalia primaria media, concava, e basi ovata subcordata breviter acuminata, ramulina secundaria minima subenervia; p e r i c h a e t i a l i a s t r i c t i u s c u l a, omnia angusta, e basi lanceolata longe piliformia vel loriformia, intima fimbriata laciniis filiformibus appressis. Seta 3 cm longa, purpurea, laevissima; theca inclinata, e collo mediocri oblonga, deoperculata 3 mm longa.

An feuchten Stellen im Tal des Rio Paracti, ca. 1800 m, Juni 1911, No. 5000.

Die Art steht *Th. peruvianum* sehr nahe, läßt sich aber wegen der sehr kleinen und sehr kurz gespitzten Stengelblätter doch nicht wohl mit ihm vereinigen. Ich habe diese Art irrtümlicherweise in meinen Boliv. Exsiccaten unter der Bezeichnung *Th. peruvianum* Mitt. ausgegeben.

Von späteren Bestimmungen schon angeführter Arten sind noch folgende Fundorte nachzutragen:

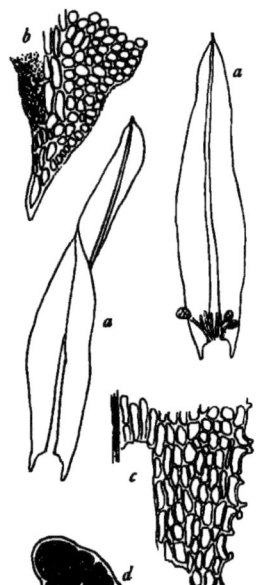

Fig. 81. *Zygodon basidentatus* H. n. sp.
a 2 Blätter 31:1. b Blattspitze 250:1.
c Blattflügel 250:1. d Brutkörper 250:1.

26. **Ängstroemia julacea** (Hook.) Mitt.
Im oberen Chocayatal, ca. 4000 m, No. 3621/a.

34. **Dicranella campylophylla** (Tayl.) Jaeg.
In den Yanakabergen gegen Tablasmonte.

42. **Oreoweisia bogotensis** Hpe. An begrasten Felsen des Ostabfalls der Yanakakabastion gegen Tablasmonte, ca. 3800 m, sine No.

128. **Leptodontium luteum** (Tayl.). An der Waldgrenze des Rio Saujana, ca. 3400 m, No. 3247/a.

152. **Erythrophyllopsis boliviana** Broth. Im Hochtal von Choquecota chico, ca. 4500 m, No. 3102.

155. **Barbula flexifolia** Herzog. Am Bachrand bei der Mine Viloco, ca. 4350 m, No. 3217, große, sterile Rasen bildend.

182. **Tortula fragilis** Tayl. An der Waldgrenze des Rio Saujana, ca. 3400 m, No. 3282/c.

Anhang zum I. Abschnitt (Laubmoose).

Im systematischen Teil wurden bis jetzt nur diejenigen Laubmoose behandelt, welche auf meiner 2. Reise durch Bolivia gesammelt sind. Um hier aber eine vollständige Übersicht über das aus dem Gebiet bekannte Material zu geben, füge ich eine Liste bei, in welcher die oben nicht angeführten Arten — also alle die, welche früher schon publiziert worden sind — mit Literaturhinweis verzeichnet sind. Diese Zusammenstellung halte ich schon deswegen für nötig, weil im III. Abschnitt, dem geographischen Teil, sehr oft auf von mir nicht gefundene Arten Bezug zu nehmen sein wird. Die Williams'schen Funde z. B. sind besonders für die Kenntnis der untersten Bergwaldstufe von großer Bedeutung und unter den Moosen meiner ersten Reise sind viele Arten enthalten, die sich zur Füllung von Lücken als sehr nützlich erweisen, umsomehr, als sie gerade zu der interessanten Williams'schen Ausbeute aus dem Tropenwald des Kordillerenrandes eine willkommene Ergänzung bieten.

Verzeichnis sämtlicher bolivisch-andiner Laubmoose, die im II. Teil noch nicht angeführt sind.

Sphagnum medium Limpr. *(Williams l. c.)*
„ Boliviae Warnst. *(Williams l. c.)*
„ gracile C. M. *(Williams l. c.)*
Andreaea striata Mitt. *(Williams l. c.)*
„ pseudosubulata C. M. *(Herzog Beih. Bot.Centr. 1909.)*
Trematodon bolivianus C. M. *(Prodr. Bryol. Bol.)*
„ reflexus C. M. *(Williams l. c.)*
Wilsoniella flaccida (R. S. W.) *(Williams l. c.)*
Ditrichum rufescens Hpe. *(Williams l. c.)*
Dicranella apolensis R. S. W. *(Williams l. c.)*
„ Kunzeana (C. M.) Mitt. *(Williams l. c.)*
„ Hilariana Mont. *(Williams l. c.)*
„ tenuirostris (Kunze) Mitt. *(Williams l. c.)*
„ macrostoma (C. M.) *(Prodr. Bryol. Bol. und Williams l. c.)*
„ callosa Hpe. *(Prodr. Bryol. Bol.)*
Holomitrium crispulum Mart. *(Herzog, Beih. Bot. Centr. 1909 u. Williams l. c.)*
Dicranum Germainii C. M. *(Prodr. Bryol. Bol.)*
„ spectabile C. M. *(Prodr. Bryol. Bol.)*
Campylopus Krauseanus (Hpe. u. Lor.) *(Williams l. c.)*
„ occultus Mitt. *(Williams l. c.)*
„ zygodonticarpus (C. M.) Par. *(Williams l. c.)*
„ introflexus (Hedw.) Mitt. *(Williams l. c.)*
„ penicillatus (Hornsch.) Jaeg. *(Williams l. c.)*
„ pelichucensis R. S. W. *(Williams l. c.)*
„ humilis Mont. *(Williams l. c.)*
„ chrysodictyon (Hpe.) Mitt. *(Williams l. c.)*
„ rosulatus (Hpe.) *(Williams l. c.)*
„ filifolius (Hornsch.) Mitt. *(Williams l. c.)*
„ subcubitus R. S. W. *(Williams l. c.)*
„ leptodus (Mont.) Mitt. *(Williams l. c.)*

Campylopus perreduncus (C. M.) *(Prodr. Bryol. Bol.)*
„ multicapsularis (C. M.) *(Prodr. Bryol. Bol.)*
„ trivialis (C. M.) *(Prodr. Bryol. Bol.)*
„ nanofilifolius (C. M.) *(Prodr. Bryol. Bol.)*
„ Benedicti H. *(Herzog, Beih. Bot. C. 1909)*
„ Yungarum H. *(Herzog, Beih. Bot. C. 1909)*
„ Incacorralis H. *(Herzog, Beih. Bot. C. 1909)*
„ Pseudodicranum H. *(Herzog, Beih. Bot. C. 1909)*
„ laxiretis H. *(Herzog, Beih. Bot. C. 1909)*
„ microtheca H. *(Herzog, Beih. Bot. C. 1909)*
„ juiaceus (Hpe.) *(Herzog, Beih. Bot. C. 1909)*
„ heterophyllus Mitt. *(Herzog, Beih. Bot. C. 1909)*
„ Edithae Broth. *(Brotherus l. c.)*
Metzleria longiseta (Hook.) Broth. *(Williams l. c.)*
Ochrobryum obtusifolium Mitt. *(Williams l. c.)*
„ Gardnerianum Mitt. *(Herzog, Beih. Bot. C. 1909)*
Leucobryum crispum C. M. *(Williams l. c.)*
„ Martianum (Hornsch.) Hpe. *(Williams l. c.)*
„ macrofalcatum C. M. *(Prodr. Bryol. Bol.)*
„ strictum C. M. *(Prodr. Bryol. Bol.)*
„ calycinum C. M. *(Prodr. Bryol. Bol.)*
Octoblepharum pulvinatum Mitt. *(Williams l. c.)*
Fissidens crispus Mont. *(Williams l. c.)*
„ Kegelianus C. M. *(Williams l. c.)*
„ Hornschuchii Mont. *(Williams l. c.)*
„ macroblastus R. S. W. *(Williams l. c.)*
„ repandus Wlls. *(Herzog, Beih. Bot. C. 1910)*
„ amboroicus H. *(Herzog, Beih. Bot. C. 1910)*
Moenckemeyera obtusifolia R. S. W. *(Williams l. c.)*
Syrrhopodon elatior Hpe. *(Williams l. c.)*
„ goyasensis Broth. *(Williams l. c.)*
„ Gaudichaudii Mont. *(Williams l. c.)*

Syrrhopodon Leprieurii Mont. *(Williams l. c.)*
      Miquelianus C. M. *(Williams l. c.)*
      circinatus (Brid.) Besch. *(Williams l. c.)*
      brachystelloides C. M. *(Prodr. Bryol. Bol. und Williams l. c.)*
,,   serpentinus C. M. *(Prodr. Bryol. Bol.)*
Calymperes bolivianum R. S. W. *(Williams l. c.)*
Weisia tortivelata R. S. W. *(Williams l. c.)*
      longidentata R. S. W. *(Williams l. c.)*
,, viridula (L.) Hedw. *(Williams l. c.)*
Gyroweisia boliviana R. S. W. *(Williams l. c.)*
Leptodontium Quennoae C. M. *(Herzog, Beih. Bot. C. 1909)*
,,   ferrugineum Broth. *(Brotherus l. c.)*
Trichostomum chilense Mont. *(Williams l. c.)*
,,   semivaginatum Schimp. *(E. G. Britton l. c.)*
Rhamphidium Levieri H. *(Herzog, Beih. Bot. C. 1910)*
Hyophila peruviana R. S. W. *(Williams l. c.)*
      contermina (C. M.) *(Herzog, Beih. Bot. C. 1909)*
,, involutifolia (C. M.) *(Herzog, Beih. Bot. C. 1909)*
Didymodon subtophaceus R. S. W. *(Williams l. c.)*
Chrysoblastella boliviana R. S. W. *(Williams l. c.)*
Barbula amblyacra C. M. *(Williams l. c.)*
      laevigata (Mitt.) Jaeg. *(Williams l. c.)*
      perexilis C. M. *(Prodr. Bryol. Bol.)*
      subglaucescens C. M. *(Prodr. Bryol. Bol.)*
,, austrorevoluta Besch. *(E. G. Britton l. c.)*
Streptopogon setiferus Mitt. *(Williams l. c.)*
,,   spathulatus H. *(Herzog, Beih. Bot. C. 1909)*
Aloina calceolifolia *(Herzog, Beih. Bot. C. 1909)*
Tortula glacialis (Kunze) Mitt. *(Williams l. c.)*
      brunnea (C. M.) *(Prodr. Bryol. Bol.)*
      viridula (C. M.) *(Prodr. Bryol. Bol.)*
,, ciliata Broth. *(Brotherus l. c.)*
Ptychomitrium Cochabambae H. *(Herzog, Beih. Bot. C. 1909)*
      papillosum (H. *(Herzog, Beih. Bot. C. 1909)*
      Sellowianum (C. M.) *(Herzog, Beih. Bot. C. 1909)*
Schistidium calycinum H. *(Herzog, Beih. Bot. C. 1910)*
Grimmia longirostris Hook. *(Williams l. c.)*
      fuscolutea Hook. *(Williams l. c.)*
      pansa R. S. W. *(Williams l. c.)*
      trichophylloidea Schimp. *(Prodr. Bryol. Bol.)*
,, nanoglobosa C. M. *(Prodr. Bryol. Bol.)*
Rhacomitrium sublanuginosum R. S. W. *(Williams l. c.)*
Anoectangium Mandonianum Schimp. *(Prodr. Bryol. Bol. und Williams l. c.)*
Amphidium brevifolium Broth. *(Brotherus l. c.)*
Zygodon vestitus R. S .W. *(Williams l. c.)*
      peruvianus Sull. *(Williams l. c.)*
      andinus Mitt. *(Williams l. c.)*
      ferrugineus Schimp. *(Prodr. Bryol. Bol.)*
      recurvifolius Schimp. *(Prodr. Bryol. Bol.)*
      paucidens C. M. *(Prodr. Bryol. Bol.)*
      brevipes C. M. *(Prodr. Bryol. Bol.)*
      perichaetialis H. *(Herzog, Beih. Bot. C. 1909)*
      inconspicuus H. *(Herzog, Beih. Bot. C. 1909)*
,, fasciculatus Mitt. *(Herzog, Beih. Bot. C. 1909)*
Orthotrichum patulum Mitt. *(Williams l. c.)*
      pariatum Mitt. *(Williams l. c.)*

Orthotrichum epilosum R. S. W. *(Williams l. c.)*
      Tacacomense R. S. W. *(Williams l. c.)*
      sordidulum C. M. *(Prodr. Bryol. Bol.)*
      emersulum C. M. *(Prodr. Bryol. Bol.)*
      Mandoni Schimp. *(Herzog, Beih. Bot. C. 1909)*
Macromitrium Didymodon Schwgr. *(Williams l. c.)*
      macrothele C. M. *(Williams l. c.)*
      obtusum Mitt. *(Williams l. c.)*
      tumidulum Mitt. *(Williams l. c.)*
      Swainsoni (Hook.) Brid. *(Williams l. c.)*
      stellulatum (Hornsch.) Brid. *(Williams l. c.)*
      subdiscretum R. S. W. *(Williams l. c.)*
      ulophyllum Mitt. *(Williams l. c.)*
      atroviride R. S. W. *(Williams l. c.)*
      pentastichum C. M. *(Williams l. c.)*
      Tocaremae Hpe. *(Williams l. c.)*
      sublaevo Mitt. *(Williams l. c.)*
      refractifolium C. M. *(Prodr. Bryol. Bol. und Herzog, Beih. Bot. C. 1909)*
      bolivianum C. M. *(Prodr. Bryol. Bol.)*
      amboroicum H. *(Herzog, Beih. Bot. C. 1909)*
,, crenulatum Hpe. *(Herzog, Beih. Bot. C. 1909)*
Schlotheimia trichomitria Schwgr. *(Williams l. c.)*
      fuscoviridis Hornsch. *(Williams l. c.)*
      Jamesonii (W. Arn.) Brid. *(Williams l. c.)*
      rugifolia (Hock.) Brid. *(Williams l. c.)*
      Sprengelii Hornsch. *(Williams l. c.)*
      angustata Mitt. *(Williams l. c.)*
,, pilomitria C. M. *(Prodr. Bryol. Bol.)*
Tayloria Cochabambae C. M. *(Prodr. Bryol. Bol.)*
Funaria subtilis (C. M.) Broth. *(Prodr. Bryol. Bol. und Williams l. c.)*
      andicola (Mitt.) Broth. *(Williams l. c.)*
      acutifolia (Hpe.) *(Williams l. c.)*
      Jamesonii (Tayl.) *(Williams l. c.)*
      inflata C. M. *(Prodr. Bryol. Bol.)*
      incurvifolia C. M. *(Prodr. Bryol. Bol.)*
      apiculata Schimp. *(Prodr. Bryol. Bol.)*
      cartilaginea C. M. *(Prodr. Bryol. Bol.)*
,, glabripes C. M. *(Prodr. Bryol. Bol.)*
Haplodontium splendidum Broth. *(Brotherus l. c.)*
Mielichhoferia andina Sull. *(Williams l. c.)*
      campylotheca C. M. *(Williams l. c.)*
      Lindigii Hpe. *(Williams l. c.)*
      lonchocarpa C. M. *(Herzog, Beih. Bot. C. 1910)*
      sericea Schimp. *(Herzog, Beih. Bot. C. 1910)*
      cygnicolla Schimp. *(Prodr. Bryol. Bol.)*
      minutissima C. M. *(Prodr. Bryol. Bol.)*
      aurifolia C. M. *(Prodr. Bryol. Bol.)*
      boliviana C. M. *(Prodr. Bryol. Bol.)*
      decurrens C. M. *(Prodr. Bryol. Bol.)*
      clavitheca H. *(Herzog, Beih. Bot. C. 1909)*
      longiseta C. M. *(Herzog, Beih. Bot. C. 1909)*
,, elegans H. *(Herzog, Beih. Bot. C. 1910)*
Stableria tenella (Mitt.) Broth. *(Williams l. c.)*
Orthodontium confine Hpe. *(Williams l. c.)*
Wollnya Wilsoni Mitt. *(Williams l. c. u. Herzog, Beih. Bot. C. 1911)*
Epipterygium Mandoni C. M. *(Prodr. Bryol. Bol.)*

Brachymenium dimorphum R. S. W. *(Williams l. c.)*
,,   verrucosum (C. M.) *(Prodr. Bryol. Bol.)*
Anomobryum obtusatissimum (C. M.) *(Prodr. Bryol. Bol.)*
,,   humillimum (C. M.) *(Prodr. Bryol. Bol.)*
,,   cymbifolium (C. M.) *(Prodr. Bryol. Bol.)*
Webera Rusbyana (C. M.) *(Prodr. Bryol. Bol.)*
,,   schisticola (C. M.) *(Prodr. Bryol. Bol.)*
,,   plurisela H. *(Herzog, Beih. Bot. C. 1909)*
Bryum Mayense Spruce *(Williams l. c.)*
,,   concavum Mitt. *(Williams l. c.)*
Atenense R. S. W. *(Williams l. c.)*
cavum C. M. *(Williams l. c.)*
densifolium Brid. *(Williams l. c.)*
nanophyllum C. M. *(Prodr. Bryol. Bol.)*
nigropurpureum C. M. *(Prodr. Bryol. Bol.)*
coloratum C. M. *(Prodr. Bryol. Bol. und Herzog, Beih. Bot. C. 1909)*
,,   Incacorralis H. *(Herzog, Beih. Bot. C. 1909)*
Rhodobryum grandifolium (Tayl.) *(Williams l. c. und Herzog, Beih. Bot. C. 1910)*
Leiomela bartramioides (Hook.) Par. *(Williams l. c.)*
Bartramia perpusilla C. M. *(Prodr. Bryol. Bol.)*
,,   auricola C. M. *(Prodr. Bryol. Bol.)*
,,   didymocarpa (Anacolia) (C. M.) *(Prodr. Bryol. Bol.)*
,,   lthyphylloides Schimp. *(Williams l. c. und Herzog, Beih. Bot. C. 1909)*
Philonotis minutissima (C. M.) Par. *(Williams l. c. und Prodr. Bryol. Bol.)*
operta R. S. W. *(Williams l. c.)*
angulata (Tayl.) *(Williams l. c.)*
gracilenta (Hpe.) *(Williams l. c.)*
filiramea C. M. *(Prodr. Bryol. Bol.)*
Guyabayana (C. M.) *(Prodr. Bryol. Bol. und Herzog, Beih. Bot. C. 1909)*
asperrima (C. M.) *(Prodr. Bryol. Bol.)*
,,   pugionifolia (C. M.) *(Prodr. Bryol. Bol.)*
Breutelia nutans Mont. *(Williams l. c.)*
Wainioi Broth.? *(Williams l. c.)*
breviseta (C. M.) *(Prodr. Bryol. Bol.)*
,,   macrocarpa Schimp. *(Prodr. Bryol. Bol.)*
,,   scorpioides (C. M.) *(Prodr. Bryol. Bol.)*
Catharinaea polycarpa (Schimp.) *(Williams l. c.)*
Psilopilum aequinoctiale Schimp. *(Prodr. Bryol. Bol.)*
,,   trichodon (Hook. f. et W.) *(Williams l. c.)*
Polytrichadelphus umbrosus Mitt. *(Williams l. c.)*
,,   rubiginosus Mitt. *(Williams l. c.)*
,,   integrifolius *(Prodr. Bryol. Bol.)*
,,   Trianae Hpe. *(Herzog, Beih. Bot. C. 1910)*
Pogonatum abbreviatum Mitt. *(Williams l. c.)*
,,   laxirete R. S. W. *(Williams l. c.)*
,,   subbifarium Mitt. *(Herzog, Beih. Bot. C. 1910)*
Polytrichum Antillarum Rich. *(Williams l. c.)*
,,   tenellum (C. M.) *(Prodr. Bryol. Bol.)*
Braunia plicata (Mitt.) *(Herzog, Beih. Bot. C. 1909)*
Rhacocarpus squamosus R. S. W. *(Williams l. c.)*
Cryphaea hygrophila C. M. *(Prodr. Bryol. Bol.)*
,,   latifolia Mitt. *(Williams l. c.)*
Cryphaea boliviana C. M. *(Prodr. Bryol. Bol.)*
,,   brachycarpa C. M. *(Prodr. Bryol. Bol.)*

Cryphaea tenuicaulis C. M. *(Prodr. Bryol. Bol.)*
Prionodon laeviusculus Mitt. *(Williams l. c.)*
,,   flagellaris Hpe. *(Herzog, Beih. Bot. C. 1909)*
,,   divaricatus Mitt. *(Williams l. c.)*
,,   filifolius H. *(Herzog, Beih. Bot. C. 1909)*
Leucodon squarrosus H. *(Herzog, Beih. Bot. C. 1909)*
Pseudocryphaea flagellifera E. Britt. *(Herzog, Beih. Bot., Williams l. c. 1909)*
Orthostichidium pentagonum (Hpe. u. Lor.) *(Herzog, Beih. Bot. Williams l. c. 1909)*
Pirea Pohlii (Schwgr.) *(Herzog, Beih. Bot. C. 1909 u. Williams l. c.)*
Orthostichopsis crinita (Sull.) Broth. *(Williams l. c.)*
,,   dimorpha (C. M.) *(Prodr. Bryol. Bol.)*
Squamidium diversifolium R. S. W. *(Williams l. c.)*
,,   Lorentzii (C. M.) *(Herzog, Beih. Bot. C. 1909)*
Papillaria tenella H. *(Herzog, Beih. Bot. C. 1909)*
Floribundaria flaccida (Mitt.) *(Herzog, Beih. Bot. C. 1909)*
Pilotrichella viridis (C. M.) *(Williams l. c.)*
Meteoriopsis minuta (C. M.) *(Prodr. Bryol. Bol. u. Herzog, Beih. Bot. C. 1910)*
,,   straminea (C. M.) *(Prodr. Bryol. Bol.)*
,,   recurvifolia (Hornsch.) *(Williams l. c.)*
,,   subrecurvifolia Broth. *(Herzog, Beih. Bot. C. 1909)*
,,   patula (Sw.) *(Herzog, Beih. Bot. C. 1910)*
Neckeropsis disticha (Hedw.) *(Herzog, Beih. Bot. C. 1909 und Williams l. c.)*
Neckera trabeculata H. *(Herzog, Beih. Bot. C. 1909)*
Porotrichum microthecium C. M. *(Prodr. Bryol. Bol.)*
,,   bolivianum C. M. *(Prodr. Bryol. Bol.)*
,,   amboroicum H. *(Herzog, Beih. Bot. C. 1909)*
Porothamnium thyrsoides C. M. *(Prodr. Bryol. Bol.)*
,,   fasciculatum Sw. *(Herzog, Beih. Bot. C. 1909)*
Pinnatella ochracea H. *(Herzog, Beih. Bot. C. 1909)*
Entodon erythropus Mitt. *(Williams l. c.)*
,,   Jamesonii (Tayl.) *(Williams l. c.)*
,,   Hampeanus C. M. *(Williams l. c.)*
,,   suberythropus C. M. *(Herzog, Beih. Bot. C. 1909)*
Campylodontium onustum (Hpe.) *(Williams l. c.)*
,,   bolivianum C. M. *(Prodr. Bryol. Bol.)*
Erythrodontium longisetum (Hook.) *(Williams l. c.)*
Stereophyllum brevipes (C. M.) *(Williams l. c.)*
,,   pseudoradiculosum (C. M.) *(Williams l. c.)*
,,   subchlorophyllosum (C. M.) *(Williams l. c.)*
,,   flaccisetum (C. M.) *(Williams l. c.)*
Fabronia singulidens C. M. *(Prodr. Bryol. Bol. u. Williams l. c.)*
,,   seligeriacea C. M. *(Prodr. Bryol. Bol.)*
,,   polycarpa Hook. *(Williams l. c.)*
Schwetschkea boliviana C. M. *(Prodr. Brogl. Bol. und Williams l. c.)*
,,   minuta C. M. *(Prodr. Bryol. Bol.)*
Helicodontium tenuirostre Schwgr. *(Williams l. c.)*
,,   capillare (Sw.) *(Williams l. c.)*
Daltonia irrorata Mitt. *(Williams l. c.)*
,,   minutifolia C. M. *(Prodr. Bryol. Bol. und Herzog, Beih. Bot. C. 1909)*
Daltonia Hampeana Sch. *(Herzog, Beih. Bot. C. 1909)*
Cyclodictyon aeruginosum (Mitt.) *(Williams l. c.)*

Cyclodictyon humile (Mitt.) Broth. *(Williams l. c.)*
„ plicatulum (C. M.) *(Prodr. Bryol. Bol.)*
Callicostella rivularis (Mitt.) *(Williams l. c.)*
„ pallida (C. M.) *(Williams l. c.)*
„ scabriuscula (C. M.) *(Williams l. c.)*
„ microcarpa (Hornsch.) *(Williams l. c.)*
„ scabripes C. M. *(Prodr. Bryol. Bol.)*
„ integrifolia C. M. *(Prodr. Bryol. Bol.)*
„ strumulosa (Hpe. u. Lor.)? *(Herzog, Beih. Bot. C. 1910)*
Hookeriopsis longiseta R. S. W. *(Williams l. c.)*
„ asprella (Hpe.) *(Williams l. c.)*
„ undatula (C. M.) *(Prodr. Bryol. Bol. u. Williams l. c.)*
„ incurva (Hook. u. Grev.) *(Williams l. c.)*
„ papillidioides (C. M.) *(Prodr. Bryol. Bol.)*
Stenodictyon saxicola R. S. W. *(Williams l. c.)*
Hypnella sigmatelloides (C. M.) *(Prodr. Bryol. Bol.)*
Lepidopilum intermedium (C. M.) *(Williams l. c.)*
„ ovatifolium (Herzog, Beih. Bot. C. 1910)
„ angustifrons Hpe. *(Williams l. c.)*
„ pallidonitens C. M. *(Prodr. Bryol. Bol.)*
„ curvirameum (C. M.) *(Prodr. Bryol. Bol.)*
„ Buchtienii Broth. *(Brotherus l. c.)*
Helicophyllum torquatum Hook. *(Herzog, Beih. Bot. C. 1909)*
Rhegmatodon schlotheimioides Spruce *(Williams l. c.)*
Anomodon fragillimus H. *(Herzog, Beih. Bot. C. 1909)*
Leskea boliviana C. M. *(Prodr. Bryol. Bol.)*
„ catenularia C. M. *(Prodr. Bryol. Bol.)*
Rauia Bornii H. *(Herzog, Beih. Bot. C. 1910)*
Thuidium pusillum Mitt. *(Williams l. c.)*
„ scabrosulum Mitt. *(Williams l. c.)*
„ involvens (Hedw.) *(Williams l. c.)*
„ schistocalyx (C. M.) *(Williams l. c.)*
„ brasilianum Mitt. *(Williams l. c.)*
„ delicatulum Hedw. *(Herzog, Beih. Bot. C. 1909)*
Hygroamblystegium filicinum (L.) *(Brotherus l. c.)*
Drepanocladus intermedius (Schimp.) *(Williams l. c.)*
„ Barbeyi Ren. u. Card.
Scorpidium scorpioides (L.) *(Williams l. c.)*
Calliergon stramineum (Dicks.) *(Brotherus l. c.)*
Rhizohypnum Langsdorffii (Hook.) *(Williams l. c.)*
„ modestum H. *(Herzog, Beih. Bot. C. 1909)*
„ verapoma Hedw. *(Herzog, Beih. Bot. C. 1909)*
Rhizohypnum elegantulum (Hook.) *(Herzog, Beih. Bot. C. 1909 u. Williams l. c.)*

Vesicularia vesicularis (Schwgr.) *(Williams l. c.)*
„ amphibola (Spruce) *(Williams l. c.)*
Taxithelium pseudoacuminatulum C. M. *(Williams l. c.)*
„ subandinum H. *(Herzog, Beih. Bot. C., 1910)*
Isopterygium brachyneuron (C. M.) *(Williams l. c.)*
„ tenerum (Sw.) *(Williams l. c.)*
„ leucophyllum (Hpe.) *(Williams l. c.)*
„ stigmocarpum (C. M.) *(Prodr. Bryol. Bol.)*
„ cylindraceum (C. M.) *(Prodr. Bryol. Bol.)*
Plagiothecium mollicaule R. S. W. *(Williams l. c.)*
Potamium longisetum R. S. W. *(Williams l. c.)*
Pterogonidium pulchellum (Hook.) *(Williams l. c.)*
Meiothecium commutatum (C. M.) *(Williams l. c.)*
„ tenerum Mitt. *(Williams l. c.)*
Trichosteleum fluviale (Mitt.) *(Williams l. c.)*
„ arrectum (Mitt.) *(Williams l. c.)*
„ ambiguum (Schwgr.) *(Williams l. c.)*
Sematophyllum pungens (Sw.) *(Williams l. c.)*
Rhaphidostegium cucullatifolium (Hpe.) *(Williams l. c.)*
„ tenuicarpum R. S. W. *(Williams l. c.)*
„ circinale (Hpe.) *(Williams l. c.)*
„ chrysostegum (C. M.) *(Williams l. c.)*
„ obliquerostratum Mitt. *(Williams l. c.)*
„ subsimplex (Hedw.) *(Williams l. c.)*
„ subcylindraceum (C. M.) *(Prodr. Bryol. Bol.)*
„ Levieri C. M. *(Prodr. Bryol. Bol.)*
„ chlorocormum C. M. *(Prodr. Bryol. Bol.)*
„ brachyacrum C. M. *(Herzog, Beih. Bot. C. 1909)*
„ densirete H. *(Herzog, Beih. Bot. C. 1909)*
„ galipense (C. M.) *(Herzog, Beih. Bot. C. 1909)*
„ andinum (Mitt.) *(Herzog, Beih. Bot. C. 1909)*
Brachythecium concostomum (Tayl.) *(Engler u. Prantl.)*
„ tenuipinnatum (C. M.) *(Williams l. c.)*
„ cochlear C. M. *(Prodr. Bryol. Bol.)*
„ praelongum C. M. *(Prodr. Bryol. Bol.)*
„ pseudorutabulum C. M. *(Prodr. Bryol. Bol. u. Herzog, Beih. B. C. 1909)*
Rhynchostegium lamasicum (Spruce) *(Williams l. c.)*
„ callistomum Besch. *(Williams l. c.)*
„ alboviride R. S. W. *(Williams l. c.)*
„ minutum C. M. *(Prodr. Bryol. Bol.)*
„ hirtipes C. M. *(Prodr. Bryol. Bol.)*
Oxyrrhynchium scabripes (C. M.) *(Prodr. Bryol. Bol.)*

Hepaticae.
(Auctore F. Stephani.)

Marchantiales.

Targionia L. 1753.

1. **Targionia robusta** St.

Zwischen Cocapata u. Choro, ca. 3500 m, No. 4174; bei Incacorral, ca. 2200 m, No. 4948.

Plagiochasma L. et L.

2. **Plagiochasma bolivianum** St. n. sp. (Fig. 82).

Dioica mediocris validissima, virens, postice purpurascens. F r o n s ad 3 cm longa, 5 mm lata, repetito-furcata, tenuis antice plana. S t o m a t a magna, parum convexa, poro parvo, parietibus radialibus incrassatis, 6 cellulis triseriatis circumdato, reliquae cellulae epidermales angulis trigone incrassatis. C o s t a angusta, parum producta. S q u a m a e posticae sub fronde occultae, confertae, imbricatae, purpureae, appendiculo parvo, late ovato-trigono, apice cuspidato integerrimo. P e d u n c u l u s capituli elongatus, apice dense breviterque barbatus, paleis angustis. C a p i t u l a vertice convexa, centro umbonatim prominulo, sexlobato, lobis antice convexis. Reliqua desunt.

Incacorral 2000 m, Tablas 1800 m, No. 4619. In rupibus humidis gregarie crescens.

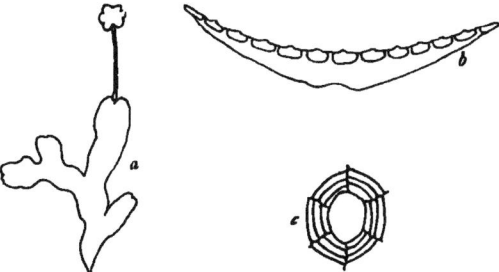

Fig. 82. *Plagiochasma bolivianum* St. n. sp. *a* Habitus 1:1; *b* Thallusquerschnitt 10:1; *c* porus anticus 30:1.

Fimbriaria N. ab Es. 1820.

3. **Fimbriaria fissiquama** St. n. sp. (Fig. 83).

Dioica magna virens vel flavescens, margine et postice atropurpurea. F r o n s ad 2 cm longa, 7 mm lata, simplex, ramis femineis semper posticis, antice plana, costa bene producta, late convexa, fronde triplo angustior, triplo latior quam crassa; alae tenues; stomata humillima, poro majusculo, 6 cellulis triseriatis circumdato. S q u a m a e posticae magnae, purpureae, appendiculo bifido vix constricto, laciniis elongatis anguste lanceolatis acutis integerrimis. C a r p o c e p h a l a majuscula pe-

Fig 83. *Fimbriaria fissiquama* St. n. sp. *a* Habitus 3:1; *b* squama 40:1; *c* Thallus querschnitt 20:1.

dunculo 2 cm longo, apice breviter barbato, lacinulis purpureis. C a p i t u l a conica obtusa, bene producta, lobis 4, subrotundis, valde convexis. P e r i a n t h i a oblonga, longe exserta, hyalina. Reliqua desunt.

Zwischen San Matco und Sunchal, ca. 2900 m, No. 4445.

L u n u l a r i a Adans. 1763.

4. **Lunularia cruciata** (L.) Dum.

In valle Llave (4200 m), zwischen Cocapata u. Choro, ca. 3500 m, No. 4173, in terra gregarie crescens.

D u m o r t i e r a Reinw. Bl. et N. ab Es. 1824.

5. **Dumortiera hirsuta** (Sw.) R. Bl. Nees.

Nebelwald über Comarapa, ca. 2600 m, No. 4302; Incacorral, No. 4987.

P r e i s s i a Corda.

6. **Preissia commutata** (Ldbg.) Nees.

Tocoranital, ca. 2600 m, No. 4071.

M a r c h a n t i a (L.) Raddi 1818.

7. **Marchantia brasiliensis** L. et L.

Sillar, in terra humida repens. 1600 m, No. 2755.

8. **Marchantia plicata** N. et M.

Toncoli, in rupibus humidis repens, ca. 3500 m, No. 3361.

9. **Marchantia Wilmsii** St.

Bolivia (sine loco natali).

Jungermanniales.

J. anacrogynae.

A n e u r a Dum. 1822.

10. **Aneura capillacea** St. n. sp. (Fig. 84 a—b).

Sterilis, magna, gracillima, rigida, fusco-brunnea, dense depresso-caespitans. F r o n s ad 6 cm longa, remote breviterque bipinnata; truncus in sectione transversa bene biconvexus (1 mm latus, medio 0,2 mm crassus) cellulae internae majusculae, aequalis, medio sexseriatae, corticales multo minores, alis 2 cellulas latis.

Tablas, in terra humida crescens, repens, ca. 3400 m, No. 2786, 2856.

11. **Aneura crassicaulis** St. n. sp. (Fig. 84c).

Sterilis, maxima, flaccida, olivacea, dense depresso-caespitans. F r o n s ad 6 cm longa, regulariter tripinnata; t r u n c u s crassus, alte biconvexus, in sectione transversa ellipticus, duplo latior quam crassus, exalatus; pinnae et pinnulae remotae, 15 mm longae, lineares, anguste alatae, alis 4 cellulas latis. C e l l u l a e alarum ad costam 27/54 µ, marginales 18/36 µ, tenerrimae.

Rio Tocorani, ca. 2200 m, No. 4029, 4035, in terra humida repens.

12. **Aneura Glaziovii** Spruce.

Tablas, in rivuli marginibus repens. 3400 m, No. 2802.

13. **Aneura gracillima** St. n. sp. (Fig. 84 f—g).

Sterilis mediocris, gracillima, rigidula, fusco-virens, gregarie crescens. F r o n s ad 3 cm longa, remote breviterque bipinnata, pinnulis brevibus solitariis, hic illic tripinnata. T r u n c u s primarius tenuis, postice p l a n u s, antice valde c o n v e x u s, triplo latior quam crassus, marginibus acutis, alis nullis. C e l l u l a e internae ubique aequales, in acie marginali uniseriatae et multo majores, limbum angustum acutum formantes.

Rio Tocorani, No. 4091.

14. **Aneura Herzogiana** St. n. sp.

Dioica, mediocris rigidula, intense viridis, dense depresso-caespitans. F r o n s ad 3 cm longa, regulariter bipinnata, ramis primariis remotis, 5 mm longis, dense breviterque pinnulatis, marginibus ubique alatis (alae 3 cellulas latae); in sectione transversa sextuplo latior quam crassa, cellulis internis et corticalibus ubique aequalibus. R a m i feminei (steriles) brevissimi, canaliculati, marginibus piliferis. Bene distincta cellulis internis et corticalibus per totam frondem aequimagnis.

Quebrada de Pocona (2800 m), No. 5132, in humo repens.

15. **Aneura lamellifera** St. n. sp. (Fig. 84 d—e).

Sterilis magna, gracillima, rigidula, flavescens, in cortice laxe caespitans lateque expansa. F r o n s

Fig. 84. a—b *Aneura capillacea* St. n. sp. a Habitus 1:1; b Thallusquerschnitt; c *An. crassicaulis* St. n. sp. Habitus 1:1; d—e *An. lamellifera* St. n. sp. d Habitus 1:1; e Thallusquerschnitt, f—g *An. gracillima* St. n. sp. f Habitus 1:1; g Thallusquerschnitt.

ad 4 cm longa, regulariter remoteque pinnata pinnis ad 10 mm longis, superis pinnulatis, inferis bipinnatis, ubique late alata, alis fragillimis, 3 cellulas latis; in sectione transversa fusiformis, 1,4 mm lata, medio 0,17 mm crassa, utrinque longe attenuata. C e l l u l a e internae parvae; corticales vix minores, anticae minute denseque l a m e l l a t a e.

Sillar, 1900 m, No. 2743.

16. **Aneura metzgeriaeformis** St.

Cordillera de Santa Cruz (1200 m), No. 4172, in rupibus humidis arcte repens.

17. **Aneura parasitans** St. n. sp. (Fig. 85 c—d).

Dioica pusilla rigida, rufo-brunnea, in humo dense depresso-caespitans. F r o n s ad 25 mm longa, remote breviterque ramosa; truncus primarius subteres, exalatus, ramis dense breviterque bipinnatis, anguste limbatis, limbo 2—3 cellulas lato, in sectione transversa elliptica (1 mm lata, medio 0,33 mm crassa) utrinque attenuata acuta. C e l l u l a e internae 54/54 μ marginales 9/36 μ. A n d r o e c i a brevissima, capitata, marginibus papulosis; reliqua desunt.

Cerros de Malaga (4000 m), No. 4374, in humo repens.

18. **Aneura pulvinata** St. n. sp.

Monoica hypogyna, pusilla, nigra, rigida, in rupibus pulvinatim caespitans. F r o n s ad 15 mm longa, pinnata et bipinnata, exalata, saepe fasciculatim ramosa; t r u n c u s primarius subteres, rami primarii 6 cellulas crassi, secundarii tenues biconvexi (in sectione transversa 0,75 mm lati, medio 0,2 mm crassi) utrinque attenuati acuti. C e l l u l a e internae frondis valde irregulares, in medio frondis gigantei, versus margines duplo et triplo minores, corticales minutae. R a m i f e m i n e i exigui, papulosi; i n v o l u c r a gigantea, 3 mm longa, anguste clavata, cuticula papulosa, apice cellulis longis clavatis hirta. A n d r o e c i a spicata, alveolis 5—6 jugis.

Quebrada de Cuñucu, ca. 900 m (I. Reise).

19. **Aneura boliviensis** St. n. sp.

Dioica magna rigida, fusco-brunnea, subatra, in cortice dense depresso-caespitans. F r o n s ad 5 cm longa, sparsim breviterque bipinnata, ubique alata, alis latiusculis (3—4 cellulas latis) truncus primarius validissimus (1,67 mm latus) biconvexus, quadruplo latior quam crassus, marginibus acutis, cellulae ubique aequimagnae; hic illic parum minores. R a m i m a s c u l i numerosi, in pinnis minoribus saepe geminati, alveolis 5—6 jugis. Reliqua desunt.

Incacorral, ca. 2200 m (I. Reise).

20. **Aneura pinguis** (L.) Dum.

Rio Tocorani 2200 m, No. 4066, Cerro Incachacca 4700 m, No. 2644.

21. **Aneura plumaeformis** S.

Nebelwald über Comarapa, ca. 2600 m, No. 4299.

22. **Aneura muscicola** St. n. sp. (Fig. 85 e—f).

Dioica pusilla, rigida, rufo-brunnea, dense depresso-caespitans. F r o n s ad 25 mm longa, truncus primarius subteres, exalatus, remote breviterque ramosus, ramis dense breviterque bipinnatis, anguste limbatis, limbo 3—4 cellulas lato. A n d r o e c i a brevissima, capitata, marginibus papulosis.

Nebelwald über Comarapa, 2600 m, No. 4287 muscis consociata.

23. **Aneura Uleana** St. n. sp. (Fig. 85 a—b).

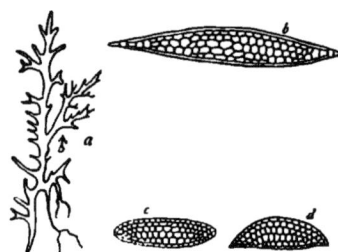

Fig. 85. a—b *Aneura Uleana* St. n. sp. a Habitus 1:1; b Thallusquerschnitt; c—d *An. parasitans* St. n. sp. c Sect. transv. in trunco; d Sect. transv. in ramulis; e—f *An. muscicola* St. n. sp. e Habitus 1:1; f Habitus vergr. 30:1.

Dioica major flavescens tenera et flaccida, terricola. F r o n s ad 4 cm longa, ubique anguste alata, irregulariter breviterque pinnata et bipinnata, paucis ramis longioribus interjectis similiter bipinnatis, ramis ubique attenuatis flagellaribus ramosis, in s e c t i o n e t r a n s v e r s a angustissime biconvexa (1,67 mm lata, medio 0,25 mm lata) utrinque longe attenuata, acuta. C e l l u l a e internae subaequales, medianae parum majores, corticales triplo minores. R a m i masculi exigui in trunco sessiles, alveolis quadrijugis.

Brasilia: Itajahy (Ule legit); Bolivia: Incacorral, Herzog No. 4982.

24. **Aneura Wallisii** St.

Sillar 1800 m, No. 2710, 2744; Rio Saujana 3400 m, No. 3259, 3279.

Metzgeria Raddi 1820.

25. **Metzgeria acuminata** St.

Estradillas supra Incacorral. 3000 m, No. 3345.

26. **Metzgeria albinea** S.

Cordillera de Santa Cruz, ca. 1400 m, No. 3477.

27. Metzgeria arborescens St. n. sp. (Fig. 86).

Dioica magna flaccida, subhyalina, in cortice dense intricata, late depresso-caespitans. F r o n s ad 6 cm longa, irregulariter breviterque bipinnata; ramis primariis 10—12 mm longis, oblique patulis, pinnulis brevibus, varie distributis. Costa in trunco primario valida, in ramis et ramulis gradatim angustior. C e l l u l a e alarum ad costam 27/72 μ, mediae 27/45 μ, marginales 14/54 μ. C a l y p t r a clavata, apice dense longeque setosa. Reliqua desunt.

    Incacorral 2200 m, No. 5047, 4952;
    Cerros de Malaga 3300 m, No. 4389;
    Coranital, No. 5062, 4690.

28. Metzgeria attenuata St. n. sp. (Fig. 87).

Sterilis, exigua, subhyalina, in foliis arborum repens. F r o n s ad 6 mm longa, irregulariter breviterque furcata, r a m i s angustioribus, apice saepe attenuatis, e margine frondis simpliciter setosa, setulis saepe radicantibus; C o s t a n u d a; cellulae costae corticales utrinque biseriatae. C e l l u l a e alarum 36/36 μ, ad costam parum longiores.

    Incacorral 2200 m, No. 5048.

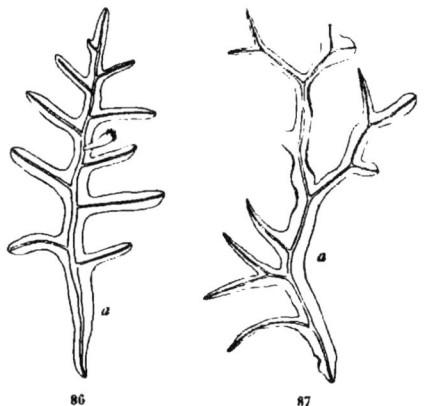

Fig. 86. *Metzgeria arborescens* St. n. sp. a Habitus 5:1.
Fig. 87. *Metzgeria attenuata* St. n. sp. a Habitus 5:1.

29. Metzgeria boliviana St. n. sp. (Fig. 88).

Dioica, magna, intense viridis, rigidula, in cortice dense depresso-caespitans maximeque intricata. F r o n s ad 6 cm longa, 2 mm lata, irregulariter longeque bipinnata. Costa tenuis, in sectione transversa late elliptica, antice et postice 4 cellulis angustis tecta, postice sparsim breviterque pilosa. A l a e planae vel leviter concavae, postice sparsim breviterque pilosae, marginibus dense minuteque setulosis, setulis geminatim oppositis. C e l l u l a e frondis marginales angustae, 27/36 μ, submarginales 36/36 μ, ad costam 36/72 μ trigonis nullis.

    Altamachi 3400 m, No. 3860; Sillar
    1600 m, Lacus Tunari 4400 m,
    No. 4788.

30. Metzgeria fruticola Spruce.

    Rio Tocorani, No. 4105.

31. Metzgeria gigantea St. n. sp. (Fig. 89a).

Sterilis, longissima, gracilis, pallide virens, in cortice repens lateque expansa. F r o n s ad 10 cm longa, simplex vel pauciramosa. Costa valida, subtorcs, in sectione transversa cellulis corticalibus numerosis inaequalibus tecta. C e l l u l a e costae anticae sexseriatae, posticae 10-seriatae denseque setulosae. A l a e valde decurvae, subinvolutae,

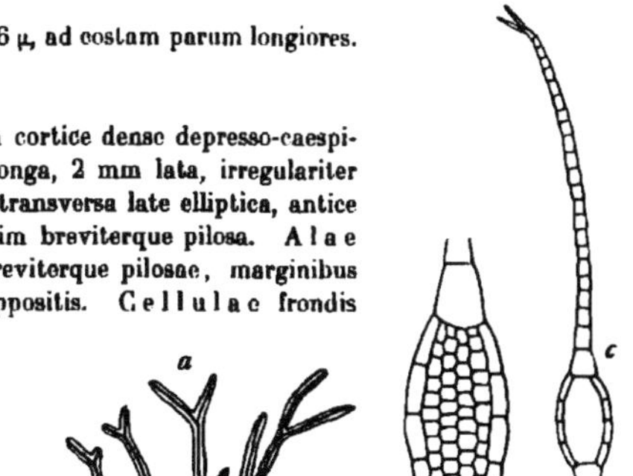

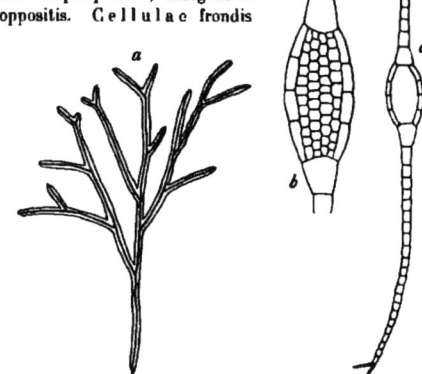

Fig. 88. *Metzgeria boliviana* St. n. sp. a Habitus 1:1; b Sect. transv. 120:1; c Sect. transv. 40:1.

in facie nudae, marginibus quidem setiferis, setulis fasciculatis (vulgo 5). Cellulae alarum ad costam 36/54 μ, mediae 36/45 μ, marginales 18/54 μ.

Incacorral 2200 m, No. 4992; San Mateo-Sunchal, No. 4475.

32. **Metzgeria Herzogiana** St. n. sp. (Fig. 89, b—c).

Dioica magna gracillima, pallide virens, flaccida, muscis consociata. Frons ad 6 cm longa, 1 mm lata, regulariter breviterque pinnata, pinnis hic illic ramulo auctis. Costa valida nuda, in sectione transversa antica 12—, postice 8 cellulis corticalibus parvis tecta; Cellulae internae corticalibus aequimagnae, maxime numerosae. Alae tenerrimae, nudae, cellulis unistratis, ubique aequimagnis. Rami feminei valde numerosi, latissime obcordati, margine repandi, valde inflati denseque setulosi.

Cochabamba (sine No.)

33. **Metzgeria heteroramea** St. n. sp. (Fig. 89, d).

Sterilis mediocris, pallide-virens, flaccida, in rupibus dense depresso-caespitans. Frons ad 2 cm longa, repetito-furcata, omnino nuda, 2 mm lata, rami e latere costae orti numerosi, inaequales,

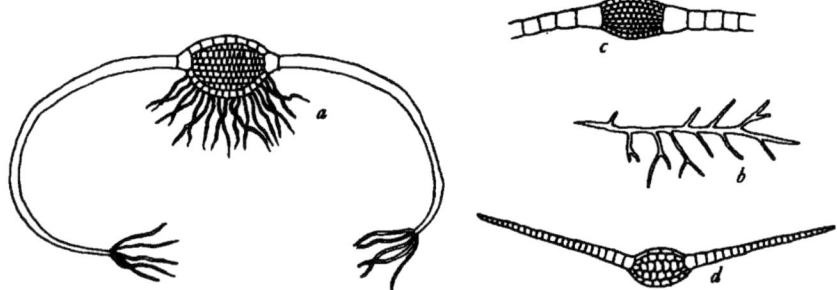

Fig. 89. *a Metzgeria gigantea* St. n. sp. sect. transv. 45:1; b—c *M. Herzogiana* St. n. sp. b Habitus 1:1; c sect. transv. 45:1; d *M. heteroramea* St. n. sp. sect. transv. 15:1.

parum angustiores. Costa tenuis, in sectione transversa utrinque 4 cellulis corticalibus tecta. Cellulae alarum ad costam 36/54 μ, mediae 36/36 μ, marginales 27/27 μ, in facie antica frondis papuloso-prominulae.

Caverna ad lacum Tunari. 4400 m, No. 4808.

34. **Metzgeria Lechleri** St.

Cordillera de Santa Cruz, ca. 1400 m, No. 3493/a.

35. **Metzgeria leptoneura** Spruce.

Tablas, in prato humido. 3400 m, No. 2787.

36. **Metzgeria myriopoda** Lindb.

Nebelwald über Comarapa, ca. 2600 m, No. 3960, 3800.

37. **Metzgeria nudicosta** St. n. sp. (Fig. 90, a).

Sterilis, magna, gracillima, subhyalina, flaccida, in rupibus rivuli dense depresso-caespitosa. Frons ad 7 cm longa, irregulariter longeque pinnata et bipinnata, pinnis remotis, ultimis 8 mm longis, paucis. Costa angusta, in sectione transversa ovalis, antice et postice 2 cellulis angustis tecta, nuda. Alae valde decurvae, nudae; margine quidem setulosae, setulis parvis, confertis, oppositis, hamatis. Cellulae alarum marginales 18/36 μ, submarginales 36/45 μ, ad costam 36/43 μ, parietibus tenuibus.

Cerros de Malaga 3300 m, No. 4390.

38. Metzgeria pulvinata St. n. sp. (Fig. 90, b—c).

Sterilis, longissima gracilis, pallide flavicans, apicibus virescentibus, profunde pulvinata. F r o n s valde convexa in plano 7 mm longa, 1,3 mm lata, regulariter bipinnata, ramis primariis ad 5 cm longis, pinnulis 1 cm longis. C o s t a valida, in sectione transversa subrotunda, antice 8 cellulis, postice 10 cellulis tecta, creberrime setulosa. A l a e nudae, margine quidem brevissime denseque setulosae, setulis ubique ternis vel quaternis, divergentibus hamatis. C e l l u l a e alarum ubique aequales, 27 μ, trigonis nullis, ad costam hic illic 27/54 μ.

Estradillas supra Incacorral, 3000 m, No. 3349.

39. Metzgeria Schiffneri St. n. sp.

Sterilis, mediocris, gracilis, flaccida, subhyalina, corticola, dense depressocaespitans. F r o n s ad 35 mm longa, angusta, repetito-furcata, ramis ad 10 mm longis, valde convexa; C o s t a tenuis, in sectione transversa antice 2 cellulis postice 4 cellulis tecta, postice dense longeque setosa. A l a e valde decurvae, in facie nudae, marginibus setiferis, setulis brevissimis, opposito-geminatis. C e l l u l a e alarum ubique aequales.

San Mateo-Sunchal. No. 4472.

40. Metzgeria Spindleri St. n. sp.

Sterilis, magna, gracilis flaccida, flavescens, in cortice dense depressocaespitans. F r o n s ad 8 cm longa, 2,8 mm lata, repetito-furcata, ramis ad 15 mm longis, canaliculatim concava. C o s t a tenuis, in sectione transversa utrinque 4 cellulis corticalibus tecta, dense longeque pilosa (in facie postica). A l a e latissimae, antice nudae, margine piliferae, pilis geminatis oppositis, longis hamatis, sub margine alarum in facie postica similiter pilosae, limbum angustum hirtum formantes. C e l l u l a e alarum marginales 18/36 μ, in medio alarum 45/54 μ, ad costam 36/90 μ, parietibus tenuibus.

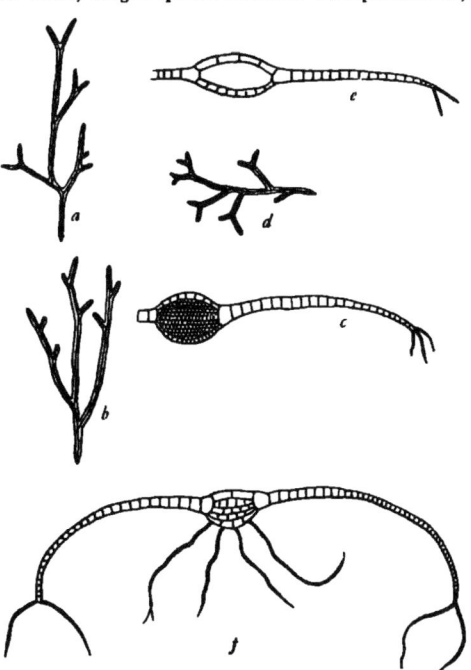

Fig. 90. a *Metzgeria nudicosta* St. n. sp. Habitus 1:1; b—c *M. pulvinata* St. n. sp. b Habitus 1:1; c sect. transv. 45:1; d—e *M. subinvoluta* St. n. sp. d Habitus 1:1; e sect. transv. 45:1; f *M. villosicosta* sect. transvers. 45:1.

San Mateo-Sunchal, No. 4484.

41. Metzgeria subinvoluta St. n. sp. (Fig. 90, d—e).

Sterilis mediocris flaccida, pallide virens, in rupibus humidis dense depresso-caespitans. F r o n s ad 25 mm longa, 1 mm lata, regulariter pinnata, pinnis apice breviter furcatis. C o s t a valida, in sectione transversa oblongo-elliptica, duplo latior quam crassa, antice 4 cellulis, postice 8 cellulis tecta denseque setulosa. A l a e valde decurvae, subinvolutae, nudae, marginibus quidem densissime setulosis, setulis oppositis divergentibus. C e l l u l a e alarum marginales 27/36 μ, submarginales 36/36 μ, ad costam 27/54 μ parietibus tenuibus, cuticula levis.

Bolivia (sine loco natali).

42. **Metzgeria terricola** St.
    Sillar. 1800 m, No. 2699.
43. **Metzgeria villosicosta** St. n. sp. (Fig. 90, f).
    Sterilis magna valida virens flaccida, in cortice dense depresso-caespitans. F r o n s ad 6 cm longa, repetito-furcata, ramis 15 mm longis, caniculatim concava. C o s t a tenuis, postice dense longeque pilosa, in sectione transversa late elliptica, antice 2 cellulis, postice 4 cellulis corticalibus tecta. A l a e latissimae, nudae, 1,5 mm latae, valde concavae, marginibus piliferis, pilis longis, geminatis, oppositis hamatis. C e l l u l a e alarum marginales 18/36 μ, mediae 45/72 μ, ad costam 54/90 μ.
    Nebelwald über Comarapa, ca. 2600 m, No. 4330.

Symphyogyna Nees et Mont. 1836.

44. **Symphyogyna apiculispina** St. n. sp. (Fig. 91, a).
    Sterilis magna, viridis, flaccida, in cortice expansa. F r o n s ad 6 cm longa, 1 cm lata, plana, e facie postica costae flagella-valida nuda proferens, marginibus regulariter breviterque inciso-lobatis, lobulis subrotundis, apice oblique emarginatis, segmentis apiculatis, inaequalibus, supero multo validiore. C e l l u l a e frondis submarginales 54/54 μ inferae 36/90 μ.
    Rio Tocorani 2200 m, No. 4034, 4098; Comarapa 2600 m, No. 4286; Tablas 1800 m, No. 4578, 4579.

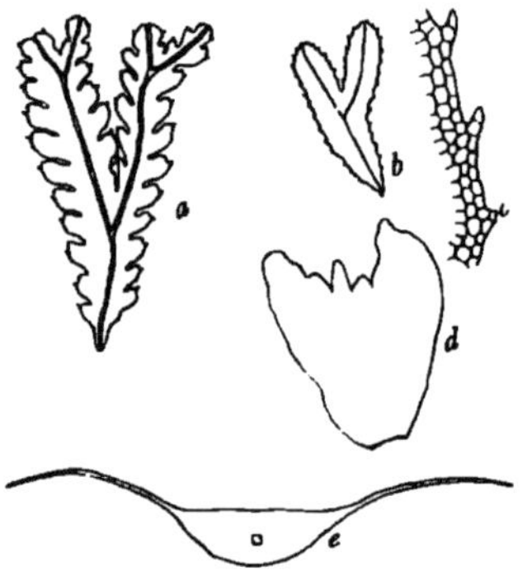

45. **Symphyogyna bogotensis** (G.) St.
    Comarapa 2600 m, No. 4279, 4298; in valle Llave 4200 m, No. 4849.

46. **Symphyogyna boliviensis** St. n. sp. (Fig. 91, b—e).
    Dioica minor, pallide virens, flaccida, terricola, gregarie crescens. F r o n s ad 2 cm longa, 5 mm lata, furcata, marginibus remote breviterque dentatis, dentibus 2 cellulas longis obtusis. C e l l u l a e fondis marginales 36/72 μ, mediae 27/63 μ, ad costam 27/36 μ. C o s t a valida, fasciculo fibrovasali percurso. I n v o l u c r a feminae parva, squamae formia, late obcuneata, apice vario obtuseque lobulata. Reliqua desunt.
    Cordillera Santa Cruz 1200 m, No. 4171.

Fig. 91. *a Symphyogyna apiculispina* St. n. sp. Habitus 1:1; *b—e S. boliviensis* St. n. sp. *b* Habitus 1:1; *c* frondis margo 30:1; *d* squama feminea 30:1; *e* sect. transv. frondis 30:1.

47. **Symphyogyna brasiliensis** Nees.
    Sillar 2690 m, No. 2690.
48. **Symphyogyna Brogniartii** Mont.
    Samaipata 2000 m, No. 4123, Sillar, No. 2776/a.
49. **Symphyogyna canaliculata** St.
    Sillar 1800 m, No. 2779.
50. **Symphyogyna chiloensis** St.
    Tablas 3400 m, No. 2805; Rio Saujana 3400 m, No. 3292.
51. **Symphyogyna digitisquama** St.
    Quebrada de Pocona 2800 m. No. 5138.
52. **Symphyogyna Goebelii** St.
    Sillar 1800 m, No. 2700, 2780; Tablas 3400 m, No. 2804; Paracti 2000 m, No. 5053.
53. **Symphyogyna mexicana** St.
    Tablas, No. 4627.
54. **Symphyogyna paucidens** St.
    Sillar, No. 2689; Rio Tocorani, No. 4022.

Monoclea Hook. 1820.

55. Monoclea Gottschei Lindb.
Rio Tocorani 2200 m, No. 4099; Tablas 1800 m, No. 4562; Llave 4200 m, No. 4856; Incacorral 2300 m, No. 5086.

Petalophyllum Gottsche 1844; Androcryphia N. ab Es. in Syn. Hep. 1846.

56. Petalophyllum bolivianum St. n. sp. (Fig. 92).

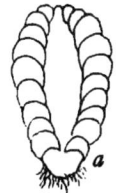

Fig. 92. *Petalophyllum bolivianum* St. n. sp. *a* Habitus 30 : 1.

Planta sterilis, parva, validissima, pallida, apicibus rufescentibus, gregarie crescens, terricola. F r o n s ad 8 mm longa, 5 mm lata, arcte repens; costa validissima, valde producta, radicellis pallidis; a l a e tenerrimae oblique erectae profunde canaliculatae, antice l a m e l l i s sparsis humilibus et oblique insertis p e r-
c u r s a e. Reliqua desunt.
Cumbre de Liryuni 4500 m, No. 2577.

J. acrogynae.
Lophoziaceae.

Marsupella (Dum. 1822) emend. S. O. Lindb. 1886.

57. Marsupella cuspidata St. n. sp. (Fig. 93, a—b).

Sterilis parva gracillima, rigidula, flavo-virens, aetate flavo-rufescens, pulvinatim caespitans. F o l i a c a u l i n a remotiuscula, conduplicatim concava, oblique patula, in plano cordiformia (1,53 mm longa, medio infero 1,4 mm lata) basi utrinque rotundata, apice valde angustato, ad $^1/_4$ inciso-bilobato, lobis anguste triangulatis cuspidatis porrectis. C e l l u l a e superae 18/18 μ, basales 18/36 μ, trigonis majusculis; cuticula minute papillata.
Altamachi 4000 m, No. 3867; Viloco 4600 m, No: 3164/a.

58. Marsupella exigua St. n. sp. (Fig. 93, c).

Sterilis parva rigida et fragilis, rufobrunnes, gracillima, pulvinatim caespitans. C a u l i s ad 2 cm longus, simplex, rarissime ramosus, ramulis longiusculis. F o l i a c a u l i n a vix contigua, oblique patula, conduplicatim concava vel hiantia et squarrose recurva, in plano subrectangulata (1 mm longa, medio 0,75 mm lata) lata basi inserta, marginibus superis et inferis leviter arcuatis, apice ad $^1/_5$ inciso-biloba, sinu amplissimo, lobis late triangulatis acutis, divergentibus. C e l l u l a e superae 18/18 μ, basales 18/27 μ trigonis maximis nodulosis.
Corani 1800 m, No. 4681.

59. Marsupella pusilla St. n. sp. (Fig. 93, d—e).

Sterilis pusilla, rufescens, rigida, aliis hepaticis consociata. C a u l i s ad 2 cm longus, parum longeque ramosus. F o l i a c a u l i n a

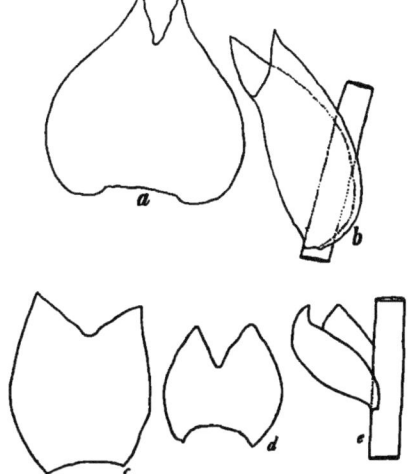

Fig. 93. *a—b Marsupella cuspidata* St. n. sp. *a* fol. caul. 20 : 1; *b* Amphig. caul. 20 : 1; *c M. exigua* St. n. sp. fol. caul. 40 : 1; *d—e M. pusilla* St. n. sp. *d* fol. caul. 40 : 1; *e* fol. caul. 40 : 1.

remota, oblique patula, conduplicatim concava, in plano subrotunda (0,67 mm longa et lata) symmetrica, lata basi inserta, ad medium biloba, sinu recto abtuso, laciniis triangulatis acutis inaequalibus, lobo antico parum latiore. Cellulae superae 14/14 μ, basales 14/18 μ, parietibus validis, trigonis nullis.
Cerro Tunari 4700 m, No. 4891.

Solenostoma Mitt. 1865.

60. Solenostoma bolivianum St. n. sp. (Fig. 94, c).
Sterilis, mediocris, rufo-brunnea, rigidula, pulvinatim caespitans. Caulis ad 4 cm longus, parum longeque ramosus. Folia caulina imbricata, erecto-homomalla, in plano subrotunda, lata basi inserta (3,25 mm lata, 2,75 mm longa) integerrima. Cellulae superae 27/27 μ, trigonis parvis, basales 27/45 μ, trigonis nullis. Amphigastria caulina majuscula, ambitu subrotunda, caule subtriplo latiora, profunde sinuatim inserta, apice subtruncata breviterque incisa, segmentis late divergentibus acutis. Reliqua desunt.
Incacorral 2200 m, No. 4975; in ramis arborum saepe depresso-caespitans.

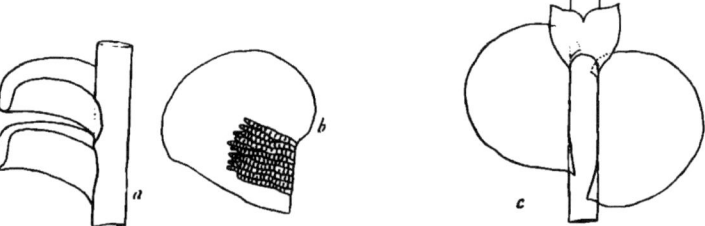

Fig. 94. a—b *Stephaniella boliviensis* St. n. sp. a fol. caul. 15:1; b fol. caul. 45:1; c *Solenostoma bolivianum* St. n. sp. 10:1.

Stephaniella Jack.

61. Stephaniella boliviensis St. n. sp. (Fig. 94, a—b).
Sterilis exigua rigida, dilute brunnea, in rupibus pulvinatim caespitans lateque expansa. Caulis ad 4 mm longus, validus, simplex vel ramosus, ramis cauli aequilongis, flagellis posticis validis numerosis. Folia caulina conferta, erecto-homomalla, valde concava, in plano late ovata, asymmetrica, margine supero valde arcuato, infero stricto, apice obtusa, integerrima. Paraphylla chlorophyllifera in facie antica foliorum, fasciculatim aggregata, filiformia. Cellulae foliorum optime rectangulares, 14/36 μ, parietibus validis; marginales crenato-prominulae, apicales subdentiformes.
Catena Yanakaka 4700 m, No. 3750; valle Llave, ca. 4300 m, No. 4794.

62. Stephaniella paraphyllina Jack.
Comarapa 2600 m, No. 4255.

Jamesoniella (Spruce p. subg. 1876) Steph. 1892.

63. Jamesoniella Allionii St. n. sp.
Dioica mediocris, fusco-brunnea, rigidula gracilis, in rupibus dense lateque depresso-caespitans. Caulis ad 3 cm longus, tenuis simplex vel pauciramosus, ramis elongatis. Folia caulina contigua squarrose patula, valde concava, in plano subrotunda, antice breviter decurrentia, basi antica truncata, appendiculo nullo. Cellulae foliorum superae 14/14 μ, trigonis parvis, basales 18/36 μ, trigonis majusculis. Folia floralia caulinis aequimagna, subrotunda, apice truncato-rotundata, mar-

ginibus lateralibus remote breviterque dentatis vel subspinosis. A m p h i g a s t r i u m florale anguste lanceolatum, foliis floralibus parum longius, utrinque grosse remoteque trispinosum, apice ad $^1/_4$ incisobifidum, segmentis late lanceolatis cuspidatis integerrimis. P e r i a n t h i a obovato-oblonga, pluriplicata, apice irregulariter incisa, segmentis tuncatulis integris. A n d r o e c i a in medio caulis repetita, spicata, bracteis 10—12 jugis, confertis, inflatis, dense imbricatis apiceque patulis.

Tablas 3400 m, No. 2808, 2806/a, 2847; Saittulaguna 4300 m, No. 2662/a; Vacas 3000 m, Viloco 4600 m, No. 3162; Vallis Pajonal 4000 m, No. 3246; Rio Saujana 3400 m, No. 3270.

64. **Jamesoniella boliviana** St. n. sp. (Fig. 95, a).

Sterilis, major valida, flaccida, dilute virens, in cortice caespitans. C a u l i s ad 5 cm longus, simplex vel sparsim breviterque ramosus. F o l i a c a u l i n a confertissima, erecto-homomalla, valde concava, in plano subrotunda (1,17 mm longa et lata) antice attenuatim longeque decurrentia, postice breviter inserta apice leviter obtusa, integerrima; C e l l u l a e superae 27/27 μ, aliis majoribus interjectis 36/36 μ, basales 36/63 μ trigonis ubique nullis, cuticula v e r r u c o s a.

Cerros de Malaga 3500 m, No. 4411/a.

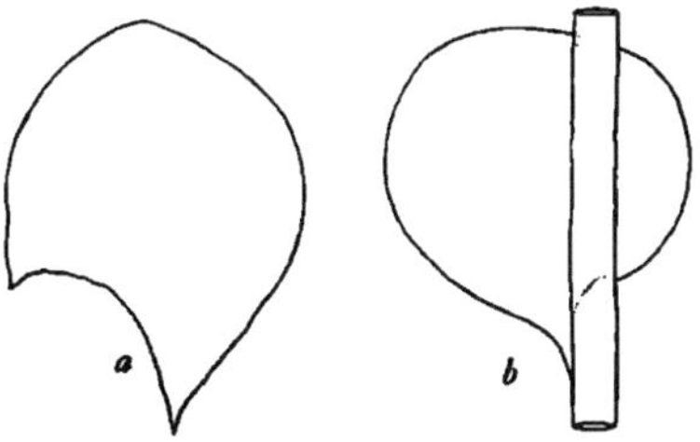

65. **Jamesoniella fragillima** St. n. sp. (Fig. 95, b).

Sterilis mediocris, rigida, fragillima, rufescens, profunde pulvinata. C a u l i s ad 6 cm longus, parum longeque ramosus, rarius simplex. F o l i a c a u l i n a confertissima, erecto-homomalla, valde concava, in plano subrotunda (1,17 mm longa, medio 1 mm lata) asymmetrica, margine supero longe arcuato, infero substricto, in caule attenuato, apice rotundata, basi antica ampliata, caulem late superantia, integerrima. C e l l u l a e superae 18/18 μ, trigonis maximis, basales 27/36 μ trigonis ovalibus. C u t i c u l a verrucosa.

Nebelwald über Comarapa, ca. 2600 m, No. 4270.

66. **Jamesoniella latifolia** St. n. sp. (Fig. 96, a).

Sterilis, major, gracilis, flaccida, dilute virens vel flavescens, profunde pulvinata. C a u l i s ad 4 cm longus, parum longeque ramosus, stolonibus sparsis longissimis. F o l i a c a u l i n a contigua, oblique patula, erecto-homomalla, valde concava (aetate subplana) in plano late ovato-

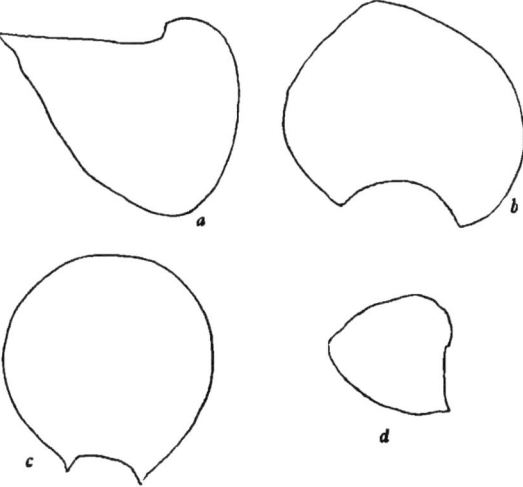

Fig. 95. a *Jamesoniella boliviana* St. n. sp. fol. caul. 30:1; b *J. fragillima* St. n. sp. fol. caul. 30:1.

Fig. 96. a *Jamesoniella latifolia* St. n.sp. fol. caul. 30:1; b *J. limbata* St. n. sp. fol. caul. 30:1; c *J. nudifolia* St. n. sp. fol. caul. 30:1; d *J. ovato-trigona* St. n. sp. fol. caul. 30:1.

trigona, latiora quam longa (1,33 mm longa, supra basin 1,67 mm lata) asymmetrica, margine supero breviore, substricto vel leviter arcuato, infero multo longiore, apice obtusa, basi antica brevissime inserta, caulem vix tegentia. C e l l u l a e superae 18/18 μ trigonis subnullis, basales 18/36 μ trigonis parvis, cuticula dense verrucosa.

San Mateo-Sunchal, No. 4450.

67. **Jamesoniella limbata** St. n. sp. (Fig. 96, b).

Sterilis, exigua, rufescens, in cortice caespitans. C a u l i s ad 8 mm longus, simplex vel parum ramosus. F o l i a c a u l i n a confertissima, erecto-homomalla, valde concava, in plano reniformia (1,67 mm lata, 1,17 mm longa) lata basi inserta, apice obtusa. C e l l u l a e superae 27/27 μ, basales 27/72 μ trigonis nullis, marginales 18/90 μ, limbum bene distinctum formantes.

San Mateo-Sunchal, No. 4491.

68. **Jamesoniella nudifolia** St. n. sp. (Fig. 96, c).

Sterilis, major, rufescens, gracillima, rigida, aliis hepaticis consociata. C a u l i s ad 7 cm longus, simplex, stolonibus numerosis brevibus. F o l i a c a u l i n a remotiuscula, squarrose patula, parum

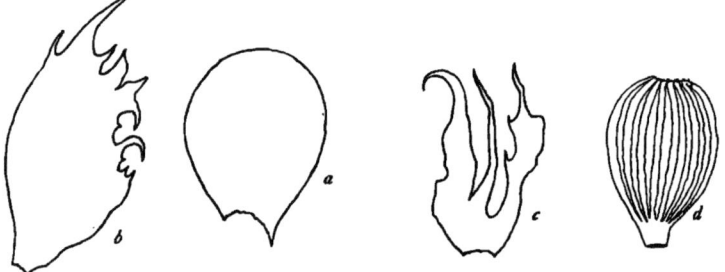

Fig. 97. *Jamesoniella papillifolia* St. n. sp. *a* fol. caul. 60:1; *b* fol. florale 60 1: *c* Amph. flor. 60:1: *d* Perianth 60:1.

concava, in plano optime rotunda (1,5 mm longa et lata) brevi basi inserta, utrinque breviter decurrentia, integerrima. C e l l u l a e superae 27/27 μ, trigonis parvis, basalis 27/45 μ, trigonis grosse ovalibus; stolonibus sparsis brevibus.

Cerros de Malaga, ca. 4000 m, No. 4409/b.

69. **Jamesoniella ovato-trigona** St. n. sp. (Fig. 96, d).

Sterilis mediocris rigida, fusco-virens, muscis consociata. C a u l i s ad 3 cm longus, simplex vel parum breviterque ramosus, stolonibus numerosis, longis. F o l i a c a u l i n a contigua, erecto-homomalla, valde concava, in plano ovato-trigona, (0,83 mm longa, supra basin 0,67 mm lata) symmetrica, apice obtusa, lata basi inserta, margine supero e basi rotundata substricto, infero similiter arcuato, basi breviter decurrente. C e l l u l a e superae 18/18 μ, basales 18/54 μ trigonis nullis, cuticula levis.

In valle Llave 4200 m, No. 4942.

70. **Jamesoniella papillifolia** St. n. sp. (Fig. 97).

Dioica magna gracillima, in tupibus dense depresso-caespitans lateque expansa. C a u l i s ad 8 cm longus, parum longeque ramosus. F o l i a c a u l i n a contigua vel remota, subrotunda, 2 mm longa et lata, utrinque breviter decurrentia, cauli lateraliter appressa, subhomomalla, integerrima. C e l l u l a e superae 27/27 μ, basales 27/36 μ, trigonis parvis, cuticula papillata. F o l i a floralia intima ex angusta basi oblongo-elliptica (3 mm longa, medio 1,5 mm lata) apice longe attenuata, margine externo integro, interno maxime grosseque lacerato. A m p h i g a s t r i u m florale foliis floralibus parum brevius, profundissime bi- vel trifidum, laciniis valde irregularibus, lanceolatis vel linearibus, interdum grosse remoteque spinosis. Perianthia late pyriformia (3,5 mm longa, medio 2,5 mm alta) ore contracto, minute spinuloso, dense longeque plicata, plicis usque ad basin decurrentibus, inflatis. Reliqua desunt.

Bolivia, sine loco natali.

71. Jamesoniella rotundifolia St. n. sp. (Fig. 98, a).

Sterilis magna robusta rigida, fusco-rufa, profunde pulvinata. Caulis ad 6 cm longus, simplex vel sparsim longeque ramosus. Folia caulina conferta, erecto-homomalla, parum concava, in plano optime rotunda (0,75 mm longa et lata) integerrima, brevissima basi inserta nusquam decurrentia. Cellulae superae 18/18 μ trigonis maxime nodulosis, basales 18/36 μ, trigonis maximis acutis, cuticula verrucosa, inferne nuda.

Nebelwald über Comarapa, No. 4227.

72. Jamesoniella rufescens St. n. sp. (Fig. 98, b).

Sterilis mediocris gracillima, rufescens, pulvinatim caespitans. Caulis ad 3 cm longus, parum longeque ramosus, stolonibus sparsis, longis. Folia caulina contigua, erecto-homomalla, concava, in plano reniformia (1,17 mm longa, medio 1,33 mm lata) asymmetrica, margine supero longe arcuato, infero multo longiore substricto, apice obtusa, latissima basi inserta. Cellulae superae 27/27 μ, trigonis magnis acutis, basales 27/36 μ, trigonis grosse nodulosis.

San Mateo-Sunchal, No. 4453.

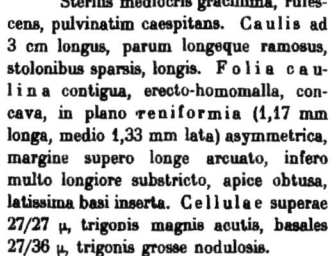

Fig. 98. *a Jamesoniella rotundifolia* St. n. sp. 10:1; *b J. rufescens* St. n. sp. 30:1.

73. Jamesoniella trigonifolia St. n. sp. (Fig. 99, a—c).

Autoica major, dilute brunnea, apicibus purpurascentibus. Caulis ad 4 cm longus, validus, sub flore geminatim innovatus, ramis sterilibus sparsis longis. Folia caulina conferta, squarrose patula, in plano late ovato-triangularia (5,5 mm longa, basi 4,5 mm lata) apice obtusa leviterque angulata, antice caulem superantia, basi antica breviter rotundata. Cellulae superae 27/27 μ trigonis majusculis nodulosis, basales 36/54 μ trigonis magnis acutis vel subnodulosis. Folia floralia (juvenilia) subrotunda, conduplicatim concava, antheridium globosum longe stipitatum gerentia. Perianthia (juvenilia) triplicata, rostro brevissimo.

Tablas, No. 2932; Rio Saujana (3400 m), No. 3234, sphagno consociata.

74. Jamesoniella verrucosa St. n. sp. (Fig. 99, d).

Sterilis magna gracilis rigida, rufescens, profunde pulvinatim caespitans. Caulis ad 8 cm longus, simplex vel sparsim longeque ramosus, stolonibus sparsis. Folia caulina conferta, erectohomomalla, concava, in plano obovata, symmetrica (1,5 mm longa, medio 1,17 mm lata) apice late rotundata, brevissima basi inserta, nusquam decurrentia. Cellulae superae 18/18 μ, basales 18/36 μ trigonis parvis, cuticula grosse papillata.

Lacus Tunari 4700 m, No. 4873, in fissuris rupium nidulans.

Fig. 99. *Jamesoniella trigonifolia* St. n. sp. *a* fol. caul. 30:1; *b* folium ♂ 14:1; *c* Perianth 14:1; *d J. verrucosa* St. n. sp. fol. caulin. 30:1.

Anastrophyllum (Spruce p. subg. 1876) Steph. 1893.

75. Anastrophyllum bolivianum St. n. sp. (Fig. 100).

Sterilis, rigidula, flavicans, apicibus intense viridibus, pulvinatim caespitans. C a u l i s ad 15 mm longus, sparsim longeque ramosus. F o l i a c a u l i n a maxime conferta, erecto-homomalla, valde concava, in plano late ovato-triangulata (1,17 mm longa, 1,25 mm lata) latissima basi inserta, apice fere ad medium usque inciso-biloba, sinu subrecto, lobis late triangulatis, apice in spinam longiusculam attenuatis. Cellulae superae 18/18 μ, trigonis majusculis, basales 18/36 μ trigonis parvis.

Yanakaka Montes 4000 m, No. 3832, in rupibus caespitans.

76. Anastrophyllum cuspidatum St. n. sp. (Fig. 101).

Dioica magna, gracillima, rufo-brunnea, rigidula, in cortice dense intricata, in terra humida depresso-caespitans. C a u l i s ad 11 cm longus, simplex vel parum breviterqu eramosus. F o l i a c a u l i n a parum imbricata, erecto-homomalla, valde concava, in plano late ovata (1,83 mm longa, medio 1,4 mm lata) ad ²/₃ inciso-bifida, laciniis porrectis, anguste triangulatis, attenuatis, superne setaceis, basi antica spinula hamata armata. Cellulae superae 18/18 μ, trigonis magnis nodulosis, basales 18/27 μ, parietibus dense nodulosis, ex parte trabeculatim confluentibus. P e r i a n t h i a oblongo-cylindrica (3,5 mm, longa medio 1,5 mm lata) quinqueplicata, plicis inflatis, humilibus, longe decurrentibus, ore contracto, irregulariter laciniato, minute dentato. F o l i a f l o r a l i a perianthio duplo breviora, ceterum caulinis simillima. A n d r o e c i a desunt.

Tablas, No. 2907/a.

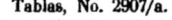

Fig. 100. *Anastrophyllum bolivianum* St. n. sp. *a* fol. caul. in plano 30:1; *b* folia caulina 15:1.

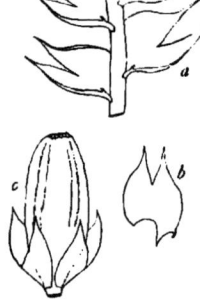

Fig. 101. *Anastrophyllum cuspidatum* St. n. sp. *a* folia caulina 10:1; *b* fol. caulina in plano 10:1; *c* Perianth 10:1.

77. Anastrophyllum hians St. n. sp. (Fig. 102).

Dioica, mediocris, gracilis, rigidula, rufescens, aliis hepaticis corticolis consociata. C a u l i s ad 4 cm longus, simplex, capillaceus. F o l i a c a u l i n a erecto-homomalla, squarrosa, in plano subrotunda (2,75 mm longa et lata) ad ³/₅ inciso-biloba, segmentis triangulatis subaequalibus, breviter cuspidatis. Cellulae superae 18/18 μ, mediae 14/18 μ, trigonis maximis, basales 18/36 μ parietibus validis. P e r i a n t h i a fusiformia, ore multiplicato, breviter incisolaciniato, segmentis minute dentatis. F o l i a f l o r a l i a i n t i m a caulinis parum majora, ad medium trifida, laciniis aequilongis sed inaequilatis, l a c i n i a a n t i c a multo validiore, crispata, m e d i a duplo angustiore, t e r t i a anguste lanceolata apice setacea. Folia floralia s u b i n t i m a caulinis similia, majora, sparsim varieque inciso-lobulata. A n d r o e c i a desunt.

Corani 2600 m, No. 5077; San Mateo Sunchal, No. 4473.

78. Anastrophyllum laxifolium Mont.

Piñas 4600 m, No. 2617, in rupibus herbiferis.

79. Anastrophyllum leucostomum Tayl.

Tablas, in cortice et rupibus dense caespitans, No. 2809, 2930.

80. Anastrophyllum Mandoni St.

Abra de San Benito. 3900 m, No. 3330, in rupibus caespitans.

81. Anastrophyllum nigrescens (Mitt.) St.

Tablas. In ramis arborum nidulans, No. 28 40/a, 2869, 2944.

82. **Anastrophyllum parvum** St.
Tablas, No. 2881; Cerro Tunari 5000 m, Viloco 4600 m, No. 3199, 3110; Cerros de Malaga 4000 m.

83. **Anastrophyllum pusillum** St.
Cerros de Malaga 4000 m, No. 4420; Cerro Tunari 5000 m, No. 4776, 4878.

Lophozia (Dum. 1835).

84. **Lophozia boliviensis** St. n. sp. (Fig. 103).
Dioica minor rigidula, fusco-brunnea, in rupibus humo obtectis pulvinatim caespitans. Caulis ad 15 mm longus, vulgo simplex, rarius ramulo auctus. Folia caulina imbricata, oblique patula, valde con cava, in plano late obcuneata (1,5 mm longa, 2,17 mm lata) asymmetrica, margine supero quam inferus subduplo longiore, apice late truncatorotundata, 4—5 lobata, lobis inaequalibus, (superis multo validioribus) rotundatis, irregulariter emarginato-dentatis et spinulosis, sinubus arcte recurvis. Cellulae superae foliorum 27/27 μ, trigonis parvis, basales 27/54 μ, trigonis majusculis. Perianthia obovato-obconica (3,75 mm longa, medio 2 mm lata) pluriplicata, plicis inflatis, ore amplo breviter lobato, lobis irregulariter denseque spinulosis. Folia floralia intima caulinis aequimagna, simillima, perianthio breviter accreta.

Fig. 102. *Anastrophyllum hians* St. n. sp. *a* fol. caulinum 10:1; *b* fol. florale 10:1; *c* Amphig. florale 10:1.

Viloco 4500 m, No. 3200.

85. **Lophozia multiflora** St. n. sp. (Fig. 104).
Monoica pusilla flaccida, rufescens, muscis consociata. Caulis ad 12 mm longus, irregulariter (saepe fasciculatim) ramosus. Folia caulina imbricata, oblique patula, valde concava, in plano late obovato-obconica (0,67 mm longa, medio 0,58 mm lata) symmetrica, apice ad ¹/₅ biloba, sinu recto obtuso, lobis late triangulatis, apice rotundatis. Cellulae superae 18/18 μ, basales 18/27 μ, trigonis nullis. Perianthia magna, cylindrica, plicis inflatis, minus distinctis (4,5 mm longa, 1,5 mm lata) apice truncato, vix angustiore, varie breviterque inciso minuteque crenato. Folia floralia intima obovato-oblonga (2 mm longa, medio 1 mm lata) apice ad ¹/₄ inciso-biloba, sinu recto, lobis late triangulatis acutis integerrimis. Amphigastrium florale intimum foliis floralibus alte connatum, apice breviter inciso-bilobatum, rima angusta, segmentis ovatis acutis porrectis. Androecia longe spicata, bracteis 6—9 jugis.

Lacus Tunari 4400 m, No. 3432.

Sphenolobus S. O. Lindb.

86. **Sphenolobus achrous** Spruce.
Viloco, 4300 m in terra dense caespitans, No. 3187.

Syzygiella Spruce 1876.

87. **Syzygiella boliviana** St. n. sp. (Fig. 105, b).
Sterilis maxima robusta, dilute flavo-rufescens, in rupi-

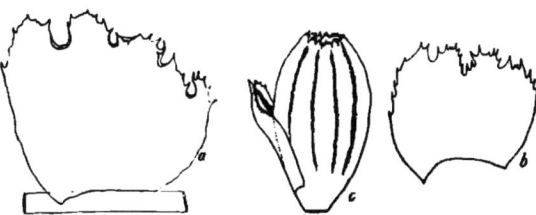

Fig. 103. *Lophozia boliviensis* St. n. sp. *a* fol. caul. 30:1; *b* fol. flor. 10:1; *c* Perianth mit Amphigastrium 10:1.

bus dense depresso-caespitans lateque expansa. Caulis ad 8 cm longus, longissime ramosus, ramis remotis, inferis 6 cm longis, superis brevioribus, omnibus simplicibus, rarius bifidis. Folia caulina conferta, oblique patula, decurva, in plano oblongo-trigona (5 mm longa, supra basin 3 mm lata) asymmetrica, margine supero e basi rotundata longe leviterque arcuato, infero stricto, apice oblique emarginato (0,75 mm lato) angulis apiculatis, sub apice remote minuteque dentatis. Cellulae superae 27/27 μ basales 27/54 μ trigonis magnis acutis. Amphigastria majuscula, folio breviter connata, anguste lanceolata longe cuspidata, integerrima.

Corani, ca. 2600 m, No. 3415.

88. **Syzygiella Herzogiana** St. n. sp. (Fig. 105, a).

Sterilis magna robusta rigidula purpurascens, in cortice dense depresso-caespitans. Caulis ad 6 cm longus, tenuis, simplex vel parum breviterque ramosus. Folia caulina opposita, conferta, oblique patula, canaliculatim concava vel subconvoluta, in plano late trigona (4 mm longa, supra basin 4 mm lata) asymmetrica, margine supero e basi ampliata longe arcuato, margine infero multo longiore substricto, oblique adscendens, apice obtusa integerrima. Cellulae superae 27/27 μ, basales 27/54 μ trigonis parvis parietibus validis.

Comarapa 2600 m, No. 4192/a; San Mateo-Sunchal, No. 4488.

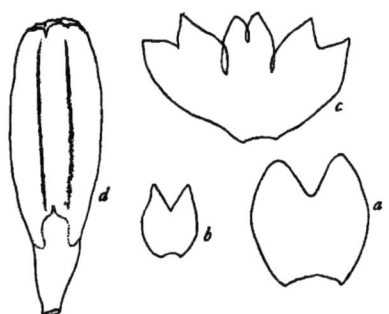
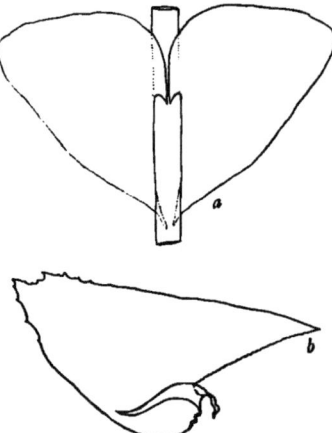

Fig. 104. *Lophozia multiflora* St. n. sp. *a* fol. caul. 40:1; *b* fol.ramulin. ca. 13:1; *c* Involucrum ca.13:1; *d* Perianth ca. 13:1.

Fig. 105. *a Syzygiella Herzogiana* St. n. sp. folia floralia 10:1; *b S. boliviana* St. n. sp. folium caulinum 10:1.

Plagiochila (Dum. 1835) ref. Spruce 1885.

89. **Plagiochila acanthoda** G.

San Miguelito, No. 2749. In ramulis arborum nidulans.

90. **Plagiochila Alberti** St. n. sp. (Fig. 106, a).

Sterilis magna gracillima rufescens, rigidula, aliis hepaticis corticolis consociata. Caulis ad 5 cm longus, capillaceus parum breviterque ramosus. Folia caulina contigua, subrecte patula, parum concava, in plano ovata (2 mm longa, medio 1,5 mm lata) asymmetrica, margine supero longe arcuato, remote longeque 5-spinoso, margine infero substricto nudo, apice angusta, oblique truncata, angulis spina valida armatis, spinulis oblique patulis parallelis. Cellulae superae 27/27 μ basales 18/36 μ trigonis magnis acutis.

San Mateo-Sunchal, No. 4442.

91. **Plagiochila Ambronnii** St. n. sp. (Fig. 106, b).

Dioica magna robusta, rigida, flavescens, in cortice laxe caespitans varieque intricata. C a u l i s ad 7 cm longus, simplex crassus, fusco-rufus. F o l i a caulina contigua, oblique patula, leviter concava, in plano ovato-oblonga (6,5 mm longa, medio 3,5 mm lata) asymmetrica, margine supero longe arcuato, regulariter remoteque spinoso, margine infero e basi leviter sinuata substricto, superne remote minuteque dentato, apice truncata, dense breviterque sexdentata. C e l l u l a e superae 36/36 µ, basales 36/90 µ trigonis subnullis. A n d r o e c i a magna, terminalia, longe spicata, spicis longe ramosis irregulariter pinnatis et bipinnatis, patulis.

Tablas 1800 m, No. 4612.

92. **Plagiochila alpina** G.

Tablas 1800 m, No. 2849, in rupibus humidis caespitans.

93. **Plagiochila ampliata** St. n. sp. (Fig. 106, c).

Sterilis magna robusta rigida, flavo-rufescens, in rupibus laxe caespitans lateque expansa. C a u l i s ad 10 cm longus, simplex vel apice furcatus. F o l i a c a u l i n a conferta, recte patula, valde concava, in plano late triangulata (6,5 mm longa, supra basin 6,5 mm lata) ad medium accreta, apice 0,75 mm lata, tridenticulata, asymmetrica, marginibus nudis, infero substricto, supero e basi late rotundata substricto. C e l l u l a e superae 18/18 µ trigonis parvis, basales 27/63 µ, trigonis magnis attenuatis.

Florida de San Mateo, No. 3666.

94. **Plagiochila anguste-oblonga** St. n. sp. (Fig. 107, a).

Sterilis magna rigidula, intense rufescens, in cortice laxe caespitans. C a u l i s ad 7 cm longus, regulariter remoteque pinnatus, pinnis 12 mm longis, parvifoliis. F o l i a c a u l i n a adulta anguste oblonga (4,5 mm longa, medio 2 mm lata) asymmetrica, margine supero longe arcuato, infero stricto superne remote breviterque dentato, apice 0,75 mm lata, irregulariter quadrispina, spinis longis varie patulis, plus minus longis. C e l l u l a e superae 27/36 µ basales 27/54 µ, parietibus validis.

Tablas, No. 4554, 4656.

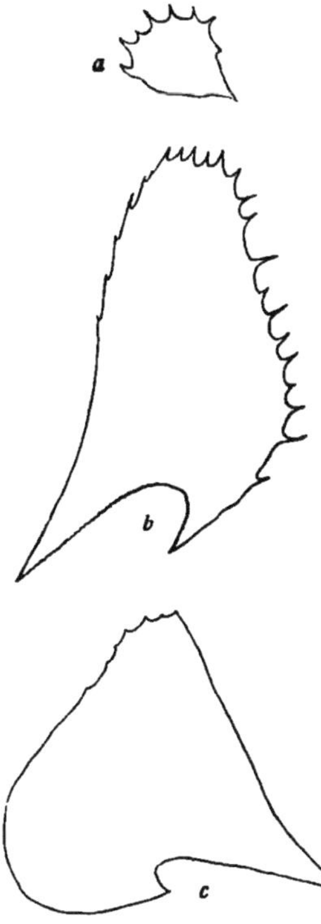

95. **Plagiochila apicidens** St. n. sp. (Fig. 107, b).

Sterilis magna robusta, rigida, flavo-rufescens, in cortice laxe caespitans. C a u l i s ad 8 cm longus, simplex vel parum breviterque ramosus. F o l i a c a u l i n a oblongo-triangulata, (6,5 mm longa, supra basin 5 mm lata) asymmetrica, margine supero e basi late rotundata superne stricto, margine infero stricto, basi utrinque attenuata, longius decurrente, apice obtusa, bidentata, sub apice (in margine infero) regulariter quadridentata. C e l l u l a e superae 27/27 µ trigonis subnodulosis, medio basique 27/90 µ, trigonis majusculis subnodulosis.

Incacorral (1. Reise).

96. **Plagiochila argentina** Gottsche.

Corani 2600 m, No. 5066.

97. **Plagiochila bahiensis** Ldbg.

Corani, No. 3391.

Fig. 106. *a Plagiochila Alberti* St. n. sp. fol. caul.; *b P. Ambronnii* St. n. sp. fol. caulin.; *c P. ampliata* St. n. sp. folium caulinum 10 : 1.

98. Plagiochila Bakeri St. n. sp. (Fig. 108).

Sterilis magna, fusco-olivacea, rigida, in cortice dense depresso-caespitans lateque expansa. C a u l i s ad 10 cm longus, valde irregulariter ramosus, ramis primariis 7 cm longis, superne breviter furcatis et repetito-furcatis. F o l i a c a u l i n a imbricata, oblique patula, leviter concava, in plano oblonga (4 mm longa, inferne 2,5 mm lata) asymmetrica, margine supero leviter arcuato; infero substricto, apice rotundata, regulariter minuteque dentata. C e l l u l a e superae 27/27 μ trigonis majusculis, basales 27/36 μ, trigonis parvis.

Tablas 1800 m, No. 4525.

99. Plagiochila barbata St. n. sp. (Fig. 109).

Dioica major rigida, rufescens, in rupibus dense intricata. C a u l i s ad 6 cm longus, simplex, sub flore sterili innovatus, ramis innovantibus numerosis, capillaceis, 15 mm longis, minute remoteque foliosis vel omnino nudis. F o l i a c a u l i n a contigua, oblique patula, leviter decurvo-homomalla, valde concava, in plano ovatotrigona (3,5 mm longa, supra basin 2 mm lata) asymmetrica, margine s u p e r o e basi rotundata stricto, irregulariter remoteque dentato, margine i n f e r o stricto, nudo, apice valde angusta, 0,8 mm lata emarginato-bispinosa. C e l l u l a e superae 27/27 μ trigonis magnis basales 27/45 μ trigonis maximis.

Nebelwald über Comarapa, ca. 2600 m, No. 4241.

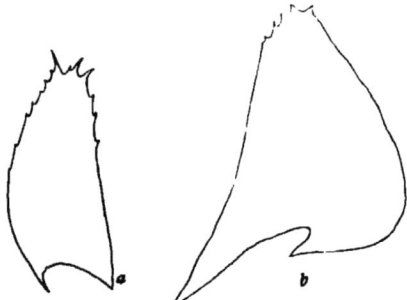
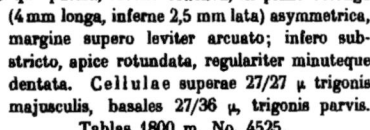

Fig. 107. *a Plagiochila anguste oblonga* St. n. sp. 10:1; *b P. apicidens* St. n. sp. folium caulinum 10:1.

100. Plagiochila Barbeyi St. n. sp. (Fig. 110, a).

Sterilis majuscula rigida, pallide flavicans, laxe caespitosa. C a u l i s ad 4 cm longus, validus, apice furcatus, ramis 1 cm longis. F o l i a c a u l i n a conferta, recte patula, canaliculatim concava, in plano oblongo-trigona (4 mm longa, supra basin 3 mm lata) asymmetrica, margine s u p e r o e bas, rotundata longe leviterque arcuato, regulariter valideque dentato, dentibus plus minus approximatisi margine i n f e r o substricto, nudo, sub apice paucidentato, apice ipso obtusa quadrispina. C e l l u l a e superae 27/27 μ basales 27/54 μ parietibus validis.

Tablas 1800 m, corticola, No. 4657.

Fig. 108. *Plagiochila Bakeri* St. n. sp. *a]* fol. caulin. 15:1; *b* fol. florale 15:1; *c* Perianth 15:1.

101. Plagiochila barutana G.

San Miguelito 1500 m, corticola, No. 2746/a; Corani, No. 3379; Cordillera de Santa Cruz, No. 3505.

— 191 —

Fig. 109. *Plagiochila barbata* St. n. sp. *a, b, c, d* folia floralia heteroforma 14:1.

102. **Plagiochila Beauverdii** St. n. sp. (Fig. 110, b—d).

Dioica gigantea rigidula rufescens, apicibus dilute viridibus. C a u l i s ad 15 cm longus, parum longeque ramosus, ramis 5 cm longis, sub flore simpliciter innovatis. F o l i a c a u l i n a subcontigua, oblique patula, parum concava, in plano sublinearia (5 mm longa, medio 1,75 mm lata) symmetrica, lata basi inserta, antice anguste decurrentia, apice oblique truncata, quadridentata, dentibus 2—4, valde inaequalibus, sub apice parum remoteque denticulata. C e l l u l a e superae 18/18 µ, trigonis parvis, basales 18/54 µ parietibus trabeculatis. P e r i a n t h i a (sterilia) late obconica, ore late rotundato regulariter valideque dentato, dentibus late triangulatis cuspidatis. F o l i a f l o r a l i a caulinis majora, valde aberrantia (5,5 mm longa, medio 3,75 mm lata) asymmetrica, margine supero e basi valde arcuata substricto, superne remote minuteque dentato, margine i n f e r o substricto, nudo, apice angusta, emarginato-bidentata, dentibus triangulatis validis.

Comarapa 2600 m, No. 4262; in ramulis arborum nidulans.

103. **Plagiochila Berggrenii** St. n. sp. (Fig. 111, a).

Sterilis major gracilis rigida, intense rufescens, laxe intricata. C a u l i s ad 5 cm longus, capillaceus, irregulariter longeque ramosus. F o l i a caulina remota, recte patula, valde concava, in plano oblongo-obcuneata (3 mm longa, medio 1,5 mm lata) asymmetrica, margine s u p e r o quam inferus magis arcuato, remote dentato, dentibus 6—7, validis subaequalibus, margine i n f e r o substricto, nudo

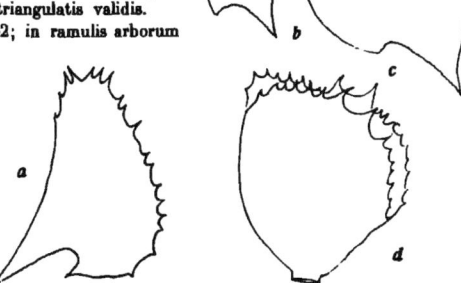

Fig. 110. *a Plagiochila Barbeyi* St. n. sp. fol. caul. 10:1; *b P.;Beauverdii* St. n. sp. *a* fol. caul. 10:1; *b* fol. flor. 10:1; *c* Perianth 10:1.

apice oblique truncato, tridentato, dentibus angularibus validis, medio multo minore. C e l l u l a e superae 27/27 µ trigonis majusculis, basales 18/54 µ trigonis magnis ovali-nodulosis.

Tablas 1800 m, No. 4564; in ramis arborum effuse caespitans.

104. **Plagiochila brevivittata** St. n. sp. (Fig. 111, b).

Sterilis mediocris gracilis flaccida, p u l v i n a t i m caespitans, terricola. C a u l i s ad 5 cm longus, remote longeque ramosus, ramis 15—20 mm longis, simplicibus. F o l i a caulina remotiuscula,

decurvo-homomalla, valde concava vel arcte convoluta, in plano-late trigona (2,5 mm longa, supra basin 2,5 mm lata) symmetrica, margine s u p e r o e basi rotundata leviter arcuato, remote minuteque dentato, margine i n f e r o substricto nudo, apice obtusa emarginato-bidentula. C e l l u l a e superae 18/18 μ, trigonis majusculis, in vitta basali 18/54 μ trigonis acutis magnis.
In valle Corani 1800 m, No. 4688.

105. **Plagiochila Bryhnii** St. n. sp. (Fig. 111, c, d).

Dioica magna gracilis flaccida, dilute rufescens, aetate fuscorufa, aliis hepaticis consociata. C a u l i s ad 9 cm longus, regulariter remoteque ramosus, ramis 15 mm longis parum patulis. F o l i a c a u l i n a opposita, squarrose patula, in plano ovata (4 mm longa, medio 2,75 mm lata) asymmetrica, margine s u p e r o e basi rotun-

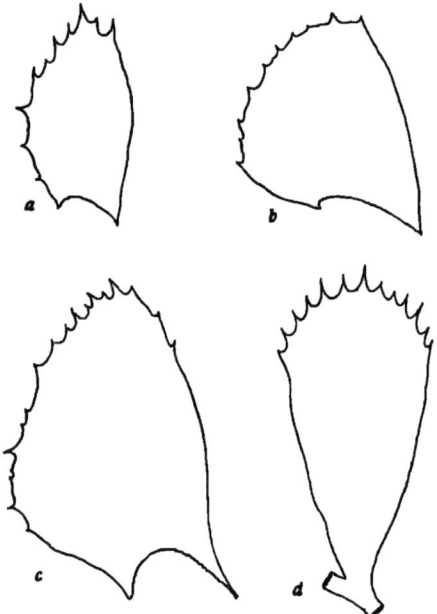
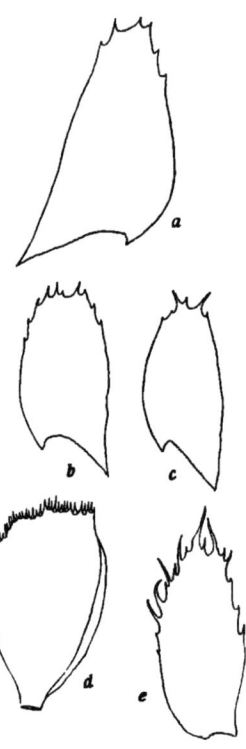

Fig. 111. *a Plagiochila Berggrenii* St. n. sp. fol. caulin. 15:1; *b P. brevivittata* St. n. sp. fol. caulin. 15:1; *c—d P. Bryhnii* St. n. sp.; *c* fol. caul. 15:1; *d* Perianth 15:1.

Fig. 112. *a Plagiochila Buchii* St. n. sp. fol. caul. 15:1; *b—e P. Camusii* St. n. sp. *b, c* fol. caul. 10:1; *d* fol. flor. 10:1; *e* Perianth 10:1.

data longe arcuato, remote irregulariterque denticulato, margine i n f e r o substricto, superne pauci dentato, apice ipso rotundato, similiter armato, basi angustata utrinque breviter decurrentia. C e l l u l a e superae 27/27 μ trigonis parvis, basales 27/45 μ trigonis magnis. P e r i a n t h i a anguste obconica (4 mm longa, sub apice 2 mm lata) apice late rotundata, regulariter denseque spinosa. F o l i a f l o r a l i a caulinis simillima, parum majora. A n d r o e c i a desunt.

Paracti-Locotal 1800—2000 m, No. 5052.

106. **Plagiochila Buchii** St. n. sp. (Fig. 112, a).

Sterilis magna gracilis flavescens, rigidula, in ramis arborum nidulans et pendula. Caulis ad 8 cm longus, capillaceus, irregulariter remoteque ramosus, ramis simplicibus vel pinnula auctis. Folia caulina contigua, oblique patula, parum concava, in plano anguste oblonga (3 mm longa, supra basin 1,75 mm lata) asymmetrica, margine supero e basi leviter arcuato superne stricto, infero stricto, apice rotundata, tridenticulata, sub apice sparsim similiterque armata. Cellulae superae 27/27 μ, trigonis majusculis, basales 27/36 μ, trigonis subnullis.

San Mateo-Sunchal, No. 4441.

107. **Plagiochila bursata** Ldbg.

Sillar 1800 m, No. 2768.

108. **Plagiochila Camusii** St. n. sp. (Fig. 112, b—e).

Dioica major rigida, rufescens, in cortice laxe intricata. Caulis ad 10 cm longus, validus, parum longeque ramosus. Folia caulina remotiuscula, oblique patula, canaliculatim concava, in plano anguste-oblonga, (4 mm longa, medio 1,75 mm lata) symmetrica, marginibus aequaliter longeque arcuatis, basi oblique truncata, latissime inserta, apice obtusa, irregulariter trispinosa, sub apice nuda vel pauci-denticulata. Cellulae superae 18/18 μ, basales 18/36 μ, trigonis nullis. Perianthia magna, 4 mm longa, oblongo-obconica, ore dense longeque ciliato. Folia floralia caulinis similia, similiterarmata. Androecia desunt.

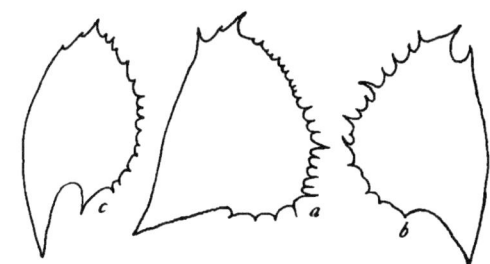

Fig. 113. *Plagiochila capillicaulis* St. n. sp. a. b fol. caul 15: 1; c fol. ramul. 15: 1.

Tablas 1800 m, No. 4534.

109. **Plagiochila capillicaulis** St. n. sp. (Fig. 113).

Sterilis mediocris gracillima, flavescens, in rupibus pulvinatim caespitans. Caulis ad 4 cm longus, tenuis, irregulariter ramosus, ramis sparsis longiusculis, interdum fasciculatim aggregatis. Folia caulina imbricata, cauli a latere appressa, parum concava, in plano ovato-trigona (2,5 mm longa supra basim 2 mm lata) subsymmetrica, margine supero longe arcuato irregulariter denseque dentato, hic illic spinoso, margine infero substricto nudo, apice 0,75 mm lata, oblique truncata, angulis valide dentatis, ad medium inserta, basi antica truncato-rotundata similiter spinosa. Cellulae superae 18/18 μ, basales 18/36 μ, trigonis majusculis acutis.

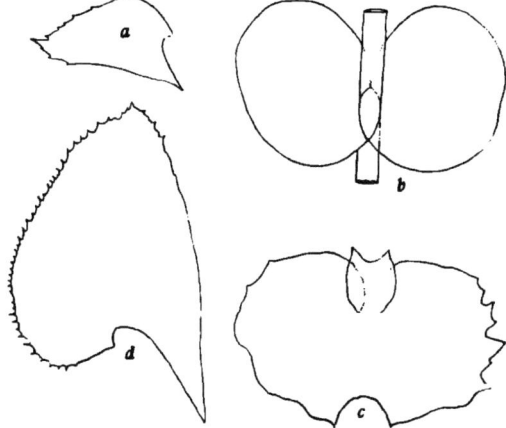

Fig. 114. *a Plagiochila Cavernii* St. n. sp. 7: 1; b—c *P. connatistipula* St. n. sp. b fol. caul. 10: 1; c involucrum 10: 1.; d *P. Corbieri* St. n. sp. fol. caulinum 7: 1.

In valle Chocaya 3400 m, No. 3613.

110. Plagiochila cava St.

Comarapa 2600 m, No. 3786; Cordillera de Santa Cruz, No. 4000 m; corticola, effuse intricata.

111. Plagiochila Caversii St. n. sp. (Fig. 114, a).

Dioica magna gracilis rigidula, rufescens, in cortice laxe intricata vel pendula. C a u l i s ad 11 cm longus, capillaceus, parum longeque ramosus, ramis 6 cm longis, sparsim remoteque pinnatis, pinnulis 1 cm longis. F o l i a c a u l i n a conferta, oblique patula, decurva, valde concava, in plano oblongo-trigona (4,5 mm longa, supra basim 4 mm lata) asymmetrica, margine s u p e r o e basi rotundata longe arcuato, regulariter remoteque denticulato, ipsa basi nudo, margine i n f e r o substricto, nudo, sub apice paucidentato, apice ipso angustissimo (0,5 mm) oblique emarginato-bidentulo. C e l l u l a e superae

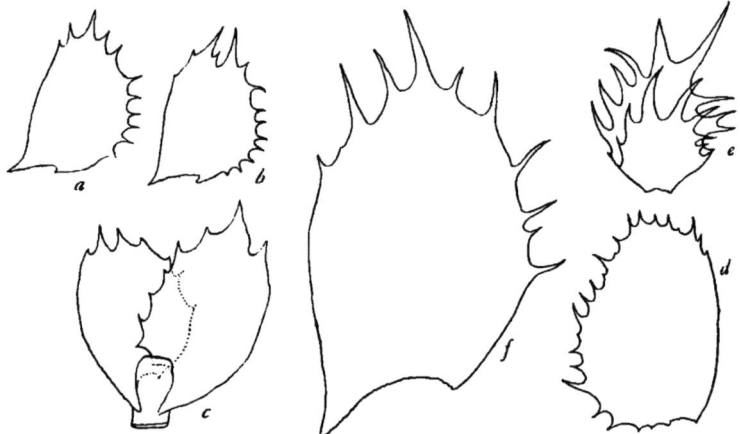

Fig. 115. *a—c Plagiochila deciduifolia* St. n. sp. *a, b* folia caulin. 15: 1; *c* folia floralia 15: 1; *d* folium florale 15: 1; *e* Perianthium 15: 1; *f* folium caulinum 15: 1.

27/27 µ, basales 27/54 µ trigonis majusculis, saepe truncatis et interrupte trabeculatis. A n d r o e c i a sparsa, in medio ramorum longe spicata, bracteis 8—10-jugis. Reliqua desunt.

San Mateo-Sunchal, No. 4467.

112. Plagiochila choachina G.

Corani. No. 3405.

113. Plagiochila cobana St.

Sillar, No. 2719/a.

114. Plagiochila connatistipula St. n. sp. (Fig. 114, b—c).

Dioica major valida, rufescens, apicibus virescentibus, in cortice laxe caespitans. C a u l i s ad 8 cm longus, parum longeque ramosus, ramis 2—3 cm longis. F o l i a c a u l i n a imbricata, erecto-homomalla, opposita, brevissima basi inserta, in plano subrotunda (3 mm longa, 3,5 mm lata) integerrima. C e l l u l a e superae 18/18 µ, trigonis grosse nodulosis, basales 18/54 µ, trigonis grosse acutis, cuticula verrucosa. P e r i a n t h i a late cylindrica, triplo longiora quam lata, ore contracto plicato integro. F o l i a f l o r a l i a caulinis subaequimagna, apice varie breviterque dentata; a m p h i g a s t r i u m f l o r a l e parvum, late ovatum, foliis utrinque connatum, apice late emarginato-bidentatum. A n d r o-e c i a desunt.

Nebelwald über Comarapa, ca. 2600 m, No. 4195.

— 195 —

115. **Plagiochila contingens** G.
Sillar 1800 m, No. 2759.
116. **Plagiochila Corbieri** St. n. sp. (Fig. 114, d).
Sterilis maxima, valida et robusta, in cortice laxe caespitans, in ramulis arborum pendula. C a u l i s ad 12 mm longus, simplex validus fuscus, parum longeque ramosus, ramis 6 cm longis confertis, fasciculatim approximatis. F o l i a c a u l i n a imbricata, oblique patula, parum concava in plano, late trigona, maxima (8 mm longa, supra basin 6 mm lata) symmetrica, margine s u p e r o e basi valde ampliata semirotundo, superne substricto, regulariter denseque spinuloso, margine i n f e r o vix arcuato, nudo, sub apice paucidentato. C e l l u l a e s u p e r a e 36/36 µ, trigonis majusculis, m e d i a e 54/54 µ trigonis parvis, basales 27/90 µ trigonis nullis.
Comarapa 2600 m. No. 4328.
117. **Plagiochila cuencensis** St. n. sp.
Sterilis major purpurea rigidula, in cortice pulvinatim caespitans. C a u l i s ad 5 cm longus, simplex vel furcatus. F o l i a c a u l i n a conferta, erecto-homomalla, valde concava, in plano reniformia (2,75 mm longa, medio 3,5 mm lata) integerrima. C e l l u l a e superae 27/27 µ trigonis maximis nodulosis, basales 27/72 µ trigonis giganteis ovalibus, saepe trabeculatim confluentibus.
Sillar 1800 m, No. 2709; Comarapa, ca. 2600 m, No. 4245.
118. **Plagiochila cuervina** G.
Corani, No. 3404.
119. **Plagiochila decidulfolia** St. n. sp. (Fig. 115).
Dioica, minor, flavicans, rigidula, rupicola laxe intraicat. C a u l i s ad 35 mm longus, capillaceus, parum longeque ramosus. F o l i a c a u l i n a remotiuscula, oblique patula, valde concava, in plano obovato-obconica (1,67 mm longa, medio 1,17 mm lata) symmetrica, marginibus inferis nudis, superis longe remoteque ciliatis. C e l l u l a e superae 27/27 µ parietibus validis, basales 27/36 µ trigonis magnis in parietibus validis. P e r i a n t h i a obconica, ore bilabiato, labiis apice rotundatis, grosse irregulariterque spinosis. F o l i a f l o r a l i a ovata, 3 mm longa, medio 2 mm lata, margine s u p e r o irregulariter dentato et spinoso, margine i n f e r o nudo, apice late truncata, irregulariter breviterque sexdentata.

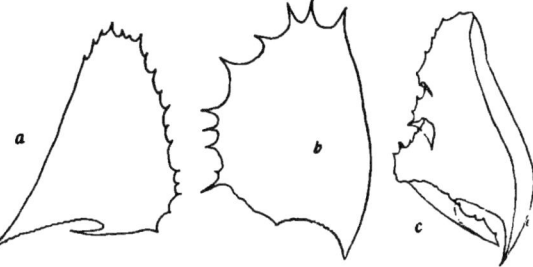

Fig. 116. a *Plagiochila decurvo-homomalla* St. n. sp. fol. caul. 15: 1; b *P. Delognei* St. n. sp. folium caulinum 15: 1; c *P. densiramosa* St. n. sp. folium caulinum 20: 1.

Comarapa, 2600 m, No. 3943; Rio Tocorani, No. 4023.

120. **Plagiochila decurvo-homomalla** St. n. sp. (Fig. 116, a).
Sterilis minor gracilis rigidus, flavescens, aliis hepaticis consociata. C a u l i s ad 3 cm longus, parum longeque ramosus. F o l i a c a u l i n a remotiuscula, decurvo-homomalla, involuta, in plano ovata, asymmetrica, margine supero bene arcuato, irregulariter valideque sexdentato, dentibus plus minus approximatis, margine infero substricto vel leviter arcuato nudo, apice

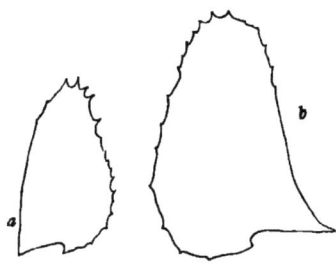

Fig. 117. a *Plagiochila Doerfleri* St. n. sp. fol. caulin. 10: 1; b *P. Douini* St. n. sp. fol. caulin. 20: 1.

angusta, truncata trispinos'a spinis validis divergentibus. Cellulae superae 18/18 μ trigonis magnis truncatis, basales 18/36 μ, trigonis majusculis subnodulosis.
San Mateo-Sunchal, No. 4459.

121. **Plagiochila Delognei** St. n. sp. (Fig. 116, b).

Sterilis mediocris rufescens, rigida, in cortice laxe caespitans. Caulis ad 8 cm longus, parum longeque ramosus. Folia caulina conferta, oblique patula, parum concava, in plano oblongo-trigona (3 mm longa, supra basin 2 mm lata) symmetrica, margine supero e basi rotundata stricto, regulariter remoteque dentato, margine infero stricto, nudo, apice 0,5 mm lata, truncata, quadridentata, sub apice, paucidentata. Cellulae superae 18/18 μ, trigonis magnis, basales 27/45 μ, parietibus interrupte trabeculatis.

Comarapa 2600 m, No. 4265.

122. **Plagiochila densiramosa** St. n. sp. (Fig. 116, c).

Dioica magna rigida, rufo-brunnea, in cortice laxe intricata. Caulis ad 8 cm longus, validus, regulariter longeque ramosus, ramis 2—4 cm longis, simplicibus, late divergentibus. Folia caulina oblique patula, canaliculatim concava, marginibus plus minus arcte recurvis, in plano late triangulata (4,25 mm longa, supra basin 3,5 mm lata) latissima basi inserta, asymmetrica, margine supero e basi rotundata stricto, irregulariter dentato, sinubus interdentalibus arcte recurvis, margine infero arcte recurvo, stricto nudo, apice truncata, 1mm lata breviter quadridenticulata. Cellulae superae 27/27 μ, basales 27/45 μ trigonis magnis acutis. Androecia in ramis numerosa, interdum repetita, bracteis sexjugis.

Bolivia, sine loco natali.

123. **Plagiochila Doerfleri** St. n. sp. (Fig. 117, a).

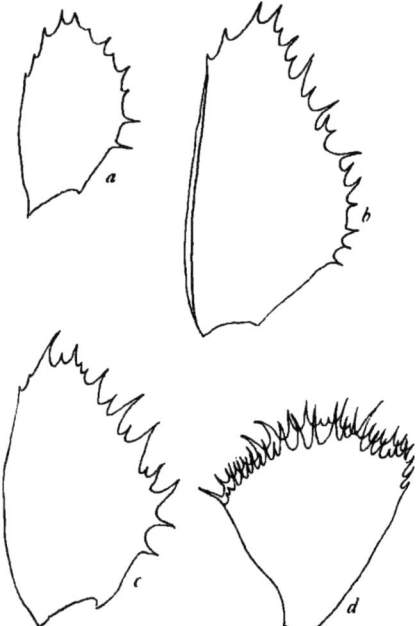

Fig. 116. *Plagiochila effuse-intricata* St. n. sp. *a* fol. caul. 15:1; *b, c* fol. flor. 15:1; *d* perianth. juvenile 15:1.

Dioica, minor rigida, rufescens, laxe caespitans. Caulis ad 5 cm longus, remote longeque ramosus, ramis recte patulis vel squarrose recurvis. Folia caulina valde remota, oblique patula, parum concava, in plano oblonga (1,17 mm longa, medio 0,67 mm lata) asymmetrica, margine supero e basi leviter arcuata stricto, regulariter dentato, dentibus superis remotis, margine infero stricto nudo vel sub apice remote paucidentato, apice ipso angusto truncato, trispinuloso. Cellulae superae 27/27 μ, basales 27/54 μ, parietibus validis. Androecia in caule ramisque terminalia, longe spicata, bracteis 6—8 jugis.

San Mateo-Sunchal, No. 4474.

124. **Plagiochila Douini** St. n. sp. (Fig. 117, b).

Sterilis maxima robusta rigida, olivacea, in cortice laxe caespitans. Caulis ad 12 cm longus, validissimus, parum longeque ramosus. Folia caulina imbricata, recte patula, concava, in plano oblongo-trigona (7,5 mm longa, supra basin 5 mm lata) asymmetrica, margine supero e basi rotundata longe

— 197 —

leviterque arcuata, remote minuteque dentata, margine infero stricto, sub apice paucidenticulato, apice ipso truncato-rotundato, similiter armato. Cellulae superae 45/45 μ, basales 45/72 μ, trigonis majusculis.

Comarapa 2600 m, No. 4221.

125. **Plagiochila dubia** L. et G.

Florida de San Mateo (2000 m), No. 3656; Cordillera de Santa Cruz, No. 3556, 3499; Abra de San Mateo (3000 m).

126. **Plagiochila Duriei** G.

Sillar, No. 2708/a; Rio Tocorani, No. 4028.

127. **Plagiochila echinella** G.

Corani, No. 3390.

128. **Plagiochila ecuadorensis** St.

Cordillera de Santa Cruz, No. 3529.

129. **Plagiochila effuso-intricata** St. n. sp. (Fig. 118).

Dioica major gracilis rigida, in rupibus laxe caespitosa. Caulis ad 5 cm longus, irregulariter longeque ramosus. Folia caulina imbricata, oblique patula, decurvo-homomalla maximeque concava vel involuta, in plano obovato-obconica (3 mm longa, medio 1,5 mm lata) symmetrica, margine supero et infero aequaliter arcuato, inferno nuda superne remote valideque spinosa, apice obtusa bispinulosa. Cellulae superae 18/27 μ basales 18/36 μ trigonis majusculis. Perianthia (sterilia) obconica, compressa, ore semicirculari, labiis irregulariter denseque spinosis. Folia floralia caulinis multo majora (4,5 mm longa, medio 2,5 mm lata)i similiter armata, spinis quidem multo magis validis.

Tablas, No. 4564/a.

130. **Plagiochila effuso-ramea** St. n. sp. (Fig. 119, a).

Fig. 119. a *Plagiochila effuso-ramea* St. n. sp. fol. caul. 10: 1; b *P. emarginato-bidentula* St. n. sp. fol. caul. 20: 1

Sterilis, major, robusta, flaccida, flavo-rufescens, in cortice laxe caespitans. Caulis ad 6 cm longus, parum longeque ramosus, ramis simplicibus vel longe pinnatis. Folia caulina contigua, oblique patula, parum concava, in plano ovato-triangulata (4 mm longa, supra basin 3 mm lata) asymmetrica, margine supero e basi rotundata substricto, superne remote denticulato, margine infero stricto, sub apice similiter armato, apice quam basis duplo angustiore, oblique truncato, dentato, dentibus minimis, majoribus interjectis. Cellulae superae 27/27 μ basales 27/45 μ trigonis magnis acutis.

Comarapa 2600 m, No. 3821.

131. **Plagiochila emarginato-bidentula** St. n. sp. (Fig. 119, b).

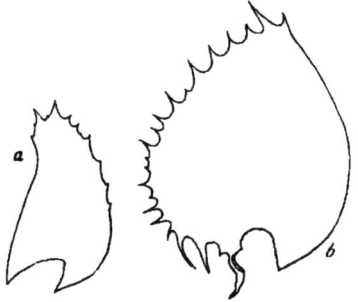

Fig. 120. a *Plagiochila falcato-oblonga* St. n. sp. fol. caul. 10: 1; b *P. Familleri* St. n. sp. fol. caul. 15: 1.

Sterilis pusilla capillacea flaccida, flavescens, aliis hepaticis consociata. Caulis ad 2 cm longus, parum longeque ramosus tenuis. Folia caulina remota, oblique patula, valde concava, subinvoluta, in plano ovata (2,5 mm longa, medio 1,5 mm lata) symmetrica, margine supero regulariter remoteque dentato, infero nudo, apice emarginata (0,25 mm lata) angulis spina brevi valida armatis, spinis parallelis oblique patulis. Cellulae superae 27/27 μ, basales 27/36 μ, trigonis majusculis, acutis.

Cerro de Malaga, No. 4414.

132. Plagiochila falcata St.

Rio Tocorani, No. 4110.

133. Plagiochila falcato-oblonga St. n. sp. (Fig. 120, a).

Dioica magna, gracillima, rigidula, flavescens, apicibus virescentibus, effuse caespitans. C a u l i s ad 9 cm longus, repetito-furcatus, ramis late divergentibus, primariis ad 3 cm longis, reliquis multo minoribus, 8 mm longis. Folia caulina conferta, oblique patula, maxime concava, subcanaliculata, in plano ovato-oblonga (3,5 mm longa, medio 2 mm lata) symmetrica, basi utrinque late decurrentia, margine s u p e r o regulariter breviterque dentato, dentibus validis, inferne nudo, margine i n f e r o nudo, sub apice paucidentato, apice ipso 5 mm lata, truncato-rotundata, irregulariter quadridentata. Cellulae superae 18/36 μ, trigonis parvis, parietibus validis, basales 18/45 μ, trigonis parvis, parietibus tenuibus. Folia floralia caulinis parum majora, simillima. Perianthia desunt.

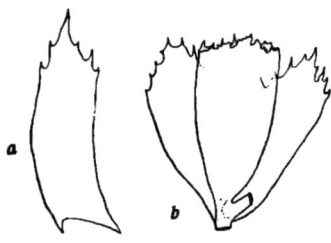

Fig. 121. *Plagiochila Farlowii* St. n. sp. *a* fol. caul. 10:1; *b* Perianth cum. foliis floralibus 10:1.

Tablas, No. 4555.

134. Plagiochila Familleri St. n. sp. (Fig. 120, b).

Tablas, No. 4555.

Dioica mediocris rigida, gracilis, fusco-purpurea, laxe intricata. C a u l i s ad 6 cm longus, sparsim longeque ramosus, flagellis posticis capillaceis sparsis, minutifoliis, longiusculis. Folia caulina conferta, decurvo-homomalla, valde concava, in plano subrotunda (3,5 mm longa, medio 3 mm lata) symmetrica, margine s u p e r o regulariter spinuloso, basin versus spinoso et duplicatim spinoso, margine i n f e r o nudo, apice obtuso, emarginato-bispinoso, spinis oblique patulis parallelis. Cellulae superae 18/18 μ, trigonis grosse nodulosis, basales 18/54 μ, parietibus validis. Perianthia terminalia, late campanu-lata, compressa, apice late truncata, irregulariter breviterque spinulosa et dentata. Folia floralia intima caulinis vix majora, simillima.

Comarapa 2600 m, No. 4196.

135. Plagiochila Farlowii St. n. sp. (Fig. 121).

Dioica major rigida, flavo-rufescens, in cortice laxe intricata. Caulis ad 7 cm longus, irregulariter longeque ramosus, ramis primariis ad 4 cm longis, simplicibus vel sparsim breviterque ramosis. Folia caulina remota, recte patula,

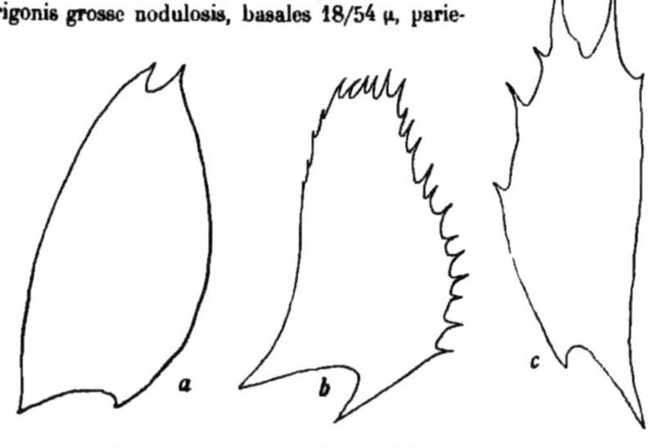

Fig. 122. *a Plagiochila flavorufescens* St. n. sp. folia caulina 15:1; *b P. gamma* St. n. sp. folium caulinum 8:1; *c P. Goppii* St. n. sp. folium caulinum 10:1.

canaliculatim concava, in plano linearia (4,5 mm longa, 1,5 mm lata) apice late acuminata, remote valideque paucidentata. Cellulae superae 36/36 μ, basales 27/54 μ trigonis subnullis. Perianthia

(sterilia) oblongo-obconica, ore truncato breviter armato sublacerato. Folia floralia perianthio aequilonga, caulinis simillima. Androecia desunt.
Tablas 1800 m, No. 4633.
136. **Plagiochila flabellifrons** S.
Cordillera de Santa Cruz, No. 3519.
137. **Plagiochila flavo-rufescens**. St. n. sp. (Fig. 122a).
Sterilis magna gracilis rigida, flavo-rufescens, in cortice laxe intricatim caespitans. Caulis ad 9 cm longus, irregulariter ramosus, ramis 1—4 cm longis, sparsis. Folia caulina remota, decurva, in plano oblonga (4 mm longa, medio 2 mm lata) symmetrica, apice breviter exciso-bidentata, dentibus late triangulatis, acutis, ceterum integerrima. Cellulae superae 18/54 μ, basales 18/72 μ parietibus validis, trigonis minus distinctis.
Tablas 3400 m, No. 2788.
138. **Plagiochila fusco-lutea** Tayl.
Tablas 3400 m, No. 2841.
139. **Plagiochila Friesei** St.
Locotal 1800 m, No. 5058; Comarapa, No. 4238, 4288.
140. **Plagiochila gamma** St. n. sp. (Fig. 122, b).
Dioica magna robusta flaccida, dilute brunnea vel viridis, in ramulis arborum nidulans et pendula Caulis ad 7 cm longus, simplex. Folia caulina imbricata, subrecte patula, parum concava, in plano oblongo-trigona (7 mm longa, supra basin 4,5 mm lata) asymmetrica, margine supero e basi valde arcuata stricto regulariter denseque ciliato, margine infero longe in caule decurrente, substricto, nudo, sub apice parum remoteque spinuloso, apice ipso 1,25 mm lato, recte truncato, irregulariter denseque ciliato. Cellulae superae 36/54 μ trigonis majusculis acutis, basales 27/72 μ, trigonis magnis acutis, saepe trabeculatim confluentibus. Androecia longe spicata, spicis 3—4, in caule terminalibus, fasciculatim insertis, elongatis, simplicibus, bracteis ad 30 jugis.
Tablas 1800 m, No. 4624.
141. **Plagiochila geniculata** Ldbg.
Sillar 1800 m, No. 2686/b.
142. **Plagiochila Geppii** St. n. sp. (Fig. 122, c).
Sterilis pusilla gracillima, rigidula, flavo-rufescens, in cortice laxe caespitans maximeque intricata. Caulis ad 25 mm longus, capillaceus, sparsim longeque ramosus. Folia caulina remota, oblique patula, anguste lanceolata (2,33 mm longa, medio 0,83 mm lata) symmetrica, basi antica longe in caule decurrentia, margine supero leviter arcuato, remote longeque trispinoso, margine infero stricto nudo, apice grosse bifido, sinu obtuso laciniis 0,5 mm longis porrectis. Cellulae superae 18/18 μ trigonis minutis, basales 27/36 μ, parietibus validis.
Tablas. No. 4617.

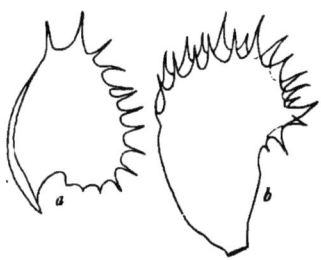

Fig. 123. *Plagiochila grossiseta* St. n. sp. *a* folium caulinum 10:1; *b* Perianth 10:1.

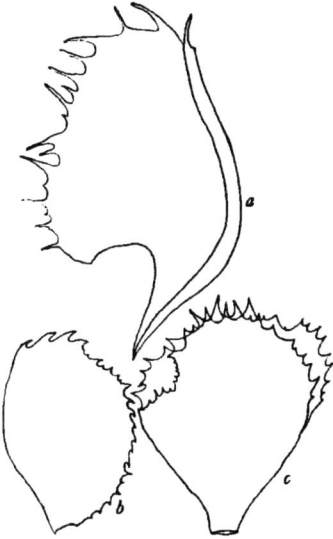

Fig. 124. *Plagiochila grossitexta* St. n. sp. *a* fol. caul. 30:1; *b* fol. flor. 10:1; *c* Perianth 10:1.

143. **Plagiochila gracilicaulis** S.
Rio Tocorani, No. 4103.

144. **Plagiochila grossiseta** St. n. sp. (Fig. 123).

Dioica major valida rigida, rufo-brunnea, in cortice laxe caespitans. C a u l i s ad 8 cm longus, longeramosus, ramis numerosis, 25 mm longis, recte patulis irregulariter insertis, simplicibus, rarius pinnula auctis. F o l i a caulina conferta, sursum recurva, valde concava, in plano rotunda (3,5 mm longa et lata) profunde sinuatim inserta, margine s u p e r o regulariter valideque spinoso, spinis approximatis, margine i n f e r o nudo, apice acuminata, longissima seta armata. C e l l u l a e superae 18/18 μ trigonis maximis nodulosis, basales 18/36 μ trigonis maximis ovalibus, saepe trabeculatim confluentibus. P e r i a n t h i a late obovato-obconica, compressa, apice late truncata, labiis dense grosseque spinosis. F o l i a f l o r a l i a caulinis aequimagna, simillima. Androecia desunt.

Nebelwald über Comarapa, No. 3947.

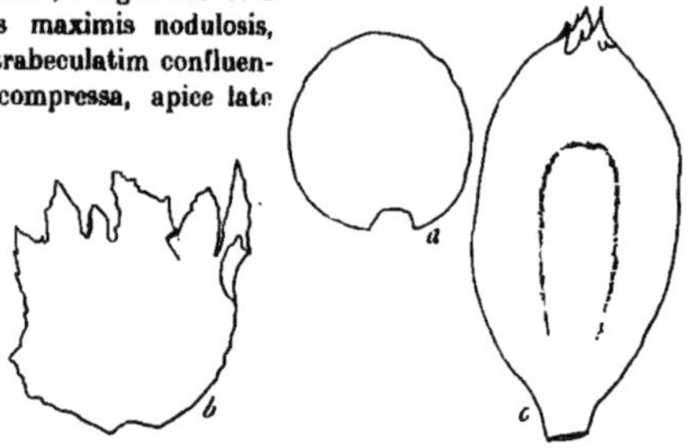

145. **Plagiochila grossitexta** St. n. sp. (Fig. 124).

Dioica magna robusta rigida, rufo-brunnea, in cortice laxe caespitans longeque prostrata. C a u l i s ad 9 cm longus, superne sparsim longeque ramosus, ramis 3 cm longis, sub flore furcatim innovatis. F o l i a c a u l i n a remotiuscula, oblique patula, concava, in plano

Fig. 125. *Plagiochila Hariotii* St. n. sp. *a* fol. caul. 10:11; *b* fol. flor. 10:1; *c* Perianth 10:1.

late ovata (1,17 mm longa, 1 mm lata) asymmetrica, margine s u p e r o longe arcuato, regulariter valideque spinuloso, margine i n f e r o similiter arcuato, nudo, in caule longe decurrente, apice obtuso validius spinoso. C e l l u l a e superae 18/27 μ, trigonis grosse nodulosis, basales 18/54 μ nodulis giganteis. P e r i a n t h i a maxima, late obconica, ore irregulariter dentato et spinoso. F o l i a f l o r a l i a caulinis simillima aequimagna. A n d r o e c i a desunt.

Tablas 3400 m, No. 2916, 2803, 2872; Rio Saujana 3400 m, No. 3220, 3232; Incacorral 2200 m, No. 4978.

146. **Plagiochila Hariotii** St. n. sp. (Fig. 125).

Dioica magna flaccida brunnea, profunde pulvinata. C a u l i s ad 6 cm longus, tenuis, sparsim longeque ramosus. F o l i a c a u l i n a conferta, erecto-homomalla,

Fig. 126. *Plagiochila heterofolia* St. n. sp. *a, b* folia caulina 15:1.

o p p o s i t a, in plano rotunda (2,5 mm longa et lata) integerrima. C e l l u l a e superae 18/18 μ, trigonis majusculis nodulosis, basales 18/36 μ trigonis majusculis subnodulosis. P e r i a n t h i a late oblongo-elliptica (5 mm longa, 2,75 mm lata) eplicata, ore parvo irregulariter dentato et duplicatim dentato. F o l i a f l o r a l i a intima subrotunda (3,5 mm longa et lata) apice profunde irregulariterque laciniata, laciniis plus minus longis, varie denticulatis et angulatis. A n d r o e c i a in medio ramorum, longe spicata, saepe in ramo repetita, bracteis 10—12 jugis.

Quebrada de Pocona 2800 m, No. 5151; Comarapa, No. 4195.

147. **Plagiochila heterofolia** St. n. sp. (Fig. 126).

Sterilis mediocris gracilis, pallide flavicans, laxe caespitosa. C a u l i s ad 5 cm longus, irregulariter ramosus, ramis 1—2 cm longis, longioribus pinnula auctis. F o l i a caulina contigua, oblique patula, canaliculatim concava, in plano ovato-oblonga (3,5 mm longa, medio 2 mm lata) asymmetrica, margine s u p e r o leviter arcuato, i n f e r o substricto, apice oblique truncata trispinosa, margine supero irregulariter remoteque spinoso, spinis plus minus remotis, varie patulis. Cellulae superae 18/18 μ. trigonis parvis, basales 18/36 μ, trigonis magnis.

Nebelwald über Comarapa, No. 3948.

148. Plagiochila Hieronymi St. n. sp.

Sterilis parva rigida rufescens, pulvinatim caespitans. Caulis ad 2 cm longus, capillaceus, simplex vel sparsim longeque ramosus. Folia caulina confertissima, arrecta, parum concava, in plano rotunda, 1 mm longa et lata, margine supero dense regulariterque spinoso, spinis leviter hamatis, margine infero in caule longe decurrente, ubique nudo, apice ipso spinis maximis armato. Cellulae superae 27/27 μ, basales 27/45 μ, trigonis magnis acutis.

Cerro Tunari 4700 m, No. 4930/c.

149. Plagiochila homochroma S.

Cordillera de Santa Cruz, No. 3526.

150. Plagiochila huatuscana G.

Florida de San Mateo 2000 m, No. 3654.

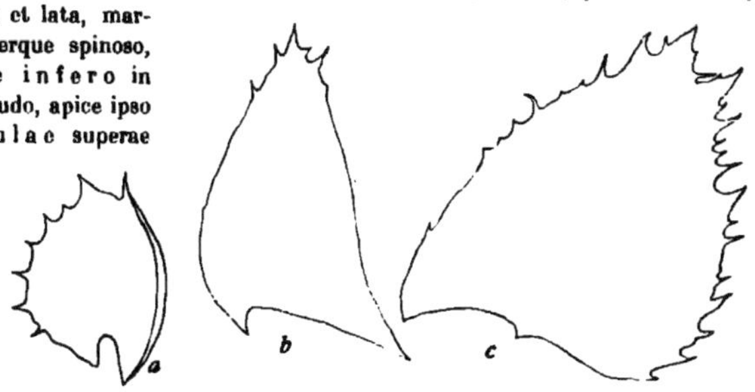

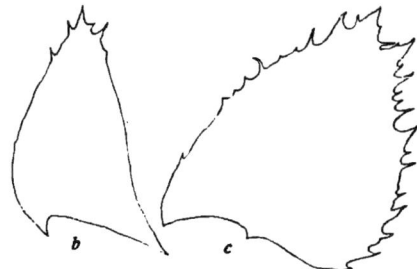

Fig. 127. *a* Plagiochila Jaapii St. n. sp. fol. caulinum 10: 1; *b—c* P. Jensenii St. n. sp. *b* fol. caul. 8: 1; *c* fol. flor. 8: 1.

151. Plagiochila Jaapii St. n. sp. (Fig. 127, a).

Sterilis pusilla flaccida virens, in rupibus caespitans. Caulis ad 2 cm longus, parum longeque ramosus. Folia caulina leviter imbricata, decurvo-homomalla, in plano subrotunda (3 mm longa, medio 2,75 mm lata) subsymmetrica, margine supero bene arcuato, remote longeque sexspinoso, margine infero similiter arcuato, nudo, arcte incurvo, apice truncata 0,5 mm lata, angulis grosse spinosis, spinis oblique patulis, subparallelis. Cellulae superae 18/18 μ, basales 18/54 μ, trigonis parvis.

Comarapa 2600 m, No. 4256.

152. Plagiochila Jensenii St. n. sp. (Fig. 127, b—c).

Sterilis, gigantea robusta rigida, flavescens, in cortice laxe caespitans vel pendula. Caulis ad 12 cm longus, fuscus, validus, parum longeque ramosus. Folia caulina opposita, parum imbricata, recte patula, parum concava, in plano oblongo-trigona (6 mm longa, supra basin 3,5 mm lata) asymmetrica, margine supero e basi leviter rotundata stricto, margine infero leviter sinuato vel stricto, apice acuta, sub apice paucispinosa. Cellulae superae 27/27 μ mediae 27/36 μ, trigonis maximis, basales 27/54 μ parietibus grosse trabeculatis.

Corani 2600 m, No. 5059.

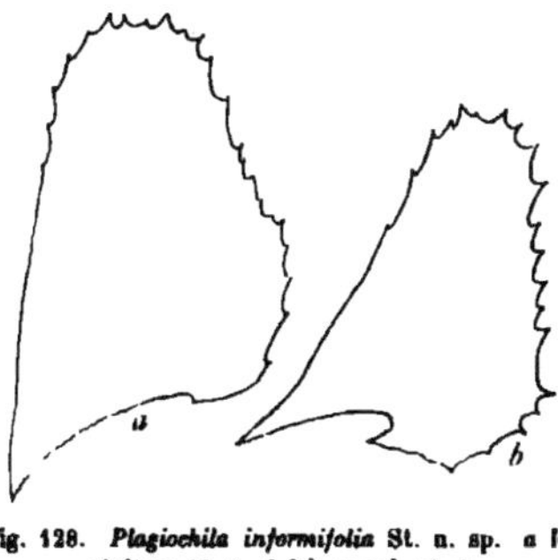

Fig. 128. *Plagiochila informifolia* St. n. sp. *a* fol. adultum 10: 1; *b* fol. ramul. 10: 1.

Fig. 129. *Plagiochila Inuensis* St. n. sp. *a, b* folia caulina 10: 1.

153. Plagiochila implexa L. et G.
Quebrada de Pocona 2800 m, No. 5135.
154. Plagiochila informifolia St. n. sp. (Fig. 128).
Dioica magna robusta, intense viridis, rigidula, in cortice laxe caespitans. Caulis ad 7 cm longus, regulariter breviterque ramosus, paucis ramis longioribus interjectis similiter ramosis. Folia caulina conferta, oblique patula, caniculatim concava, in plano oblongo trigona (4,5 mm longa, supra basin 3 mm lata) latissima basi inserta, margine s u p e r o e basi leviter arcuata stricto, irregulariter breviterque dentato, margine i n f e r o stricto, nudo, sub apice paucidenticulato, apice ipso truncato (1,25 mm lato) similiter armato. Folia ramulina angustiora, similiter armata. Cellulae superae 27/27 μ, trigonis parvis attenuatis, basales 18/45 μ trigonis majusculis acutis. Perianthia oblongo-obconica, ore truncato dense valideque dentato. Folia floralia caulinis subaequalia. Androecia desunt.

In valle Corani 1800 m, No. 4744.

155. Plagiochila Inuensis St. n. sp. (Fig. 129).
Sterilis mediocris flaccida flavescens, in rupibus dense depresso-caespitans. Caulis ad 5 cm longus, dense longeque ramosus, ramis simplicibus, paucis elongatis sparsim pinnatis. Folia caulina contigua, oblique patula, parum decurva, in plano late trigona (3 mm longa, supra basin 3 mm lata) asymmetrica, margine s u p e r o e basi semirotunda stricto, irregulariter dentato, hic illic spinoso, margine i n f e r o stricto nudo, apice 0,75 mm lato, oblique truncata tridentata. Cellulae superae 18/18 μ trigonis majusculis, basales 27/45 μ trigonis magnis truncatis.

Nebelwald über Comarapa, No. 4259.

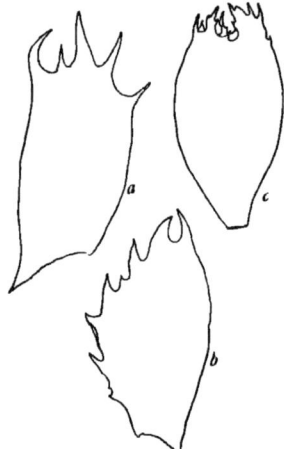

Fig. 130. *Plagiochila lacerifolia* St. n. sp. *a* fol. caul. 30:1; *b* fol. flor. 30:1; *c* Perianth 30:1.

156. Plagiochila jovoensis St.
Samaipata 2000 m, No. 4122.
157. Plagiochila lacerifolia St. n. sp. (Fig. 130).
Sterilis major gracillima rigidula, pallide flavicans, in cortice dense depresso-caespitans lateque expansa. Caulis ad 5 cm longus, capillaceus, parum longeque ramosus. Folia caulina remato, oblique patula, parum concava, in plano obovato-obcuneata (25 mm longa, medio 1,25 mm lata) symmetrica, margine s u p e r o leviter arcuato, quadridentato, dentibus inferis minutis, superis multo majoribus, elongatis, margine i n f e r o stricto nudo vel sub apice unidentato, apice ipso oblique truncato, grosse bifido, laciniis lanceolatis aequimagnis vel inaequalibus; adsunt folia apice varie denseque spinosa sublacerata.

Cordillera de Santa Cruz, No. 3901.

158. Plagiochila Lachenaudii St. n. sp. (Fig. 131).
Sterilis major rigida, flavo-rufescens, in ramulis arborum nidulans, effuse caespitosa. Caulis ad 7 cm longus, fuscus, regulariter bipinnatus, ramis primariis 3 cm longis, remote breviterque pinnatis. Folia caulina

Fig. 131. *Plagiochila Lachenaudii* St. n. sp. *a* fol. ramul. 10:1; *b* fol. caul. 10:1.

parum imbricata, oblique patula, parum concava, in plano oblonga (3,5 mm longa, medio 2,25 mm lata) asymmetrica, margine s u p e r o e basi leviter rotundata stricto, regulariter breviterque dentato, margine i n f e r o stricto, nudo, sub apice paucidenticulato, apice ipso 0,75 mm lato, emarginato-tridentato, dentibus validis divergentibus. C e l l u l a e superae 18/27 μ, basales 18/36 μ, trigonis magnis.

Nebelwald über Comarapa, No. 4242.

159. **Plagiochila Lacouturei** St. n. sp. (Fig. 132, a—b).

Sterilis pusilla rigida et fragilis, rufescens, dense pulvinata vel laxe intricata. C a u l i s ad 2 cm longus, parum longeque ramosus. F o l i a c a u l i n a imbricata, oblique patula, leviter decurva, in plano late rotundato-obconica (2 mm longa, medio 1,5 mm lata, basi 0,5 mm lata) valde asymmetrica, margine s u p e r o valde arcuato, irregulariter denseque spinoso, margine i n f e r o substricto nudo apice profunde exciso-bispinoso (sinu 0,5 mm lato) segmentis e lata basi apiculatis. C e l l u l a e superae 18/18 μ, basales 18/36 μ, trigonis ubique magnis acutis.

Nebelwald über Comarapa, No. 4201.

160. **Plagiochila latissima** St. n. sp. (Fig. 132, c).

Sterilis magna, robusta, rigida, flavo-rufescens, in cortice dense depresso caespitans. C a u l i s ad 10 cm longus, simplex vel furcatus, ramis ad 4 cm longis. F o l i a c a u l i n a conferta, oblique patula, valde concava, marginibus plus minus involutis, in plano subrotunda (4,5 mm longa et lata) antice quidem longissime decurrentia, margine supero (e basi truncata subinde semicirculari) longe arcuato, apice apiculata, sub apice remote minuteque dentata, ceterum integerrima. C e l u l a e superae 27/27 μ, trigonis magnis acutis, in vitta basali 27/54 μ trigonis maximis truncatis, saepe trabeculatim confluentibus.

Tablas 3400 m, No. 2898.

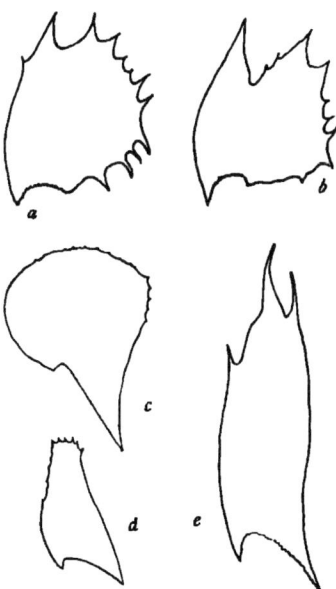

Fig. 132. a—b *Plagiochila Lacouturei* St. n. sp. folia caulin. 20:1; c *P. latissima* St. n. sp. fol. caulin. 7:1; d *P. laxiramea* St. n. sp. fol. caulin. 7:1; e *P. linearicuspidata* St. n. sp. fol. caulin. 15:1.

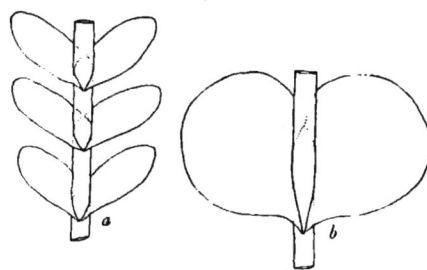

Fig. 133. a *Plagiochila ligulato-opposita* St. n. sp. folia caulin. 10:1; b *P. purpurea* St. n. sp. fol. caulina 10:1.

161. **Plagiochila laxiramea** St. n. sp. (Fig. 132, d).

Dioica mediocris rigida, virens, corticola, effuse caespitans. C a u l i s ad 9 cm longus, validus, irregulariter tripinnatus, ramis primariis numerosis, 2—3 cm longis, late divergentibus, pinnulis brevibus. F o l i a c a u l i n a parum imbricata, oblique patula, valde concava, in plano oblongo-trigona (4 mm longa, supra basin 2 mm lata) symmetrica, margine s u p e r o irregulariter remoteque denticulato, inferne nudo, margine i n f e r o sub apice paucidentato, apice ipso truncato (1 mm lato) regulariter

— 204 —

emarginato-sexdentato. Cellulae superae 27/27 μ, basales 18/45 μ trigonis nullis, parietibus tenuibus.

Florida de San Mateo 2000 m, No. 3657.

162. **Plagiochila ligulato-opposita** St. n. sp. (Fig. 133, a).

Sterilis minor rigida fragilis rufescens, profunde pulvinata. Caulis ad 5 cm longus, capillaceus, simplex vel parum longeque ramosus. Folia caulina remotiuscula, opposita, anguste ligulata (2,25 mm longa, 0,75 mm lata) integerrima, apice obtusa vel rotundata. Cellulae superae 27/27 μ trigonis maximis acutis, basales 18/27 μ trigonis magnis acutis.

In valle Corani 1800 m, No. 4670.

163. **Plagiochila Lindaui** St. n. sp. (Fig. 134, b).

Sterilis maxima robusta, flavo-rufescens, corticola, laxe intricata, pendula. Caulis ad 12 cm longus, regulariter remoteque bipinnatus, ramis primariis ad 5 cm longis, pinnulis 0,5 mm longis. Folia caulina parum imbricata, oblique patula, parum concava, in plano oblongo-trigona (3,5 cm longa, supra basin 2 mm lata) asymmetrica, margine supero e basi rotundata stricto, regulariter valideque dentato, margine infero stricto nudo, sub apice remote paucidentato, apice ipso 0,5 mm lato, emarginato-bidentato, dentibus validis triangulatis, parallelis, oblique patulis. Cellulae superae 18/18 μ, basales 18/36 μ, trigonis magnis, parietibus validis.

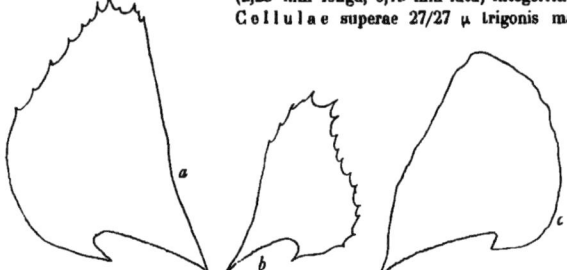

Fig. 134. *a Plagiochila longiramea* St. n. sp. fol. caulin. 10: 1; *b P. Lindaui* St. n. sp. fol. caulin. 10: 1; *c P. Loisyana* St. n. sp. fol. caulin. 10: 1.

Nebelwald über Comarapa, No. 4222.

164. **Plagiochila lineari-cuspidata** St. n. sp. (Fig. 132, d).

Sterilis, major gracilis rigida, flavo-rufescens, apicibus subhyalinis, in cortice laxe intricata. Caulis ad 7 cm longus, simplex vel regulariter longeque ramosus, ramis ad 3 cm longis, simplicibus, aliis brevissimis interjectis 5 mm longis. Folia caulina lanceolata, (4,5 mm longa, medio 1,25 mm lata) lata basi inserta, utrinque in caule decurrentia, apice ad 1/2 emarginato-bifida, sinu angusto, laciniis angustis cuspidatis parallelis hamatis, margine supero sub apice paucispinuloso. Cellulae superae 18/45 μ, basales 18/54 μ parietibus ubique validis.

San Mateo-Sunchal, No. 4451.

165. **Plagiochila longiramea** St. n. sp. (Fig. 134, a).

Dioica magna robusta rigida, pallide flavicans, corticola, laxe caespitans. Caulis ad 8 cm longus, simplex vel parum longeque ramosus. Folia caulina contigua, recte patula, concava, in plano oblongo-trigona (5,5 mm longa, supra basin 3,5 mm lata) asymmetrica, margine supero e basi rotundata stricto, superne breviter remoteque denticulato, margine infero stricto nudo, apice quam

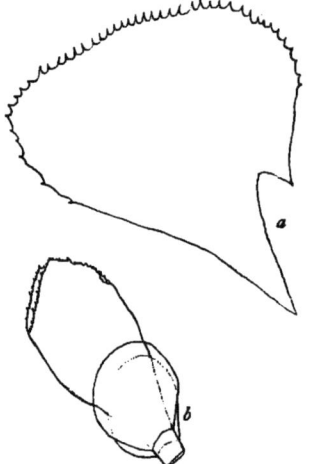

Fig. 135. *Plagiochila maxima* St. n. sp. *a* fol. caul. 10: 1; *b* Perianth 4: 1.

basis quadruplo angustiore, truncato irregulariterque quadridentato. Cellulae superae 27/27 μ trigonis majusculis, basales 36/54 μ, trigonis grosse nodulosis, ovalibus. Perianthia obovato-obconica, 8 mm longa ore compresso truncato, dense minuteque setuloso. Folia floralia late trigona, 6 mm longa et lata, apice grosse irregulariterque dentata. Androecia desunt.

Rio Tocorani, No. 4095.

166. **Plagiochila Lotsyana** St. n. sp. (Fig. 134, c).

Sterilis magna robusta rigidula, flavorufescens, profunde pulvinata. Caulis ad 7 cm longus, simplex, validus, pallide flavicans. Folia caulina conferta, oblique patula, leviter decurva, in plano late trigona, (4 mm longa, supra basin 3,5 mm lata) asymmetrica, margine supero longe arcuato, infero substricto, apice obtusa integerrima. Cellulae superae 27/27 μ trigonis parvis, basales 27/45 μ, trigonis majusculis.

Nebelwald über Comarapa, No. 4235.

167. **Plagiochila macrotricha** S.

Sillar 1800 m, No. 2718.

168. **Plagiochila Macvivarii** St.

Sillar, 1700 m, No. 2773.

169. **Plagiochila maxima** St. n. sp. (Fig. 135).

Sterilis gigantea rigida flavescens, in cortice laxe caespitans lateque expansa. Caulis ad 16 cm longus, superne parum longeque ramosus, ramis 3 vel 4 cm longis. Folia caulina imbricata, oblique patula, parum concava, in plano ovato-trigona (7 mm longa, supra basin 5,5 mm lata) basi utrinque longius decurrentia, margine supero leviter arcuato, infero stricto, sub apice paucidentato, apice obtusa similiter armata. Cellulae superae 36/36 μ mediae 36/54 μ, basales 36/72 μ, trigonis magnis acutis, basi quidem trabeculatim incrassatis.

Tablas 3400 m, No. 2816.

170. **Plagiochila minutidens** St. n. sp. (Fig. 136, c).

Sterilis mediocris rigida, fusco-brunnea, dense intricata, corticola et rupicola. Caulis ad 5 cm longus, crassus, parum longeque ramosus, ramis 15 mm longis. Folia caulina conferta, decurvo-homomalla, valde concava, brevi basi inserta, in plano subrotunda (5,5 mm longa, medio 4,75 mm lata) asymmetrica, margine supero e basi semicirculari longe arcuato, margine infero leviter arcuato, marginibus ubique dense minuteque dentatis, ipsa

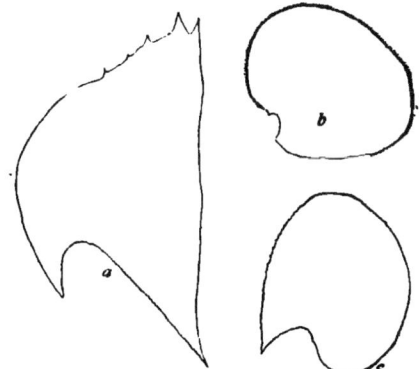

Fig. 136. a *Plagiochila Miyakei* St. n. sp. fol. caulin. 10:1; b *P. multispina* St. n. sp. fol. caulin. 20:1; c *P. minutidens* St. n. sp. fol. caulin. 20:1.

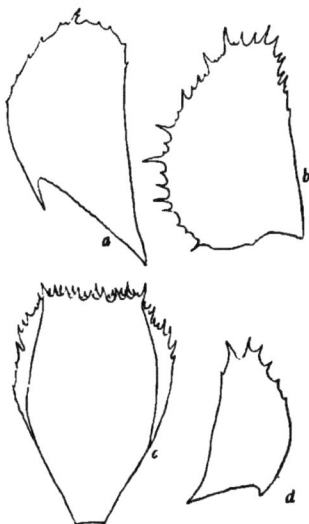

Fig. 137. a—c *Plagiochila nigricaulis* St. n. sp. a fol. caul. 10:1; b fol. florale 10:1; c Perianth. 10:1; d *P. Nathorstii* St. n. sp. fol. caulinum 10:1.

basi nudis. Cellulae superae 27/27 μ trigonis subnullis, in medio folii majusculis, basales 18/63 μ trigonis parvis.

In valle Tocorani 3000 m, No. 3850.

171. Plagiochila Miyakei St. n. sp. (Fig. 136, a).

Sterilis, gigantea, rigida, flavo-rufescens, corticola, in latas plagas caespitans. Caulis ad 15 cm longus, validus, simplex vel longe remoteque pauciramosus. Folia caulina remotiuscula, superne parum imbricata, decurvo-homomalla, in plano late trigona (5 mm longa, medio 4,25 mm lata) latissima basi inserta, utrinque longe decurrentia; margine supero e basi rotundata stricto, superne remote breviterque dentato, margine infero stricto nudo, apice angustissimo, emarginato-bidentulo. Cellulae superae 27/27 μ trigonis magnis truncatis, basales 27/72 μ parietibus grosse trabeculatis, trabeculis longioribus interruptis.

Corani, No. 4704.

172. Plagiochila montana S.

Corani, No. 3378.

173. Plagiochila multispina St. n. sp. (Fig. 136, b).

Sterilis magna, robusta, rigida, fusco-olivacea, dense depresso-caespitans lateque expansa, corticola et rupicola. Caulis ad 8 cm longus, simplex vel parum longeque ramosus, ramis 4 cm longis, simplicibus. Folia caulina contigua, decurva, oblique patula, canaliculatim concava, inplano subrotunda (4,5 mm longa et lata) brevissima basi inserta, asymmetrica, margine supero e basi maxime rotundata longe arcuato, creberrime breviterque ciliolato, margine infero substricto, inferne nudo, sub apice ciliolato, apice late rotundato, similiter armato, ciliis ubique bicellularibus. Cellulae superae 27/27 μ, basales 27/45 μ trigonis ubique parvis.

Rio Tocorani, No. 4016.

174. Plagiochila Nathorstii St. n. sp. (Fig. 137, d).

Sterilis, maxima gracillima, rigida, dilute flavescens, corticola, effuse caespitans laxeque intricata. Caulis ad 12 cm longus, regulariter bipinnatus, ramis inferis et superis simplicibus, brevibus, mediis 4 cm longis, remote breviterque pinnatis. Folia caulina remotiuscula, oblique patula, canaliculatim concava, in plano oblonga (3 mm longa, medio 1,75 mm lata) asymmetrica, margine supero leviter arcuato, superne paucispinoso, margine infero nudo stricto, apice emarginato-bispinoso, spinis validis divergentibus. Cellulae superae 18/27 μ, basales 18/45 μ, parietibus validis.

Fig. 138. a Plagiochila nudicosta St. n. sp. fol. caul. 10:1; b P. oblique truncata St. n. sp. fol. caul. 10:1.

Tablas, No. 4653.

175. Plagiochila nigricaulis St. n. sp. (Fig. 137, a—c).

Dioica major robusta rigida, virens, in cortice laxe caespitans. Caulis ad 8 cm longus, regulariter bipinnatus, ramis primariis 3 cm longis, pinnis brevibus sparsis. Folia caulina parum imbricata, oblique patula, parum concava, in plano oblonga, antice longissime lateque decurrentia ideoque latissima basi inserta, margine supero longe arcuato, basi breviter angusteque decurrente, inferne nudo, superne remote minuteque dentato, margine infero stricto nudo, sub apice paucidenticulato, apice truncato-rotundata, 1,5 mm lata, similiter armata. Cellulae superae 18/36 μ trigonis nullis, basales 18/36 μ, parietibus validis. Perianthia obovato-obconica, compressa, apice truncata, dense grosseque spinosa. Folia floralia caulinis aequimagna, ovata, irregulariter grosseque spinosa, margine infero nudo, sub apice similiter spinoso. Androecia desunt.

Rio Tocorani, No. 4111.

176. Plagiochila notha G.
Tablas 3400 m, No. 2843/a.

177. Plagiochila nudicauda St. n. sp. (Fig. 138, a).
Sterilis major rigida flavicans, corticola, laxe caespitans. C a u l i s ad 12 cm longus, simplex, rarius ramo elongato ramosus. F o l i a   c a u l i n a confertissima, oblique patula, canaliculatim concava, in plano oblongo-trigona (4,5 mm longa, supra basin 3,5 mm lata) asymmetrica, margine s u p e r o e basi rotundata stricto, nudo, superne remote paucidentato, margine i n f e r o stricto nudo, apice oblique truncata, 1 mm lata, emarginato-quadridentata. C e l l u l a e superae 27/27 μ trigonis magnis acutis, basales 27/63 μ parietibus trabeculatis.
Bolivia (sine loco natali).

178. Plagiochila obliquetruncata St. n. sp. (Fig. 138, b).
Sterilis maxima rigida, flavo-rufescens, corticola, effuse caespitans vel pendula. C a u l i s ad 13 cm longus, validus, irregulariter bipinnatus; ramis primariis 2—4 cm longis, pinnulis paucis, 5—15 mm longis. F o l i a   c a u l i n a remotiuscula, oblique patula, canaliculatim concava, in plano oblongo-trigona (3,5 mm longa, supra basin 2,25 mm lata) basi utrinque longe decurrentia, asymmetrica, margine s u p e r o e basi rotundata stricto, dense breviterque dentato, margine i n f e r o stricto, omnino nudo vel sub apice paucidenticulato, apice ipso oblique truncato, emarginato-tridentato. C e l l u l a e superae 18/27 μ, basales 18/36 μ parietibus trabeculatim incrassatis.
Bolivia (sine loco natali).

179. Plagiochila ovata Ldbg. u. G.
Tablas 3400 m, No. 2812.

180. Plagiochila papillifolia St. n. sp. (Fig. 139).
Dioica, mediocris gracillima, rigida, flavo-rufescens vel virens, in rupibus laxe intricata. C a u l i s ad 5 cm longus, irregulariter ramosus, ramis primariis pinnatis, rarius bipinnatis. F o l i a   c a u l i n a remsetinuobla, oatu pliquela, decurvula, leviter concava, 15 mm longis, simplicibus vel sparsim breviterque in plano oblonga (2 mm longa, medio 1 mm lata) asymmetrica, margine s u p e r o leviter arcuato, irre-

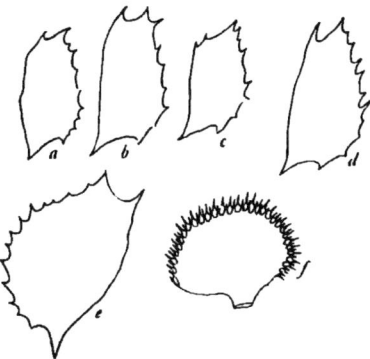

Fig. 139. *Plagiochila papillifolia* St. n. sp. *a, b, c, d* fol. caulina 14:1; *e* fol. flor. 14:1; *f* Perianth. 14:1.

gulariter spinoso, spinis plus minus longis irregulariterque insertis, margine i n f e r o parum arcuato vel substricto, nudo, apice truncata, 0,67 mm lata, quadridentata, dentibus plus minus longis, valde irregularibus. C e l l u l a e superae 18/18 μ, basales 18/36 μ, trigonis subnullis. F o l i a   f l o r a l i a caulinis aequalia, vix majora. Reliqua desunt.
Nebelwald über Comarapa, No. 3955, 3943/a.

181. Plagiochila patentissima St.
Cordillera de Santa Cruz, No. 3549.

182. Plagiochila Patzschkei St. n. sp. (Fig. 140, c).
Sterilis mediocris, rigidula rufescens, pulvinatim caespitans. C a u l i s ad 5 cm longus, simplex vel sparsim longeque ramosus. F o l i a   c a u l i n a remotiuscula, oblique patula, canaliculatim concava, saepe convoluta, in plano late trigona (2,25 mm longa, medio 2 mm lata) asymmetrica, margine s u p e r o valde arcuato regulariter remoteque spinoso, margine i n f e r o stricto, nudo, apice 0,7 mm lata, oblique truncata, emarginato-tridentata. C e l l u l a e superae 18/18 μ, basales 18/45 μ, trigonis magnis truncatis.
Nebelwald über Comarapa, No. 4246.

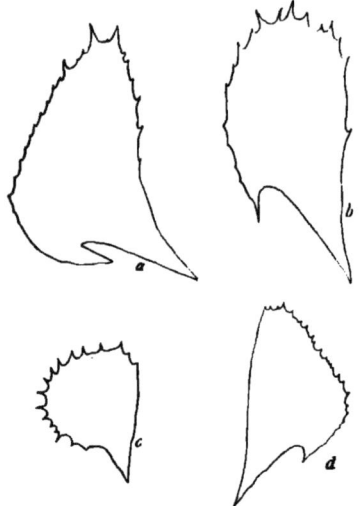

Fig. 140. *a Plagiochila rufifolia* St. n. sp. fol. caul. 7:1;
b P. repetito-furcata St. n. sp. fol. caul. 10:1; *c P. Patschkei* St. n. sp. fol. caul. 10:1; *d P. Schiffneri* St. n. sp. fol. caul. 7:1.

183. **Plagiochila pauciramea** St.
Florida de San Mateo 3000 m, No. 3655; Cordillera de Santa Cruz, No. 3498.

184. **Plagiochila permista** S.
Corani, No. 3403.

185. **Plagiochila pichinchensis** S.
Comarapa 2600 m, No. 3798.

186. **Plagiochila procera** Ldbg.
Comarapa 2600 m, No. 3813.

187. **Plagiochila purpurea** St. n. sp. (Fig. 133, b).
Sterilis, mediocris, purpurea, flaccida, aliis hepaticis corticolis consociata. Caulis ad 6 cm longus, simplex vel paucis ramis longissmis pinnatus. Folia caulina opposita, conferta, oblique patula, erectohomomalla, valde concava, in plano optime rotunda, lata basi inserta (3 mm longa et lata) integerrima. Cellulae superae 27/27 μ, trigonis magnis nodulosis, basales 27/72 μ, parietibus validissimis.
Comarapa 2600 m, No. 3781; Rio Saujana 3400 m, No. 3258/a; Tablas 3400 m, No. 2871/b, Florida de San Mateo, No. 3659.

188. **Plagiochila quitensis** St.
Nebelwald über Comarapa, ca. 2600 m, No. 3962.

189. **Plagiochila relicta** St.
Rio Saujana, 3400 m, No. 3273.

190. **Plagiochila repetito-furcata** St. n. sp. (Fig. 140, b).
Sterilis magna robusta, flaccida, dilute viridis, in cortice laxe intricata lateque effusa. Caulis ad 8 cm longus, bipinnatus, ramis primariis 5 cm longis, remote breviterque pinnatis, apicibus semper furcatim-ramosis vel repetito-furcatis. Folia caulina parum imbricata, oblique patula, canaliculatim concava, in plano late lingulata (4 mm longa, medio 2,75 mm lata), basi utrinque longe attenuata, symmetrica, marginibus aequaliter leviterque arcuatis; margine supero regulariter remoteque dentato, infero paucidentato, apice truncata, irregulariter valideque sexspinosa. Cellulae superae 27/27 μ, basales 36/54 μ, trigonis subnullis.
San Mateo Sunchal, No. 4479; Corani, 1800 m, No. 4734.

191. **Plagiochila rigidula** L. et G.
Nebelwald über Comarapa, No. 4264.

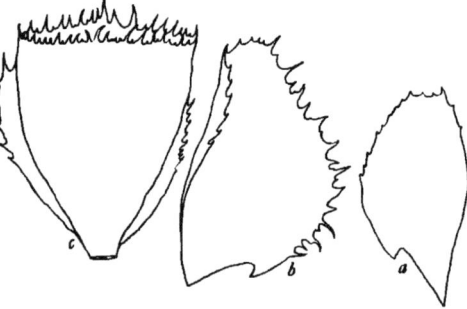

Fig. 141. *Plagiochila Schmidtii* St. n. sp. *a* fol. caul. 10:1; *b* fol. flor. 10:1; *c* Perianth 10:1.

192. Plagiochila rotundifolia St.
Nebelwald über Comarapa, No. 3778.

193. Plagiochila rufifolia St. n. sp. (Fig. 140, a).
Sterilis, maxima gracilis, rigidula, flavo-rufescens, in cortice laxe caespitans lateque expansa. C a u l i s ad 15 cm longus, bipinnatim ramosus, ramis primariis 6 cm longis, sparsis, breviter remoteque pinnatis. F o l i a c a u l i n a contigua, oblique patula, canaliculatim concava, in plano oblongo-trigona (2,5 mm longa, supra basin 1,5 mm lata) basi utrinque longius angusteque decurrentia, asymmetrica, margine s u p e r o e basi rotundata stricto, inferne nudo, superne regulariter breviterque dentato, margine i n f e r o e basi nuda leviterque sinuata stricto, regulariter remoteque dentato, apice ipso truncata (0,33 mm lata) emarginato-bispinosa. C e l l u l a e superae 18/27 μ, parietibus validis, basales 18/45 μ, parietibus subtrabeculatis.
In valle Corani 1800 m, No. 4689, 4729; Rio Tocorani, No. 4112.

194. Plagiochila rufo-viridis S.
Rio Tocorani, No. 4058.

195. Plagiochila Schiffneri St. n. sp. (Fig. 140, d).
Sterilis magna, robusta, rigida, pallide virens, corticola, laxe intricata. C a u l i s ad 12 cm longus, regulariter bipinnatus, ramis primariis 5 cm longis, sparsim breviterque pinnatis. F o l i a c a u l i n a parum imbricata, oblique patula, canaliculatim concava, in plano ovato-trigona (4,5 mm longa, supra basin 3,5 mm lata) asymmetrica, margine s u p e r o e basi rotundata stricto, irregulariter breviterque dentato, margine i n f e r o stricto nudo, apice 0,75 mm lata, truncata, quadridentata. C e l l u l a e superae 18/18 μ, basales 18/54 μ, trigonis ubique majusculis.
In valle Corani 1800 m, No. 4684.

196. Plagiochila Schinzei St. n. sp.
Sterilis major flaccida virens, laxe intricata corticola. C a u l i s ad 6 cm longus, simplex vel parum longeque ramosus. F o l i a c a u l i n a conferta, oblique patula, canaliculatim concava, saepe revoluta, in plano ovata (5 mm longa, medio 3 mm lata) asymmetrica, margine s u p e r o longe arcuato, remote minuteque dentato, basi nudo, margine i n f e r o stricto, nudo, sub apice remote denticulato, basi utrinque longius decurrentia, apice 1,5 mm lata, emarginata, angulis spina valida porrecta armatis, sinu apicali irregulariter breviterque dentato. C e l l u l a e superae 18/36 μ trigonis parvis, basales 18/45 μ, trigonis nullis.
Corani, No. 5061.

197. Plagiochila Schmidtii St. n. sp. (Fig. 141).
Dioica, magna rigida viridis, corticola, laxe intricata. C a u l i s ad 9 cm longus, remote irregulariterque pinnatus et bipinnatus, ramis primariis ad 3 cm longis, sparsim breviterque pinnulatis. F o l i a caulina contigua, oblique patula, canaliculatim concava, in plano oblonga (3,5 mm longa, supra basin 1,75 mm lata) lata basi inserta, utrinque decurrentia, symmetrica, margine s u p e r o longe arcuato,

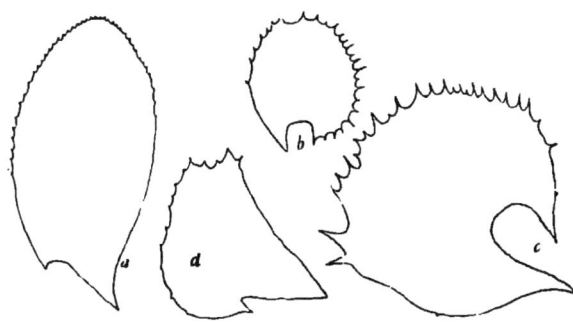

Fig. 142. a *Plagoichila semidentata* St. n. sp. fol. caul. 10:1; b—c *P. semiamplectens* St. n. sp.; b fol. ramul. 10:1; c fol. caul. 10:1; d *P. similis* St. n. sp. fol. caulinum 10:1.

— 210 —

superne remote minuteque dentato, margine i n f e r o similiter arcuato, nudo, sub apice paucidentato, apice ipso truncato, 0,75 mm lato, emarginato-quadridentato. C e l l u l a e superae 18/36 µ, basales 18/45 µ trigonis parvis. P e r i a n t h i a magna, 3 mm longa, oblongo-obconica, ore truncato, dense spinuloso. F o l i a f l o r a l i a caulinis parum majora, cetorum simillima. A n-d r o e c i a desunt.

Incacorral 2200 m, No. 5098.

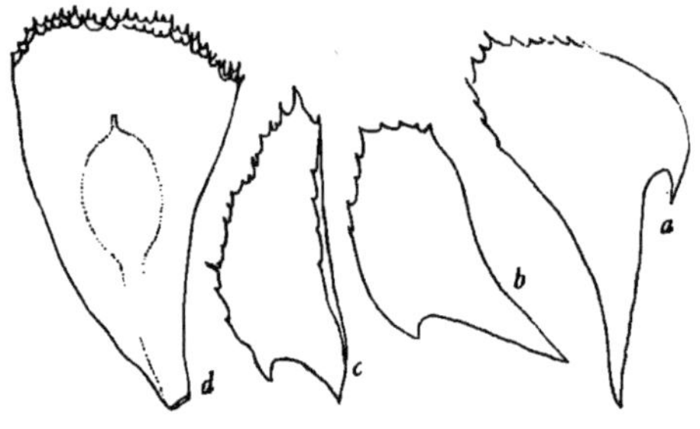

198. Plagiochila semiamplectens St. n. sp. (Fig. 142, b—c).

Sterilis mediocris flaccida, rufobrunnea, in cortice pulvinatim caespitans. C a u l i s ad 3 cm longus, parum breviterque pinnatus. F o l i a c a u l i n a conferta, cauli a latere appressa, valde concava, in plano subrotunda (1,67 mm longa et lata) margine, s u p e r o dense regulariterque dentato- spinoso, margine i n-f e r o nudo, basi utrinque longius decurrentia, apice rotundata, validius spinosa. C e l l u l a e superae 27/27 µ, basales 27/36 µ trigonis magnis acutis.

Fig. 143. *Plagiochila Slateri* St. n. sp. *a* fol. caul. 10:1; *b* fol. ramul. 10:1; *c* fol. flor. 10:1; *d* Perianth 10:1.

Yanakaka Montes 4000 m, No. 3835/a.

199. Plagiochila semidentata St. n. sp. (Fig. 142, a).

Sterilis mediocris flaccida virens, corticola, aliis hepaticis consociata. C a u l i s ad 6 cm longus, parum longeque ramosus, viridis. F o l i a c a u l i n a remotiuscula, oblique patula, parum concava, in plano obovato-oblonga, obconica, brevi basi inserta, utrinque breviter decurrentia, optime symmetrica (5 mm longa, medio 3 mm lata) inferne nuda, superne denticulata, denticulis inferne remotis, superis densis, apice rotundata, similiter armata. C e l l u l a e superae 27/27 µ, basales 27/72 µ, trigonis ubique parvis.

Tablas 1800 m, No. 4585.

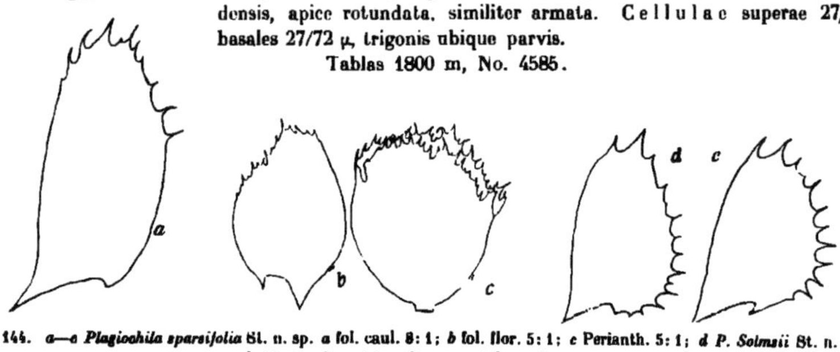

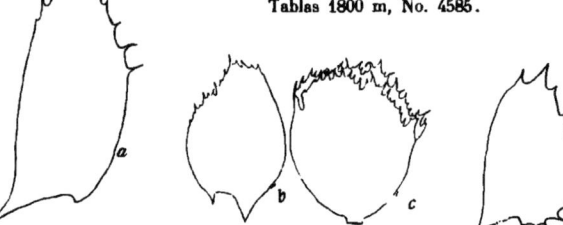

Fig. 144. *a—c Plagiochila sparsifolia* St. n. sp. *a* fol. caul. 8:1; *b* fol. flor. 5:1; *c* Perianth. 5:1; *d P. Solmsii* St. n. sp. fol. caul. 14:1 *e P. striolata* St. n. sp. fol. caulinum 14:1.

200. Plagiochila similis St. n. sp. (Fig. 142, d).

Sterilis magna gracilis rigida, intense viridis, in cortice laxe caespitans. C a u l i s ad 8 cm longus, regulariter bipinnatus, ramis primariis ad 3 cm longis, sparsim remoteque pinnulatis. F o l i a c a u l i n a conferta, oblique patula, canaliculatim concava, saepe convoluta, in plano late trigona (3,5 mm longa, supra basin 3 mm lata) asymmetrica, margine s u p e r o e basi rotundata stricto, remote minute dentato, margine i n f e r o substricto vel leviter sinuato, omnino nudo, apice late truncata (1,25 mm lata) vel leviter excisa, validius denticulata. C e l l u l a e superae 18/27 µ, basales 18/45 µ, trigonis nullis.

Florida de San Mateo, No. 3667.

201. **Plagiochila Slateri** St. n. sp. (Fig. 143).

Dioica magna gracilis rigida olivacea, corticola, effuse caespitans, laxe intricata. C a u l i s ad 11 cm longus, regulariter pinnatus, ramis ad 3 cm longis, parum remoteque pinnulatis, superis simplicibus. remotis recte patulis. F o l i a c a u l i n a contigua, oblique patula, parum concava, in plano oblonga (3,5 mm longa, supra basin 2,5 mm lata) asymmetrica, basi antica longissime lateque decurrentia, quasi caudata, margine s u p e r o e basi rotundata substricto, sub apice dense minuteque dentato, inferne nudo, margine i n f e r o nudo, substricto, sub apice paucidentato, apice ipso truncato (0,75 mm lata) quadridentata, dentibus validis brevibus porrectis. C e l l u l a e superae 27/27 μ trigonis parvis, basales 27/54 μ parietibus validis, trigonis nullis. P e r i a n t h i a oblongo-obconica, 3 mm longa, ore truncato dense minuteque spinoso. F o l i a f l o r a l i a caulinis aequimagna, simillima. A n d r o e c i a desunt.

Incacorral 2200 m, No. 5026.

202. **Plagiochila Solmsii** St. n. sp. (Fig. 144, d).

Sterilis minor gracilis, rigidula, rufescens, corticola, dense depresso-caespitans lateque expansa. C a u l i s ad 4 cm longus, capillaceus, parum longeque ramosus. F o l i a c a u l i n a conferta, oblique patula parum concava, in plano anguste ovata, (2,5 mm longa, medio 1,5 mm lata) asymmetrica, ad medium inserta, vix decurrentia, margine s u p e r o e basi rotundata longe arcuato, regulariter remoteque spinuloso, margine i n f e r o stricto, nudo, apice angusta, emarginato-bispinosa, spinis validis, oblique patulis, parallelis. C e l l u l a e superae 18/18 μ, trigonis parvis, basales 18/27 μ trigonis majusculis.

Nebelwald über Comarapa, No. 4313.

203. **Plagiochila sparsifolia** St. n. sp. (Fig. 144, a—c).

Dioica, maxima, robusta rigida, in cortice laxe intricata, latissime expansa. C a u l i s ad 15 cm longus, sparsim longeque ramosus, ramis 5 cm longis, simplicibus, rarius ramulo auctis. F o l i a c a u-l i n a remota, oblique patula, canaliculatim concava, saepe omnino convoluta, in plano oblonga (6,5 mm longa, medio 2,75 mm lata), symmetrica, margine supero et infero aequaliter leviterque arcuato nudo, sub apice tantum paucispinoso, spinis e lata basi attenuatis, subaequalibus, apice obtusa, similiter armata. C e l l u l a e superae 18/36 μ trigonis parvis, basales 18/54 μ trigonis nullis. P e r i a n t h i a anguste cupulata, ore truncato, irregulariter breviterque dentato-spinoso et duplicatim spinoso. F o l i a floralis caulinis simillima, aequimagna. A n d r o e c i a desunt.

Nebelwald über Comarapa, No. 3802.

204. **Plagiochila strictifolia** St.

Altamachi 3400 m, No. 3874.

205. **Plagiochila striolata** St. n. sp. (Fig. 144, e).

Sterilis mediocris flaccida, dilute rufescens, apicibus subhyalinis, corticola, laxe intricata. C a u l i s ad 3 cm longus, parum longeque ramosus. F o l i a c a u l i n a re-motiuscula, decurvo-homomalla, canaliculatim concava vel involuta, in plano ovata (2,5 mm longa, medio 1,5 mm lata) asymmetrica, margine s u p e r o longe arcuato, regulariter longeque spinoso, margine i n f e r o substricto, nudo, basi utrinque breviter decurrentia, apice truncata, bispinosa, spinis oblique patulis parallelis. C e l l u l a e superae 18/18 μ trigonis majusculis, cuticula aspera, basales 18/45 μ trigonis parvis cuticula striolata.

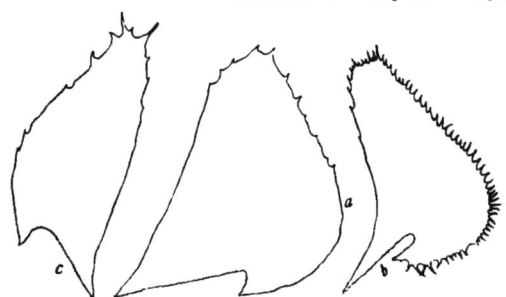

Fig. 145. a *Plagiochila subaequalis* St. n. sp. fol. caul. 10:1; b *P. subalpina* folium caulinum 7:1; c *P. subhyalina* St. n. sp. fol. caulin. 10:1.

Corani, No. 5078.

206. **Plagiochila subaequalis** St. n. sp. (Fig. 145 a).
Sterilis olivacea rigida, gigantea, in cortice laxe caespitans lateque expansa. Caulis ad 18 cm longus, parum longeque ramosus vel simplex. Folia caulina remota, recte patula, canaliculatim concava, in plano late triangulata, marginibus superis et inferis subaequalibus (unde nomen plantae) margino supero e basi rotundata substricto vel leviter arcuato, remote minuteque dentato, margine infero stricto, similiter armato, apice truncato-rotundata, densius armata (quadridenticulata). Cellulae superae 36/36 µ, trigonis majusculis acutis, basales 36/72 µ trigonis nullis.
Rio Tocorani, No. 4030.

207. **Plagiochila subconvoluta** G.,
Sillar 1600 m, No. 2732.

208. **Plagiochila subcristata** G.
Sillar 1800 m, No. 2717.

209. **Plagiochila subhyalina** St. n. sp. (Fig. 145, c).
Sterilis mediocris tenerrima, pallide virens, aliis hepaticis corticolis consociata. Caulis ad 4 cm longus, simplex, tenuis rufescens. Folia caulina imbricata, oblique patula, canaliculatim concava vel involuta, in plano oblonga (5 mm longa, medio 2,25 mm lata) symmetrica, margine supero longe leviterque arcuato, inferne nudo, superne sparsim remoteque dentato, margine infero simillimo, apice angusta, emarginato-bispinosa, spinis divergentibus validis. Cellulae superae 18/36 µ, basales 18/54 µ, trigonis ubique magnis acutis.
Bolivia (sine loco natali).

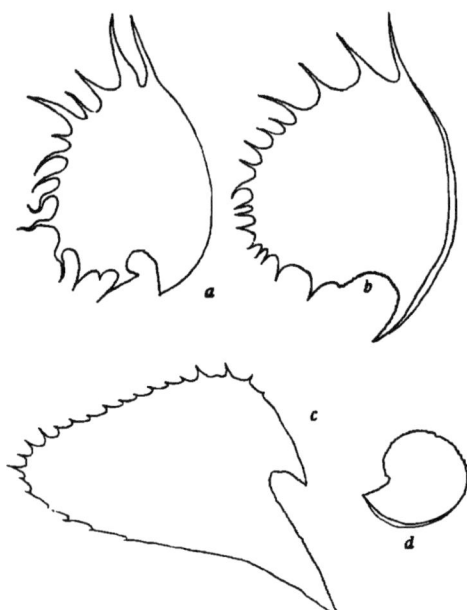

Fig. 146. a—b *Plagiochila subwallisiana* St. n. sp. a, b fol. caulina 15: 1; c *P. submacrotricha* St. n. sp. fol. caulinum 10: 1; d *P. subviminea* St. n. sp., fol. caul. 10: 1.

210. **Plagiochila submacrotricha** St. n. sp. (Fig. 146, c).
Dioica major robusta, rigida, olivacea, corticola, laxe caespitans. Caulis ad 8 cm longus, parum longeque ramosus. Folia caulina contigua, oblique patula, parum concava, in plano oblongo-trigona (6 mm longa, supra basin 3,75 mm lata) asymmetrica, margine supero e basi rotundata stricto, regulariter remoteque dentato, ipsa basi nudo, margine infero substricto, superne remote minuteque dentato, inferne nudo apice obtusa similiter dentata. Cellulae superae 54/54 µ, mediae 36/54 µ, basales 27/90 µ, trigonis subnullis. Androecia terminalia, spicis fasciculatim insertis 15 mm longis, pinnatim ramosis.
Tablas 1800 m, No. 4598.

211. **Plagiochila subrotundifolia** St.
Tablas 1800 m, No. 2942; Incacorral 3000 m, No. 3350/a; in valle Corani 2600 m, No. 3421.

212. **Plagiochila subviminea** St. n. sp. (Fig. 146, d).
Sterilis magna gracillima, dilute rufo-brunnea, rigida, in cortice dense depresso-caespitans lateque expansa. Caulis ad 9 cm longus, superne dense longeque ramosus, ramis 3 cm longis, simplicibus,

rarius pinnula auctis. Folia caulina conferta, decurvo-homomalla, valde concava, in plano subrotunda, margine supero apiceque regulariter minuteque dentatis, margine infero recurvo nudo. Cellulae superae 18/18 μ, trigonis magnis, saepe trabeculatim confluentibus, basales 18/45 μ, parietibus validissimis, optime vittatae.

Tablas 3400 m, No. 2853/a.

213. **Plagiochila subwallisiana** St. n. sp. (Fig. 146, a—b).

Dioica mediocris rigida, fusco-brunnea, apicibus flavo-rufescentibus, in cortice laxe intricata. Caulis ad 5 cm longus, validus, regulariter remoteque pinnulatus, ramis longioribus interjectis paucipinnulatis. Folia caulina conferta, decurvo-homomalla, valde concava, in plano ovata (4 mm longa, medio 2,75 mm lata) symmetrica, margine supero arcuato, grosse irregulariterque spinoso, spinis porrectis vel flagellatim curvatis, parvis et longissimis mixtis, margine infero similiter armato, nudo, apice laciniis maximis angustis longeque attenuatis armato. Cellulae superae 18/18 μ trigonis majusculis, basales 18/72 μ trigonis ovalibus, hic illic trabeculatim confluentibus. Perianthia in caule semper terminalia urceolata, quinqueplicata, ore truncato creberrime longeque dentato-spinoso. Folia floralia caulinis simillima, majora. Androecia desunt.

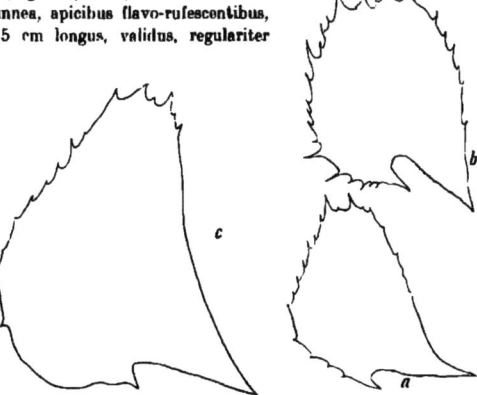

Fig. 147. a—b *Plagiochila Trabutii* St. n. sp., a fol. caul. 8:1; b fol. flor. 8:1; c *P. Tocorani* St. n. sp. fol. caul. 10:1.

Nebelwald über Comarapa, No. 3811.

214. **Plagiochila Tocorani** St. n. sp. (Fig. 147, c).

Rio Tocorani 2200 m, No. 4030.

215. **Plagiochila towarina** G.

Tablas 3400 m, No. 2906.

216. **Plagiochila Trabutii** St. n. sp. (Fig. 147, a—b).

Sterilis major flaccida viridis corticola, laxe intricata. Caulis ad 8 cm longus, capillaceus, irregulariter longeque ramosus. Folia caulina contigua, oblique patula, parum concava, in plano ovato-trigona (4,5 mm longa, medio 3,5 mm lata) lata basi inserta, utrinque breviter decurrentia, asymmetrica, margine supero e basi leviter arcuata stricto, remote valideque dentato, margine infero substricto, sparsim minuteque dentato, apice obtuso, grosse emarginato-hispinosa, spinis oblique patulis, parallelis. Cellulae superae 36/36 μ, basales 36/54 μ, parietibus tenuibus, trigonis nullis.

Bolivia (sine loco natali).

217. **Plagiochila Triannae** G.

Tablas 3400 m, No. 2851.

218. **Plagiochila triangulifolia** St. n. sp. (Fig. 148, a).

Sterilis gigantea robusta rigida, in cortice profunde pulvinata longeque prostrata. Caulis ad 18 cm longus, parum longeque ramosus. Folia caulina conferta, oblique patula, valde concava, postice valde ampliata, cristam altam formantia, in plano latissime triangulata (5,25 mm longa, supra basin 5 mm lata) valde asymmetrica, margine supero e basi maxime rotundata stricto, nudo, margine

i n f e r o substricto nudo, apice angustissima, 0,75 mm lata, truncata, angulis minute apiculatis. C e l l u l a e superae 27/27 µ, trigonis parvis, basales 27/54 µ, trigonis ovali-nodulosis.
Comarapa 2600 m, No. 3838.

219. **Plagiochila trilobata** St. n. sp. (Fig. 149).

Dioica magna gracillima, flaccida, pallide rufescens, in cortice laxe intricata lateque expansa. C a u l i s ad 12 cm longus, simplex vel parum longeque ramosus, capillaceus. F o l i a c a u l i n a remotiuscula, oblique patula, canaliculatim concava, in plano linearia (4,5 mm longa, medio 1,5 mm lata) symmetrica, basi antica breviter decurrentia, margine s u p e r o leviter arcuato, nudo, sub apice spina longa angusta armato, margine i n f e r o substricto, nudo, apice angusta (0,75 mm lata) emarginatobifida, sinu subacuto, laciniis leviter divergentibus, elongatis, inaequalibus. C e l l u l a e 18- 54 µ, ubique aequales, parietibus validis, inferne interrupte trabeculatis. A n d r o e c i a pusilla, in ramis mediana, bracteis quadrijugis.

Nebelwald über Comarapa, No. 3810, 3956.

220. **Plagiochila validissima** St. n. sp. (Fig. 148, b).

Sterilis maxima, valde robusta et rigida, rufo-brunnea vel fusca, in cortice laxe intricata, pendula. C a u l i s ad 10 cm longus, simplex vel furcatus, ramis 5—6 cm longis, validissimis, fuscis. F o l i a c a u l i n a conferta, subrecte patula, valde decurva, canaliculatim concava, in plano subrotunda (5,5 mm longa, medio 5 mm lata) asymmetrica, margine s u p e r o semirotundo, regulariter denseque spinuloso, margine i n f e r o leviter arcuato, inferne nudo, superne minute regulariterque dentato, apice obtusa, similiter armata, basi utrinque breviter lateque decurrentia, lata basi inserta. C e l l u l a e superae 27/27 µ trigonis parvis nodulosis, basales 18/90 µ, trigonis nullis.

Lagunillas in valle Tocorani 3000 m, No. 3851.

221. **Plagiochila variespinosa** St. n. sp. (Fig. 148, c—d).

Sterilis mediocris rigida, dilute virens, in cortice laxe intricata. C a u l i s ad 5 cm longus, inferne nudus, superne pauciramosus, ramis 12 mm longis, late divergentibus. F o l i a c a u l i n a parum imbricata, oblique patula, parum concava, in plano oblonga (4 mm longa, medio 2 mm lata) asymmetrica, margine s u p e r o leviter arcuato, inferne nudo, superne irregulariter denticulato, margine i n f e r o stricto nudo, a p i c e oblique truncata, quadrispina, spinis oblique patulis parallelis validis subaequalibus. C e l l u l a e superae 27/27 µ basales 27/36 µ trigonis subnullis.

Florida de San Mateo 2000 m, No. 3700.

222. **Plagiochila ventricoso-trigona** St. n. sp. (Fig. 150, b—c).

Sterilis mediocris, flavo-rufescens, flaccida, corticola dense depresso-caespitans. C a u l i s ad 5 cm longus, superne longe remoteque ramosus, ramis late divergentibus. F o l i a c a u l i n a imbricata, decurvo-homomalla, valde concava, saepe convoluta, in plano late trigona (3 mm longa, supra basin

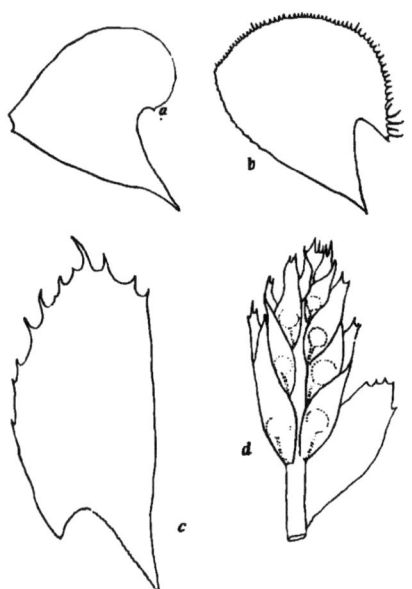

Fig. 148. *a Plagiochila triangulifolia* St. n. sp. fol. caul. 7:1; *b P. validissima* St. n. sp. fol. caul. 7:1; *c—d P. variespinosa* St. n. sp.; *c* fol. caul. 15:1; *d* Spica mascula 15:1.

2,75 mm lata) asymmetrica, margine s u p e r o e basi valde arcuata stricto, regulariter denticulato, margine i n f e r o substricto nudo, basi utrinque breviter decurrentia, apice oblique truncata (1 mm lata) paucispinulosa. C e l l u l a e superae 18/18 μ trigonis magnis acutis, basales 18/72 μ parietibus validis, subtrabeculatis.

Tablas 1800 m, No. 4538.

223. Plagiochila viminea S.

Samaipata 2000 m, No. 4131.

224. Plagiochila Weymouthiana St. n. sp. (Fig. 150, d).

Sterilis parva, rigida, brunnea, pulvinata. C a u l i s 15 mm longus, simplex vel furcatus, capillaceus. F o l i a c a u l i n a confertissima, arrecta, concava, in plano subrotunda (3 mm longa et lata) basi utrinque decurrentia, angusta basi inserta, subsymmetrica, margine s u p e r o dense regulariterque spinuloso, margine infero nudo, apice late rotundata irregulariter denticulata. C e l l u l a e superae 18/18 μ trigonis parvis, basales 18/36 μ trigonis nodulosis.

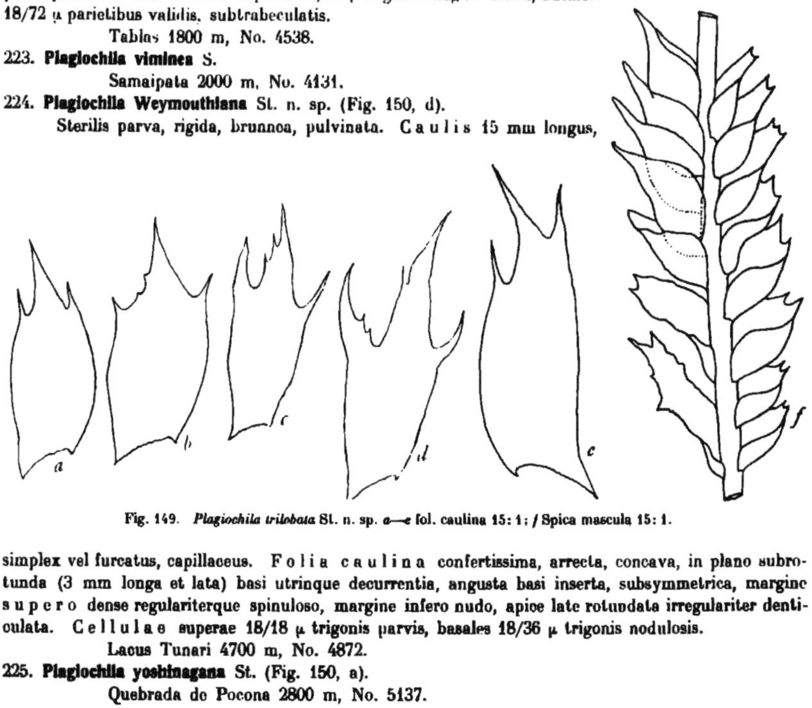

Lacus Tunari 4700 m, No. 4872.

225. Plagiochila yoshinagana St. (Fig. 150, a).

Quebrada de Pocona 2800 m, No. 5137.

Fig. 149. *Plagiochila trilobata* St. n. sp. *a—e* fol. caulina 15: 1; *f* Spica mascula 15: 1.

Tylimanthus Mitt. 1867.

226. Tylimanthus bifidus St. n. sp. (Fig. 151).

Planta sterilis parva rigida rufescens, in rupibus laxe caespitans, vulgo aliis hepaticis corticolis, consociata. C a u l i s ad 25 mm longus, simplex, validus et rigidus, fuscus, e caudice repente ortus. F o l i a c a u l i n a contigua, inferne remote oblique patula, parum concava, in plano late ovata, (3,5 mm longa, supra basin 2 mm lata) asymmetrica, margine s u p e r o e basi late rotundata substricto, sub apice unidentato, margine i n f e r o leviter arcuato, substricto, apice oblique truncata, angulis dente valido armatis, dentibus parallelis, ad anticum vergentibus. C e l l u l a e superae 27/27 μ, basales 27/36 μ trigonis ubique parvis, cuticula minute aspera.

Nebelwald über Comarapa, No. 3812.

227. Tylimanthus Herzogii St. n. sp. (Fig. 152).

Dioica mediocris flaccida, dilute brunnea, corticola, dense depresso-caespitans. C a u l i s ad 4 cm longus, tenuis simplex vel parum longeque ramosus. F o l i a c a u l i n a parum imbricata, oblique

patula, canaliculatim concava, in plano ovata vel late ligulata, (4,25 mm longa, 2,5 mm lata) lata basi inserta, apice emarginato-biloba, lobis inaequalibus, s u p e r o multo majore, omnibus acutis vel apiculatis, marginibus repandis vel irregulariter breviterque dentatis. C e l l u l a e superae 27/27 μ, basales 27/45 μ trigonis ubique majusculis. A n d r o e c i a in caule mediana, bracteis 4—6jugis, parvis, saccatis, apice planis, irregulariter dentatis.

Nebelwald über Comarapa, No. 4258, 4280.

228. **Tylimanthus patagonicus** St.

Tablas, 3400 m, No. 2803/b.

229. **Tylimanthus pusillus** St. n. sp.

Sterilis mediocris gracillimus, flaccidus, rufo-brunneus, dense depresso-caespitans, corticolus. C a u l i s ad 35 mm longus, parum remoteque flagellaceus, flagellis minute remoteque foliatis. F o l i a c a u l i n a pusilla, contigua, subrecte patula, valde concava (in centro gibbosa) subrotunda (1,33 mm longa, 1,5 mm lata) brevi basi inserta, apice late leviterque emarginata, angulis parvo dente armatis. C e l l u l a e superae 27/27 μ, trigonis maximis acutis, basales 27/45 u trigonis magnis truncatis; cuticula dense papillata.

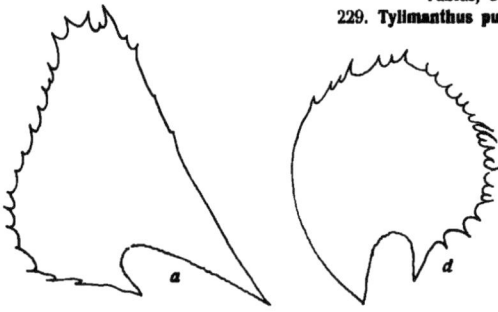

Fig. 150. *a Plagiochila yoshinagana* St. n. sp. fol. caul. 15:1; *b—c P. ventricosotrigona* St. n. sp. fol. caul. 10:1; *d P. Weymouthiana* St. n. sp. fol. caul. 15:1.

Viloco 4500 m, No. 3117.

Cephaloziaceae.

L e i o s c y p h u s Mitt. 1855.

230. **Leioscyphus campanulatus** St. n. sp. (Fig. 153).

Planta dioica magna robusta, purpurascens, in cortice laxe caespitans. C a u l i s ad 3 cm longus, sparsim longeque ramosus, interdum fasciculatus. F o l i a c a u l i n a conferta, erecto-homomalla, concava, marginibus anguste recurvis, in plano late triangulata (3,5 mm longa, 5 mm lata) apice obtusa, integerrima. C e l l u l a e superae 27/27 μ, trigonis magnis acutis, basales 36/90 μ, parietibus validis, trigonis nullis. A m p h i g a s t r i a c a u l i n a parva, caule subduplo latiora, subrotunda, sinuatim inserta, medio utrinque unidentata, apice ad $^1/_2$ emarginata, sinu subrotundo, laciniis lanceolatis acutis conniventibus. Perianthia terminalia, foliis aequilonga, campanulata, leviter compressa,

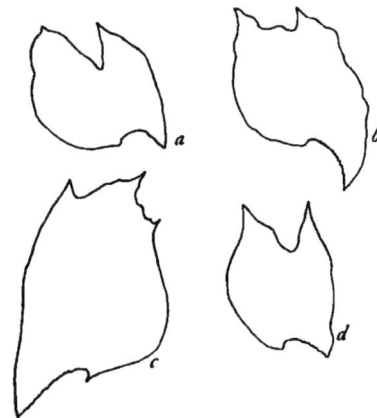

Fig. 151. *Tylimanthus bifidus* St. n. sp. *a—d* fol. caul. 15:1.

triplicata, plica tertia postica, sub apice leviter constricta, ipso apice truncato-rotundata, repanda. Folia floralia intima perianthio subaequilonga (5,5 mm longa, medio 3,5 mm lata) apice acuta, lobulo subaequilongo, duplo angustiore, breviter soluto, obtuso. Amphigastrium florale intimum late ovatum (4 mm longum, medio 2,75 mm latum medio utrinque longa spine armatum, ad medium bifidum, sinu subrecto obtuso, laciniis lanceolatis, longe attenuatis acutis.

Rio Tocorani, No. 4075, 4083.

231. Leioscyphus chiloscyphoideus Mitt.
Corani, No. 3389.

232. Leioscyphus schizostomus S.
Tablas 3400 m, No. 2943.

Lophocolea Dum. 1835.

233. Lophocolea alpina St. n. sp. (Fig. 154).

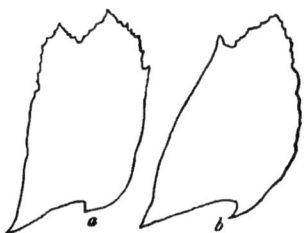

Fig. 152. *Tylimanthus Herzogii* St. n. sp. a, b fol. caulin 10 : 1.

Dioica pusilla flaccida, dilute brunnea, muscis consociata. Caulis ad 9 mm longus parum longeque ramosus. Folia caulina conferta, erecto-homomalla, valde concava, in plano subrotunda (0,67 mm longa et lata) lata basi inserta, apice breviter exciso-bidentata, dentibus late triangulatis acutis. Cellulae superae 27/27 μ, basales 27/36 μ, trigonis nullis. Amphigastria caulina majuscula, oblongo-elliptica (0,58 mm longa, 0,33 mm lata) transverse inserta, ad medium emarginato-bifida, laciniis angustis superne setiformibus. Perianthia magna, optime campanulata (3,75 mm longa, medio 2 mm lata), ore amplissimo, 2,75 mm lato, profunde trilobato, lobis lateralibus breviter bifidis, ad $^1/_8$ incisis, sinu recto, segmentis triangulatis cuspidatis, lobulo postico subquadrato, apice rotundato exciso-bidentulo. Folia floralia oblonga, perianthio parum breviora, duplo longiora quam lata, apice ad $^1/_4$ inciso-biloba, lobis acutis inaequalibus, supero duplo latiore, triangulato, altero lanceolato. Amphigastrium florale caulino simillimum, laciniis quidem longioribus, valde cuspidatis, apice setaceis. Androecia desunt.

In valle Llave 4300 m. No. 4795.

234. Lophocolea boliviensis St. n. sp. (Fig. 155).

Dioica minor, fusco-brunnea vel subatra, in cortice pulvinatim caespitans.

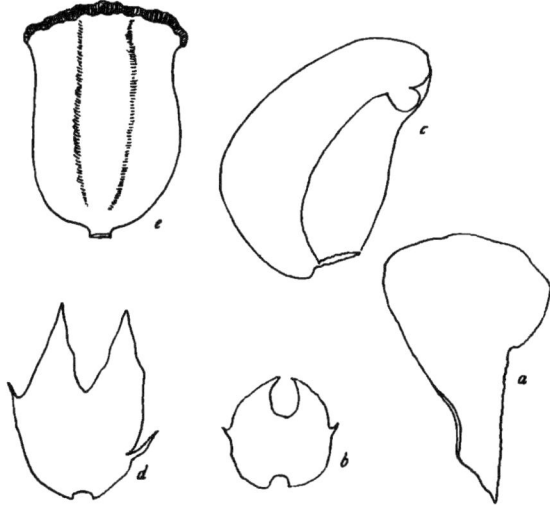

Fig. 153. *Leioscyphus campanulatus* St. n. sp. a fol. caul. 10 : 1; b Amph. caulin. 10 : 1; c fol. flor. 10 : 1; d amphigastr. flor. 10 : 1; e Perianth. 10 : 1.

Caulis ad 2 cm longus, simplex vel paucipinnulatus. Folia caulina imbricata, oblique patula, erecto-homomalla, valde concava, in plano subrotunda, interdum truncata vel obtuse apiculata, valde heterophylla (0,83 mm longa et lata). Cellulae superae 27/27 μ trigonis parvis, basales 27/36 μ trigonis magnis. Amphigastria caulina parva, caule parum latiora, foliis utrinque coalita, subrotunda, ad medium exciso-bifida, laciniis angustis hamatim conniventibus, acutis, sinu amplo. Perianthia anguste clavata, (4 mm longa, medio 1,25 mm lata) ore parvo truncato crenulato, plicis angustis. Folia floralia intima conduplicatim concava, in plano late obovata, apice rotundata, perianthio duplo breviora (2 mm longa, 1,75 mm lata). Amphigastrium florale intimum ovatum, foliis floralibus duplo brevius, ad medium inciso-bifidum, sinu subrecto, laciniis lanceolatis acutis porrectis, disco basali integro utrinque bidentato, dentibus remotis, inferis subbasalibus, superis medianis. Capsula breviter pedicellata, sphaerica. Elateres attenuati, bispiri, spiris laxe tortis. Sporae 14 μ leves, flavescentes. Androecia desunt.

Sillar 1800 m, No. 2778; Altamachi, No. 3869.

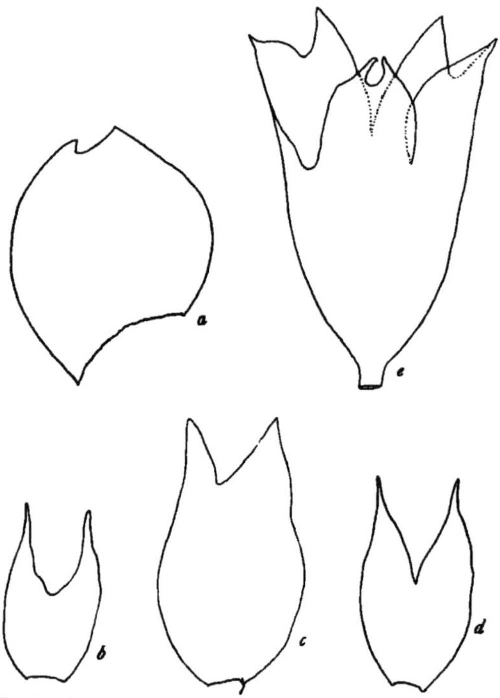

235. **Lophocolea celluloso-crenulata** St. n. sp. (Fig. 156).

Dioica minor flaccida, pallide virens, aetate flavescens, dense depresso-caespitans, corticola. Caulis ad 2 cm longus, irregulariter pluriramosus. Folia caulina imbricata, oblique patula, concava apiceque decurva, in plano late ovata (1,33 mm longa, medio 1 mm lata) subsymmetrica, apice breviter emarginatabidentata, sinu amplo, laciniis e lata basi breviter attenuatis, acutis. Cellulae superae 18/18 μ, basales 36/54 μ, trigonis nullis, marginales crenulatim prominulae. Amphigastria caulina parva, caule parum latiora, basi obcuneata, medio utrinque setula armata, apice ad medium bifida, sinu

Fig. 154. *Lophocolea alpina* St. n. sp. *a* fol. caul. 60:1; *b* amphig. caul. 60:1 *c* fol. flor. 60:1; *d* amphig. flor. 60:1; *e* Perianth. 60:1.

recto obtuso, laciniis lanceolatis cuspidatis divergentibus. Perianthia (sterilia) obovata (4,5 mm longa, 2,5 mm lata) apice profunde trilobata, lobis breviter bifidis, irregulariter angulatis et denticulatis, innovatione nulla. Folia floralia ovato-oblonga symmetrica (3,5 mm longa, medio 2 mm lata) apice ad $^1/_3$ inciso-bifida, sinu subrecto, laciniis lanceolatis porrectis acutis. Amphigastrium florale intimum ovatum (2,25 mm longum, medio 1,75 mm latum) apice ad $^1/_4$ emarginato-bilobatum, sinu recto, lobis triangulatis obtusis integerrimis. Androecia ignota.

Florida de San Mateo, No. 3694.

236. **Lophocolea cervicornis** St. n. sp. (Fig. 157, a).

Sterilis major rigida, dilute virens, aetate fusca, muscis consociata. C a u l i s ad 6 cm longus, simplex vel parum longeque ramosus. F o l i a   c a u l i n a contigua, recte patula, parum concava, in plano subrotunda (1,33 mm longa et lata) latissima basi inserta, apice late rotundata, quadrispina, spinis validis longis remotis divergentibus. C e l l u l a e superae 36/36 µ basales 36/54 µ trigonis nullis. A m p h i g a s t r i a   c a u l i n a magna, folio proximo breviter connata, disco integro humillimo, utrinque lacinia longissima armato, laciniis hamatim incurvis, late divergentibus, apice inaequaliter bifidis, superne setaceis, cornua fingentibus.

Tablas 1800 m, No. 4529; San Mateo Sunchal, No. 4455.

237. **Lophocolea grossitexta** St. n. sp. (Fig. 157, b).

Sterilis major rigidula, olivacea, inter muscos caespitans. C a u l i s ad 5 cm longus, parum longeque ramosus vel simplex. F o l i a   c a u l i n a parum imbricata, oblique patula, leviter concava, in plano subrhombea (3 mm longa, 1,5 mm lata) apice varie armata, truncata, angulis apiculatis vel leviter emarginata, angulis late rotundatis, adsunt folia apice profundius emarginata, lobis angustis obtusis, alia apice truncata, angulo obtuso altero acuto. C e l l u l a e superae 54/54 µ, basales 54/90 µ trigonis nullis. A m p h i g a s t r i a caulina parva, caule latiora, disco integro subquadrato, utrinque bispinoso, apice late emarginata, angulis longa seta armatis, setulis late divergentibus.

Cerros de Malaga 4000 m, No. 4373.

238. **Lophocolea Hariotii** St. n. sp. (Fig. 158, b).

Sterilis exigua, gracilis, pallide virens, aliis hepaticis rupicolis consociata. C a u l i s ad 5 mm longus, simplex, tenuissimus. F o l i a caulina imbricata, recte patula, parum concava, in plano late ovato-trigona (1 mm longa, supra basin 1 mm lata) optime symmetrica, latissima basi inserta, apice triplo angustiore, leviter emarginato, angulis apiculatis. C e l l u l a e superae 27/27 µ, basales 27/36 µ, trigonis nullis. A m p h i g a s t r i a   c a u l i n a majuscula, ambitu late obconica, transverse inserta, apice late emarginata longeque spinosa, spinis late divergentibus attenuatis, sub apice utrinque spinula instructa.

Lacus Tunari 4400 m, No. 4899.

239. **Lophocolea Lechleri** G.

Sillar 1800 m, No. 2766.

240. **Lophocolea longiseta** St. n. sp. (Fig. 158, a).

Dioica parva flaccida, dilute virens, aliis hepaticis terricolis consociata. C a u l i s ad 15 mm longus, irregulariter longeque ramosus. F o l i a   c a u l i n a subrecte patula, parum concava, in plano late ovata (1,67 mm longa, basi 1,25 mm lata) subsymmetrica, apice ad $^1/_2$ emargi-

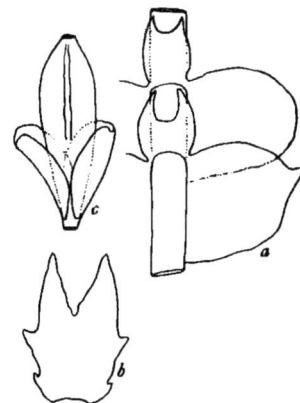

Fig. 155. *Lophocolea boliviensis* St. n. sp. *a* folia cum amphigastr. 30:1; *b* amphig. florale 10:1; *c* Perianth. cum foliis flor. 30:1.

Fig. 156. *Lophocolea celluloso-crenulata* St. n. sp. *a* fol. caul. 10:1; *b* fol. flor. 10:1; *c* amph. flor. 10:1; *d* Per. 10:1.

nato-bifida, sinu amplo, 0,5 mm lato, laciniis e lata basi setaceis, porrectis, 0,5 mm longis. C e l l u l a e superae 27/27 µ, basales 27/36 µ trigonis nullis. A m p h i g a s t r i a caulina majuscula, caule triplo latiora, folio proximo anguste coalita, transverse inserta, disco basali integro duplo latiore quam longo, utrinque spina armato, apice emarginato-bifida, sinu amplissimo, laciniis setaceis curvatim erectis. A n d r o e c i a in caule mediana, valde numerosa, bracteis 4—8 jugis.

Lacus Tunari 4400 m, No. 4918; Incacorral 2200 m, No. 4965; Rio Tocorani 2200 m, No. 4006.

241. **Lophocolea longissima** St. n. sp. (Fig. 159, a).

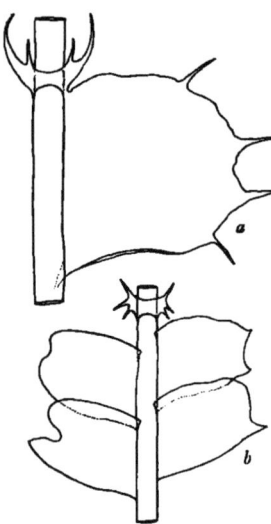

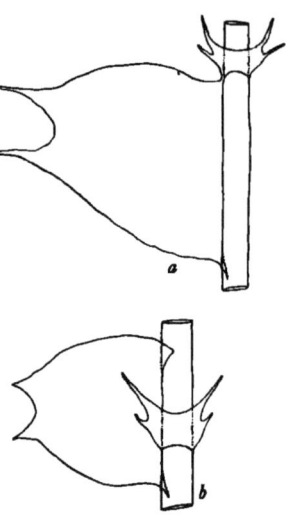

Sterilis magna gracillima flaccida, flavo-rufescens, in cortice dense prostrata. C a u l i s ad 5 cm longus, parum longeque ramosus. F o l i a c a u l i n a contigua, erecto-homomalla, valde concava vel involuta, in plano reniformia (1 mm longa, 1,25 mm lata) apice late rotundata vel varie retusa, latissima basi inserta, integerrima. C e l l u l a e superae 36/36 µ basales 36/54 µ trigonis nullis. A m p h i g a s t r i a c a u l i n a parva, caule parum latiora, sinuatim inserta, ovata, ad medium emarginato - bifida, sinu semirecto, segmentis lanceolatis, porrectis, cuspidatis.

Hab. Corani, ca. 1800 m, No. 4671.

Fig. 157. *a Lophocolea cervicornis* St. n. sp. 10 : 1; *b L. grossitexta* St. n. sp. 10 : 1.

Fig. 158. *a Lophocolea longiseta* St. n. sp. 30 : 1; *b L. Hariotii* St. n. sp. 30 : 1.

242. **Lophocolea Lorentiana** St.
Tablas 3400 m, No. 2785, 2838/a, Rio Saujana 3400 m, No. 3272.

243. **Lophocolea Mandoni** St.
Cerros de Malaga 3500 m, No. 4399.

244. **Lophocolea Osculati** De Not.
Sillar 1800 m, No. 2686/a.

245. **Lophocolea pinnatistipula** St. n. sp. (Fig. 159, b—d).
Sterilis pusilla rufescens, rigida et fragilis, aliis hepaticis consociata. C a u l i s ad 25 mm longus, simplex vel parum longeque ramosus. F o l i a c a u l i n a imbricata, decurva, oblique patula, in plano subrotunda (1,33 mm longa et lata) symmetrica, apice truncato-rotundata vel varie repanda. C e l l u l a e superae 18/18 µ, basales 27/36 µ, trigonis nullis. A m p h i g a s t r i a caulina parva, lanceolata, pinnatim ciliata, ciliis plus minus longis.

Cerro Tunari, ca. 4700 m, No. 4930/b in rupibus.

246. **Lophocolea quadridens** St.
Sillar 1800 m. No. 2719; Corani 2600 m, No. 3402; Tablas 3400 m. No. 2807.

247. **Lophocolea quadridentata** St.
Sillar 1800 m, No. 2683;
Locotal 1800 m, No. 5084;
Quebrada de Pocona 2800 m.

248. **Lophocolea Sprucei** St. n. sp. (Fig. 159, c—f).

Sterilis majuscula gracilis, rigidula, rufo-brunnea, aliis hepaticis consociata. Caulis ad 4 cm longus, simplex vel parum longeque ramosus. Folia caulina conferta, erecto-homomalla, parum concava, in plano late trigona (2 mm longa, supra basin 2,25 mm lata) asymmetrica, margine supero valde arcuato, infero stricto, latissima basi inserta, apice 0,75 mm lata, truncata, angulis apiculatis. Cellulae superae 36/36 μ trigonis nullis, basales 27/45 μ, trigonis magnis acutis. Amphigastria caulina majuscula, disco integro subquadrato, utrinque bispinoso, spinis remotis, apice emarginato-bifida, sinu amplo, laciniis setaceis porrectis, disco longioribus.

Cerros de Malaga 3500 m, No. 4410.

249. **Lophocolea Wehmeri** St. n. sp. (Fig. 160).

Dioica major flaccida, dilute virens, muscis corticolis consociata. Caulis ad 3 cm longus, parum longeque ramosus, sub flore geminatim innovatus. Folia caulina subopposita, oblique patula conferta, leviter decurva, in plano ovato-trigona (3 mm longa, supra basin 2 mm lata) subsymmetrica, apice oblique truncata, angulis spina valida armatis. Cellulae superae 36/54 μ, basales 36/72 μ trigonis parvis, apice subnullis. Amphigastria caulina parva, caule vix latiora, parum latiora quam longa, apice late emarginato-bidentata, sub apice utrinque parvo dente armata, foliis utrinque breviter coalita.

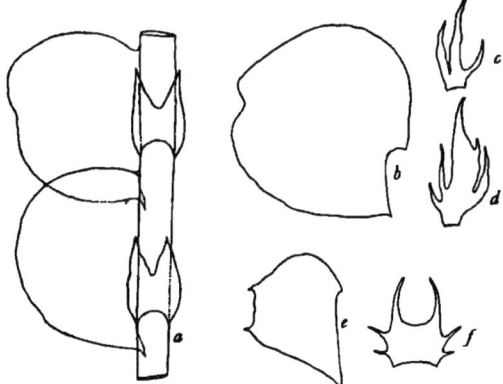

Fig. 159. *a Lophocolea longissima* St. n. sp. 30 : 1; *b—d L. pinnatistipula* St. n. sp.; *b* fol. caul. 10 : 1; *c, d* Amphigastria caulina 10 : 1. *e—f L. Sprucei* St. n. sp.; *e* fol. caul. 30 : 1; *f* amphig. 30 : 1.

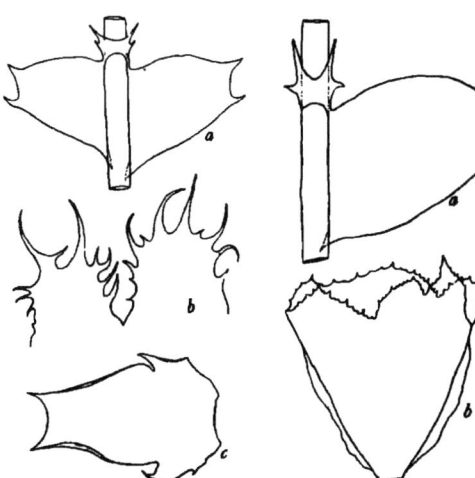

Fig. 160. *Lophocolea Wehmeri* St. n. sp. *a* fol. caul. 30 : 1; *b* apex perianthii 10 : 1; *c* amphig. flor. 10 : 1.

Fig. 161. *Chiloscyphus difficilis* St. n. sp. *a* fol. caul. 10 : 1; *b* Perianthium 10 : 1.

Perianthia anguste oblonga, apice breviter triloba, lobis subquadratis, irregulariter valideque spinosis. Folia floralia caulinis simillima, parum majora. Amphigastrium florale intimum ovato-oblongum (4 mm longum, medio 2 mm latum) apice angustiore emarginato-bidentatum, supra basin utrinque remote bidentulum. Androecia desunt.

Comarapa 2600 m, No. 4285.

Chiloscyphus Corda 1829.

250. **Chiloscyphus difficilis** St. n. sp. (Fig. 161).

Planta dioica mediocris rigidula et valida, rufa, in rupibus pulvinatim caespitans. Caulis ad 2 cm longus, irregulariter breviterque pinnatus, saepe subfasciculatim ramosus. Folia caulina conferta, erecto-homomalla, parum concava, in plano ovato-trigona (3,5 mm longa, supra basin 2,75 mm lata) subsymmetrica, apice rotundata, integerrima. Cellulae 36/36 μ, ubique subaequales, trigonis nullis. Amphigastria caulina parva, caule vix latiora, folio proximo connata;

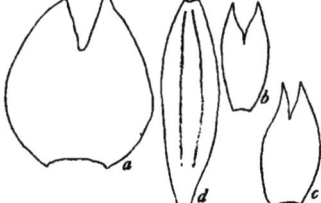

Fig. 162. *Cephalozia grandifolia* St. n. sp. *a* fol. caul. in plano 30 : 1; *b* amphig. flor. 10 : 1; *c* fol. flor. cum lobulo 10 : 1; *d* Perianth. 10 : 1.

disco integro subquadrato, utrinque spina valida recte patente ormato, apice emarginato-bifida, laciniis disco duplo longioribus, setaceis porrectis vel divergentibus. Perianthia late obconica, compressula, carinis utrinque anguste alatis, alis integerrimis, apice truncata, marginibus irregulariter breviterque lobatis, lobis acutis, plus minus dense minuteque dentatis. Folia floralia caulinis simillima, perianthio aequilonga. Amphigastrium florale destructum.

Comarapa 2600 m, No. 4234.

251. **Chiloscyphus parvistipulus** St.

Corani 1800 m, No. 4719.

252. **Chiloscyphus porphyrius** Nees.

Vallis Pajonal 4000 m, No. 3255.

Cephalozia Dum. 1835.

253. **Cephalozia diacantha** (Mont.) St.

Tablas, 1800 m, No. 4593.

254. **Cephalozia grandifolia** St. n. sp. (Fig. 162).

Dioica pusilla, dilute brunnea, aliis hepaticis consociata. Caulis ad 8 mm longus, irregulariter multiramosus, pallidus, carnosus. Folia caulina contigua, erecto homomalla, cucullatim incurva, in plano late ovata, optime symmetrica (1,17 mm longa, medio 1 mm lata) transverse inserta, ad $^1/_3$ biloba, sinu angusto, obtuso, lobis triangulatis porrectis obtusis. Cellulae foliorum superae 27/27 μ, mediae 18/45 μ, basales 18/63 μ trigonis nullis, parietibus tenuibus. Perianthia fusiformia (4,5 mm longa) ore parvo crenulato. Folia floralia perianthio duplo breviora, oblonga, ad $^1/_3$ bifida, laciniis lanceolatis, porrectis acutis, sinu angusto. Amphigastrium florale intimum foliis floralibus aequilongum oblongo-obconicum, ceterum simillimum. Androecia desunt.

Viloco 4500 m, No. 3107, 3113, 3119.

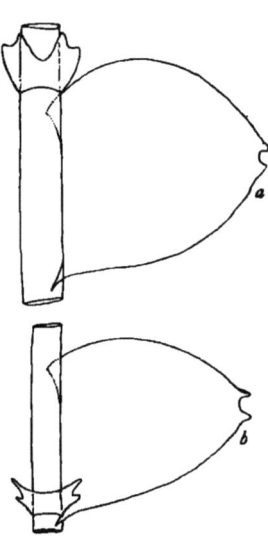

Fig. 163. *a Calypogeia subrotunda* St. n. sp. fol. caul. 30 : 1; *b C. muscicola* St. n. sp. fol. caul. 30 : 1.

Calypogeia (Raddi 1820).

255. Calypogeia annabanensis St.
Bolivia (sine loco natali).

256. Calypogeia muscicola St. n. sp. (Fig. 163, b).
Sterilis exigua, rigidula, dilute brunnea, muscis corticolis consociata. Caulis ad 15 mm longus, parum longeque ramosus. Folia caulina contigua, oblique patula, leviter decurva, in plano optime ovata, symmetrica (1,4 mm longa, medio 1,1 mm lata) latissima basi inserta, apice exciso-bidentula, denticulis obtusis. Cellulae superae 27/36 µ, basales 27/54 µ, parietibus tenuibus, trigonis nullis. Amphigastria caulina parva, caule parum latiora, transverse inserta, duplo latiora quam longa, apice late emarginato-biloba, lobis apice bifidis, lobulis inaequalibus, supero longiore.
Cordillera de Santa Cruz, No. 3892.

257. Calypogeia subrotunda St. n. sp. (Fig. 163, a).
Sterilis mediocris rigidula olivacea, in rupibus dense depresso-caespitans. Caulis ad 15 mm longus, simplex, validus. Folia caulina conferta, oblique patula, parum concava, in plano ovato-trigona (1,5 mm longa, 1,4 mm lata) symmetrica, apice obtusa, minute exciso-bidentata. Cellulae superae 27/27 µ, basales 36/54 µ, trigonis subnullis. Amphigastria caulina parva, caule vix latiora, latiora quam longa, ad medium excisa, lobis iterum breviter exciso-bidentulis, dentibus obtusis.
Tablas, 1800 m, No. 4587.

Mastigobryum Syn. Hep. 1846.

258. Mastigobryum azuayense St.
San Miguelito, No. 2780/a.

259. Mastigobryum bolivianum St. n. sp. (Fig. 164, f—h).
Sterilis, maxima, rigida, flavo-rufescens, gracilis, in cortice laxe caespitans maximeque intricata. Caulis ad 12 cm longus, sparsim breviterque ramosus, ramulis 1 cm longis, remotis flagellis paucis minutis capillaceis. Folia caulina parum imbricata, decurvo-homomalla, maxime concava, in plano oblongo-trigona (4,25 mm longa, supra basin 3 mm lata), apice truncata (0,6 mm lata) emarginato-tridentata, dentibus parvis triangulatis acutis, basi utrinque appendiculata, apperdiculo supero breviusculo constricto apice truncato, angulis apiculatis, infero longissimo anguste lanceolato, obtuso, integerrimo. Cellulae superae 27/27 µ, trigonis magnis acutis, basales 27/54 µ trigonis magnis truncatis. Amphigastria caulina magna (1,5 mm longa, 1,17 mm lata) quadrato-rotundata, repanda, apice late rotundata, basi utrinque appendiculata, appendiculis rotundatis recurvis irregulariter breviterque lobatis, lobis obtusis vel spinulosis, sublaceratis.
Corani 2600 m, No. 5072.

260. Mastigobryum Braunianum St.
Bolivia (sine loco natali).

261. Mastigobryum decurrens St.
Bolivia (sine loco natali).

Fig. 164. a—c *Mastigobryum Douini* St. n. sp. a fol. caul. 10:1; b—c amph. caul. 10:1; d—e *M. Hariotii* St. n. sp. d fol. caul. 10:1; e amphig. 10:1; f—h *M. bolivianum* St. n. sp. f fol. caul. 10:1; g amph. caul. 30:1; h amph. caul. 10:1.

262. Mastigobryum Douini St. n. sp. (Fig. 164, a—c).

Sterilis magna valida flaccida, pallide flavicans, in cortice prostrata denseque caespitans. C a u l i s ad 5 cm longus, superne regulariter breviterque furcatus et repetito furcatus, flagellis brevibus numerosis. F o l i a c a u l i n a parum imbricata, recte patula, parum concava, in plano oblongo-trigona (3,75 mm longa, supra basin 2 mm lata, apice 1 mm lata) truncata, breviter inciso-triloba, lobulis triangulatis acutis porrectis integerrimis, lata basi inserta, basi antica breviter rotundata caulem vix tegentia. C e l l u l a e superae 27/27 μ trigonis nodulosis, basales 27/54 μ trigonis magnis truncatis, parietibus validis. A m p h i- g a s t r i a c a u l i n a magna, optime quadrata, 1,25 mm longa et lata, apice recte truncata, marginibus leviter irregulariterque repandis, hic illic spinulosis.

Tablas, 1800 m, No. 4620; Rio Tocorani, ca. 3000 m, No. 3841/a.

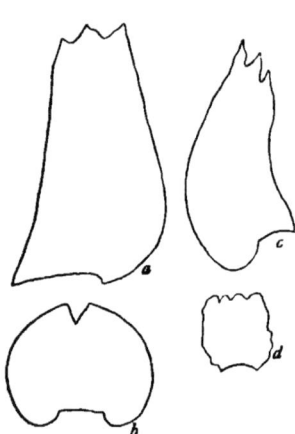

Fig. 165. a—b *Mastigobryum incisobilobatum* St. n. sp. a fol. caul. 30:1; b amphig. 30:1; c—d *M. incisostipulum* St. n. sp. c fol. caul. 10:1; d amphig. 10:1.

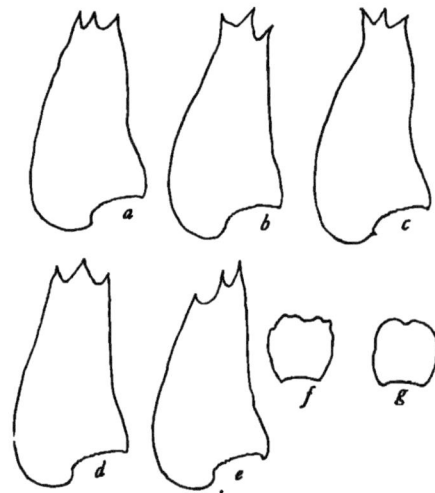

Fig. 166. *Mastigobryum variedentatum* St. n. sp. a—e folia caulina 15:1; f, g amphig. caulina 15:1.

263. Mastigobryum Harioti St. n. sp. (Fig. 164, d—e).

Sterilis magna gracilis rigida, olivacea, in rupibus dense depresso-caespitans lateque expansa. C a u l i s ad 8 cm longus, parum breviterque ramosus, flagellis remotis brevissimis numerosis. F o l i a c a u l i n a parum imbricata, decurvo-homomalla, in plano oblonga (3,5 mm longa, supra basin 2,5 mm lata, apice 1,25 mm lata) leviter curvata, apice truncata, tridentata, dentibus triangulatis acutis aequalibus, sinubus acutis amplis, basi ad medium inserta, basi antica ampliata, caulem superantia truncato-rotundata. C e l l u l a e superae 27/27 μ trigonis parvis, basales 27/54 μ parietibus validis. A m p h i g a s t r i a c a u l i n a magna squarrose patula, in plano optime rotunda, brevi basi inserta, 1,5 mm longa et lata, integerrima.

Nebelwald über Comarapa, ca. 2600 m, No. 4233.

264. Mastigobryum inciso-bilobatum St. n. sp. (Fig. 165, a—b).

Sterilis mediocris rigidula, pallide virens aetate rufescens. C a u l i s ad 3 cm longus, parum longeque ramosus, flagellis numerosis longissimis. F o l i a c a u l i n a remotiuscula, subrecte patula,

parum concava, in plano oblonga (1,8 mm longa, supra basin 0,9 mm lata) asymmetrica, margine s u p e r o e basi late rotundata substricto, i n f e r o stricto, apice recte truncata (0,5 mm lata) trilobata, lobis brevibus triangulatis acutis subaequalibus, rarius apiculatis. C e l l u l a e superae 18/18 µ, basales 18/36 µ trigonis nullis. A m p h i g a s t r i a c a u l i n a magna, optime cordiformia (1,25 mm lata, 1 mm longa) basi utrinque late rotundata, apice ad ¹/₈ inciso-biloba, sinu recto, lobis triangulatis acutis.
  Rio Tocorani, No. 4073.
265. **Mastigobryum incisostipulum** St. n. sp. (Fig. 165, c—d).
  Sterilis major, rigida, flavo-virens, aetate flavo-rufescens. C a u l i s ad 5 cm longus, sparsim longeque ramosus, flagellis sparsis breviusculis. F o l i a c a u l i n a parum imbricata, recte patula, leviter concava, in plano anguste oblonga (4,75 mm longa, basi 2 mm lata) leviter falcata, apice recte vel oblique truncata (1 mm lata) inciso-triloba, lobis subaequalibus, anguste triangulatis acutis porrectis. C e l l u l a e superae 18/18 µ basales 27/54 µ, trigonis ubique grosse nodulosis. A m p h i g a s t r i a c a u l i n a caule triplo latiora, subquadrata, apice plus minus regulariter quadriloba, lobulis brevibus obtusis vel rotundatis.
  Comarapa 2600 m, No. 3946.
266. **Mastigobryum Lindigii** St.
  Corani, ca. 2600 m, No. 3390/a.
267. **Mastigobryum variedentatum** St. n. sp. (Fig. 166).
  Sterilis major valida, dilute virens, aetate fusco-brunnea. C a u l i s ad 5 cm longus, parum longeque ramosus, flagellis numerossi longissimis. F o l i a c a u l i n a parum imbricata, homomalla, in plano anguste oblonga (3 mm longa, supra basin 1,5 mm lata) asymmetrica, margine supero, e basi late rotundata substricto, infero leviter sinuato, apice quam basis triplo angustiore, recte truncato, emarginato-tridentato, dentibus normaliter triangulatis, acutis porrectis, in aliis oblique truncato vel sub apice constricto. C e l l u l a e superae 18/18 µ trigonis majusculis, basales 27/45 µ, trigonis subnullis. A m p h i g a s t r i a c a u l i n a optime quadrata (0,83 mm longa et lata) apice leviter repanda, angulis obtusis.
  Comarapa 2600 m, No. 3788.

Fig. 167. *Lepidozia appendiculata* St. n. sp. *a* fol. caul. 20:1; *b* amphig. caul. 20:1.

Lepidozia Dum. 1835.

268. **Lepidozia Allionii** St.
  Sillar 1800 m, No. 2713; Tablas, No. 4549.
269. **Lepidozia appendiculata** St. n. sp. (Fig. 167).
  Sterilis magna robusta, flavo-rufescens, flaccida, in cortice dense depresso-caespitans. C a u l i s ad 6 cm longus, regulariter denseque bipinnatus, pinnis primariis 10 mm longis, apice attenuatis breviterque flagellatis. F o l i a c a u l i n a remota, oblique patula, maxime concava, in plano 2 mm longa, 2,5 mm lata, valde asymmetrica, margine antico late rotundato, postico brevissimo, truncato, basi antica grosse appendiculata, appendiculo lacerato, apice decurvo-homomalla, apice quadrifida, laciniis 0,67 mm longis, e lata basi attenuatis, apice setaceis, basi 8—15 cellulas latis. C e l l u l a e superae 18/18 µ, basales 18/36 µ, parietibus validis. A m p h i g a s t r i a caulina reniformia, 1,33 mm lata, 1,17 mm longa, utrinque breviter irregulariterque dentata et spinosa, apice ad medium quadrifida, laciniis sparsim irregulariterque dentatis porrectis acutis, basi 10 cellulas latis.
  Tablas 3400 m, No. 2820.
270. **Lepidozia amazonica** S.
  Corani, 1800 m, No. 4669.

271. Lepidozia boliviensis St.
Tablas 3400 m, No. 2805/a, 2883, 2856/a.

272. Lepidozia flavescens St. n. sp. (Fig. 168, a—b).

Sterilis major flaccida flavescens vel flavo-virens, in humo laxe caespitans lateque expansa. Caulis ad 4 cm longus, regulariter pinnatus, pinnis 1 cm longis decurvis attenuatis. Folia caulina remota, oblique patula, valde concava, apicibus quidem planis, porrectis, in plano 1 mm lata, 1,17 mm longa, asymmetrica, margine supero valde arcuato, postico stricto; disco basali integro oblique truncato (antice 0,67 mm postice 0,25 mm longo) apice quadrifida, laciniis 0,5 mm longis, anguste lanceolatis attenuatis subaequalibus, basi 7—9 cellulas latis. Cellulae superae 18/18 µ, basales 18/27 µ parietibus validis. Amphigastria caulina cauli parum latiora, squarrose patula, in plano subquadrata (0,67 mm longa et lata) basi utrinque parvo dente armata, apice quadrifida, laciniis 0,5 mm longis lanceolatis, apice setaceis.

Lagunillas in valle Tocorani 3000 m, No. 3841.

273. Lepidozia Herzogiana St. n. sp. (Fig. 168, c).

Sterilis exigua capillacea, rufescens, in cortice dense intricata. Caulis ad 5 mm longus, regulariter remoteque pinnatus, ramis simplicibus subrecte patulis. Folia caulina remotiuscula, valde concava, in plano 0,3 mm longa, basi 0,17 mm lata, symmetrica, disco basali integro 3 cellulas longo, 6 cellulas lato, apice trifida, laciniis aequimagnis, angustis, 2 cellulas latis, apice setaceis. Cellulae laciniarum 14/27 µ, basales 18/18 µ, trigonis subnullis. Amphigastria caulina foliis aequimagna, simillima, patula, incurva

Paracti 2000 m, No. 5032.

274. Lepidozia heterophylla St.
Tablas 1800 m, No. 4556, 4646.

275. Lepidozia rufescens St. n. sp. (Fig. 168, d—e).

Sterilis mediocris rigida, rufescens, in rupibus pulvinatim caespitans. Caulis ad 3 cm longus, irregulariter multiramosus, interdum subfasciculatus. Folia caulina parum imbricata, valde concava, cauli accumbentia, in plano late obovata,

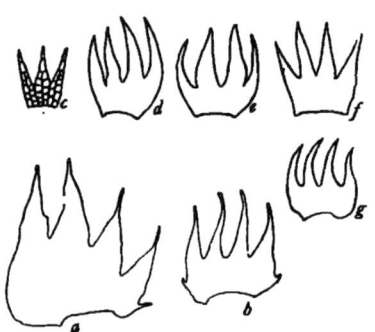

Fig. 168. *a—b Lepidozia flavescens* St. n. sp. *a* fol. caul. 20:1; *b* amph. caul. 20:1. *c L. Herzogiana* St. n. sp. amph. caul. 40:1; *d—e L. rufescens* St. n. sp. *d* fol. caul. 40:1; *e* amphig. 40:1; *f—g L. subtilis* St. n. sp. *f* fol. caul. 40:1; *g* amphig. caulinum 40:1.

obcuneata, subsymmetrica, (ambitu 0,5 mm longa, medio 0,33 mm lata); disco basali integro humili, obcuneato, antice 0,21 mm postice 0,12 mm longo, oblique truncato, apice profunde quadrifida, laciniis subaequilongis, anguste lanceolatis porrectis acutis, basi 2—4 cellulas latis, 0,33 mm longis. Cellulae superae 18/18 µ, basales 18/27 µ, parietibus validis. Amphigastria caulina foliis aequimagna, simillima, symmetrica, laciniis mediis basi 4 cellulas latis, externis duplo angustioribus.

Tablas 2000 m.

276. Lepidozia serpens S.
Tablas, 3400 m, No. 2882.

277. Lepidozia Sprucei St.
Tablas 1800 m, No. 4548.

278. Lepidozia subtilis St. n. sp. (Fig. 168, f—g).

Sterilis magna gracillima flavescens, in cortice laxe caespitans lateque expansa. Caulis ad 6 cm longus, valde irregulariter pinnatus, ramis longioribus paucipinnulatis, hic illic longissime flagelliformibus, apicibus nudis. Folia caulina remotiuscula, oblique patula, parum concava, in plano obcuneata (0,5 mm longa, basi 0,25 mm lata, apice 0,5 mm lata) symmetrica, apice quadrifida, laciniis

0,25 mm longis, anguste lanceolatis, cuspidatis acutis, basi 4 cellulas latis. C e l l u l a e superae 18/18 μ, basales 18/27 μ, parietibus validis. A m p h i g a s t r i a c a u l i n a foliis aequimagna, ad ¹/₈ inciso-quadrifida, laciniis subsetaceis, mediis basi tres cellulas latis, externis 2 cellulas latis.

Rio Tocorani, No. 4052.

279. **Lepidozia Urbanii** St.

San Mateo-Sunchal, No. 4457.

Isotachis (Mitt. 1855) ref. Gottsche 1864.

280. **Isotachis aequifoliata** St. n. sp. (Fig. 169, a—c).

Sterilis minor, rufo-brunnea rigidula, in cortice laxe caespitans. C a u l i s ad 2 cm longus, simplex, rarius ramulum longiusculum proferens. F o l i a c a u l i n a remotiuscula, oblique patula, canaliculatim concava apiceque incurva, in plano late ovata, optime symmetrica (2,5 mm longa, medio 2 mm lata) ad ¹/₄ emarginato-bifida (rarius trifida) lobis late triangulatis acutis, integerrimis. C e l l u l a e superae 18/27 μ, trigonis majusculis, cuticula alte papillata, cellulae basales 18/54 μ parietibus validis, trigonis majusculis, cuticula striolata. A m p h i g a s t r i a caulina foliis omnino aequantia, bifida.

Saittu laguna 4300 m No. 2649.

281. **Isotachis ecuadorensis** St.

Tablas, 3400 m, No. 2848; in valle Corani 1800 m, No. 4736.

282. **Isotachis heterophylla** St. n. sp. (Fig. 169, d—g).

Sterilis, mediocris rigidula, rufo-brunnea, pulvinatim caespitans. C a u l i s ad 25 mm longus, parum longeque ramosus, flagellis sparsis longissimis. F o l i a c a u l i n a remotiuscula, oblique patula, canaliculatim concava, in plano ovata (2 mm longa, medio 1,25 mm lata) normaliter symmetrica, ad ¹/₅ incisa, biloba, sinu semirecto, segmentis anguste trigonis acutis; adsunt folia trifida, laciniis externis minoribus vel maxime inaequalibus. Cellulae superae 27/27 μ; basales 27/36 μ, parietibus validis. A m p h i g a s t r i a c a u l i n a foliis simillima, aequimagna, semper bifida.

Cerros de Malaga 4000 m, No. 4409.

283. **Isotachis Lindigiana** G.

Sillar 1800 m, No. 2771; Tablas 3400 m, No. 2783.

284. **Isotachis mascula** G.

Tablas 3400 m, No. 2840/b, 2892; San Miguelito, ca. 1700 m, No. 2780/b.

285. **Isotachis paucidens** St. n. sp. (Fig. 169, h—i).

Dioica, major, rufo-fusca; rigidula, in terra laxe caespitans. C a u l i s ad 35 mm longus, sub flore innovatus, haud aliter ramosus. F o l i a c a u l i n a contigua, squarrose patula, conduplicatim concava, in plano late ovata, asymmetrica (1,5 mm longa, medio 1,17 mm lata) margine antico quam posticus multo longiore magisque arcuato, brevi basi inserta, basi utrinque cordatim ampliata, apice leviter exciso-biloba, segmentis triangulatis remote minuteque paucidentatis. C e l l u l a e superae

Fig. 169. a—c Isotachis aequifoliatus St. n. sp. a fol. 30 : 1; b amph. 30 : 1; c fol. caul. 30 : 1; d—g I. heterophyllus St. n. sp. d fol. 30 : 1; e fol. 30 : 1; f amph. 30 : 1; g amph. 30 : 1; h—i I. paucidens St. n. sp. h fol. caul. 30 : 1; i amph. caul. 30 : 1.

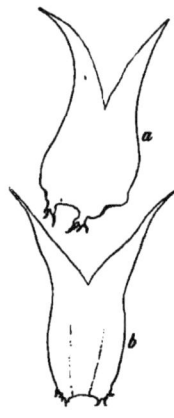

Fig. 170. *Schisma boliviense* St. n. sp. *a* fol. caul. 8:1; *b* amph. caul. 8:1.

27/27 µ basales 18/54 µ trigonis majusculis. **Amphigastria caulina** triangularia (1 mm longa, basi 0,83 mm lata) circumcirca irregulariter remoteque dentata et angulata, sinuatim inserta, basi utrinque cordatim ampliata, rotundata, minute irregulariterque denticulata, apice multo angustiore, ad $^1/_4$ inciso bilobato, lobis late triangulatis, acutis, extus paucidentatis. **Folia et amphigastria floralia** caulinis simillima, parum majora. Reliqua desunt.

Sillar 1600—1800 m, No. 2720, 2751/b.

286. **Isotachis ripensis** S.

Tablas 3400 m, No. 2784; in valle Pajonal 4000 m, No. 3280.

287. **Isotachis trifida** (G.) S.

Tablas, No. 4637.

Ptilidiaceae.

Schisma Dum. 1822.

288. **Schisma bivittatum** S.

Tablas 3400 m, No. 2915, 2920.

289. **Schisma boliviense** St. n. sp. (Fig. 170).

Sterilis magna robusta, rufo-brunnea, laxe caespitans. **Caulis** ad 6 cm longus, parum irregulariterque ramosus. **Folia caulina** conferta, decurvo-homomalla, oblonga (6 mm longa, 2 mm lata) ad medium bifida, disco basali subrectangulato, basi utrinque minute piloso, vitta mediana latiuscula, superne breviter furcata, brevissima; **laciniis** disco aequilongis attenuatis, longe cuspidatis, in plano latissime divergentibus integerrimis. **Cellulae** vittarum 18/54 µ, parietibus grosse trabeculatis, cellulae **marginales** et submarginales 18/18 µ, trigonis nodulosis, in medio et angulis parietum, hic illic confluentibus.

San Mateo-Sunchal, No. 4494.

290. **Schisma divergens** St.

Tablas 3400 m, No. 2850, 2913.

291. **Schisma Lechleri** St.

Abra de San Benito 3900 m, No. 3340.

292. **Schisma limbatum** St.

Vallis Pajonal 4000 m, No. 3256.

293. **Schisma serratum** (L.) St.

Comarapa 2600 m, No. 3808, 3939, 3940; Corani, No. 3406.

Lepicolea Dum. 1835.

294. **Lepicolea boliviensis** St. n. sp. (Fig. 171).

Dioica major rigidula,

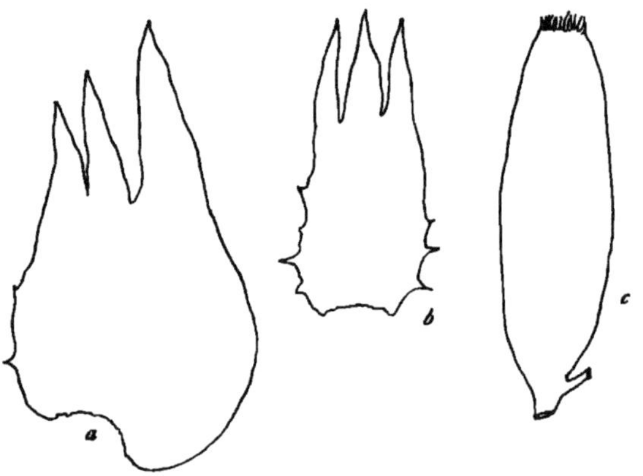

Fig. 171. *Lepicolea boliviensis* St. n. sp. *a* fol. 20:1; *b* amph. caulin. 20:1; *c* Perianth 20:1.

flavo-virens, aetate rufescens. Caulis ad 5 cm longus, sparsim longeque ramosus. Folia caulina imbricata, homomalla, valde concava, in plano ovato-oblonga (4 mm longa, medio 2,25 mm lata) asymmetrica, margine supero magis arcuato, caulem tegente, apice fere ad medium usque trifida, laciniis anguste lanceolatis, inaequalibus, lacinia antica multo validiore, reliquis duplo angustioribus, gradatim brevioribus. Cellulae superae 36/36 μ basales 27/72 μ trigonis magnis acutis. Amphigastria caulina parum minora, ambitu ligulata (2,75 mm longa, 1 mm lata) apice ad $^{1}/_{3}$ inciso-trifida, laciniis anguste lanceolatis acutis; disco basali integro utrinque paucidentato. Perianthia magna, eplicata, optime cylindrica (5,5 mm longa, 1,75 mm lata) uno vel utroque latere innovata, apice angustiore truncato, dense longeque spinuloso.

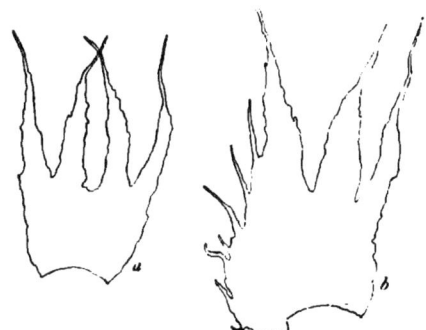

Fig. 172. *Lepicolea Herzogiana* St. n. sp. *a* amph. caulin. 30 : 1; *b* fol. caulin. 30 : 1.

Folia floralia intima magna, conduplicatim concava, in plano subrotunda, (3,75 mm longa, medio 3,5 mm lata) medio utrinque bispinosa, apice ad $^{1}/_{3}$ inciso-biloba, sinu angusto, lobis late triangulatis, apice grosse bispinosis. Amphigastrium florale intimum magnum, subrotundum, symmetricum, apice ad $^{1}/_{3}$ inciso-bilobatum, lobis subquadratis, apice late emarginatis, angulis spinula armatis.

Tablas 3400 m, No. 2853.

295. Lepicolea Herzogiana St. n. sp. (Fig. 172).

Sterilis magna valida rufescens, in cortice (?) laxe caespitans. Caulis ad 6 cm longus, regulariter denseque ramosus, ramis simplicibus vel sparsim pinnatis, omnibus apice flagellatim attenuatis. Folia caulina imbricata, decurva, parum concava, in plano 2,5 mm longa, 1,17 mm lata, disco integro subquadrato, margine supero irregulariter remoteque spinoso, infero subnudo, laciniis apicalibus longissimis 1,5 mm longis, anguste lanceolatis, inferne paucidentatis superne longe setaceis, fragillimis. Cellulae superae 36/45 μ, basales 36/63 μ, parietibus validis. Amphigastria caulina foliis subaequimagna, similia, disco integro subquadrato, leviter obconico, 0,7 mm longo, marginibus repandis, apice quadrifida, laciniis 1 mm longis, porrectis, linearibus, irregulariter obtuseque denticulatis, apice longissime setaceis.

Comarapa 2600 m, No. 4198.

296. Lepicolea pruinosa (Taylor) S.

Comarapa 2600 m, No. 3957, 3790; Corani, No. 3387/a.

Mastigophora N. ab Es.

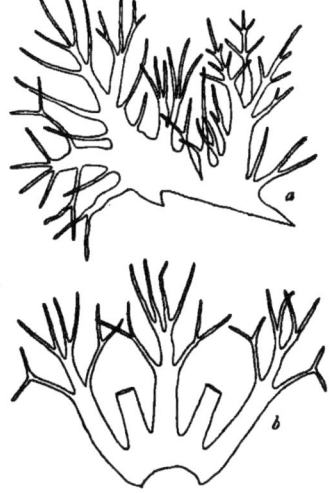

Fig. 173. *Trichocolea difficilis* St. n. sp. *a* fol. caul. 30 : 1; *b* amphig. caul. 30 : 1.

297. Mastigophora diclados (Brid.) Nees.

Bolivia (sine loco natali).

Trichocolea Dum. 1822.

298. Trichocolea Allionii St.
Sillar 1600 m, No. 2736; Comarapa 2600 m, No. 3789; Tabla 3400 m, No. 2798 und 1800 m, No. 4553, 4622; Rio Tocorani, No. 4037.

299. Trichocolea difficilis St. n. sp. (Fig. 173).
Sterilis magna, flaccida, pallide virens, dense depresso-caespitans, spongiosa. C a u l i s ad 5 cm longus, regulariter bipinnatus, ramis primariis 1 cm longis, remotis, apice breviter furcatis. F o l i a c a u l i n a imbricata, oblique patula, concava, in plano 1,5 mm longa, supra basin 1,17 mm lata, latissima basi inserta; disco integro humillimo, apice varie laciniato, laciniis primariis 4, inaequalibus, plus minus validis, basi 4—6 cellulas latis, longe cuspidatis, apice setaceis, opposito-pinnatis, pinnis capillaceis elongatis, inferis longissimis, superis gradatim brevioribus. C e l l u l a e ubique elongatae, angustae. A m p h i g a s t r i a caulina foliis aequimagna, profundissime quadrifida, laciniis 5, divergentibus, linearibus, inferne nudis, superne setaceo-pinnatis, pinnis apice longe furcatis setaceis.

Nebelwald über Comorapa, No. 4331.

300. Trichocolea filicaulis St.
Sillar 1800 m, No. 2697; San Mateo-Sunchal, No. 4492.

301. Trichocolea flaccida S.
Sillar 1800 m, No. 2776.

302. Trichocolea Herzogii St. n. sp. (Fig. 174, a—b).

Fig. 174. a—b *Trichocolea Herzogii* St. n. sp. a fol. caul. 30:1; b amphig. caul. 30:1; c *T. paupercula* St. n. sp. fol. caul. ca. 24 : 1.

Sterilis pusilla, intense viridis, flaccida, corticola, spongiose caespitans. C a u l i s ad 2 cm longus, regulariter breviterque pinnatus. F o l i a caulina conferta, decurva, in plano 0,83 mm longa, 1,33 mm lata) disco basali integro 0,25 mm longo, apice quadrifida, laciniis lanceolatis porrectis, apice setaceis, opposito-pinnatis, pinnis setaceis remote bipinnatis. A m p h i g a s t r i a caulina foliis subaequilonga duplo angustiora, disco basali integro late obcuneato, apice quadrifida, laciniis apice bifidis, segmentis late divergentibus, superne opposito-pinnatis, pinnis anguste setaceis. Comarapa 2600 m, No. 4297.

303. Trichocolea paupercula St. n. sp. (Fig. 174, c).
Sterilis pusilla, pallide virens, aliis hepaticis corticolis consociata. C a u l i s ad 15 mm longus, parum ramosus capillaceus. F o l i a c a u l i n a imbricata, concava, in plano subsymmetrica (0,67 mm longa, 1 mm lata); disco basali integro humillimo, apice trifido, laciniis 0,6 mm longis, setaceis, basi 2 cellulas latis, opposito-pinnulatis, pinnulis setaceis bijugis, valde remotis. A m p h i g a s t r i a c a u l i n a foliis subaequimagna, apice bifida, ceterum similiter pinnata.

Nebelwald über Comarapa, No. 4314.

Scapaniaceae.

Schistochila Dum. 1835.

304. Schistochila Loriana St.
Bolivia (sine loco natali).

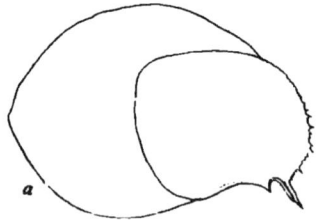

Fig. 175. *Scapania boliviensis* St. n. sp. a fol. caul. 10 : 1.

Scapania Dum. 1835.

305. **Scapania boliviensis** St. n. sp. (Fig. 175).

Sterilis magna robusta, dilute brunnea, flaccida, dense depresso-caespitans. C a u l i s ad 8 cm longus, simplex vel sub apice pauciramosus, ramis brevibus, fasciculatim aggregatis. Folia caulina obovata (6,5 mm longa, medio supero 4,25 mm lata) superne late rotundata, apice ipso subacuta, marginibus ubique minute denseque dentatis. Ҫ e l l u l a e superae 18/18 μ trigonis majusculis, basales 18/72 μ, parietibus validis, L o b u l u s folio duplo brevior, subquadratus (3,75 mm longus, 3 mm latus) apice rotundatus, marginibus similiter denticulatis.

Comarapa 2600 m, No. 3959; in valle Corani 1800 m, No. 4740.

Radulaceae.

Radula N. ab Es. 1833.

306. **Radula andicola** St.

Florida de San Mateo, No. 3665.

307. **Radula appendiculata** St. n. sp. (Fig. 177, a).

Sterilis, flavescens flaccida, muscis consociata. C a u l i s ad 3 cm longus, regulariter breviterque bipinnatus. F o l i a c a u l i n a imbricata, recte patula, parum concava, in plano ovato-trigona (3,5 mm longa, basi 3 mm lata) asymmetrica, margine supero longe arcuato, infero leviter sinuato, apice late rotundata, ad medium inserta, basi antica truncata breviterque rotundo-appendiculata. C e l l u l a e superae 18/18 μ, basales 1 8/27 μ trigonis nullis, cuticula levis. L o b u l u s magnus, folio duplo brevior, rectangulatus, parum longior quam latus, apice oblique truncatus, acutus, basi similiter appendiculatus.

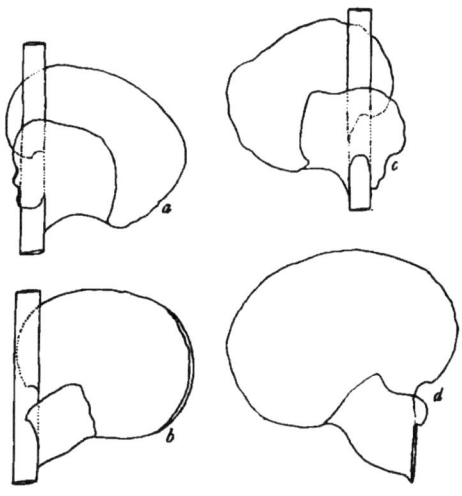

Fig. 176. a *Radula grandiloba* St. n. sp. folium 10 : 1; b *R. concexa* St. n. sp. folium 10 : 1; c *R. boliviana* St. n. sp. folium 10 : 1; d *R. Goebelii* St. n. sp. folium 10 : 1.

Comarapa 2600 m, No. 4321; Corani 1800 m, No. 4746.

308. **Radula bipinnata** Mitt.

B o l i v i a (sine loco natali).

309. **Radula boliviana** St. n. sp. (Fig. 176, c).

Sterilis magna robusta, pallide-flavicans, rigidula. C a u l i s ad 4 cm longus, regulariter bipinnatus, ramis primariis ad 3 cm longis, remote breviterque pinnulatis. F o l i a c a u l i n a recte patula, parum imbricata, subplana, late ovato-trigona (4 mm longa, basi 3,5 mm lata) asymmetrica, margine supero longe arcuato, infero substricto, apice obtusa, ad medium inserta, basi antica ampliata, caulem superantia, appendiculo nullo. C e l l u l a e superae 18/18 μ parietibus validis, basales 18/27 μ trigonis minutis, cuticula levis. L o b u l u s maximus, folio duplo brevior, subquadratus, apice truncatus, angulo obtuso, basi valde ampliatus, caulem late superans longeque in caule decurrens.

Locotal 1800 m; Vallis Corani 2600 m, No. 5079; Pocona 2800 m.

310. **Radula conferta** L. et G.
Nebelwald über Comarapa, ca. 2600 m, No. 3801.

311. **Radula convexa** St. n. sp. (Fig. 176, b).
Sterilis mediocris flavescens, rigidula, in cortice dense depresso-caespitans. C a u l i s ad 2 cm longus, parum longeque ramosus. F o l i a c a u l i n a parum imbricata, recte patula, valde concava, marginibus anguste arcteque recurvis (1,33 mm longa, medio 1 mm lata) apice late rotundata, ad medium inserta, basi antica truncato-rotundata, caulem tegentia. C e l l u l a e superae 18/18 μ, trigonis nullis, ubique aequimagnis. L o b u l u s majusculus, folio triplo brevior, rhomboideus (0,5 mm longus, 0,4 mm latus) carina oblique adscendens, stricta, stricte in folium recurrens, apice truncatus, angulo obtuso.

Nebelwald über Comarapa, No. 4272.

312. **Radula cornucopiae** S.
Rio Tocorani 2200 m, No. 4036.

313. **Radula epiphylla** Mitt.
Bolivia (sine loco natali).

314. **Radula frondescens** St.
Corani, ca. 2600 m, No. 3386.

315. **Radula Goebelii** St. n. sp. (Fig. 176, d).
Sterilis major, rigidula, flavo-rufescens, aliis hepaticis consociata denseque pulvinata. C a u l i s ad 3 cm longus, irregulariter breviterque pinnatus. F o l i a caulina contigua, oblique patula, concava, in plano ovato-triangulata (1,67 mm longa, basi 1,5 mm lata) asymmetrica, margine supero late arcuato, infero

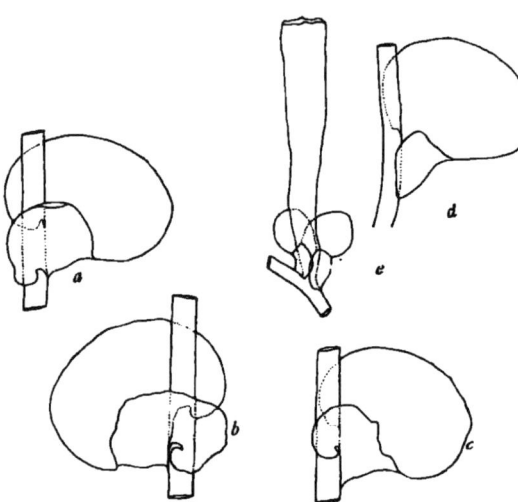

Fig. 177. a *R. appendiculata* St. n. sp. fol. caulin. 10 : 1; b *R. subtropica* St. folium caul. 10 : 1; c—d *R. longituba* St. n. sp. c perianth., d fol. caulin. 10 : 1; e *R. verrucifolia* St. n. sp. fol. caulin. 10 : 1.

leviter sinuato, apice rotundata, basi ad medium accreta, basi antica truncato-rotundata. C e l l u l a e superae 18/18 μ basales 18/27 μ, trigonis nullis. L o b u l u s magnus, folio duplo brevior, subrhombeus, carina oblique adscendens, levi sinu in folii marginem excurrens, apice oblique truncato, angulo acuto, sub apice constrictus.

San Mateo-Sunchal, No. 4458.

316. **Radula grandiloba** St. n. sp. (Fig. 176 a).
Sterilis, magna robusta, rigida, flavescens aliis hepaticis consociata. C a u l i s ad 8 cm longus, regulariter remoteque pinnatus (ramis 10—30 mm longis). F o l i a c a u l i n a remota, (ra ulina contigua) recte patula, late ovata-trigona, (4 mm longa, basi 3,5 mm lata) apice obtusa, asymmetrica, margine supero late arcuato, infero leviter sinuato, ad medium inserta, basi antica ampliata, caulem superantia. C e l l u l a e superae 14/14 μ, basales 18/36 μ, trigonis nullis. L o b u l u s maximus quadratus, (2,25 mm longus et latus) carina recte patens substricta, apice recte truncatus, angulo obtuso, brevissima basi insertus, caulem superans ibidemque saepe crispatus.

Incacorral 2200 m, No. 5027.

317. **Radula longituba** St. n. sp. (Fig. 177, d—e).
   Dioica parva rigidula, flavo-rufescens, aliis hepaticis consociata. C a u l i s ad 12 mm longus, irregulariter bipinnatus. F o l i a   c a u l i n a parum imbricata, subrecte patula, parum concava, in plano ovato-trigona (1 mm longa, basi 1 mm lata) apice rotundata, asymmetrica, margine supero longe arcuato, infero leviter sinuato, ad medium accreta, basi antica truncato-rotundata, integerrima. C e l l u l a e superae 18/18 μ trigonis nullis, basales 18/27 μ trigonis minutis. L o b u l u s parvus, folio subtriplo brevior, carina oblique ascendens, substricta, amplo sinu in folium excurrens, apice oblique truncatus, angulo obtuso. P e r i a n t h i a angusta, longissima (5 mm longa) apice truncato, 1 mm lato, ore leviter repando. F o l i a   f l o r a l i a 1,5 mm longa, obovata, obtusa, l o b u l o duplo breviore, oblongo, truncato, angulo rotundato.
   Tablas 1800 m, No. 4559.
318. **Radula macrostachya** L. et G.
   B o l i v i a (sine loco natali).
319. **Radula ramulina** Taylor.
   Comarapa 2600 m, No. 3780; Cordillera de Santa Cruz, No. 3982.
320. **Radula subtropica** St.
   Corani 2200 m, No. 3363; Cocapata 3500 m, No. 4182, 4188; Cordillera de Santa Cruz, No. 3535.
321. **Radula verrucifolia** St. n. sp. (Fig. 177, c).
   Sterilis pusilla, pallide brunnea, in foliis arborum et filicum repens. C a u l i s capillaceus, remote breviterque ramosus, ramis recte patulis. F o l i a   c a u l i n a parum imbricata, recte patula, late ovata (1,17 mm longa, 0,9 mm lata) apice obtusa, ad medium inserta, basi antica truncato-rotundata, caulem vix tegentia, asymmetrica, margine   s u p e r o   late rotundato, i n f e r o leviter sinuato. Cellulae ubique 18/18 μ trigonis nullis, verruca coronatae. L o b u l u s magnus, folio duplo brevior, latior quam longus, carina leviter sinuata, apice oblique truncatus, angulo obtuso, ad medium insertus, medio supero ampliato, caulem superante, circinatim involuto.
   Tablas 1800 m, No. 4557.

Porellaceae.

Madotheca Dum. 1821.

322. **Madotheca acutiloba** St. n. sp. (Fig. 178).
   Dioica major valida, rigidula, rufo-brunnea, corticola. C a u l i s ad 6 cm longus, dense tripinnatus, ramis primariis 3 cm longis, reliquis gradatim minoribus, omnibus late divergentibus. F o l i a   c a u l i n a conferta, recte patula, concava, margine infero recurvo, in plano ovato-oblonga (2,5 mm longa, medio 1,5 mm lata) valde asymmetrica, margine   s u p e r o   e basi alte rotundata longe arcuato, margine i n f e r o substricto, apice obtusa, superne integerrima, basi utrinque paucispinosa. Cellulae superae 18/18 μ, trigonis subnullis, basales 36/54 μ trigonis magnis acutis. L o b u l u s magnus late triangulatus (1,33 mm longus, basi 1 mm latus) uno latere integerrimus, altero irregulariter dentatus et spinosus, sublaceratus. A m p h i g a s t r i a   c a u l i n a ovato-trigona, lobulis aequimagna, profunde sinuatim inserta, superne obtusa integra, inferne utrinque grosse hamatim pilosa. P e r i a n t h i a ovato-elliptica pluriplicata, ore late tubuloso truncato, minute denticulato. F o l i a   f l o r a l i a intima magna, late ovata (3 mm longa medio 1,75 mm lata) late acuminata acuta-integerrima, l o b u l u s folio aequilongus, ultra medium solutus, anguste lanceolatus, uno latere minute laceratus. A m p h i g a s t r i u m florale intimum oblongo-ellipticum (2,75 mm longum, medio 1,5 mm latum) medio infero minute lacerato, superne nudo, apice ad ¹/₅ inciso-bifido, rima angusta, laciniis angustis porrectis obtusis. Androecia desunt.
   Argentinia Septentr. Yuto 450 m, No. 2552/a; Yacuiba, 500 m, No. 2627.
323. **Madotheca caudata** St. n. sp. (Fig. 179).
   Dioica magna robusta, rigida, dilute flavo-virens, corticola et rupicola. C a u l i s ad 10 cm longus,

bipinnatim remoteque ramosus, ramis primariis 3 cm longis, sparsim breviterque pinnulatis. Folia
caulina conferta, recte patula, parum concava, in plano ovato-oblonga (4,5 mm longa, medio 2,75 mm
lata) apice obtusa, brevissima basi inserta, basi antica valde ampliata, caulem superantia, rotundata
vel acute angulata, basi postica caudata, cauda majuscula bifida, laciniis late divergentibus, ceterum
integerrima. Cellulae superae 18/18 μ, basales 27/36 μ trigonis majusculis acutis. Lobulus
magnus ligulatus (2 mm longus, 0,75 mm latus) apice acutus, basi appendiculatus, appendiculo valido
subrotundo, breviter acuminato, acuto. Amphigastria caulina ovata (2 mm longa, medio
1,5 mm lata) apice rotundata, basi utrinque breviter caudata, laciniis angustis paucispinosis. Folia
floralia intima caulinis parum minora, similia, circumcirca denticulata, apice cuspidata, margine
infero superne spinoso inferne longe denseque pilifero; lobulus linearis, folio parum brevior,

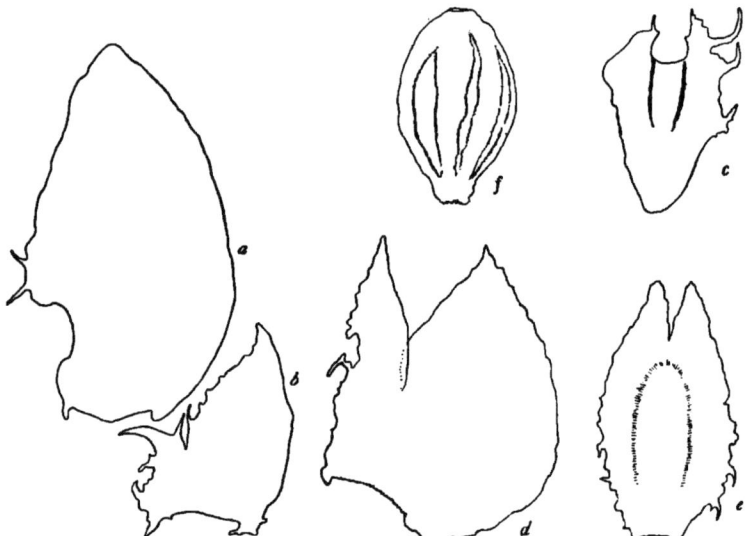

Fig. 176. *Madotheca acutiloba* St. n. sp. *a* fol. caul. 30 : 1; *b* lobulus fol. caul. 30 : 1; *c* amphig. caul. 30 : 1; *d* fol. flor. 20 : 1; *e* amphig. flor. 20 : 1; *f* Perianth. 20 : 1.

profunde solutus, apice acutus, marginibus ubique dense longeque setaceis. Amphigastrium
florale intimum lobulo aequilongum, oblongum vel sublingulatum, apice rotundatum, marginibus ubique
dense irregulariterque spinulosis. Reliqua desunt.
   Florida de San Mateo 2000 m, No. 3661.
324. **Madotheca cognata** L. et G.
   Cordillera de Santa Cruz, No. 3550.
325. **Madotheca fissistipula** St. n. sp.
   Dioica magna robusta, rigidula, flavo-rufescens, laxe intricata vel pendula. Caulis ad 12 cm
longus, regulariter longeque ramosus, ramis simplicibus, hic illic pinnulatis. Folia caulina parum
imbricata, oblique patula leviter concava, in plano ovata (4,25 mm longa, supra basin 3 mm lata) apice
obtusa, superne integerrima, supra basin sparsim minuteque dentata, basi postica crispata, antica rotun-

data, caulem tegentia. Cellulae superae 18/27 μ, trigonis majusculis, basales 27/54 μ, trigonis magnis nodulosis. Folia floralia intima caulinis aequimagna, ovato-elliptica, cuspidata, superne irregulariter dentata et spinosa; lobulus parum brevior, anguste ligulatus, profundissime solutus, regulariter denseque dentatus. Amphigastrium florale foliis floralibus subaequilongum, duplo longius quam latum, optime rectangulatum, ad medium inciso-bilobatum, segmentis linearibus truncatis, marginibus ubique dense regulariterque dentatis; lobulus folii ligulatus, folio duplo brevior integerrimus. Amphigastria caulina ovato-trigona, lobulis aequilonga, basi utrinque decurrentia integra, apice truncato-rotundata.

San Mateo-Sunchal, No. 4478.

326. **Madotheca latetrigona** St. n. sp. (Fig. 180, a—c).

Sterilis major valida virens, in cortice laxe caespitans. Caulis ad 8 cm longus, regulariter pinnatus, pinnis 15 mm longis, recte patulis, sparsim

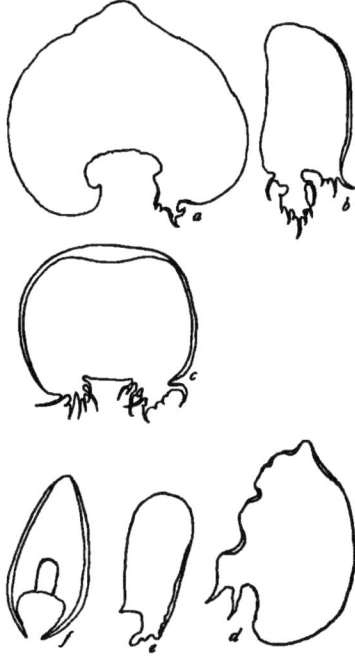

Fig. 180. a—c *Madotheca latetrigona* St. n. sp. a fol. caulinum; b lobulus folii; c amphigastr. caulinum ca. 14:1; d—f *M. Pilgeri* St. n. sp. d fol. caul.; e lobulus folii; f amphigastr. caulinum ca. 14:1.

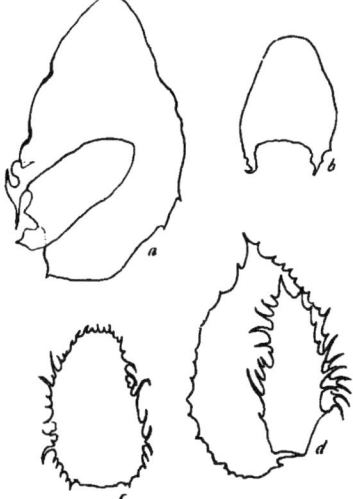

Fig. 179. *Madotheca caudata* St. n. sp. a fol. caulin.; b Amphig. caulin.; c Amph. florale; d fol. florale ca. 14:1.

remoteque pinnulatis. Folia caulina contigua, recte patula, parum concava, in plano late trigona (4 mm lata, 3,5 mm longa) apice late triangulata obtusa, basi profunde sinuatim inserta, alis plus minus liberis, pendulis, dentatis. Cellulae superae 18/18 μ, trigonis majusculis acutis, basales 27/36 μ trigonis subnullis. Lobulus foliis aequilongus, late ligulatus, obtusus, basi utrinque appendiculatus, appendiculis grosse laceratis. Amphigastria caulina rotunda, 3 mm longa et lata, marginibus anguste arcteque recurvis, sinuatim inserta, utrinque appendiculata, appendiculis sublaceratis, majusculis.

Incacorral (2200 m), No. 4969.

327. Madotheca Pilgeri St. n. sp. (Fig. 180, d—f).

Sterilis magna robusta rigida, fusco-rufa, in cortice laxe caespitans lateque expansa. Caulis ad 12 cm longus, regulariter remoteque pinnatus, pinnis 12 mm longis, saepe flagellatim attenuatis. Folia caulina conferta, recte patula, concava, in plano ovata, 3mm longa, medio 2,25 mm lata, apice obtusa, asymmetrica, margine supero longe arcuato, infero substricto, valde crispato, basi grosse bifido. Cellulae superae 18/18 μ, trigonis maximis acutis, basales 18/36 μ trigonis magnis subnodulosis. Lobulus magnus, lingulatus (2,5 mm longus, 1 mm latus) apice rotundatus, canaliculatim concavus integerrimus. Amphigastria caulina lobulis aequimagna, ovato-trigona, apice obtusa, basi utrinque longe angusteque decurrentia, marginibus arcte angusteque recurvis.

Incacorral (2200 m), No. 5081.

328. Madotheca pilistipula St. n. sp. (Fig. 182, a—d).

Dioica maxima robusta, rufo-brunnea, in umbrosis fuscoviridis, in latas plagas expansa vel pendula. Caulis ad 15 cm longus, irregulariter multiramosus, ramis primariis ad 10 cm longis, remote bipinnatis. Folia caulina conferta, recte patula, valde cconcava, in plano ovata (3,25 mm longa, supra basin 2,25 mm lata) asymmetrica, margine supero leviter arcuato, infero stricto, apice obtusa, ad medium inserta, basi antica rotundata, caulem superantia. Cellulae superae 27/27 μ, trigonis magnis acutis, basales 36/45 μ trigonis magnis nodulosis. Lobulus magnus, linearis, folio aequilongus, quadruplo longior quam latus, apice obtusus, basi setis longis geminatis armatus. Amphigastria caulina maxima, folio aequimagna, late lingulata, duplo longiora quam lata, apice truncato-rotundata, basi utrinque bipilosa, pilis plus minus longis. Androecia in caule sessilia, capitata, bracteis 3—4jugis.

Cordillera de Santa Cruz 1500 m, No. 3979; Rio Tocorani, No. 4017; Comarapa, 2600 m, No. 3816; Cerro Pampa-larga, No. 4145.

Fig. 181. *Madotheca renifolia* St. n. sp. *a* fol. caul. 10:1; *b* amph. caulin. 10:1; *c* lobulus folii 10:1; *d* folia floralia connata 10:1; *e* Perianth 5:1.

329. Madotheca ptilopsis. S.

Cordillera de Santa Cruz, No. 3501.

330. Madotheca ramentifissa St. (Fig. 184).

Cerros de Malaga (3300 m), No. 4394.

331. Madotheca renifolia St. n. sp. (Fig. 181).

Sterilis maxima robusta valida, dilute brunnea, in cortice dense depresso-caespitans. Caulis ad 15 cm longus, regulariter remoteque bipinnatus, paucis ramis longioribus interjectis similiter ramosis. Folia caulina parum imbricata, recte patula, valde concava, in plano subrotunda (4 mm longa et lata) apice obtusiuscula, basi utrinque cordatim ampliata, paucilobata, sinubus recurvis, lobulis obtusis vel acutis. Cellulae superae 18/18 μ, trigonis parvis, basales 18/45 μ trigonis majusculis. Lobulus magnus, oblongo-ellipticus (3 mm longus, 1,75 mm latus) apice obtusus, basi utrinque breviter laciniatus, laciniis angustis, acutis, valde irregularibus, longioribus paucispinosis. Amphigastria caulina lobulis subaequalia, basi similiter sed longius appendiculata, apice truncato-rotundata.

Florida de San Mateo, No. 3689.

332. Madotheca rufescens St. n. sp. (Fig. 182, e—g).

Sterilis magna valida rufescens, rigida, in cortice laxe caespitans. Caulis ad 11 cm longus,

irregulariter breviterque bipinnatus, ramis longioribus interjectis similiter ramosis. Folia caulina conferta, recte patula, plano disticha, late ovata, symmetrica (3 mm longa, supra basin 2,25 mm lata) apice late truncato-rotundata, integerrima. Cellulae superae 18/18 μ trigonis parvis, basales 18/45 μ parietibus validis. Lobulus magnus, folio parum brevior, oblongus, obtusus, basi utrinque appendiculatus, appendiculis acuminatis, grosse dentatis. Amphigastria caulina subrotunda (2 mm longa, 1,5 mm lata) integerrima, basi quidem appendiculata, appendiculis varie spinosis, sublaceratis.
Paracti (1800 m), No. 5029.

333. **Madotheca spinistipula** St. n. sp. (Fig. 183).

Dioica magna robusta, flaccida, fusco-virens, corticola. Caulis ad 6 cm longus, inferne regulariter breviterque pinnatus, ramis superis longioribus, similiter ramosis. Folia caulina parum imbricata, subrecte patula, valde concava, margine infero arcte incurvo, in plano ovato-oblonga (1,33 mm longa, medio 0,83 mm lata) superne acuminata, marginibus crispatis, apice obtuso, brevissima basi inserta, basi antica rotundato-appendiculata, integerrima, appendiculo incurvo. Cellulae supeaer 27/27 μ, trigonis parvis, basales 27/36 μ trigonis nullis. Lobulus lanceolatus, acuminatus acutus, folio duplo brevior basi grosse spinosus, spinis validis, hamatis. Amphigastria caulina magna, 2 mm longa et lata, apice quam basis duplo angustiore, truncato, integro, basi utrinque appendiculato, appendiculis breviusculis, grosso denseque spinosis. Folia floralia intima caulinis aequimagna, similia, margine infero quidem dense spinoso; lobulus floralis caulino aequalis, ubique irregulariter dentatus sublaceratus. Amphigastrium florale intimum foliis floralibus aequilongum, ovato-oblongum, marginibus crispatim recurvis, remote minuteque dentatis, basi dense spinulosis. Reliqua desunt.

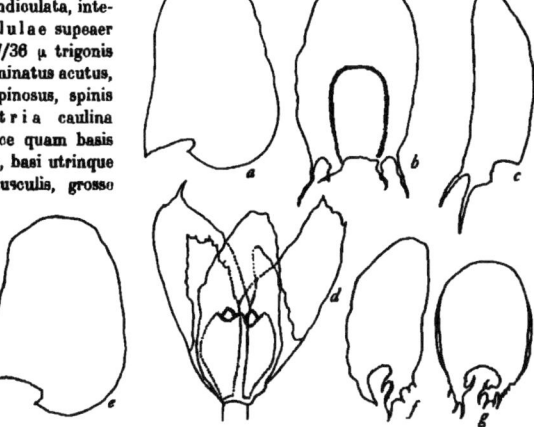

Fig. 182. *a—d Madotheca pilistipula* St. n. sp. *a* fol. caulin.; *b* amphig. caulin.; *c* lobulus folii; *d* Perianth. cum foliis ca. 14 : 1; *e—g M. rufescens* St. n. sp. *e* folium caulin.; *f* lobulus folii; *g* amphig. caulin. ca. 14 : 1.

Argentina Septentr., Yuto (450 m), No. 3772.

334. **Madotheca subciliata** L. und L.
Cordillera de Santa Cruz, No. 3498, 3506.

335. **Madotheca Swartziana** Ldbg.
Bolivia (sine loco natali).

336. **Madotheca venezuelana** St.
Cordillera de Santa Cruz (1500 m), No. 3560.

Frullania Raddi 1820.

337. **Frullania Alberti** St. n. sp. (Chonanthelia) (Fig. 185).

Dioica minor gracilis, flaccida, viridis, laxe caespitosa, corticola. Caulis ad 4 cm longus, remote breviterque bipinnatus, ramis primariis 1 cm longis, saepe simplicibus. Folia caulina parum

— 238 —

imbricata, recte patula, valde concava, in plano ovata, symmetrica (1,4 mm longa, medio 1 mm lata) apice rotundata, basi ampliata, caulem late superantia, basi antica appendiculata, appendiculo obtuse trigono. Cellulae superae 18/18 μ trigonis parvis, parietibus valde flexuosis, basales 27/27 μ trigonis subnullis, parietibus strictis. Lobulus magnus subrotundus (0,5 mm longus et latus) ore parvo, angusto truncato. Amphigastria caulina magna, caule quintuplo latiora, transverse inserta, rotunda, apice breviter emarginata, segmentis late triangulatis acutis. Perianthia destructa.

Samaipata, No. 5127.

338. **Frullania Arecae** G. (Chonanthelia).

Comarapa, 2600 m, No. 4323.

339. **Frullania Berggrenii** St. n. sp. (Chonanthelia) (Fig. 186).

Dioica maxima flaccida, rufescens vel purpurascens, in cortice dense depresso-caespitans. Caulis ad 11 cm longus, regulariter bipinnatus, ramis primariis 6 cm longis, remote breviterque pinnatis. Folia caulina conferta, recte patula, valde concava leviterque crispata, in plano subrotunda (2,17 mm longa 2 mm lata) integerrima. Cellulae superae 18/18 μ, trigonis minutis, basales 27/36 μ trigonis majusculis, parietibus strictis. Lobulus magnus, cucul-

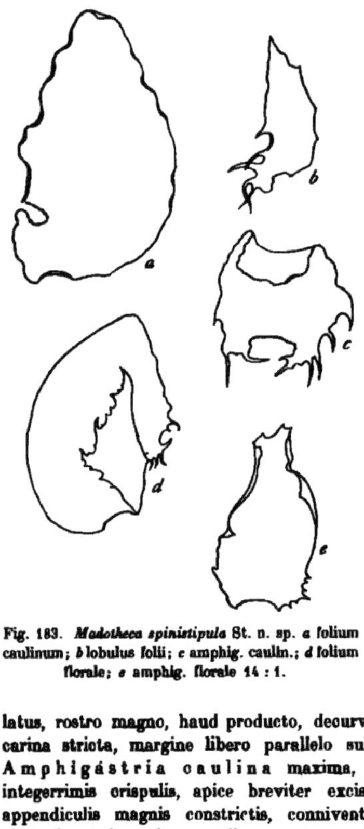

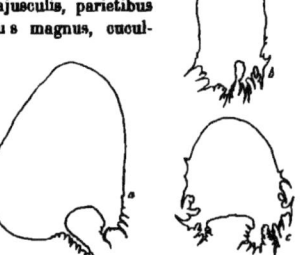

Fig. 183. *Madotheca spinistipula* St. n. sp. *a* folium caulinum; *b* lobulus folii; *c* amphig. caulin.; *d* folium florale; *e* amphig. florale 14 : 1.

Fig. 184. *Madotheca ramentifissa* St. n. sp. *a* fol. caulin.; *b* lobulus folii; *c* amphigastrium caulinum ca. 14 : 1.

latus, rostro magno, haud producto, decurvo, appendiculum lobulo duplo longius, late triangulatum, carina stricta, margine libero parallelo substricto, margine infero latissimo, irregulariter dentato. Amphigastria caulina maxima, subrotunda (1,5 mm longa, 1,83 mm lata) marginibus integerrimis crispulis, apice breviter exciso-bidentula, brevi basi inserta, utrinque appendiculata, appendiculis magnis constrictis, conniventibus. Perianthia angusta cylindrica, multiplicata, plicis longissime decurrentibus, rostro e basi conica elongato (0,5 mm longo). Folia floralia lanceolata, cuspidata, superne varie longeque spinosa; lobulus ad pilum longissimum reductus, amphigastrio alte connatus. Amphigastrium florale intimum lobulis alte connatum, apice longissime quadrifidum, laciniis subcapillaceis porrectis. Androecia desunt.

Incacorral 2200 m, No. 4957.

340. **Frullania boliviana** S. (Chonanthelia).

Bolivia (sine loco natali).

— 239 —

341. **Frullania brachyclada** S. (Chonanthelia).
   Tablas, 1800 m, No. 4551, 4658.
342. **Frullania crispistipula** St. (Chonanthelia).
   Bolivia (sine loco natali).
343. **Frullania cuencensis** Tayl. (Chonanthelia).
   Corani, 2600 m, No. 3380/a.
344. **Frullania fusiflora** St. n. sp. (Chonanthelia) (Fig. 187).
   Dioica major, dilute olivacea, flaccida, in cortice laxe caespitans. C a u l i s ad 6 cm longus, regulariter longeque ramosus. F o l i a c a u l i n a magna, parum imbricata valde concava apiceque arcte decurva, in plano subrotunda (1,83 mm longa et lata) antice caulem late superantia, basi antica breviter rotundata. C e l l u l a e superae 18/18 μ, basales 27/36 μ, trigonis magnis acutis; l o b u l u s magnus, folio longe connatus, vertice late rotundatus angusteque hamatim decurvus, appendiculo elongato,

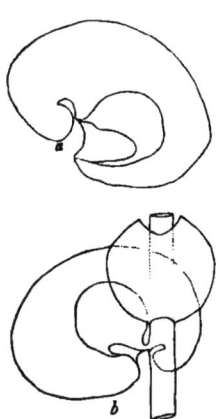

Fig. 185. *Frullania Alberti* St. n. sp. *a* folium caulin.; *b* folium et amphig. 10 : 1.

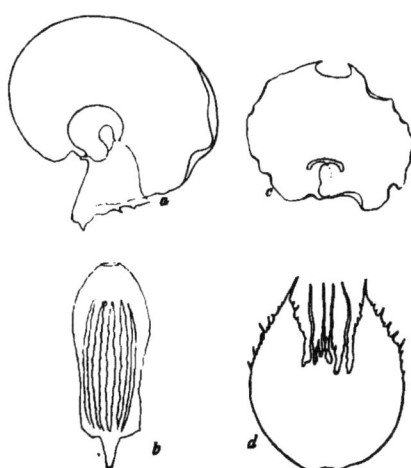

Fig. 186. *Frullania Berggrenii* St. n. sp. *a* fol. caul. 20 : 1; *b* Perianth 10 : 1; *c* amphig. caul. 20 : 1; *d* amphig. flor. 20:1.

marginem folii superante ibidemque crispato et paucidentato. A m p h i g a s t r i a c a u l i n a maxima, subrotunda (1,33 mm lata, 1,17 mm longa) brevibasi inserta et utrinque cordatim rotundata, apice breviter exciso bidentula, sinu lunato, dentibus apiculatis. P e r i a n t h i a fusiformia (1,67 mm longa, medio 0,6 mm lata) 7—8 plicata, plicis usque ad basin decurrentibus, apice rotundata, rostro longo angustissimo. F o l i a f l o r a l i a perianthio longiora (1,83 mm longa, 0,83 mm lata) acuminata, acuta, sub apice (in margine externo) irregulariter denticulata; l o b u l u s magnus, folio parum brevior, angustissimus, canaliculatim concavus, acutus, medio infero cum amphigastrio bifido alte coalitus, infundibulum altum plicatum formans. A n d r o e c i a numerosa capitata, bracteis trijugis.
   Florida de San Mateo (2000 m), No. 3658; Comarapa, 2600 m, No. 3782, 3783, 3787, 3814, 3969; Cerro Pampalarga, No. 4141.
345. **Frullania hians** L. et L. (Chonanthelia).
   Cordillera de Santa Cruz, No. 3530, 3477/a.

346. **Frullania Jelskii** Loitl.
    Incacorral (2200 m), No. 3377.
347. **Frullania megalostipa** S.
    Corani, 2600 m, No. 3377.
348. **Frullania ovistipula** St. n. sp. (Chonanthelia) (Fig. 188).
    Dioica major, valida, fusco-rufa, flaccida, in rupibus spongiose caespitans. Caulis ad 4 cm longus, irregulariter pinnatus et bipinnatus. Folia caulina conferta, recte patula, valde concava apiceque arcto decurva, in plano late ovato-trigona (1,83 mm longa, basi 1,5 mm lata) apice rotundata, antice caulem superantia, basi antica rotundato-appendiculata. Cellulae superae 27/27 µ trigonis parvis, basales 27/36 µ trigonis majusculis. Lobulus magnus, angustus, folio longe connatus, margine dense crispatus, superne cucullatus, breviter rostratus, rostro obtuso incurvo. Amphigastria caulina majuscula, late ovata, lobulo aequilonga, sinuatim inserta, apice breviter exciso-bifida, sinu subrotundo, laciniis cuspidatis conniventibus. Folia floralia intima magna, lanceolata (4,5 mm longa, 1,75 mm lata) leviter falcata, apice acuta; lobulus aequilongus, anguste lanceolatus, superne canaliculatus, acutus. Amphigastrium florale ambitu oblongum, duplo longius quam latum,

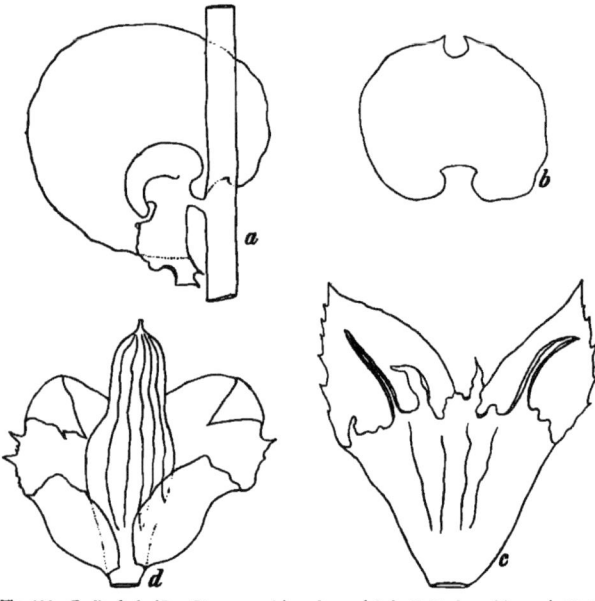

Fig. 187. *Frullania fusiflora* St. n. sp. *a* fol. caul. cum lobulo 10 : 1; *b* amphig. caul. 10: 1; involucrum intim. 10 : 1; *d* Perianth.; *e* fol. flor. 10 : 1.

lobulo proximo alte connatum, ad medium bifidum, laciniis angustis acutis, canaliculatis. Reliqua desunt.
    Vallegrande: Cerro Pampalarga (2300 m), No. 4144.
349. **Frullania rioblancana** St. (Chonanthelia).
    Asiento in valle Araca (3800 m), No. 2993.
350. **Frullania spiniloba** St. (Chonanthelia).
    Cordillera de Santa Cruz, No. 3488.
351. **Frullania truncatiloba** St. (Chonanthelia).
    Bolivia (sine loco natali).
352. **Frullania viminicola** S. (Chonanthelia).
    Rio Saujana 3400 m, No. 3269; Estradillas, No. 3331/c; Corani, No. 3365, 3369.

353. **Frullania Winteri** St. (Chonanthelia).
Estradillas, No. 3331/b.
354. **Frullania andina** St. (Galeiloba).
Sillar (1800 m), No. 2695; Cordillera de Santa Cruz, No. 3545, 3554, 3510.
355. **Frullania apiahyna** G. (Galeiloba).
Cordillera de Santa Cruz, No. 3500.
356. **Frullania Arnellii** St. n. sp. (Galeiloba) (Fig. 189).
Sterilis minor rigidula, rufo-brunnea, rupicola. C a u l i s ad 25 mm longus, sparsim irregulariterque pinnatus, pinnulis 5—7 mm longis. F o l i a c a u l i n a parum imbricata, oblique patula, maxime decurva, in plano subrotunda (1 mm longa et lata) antice caulem late superantia, basi antica rotundato-appendiculata, integerrima. C e l l u l a e superae 18/18 μ trigonis parvis, basales 27/27 μ trigonis majusculis, parietibus ubique strictis, L o b u l u s magnus, caule plus duplo latior, cucullatus, erectus, parum longior quam latus, ore amplo oblique truncato, labiis parallelis. A m p h i g a s t r i a c a u l i n a magna, obovato-obcuneata (1 mm longa, medio 0,83 mm lata) apice ad ¼ inciso biloba, rima angusta, lobis triangulatis obtusis.
Cerro Tunari (4700 m), No. 4930/a.

357. **Frullania bangiensis** St. (Galeiloba).
Bolivia (sine loco natali).

358. **Frullania Barbeyana** St. n. sp. (Galeiloba) (Fig. 190).
Dioica, magna robusta, flaccida, intense rufa, in cortice laxe caespitans vel pendula. C a u l i s ad 8 cm longus, irregulariter remoteque bipinnatus. F o l i a c a u l i n a parum imbricata, recte patula, valde concava, in plano subrotunda (2,17 mm longa, medio 1,75 mm lata)

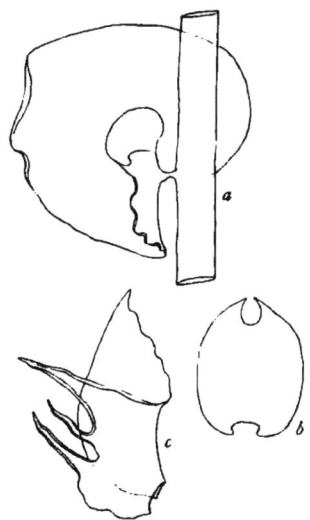

Fig. 188. *Frullania ovistipula* St. n. sp. *a* fol. caulin. 10 : 1; *b* amphig. caul. 10 : 1; *c* folium florale 10 : 1.

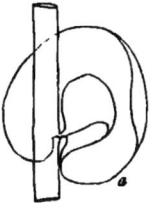

Fig. 189. *Frullania Arnellii* St. n. sp. *a* fol. caulinum 10 : 1; *b* amphig. caulinum 10 : 1.

integerrima, basi antica ampliata, caulem superantia, rotundato-appendiculata. Cellulae superae 18/18 μ, basales 18/36 μ trigonis parvis. L o b u l u s maximus, alte cucullatus, ambitu semirotundus, rostro magno angusto porrecto; appendiculum plus duplo longius, late lingulatum, lobulo duplo longius, carina stricta, cauli parallela, margine libero valde arcuato. A m p h i g a s t r i a c a u l i n a maxima (1,5 mm longa et lata) sinuatim inserta, apice breviter exciso-bidentula. P e r i a n t h i a pyriformia, rostro brevissimo, quadriplicata, plicis interjectis pluriplicata. F o l i a f l o r a l i a intima oblonga (5 mm longa, 0,83 mm lata) acuminata acuta integerrima. A m p h i g a s t r i u m f l o r a l e intimum foliis floralibus altissime connatum, apice quadrifidum, laciniis anguste lanceolatis, porrectis, mediis majoribus, marginibus crispulis. A n d r o e c i a desunt.
Comarapa (2600 m), No. 4197.

359. **Frullania Beauverdii** St. n. sp. (Galeiloba) (Fig. 191).
Dioica maxima robusta, rigida, rufo-brunnea, in cortice laxe intricata. C a u l i s ad 10 cm longus,

irregulariter bipinnatus, ramis primariis 2—3 cm longis, breviter remoteque pinnulatis. F o l i a c a u l i n a contigua, recte patula, concava, marginibus leviter crispatis, in plano late ovata (1,83 mm longa, 1,5 mm lata) apice late rotundata, integra, margine supero longe arcuato, basi antica ampliata, caulem late superantia, appendiculi breviter rotundato. C e l l u l a e superae 18/18 μ, trigonis parvis, basales 27/36 μ, trigonis majusculis. L o b u l u s magnus, alte cucullatus, rostro magno acuminato decurvo, appendiculum parum longius, oblongum, lobulo subaequilatum, carina stricta, oblique patula, margineolibero valde arcuato, in folii marginem attenuato. A m p h i g a s t r i a c a u l i n a magna, rotunda (1,75 mm longa et lata) brevissima basi inserta, basi utrinque appendiculata, appendiculis parvis conniventibus. F o l i a et a m p h i g a s t r i a floralia altissime connata, optime campanulata, ore profunde irregulariterque laciniato, laciniis 8, plus minus angustis longeque cuspidatis. P e r i a n t h i a involucro aequilonga, anguste fusiformia, quadriplicata, plicis humilibus interjectis multiplicata, rostro longo angusto. A n d r o e c i a ignota.

Altamachi (3400 m), No. 3870; Corani, No. 5071, 4727.

360. **Frullania brasiliensis** Raddi (G a l e i l o b a).

Sillar (1800 m), No. 2723; Estradillas supra Incacorral (3200 m), No. 3309; Cordillera de Santa Cruz, No. 3521, 3528 etc.

361. **Frullania campanulata** St. n. sp. (G a l e i l o b a) (Fig. 192).

Sterilis major, flaccida, fusco-rufa, in cortice dense depresso-caespitans. C a u l i s ad 4 cm longus, regulariter bipinnatus, ramis primariis 1 cm longis, remotiusculis, brevissime pinnulatis. F o l i a caulina parum imbricata, oblique patula, valde concava, in plano subrotunda, basi cordatim ampliata, antice caulem late superantia, integerrima. C e l l u l a e superae 27/27 μ, trigonis minutis, basales 27/45 μ, trigonis parvis acuminatis. L o b u l u s magnus campanulatus, caule triplo latior, ore amplo, subrecte truncato. A m p h i g a s t r i a c a u l i n a maxima, subrotunda (1 mm longa et lata) breviter emarginato-inserta, apice ad ¼ inciso-biloba, sinu semirecto, segmentis triangulatis, acutis.

Corani, 1800 m, No. 4752.

362. **Frullania flexicaulis** S. (G a l e i l o b a).

Cerro Pampalarga (2300 m), No. 4136; Altamachi (3400 m), No. 3879.

363. **Frullania squamuligera** S. (G a l e i l o b a).

Cerro Pampalarga, 2300 m, No. 4140.

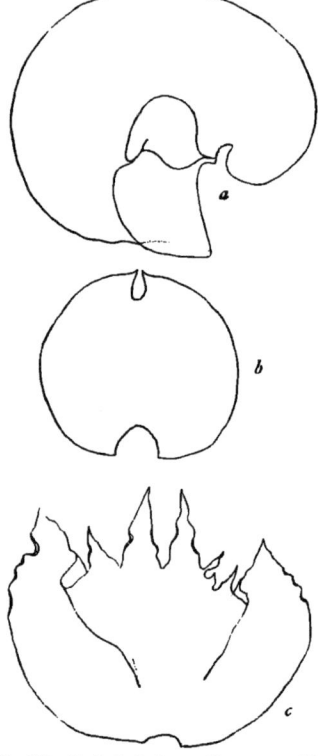

Fig. 190. *Frullania Barbeyana* St. n. sp. *a* fol. caul. 10 : 1 ; *b* amphig. caul. 10 : 1 ; *c* amphig. flor. foliis coalitum 10 : 1.

364. **Frullania squarrosa** Nees. (G a l e i l o b a).

Cordillera de Santa Cruz (1500 m). No. 3880, 3884; Yacuiba (500 m), No. 2628.

365. **Frullania Ambronnii** St. n. sp. (T h y o p s i e l l a) (Fig. 193).

Dioica magna, gracillima, rufescens, in cortice laxe caespitans vel pendula. C a u l i s ad 10 cm longus, regulariter remoteque tripinnatus; ramis primariis ad 3 cm longis, capillaceis, pinnis ad 15 mm, pinnulis ad 5 mm longis, omnibus remotis recte patulis. F o l i a c a u l i n a parum imbricata, oblique patula, valde concava, in plano oblongo-elliptica (1,83 mm longa, medio 1 mm lata) apice apiculata, basi antica appendiculata, appendiculo subrotundo constricto, incurvo. Cellulae superae 9/18 μ, parietibus validis flexuosis, basales 9/27 μ, parietibus validis, leviter nodulosis. Lobulus parvus, cylindricus, 0,33 mm longus, quadruplo longior quam latus, cauli contiguus. Amphigastria caulina obovata (1,75 mm longa, 1,75 mm lata) profunde sinuatim inserta, rotundato-appendiculata, appendiculis ex parte accretis, apice ad $1/_3$ biloba, sinu semirecto obtuso, laciniis anguste triangulatis acutis. Perianthia cylindrica, rostro longo. Folia floralia lanceolata, acuminata acuta (4 mm longa, medio 1,5 mm lata) integerrima; lobulus aequimagnus, ad $1/_3$ solutus, apice inaequaliter bifidus. Amphigastrium florale foliis floralibus subaequimagnum, obovato-obconicum, basi angustissimum, medio utrinque unispinum, apice ad $1/_3$ bifidum, sinu angusto, obtuso, segmentis late triangulatis porrectis longe cuspidatis. Androecia desunt.

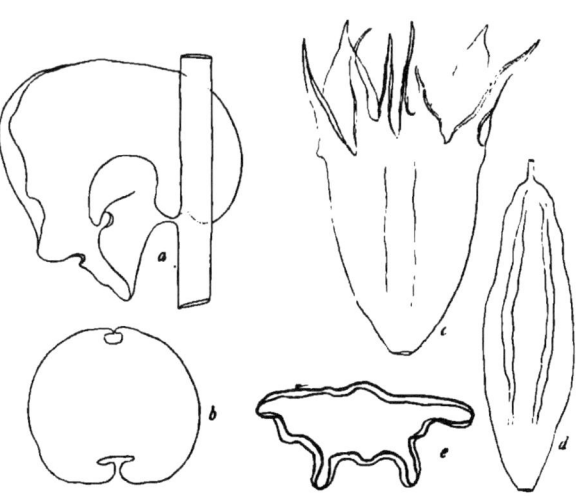

Fig. 191. *Frullania Beauverdii* St. n. sp. *a* fol. caul. 10 : 1; *b* amphig. caul. 10 : 1; *c* folia floralia; *d* Perianth. 10 : 1; *e* sect. transv. perianthii 10 : 1.

Tablas (2000 m), No. 4536, 4569.

366. **Frullania Bakeri** St. n. sp. (Thyopsiella) (Fig. 194).

Sterilis maxima gracillima, subatra, in ramulis arborum pendula. Caulis ad 20 cm longus, regulariter remoteque bipinnatus, ramis primariis ad 3 cm longis, remotis, remote previterque pinulatis. Folia caulina remota, oblique patula, maxime decurva, subconvoluta, in plano late ovata (1,83 mm longa, medio 1,4 mm lata) apice late acuminata, acuta, basi antica ampliata, caulem superantia, appendi-culata, appendiculo subrotundo. Lobulus majusculus, anguste cylindricus (0,5 mm longus, 0,17 mm latus). Amphigastria caulina magna, ovata (1.17 mm longa, 0,75 mm lata) brevi basi inserta utrinque appendiculata, appendiculis breviter rotundatis, conniventibus, apice breviter inciso-biloba, sinu subrecto, lobis late, triangulatis acutis, marginibus ceterum ubique arcte angusteque recurvis. Comarapa (2600 m). No. 4266.

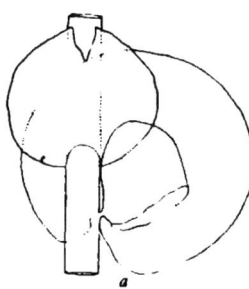

Fig. 192. *Frullania campanulata* St. n. sp. planta completa 1 : 30.

367. **Frullania coalita** St. (Thyopsiella).

Tablas (3400 m), No. 2918, 2800/a, 2826/b; Cordillera de Santa Cruz, No. 3533, 3539, 3555.

368. **Frullania connata** Ldbg. et G. (Thyopsiella).
Tablas 2000 m, No. 2866/a.
369. **Frullania curviramea** St. (Thyopsiella).
Comarapa (2600 m), No. 3776.
370. **Frullania evolutiloba** St. n. sp. (Thyopsiella), Fig. 195.

Dioica mediocris, flaccida, rufo-brunnea, corticola. Caulis ad 6 cm longus, regulariter breviterqne bipinnatus. Folia caulina oblique patula, parum imbricata, valde concava, marginibus superis anguste arcteque recurvis, in plano obovato-oblonga (1,83 mm longa, medio 1,25 mm lata) apice minute apiculata, dorso caulem late superantia, basi antica appendiculata, appendiculo constricto rotundo. Cellulae superae 12/18 μ parietibus flexuosis, basales 18/27 μ, parietibus strictis, trigonis ubique parvis. Lobulus evolutus, anguste lanceolatus, folio triplo brevior. Amphigastria caulina maxima subrotunda (1,17 mm longa, 1 mm lata) transverse inserta, basi utrinque minute rotundata, apice ad $^1/_3$ emarginato-biloba, sinu angusto, laciniis late triangulatis obtusis. Folia floralia caulinis aequilonga, anguste ligulata, breviter acuminata, sub apice paucispinulosa; lobulus folio aequimagnus, ad medium solutus, acuminatus, margine libero trispinoso, spinis apicalibus approximatis, inaequalibus, infero multo majore, basi lacinia duplo minore, lanceolata et apiculata armato. Amphigastrium florale foliis floralibus aequilongum, obovato-oblongum, basi obcuneatum, ad medium bifidum, sinu angusto obtuso, laciniis anguste lanceolatis, cuspidatis, utrinque bi- vel trispinosis.

Fig. 193. *Frullania Ambronnii* St. n. sp. *a* folium 30 : 1; *b* amphig. 10 : 1; *c* folia floralia 10 : 1; *d* amphigastrium florale 10:1.

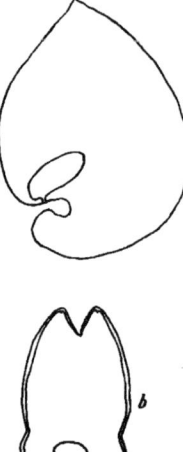

Fig. 194. *Frullania Bakeri* St. n. sp. *a* fol. caul.; *b* amphig. caul. 10 : 1.

Florida de San Mateo (2000 m), No. 3671.
371. **Frullania paradoxa** L. et L. (Thyopsiella).
Tablas (3400 m), No. 2807/a; in valle Corani (2600 m), No. 3364.
372. **Frullania purpurascens** St. (Thyopsiella).
Cordillera de Santa Cruz, No. 3537.
373. **Frullania triquetra** L. et L. (Thyopsiella).
Cordillera de Santa Cruz, No. 3493.
374. **Frullania capilliformis** St. n. sp. (Meteoriopsis) (Fig. 196).

Dioica magna gracillima rigida, in humo laxe intricata, pendula. Caulis ad 15 cm longus, irregulariter longeque ramosus, ramis remote breviterque pinnulatis. Folia caulina remotiuscula, oblique patula, valde concava, margine infero late arcteque decurvo, in plano late ovata, asymmetrica, margine antico quam posticus multo magis arcuato; apice late acuminato acuto. Cellulae superae

18/18 μ, basales 18/27 μ, trigonis parvis. L o b u l u s cauli arcte appressus, majusculus, folio triplo brevior, cylindricus, quadruplo longior quam latus, apice obtusus, ore recte truncato. A m p h i g a s t r i a c a u l i n a ovata, sinuatim inserta valde concava, marginibus arcte recurvis, apice breviter inciso-biloba, sinu semirecto, segmentis late triangulatis acutis. F o l i a floralia magna, 3 mm longa, lanceolata, medio vix 1 mm lata, longe attenuata, superne setacea, l o b u l u s triplo angustior, parum brevior, similiter setaceus. A m p h i g a s t r i u m f l o r a l e foliis floralibus aequilongum, fere ad basin usque bifidum, aciniis linearibus, superne longe setaceis. Reliqua desunt.

Comarapa (2600 m), No. 3807, 3967, 4260; San Mateo (3000 m), No. 3660.

375. **Frullania glomerata** L. et L. (M e t e o r i o p s i s).
Cordillera de Santa Cruz (1500 m), No. 3488/a; Corani, No. 3381.

376. **Frullania Goebeliana** St. n. sp. (M e t e o r i o p s i s) (Fig. 197).

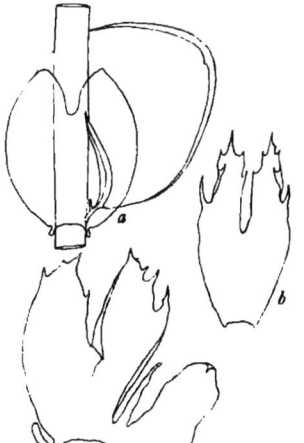
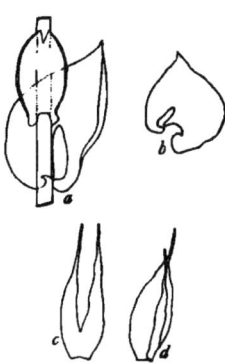

Dioica magna gracilis, rigidula, rufescens, in cortice caespitans vel pendula. C a u l i s ad 7 cm longus, regulariter bipinnatus, pinnis primariis 15 mm longis, sparsim breviterque pinnulatis. F o l i a c a u l i n a contigua, oblique patula, valde concava, in plano ovata (1,75 mm longa, medio 1,17 mm lata) apice apiculata, symmetrica, basi antica ampliata, caulem superantia, appendiculo rotundato constricto. - C e l l u l a e superae 9/18 μ, trigonis majusculis, parietibus flexuosis, basales 18/36 μ parietibus validis. L o b u l u s parvus, anguste cylindricus,

Fig. 195. *Frullania evolutiloba* St. n. sp. *a* folium c. amphig. 30:1; *b* amphig. florale 30:1; *c* folia floralia 30 : 1.

Fig. 196. *Frullania capilliformis* St. n. sp. *a pars rami* 30 : 1; *b* fol. caul. 10:1; *c* amphig. flor. 10:1; *d* fol. flor. 10 : 1.

cauli approximatus et parallelus, vertice obtusus, ore recte truncato. A m p h i g a s t r i a c a u l i n a magna, subrectangulata (1,33 mm longa, 0,9 mm lata) marginibus arcte angusteque recurvis, brevi basi inserta ibidemque utrinque appendiculata, appendiculis constrictis rotundatis, planis, hamatim conniventibus. A n d r o e c i a numerosa, capitata, bracteis paucijugis.

Tablas, 1800 m, No. 4569/a.

377. **Frullania Haeckeriana** Ldbg. (M e t e o r i o p s i s).
Tablas, 3400 m, No. 2829.

378. **Frullania hastatistipula** St. n. sp. (M e t e o r i o p s i s) (Fig. 198).

Dioica magna gracilis, rigida, subnigra, in ramulis arborum nidulans. C a u l i s ad 10 cm longus, remote longeque pinnatus, ramis remote breviterque pinnulatis. F o l i a c a u l i n a contigua, subrecte patula hamatim decurva, in plano ovata, symmetrica (1,1 mm longa, medio 0,67 mm lata) apice grosse apiculata, antice caulem late superantia, basi antica breviter rotundata. C e l l u l a e superae 14/18 μ, basales 14/27 μ, parietibus validis flexuosis. L o b u l u s majusculus, cauli subcontiguus, folio triplo brevior, cylindricus, triplo longior quam latus, vertice obtusus, ore recte truncato. A m p h i g a s t r i a c a u l i n a maxima, foliis subaequimagna, oblongo-elliptica (1 mm longa, medio 0,5 mm lata) transverse inserta, basi utrinque hastatim appendiculata, appendiculis liberis angustis obtusis, apice ad $^1/_2$ inciso-bifida, sinu semirecto, laciniis anguste triangulatis, cuspidatis, hamatim divergentibus. P e r i a n t h i a clavata (4 mm longa, superne 1,5 mm lata) apice truncato-rotundata, rostro parvo, plica postica subnulla vel solum sub apice perspicua, depresso-inflata. F o l i a   f l o r a l i a caulinis subaequilonga, lanceolata, longe cuspidata, sub apice regulariter breviterque spinulosa; l o b u l u s parum brevior, obovato-oblongus, cuspidatus, superne irregulariter valideque spinosus. A m p h i g a s t r i u m florale late ellipticum, lobulis aequilongum, apice ad $^1/_5$ inciso-bifidum, sinu recto, segmentis late triangulatis cuspidatis, utrinque croberrime irregulariterque dentatis et spinosis. A n d r o e c i a desunt.

Comarapa (2600 m), No. 3777; Tablas (3400 m), No. 2828; Cuchicancha

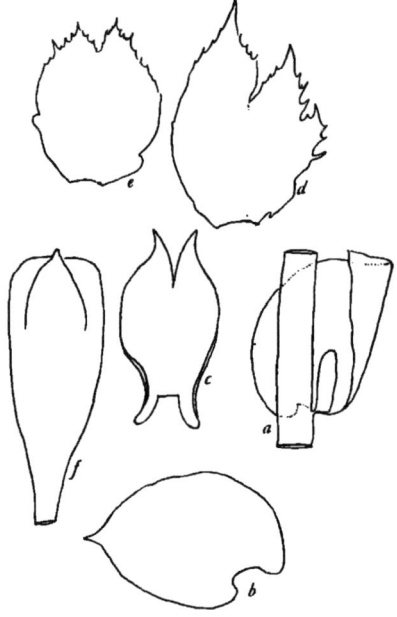

Fig. 198. *Frullania hastatistipula* St. n. sp. a fol. caul. in situ ca. 14 : 1; b fol. caul. in plano ca. 14 : 1; c amphig. caul. ca. 14 : 1; d fol. flor. cum lobulo 14 : 1; e amph. flor. 14 : 1; f Perianth 14 : 1.

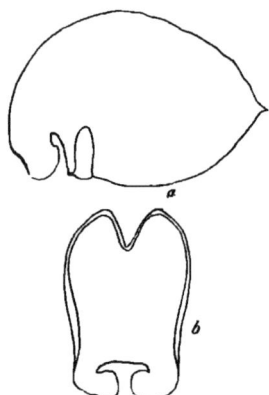

Fig. 197. *Frullania Goebeliana* St. n. sp. a fol. caulin. 10 : 1; b amphig. caulinum 10 : 1.

(3000 m), No. 4166; Abra de San Mateo (3000 m), No. 3724; Paramo de Caluyo (3900 m); Cordillera de Santa Cruz, No. 3909, 3916.

379. **Frullania Herzogiana** St. n. sp. (M e t e o r i o p s i s) (Fig. 199).

Dioica, magna gracillima, in ramis arborum pendula laxeque intricata. C a u l i s ad 15 cm longus, remote longeque ramosus, ramis simplicibus vel sparsim breviterque pinnulatis. F o l i a   c a u l i n a contigua, oblique patula, squarrose recurva, canaliculatim concava, in plano ovata, asymmetrica, margine infero magis arcuato (1,17 mm longa, medio 0,83 mm lata) apice obtusa, dorso caulem late superantia, basi antica breviter rotundata. C e l l u l a e superae 12/12 μ trigonis parvis, basales 14/27 μ trigonis magnis, nodulosis. L o b u l u s majusculus, folio subtriplo brevior, cauli contiguus, subcylindricus, quadruplo longior quam latus, vertice obtusus, ore rotundato, sub ore constrictus. A m p h i g a s t r i a caulina màgna, caule duplo latiora, ovata, transverse inserta, basi utrinque leviter rotundata, apice ad medium inciso-biloba, rima angusta, segmentis lanceolatis obtusiusculis. P e r i a n t h i a obovato-oblonga

(4 mm longa, medio 1,75 mm lata) apice rotundata, rostro longissimo; plica postica lata, usque ad basin decurrens. Folia floralia caulinis majora (1,83 mm longa), obovato-oblonga, leviter falcata. apiculata, sub apice paucidentata; lobulus folio aequimagnus vel parum angustior, ad medium solutus, margine supero irregulariter longeque spinoso, sublacerato. Amphigastrium florale foliis floralibus aequilongum, ambitu late obovatum, ad medium bifidum, laciniis late lanceolatis cuspidatis, marginibus ubique irregulariter dentatis et spinosis. Androecia desunt.

Tablas, 3400 m, No. 2829.

380. Frullania Lechleri St. (Meteoriopsis).

Comarapa (2600 m), No. 4268.

381. Frullania Pfefferi St. (Meteoriopsis).

Comarapa (2600 m), No. 4207.

382. Frullania phalangiflora St. n. sp. (Meteoriopsis) (Fig. 200).

Dioica magna gracillima, in ramulis arborum pendula laxeque intricata. Caulis ad 20 cm longus, ramis primariis sparsis longis, remote breviterque pinnatis. Folia caulina valde remota, oblique patula, valde concava, in plano subrotunda (1,67 mm longa, medio 1,5 mm lata) apice late acuminata breviter apiculata, dorso caulem latissime superantia, basi antica circinatim appendiculata. Cellulae superae 12/18 μ trigonis nodulosis, parietibus maxime flexuosis, basales 18/27 μ, trigonis ovali-nodulosis, saepe confluentibus, parietibus strictis. Lobulus majusculus, anguste cylindricus, cauli appressus, sextuplo longior quam latus, vertice rotundatus. Amphigastria caulina magna, elliptica (in plano 1 mm longa, 0,75 mm lata) marginibus ubique anguste arcteque recurvis, basi utrinque hastatim appendiculatis, appendiculis canaliculatim concavis, obtusis, apice ad $^1/_5$ biloba, sinu angusto obtuso, segmentis triangulatis obtusis. Perianthia ex angusta basi subcylindrica (1,5 mm longa, 0,58 mm lata) eplicata, rostro longissimo angusto. Folia floralia oblonga (2,5 mm longa, medio 1,5 mm lata) apiculata, lobulus lanceolatus, folio parum brevier et duplo angustior, ad medium solutus, cuspidatus, margine interno paucispinoso. Amphigastrium florale folio proximo breviter connatum, foliis floralibus subaequimagnum, obovato-obconicum, apice ad $^1/_3$ emarginato-bifidum, sinu amplo, laciniis e lata basi attenuatis, setaceis. Reliqua desunt.

Nebelwald über Comarapa, No. 3794.

383. Frullania subaculeata S. (Meteoriopsis).

Tablas, 3400 m, No. 2827/a; Cordillera de Santa Cruz, No. 3538, 3558, 3926.

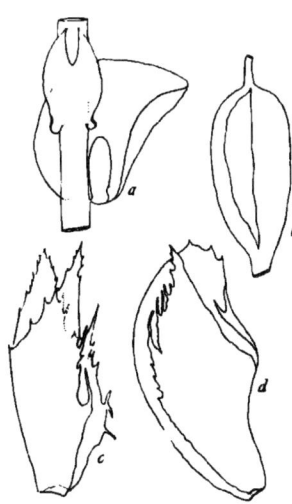

Fig. 199. *Frullania Herzogiana* St. n. sp. *a* pars rami 10 : 1; *b* Perianth. 10 : 1; *c* amphig. flor. 10 : 1; *d* folium florale 10 : 1.

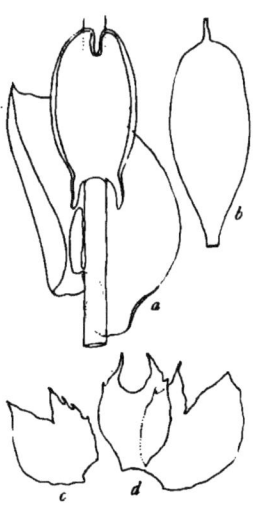

Fig. 200. *Frullania phalangiflora* St. n. sp. *a* Pars rami 10 : 1; *b* Perianth. 10 : 1; *c* fol. florale 10 : 1; *d* amphigastrium florale 10 : 1.

384. **Frullania villosa** St. (Meteoriopsis).
Tablas, 3400 m, No. 2939.
385. **Frullania nodulosa** Nees. (Homotropantha).
Bolivia (sine loco natali).

Omphalanthus (Lindenb. et N. ab Es. in Syn. Hep. 1845).

386. **Omphalanthus filiformis** (Sw) Nees.
Tablas (1800 m), No. 4568, 4607; Sillar (1800 m), No. 2767; Cordillera de Santa Cruz No. 3513, 3514, etc.

387. **Omphalanthus grandistipulus** St. n. sp. (Fig. 201).

Planta dioica, magna, gracillima, flaccida, in ramis arborum nidulans et pendula, rufescens. Caulis ad 10 cm longus, tenuis, longe ramosus, ramis remotis simplicibus vel regulariter breviterque pinnulatus. Folia caulina contigua, recte patula, parum concava, in plano obovata, apice late rotundata, longissima basi inserta, basi antica angusta, rotundata, caulem superantia, integerrima. Cellulae superae 18/27 μ, inferae 27/45 μ, trigonis magnis. Lobulus majusculus, folio triplo brevior, oblongus, lata basi insertus, carina semierecta, leviter arcuata, amplo sinu in folium excurrens, apice oblique truncato, angulo acuto, sub apice leviter constrictus. Amphigastria caulina gigantea, foliis parum majora, reniformia (1,33 mm lata, 0,9 mm longa) ad medium sinuatim inserta integerrima. Folia floralia obovato-oblonga (1,4 mm longa, medio 0,75 mm lata) apice obtusa; lobulus ad plicam angustam reductus. Amphigastrium florale foliis floralibus aequilongum, obovato-oblongum, obcuneatum, apice leviter retusum. Reliqua desunt.

Tablas (1800 m), No. 4621, 4654; Comarapa (2000 m), No. 4343.

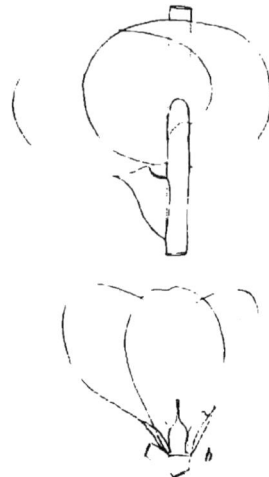

Fig. 201. *Omphalanthus grandistipulus* St. n. sp. *a* Pars rami 30:1; *b* Flos sterilis 30:1.

Archilejeunea Spruce 1885 p. subgen.

388. **Archilejeunea Tonduzana** St.
Cerro Pampalarga bei Valle grande (2300 m), No. 4143.

389. **Archilejeunea involuta** St. n. sp. (Fig. 202).

Sterilis major flaccida, fusco-brunnea, in rupibus dense depresso-caespitans. Caulis ad 4 cm longus, irregulariter breviterque pinnatus. Folia caulina conferta, recte patula, valde concava, in plano subrotunda (2,25 mm longa et lata), asymmetrica, margine supero valde arcuato, infero substricto, apice late rotundata, basi antica longe truncata, brevissima basi inserta. Cellulae superae 18/18 μ, parietibus validis, trigonis majusculis, basales 18/27 μ, trigonis magnis acutis. Lobulus in situ involutus, in plano oblongo-rectangulatus, carina substricta, stricte in folium excurrens, apice quam basis parum angustiore, recte truncato, angulo acuto. Amphigastria

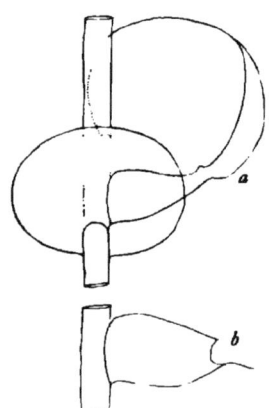

Fig. 202. *Archilejeunea involuta* St. n. sp. *a* Pars rami 30:1; *b* lobulus folii in plano 30:1.

caulina gigantea, reniformia (0,83 mm longa, 1,25 mm lata) profunde sinuatim inserta, apice late truncato-rotundata, integerrima.
Comarapa (2600 m), No. 4289.

Ptychanthus (N. ab Es. 1833).

390. **Ptychanthus boliviensis** St. n. sp. (Fig. 203).

Dioica, maxima, dilute brunnea, flaccida, in cortice laxe intricata, pendula. C a u l i s ad 10 cm longus, regulariter bipinnatus, ramis primariis 3 cm longis, remote breviterque pinnatis. F o l i a c a u l i n a imbricata, oblique patula, decurva, in plano ovata (2,33 mm longa, 1,58 mm lata) subsymmetrica, apice acuta, ad medium inserta, basi antica rotundata, caulem tegentia, integerrima. C e l l u l a e superae 18/27 μ, basales 18/36 μ, trigonis parvis, in medio parietum nodulosis. L o b u l u s magnus, folio triplo brevior, late conicus, carina substricta, amplo sinu in folium excurrens, apice quam basis duplo angustiore, subrecte truncato, angulo obtuso vel apiculato. A m p h i g a s t r i a c a u l i n a maxima, caule quintuplo latiora, profunde sinuatim inserta, alis rotundatis, ex parte liberis, ceterum integerrima apiceque late rotundata. P e r i a n t h i a cylindrica (3 mm longa, 1,5 mm lata) decemplicata, rostro longissimo. F o l i a f l o r a l i a obovato-obconica, apice apiculata, sub apice paucidentata. L o b u l u s duplo vel tertio brevior, linearis, ad medium solutus, apice bifidulus, carina late alata. A m p h i g a s t r i u m f l o r a l e lobulis aequilongum, lingulatum, apice late rotundato, dentato. A n d r o e c i a desunt.

Rio Tocorani, No. 4113.

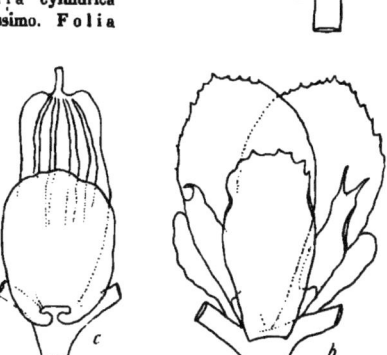

Fig. 203. *Ptychanthus boliviensis* St. n. sp. *a* Pars rami 15:1; *b* folia floralia 15:1; *c* Perianth c. amphig. florali 15:1.

Mastigolejeunea Spruce 1885 p. subgen.

391. **Mastigolejeunea Büttneri** St.
Bolivia (sine loco natali).

392. **Mastigolejeunea decurrens** St. n. sp. (Fig. 204).

Dioica, major, flaccida, pallide-virens, in cortice dense depresso-caespitans. C a u l i s ad 5 cm longus, regulariter bipinnatus, ramis primariis 2 cm longis, remotis, irregulariter breviterque pinnulatis. F o l i a c a u l i n a conferta, recte patula, valde concava apiceque arcte decurva, in plano late ovata (2,5 mm longa, medio 2 mm lata) apice late acuminato acuto, integerrima, asymmetrica, margine supero longe arcuato, infero substricto, basi antica rotundato-appendiculata. C e l l u l a e superae 18/27 μ, basales 27/36 μ trigonis parvis. L o b u l u s magnus, oblongus, folio duplo brevior, triplo longior quam latus, carina substricta, amplo sinu in folium excurrens, apice attenuatus, oblique truncatus, angulo obtuso, sub apice leviter constrictus. A m p h i g a s t r i a caulina magna, caule quadruplo latiora subrotunda, profunde sinuatim inserta, alis basalibus truncato-rotundatis, apice rotundato, arcte recurvo. P e r i a n t h i a (juvenilia) obovata, utrinque innovata, triplicata, apice truncato-rotundata, rostro brevissimo. F o l i a f l o r a l i a obovato-obconica (3 mm longa, sub apice 2,25 mm lata) apice ipso rotundato, abrupte apiculato; l o b u l u s ad plicam angustam minimam reductus. A m p h i g a s t r i u m f l o r a l e intimum caulinis simillimum, parum majus.

Florida de San Mateo (2000 m), No. 3695, 3697; Rio Tocorani, No. 4089, 4094, etc.

393. **Mastigolejeunea fusco-virens** St.
Bolivia (sine loco natali).

Bryopteris Lindenb. in Syn. Hep. 1845.

394. **Bryopteris filicina** Sw.
Cordillera de Santa Cruz (1500 m), No. 3887, 3930, 4003.
395. **Bryopteris longispica** S.
Cordillera de Santa Cruz, No. 3525; Florida de San Mateo, No. 3662.

396. **Bryopteris trinitensis** L. et L.
Cordillera de Santa Cruz (1500 m), No. 3565; San Mateo-Sunchal, No. 4476.

Ptychocoleus Trevis 1877.

397. **Ptychocoleus boliviensis** St.
Florida de San Mateo (2000 m), No. 3693.

398. **Ptychocoleus dentilobulus** St. n. sp. (Fig. 205).
Planta sterilis, magna, gracilis, flaccida, viridis, aetate fusco-brunnea, in cortice dense depresso-caespitans. Caulis ad 7 cm longus, supra basin dense fasciculatim ramosus, ramis omnibus aequalibus (5 cm longis) interdum sub apice breviter furcatis. Folia caulina conferta, oblique patula, valde concava, in plano ovato-trigona (2,5 mm longa, medio 2 mm lata) apice obtusa, asymmetrica, margine supero longe arcuato, infero substricto, ad medium inserta, basi antica rotundata, appendiculo semirotundo inte-

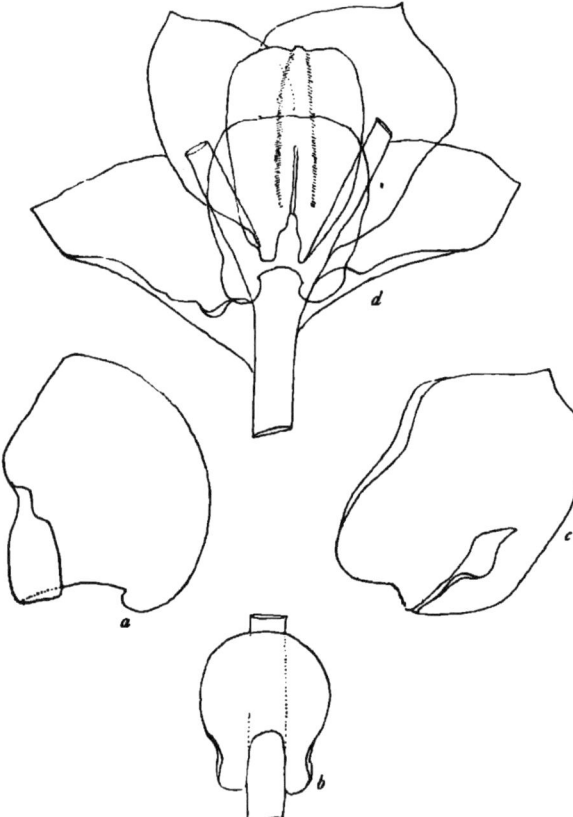

Fig. 204. *Mastigolejeunea decurrens* St. n. sp. *a* fol. caul. 20:1; *b* amphig. caul. 20:1; *c* fol. florale 20:1; *d* Perianth. 20:1.

gerrimo. Cellulae superae 27/27 μ, basales 45/45 μ, parietibus validis. Lobulus majusculus folio triplo brevior, in situ oblongus, in plano late obcuneatus, carina oblique adscendens, leviter arcuata, amplo sinu in folium excurrens, apice late recteque truncatus, remote tridenticulatus, margine supero longe arcuato nudo. Amphigastria caulina maxima, reniformia (2,5 mm lata, 1,5 mm longa) profunde sinuatim inserta, apice late truncato-rotundata.

Florida de San Mateo, No. 3663.

Anoplolejeunea Spruce 1885 p. subgen.

399. Anoplolejeunea acutifolia St. n. sp. (Fig. 206).

Dioica, exigua, fusco-brunnea, rigidula, in cortice pulvinata. Caulis ad 8 mm longus, irregulariter multiramosus.

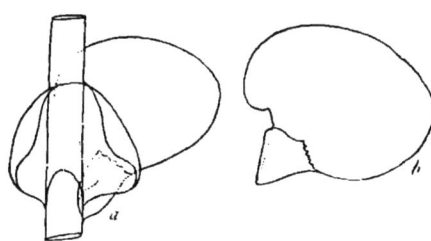

Fig. 205. *Ptychocoleus dentilobulus* St. n. sp. *a* pars caulis 15 : 1; *b* folium solutum 15 : 1.

Folia caulina parum imbricata, recte patula, arcte decurva, in plano ovato-trigona (0,67 mm longa, supra basin 0,4 mm lata) apice longe valideque cuspidata, asymmetrica, margine supero valde arcuato, infero sinuato, basi antica longe truncata, brevissima basi inserta. Cellulae superae 18/18 μ trigonis nullis, basales 18/27 μ trigonis parvis; ocelli basales tres, 27/36 μ trigonis nullis. Lobulus (in situ) oblongus, folio duplo brevior, attenuatus, in plano rectangulatus, triplo longior quam latus, apice recte truncatus, angulo acuto, ceterum oblique adscendens, carina leviter arcuata, amplo sinu in folium excurrens. Amphigastria caulina parva, caule duplo latiora, obcuneata, vix latiora quam longa, apice truncato-rotundata, integerrima. Perianthia oblongo-elliptica, duplo longiora quam lata, superne dense irregulariterque spinulosa, plicis posticis longissimis, inferne nudis, superne similiter armatis, rostro validissimo. Folia floralia perianthio aequilonga, oblongo-obconica, obtusa, integerrima, lobulo parum breviore, duplo angustiore, apice obtuso, breviter soluto, integro. Amphigastrium florale lobulis aequilongum, late obconicum, apice emarginatum, integrum. Androecia desunt.

Incacorral (2200 m), No. 4964.

Brachiolejeunea Spruce 1885 p. subgen.

400. Brachiolejeunea cordistipula St. n. sp. (Fig. 207).

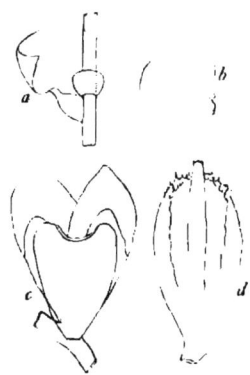

Fig. 206. *Anoplolejeunea acutifolia* St. n. sp. *a* pars caulis 30 : 1; *b* folium caul. 30 : 1; *c* folia floralia 30 : 1; *d* Perianth. 30 : 1.

Sterilis, minor flaccida flavescens, in cortice repens. Caulis ad 15 mm longus, densissime longeque ramosus, ramis simplicibus, rarius pinnula auctis. Folia caulina parum imbricata, oblique patula, parum concava, in plano ovato-trigona (1,33 mm longa, supra basin 1 mm lata) asymmetrica, margine supero longe arcuato, infero substricto, apice rotundata, brevi basi inserta, basi antica longe truncata, caulem vix tegentia, integerrima. Cellulae superae 27/27 μ, basales 27/45 μ trigonis majusculis, in medio parietum nodulosis. Lobulus magnus, folio duplo brevior, in situ anguste oblongus, triplo longior quam latus, in plano late ovatus, carina oblique adscendens, inflata, papulosa, amplo sinu in folium excurrens, apice oblique truncatus, angulo acuto. Amphigastria

c a u l i n a maxima, caule quintuplo latiora, optime rotundata, breviter sinuatim inserta ibidemque cordatim rotundata.
Incacorral, ca. 2200 m, No. 4953.
401. **Brachiolejeunea laxifolia** (Taylor) S.
Estradillas supra Incacorral 3200 m, No. 3331/a, 3344; Corani, No. 3380.

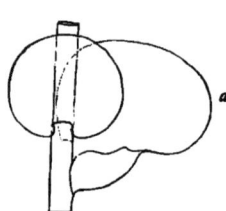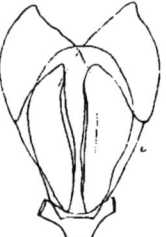

Fig. 207. *Brachiolejeunea cordistipula* St. n. sp. *a* fol. caul. in situ 30 : 1; *b*. fol. caul. in plano 30 : 1; *c* folia floralia 30 : 1.

402. **Brachiolejeunea Leiboldiana** St.
Rio Saujana (3400 m), No. 3271.
403. **Brachiolejeunea mamillata** St.
Cordillera de Santa Cruz, No. 3494/a.
404. **Brachiolejeunea Mandoni** St.
Cuesta de Liryuni 3300 m, No. 2608.
405. **Brachiolejeunea rupestris** G.
In valle Corani (2600 m), No. 3375.
406. **Brachiolejeunea succisa** St.
Bolivia (sine loco natali).

Marchesinia S. F. Gray 1821.

407. **Marchesinia longissima** St. n. sp. (Fig. 208).
Dioica magna robusta, rigida, pallide flavicans, aetate brunnea, corticola. C a u l i s ad 9 cm longus, regulariter bipinnatus, ramis primariis 1 cm longis, apice breviter d i c h o t o m e ramosis. Folia c a u l i n a imbricata, oblique patula, concava, in plano ovato-trigona (3 mm longa, medio 2 mm lata) subsymmetrica, apice obtusa, ad medium inserta, basi antica grosse rotundato-ampliata, caulem late transeuntia. C e l l u l a e superae 27/27 μ trigonis parvis acutis, basales 36/45 μ, parietibus interrupte trabeculatis. L o b u l u s parvus, triangulatus, folio triplo brevior, carina alte adscendens, leviter arcuata, sinu subnullo in folium excurrens, apice oblique lateque truncatus, quadrimamillatus; A m p h i g a s t r i a c a u l i n a magna, caule quintuplo latiora, subrotunda (1,25 mm longa, 1,75 mm lata) basi attenuata, sinuatim inserta, apice late rotundata integerrima. P e r i a n t h i a pyriformia, compressa (5,25 mm longa, medio 2,75 mm lata) eplicata, in medio umbonatim inflata, apice truncato-rotundata, rostro parvo. F o l i a f l o r a l i a perianthio duplo breviora, obovato-oblonga (3,5 mm longa, medio 2 mm lata) apice obtusa, integerrima; l o b u l u s

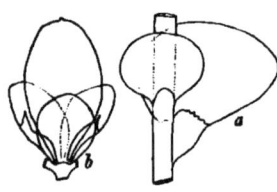

Fig. 208. *Marchesinia longissima* St. n. sp. *a* pars caulis 20 : 1; *b* Perianthium 10 : 1.

tertio brevior, anguste lanceolatus, apice breviter solutus, cuspidatus. Amphigastrium florale subrotundum (2,5 mm longum et latum) basi obcuneatum, brevissima basi insertum. Androecia desunt.
Tablas, 1800 m, No. 4532.

Dicranolejeunea Spruce 1885 p. subgen.

408. Dicranolejeunea axillaris (Mont.).
Sillar 1800 m, No. 2701, 2702, 2711; Florida de San Mateo, No. 3670, 3696.

409. Dicranolejeunea boliviensis St. n. sp. (Fig. 209).
Sterilis magna robusta, rigidula, dilute brunnea, in cortice densae depresso-caespitans lateque expansa. Caulis ad 8 cm longus, regulariter longeque ramosus, ramis breviter remoteque pinnulatis. Folia caulina conferta, oblique patula, concava apiceque decurva, in plano ovata (1,5 mm longa, medio 1,17 mm lata) subsymmetrica, apice acuta, ad medium inserta, basi antica rotundato-appendiculata, integerrima. Cellulae superae 18/27 μ, trigonis subnullis, basales 18/36 μ trigonis majusculis. Lobulus folio subduplo brevior, ovato-triangulatus, carina oblique adscendens, inflata,

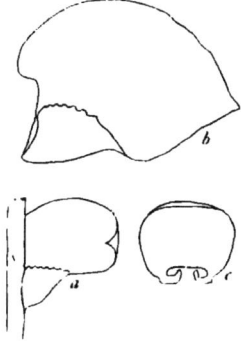

Fig. 209. *Dicranolejeunea boliviensis* St. n. sp. *a* fol. caul. in situ 10:1; *b* fol. caul. in plano 30:1; *c* amphig. caul. 10:1.

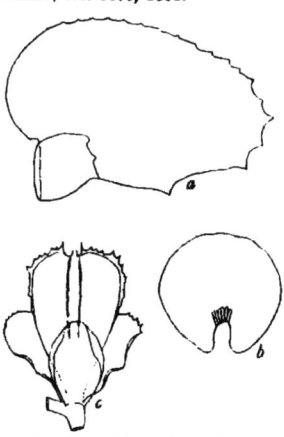

Fig. 210. *Dicranolejeunea Herzogiana* St. n. sp. *a* fol. caul. in plano 30:1; *b* amphig. caul. 30:1; *c* Perianth. 30:1.

leviter arcuata, amplo sinu in folium excurrens, margine supero stricto, regulariter mamillato, mamillis 6; Amphigastria caulina magna, caule quintuplo latiora, concava apiceque recurva, in plano subquadrata, sinuatim inserta, basi utrinque appendiculata, appendiculis angustis, hamatim incurvis conniventibus.
Incacorral (2200 m), No. 4971.

410. Dicranolejeunea gigantea St.
Estradillas supra Incacorral (3200 m), No. 3331.

411. Dicranolejeunea Herzogiana St. n. sp. (Fig. 210).
Monoica mediocris flaccida, dilute brunnea, aliis hepaticis consociata. Caulis ad 3 cm longus, irregulariter pinnatus, pinnis longioribus similiter pinnatis. Folia caulina imbricata, subrecte patula, valde concava, in plano oblongo-elliptica (1,83 mm longa, medio 1,17 mm lata) symmetrica, apice rotundata valideque dentata; margine supero minute remoteque dentato, infero subnudo. Cellulae superae 27/27 μ, basales 36/36 μ, trigonis subnullis. Lobulus parvus, in plano subquadratus (0,4 mm longus et latus) carina substricta levi sinu in folium excurrens, apice recte truncatus bimamillatus. Amphigastria caulina subcircularia, profunde sinuatim inserta (ex parte libera) integerrima. Perianthia pyriformia, compressa, triplicata, plicis lateralibus anguste alatis, alis regulariter valideque dentatis. Folia floralia perianthio subduplo breviora, oblonga, apice rotundata, irregulariter denticulata, inferne nuda; lobulus omnino nullus. Amphigastrium florale

perianthio duplo brevius, marginibus arcte recurvis, in plano subrotundum integerrimum. Androecia sessilia, alveolis quadrijugis.

Tablas (1800 m), No. 4584, 4603.

412. **Dicranolejeunea nudiflora** St. n. sp. (Fig. 211).

Dioica magna flaccida, rufo-brunnea, in cortice prostrata denseque depresso-caespitans. C a u l i s ad 7 cm longus, irregulariter multiramosus, ramis primariis 1—4 cm longis, sparsim breviterque pinnatis, sub flore furcatis. F o l i a caulina parum imbricata, recte patula, concava apiceque decurva, in plano ovata (2,5 mm longa, medio 1,75 mm lata) apice apiculata, ad medium inserta, basi antica rotundato-appendiculata. C e l l u l a e superae 18/27 μ trigonis majusculis, basales 18/36 μ trigonis subnullis. L o b u l u s magnus, folio duplo brevior, anguste oblongus, carina oblique adscendens, leviter arcuata amplo sinu in folium excurrens, apice quam basis triplo angustiore, oblique truncato, angulo acuto, margine supero (in situ occulto) mamillato, mamillis 5—6. P e r i a n t h i a obovato-oblonga (3,5 mm longa,

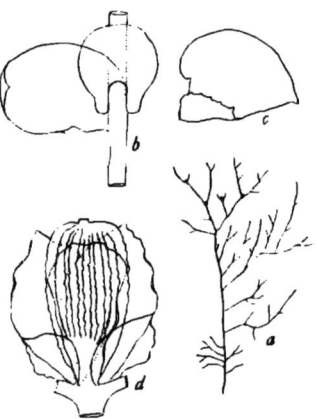

Fig. 211. *Dicranolejeunea nudiflora* St. n. sp. a Schemat. Habitus 1:2; b pars caulis 15:1; c folium solutum 15:1; d Perianth. c. foliis 15:1.

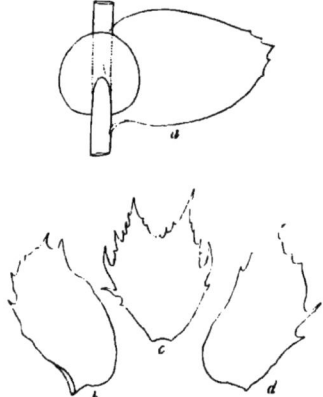

Fig. 212. *Dicranolejeunea oblongifolia* St. n. sp. a pars caulis 15:1; b fol. flor. 15:1; c amph. flor. 15:1; d fol. florale 15:1.

medio 1,75 mm lata) decomplicata, plicis confertis, angustis, longe decurrentibus crispulis, rostro valido brevissimo. F o l i a f l o r a l i a perianthio aequilonga, ovata, acuta, l o b u l u s subtriplo brevior, oblongus, haud solutus, ad plicam reductus; carina alata, alis latiusculis. A m p h i g a s t r i u m florale perianthio aequilongum, oblongo-obconicum, apice rotundatum breviterque retusum, liberum. A n d r o e c i a desunt.

In valle Corani (1800 m), No. 4753.

413. **Dicranolejeunea oblongifolia** St. n. sp. (Fig. 212).

Dioica major flaccida, dilute virens, in rupibus humidis dense depresso-caespitans lateque expansa. C a u l i s ad 9 cm longus, sparsim breviterque pinnatus, saepe omnino simplex. F o l i a caulina remota vel contigua, recte patula, ovato-oblonga, symmetrica (4 mm longa medio 2,5 mm lata) apice acuta, sub apice paucidentata, antice caulem vix tegentia, basi antica exappendiculata. C e l l u l a e superae 27/27 μ, basales 36/63 μ, trigonis nullis, parietibus tenuibus. L o b u l u s ad plicam angustam reductus. A m p h i g a s t r i a c a u l i n a majuscula, caule quintuplo latiora, circularia, integerrima, profunde sinuatim inserta. F o l i a f l o r a l i a caulinis subaequimagna, oblonga (3,5 mm longa 1,5 mm lata) apice breviter cuspidata, sub apice remote irregulariterque dentata; l o b u l u s ad plicam minutam reductus. A m p h i g a s t r i u m florale foliis floralibus aequilongum, late obovato-obconicum, liberum, apice ad $^1/_3$ emarginato-bifidum, sinu amplo, laciniis lanceolatis, dense irregulariterque dentatis et spinulosis, inferne nudum. A n d r o e c i a desunt.

Tablas, 1800 m, No. 4533.

414. Dicranolejeunea pulcherrima St. n. sp. (Fig. 213).

Dioica major gracilis flaccida flavescens, in cortice profunde pulvinata. C a u l i s ad 6 cm longus, remote breviterque pinnatus, ramis elongatis interjectis similiter pinnatis. F o l i a c a u l i n a parum imbricata, subrecte patula, valde concava vel involuta, in plano ovato-trigona (2,5 mm longa, supra basin 2,25 mm lata) apice acuta, sub apice paucidenticulata, lata basi inserta, basi antica truncatorotundata, caulem tegentia. C e l l u l a e superae 18/18 μ, basales 27/36 μ, trigonis subnullis. A m p h i g a s t r i a c a u l i n a in situ ovalia, in plano subrotunda, marginibus arcte recurvis, apice plana integerrima, profunde sinuatim inserta. L o b u l u s folii parvus, in situ oblongus, margine supero involuto occulto, in plano ovatus, folio quadruplo brevior, carina oblique adscendens, arcuata, amplo sinu in folium excurrens, apice

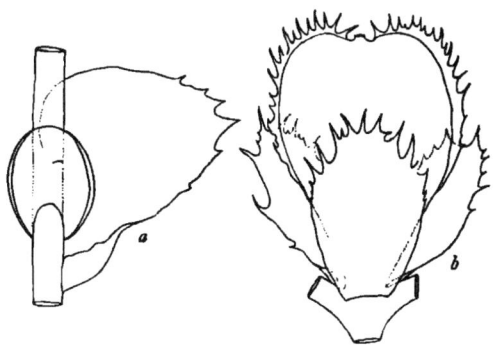

Fig. 213. *Dicranolejeunea pulcherrima* St. n. sp. *a* pars caulis 30 : 1; *b* Perianth. 30 : 1.

oblique truncatus, angulo acuto. P e r i a n t h i a compresso-pyriformia (1,83 mm longa, medio 1,5 mm lata) inferne nuda, superne anguste alata, alis regulariter spinosis, plica postica nuda, humilis, inflata. F o l i a floralia perianthio subduplo breviora, lanceolata, cuspidata, superne trinque 4—5-spinosa; l o b u l u s ad plicam exiguam reductus. A m p h i g a s t r i u m f l o r a l e foliis floralibus aequilongum, obovato-obconicum, medio supero grosse spinoso. A n d r o e c i a desunt.

Incacorral (2200 m), No. 5043; Corani, (1800 m), No. 4720, 4743.

415. Dicranolejeunea Renauldii St.

Incacorral (2200 m), No. 5024.

C y c l o l e j e u n e a Spruce 1885 p. subgen.

416. Cyclolejeunea peruviana (G.) St.

Sillar (1800 m), No. 2774, 2792.

H a r p a l e j e u n e a Spruce 1885 p. subgen.

417. Harpalejeunea boliviana St. n. sp. (Fig. 214).

Dioica pusilla, rigida et fragillima, fusco-brunnea, in cortice et rupibus pulvinatim caespitans. C a u l i s ad 12 mm longus, sparsim longeque ramosus. F o l i a c a u l i n a parum imbricata, oblique patula, hamatim decurva, in plano ovata (1 mm longa medio 0,67 mm lata) asymmetrica, margine supero longe arcuato, infero substricto, apice acuta, basi antica longe arcuata, caulem vix tegentia. C e l l u l a e superae 18/18 μ, basales 18/36 μ trigonis magnis acutis. L o b u l u s magnus, folio plus duplo brevior, oblongus, duplo longior quam latus, carina oblique adscendens, leviter arcuata, amplo sinu in folium excurrens, apice quam basis parum angustiore, recte truncato, angulo obtuso. Amphigastria caulina majuscula, caule triplo latiora, subrotunda, transverse inserta, apice ad $^1/_3$ biloba, sinu subrecto obtuso, segmentis triangulatis obtusis. Perianthia oblongo-obconica (1,5 mm longa, medio 0,75 mm lata) apice truncato-rotundata, omnino eplicata, rostro parvo. Folia floralia caulinis parum minora, simillima, lobulo lineari, exiguo, apice breviter soluto obtuso. Amphigastrium florale obovato-obconicum, perianthio triplo brevior, ad medium inciso-bilobatum, sinu semirecto, segmentis lanceolatis obtusis vel acutis. Androecia desunt.

Nebelwald über Comarapa, (2600 m) No. 4202.

418. Harpalejeunea exciso-stipula St. n. sp. (Fig. 215).

Monoica mediocris, gracillima, flaccida, flavo-rufescens, aliis hepaticis consociata. Caulis ad 4 cm longus, irregulariter remoteque pinnatus, pinnis longioribus paucipinnulatis. Folia caulina recte patula, contigua, valde decurva, in plano ovato-oblonga (1 mm longa, medio 0,58 mm lata) apice grosse apiculata, basi antica rotundata, caulem tegentia. Cellulae superae 14/14 μ, basales 18/18 μ trigonis magnis. Lobulus majusculus, ovato-triangulatus, folio quadruplo brevior, carina oblique adscendens, arcuata, papulosa, sinu acuto in folium excurrens, apice quam basis triplo angustior, profunde excisus, angulo spinula hamata armato. Amphigastria caulina majuscula, caule triplo latiora, subrotunda, basi cuneatim angustata, transverse inserta, ad medium exciso-bifida, sinu amplo, laciniis anguste triangulatis leviterque conniventibus. Perianthia magna, pyriformia (1,33 mm longa, medio 0,75 mm lata) rostro parvo, plicis posticis angustis, longe decurrentibus, divergentibus. Folia floralia caulinis aequimagna, simillima, lobulo parvo lineari, 0,33 mm longo, sextuplo longiore quam lato, apice truncato, angulo acuto. Amphigastrium florale parvum, late ovato-obconicum, caulino subaequimagnum simillimum. Androecia parva sessilia, bracteis trijugis.

Tablas (1800 m), No. 4641.

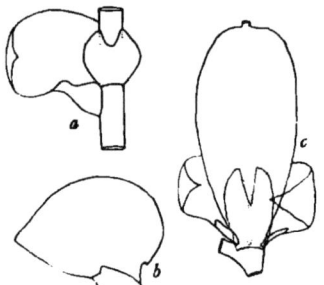

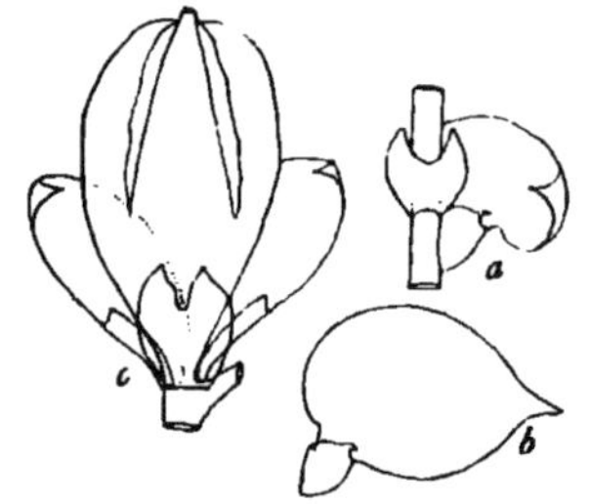

Fig. 214. *Harpalejeunea boliviana* St. n. sp. *a* pars caulis 15:1; *b* fol. caulin. 15:1; *c* Perianth. 15:1.

Fig. 215. *Harpalejeunea excisostipula* St. n. sp. *a* fol. caul. in situ 30 : 1; *b* fol. caul. in plano 30 : 1; *c* Perianth. 30 : 1.

419. Harpalejeunea grosse-armata St. n. sp. (Fig. 216, a—b).

Monoica, parva, flaccida, dilute virens, in foliis filicum arcte repens. Caulis ad 10 mm longus, irregulariter longeque pinnatus, sub flore innovatus. Folia caulina parum imbricata, saepe remotiuscula, recte patula, ovata, symmetrica (0,83 mm longa, medio 0,5 mm lata) apice rotundata, basi antica truncato-rotundata, caulem vix tegentia, integerrima. Cellulae superae 18/18 μ, basales 27/36 μ, trigonis parvis, basi subnullis. Lobulus majusculus, ovatus, folio triplo brevior, carina oblique adscendens, leviter arcuata, cellulis prominulis crenulata, amplo sinu in folium excurrens, apice oblique truncato, angulo apiculato. Amphigastria caulina majuscula, caule subtriplo latiora, rotunda, transverse inserta, ad medium exciso-bifida, segmentis lanceolatis acutis conniventibus. Perianthia parva, folio caulino subaequimagna, obovato-obconica, rostro magno valido, plicis ubique grosse irregulariterque spinosis, inferne nudis. Folia floralia perianthio duplo breviora, oblongo-obconica, obtusa, integerrima; lobulus tertio brevior, lanceolatus, ad medium solutus, obtusus, integerrimus. Amphigastrium florale

lobulis aequilongum, obovato-obconicum, ad $^1/_2$ inciso-bifidum, sinu semirecto, lobis anguste triangulatis porrectis acutis. A n d r o e c i a breviter spicata, sessilia bracteis paucijugis.
Incacorral (2200 m), No. 5051.

420. **Harpalejeunea Spruceana** St. n. sp. (Fig. 216, c—d).

Sterilis mediocris flaccida, pallide flavicans, aliis hepaticis consociata. C a u l i s ad 2 cm longus, irregulariter breviterque pinnatus, ramis saepe fasciculatim approximatis, simplicibus. F o l i a caulina contigua, recte patula, valde concava decurva, in plano late ovato-trigona, asymmetrica, margine supero alte arcuato, infero substricto (0,75 mm longa, supra basin 0,67 mm lata) apice obtusa, basi antica truncato-rotundata, caulem vix tegentia. Cellulae superae 18/18 μ, basales 27/36 μ trigonis subnullis. L o b u l u s magnus,

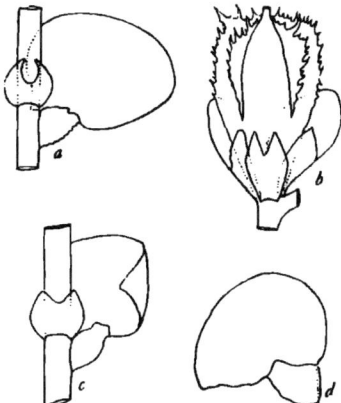

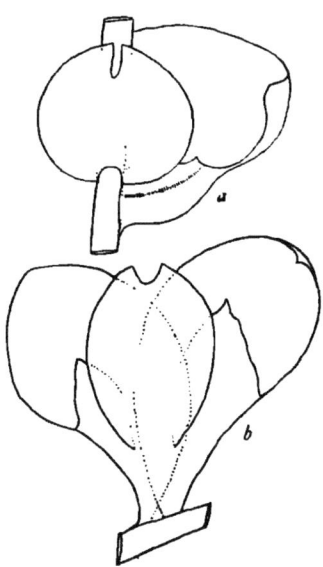

Fig. 216. c—b *Harpalejeunea grossearmata* St. n. sp. a pars caulis 20:1; b Perianth. 20:1; c—d *H. Spruceana* St. n. sp. c pars caulis 20:1; d folium caulin. in plano 20:1.

Fig. 217. *Strepsilejeunea bolivensis* St. n. sp. a pars caulis ca. 23:1; b folia floralia ca. 23:1.

folio duplo brevior, ovato-oblongus, carina oblique adscendens, arcuata, amplo sinu in folium excurrens, apice truncato, quam basis duplo angustiore, angulo obtuso, sub apice constrictus. A m p h i g a s t r i a c a u l i n a parva, caule parum latiora, subrotunda, transverse inserta, apice leviter lateque emarginata, segmentis late triangulatis acutis.

In valle Corani (1800 m), No. 4686.

421. **Harpalejeunea tuberculata** Jack.

Tablas (3400 m), No. 2822.

Strepsilejeunea Spruce 1885 p. subgen.

422. **Strepsilejeunea boliviensis** St. n. sp. (Fig. 217).

Dioica parva gracillima, dilute brunnea, in cortice dense depresso-caespitans. C a u l i s ad 2 cm longus, sparsim breviterque ramosus. F o l i a c a u l i n a contigua, oblique patula, valde decurva, in plano ovato-trigona (1,17 mm longa, medio 1 mm lata) asymmetrica, margine supero longe arcuato, infero substricto, basi antica truncata, apice obtusa vel rotundata, integerrima. C e l l u l a e superae 27/27 μ basales 27/36 μ trigonis subnullis. L o b u l u s in situ oblongus recte patens, folio duplo brevior, carina arcuata, levi sinu in folium excurrens, inflata, sub apice constrictus, apice ipso oblique truncato, angulo acuto. A m p h i g a s t r i a c a u l i n a maxima, subrotunda (0,67 mm longa, 0,75 mm lata) profunde sinuatim inserta, apice biloba, rima angusta obtusa, lobis late triangulatis acutis. F o l i a f l o r a l i a caulinis aequimagna, spathulata, falcato-divergentia, apice acuta, integerrima, l o b u l u s

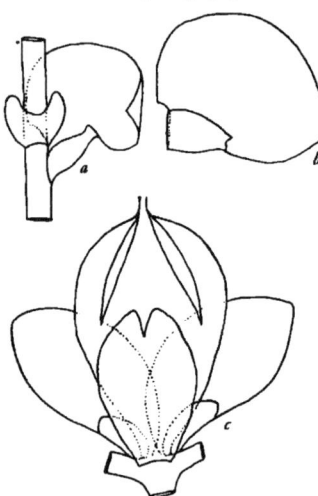

Fig. 218. *Strepsilejeunea obtusistipula* St. n. sp.
a pars caulis 18:1; *b* folium caulinum 18:1; *c* Perianth.
18:1.

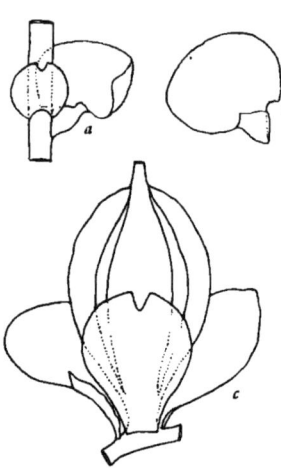

Fig. 219. *Strepsilejeunea papulifolia* St. n. sp. *a* pars caulis 18:1; *b* fol. caulin. 18:1; *c* Perianth. 18:1.

parum brevior, lanceolatus, ad ¹/₂ solutus, acutus. A m p h i g a s t r i u m florale foliis floralibus subaequilongum, apice breviter emarginato-bidentatum, inferne lobulis altissime connatum. A n d r o e c i a parva, in ramis lateralis, sessilia, bracteis 3—4 jugis.

Nebelwald über Comarapa, (2600 m) No. 3975.

423. Strepsilejeunea Kunthiana Ldbg.

Cordillera de Santa Cruz. No. 3913.

424. Strepsilejeunea obtusistipula St. n. sp. (Fig. 218).

Dioica mediocris flaccida, dilute brunnea, terricola, laxe caespitans. C a u l i s ad 25 mm longus, superne remote breviterque ramosus, inferne fasciculatim multiramosus, ramis simplicibus vel minute pinnatis. F o l i a c a u l i n a oblique patula, remotiuscula, superne imbricata, decurva, in plano ovata (1,1 mm longa, 0,75 mm lata) asymmetrica, margine supero e basi rotundata longe arcuato, infero leviter curvato, apice acuta vel obtusa, brevi basi inserta. C e l l u l a e superae 18/18 μ basales 18/27 μ trigonis magnis acutis. L o b u l u s in situ oblique adscendens, oblongus, quadruplo longior quam latus, sub apice constrictus, apice ipso truncato, angulo acuto, carina leviter arcuata, recto angulo in folii marginem excurrens. A m p h i g a s t r i a c a u l i n a majuscula, late obcuneata, caule triplo latiora, transverse inserta, apice profunde emarginata, lobis leviter divergentibus, apice rotundatis. P e r i a n t h i a pyriformia (1,33 mm longa, medio 0,9 mm lata) plicis posticis angustis, late divergentibus, ad medium decurrentibus; rostro longissimo angusto. Folia floralia oblongo-elliptica, 1,17 mm longa medio 0,58 mm lata, apice obtusiuscula. Lobulus sublinearis, foliis floralibus quadruplo brevior, apice breviter solutus, obtusus. Amphigastrium florale obovato-obconicum, apice ad ½ incisum, rima angusta, lobis obtusis. Androecia parva, in caule terminalia, vulgo ex apice vegetativa, bracteis paucijugis.

Cuchicancha (3000 m), No. 4164.

425. **Strepsilejeunea papulifolia** St. n. sp. (Fig. 219).

Monoica, exigua flaccida, dilute brunnea, in terra gregaria, muscis consociata. Caulis ad 12 mm longus, parum breviterque ramosus. Folia caulina imbricata, oblique patula, valde decurva, in plano ovata (0,67 mm longa, medio 0,58 mm lata) subsymmetrica, margine supero longe arcuato, infero similiter curvato, apice obtusa, basi antica truncato-rotundata, integerrima. Cellulae superae 18/18 μ, basales 18/27 μ, trigonis magnis acutis, cuticula papulosa. Lobulus folio triplo brevior, ovato-conicus, carina oblique adscendens, amplo sinu in folium excurrens, margine supero stricto, apice truncatus, angulo apiculato. Amphigastria caulina magna, caule subtriplo latiora, subrotunda, leviter sinuatim inserta, apice breviter inciso-bidentula. Perianthia maxima, late elliptica (1,5 mm longa, medio 0,83 mm lata) ex angusta basi valde ampliata, plicis posticis longissime decurrentibus, angustis, rostro longissimo. Folia floralia obovato-obconica, late divergentia (1 mm longa, 0,5 mm lata) apice obtusa, integerrima. Lobulus duplo brevior, anguste linearis, apice truncato, angulo acuto. Amphigastrium florale perianthio duplo brevius, late obcuneatum, apice brevissime emarginatum, dentibus acutis. Androecia in caule lateralia, brevissima, bracteis bijugis, perianthio approximatis.

Cordillera de Santa Cruz, No. 3915.

Ceratolejeunea Spruce 1885 p. subgen.

426. **Ceratolejeunea brasiliensis** (Gottsche) S.
Cordillera de Santa Cruz, No. 3983.
427. **Ceratolejeunea peruviana** St.
Sillar (1800 m), No. 2770.

Taxilejeunea Spruce 1885 p. subgen.

428. **Taxilejeunea acutifolia** (Ldbg.) St.
Tablas 1800 m, No. 4571; Sillar 1800 m, No. 2756; Rio Tocorani, No. 4061.
429. **Taxilejeunea apiculata** (G.) Spruce.
Tablas 1800 m, No. 4605, 4518; Cerros de Malaga 4000 m, No. 4358.
430. **Taxilejeunea Allionii** St.
Bolivia (sine loco natali).
431. **Taxilejeunea asperrima** St. n. sp. (Fig. 220, b—c).

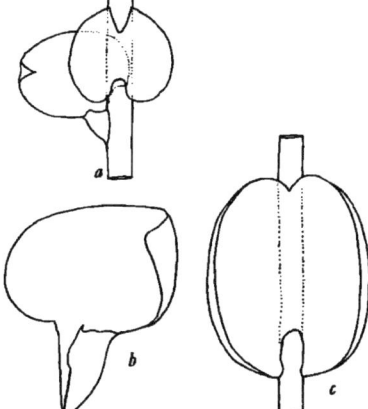

Fig. 220. *a Taxilejeunea hamatifolia* St. n. sp. pars caulis 15 : 1; *b—c T. asperrima* St. n. sp. *b* fol. caulin. 18 : 1; *c* amphig. caulinum 18 : 1.

Sterilis major gracillima flaccoida, flavescens, aetate dilute brunnea, in cortice dense depresso-caespitans. Caulis ad 5 cm longus, capillaceus, simplex, rarius parum longeque ramosus. Folia caulina parum imbricata, valde concava, saepe involuta caulique parallela, in plano ovato-trigona (1,5 mm longa, supra basin 1,33 mm lata) ad medium accreta, basi antica rotundata, caulem superantia, apice acuta. Cellulae superae 18/18 μ, trigonis magnis, vulgo confluentibus, papilla magna coronatae, basales 18/27 μ trigonis ovalibus, cuticula laevis. Lobulus oblongo-triangulatus, latissima basi insertus, carina oblique adscendens, leviter arcuata, amplo sinu in folium excurrens, apice breviter truncatus, angulo apiculato. Amphigastria caulina gigantea, subrotunda (1,33 mm longa et lata) profunde sinuatim inserta, apice breviter excisa, lobis late rotundatis integerrimis, marginibus lateralibus arcte recurvis.

Tablas, 3400 m, No. 2907.

432. Taxilejeunea boliviana St. n. sp. (Fig. 221).

Monoica mediocris gracilis, pallide virens, aliis hepaticis consociata. Caulis ad 3 cm longus, sparsim breviterque pinnatus, paucis ramis longioribus simplicibus. Folia caulina parum imbricata, oblique patula, plana, ovato-triangulata (1,33 mm longa, basi 1,33 mm lata) asymmetrica, margine postico stricto, antico late rotundato, apice acuta, sub apice paucidentata vel solum angulata. Cellulae superae 18/36 μ basales 27/36 μ, trigonis parvis, in medio parietum nodulosis. Lobulus nullus vel ad plicam exiguam reductus. Amphigastria caulina majuscula, caule triplo latiora, rotunda, leviter sinuatim inserta, ad medium biloba, sinu subrecto obtuso, lobis late triangulatis acutis. Perianthia uno latere innovata, clavata, plus duplo longiora quam lata, apice truncata, angulis rotundatis, integerrima, plicis posticis ad medium decurrentibus late divergentibus, angustis, apice truncato-rotundato. Folia floralia perianthio parum breviora, lanceolata, cuspidata, remote valideque paucidentata; lobulus duplo brevior, anguste linearis, haud solutus, truncatus, obtusus. Amphigastrium florale perianthio duplo brevius, ovatum, ad ¼ exciso-bifidum, sinu angusto, lobis acutis. Androecia sessilia, bracteis 4-jugis.

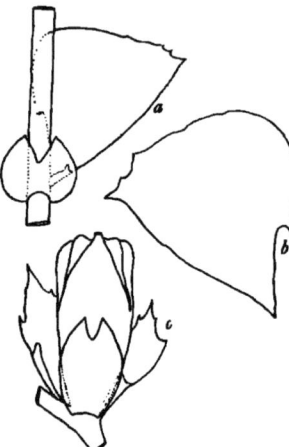

Fig. 221. *Taxilejeunea boliviana* St. n. sp. *a* pars caulis 15:1; *b* fol. caulin. 15:1; *c* Perianth. 15:1.

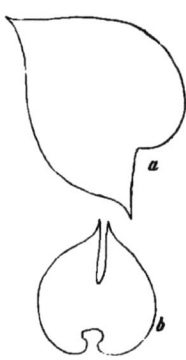

Fig. 222. *Taxilejeunea cuspidata* St. n. sp. *a* Folium caulin. 12:1; *b* Amphigastrium caulinum 12:1.

Bolivia (sine loco natali).

433. Taxilejeunea chimborazensis St.

Sillar 1800 m, No. 2775, 2792/a.

434. Taxilejeunea cordistipula (Ldbg. et G.).

Tablas, 1800 m, No. 4523.

435. Taxilejeunea cuspidata St. n. sp. (Fig. 222).

Sterilis major gracillima, flaccida, pallide-flavicans, dense depresso-caespitans, vel muscis corticolis consociata. Caulis ad 6 cm longus, simplex vel parum longeque ramosus. Folia caulina parum imbricata, oblique patula, valde concava, in plano late ovata (1,83 mm longa, supra basin 1,33 mm lata) ad medium inserta, margine supero e basi late rotundata substricto, caulem late superante, margine infero similiter arcuato breviterque decurrente, apice apiculata, integerrima. Cellulae 27/36 μ ubique aequales, trigonis parvis, superne subnullis. Lobulus nullus, ad plicam minimam reductus. Amphigastria caulina gigantea (1,17 mm longa, 1 mm lata) optime cordiformia, brevi basi inserta, utrinque breviter rotundata, apice ad medium biloba, sinu angusto, lobis late triangulatis cuspidatis porrectis.

Nebelwald über Comarapa, No. 4232.

436. **Taxilejeunea Dusenii** St.
    Bolivia (sine loco natali).
437. **Taxilejeunea epiphyta** St.
    Bolivia (sine loco natali).
438. **Taxilejeunea filicaulis** (Ldbg.) St.
    Bolivia (sine loco natali).
439. **Taxilejeunea flaccida** St.
    Bolivia (sine loco natali).
440. **Taxilejeunea grandifolia** St. n. sp. (Fig. 223, c—d).

Dioica, magna, gracillima, flaccida, pallide-virens, in humo laxe caespitans. C a u l i s ad 7 cm longus, simplex vel sparsim longeque ramosus. F o l i a c a u l i n a contigua, (in ramis remota) oblique patula, parum concava, in plano latissime triangulata, latiora quam longa (2,5 mm longa, 3 mm lata) asymmetrica, margine supero e basi

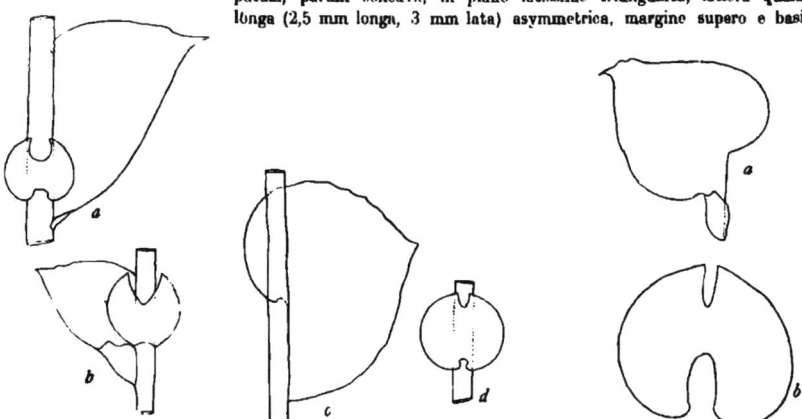

Fig. 223. a—b *Taxilejeunea pusilla* St. n. sp. a pars caulis 15 : 1; b pars ramuli 15 : 1; c—d *T. grandifolia* St. n. sp. c pars caulis 15 : 1; d Amphigastrium caulinum 15 : 1.

Fig. 224. *Taxilejeunea Herzogiana* St. n. sp. a folium caulinum 15:1; b Amphigastrium caulinum 15:1.

rotundata longe arcuato, infero substricto, apice apiculata, ad medium inserta, basi antica caulem late superantia, postice attenuatim decurrentia, integerrima. C e l l u l a e superae 36/36 μ, basales 27/45 μ, trigonis nullis. L o b u l u s ad plicam minutam reductus. A m p h i g a s t r i a caulina magna, caule quadruplo latiora, rotunda, transverse inserta, basi utrinque breviter rotundata, optime cordata, apice ad medium biloba, sinu semirecto obtuso, lobis triangulatis porrectis acutis. P e r i a n t h i a oblongo-obconica (4 mm longa, superne 1,75 mm lata) plicis posticis angustis, longe decurrentibus, rostro valido brevissimo. F o l i a f l o r a l i a perianthio aequilonga vel longiora, lanceolata, acuta, integerrima. L o b u l u s ad plicam longam angustam reductus, apice parvo dente armatus. A m p h i g a s t r i u m f l o r a l e perianthio aequilongum, ovatum, basi lobulis foliorum breviter connatum, apice breviter exciso-bidentulum. A n d r o e c i a desunt.
    Bolivia (sine loco natali).

441. **Taxilejeunea hamatifolia** St. n. sp. (Fig. 220, a).

Dioica pusilla flaccida, virens, aetate brunnea, in rupibus humidis dense depresso-caespitans lateque expansa. C a u l i s ad 15 mm longus, simplex vel breviter remoteque pinnulatus. F o l i a c a u l i n a contigua, recte patula, apice decurva, in plano ovato-trigona (0,9 mm lata, inferne 0,58 mm lata) apice apiculata, hamatim decurva, basi antica truncato-rotundata, caulem tegentia, celluloso-crenulata. C e l l u l a e superae 27/27 µ, basales 27/36 µ, trigonis nullis. L o b u l u s parvus, latissimus, ambitu late triangulatus, carina oblique adscendens, leviter arcuata, levi sinu in folii marginem excurrens, apice quam basis quadruplo angustiore, oblique truncato, sub apice constrictus. A m p h i g a s t r i a c a u l i n a gigantea, rotunda (0,75 mm longa et lata) basi profunde cordata, alis late rotundatis, apice ad ¼ incisobiloba, sinu semirecto, lobis late triangulatis acutis. A n d r o e c i a in caule sessilia, bracteis quadrijugis.

Florida de San Mateo, No. 3664.

442. **Taxilejeunea Herzogiana** St. (Fig. 224).

Corani, 1800 m, No. 4692.

443. **Taxilejeunea isocalycina** (Nees.) S.

San Miguelito, 1600 m, No. 2770/a.

444. **Taxilejeunea lancifolia** St. n. sp. (Fig. 225, a).

Sterilis major gracillima, flaccida, hyalina, in ramulis arborum pendula laxeque intricata. C a u l i s ad 5 cm longus, irregulariter longeque ramosus, pallidus. F o l i a c a u l i n a contigua, in ramis remota, oblique patula, subplana, oblongo-lanceolata (1,17 mm longa, medio 0,5 mm lata) lata basi inserta, marginibus longe leviterque arcuatis, basi antica caulem vix tegentia, apice longe cuspidata, integerrima. C e l l u l a e superae 18/36 µ, basales 27/36 µ, trigonis nullis. L o b u l u s ad plicam minimam reductus. A m p h i g a s t r i a caulina majuscula, late ovata, caule subtriplo latiora, transverse inserta, ad ⅔ emarginato-bifida, sinu amplo, laciniis anguste lanceolatis porrectis acutis.

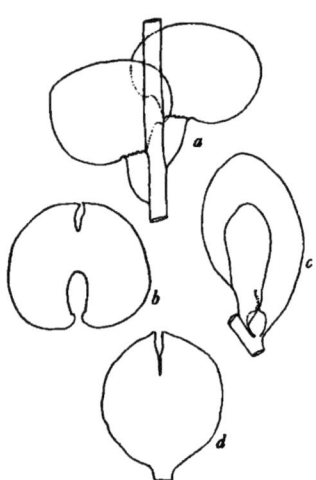

Fig. 226. *Taxilejeunea longiloba* St. n. sp. *a* fol. caul. in situ 15 : 1; *b* amphig. caul. 15 : 1; *c* fol. flor. 15 : 1; *d* amphig. flor. 15 : 1.

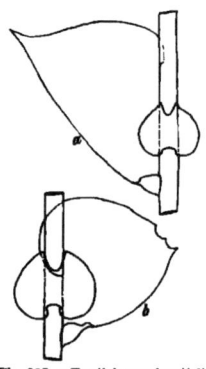

Fig. 225. *a Taxilejeunea lancifolia* St. n. sp. pars caulis 10 : 1; *b T. paucidens* St. n. sp. pars caulis 10 : 1.

Tablas, 1800 m, No. 4545, 4649.

445. **Taxilejeunea longiloba** St. n. sp. (Fig. 226).

Dioica magna flaccida gracilis, virens, in cortice dense depresso-caespitans. C a u l i s ad 6 cm longus, parum breviterque ramosus. F o l i a c a u l i n a imbricata, subrecte patula, parum concava, in plano subrotunda (3 mm longa, 2,25 mm lata) ad ⅔ accreta, margine s u p e r o e basi rotundata longe arcuato, caulem superante, margine i n f e r o similiter curvato, apice late rotundata vel leviter obtusa. C e l l u l a e superae 36/36 µ, basales 36/54 µ, trigonis nullis. L o b u l u s angustus, erectus, cauli longe accretus (1 mm longus, 0,5 mm latus) quasi anguste saccatus, apice recte truncatus, repandus vel subdenticulatus. A m p h i g a s t r i a c a u l i n a gigantea, subcircularia (2,5 mm longa, 3 mm lata) ad medium sinuatim inserta, apice ad ⅕ inciso-biloba, sinu angusto, lobis late triangulatis apiculatis, leviter conniventibus. F o l i a f l o r a l i a obovato-oblonga (4 mm longa, 2 mm lata) apice rotundata, integra, inferne attenuata. L o b u l u s 3 mm longus, anguste spathulatus, folio breviter connatus et parallelus, apice obtuso. A m p h i g a s t r i u m f l o r a l e subrotundum (3 mm longum, 2,5 mm latum) foliis floralibus utrinque breviter connatum. apice ad $^1/_3$ inciso-bilobatum. rima angusta, lobis acutis. Reliqua desunt.

Corani, ca. 1800 m, No. 4678.

446. Taxilejeunea longirostris St.

Bolivia (sine loco natali).

447. Taxilejeunea muscicola St. n. sp. (Fig. 227, b—c).

Dioica pusilla, pallide virens, flaccida, fragillima, muscis consociata. C a u l i s ad 15 mm longus, irregulariter multiramosus. F o l i a c a u l i n a contigua, subrecte patula, decurva, in plano late ovatotrigona (1,5 mm longa, supra basin 1,25 mm lata) marginibus superis et inferis aequaliter arcuatis, apice late attenuata breviterque cuspidata, ad medium inserta, basi antica rotundata, caulem tegentia. C e l l u l a e superae 27/27 μ, basales 27/45 μ, parietibus tenuibus, trigonis nullis. L o b u l u s exiguus, ad plicam minutam reductus, linearis, apice truncatus, angulo acuto. A m p h i g a s t r i a c a u l i n a magna, caule triplo latiora, rotunda, transverse inserta, apice breviter emarginato-bifida, rima angusta, lobis late triangulatis apiculatis. P e r i a n t h i a anguste clavata (1,5 mm longa, medio 0,5 mm lata) cylindrica, sub apice constricta, apice ipso 5-plicata, plicis brevibus truncatis biangulatis, rostro minimo. F o l i a floralia exigua, perianthio triplo breviora, obovato-obconica, apice rotundata, integerrima; l o b u l u s triplo brevior, lanceolatus, breviter solutus, acutus. A m p h i g a s t r i u m f l o r a l e lobulis parum longius, oblongum, ad $^1/_3$ incisobifidum, lobis lanceolatis acutis. A n d r o e c i a desunt.

Rio Tocorani, No. 4048.

448. Taxilejeunea paucidens St. n. sp. (Fig. 225, b).

Sterilis mediocris, subhyalina, flaccida, gracillima, muscis corticolis consociata. C a u l i s ad 6 cm longus capillaceus, simplex vel parum breviterque ramosus. F o l i a c a u l i n a conferta, oblique patula, vix concava, in plano late ovata (1,5 mm longa, medio 1 mm lata) symmetrica, ad medium inserta, margine s u p e r o e basi truncata longe arcuato, caulem superante, i n f e r o similiter arcuato, apice acuta vel apiculata, sub apice paucidenticulata vel solum angulata. Cellulae superae 36/36 μ, trigonis nullis, basales 36/54 μ trigonis parvis. L o b u l u s majusculus, folio quadruplo brevior, oblongus, carina oblique adscendens, leviter arcuata, amplo sinu in folium excurrens, apice quam basis subduplo angustiore, oblique truncato, angulo obtuso, sub apice constrictus. A m p h i g a s t r i a caulina magna, caule quadruplo latiora, reniformia, transverse inserta, ad $^1/_3$ emarginato-biloba, lobis late triangulatis porrectis acutis.

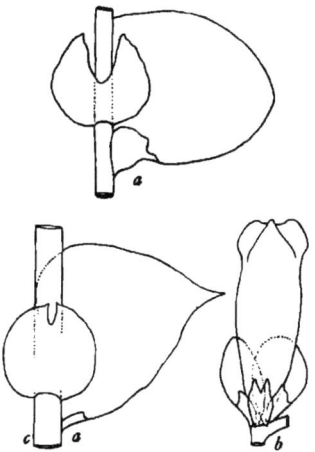

Fig. 227. *a Taxilejeunea Rechingeri* St. pars caulis 15:1; b—c *T. muscicola* St. n. sp. *b* Perianth. 15:1; *c* fol. caul. in situ 15:1.

Tablas (1800 m), No. 4602.

449. Taxilejeunea pendula St. n. sp. (Fig. 223, a).

Sterilis magna gracilis, pallide flavicans, subhyalina, dense depresso-caespitans, in ramulis arborum pendula. C a u l i s ad 5 cm longus, capillaceus, pallidus, debilis, parum longeque ramosus. F o l i a c a u l i n a contigua, oblique patula, parum concava, in plano oblonga (2 mm longa, medio 1,17 mm lata) latissima basi inserta, marginibus longe arcuatis, apice longe apiculata, integerrima. C e l l u l a e superae 36/36 μ, basales 36/45 μ, trigonis nullis. L o b u l u s minimus subquadratus, apice truncatus, angulo obtuso. A m p h i g a s t r i a c a u l i n a reniformia, caule triplo latiora (0,67 mm lata, 0,5 mm longa) transverse inserta, basi utrinque cordatim rotundata, apice ad medium inciso-biloba, sinu recto, lobis late triangulatis porrectis acutis.

In valle Corani (1800 m), No. 4668.

450. **Taxilejeunea peruviana** St.

Nebelwald über Comarapa, No. 4329.

451. **Taxilejeunea pusilla** St. n. sp. (Fig. 223, b).

Sterilis pusilla, pallide flavicans, subhyalina, corticola. C a u l i s ad 8 mm longus, simplex vel parum ramosus. F o l i a   c a u l i n a contigua, oblique patula, canaliculatim concava, in plano ovata (0,83 mm longa, medio 0,5 mm lata) ad medium inserta, margine supero e basi truncata longe arcuato, margine infero substricto vel leviter curvato, apice acuta, integerrima. C e l l u l a e superae 18/18 μ, basales 27/36 μ trigonis nullis, parietibus validis. L o b u l u s magnus, late ovatus, folio quadruplo brevior, carina oblique adscendens, leviter arcuata, levi sinu in folium excurrens, apice quam basis duplo angustiore, oblique leviterque emarginatus, angulo apiculato. C e l l u l a e superae 18/18 μ, basales 27/36 μ, trigonis nullis, parietibus validis. A m p h i g a s t r i a   c a u l i n a maxima, caule quintuplo latiora, rotunda, profunde sinuatim inserta, fere ad medium usque biloba, sinu angusto acuto lobis triangulatis acutis porrectis.

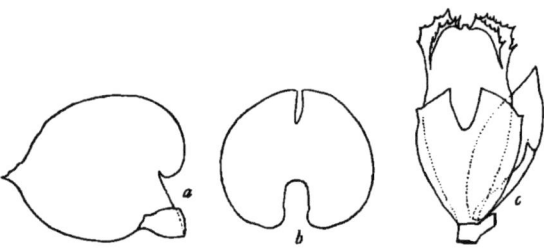

Fig. 226. *Taxilejeunea rufescens* St. n. sp. *a* fol. caul. 15 : 1; *b* amphig. caul. 15:1; *c* Perianth. 15 : 1.

Incacorral (2200 m), No. 4951.

452. **Taxilejeunea Rechingeri** St. (Fig. 227, a).

Bolivia (sine loco natali).

453. **Taxilejeunea rufescens** St. n. sp. (Fig. 228).

Dioica magna gracilis flaccida, rufescens vel pallide virens, in cortice laxe intricata. C a u l i s ad 6 cm longus, irregulariter ramosus; ramis primariis ad 2 cm longis, sparsim breviterque pinnatis et bipinnatis. F o l i a   c a u l i n a contigua, oblique patula, in plano late ovata (1,33 mm longa, medio 1 mm lata) margine supero e basi valde rotundata longe arcuato, ipsa basi rotundato-appendiculato, margine i n f e r o similiter longeque arcuato, apice grosse apiculata, integerrima. C e l l u l a e superae 27/27μ, basales 27/36 μ, trigonis parvis, medio nodulosis, marginibus celluloso-crenulatis. L o b u l u s majusculus, oblongus, folio quadruplo brevior, carina oblique adscendens, leviter arcuata, levi sinu in folium excurrens, apice quam basis duplo angustiore, truncato, angulo obtuso, sub apice leviter constrictus. A m p h i g a s t r i a   c a u l i n a gigantea, subrotunda (1 mm longa et lata) profunde sinuatim inserta, apice ad ¼ biloba, rima angusta, lobis late triangulatis acutis. P e r i a n t h i a oblonga, 1,5 mm longa, 0,67 mm lata) sub apice leviter constricta, superne quadruplicata, plicis brevibus angustis irregulariter dentatis et spinulosis. F o l i a   f l o r a l i a perianthio parum breviora, anguste lanceolata, acuta, integra; l o b u l u s folio duplo brevior, haud solutus, angustissimus, apice truncatus, angulo acuto. A m p h i g a s t r i u m   f l o r a l e intimum obovato-obconicum, ad ⅓ bilobatum, sinu semirecto obtuso, laciniis extus dente armatis. A n d r o e c i a desunt.

Tablas. 1800 m. No. 4567. 4609. 4610: Corani. 1800 m. No. 4679.

— 265 —

Macrolejeunea Spruce 1885 p. subgen.

454. Macrolejeunea Herzogiana St. n. sp. (Fig. 229).

Dioica magna flaccida, fusco-brunnea, in cortice laxe caespitans lateque expansa. C a u l i s ad 4 cm longus, simplex vel paucipinnulatus. F o l i a caulina conferta, oblique patula, valde decurva, in plano ovato-trigona (2,5 mm longa supra basin 2,5 mm lata) asymmetrica, margine supero longe arcuato, infero substricto, apice acuta, lata basi inserta, basi antica truncata, caulem vix tegentia, integerrima. C e l l u l a e superae 27/27 μ, basales 27/36 μ trigonis nullis. L o b u l u s magnus, folio subduplo brevior,

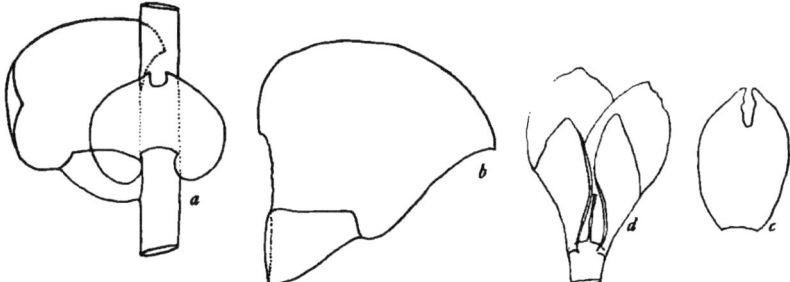

Fig. 229. *Macrolejeunea Herzogiana* St. n. sp. *a* fol. caul. in situ 20 : 1; *b* fol. caul. in plano 20 : 1; *c* amphig. flor. 30 : 1; *d* folia floralia 30 : 1.

oblongus, duplo longior quam latus, carina subrecte patula, leviter arcuata, levi sinu in folium excurrens, apice oblique truncatus, angulo acuto. A m p h i g a s t r i a c a u l i n a maxima, reniformia (1,25 mm longa, 1,5 mm lata) profunde sinuatim inserta, basi utrinque optime cordata, apice minute exciso-bidentula. F o l i a f l o r a l i a spathulata (1,33 mm longa, medio 0,75 mm lata) apice acuta integerrima; l o b u l u s lanceolatus, folio parum brevior, ad ¹/₃ vel ad medium solutus, acutus. A m p h i g a s t r i u m f l o r a l e lobulis aequilongum, obovato-obconicum, apice ad ¼ bifidum, sinu angusto, obtuso, lobis triangulatis obtusis. Reliqua desunt.

Cordillera de Santa Cruz, No. 3911, 3908.

Hygrolejeunea Spruce 1885 p. subgen.

455. Hygrolejeunea cordifissa Tayl.
Sillar 1600 m, No. 2721/a, 2774/a; Tablas, 3400 m, No. 2838; Cordillera de Santa Cruz, No. 3542, 3543.

456. Hygrolejeunea cuspidata (G.) St.
Cordillera de Santa Cruz, No. 3919.

457. Hygrolejeunea eluta (Nees.) St.
Cordillera de Santa Cruz, No. 3914.

458. Hygrolejeunea Herzogii St. n. sp. (Fig. 230).

Dioica magna robusta flaccida, rufo-brunnea, in cortice dense depresso-caespitans. C a u l i s ad 6 cm longus, parum longeque ramosus. F o l i a c a u l i n a conferta, recte patula, valde concava, in plano ovata (1,5 mm longa, medio 1 mm lata) asymmetrica, margine supero longe arcuato, infero leviter sinuato, apice late rotundata, brevissima basi inserta, basi antica truncato-rotundata, caulem vix tegentia, integerrima. C e l l u l a e superae 36/36 μ, basales 36/45 μ trigonis parvis, in medio parietum nodulosis. Lobulus parvus folio quadruplo brevior, oblongus, duplo longior quam latus apice quam basis parum angustiore, oblique truncato, angulo obtuso; carina oblique adscendens, leviter arcuata, amplo sinu in folium excurrens. A m p h i g a s t r i a c a u l i n a maxima, optime circularia (0,5 mm longa et lata) profunde sinuatim inserta, profunde cordata, integerrima. P e r i a n t h i a desunt. F o l i a f l o r a l i a lanceolata (1,25 mm longa, medio 0,67 mm lata) apice obtusa; l o b u l u s parum minor, ad medium solutus, apice subacutus. A m p h i g a s t r i u m f l o r a l e foliis floralibus aequilongum, obovato-obconicum, apice minute incisum, segmentis obtusis. A n d r o e c i a desunt.

Sillar (1800 m), No. 2687.

459. **Hygrolejeunea orba** (Gottsche) St.
Cordillera de Santa Cruz, No. 3890.

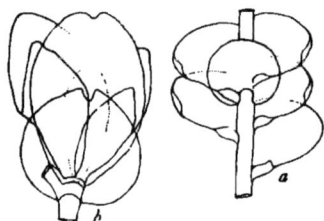

Fig. 230. *Hygrolejeunea Herzogii* St. n. sp. *a* pars rami 10 : 1; *b* folia floralia 30 : 1.

Euosmolejeunea Spruce 1885 p. subgen.

460. **Euosmolejeunea tenerrima** (Ldbg.) St.
Cordillera de Santa Cruz, No. 3922.

Microlejeunea Spruce 1885 p. subgen.

461. **Microlejeunea Herzogiana** St. n. sp.

Dioica majuscula, fusco-brunnea, in rupibus humidis dense depresso-caespitans. C a u l i s ad 4 cm longus, simplex vel parum breviterque pinnatus. F o l i a c a u l i n a conferta, oblique patula, inflata, apice decurva, in plano ovato-trigona (2,5 mm longa, supra basin 2,25 mm lata) lata basi inserta, asymmetrica, margine supero longe arcuato, infero stricto vel leniter sinuato, apice acuta, integerrima. C e l l u l a e superae 27/27 μ, basales 27/36 μ trigonis nullis. L o b u l u s magnus, oblongus, duplo longior quam latus, carina stricta, oblique adscendens, levi sinu in folii marginem excurrens, apice quam basis subtriplo angustiore, recte truncato, angulo obtuso, margine supero stricto. A m p h i g a s t r i a c a u l i n a magna, reniformia (1,5 mm lata, 1 mm longa) basi profundissime cordata, apice breviter emarginato-bidentula. F o l i a f l o r a l i a intima obovato-oblonga (1,33 mm longa, superne 0,67 mm lata) apice acuta, integerrima; l o b u l u s magnus lanceolatus (1 mm longus, 0,33 mm latus) ad $^1/_3$ solutus, apice acuto, integerrimo. A m p h i g a s t r i u m f l o r a l e intimum obovato-obconicum (1 mm longum, superne 0,67 mm latum) ad $^1/_4$ inciso-bifidum, rima angusta, lobis triangulatis obtusis. Reliqua desunt.

Bolivia (sine loco natali).

Homalolejeunea.

462. **Homalolejeunea excavata** Mitt.
Hab. Bolivia (sine loco natali).

Cheilolejeunea Spruce 1885 p. subgen.

463. **Cheilolejeunea boliviensis** St. n. sp. (Fig. 231).

Dioica minor flaccida, virens, in cortice dense depresso-caespitans. C a u l i s ad 2 cm longus, irregulariter multiramosus, capillaceus, virens et debilis. F o l i a c a u l i n a parum imbricata, subrecte patula, parum concava, in plano optime ovata, symmetrica, apice obtusa, basi antica truncato-rotundata, brevi basi inserta. C e l l u l a e superae 18/18 μ, basales 18/36 μ, parietibus validis, trigonis nullis. L o b u l u s magnus, folio duplo brevior, fusiformis, carina oblique adscendens, leviter arcuata, levi sinu in folii marginem excurrens, apice oblique truncatus, angulo apiculato. A m p h i g a s t r i a c a u l i n a magna, caule triplo latiora, sinuatim inserta, ad medium bifida, sinu angusto obtuso, lobis triangulatis acutis porrectis. P e r i a n t h i a pyriformia (1 mm longa, sub apice 0,58 mm lata) rostro longo, plicis posticis angustis, longe decurrentibus. Folia floralia perianthio longiora, oblongo-obcuneata, apice rotundata vel obtusa; lobulus tertio brevior, angustus, ad $^1/_2$ solutus, obtusus. Amphigastrium florale perianthio aequilongum, obovato-obconicum, ad medium bifidum, rima angusta obtusa, lobis late lanceolatis acutis integerrimis. Androecia desunt.

Nebelwald über Comarapa, No. 3804.

464. Cheilolejeunea Herzogiana St. n. sp. Fig. (232.)

Dioica, mediocris flaccida, dilute brunnea, pulvinatim caespitans. Caulis ad 15 mm longus, simplex vel breviter remoteque pinnatus. Folia caulina imbricata, recte patula, apice decurva, in plano ovato-trigona, asymmetrica (0,83 mm longa, medio 0,75 mm lata) apice obtusa, ad medium inserta, basi antica truncato-rotundata, caulem tegentia, margine supero valde arcuato, infero substricto, integerrima. Cellulae superae 18/18 µ trigonis majusculis, basales 27/36 µ trigonis magnis. Lobulus in situ oblongus, sub apice valde constrictus, in plano late trigonus, carina oblique

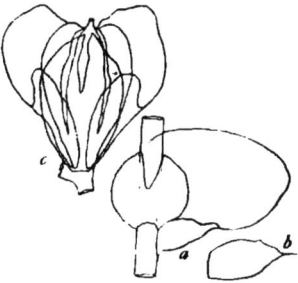

Fig. 231. *Cheilolejeunea boliviensis* St. n. sp. a fol. caul. in situ 15 : 1; b lobulus explanatus 15 : 1; c Perianth. 15 : 1.

adscendens, leviter arcuata, amplo sinu in folium excurrens, apice recte truncatus, angulo apiculato. Amphigastria caulina magna, reniformia, caule triplo latiora, sinuatim inserta, ad medium inciso-biloba, rima angusta, lobis late triangulatis obtusis. Folia floralia caulinis multo majora (1,17 mm longa, medio 0,83 mm lata) spathulata, integerrima; lobulus duplo brevior, linearis, triplo longior quam latus, apice truncatus, angulo obtuso. Amphigastrium florale subrotundum (0,67 mm latum et longum) apice ad $^1/_5$ inciso-bilobatum, sinu recto, lobis late triangulatis obtusis. Reliqua desunt.

Vallegrande, Cerro Pampalarga (2300 m), No. 4139.

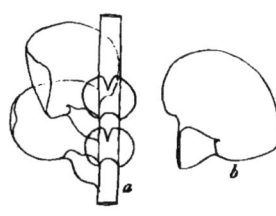

Fig. 232. *Cheilolejeunea Herzogiana* St. n. sp.
a Pars caulis 15 : 1; b fol. caul. in plano 15 : 1; c Folia floralia 15 : 1.

Diplasiolejeunea Spruce 1885 p. subgen.

465. Diplasiolejeunea pellucida S.

In valle Corani (1800 m), No. 4706.

466. Diplasiolejeunea Panckerti (Nees.) St.

Comarapa (2600 m), No. 3976.

Eulejeunea Spruce (1885 p. subgen.) ref. 1887.

467. Eulejeunea Spindleri St. n. sp. (Fig. 233).

Dioica pusilla, flaccida, flavo-rufescens, aliis hepaticis consociata. Caulis ad 10 mm longus, regulariter pinnatus, pinnis longioribus paucipinnulatis. Folia caulina imbricata, squarrose patula, in plano ovata, asymmetrica, margine supero arcuato, infero sinuato, apice rotundata, ad medium inserta, basi antica truncato-rotundata, caulem tegentia (1,17 mm longa, supra basin 1 mm lata). Cellulae superae 27/27 µ, basales 36/54 µ, trigonis nullis. Lobulus magnus, folio duplo brevior, anguste oblongus, triplo longior quam latus, carina oblique adscendens, leviter arcuata, stricte in folium excurrens, apice quam basis quadruplo angustiore, oblique truncato, angulo obtuso, sub apice constrictus. Amphigastria caulina maxima (1 mm longa et lata) subrotunda, sinuatim inserta, apice ad $^1/_5$ biloba, lobis triangulatis, apiculatis, sinu recto obtuso. Perianthia pyriformia (1,33 mm longa, medio 0,75 mm lata) rostro parvo, plicis posticis angustis, longe decurrentibus, integerrimis. Folia floralia perianthio aequilonga, oblongo-obcuneata, acuta, margine supero paucidentato; lobulus parum brevior, lanceolatus, ad $^1/_2$ solutus, acutus. Amphigastrium florale foliis floralibus aequilongum, obovatum, lobulis breviter connatum, apice brevissime exciso-bidentulum, sub apice utrinque unidentatum. Androecia desunt.

Corani, in ligno putrido, ca. 1800 m, No. 4700.

468. **Eulejeunea Spruceana** St. n. sp. (Fig. 234).

Dioica minor flaccida, flavo-virens, in cortice dense depresso-caespitans. Caulis ad 2 cm longus, parum minuteque pinnatus, sub flore innovatus. Folia caulina parum imbricata, oblique patula, concava, in plano late ovata (1,25 mm longa, supra basin 1 mm lata) asymmetrica, margine supero longe arcuato, infero sinuato, apice rotundata vel subobtusa, brevi basi inserta, basi antica truncato-rotundata, caulem superantia. Cellulae superae 18/18 μ basales 27/45 μ, trigonis nullis, parietibus tenuibus. Lobulus magnus, folio duplo bevior, oblongus, carina oblique adscendens, leviter arcuata, amplo sinu in folium excurrens, apice quam basis triplo angustiore, oblique truncato, angusto acuto, sub apice leviter constrictus. Amphigastria caulina magna, subrotunda (0,75 mm longa, 0,67 mm lata) sinuatim inserta, apice breviter biloba, sinu recto obtuso, segmentis obtusis. Perianthia optime pyriformia, (1,25 mm longa, medio supero 0,75 mm lata) rostro brevissimo, plicis posticis breviter decurrentibus, angustis. Folia floralia perianthio aequilonga, spathulata, apice rotundata; lobulus subduplo brevior, obovato-obcuneatus, ad $^1/_3$ vel $^1/_2$ solutus, apice rotundatus. Amphigastrium florale perianthio aequilongum, late obconicum, apice breviter bilobatum, sinu recto, obtuso, segmentis obtusis. Androecia desunt.

Comarapa, 2600 m, No. 4220.

Fig. 233. *Eulejeunea Spindleri* St. n. sp. *a* fol. caul. in situ 15 : 1; *b* amphig. caul. 15 : 1; *c* Perianth. 15 : 1.

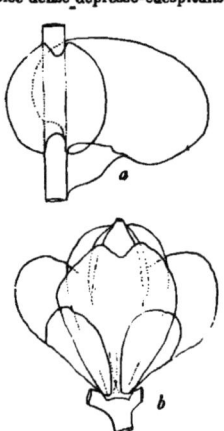

Fig. 234. *Eulejeunea Spruceana* St. n. sp. *a* Pars caulis 15 : 1; *b* Perianth. 15 : 1.

469. **Eulejeunea subsymphoreta** St.

Tablas, ca. 1800 m, No. 4604, 4614.

470. **Eulejeunea symphoreta** S.

Tres Cruces (Cord. de Sta. Cruz), ca. 1500 m, No. 3891.

Megaceros.

471. **Megaceros boliviensis** St.

Tablas (1800 m), No. 4563.

472. **Megaceros Jamesoni** (Taylor) St.

Tablas (1800 m), No. 4528.

Nachtrag zu dem Abschnitt „Hepaticae"
von Th. Herzog.

Außer den in meinen Exsiccaten herausgegeben Lebermoosen habe ich von meiner Reise auch einiges Alkoholmaterial mitgebracht, das sich im Besitz von Herrn Geheimrat Professor Dr. K. von Goebel befindet. Es fanden sich darunter noch 2 Arten, die in der Stephanischen Zusammenstellung fehlen und welche hier noch nachgetragen werden sollen. Die Diagnosen verdanke ich dem freundlichen Entgegenkommen des Autors. Die Abbildungen befinden sich in der 2. Auflage von Goebels „Organographie".

Gleichzeitig mögen noch einige Bemerkungen über die Zusammenstellung des Herrn F. Stephani am Platze sein. Da Herr Stephani wegen Überbürdung mit anderen Arbeiten es abgelehnt hat, noch eine letzte Durchsicht des Manuskriptes vorzunehmen, so bin ich genötigt, selbst einige kleine Korrekturen anzubringen. Unter den aufgezählten Arten befindet sich eine geringe Zahl, bei welcher an Stelle einer genauen Fundortsangabe die allgemeine Bemerkung „Bolivia (sine loco natali") beigefügt ist. Da nun ein Teil dieser Arten in den Bestimmungslisten, die ich von Herrn Stephani erhielt, nicht enthalten ist und ich trotz meiner Bitte von Herrn Stephani auch die Sammlungsnummer nicht erfahren konnte, obwohl alle von mir gesammelten Moose mit Nummern versehen waren, so liegt die Vermutung nahe, daß sich bei der Bearbeitung einige nicht hierher gehörende Arten eingeschlichen haben.

Ich möchte namentlich auf eine Art, „Schistochila Loriana", hinweisen, deren Vorkommen in Bolivia sehr unwahrscheinlich ist. Ich erinnere mich auch nicht, unter meinem Material, das ich eigenhändig aufpräparierte, etwas ähnliches gesehen zu haben.

So möchte ich also bei allen denjenigen Arten, wo genauere Fundortsangaben, resp. die Sammlungsnummern, fehlen, vor Verwendung bei pflanzengeographischen Darstellungen warnen.

Ich bedaure, zu dieser eigenmächtigen Richtigstellung gezwungen zu sein, da von Herrn Stephani keine Antwort in dieser Angelegenheit mehr zu erhalten war.

Außer den nachfolgend beschriebenen 2 neuen Arten befinden sich in meiner Sammlung noch einige biologisch sehr interessante Hochgebirgsformen (wahrscheinlich Jamesonien, eine kleine Fossombronia und eine Riccia von 3500 m Meereshöhe), die aber alle spezifisch nicht bestimmbar sind.

Cololejeunea Herzogii Goebel nov. spec.

Caespites densos ca. 1 cm longos, ½ cm latos formans, laete viridis. Tota superficie perianthiis numerosissimis obtecta. Caules ascendentes, sub perianthiis iteratim innovantes. Rhizoidia fasciculatim disposita. Folia dissita (amphigastria nulla), distiche patula, basi angusta inserta, interdum apice obtuse lobata, basin versus paucas papillas mucigeras in juventute gerentia, una earum apicem lobuli inferioris ornat. Lobulus inferior plerumque maxime reductus, in foliis inferioribus nonnunquam sacculum formans.

Folia 0,5 mm longa, 0,45 mm lata. Cellulae majores 0,022 mm latae. Perianthium a folio proximo elongatione caulis claviformi 0,8—0,83 mm longa separatum, 0,7 mm longum, 0,38 mm latum. Perianthia 5-carinata, apice tubulosa. Os tubuli dilatatum.

Plantae monoicae, sed rami masculi minus frequentes; antheridia solitaria.

An Baumästen bei Incacorral, sine No. leg. Herzog.

Cololejeuneae gymnocoleae Spr. affinis sed forma et textura foliorum et perianthii optime distincta.

Fossombronia Herzogii Goebel n. sp.

(Icones No. 589 in Goebel, Organographie, 2. Auflage.)

Inter omnes hepaticas anacrogynas prominens magnitudine, qua solum a Treubia insigni superatur. Caulis ad 6 cm longus, laxus, iteratim dichotomus, superne planiusculus, ca. 1 mm latus, 0,7 mm altus. Cellulae omnes membrana tenui instructae, exteriores interioribus multo minores. Folia magna, 6 mm longa, 3 mm lata, juvenilia valde crispata. Basin versus 4—6 strata cellularum, in parte superiore unicum. Margo posterior in facie dorsali caulis insertus, margo anterior ita reflexus, ut in facie ventrali caulis transverse insertus sit. Folia juvenilia papillas mucigeras e margine proferunt. Amphigastria prorsus nulla. In facie dorsali nonnunquam squamulae foliaceae observantur. Rhizoidia raro occurrunt, violacea. Archegonia, antheridia et sporogonia desunt.

Forsan genus novum sed a Noteroclada (Androcryphia) certissime diversum.

An nassen Stellen (Bachrand?) der Cerros de Malaga, No. 4388 (irrtümlicherweise unter der Bezeichnung Androcryphia confluens var. major ausgegeben).

III. Geographischer Teil.

1. Die wichtigsten Familien der andinen Moosflora Bolivias.

In diesem Abschnitt soll ein Überblick über die in Bolivien vertretenen Moosfamilien unter Einbeziehung aller bisher aus dem Gebiet nachgewiesenen Arten gegeben werden, woraus die Stellung der Einzelelemente im Gesamtbild hervorgeht. In den Vordergrund werden hier diejenigen Gattungen und Arten gestellt, welche durch massiges Auftreten den Formationen ihr besonderes Gepräge verleihen.

Sphagnaceae.

Im Gegensatz zu den Ländern der gemäßigten und kalten Zone spielen die Sphagnaceen in den tropischen Gebieten eine relativ untergeordnete Rolle und sind namentlich durch den Charakter ihres Standortes von dem Gros der Torfmoose verschieden. Während diese — wie ja schon ihr Name sagt — in unseren Breiten die Charakterpflanzen der Torfmoore sind, liegt der Schwerpunkt ihrer Verbreitung in den Tropen in den feuchten W ä l d e r n der Gebirge, wo sie Abhänge des Waldbodens und Baumstümpfe überziehen; in den eigentlichen Hochregionen jedoch, wo Moorbildungen durchaus nicht zu den Seltenheiten gehören, fehlen sie — wenigstens in Bolivia — völlig. So habe ich sie z. B. in dem ausgedehnten Moorbecken des oberen Montehuaikotales vergeblich gesucht. Auch auf dem torfigsandigen Plateau von Caluyo („Paramo") das für die Entstehung ausgedehnter Sphagnum-Bestände die besten Bedingungen zu bieten schien, war keine Spur von Sphagnen zu finden. In der Quimzacruz-Hochkordillere, wo fast jede Talstufe ihren See mit benachbarten Moorwiesen oder einen verlandeten Seeboden mit typischer Hochmoorbildung besitzt, konnte ich ebensowenig Sphagna entdecken. Das ist um so merkwürdiger, als W e b e r b a u e r sie in Peru auch in den Hochregionen gefunden hat. Die höchsten mir bekannten Fundorte in Bolivia liegen an der Waldgrenze über Tablas bei ca. 3400 m, aber noch innerhalb des Hartlaubgebüsches, wo sie ausgedehnte schwammige Polster bilden. Fleckweise traf ich sie auch in der mittleren und unteren Bergregion, jedoch nie mit der physiognomischen Bedeutung, welche den Sphagneen in unseren europäischen Bergwäldern zukommt.

Andreaeaceae.

Diese schon in den europäischen Hochgebirgen (vielleicht weniger wegen der Zahl ihrer Arten als durch die Häufigkeit einzelner Arten und ihre physiognomisch bedeutsame Rolle) wichtige Familie ist in den Hochregionen der Kordillere überaus artenreich entwickelt und nimmt auch physiognomisch, besonders in der Nivalregion, eine der europäischen ebenbürtige Stellung ein. Die meisten Arten bevorzugen feuchte, z. T. sogar nasse und überrieselte Felsen, wo sie oft ausgedehnte Polsterkissen bilden. Eine Art, *A. subernervis* — zu einer antarktischen Verwandtschaftsgruppe gehörig — wächst sogar mit Vorliebe untergetaucht im kalten Wasser der Schmelzbäche in der höchsten Kordillere und entfernt sich habituell durch die großen löffelförmig-hohlen Blätter weit vom gewohnten Typus der Gattung. Alle Arten mit Ausnahme der ebengenannten *A . subenervis* (aus der Untergattung Chasmocalyx) und der gleichfalls antarktischen *A. pseudosubulata,* die ich auf der ersten Reise an der Abra de San Benito sammelte, reihen sich unter den *Enerviae* der Untergattung *Euandreaea* ein, können aber nur zum Teil als unseren arktisch-alpinen Spezies verwandt betrachtet werden. Die kräftigen, hochstengligen Arten wie *A. robusta, vilocensis, erythrodictyon, clavata* und *dissitifolia* bilden eine eigene, enger unter sich verwandte Gruppe mit bis jetzt ganz beschränktem Verbreitungsareal in der bolivischen Hochkordillere.

Dicranaceae.

In ihren einzelnen Unterfamilien ist diese wohl aus mehreren heterogenen Gruppen zusammengesetzte, in ihrer heutigen Umgrenzung also kaum haltbare Familie in Bolivien sehr ungleichmäßig vertreten. Während die Gruppe der *Ditricheae*, mit welcher sich wohl *Campylopus* und *Pilopogon* zu der von Loeske vorgeschlagenen Familie der *Campylopodaceae* vereinigen ließen, mit sehr zahlreichen Arten durch das ganze Gebiet — von der unteren Bergregion bis auf die höchsten Höhen — verbreitet ist, sind gerade die echten *Dicraneen*, welche sich um *Dicranum* scharen, sehr spärlich vorhanden. Hierher gehört allerdings auch eines der gewöhnlichsten Moose an der Waldgrenze, nämlich *Dicranum speciosum*. Die Gattungen *Holomitrium* und *Symblepharis*, welche sehr charakteristische Gestalten der oberen Waldgürtels liefern, wird man dagegen aus diesem engeren Verwandtschaftskreis ausscheiden müssen. Noch weniger klar liegen die verwandtschaftlichen Beziehungen zwischen den *Dicraneen* und den *Rhabdoweisieen*, unter denen nur die Gattung *Oreoweisia* mit einigen weiter verbreiteten Arten in den Formationen hervortritt. Die schon oben kurz erwähnten *Ditricheae* oder *Campylopodaceae* entwickeln namentlich in den verschiedenen Untergattungen von *Campylopus* einen außerordentlichen Artenreichtum. Besonders interessant ist unter diesen eine Gruppe hochwüchsiger Formen aus der Untergattung *Pseudocampylopus*, wie *C. albidovirens, trichophyllus* und *latinervis*, die wohl den Cordilleren ausschließlich eigentümlich ist, und die neue Untergattung *Leucocampylopus*, ein Endemismus Bolivias. Hierher gehören auch die interessanten endemischen hochandinen Gattungen *Tristichium* und *Astomiopsis*, während in *Pleuridium* und das wohl kosmopolitische *Distichium capillaceum* weniger charakteristische, aber doch pflanzengeographisch bedeutsame Erscheinungen sind. Die *Dicranelleae* sind in den tieferen Lagen durch mehrere Arten der Untergattungen *Microdus* und *Eudiranella* vertreten, in den Hochregionen jedoch ausschließlich durch *Anisothecien* und die ihnen verwandten Gattungen *Hygrodicranum* und *Polymerodon*. Die Gattung *Angstroemia* liefert in ihrer hochandinen Art *A. julacea* eine Parallele zu der alpinen *A. longipes*.

Leucobryaceae.

Diese sonst in den Tropen, besonders der alten Welt, sehr wichtige Familie ist in der bolivianischen Cordillere nur durch wenige Arten von untergeordneter Bedeutung vertreten und auf die untere bis mittlere Bergregion beschränkt. Eine der gewöhnlichsten Arten, die jedoch nur den tropisch-heißen Tälern angehört und da besonders die Palmstämme besiedelt, ist *Octoblepharum albidum*. Pflanzengeographisch bemerkenswert ist auch das Vorkommen der Gattung *Ochrobryum* in den tiefsten Lagen des Bergwaldes.

Fissidentaceae.

Im Gebiet kommen hauptsächlich Kleinformen der Gattung *Fissidens* vor; alle größeren Sektionen sind vertreten, aber keine der Arten hat in den Formationen irgend welche hervortretende Bedeutung. Bemerkenswert ist das Auftreten von drei winzigen Arten der Sektion *Heterocaulon* in den höchsten andinen Lagen. Das systematisch größte Interesse beansprucht die hochandine, monotypische Gattung *Simplicidens* mit sehr derbem Sporogon und ungeteilten kräftigen Peristomzähnen, wohl ein alter Typus dieser sonst so einheitlich organisierten Familie. An eine Rückbildung ist hier wohl deshalb nicht zu denken, weil das Peristom von *Simplicidens* nichts weniger als den Eindruck eines abgeleiteten, etwa verkümmerten Gebildes macht, wie dies sonst in vielen Verwandtschaftskreisen bei Hochgebirgsformen der Fall ist.

Calymperaceae.

Diese kleine, ausschließlich tropische Familie gehört dem Waldgebiet und hier in erster Linie tiefsten Lagen an. Keine der Arten zeichnet sich durch massigeres Auftreten aus; doch ist *Syrrhopodon argentinicus* insofern bemerkenswert, als er allein auch ins subtropische Gebiet übertritt und hier in den Bergwäldern des Kordilleren-Ostrandes weit südlich bis nach Argentinien vordringt. Aus der großen, in Ostasien besonders vielfältig entwickelten Gattung *Calymperes* ist in Bolivia nur eine einzige Art bekannt.

Trichostomaceae.

Der amerikanische Kontinent und hier insbesondere die Trockengebiete des Tropengürtels und die höchsten Erhebungen der Gebirge besitzen in dieser Familie einen geradezu unerschöpflichen Reichtum von eigentümlichen Gattungen und extrem angepaßten Arten. Bolivien an erster Stelle nennt als endemisch 6 Gattungen sein eigen und beherbergt daneben noch 2 Gattungen, *Globulina* und *Husnotiella*, von sehr merkwürdiger Verbreitung, nämlich mit je einer Art in Mexiko und Bolivia, ein pflanzengeographisches Phänomen, über welches später noch ausführlicher zu sprechen sein wird. Neben diesen mehr oder weniger eigentümlichen Gattungen sind auch fast alle aus Europa bekannten Genera vorhanden, so *Trichostomum* mit 7 Arten, *Tortella*, *Hymenostomum*, *Hymenostylium*, *Molendoa*, *Weisia*, *Gyroweisia*, *Didymodon* (besonders die Untergattung *Erythrophyllum*) und *Barbula*. Als Formation bildende Elemente treten sie jedoch nicht hervor, mit Ausnahme von *Molendoa*, die in den höchsten Felsrevieren als verbreitetes Polstermoos Beachtung verdient, schon wegen des ähnlichen Vorkommens in den Alpen. Von größter Bedeutung dagegen ist die Gattung *Leptodontium*, welche integrierende Bestandteile aller Formationen vom mittleren Waldgürtel bis zur höchsten Kämme liefert. Sie ist mit 20 Arten vertreten, von denen einige für gewisse sowohl floristisch wie physiognomisch einheitliche Gebietsteile als Leitmoose dienen können. Von pflanzengeographischen Gesichtspunkten aus ist die reiche Entwicklung der *Erythrophyllum*-Gruppe bemerkenswert, vom biologischen die vielfältige Variation des Rollblattypus in der Gruppe *Helicopogon* von *Barbula*.

Pottiaceae.

Neben der großen Gattung *Tortula*, die mit sehr zahlreichen Arten aus dem Waldgürtel bis an die Grenze des ewigen Schnees hinansteigt und viele sehr eigentümliche Formen enthält, sind im Gebiet nur noch die Gattungen *Streptopogon* mit mehreren astbewohnenden Arten lichter Wälder, *Aloinella*, mit einer biologisch sehr merkwürdigen hochandinen Art, die den beiden argentinisch-hochandinen Arten *A. galeata* und *A. cucullatifolia* sowie der mexikanischen *A. catenulata* sehr nahe steht, und *Aloina* mit einer Art im Trockengebiet vertreten.

Grimmiaceae.

Im Vegetationsbild der Hochgebirge Bolivias nehmen die *Grimmien* dieselbe Stelle wie in den Hochalpen ein. Während aber in Europa die Gattungen *Grimmia* und *Schistidium* mit ihren vielen Arten sich von der Ebene durch alle Höhenlagen bis in die Felsreviere der Schneeregion hinein verteilen, bleiben sie in Bolivien ausschließlich auf den obersten Vegetationsgürtel, d. h. das Gebiet ü b e r d e r W a l d g r e n z e beschränkt, erreichen hier aber trotzdem eine sehr bedeutende Artenzahl. Nur die Gattung *Rhacomitrium*, deren einer Art *Rh. crispipilum* in der Hochkordillere etwa die gleiche Rolle wie dem arktisch-alpinen *Rh. hypnoides* in den altweltlichen Gebirgen zukommt, steigt gelegentlich in den obersten Waldgürtel hinab. Eine sehr häufige Art ist auch *Rh. austrosudeticum*, die Kopie des arktisch-alpinen *Rh. sudeticum*.

Orthotrichaceae.

Während in der europäischen Moosflora *Orthotrichum* eine der artenreichsten Gattungen ist, fehlt ihm in Bolivia jede größere Bedeutung als Charakterbestandteil einer Formation. Immerhin ist als pflanzengeographisch bezeichnend zu erwähnen, daß die Mehrzahl der in Bolivia vorkommenden *Orthotrichum*-Arten auf die Trockenseite des Gebirges angewiesen ist, im genauen Gegensatz zu der Gattung *Macromitrium*, deren Arten mit Ausnahme einer einzigen *(M. filiforme)* gerade die feuchte Seite der Bergketten bevorzugen. *Macromitrium* gehört hier zu den bestandbildenden Moosen und stellt mit *Leptodontium* und *Zygodon* die wichtigsten Bewohner dickerer Baumäste. Auch von *Zygodon* finden wir hier eine ganz beträchtliche Artenzahl in den feuchten Wäldern, doch steigt diese Gattung in mehreren sehr ausgezeichneten Arten auch bis in die höchsten Felsregionen empor. *Anoectangium* und *Amphidium* schließlich sind charakteristische, aber in keiner Formation hervortretende Felsmoose.

Funariaceae.

In dieser Familie ist zunächst die hohe Zahl der *Entosthodon*-Arten anzuführen, von denen ein größerer Teil den Hochanden angehört. Die Untergattung *Plagiocleidion* ist in den Kordilleren Südamerikas endemisch. Ebenso die monotypische Untergattung *Julocladium* von *Physcomitrium* — vielleicht eine selbständige Gattung, — welche nur in den allerhöchsten Gebirgsgegenden zu treffen ist. Fast alle Arten finden sich nur in geringer Individuenzahl andern Moosverbänden beigesellt oder eingestreut; einzig *Funaria linearidens* gehört zu den rasenbildenden Charaktermoosen der hochandinen Distichiamoore.

Bryaceae.

Die Hochanden sind das Entwicklungszentrum der *Mielichhoferieen*, deren beide Gattungen *Mielichhoferia* und *Haplodontium* mit zusammen nicht weniger als 46 Arten an erster Stelle unter den hochandinen Moosen Bolivias stehen. Ihr Formenreichtum ist ganz ungeheuer und kann sich wohl an die Seite der nordischen und alpinen *Brya* stellen. Aus der dem geographischen Teil beigegebenen Übersicht der hochandinen Moose geht die Wichtigkeit dieser kleinen, in Europa und überhaupt der alten Welt sehr bescheiden vertretenen Familie für die Flora der Hochkordilleren deutlich hervor. Zu den hier genannten Arten kommt noch eine große Zahl *Mielichhoferia*-Arten aus andern Teilen der Kordillere von Mexico bis Argentinien.

Im Vergleich zu ihnen gelangt die Unterfamilie der *Bryeae* numerisch nicht so sehr zur Geltung. Übrigens ist der Wohnsitz ihrer Arten größtenteils von dem der *Mielichhoferieen* verschieden. Sie bewohnen in der Mehrzahl die Waldgebiete, und hier sind besonders die *Rosulata*-Gruppe von *Bryum* und die durch schöne Arten ausgezeichnete Gattung *Rhodobryum* als formationsbildende Elemente auffällig. So *Bryum linearifolium*, *Rhodobryum caulifolium* und *Rh. verticillatulum*, welche ausgedehnte Hochrasen zusammensetzen und zu den tonangebenden Moosen einiger Formationen gehören. Hervorgehoben sei noch die hochandine interessante Gattung *Wollnya*. *Brachymenium* und *Acidodontium* liefern einen ansehnlichen Prozentsatz der Baummoose.

Aulacomniaceae.

Von dieser Familie nenne ich nur das in hochandinen Quellwiesen und Mooren da und dort formationsbildende *Aulacomnium palustre* var. *marginatum*.

Bartramiaceae.

Eine der größten und schönst entfalteten Familien des Andengebirges sind die *Bartramiaceen*. Nicht nur enthält jede ihrer 3 großen Gattungen *Bartramia*, *Philonotis* und *Breutelia* zahlreiche, in den Formationen stark hervortretende Arten, sondern in dieser Familie finden sich auch eine Anzahl biologisch sehr eigentümlich organisierter Arten, wie z. B. die ganze Gruppe der bruchblättrigen Bartramien, sodann die höchst eigentümliche *Bartramia polytrichoides*, auf der C. Müller eine Untergattung *Pyridium* begründen wollte, und eine kleistokarpe *Conostomum*-Art.

Während die Gattung *Conostomum* ausschließlich hochandin ist, erstreckt sich das Areal der übrigen Gattungen von der mittleren Waldregion bis in bedeutende Höhenlagen; *Breutelia* ist namentlich an begrasten Felsen um und über 4000 m überaus artenreich verbreitet. Unter den *Bartramien* kommt an erster Stelle die *Vaginella*-Gruppe zur Geltung; ihre Arten zeigen nicht nur im Peristom, sondern auch in der Blattanatomie dieses nur wenige Abänderungen ertragenden Typus noch eine erstaunliche Plastizität. Am tiefsten in die Waldregion steigt die Gattung *Leiomela* hinab, die ihre sammetweichen Kissen mit Vorliebe über faule Baumstrünke oder Baumwurzeln breitet.

Die stärkste Entwicklung der Familie liegt im obersten Waldgürtel, wo auch die Riesenform *Bartramia squarrosa* auftritt.

Polytrichaceae.

Diese so durchaus eigenartig organisierte Familie liefert einige Charaktermoose der Formationen um und über der Waldgrenze, so *Polytrichadelphus grossidens*, der in ausgedehnten, starren Hochrasen steile Erdhänge — mit Vorliebe auch die Ränder der Wege — besetzt und zuweilen Stengel von 40 cm Länge entwickelt. *Pogonatum polycarpum* ist eines der häufigsten und floristisch zuverlässigsten Moose in waldlosen Gebirgsgegenden, wo es auf schwarzer Humuserde von 2600 bis 4400 m ansteigt; endlich das zwergige *Psilopilum gymnostomulum*, das zwar nur sehr sporadisch, dann aber stets in großer Individuenzahl auftritt und eine ausgesprochen hochandine Art ist.

Hedwigiaceae.

Die Gattung *Braunia* liefert mehrere der Charaktermoose des Trockengebietes und gelangt auch physiognomisch dadurch zu Bedeutung, daß ihre Arten meist ausgedehnte Rasen bilden. *Rhacocarpus* dagegen ist eine typisch hochandine Gattung, deren Arten mit Vorliebe feuchte Felsen bewohnen und an geeigneten Stellen auch in die Schluchten der Waldgebiete hinabsteigen. Die schwellenden Kissen von *Rhacocarpus Humboldtii* gehören zu den charaktervollsten Erscheinungen der Felsflora über der Waldgrenze.

Cryphaeaceae.

Diese Familie gehört mit ihren ausschließlich baumbewohnenden Arten ganz der Waldregion an. Zwei Arten sind durch die Mehrzelligkeit ihrer Sporen biologisch von hohem Interesse.

Prionodontaceae.

Wenn irgend eine Familie als vorwiegend andin bezeichnet werden kann, so ist es diese. Daran ändert auch die Tatsache nichts, daß einige Arten in den brasilianischen Gebirgen und 2 sogar in Afrika vorkommen. Der Schwerpunkt dieser sehr eigenartigen Moosgruppe liegt trotzdem in den tropischen Anden, aus deren Wäldern von Mexico bis Nordargentinien bis heute mehr als 30 Arten bekannt sind. Sie entsprechen physiognomisch den *Spiridentaceen* Papuasiens, mit denen sie wohl auch stammesgeschichtlich zusammenhängen. Einige ihrer Arten gehören zu den auffallendsten und ihrem Wuchs nach größten Baummoosen des Kordillerenwaldes und verknüpfen sich untrennbar mit dem Bild des bolivischen Bergmooswaldes. Aus Bolivia sind nicht weniger als 17 Arten bekannt.

Meteoriaceae.

Keine Familie ist in den Tropen so mächtig und formenreich entwickelt wie diese. Ihr dem Europäer ungewohnter Typus bringt in das Moosbild des Tropenbergwaldes jenen charakteristischen Zug, durch den er sich auf den ersten Blick, also zunächst rein physiognomisch, von allen Moosformationen anderer Waldgebiete unterscheidet. In der Familie der *Meteoriaceae* tritt der Typus der Hängemoose am mannigfaltigsten in Erscheinung; man vergegenwärtige sich nur die zahlreichen Formen von *Squamidium, Pilotrichella, Papillaria, Meteoriam, Meteoriopsis, Floribundaria* und *Barbella!* Diese zunächst nur biologisch als Anpassung an 'eine besondere aërische Lebensweise erkannte Form hat aber gewiß auch phylogenetisch ihre Bedeutung, indem eben besonders im *Meteoriaceen*- und dem verwandten *Neckeraceen*-Stamm der innere Bau die Entstehung von Hängesprossen begünstigte. Man darf also diese Eigenschaft gleichfalls zu den Organisationsmerkmalen rechnen — zwar nicht etwa die Form an sich, sondern die Fähigkeit, unter bestimmten Einflüssen solche Formen zu bilden. Es genügt nicht zu sagen, daß die Hängesprosse aus einer besonderen Lebensweise heraus entstehen und daß die betreffenden Moose, wenn sie keine Gelegenheit finden, solche Sprosse zu bilden, Rasen oder Filze wie andere pleurokarpe Moose zusammensetzen, daß demnach Hängesprosse nicht für sie charakteristisch seien, sondern es ist gewiß für die innere Organisation dieser Moose bezeichnend, daß sie ausnahmslos b e f ä h i g t sind, solche Pendelsprosse freihängend zu entsenden, während die Unzahl anderer Moose, welche auf Baumästen leben, eben nicht und unter keinen Umständen auf die gleichen äußeren Reize diese Antwort geben. Außer den *Neckeraceen* und *Pterobryaceen*, die Hängesprosse ebenfalls in großer Menge hervorbringen, aber stammesgeschichtlich auch nahe zu den *Meteoriaceen* gehören, sind mir nur verschwindend wenige Fälle aus anderen Gruppen bekannt. Aus diesen einzelnen Ausnahmen aber schließen zu wollen, daß die Fähigkeit Hängesprosse zu bilden, systematisch keine Bedeutung habe, wäre ganz unrichtig. Ein Merkmal kann eben sowohl als Ausdruck innerer Organisation auftreten, als auch dann und wann rein durch Anpassung verursacht werden.

Die *Meteoriaceen* sind in der neuen Welt und hier auch in unserem Gebiet ebenso artenreich wie in den Tropen Ostasiens, wo ich sie zum erstenmal in den Gebirgswäldern Ceylons sah. Sie bevorzugen die höheren Lagen der Bergwälder, wo besonders einzelne wenige Arten wie *Meteorium illecebrum, Pilotrichella flexilis* und *Squamidium leucotrichum* in ungeheurer Massigkeit aufzutreten pflegen.

Neckeraceae.

Was die allgemeine Physiognomie dieses Stammes betrifft, so gilt hier auch das meiste im vorigen Abschnitt Gesagte. Charakteristisch ist aber in erster Linie die Neigung zum dorsiventralen Bau sowohl der Sproßsysteme als der Blätter, so daß in dieser Gruppe die Astwedelmoose weitaus überwiegen. Von Wichtigkeit ist als weitestverbreitetes Moos *Neckera Lindigii* und die große Zahl der systematisch so schwer umgrenzbaren *Porotricha* und *Porothamnia*. Eine besondere, auch physiognomisch sehr scharf hervortretende Sippe bilden die *Phyllogonien* mit ihren langen, wenig verzweigten, streng 2 zeilig beblätterten Hängesprossen. Das Kupfer und Gold ihrer langen glänzenden Schuppenbänder bringt eine ganz eigene Note in das an sich schon fremdartige Gefüge des tropischen Bergwaldes mit seinen leise schwankenden Girlanden von Meteorien und Pilotrichellen.

Entodontaceae.

Obwohl in zahlreichen Arten durchs Gebiet verbreitet, üben die Vertreter dieser Familie doch nirgends einen Einfluß auf die Physiognomie der Moosvegetation, können also in diesem Abschnitt füglich mit dieser kurzen Bemerkung abgetan werden.

Hookeriaceae.

Eine der größten und fast ausschließlich tropische Familie! Südamerika besitzt die meisten endemischen Gattungen, von denen wieder der Ausgangspunkt überwiegend in der Waldregion der Anden liegt. Auch von den übrigen, weiter verbreiteten Gattungen, wie *Callicostella, Hookeriopsis, Cyclodictyon* und *Lepidopilum* findet sich weitaus die Mehrzahl der Arten in Südamerika. Es ist nicht überraschend, daß Bolivia an diesem Reichtum in erheblichem Maß teilnimmt. Freilich kann seine absolute Artenzahl mit derjenigen Columbiens, Ecuadors und Brasiliens noch nicht Schritt halten, doch darf man — wenn auch zugegeben werden muß, daß die aequatorialen Gebiete schon durch ihr Klima einen Vorsprung vor den übrigen Ländern haben — nicht vergessen, daß gerade die Waldgebiete Bolivias noch verhältnismäßig wenig erforscht sind. Schon heute aber erreicht es trotzdem die stattliche Zahl von 72 Arten, wovon 71 auf das andine Gebiet entfallen.

Physiognomisch treten nur die allenthalben an dünnen Ästen wachsenden *Daltonien* und die zierlichen Laubwedel einiger *Lepidopilum*-Arten hervor — hier besonders das häufige *Lepidopilum Mülleri* mit schönem, grün-goldenem Seidenglanz. Das Vorkommen der übrigen ist zu sporadisch, um in den Formationen stärker zu wirken. Die Mannigfaltigkeit der Formen ist aber ganz gewaltig und die Durchdringung der Einzelelemente in den kleinsten Räschen oft ganz erstaunlich. So fand ich an Baumästchen im feuchten Bergwald des Sillar innigst vergesellschaftet und wegen ihres äußerst ähnlichen Wuchses und der Kleinheit mit bloßem Auge kaum voneinander zu unterscheiden, 4 Hookeriaceen: *Cyclodictyon pusillum, Leskeodon andicola, Hookeriopsis variabilis* und *Callicostella spec.*

Die Hookeriaceen bewohnen fast alle die mittleren und unteren, also wärmeren Lagen. Über 2600 m werden sie sehr spärlich. Ihr Dichtigkeitsmaximum erreichen sie zwischen 600 und 2000 m. Interessant wegen ihres ungewöhnlichen Standortes ist *Daltonia Jamesonii* var. *laevis* auf torfiger Erde in durchaus alpiner Lage an den Cerros de Malaga (ca. 4000 m).

Hypopterygiaceae.

Von dieser kleinen Familie ist nur eine einzige Art im Gebiet vorhanden, das in schattig-feuchten Bergwäldern weitverbreitete *Hypopterygium Tamarisci*. Sowohl *H. argentinicum* wie *H. bolivianum* scheinen nur Lokalrassen zu sein.

Leskeaceae.

Nur wenige Arten sind im Gebiet vorhanden. Am häufigsten ist *Pseudoleskea andina*, die zu den Charaktermoosen des Gesträuchgürtels an der Waldgrenze gehört.

Thuidiaceae.

Von den Großformen der Gattung *Thuidium* trifft man allenthalben *Th. peruvianum*, das im Habitus an das nordische *Th. delicatulum* erinnert. Von den Microthuidien ist *Th. leptocladum* häufig; es ist ein charakteristischer Begleiter schattiger Bachränder, wo es auf feuchten Steinen, faulem Laub und Holz wächst.

Hypnaceae.

Von den Amblystegieen beanspruchen namentlich einige *Drepanocladus*- und *Calliergon*arten wegen des nordischen Akzentes, den sie in die Flora bringen, Beachtung. *Sciaromium* ist dagegen eine ausgesprochen antarktische Gattung.

Unter den Hypneen steht unstreitig an erster Stelle die Gattung *Rhizohypnum*, von welcher viele Arten zu den häufigsten Moosen des Waldbodens gehören. Hier bilden besonders *Rh. reptans, acrorrhizon, heterostachys* und *viscidulum* breite Rasen oder Filze mit charakterisch an den Spitzen niedergebogenen und hier wurzelnden Sprossen. Die Abgrenzung der einzelnen Arten ist wegen ihrer bedeutenden individuellen Variationsbreite sehr schwierig. *Rhizohypnum* ist — mit Ausnahme einiger weniger Arten in Afrika — rein amerikanisch und darf jedenfalls, obwohl nicht ausschließlich ihm angehörend, doch zu den bezeichnendsten Erscheinungen in seiner Mooswelt gezählt werden.

Breidleria amabilis ist ein Charaktermoos der Waldgrenze, wo es dem *Ptilium crista-castrensis* ähnliche breite Rasen bildet.

Von den Plagiothecieen tritt keine besonders in den Formationen hervor. Bemerkenswert ist immerhin die relativ starke Entfaltung der Gattung *Plagiothecium* mit sehr verschiedenartig gebauten Typen und das Vorhandensein der Gattung *Catagonium*, die sicherlich antarktischen Ursprungs ist.

Sematophyllaceae.

Die Sematophyllaceen sind überwiegend durch die Gattung *Rhaphidostegium* repräsentiert, von der einige Arten zu den häufigsten Erscheinungen der Bergwaldflora gehören, so *Rh. Lindigii* und *Rh. decumbens*. Die Gattung *Sematophyllum*, welcher in den indisch-papuasischen Moosformationen eine so hohe Bedeutung zufällt, ist in den Anden nur ganz spärlich vertreten. *Trichosteleum*, eine ausgesprochene Tieflandsgattung, erreicht nur den Fuß der Berge mit wenigen Arten.

Brachytheciaceae.

Diese Familie liefert Vertreter zu allen Formationen und ist weder von den Trockengebieten noch den Hochregionen ausgeschlossen. Zwei *Cirriphyllum*arten, 3 *Brachythecien* und eine *Bryhnia* bewohnen die Felsgebiete der höchsten Anden bis über 5000 m hinauf. Die Gattung *Mandoniella* gehört den innerandinen Trockengebieten an, das große Heer aber wächst auch hier, wie die meisten Pleurokarpen, in den feuchten Bergwäldern, wo besonders *Rhynchostegium* mit ein paar Arten zu den häufigsten Moosen gehört. Von der Gattung *Brachythecium* ist das Subgenus *Salebrosium* am meisten entwickelt. *Br. bolivioplumosum* kommt fast völlig mit dem europäischen *Br. plumosum* überein und bewohnt wie dieses häufig die Steine an Bachrändern. *Oxyrrhynchiuma quaticum* ist ein vollständiges Analogon des nordischen *O. rusciforme*, doch spezifisch gewiß von ihm unterschieden.

Zusammenfassung.

Überblicken wir noch einmal kurz das ganze Material, so tritt als Hauptunterschied gegenüber der Flora unserer Breiten — zunächst physiognomisch — in den Wäldern die große Zahl der epiphytisch lebenden, Äste und Zweige dicht besetzenden Arten und unter diesen die den Tropenwäldern vorbehaltene Form der Hängemoose hervor.

Floristisch ist der Mangel an Torfmoosen bemerkenswert; ferner die reiche Entwicklung folgender Gattungen und Familien:

Andreaeaceae, Oreoweisia, Campylopus, Leptodontium, Tortula, Zygodon, Macromitrium, Funariaceae, Mielichhoferieae, Acidodontium, Bartramiaceae, Polytrichadelphus, Prionodon, Thamnieae, Hookeriaceae, Rhizohypnum, Raphidostegium, Brachythecium,

dagegen das Zurücktreten von anderwärts, speziell in der alten Welt, reich entwickelten Gruppen so: *Dicranum, Dicranoloma, Leucoloma, Leucophanaceae, Calymperes, Mniaceae, Pterobryaceae, Pilotrichaceae, Ectropothecium, Sematophyllum*.

Es ist später noch auf diese Verhältnisse zurückzukommen.

2. Floristische Gliederung.

Das Gebiet, auf welches sich die im vorigen Abschnitt systematisch behandelten Moose verteilen, ist nur ein Stück der bolivianischen Kordillere, enthält aber trotzdem alle floristischen Elemente der südamerikanischen Anden, und zerfällt nach seinem in verschiedenen Teilen sehr verschiedenen Florencharakter in 2 große Unterabteilungen, die sich als natürlich umgrenzte, schon im großen durch e i n e v o r h e r r s c h e n d e V e g e t a t i o n s f o r m gut gekennzeichnete Bezirke erweisen.

Eine lange, über den Kamm von mehreren Haupt- und Nebenketten verlaufende Linie, die im allgemeinen einen Bogen von NW über S nach O beschreibt, zerlegt unser Gebiet in 2 klimatisch streng voneinander geschiedene Teile, nämlich — östlich und nördlich von der genannten Linie — ein Gebiet reichlichster Niederschläge und demgemäß üppigster Waldbedeckung, und — westlich und südlich davon — ein Hochland von ausgesprochen trockenem Klimacharakter.

Diese beiden Abschnitte haben in ihrer Flora wie ihrem allgemeinen Vegetationscharakter so wenig Berührungspunkte, daß man sie ohne weiteres als ganz verschiedene Welten erkennt, jede von durchaus eigenartigem floristischem wie Formations-Gepräge.

Dem Waldgebiet entspricht der subandin-neotropische Abschnitt, dem Trockengebiet der andine Abschnitt, beides nur Stücke größerer floristischer Bezirke, die als subandine und andine Provinz bezeichnet werden können.

Wenn auch „Waldgebiet" und „Trockengebiet" als Bezeichnungen logisch nicht ohne weiteres Gegensätze bilden, so drücken sie doch den Klima- und Vegetationscharakter der betreffenden Gebiete aufs beste aus und können daher nicht mißverstanden werden. Eine gleichgeordnete Bezeichnung für das Trockengebiet wie für die Wälder des äußeren Kordillerenabhanges läßt sich nicht geben, da dort mehrere Formationen — von der Wüste über die Steppe bis zu den Gehölzformationen — miteinander wechseln; allen aber ist die xerophytische Struktur ihrer Bestandteile gemeinsam.

Schon bei oberflächlicher Betrachtung erweist sich jedoch das Waldgebiet als floristisch nicht einheitlich. Nicht für das ganze östliche Waldland wäre die floristische Bezeichnung „subandin" angängig, weil man darunter ein ganz bestimmtes, entwicklungsgeschichtlich einheitliches Florenelement versteht. Die Aufstellung einer subandinen Provinz hat sich aus dem Florencharakter ihrer Gefäßpflanzen und ihrer charakteristischen Verbreitung ergeben. Die Verteilung der Bryophyten in unserem Gebiet steht damit in vollem Einklang. Das subandine Gebiet geht nur bis knapp 18° s. Br., also ungefähr bis zu der Stelle, wo der weit nach Osten hinausgreifende Kordillerenrand sich wieder die in N-S-Richtung einstellt, etwa in der Breite von Santa Cruz. Wenn hier auch für das Auge keine Vegetationsgrenze bemerkbar ist, indem sich der Wald fast ununterbrochen am Ostrand der Kordillere bis nach N.-Argentinien über 25° s. Br. hinaus fortsetzt, so unterscheidet sich dieses Gebiet floristisch und klimatisch doch so stark von dem subandinen Regenwald der Gebiete nördlich des 18. Breitegrades, daß es notwendig von ihm abgetrennt werden muß. Meines Wissens ist für dieses Waldgebiet noch keine besondere Bezeichnung geschaffen worden. Ich schlage daher den Namen „subtropische Randwälder" vor. Floristisch ist das Gebiet allerdings nicht einheitlich; es läßt eine Mischung andiner und brasilianischer Florenelemente erkennen, wozu sich noch vereinzelte Reste der hier allmählich ausklingenden subandinen Flora gesellen. Seine Flora macht einen relativ jugendlichen Eindruck, ist arm an Arten, besonders an Endemismen und erscheint wie künstlich aufgepfropft auf die alte andine Flora in ihrer charakteristisch xerothermen Fazies der sog. Tucumanzone, die umgekehrt sehr reich an Endemismen und streng von den subtropischen Randwäldern zu trennen ist.

Wie überall, wo zwei Florengebiete aneinander grenzen, ist auch hier zwischen tropisch-subandinen und subtropischen Wäldern der trennende Schnitt nicht scharf, sondern ein allmählicher Übergang findet statt, um so mehr als die Grundform des Zusammenlebens die gleiche bleibt, nämlich Wald. Der subandine Regenwald der tropischen Gebiete verwandelt sich allmählich — vom 17. bis 18. Breitegrad — durch alle Mischungen und Übergänge hindurch in den laubwerfenden Sommerwald der subtropischen Randgebirge.

In den Bestandteilen des Waldes drückt sich dieser Wechsel dadurch aus, daß einmal die Palmen sehr rasch verschwinden und dann die meisten Charakterbäume des Regenwaldes wie die Gattungen *Ficus, Perebea, Cecropia, Hura, Macrolobium, Macrocnemum, Condaminea, Rheedia, Swietenia, Guarea, Picramnia, Erythrochiton* etc. hier die Südgrenze ihrer Verbreitung finden, während südwärts in den subtropischen Randwäldern ganz neue Gattungen und Arten auftreten, so zahlreiche *Acacia*- und *Mimosa*-Arten, *Tipuana, Myroxylon, Bougainvillea, Diatenopteryx, Athyana, Schinopsis, Myrcia* etc., in der Flora der Bryophyten begleitet durch das Ausklingen der *Calymperaceen, Prionodontaceen, Neckeraceen* und *Hookeriaceen*. Mehr noch als in der Phanerogamenflora tritt bei den Moosen die Verarmung der Flora in den subtropischen Randwäldern hervor, die ist hier zugleich mit einem empfindlichen Zurückgehen der Individuenzahl verbunden ist, so daß südwärts des Rio Grande den Moosen nur noch ausnahmsweise physiognomische Bedeutung zukommt. Die Verarmung an Arten und Gattungen wird durch die beigegebene Tabelle S. 283 deutlich illustriert.

Der floristischen Analysierung des vorliegenden Gebietes mögen einige geographische Bemerkungen vorausgeschickt werden. Für Einzelheiten muß allerdings auf die Karte und auf meine Abhandlung in Petermanns Geogr. Mitteilungen l. c. verwiesen werden.

Der Klima-, Vegetations- und Florengrenze, welche Waldgebiet und Trockengebiet, subandine und andine Provinz trennt, entsprechen die Kämme zweier hohen Äste der Kordillere. Ihre Richtung bedingt im großen ganzen den Verlauf der Wetterscheide und damit die Abgrenzung der Vegetationsformationen und Floren.

Diese wetterscheidenden Kämme sind im Westen die Cordillera Real, im Osten die Cordillera Oriental, beides echte Hochgebirge, die zwischen Oruro und Tunari durch eine relativ hohe Schwelle (Wasserscheide) miteinander verbunden werden. Zwischen die Cordillera Real und den nordwestlichen, höchsten Teil der Cordillera Oriental, welcher ungefähr parallel mit der Cordillera Real verläuft, greift das Flußsystem des Rio Cotacajes hinein, im Süden von der erwähnten etwa W.-O. verlaufenden Schwelle begrenzt. Südwärts von ihr gelangt man in das große interandine Becken des Rio Grande, von Mittelgebirgscharakter und ausgesprochen trockenem Klima.

Ein Teil der Cordillera Real, ihr südlichster Abschnitt, ist die von mir bereiste Quimzacruzkordillere. Sie erhebt sich als stark vergletscherte Hochgebirgskette mit nahe an 6000 m hohen Gipfeln zwischen den feuchten Tälern des Ostens (Rio Meguilla und Rio Cotacajes) und der wüstenartig trockenen Hochfläche der Meseta alta oder Puna. Südwärts setzt sich an diesen hohen Gebirgsgrat ein System niederer, schneefreier Ketten an, welche zusammen — nach Osten hin aneinander schließend — die erwähnte Verbindungsbrücke zwischen Cordillera Real und Cordillera Oriental bilden. Ihre durchschnittliche Kammhöhe dürfte 4100 m kaum übersteigen.

Die Cordillera Oriental beginnt, wie schon gesagt, mit einem der Cordillera Real fast parallel verlaufenden Abschnitt aus hohen N.W.-S.O. streichenden Ketten, die also wieder unter sich nahezu parallel sind. Dieser Abschnitt von ausgeprägtestem Hochgebirgscharakter und Kammhöhen von ca. 4500 m mit Gipfeln bis 5200 m richtet sich als hohe Mauer zwischen der weiten Bucht des Cotacajes-Talsystems und den östlichen Waldtälern des Chapare auf und treibt so einen Keil in die von Osten am Gebirgshang emporbrandenden Wälder. Hierdurch wird die auf der Karte deutlich hervortretende Ausbuchtung und Zurückdrängung der Waldgrenze hervorgebracht. Östlich des Cerros de Malaga beginnt die Cordillera Oriental ihren strengen Hochgebirgscharakter zu verlieren, doch bleibt der Kamm bis zum Cerro Sipascoya, ca. 4100 m, immer noch hoch genug, um dem Vordringen der andinen Flora gegen Osten einen Weg zu bieten. Ihr Areal wird allerdings immer schmäler, bis es sich schließlich, wenig östlich vom Cerro Sipascoya, völlig verliert. Hier findet zugleich ein starkes Herabsinken der Kammlinie, von ca. 4000 m auf ca. 3300 m statt und schon in der Gegend von Comarapa gelingt es dem Wald, von N. her über den Kamm herüberzusteigen. Von nun an grenzen Waldgebiet des Nordens und xerotherme Formationen des Südens fast unmittelbar aneinander. Durch eine weitgehende Auflösung des Hauptkammes in sekundäre Nebenketten und das tiefe Einschneiden der Yapacani-Talbucht in diesen durchschnittlich 2000 m hohen östlichen Teil der Kordillere wird eine starke Komplizierung aller Verhältnisse herbeigeführt, welche eine Schilderung der Vegetation dieses Gebietes im einzelnen sehr erschwert. Dazu kommt noch, daß das östliche Bergland viel zu wenig erforscht ist — was übrigens für große Teile der Kordillere weiter westlich genau so gilt, nur daß dort die Verhältnisse weniger verwickelt liegen —, um die Abgrenzung der oft innig sich durchdringenden Formationen und Florenbestandteile vornehmen zu können.

Schließlich wäre noch ein Wort über die Gesteine des bereisten Gebietes zu sagen. Massengesteine finden sich nur im nördlichen Teil der Quimzacruzkordillere, deren Kern aus grobkörnigen Graniten besteht. Alle übrigen Teile unserer Kordillere sind von Sedimenten aufgebaut.

Weitaus die größte Ausdehnung besitzen hier graue Silurschiefer, die sowohl einen Mantel um den granitischen Kern der Quimzacruzkordillere legen, als auch die ganze Hochkordillere von Cocapata bis über die Cerros de Malaga hinaus — also den westlichen Teil der Cordillera Oriental —zusammensetzen. Weiter östlich wechsellagern Silurschiefer und devonische Sandsteine von verschiedener Zusammensetzung; die östlichsten Randketten schließlich bestehen aus roten Sandsteinen der „zona petrolifera". Näheres findet man in Geologische Rundschau 1914 1. c.

Diese weite Ausdehnung von Schiefern stellt einen sehr günstigen Umstand für die Entwicklung einer reichen Moosflora dar. Wie in den Alpen zeichnen sich nämlich auch in den Kordilleren die Schiefergesteine durch eine besonders mannigfaltige Pflanzendecke aus. Der Unterschied zwischen Schiefer und

Granit tritt z. B. in der Quimzacruzkordillere überaus scharf hervor. Der vordere Teil des Viloco-Hochtales mit seinen Bergen des Pireomassives aus metamorphosierten Schiefern ist außerordentlich reich an Arten; das unmittelbar daran anschließende Granitgebiet des Chancapiña liefert dagegen nur ein paar wenige Arten. Dem entspricht auch der fabelhafte Reichtum der Hochkordillere von Cocapata, der speziell im Tunarigebiet eine sonst ungewohnte Höhe erreicht und die seltsamsten Typen in sich vereinigt. Der rote Sandstein des Ostens ist artenarm, da die Gesteinsoberfläche rasch abgetragen und an steilen Wänden ständig als sandiger Detritus abgewaschen wird.

Nach diesem kurzen Überblick über das bereiste Gebiet in geographischer, orographischer und geologischer Hinsicht mag die Schilderung der oben unterschiedenen Vegetations- und Florenbezirke ihren Platz finden.

I. Das Waldgebiet.

1. Die subandinen Bergwälder.

Dieser Abschnitt umfaßt den ganzen Waldsaum des Kordillerenabfalls gegen die Ebenen von Mojos von der nordwestlichen Landesgrenze bis an die äußerste Ostecke der Cordillera Oriental, die etwa durch die markante Berggestalt des Cerro Amboró bei Santa Cruz de la Sierra bezeichnet wird. Hier reicht der Wald im Zusammenhang durchschnittlich bis 3200 m empor, zuweilen bis 3400 m.

Der Florencharakter dieses vom 18. Grad s. Br. bis weit in die nördliche Hemisphäre hinein den Osthang der Kordillere begleitenden Waldgürtels ist überall subandin. Es versteht sich daraus ohne weiteres, daß der tropische Kordillerenwald Boliviens mit demjenigen Perus, Ecuadors und Columbiens mehr floristische Ähnlichkeit hat, als mit den subtropischen Wäldern der Randkordillere vom 18. Grad südlich bis nach Argentinien hinein. Das drückt sich nicht nur in den vorherrschenden Gattungen, sondern auch oft in der Identität der Arten aufs deutlichste aus. So stößt man in den subandinen Kordillerenwäldern Boliviens Schritt für Schritt auf die gleichen Gattungen, oft auch dieselben Arten, welche L i n d i g und andere aus den aequatorialen Anden von Quito und Columbien mitgebracht haben.

Eine floristische Parallele zwischen dem Kordillerenwald Boliviens und Columbiens kann natürlich nur in den Umrissen gelten. In den Einzelheiten zeigen sich sehr viel Unterschiede und es ist wohl anzunehmen, daß jeder Bergstock, jedes Tal fast seine eigenen Florenbestandteile herausgebildet hat. Die Mannigfaltigkeit der Moose in den Waldländern ist ja fast beispiellos, und wenn man bedenkt, wie winzig die bis heute bereisten Gebiete im Verhältnis zu den noch gänzlich unerforschten Strecken sind, und dazu noch, daß in den bereisten Strecken nur verschwindend kurze Abschnitte nach Moosen abgesucht worden sind, so wirkt die Zahl der trotzdem schon bekannt gewordenen Arten verblüffend, immer im Hinblick darauf, welche Überraschungen die noch unberührten Teile bringen müssen. Das Verhältnis der einigermaßen durchforschten zu den bryologisch noch gänzlich unbekannten Gebieten dürfte sich für diese Länder wesentlich schlechter als 1 : 1000 stellen.

Immerhin können die wenigen Bausteine, welche heute vorliegen, doch schon einiges allgemein Gültige aussagen über die vermutliche Zusammensetzung der Moosflora dieses noch so mangelhaft durchforschten Gebietes, nach der gleichen Wahrscheinlichkeit, wie die genaue Analyse e i n e s Hektars Buchenwald doch schon die Grundelemente zum Verstehen eines 1000 Hektare umfassenden Buchenwaldes enthalten wird.

Die großen Sammlungen, welche aus den letzten Jahren stammen, haben nämlich mit großer Wahrscheinlichkeit erwiesen, daß zwar noch ein unerschöpflicher Reichtum an neuen Arten aus diesen Wäldern zu erwarten ist, generell viel Neues aber kaum mehr dazu kommen wird. Wo auch die Stichprobe entnommen wurde, immer sind es die gleichen Gattungen oder Verwandtschaftsgruppen, welche in unendlicher Variation dasselbe Thema behandeln, oft sogar fast identische Assoziationen, die in weit voneinander entfernten Gebieten auftreten. Dieses letztere gilt allerdings wohl nur für die epiphytischen Baummoose, welche im allgemeinen eine weitere Verbreitung als die im Dickicht der Waldtiefe eingeschlossenen Formen besitzen.

Meine erste Reise hat aus diesem Gebiet keine neue Gattung ergeben, ebensowenig R. S. Williams' Expedition im Departement La Paz. Erst meine zweite Reise hat 2 neue Gattungen geliefert (*Porotrichopsis* und *Schröterella*). Das Trockengebiet, besonders in hochandinen Lagen, ist viel reicher an eigentümlichen Gattungen von eng begrenztem Areal.

Das subandine Waldgebiet zeichnet sich vor allem durch seine reichlichen, fast über das ganze Jahr gleichmäßig verteilten Niederschläge aus. Zwar läßt sich auch hier zwischen einer etwa 8 Monate dauernden Regenzeit und einer kurzen Trockenzeit unterscheiden, aber auch während dieser sog. Trockenzeit fehlt es nicht an gelegentlichen Gewittern und Regengüssen, so daß das ganze Jahr hindurch Feuchtigkeit genug, meist sogar im Überfluß, zur Entwicklung einer üppigen Waldvegetation vorhanden ist. Genaue Messungen liegen meines Wissens aus diesem Gebiet nicht vor. Doch dürfte, rein schätzungsweise, die jährliche Niederschlagsmenge kaum unter 3000 mm betragen.

Die Temperaturen des subandinen Waldgebietes sind je nach der Meereshöhe recht verschieden; auch hierüber liegen zwar keine exakten Daten vor. Trotzdem lassen sich auch so nach ihrem Klima 3 Höhengürtel des Kordillerenwaldes unterscheiden: 1. Der untere, rein tropische Gürtel, in Bolivia als „Yungas" bezeichnet (der peruanischen „Montaña" entsprechend), bis ca. 1600 m, 2. der mittlere Waldgürtel von subtropischem Gepräge, bis etwa 100—200 m unter die Waldgrenze reichend, und 3. der obere Waldgürtel, ein schmaler Saum längs der Waldgrenze, wo die Temperatur in den trockenen Wintermonaten bis auf 0 sinkt und gelegentlich Reifbildung auftritt. Für den unteren Waldgürtel sind sehr gleichmäßige Temperaturen, für den oberen starke Temperaturschwankungen charakteristisch.

Am bedeutendsten ist der Unterschied zwischen dem unteren und den beiden oberen Gürteln ausgeprägt. Dies drückt sich nicht nur im allgemeinen Habitus des Yungaswaldes, der sehr hochwüchsig und reich an Palmen, Araceen und Zingiberaceen ist, sondern auch in der Verbreitung einiger wichtiger Kulturpflanzen aus. In den „Yungas" allein gedeihen B a n a n e, Z u c k e r r o h r, K a f f e e, C o c a, L o c o t o s (spanischer Pfeffer), O r a n g e n etc. Ihr Klima dürfte ungefähr dem der Regenzeit von Santa Cruz entsprechen. Hier erhielt ich aus den Messungen während der 2 Regenmonate Januar und Februar folgende Daten:

Mittlere Morgentemperatur (6 Uhr a. m.) = 23,44° C.
Mittlere Mittagstemperatur (12 Uhr a. m.) = 27,5° C.
Mittlere Abendtemperatur (7 Uhr p. m.) = 25,5° C.
Mittlere Tagestemperatur = 25,5° C.
Minimum = 21° C.
Maximum = 31° C.

Für das Klima der höher gelegenen Waldgebiete kann ich leider gar keine Daten beibringen. Zur Charakterisierung der mittleren Stufe mag die Erwähnung einiger Kulturpflanzen dienen. In Lagen um 2000 m gedeiht besonders gut M a i s, der die wichtigste Kulturpflanze des mittleren Waldgürtels ist, ferner auch die K a r t o f f e l und G e r s t e, welche freilich mit Vorliebe um die Waldgrenze und darüber hinaus angepflanzt werden.

Weiter will ich in der Schilderung der großen Vegetationsformen nicht gehen; es sollte nur der Rahmen gezeichnet werden, in welchem auch die Kleinwelt der Moose untergebracht werden kann.

Zunächst mag eine Tabelle über die Verbreitung der bolivianischen Waldmoose nach Höhenstufen orientieren. Der Vergleichung wegen sind in dieser Tabelle auch die Arten der subtropischen Randwälder angeführt.

Die erste Abteilung der Kolonnen ist für die t r o p i s c h - s u b a n d i n e Flora, die zweite für die s u b t r o p i s c h e Flora der Randwälder reserviert. In der ersteren sind 3 Stufen unterschieden: I. u n t e r e („Y u n g a s"-) Stufe bis ca. 1600 m (örtlich verschieden), II. mittlere Stufe bis ca. 3000 m, III. o b e r e S t u f e, charakterisiert durch hartblättrige Gehölze von niederem Wuchs. In der zweiten Kolonne sind nur 2 Stufen, eine u n t e r e (I.) bis etwa 1000 m, und eine o b e r e (II.) bis zur Waldgrenze unterschieden. In II herrscht auch hier der niedere Wuchs vor; Gesträuchformationen sind weit verbreitet.

Tabellarische Übersicht über die Arten des Waldgebietes
(subandine Provinz und suptropische Randwälder).

	Trop.			subtrop.			Trop.			subtrop.	
	I	II	III	I	II		I	II	III	I	II
Sphagnum meridense ...		×				Campylopus pelchucensis.		×			
„ sparsum			×			humilis		×			
„ pulchricoma			×			? chrysodictyon			×?		
„ platyphylloides			×			filifolius	×				
„ erythrocalyx..			×			rosulatus		×			
„ medium		×	×			subcubitus	×				
„ Boliviae	×					leptodus		×			
Ditrichum capillare...		×	×			perreduncus			×		
„ rufescens		×				multicapsularis			×		
Trematodon reflexus	×					trivialis	×				
Wilsoniella flaccida	×					? nanofilifolius	?				
Dicranella nanocarpa		×				Yungarum		×			
„ Perrottetii	×	×				Jncacorralis		×			
„ Guilleminiana		×				Pseudodicranum					×
„ Beyrichii	×	×				microtheca					×
„ heteromalla			×			julaceus				×	
„ apolensis	×					„ heterophyllus				×	
„ Kunzeana	×					Metzleria longiseta		×			
„ Hilariana	×					„ spiripes			×		
„ tenuirostris	×					Pilopogon Richardii				×	
Oreoweisia laxiretis			×			Octoblepharum albidum	×			×	
Symblepharis boliviana		×	×			„ pulvinatum	×				
Holomitrium crispulum ..				×		Leucobryum giganteum	×	×			
„ macrocarpum		×	×		×	crispum		×			
Dicranum speciosum			×			Martianum	×				
„ bolivianum		×	×			macrofalcatum.	?				
„ Germainii		?	?			strictum			×		
„ spectabile			×			„ calycinum	×				
Campylopus ptychotheca.		×	×			Ochrobryum obtusifolium	×				
„ trichophorus			×			„ Gardnerianum	×				
„ densicoma		×	×			Fissidens macrophyllus...		×			
„ leucognodes		×	×			oligophyllus		×			
„ fulvus		×				Wallisii		×		×	
„ Gertrudis		×				Carionis		×			
„ Jamesonii		×	×		×	Sanctae Crucis.				×	
„ concolor		×	×			innovans		×			
„ spurioconcolor		×						1500			
„ alopecurus	×			×		Incacorralis		×			
„ cavifolius			×			mateosnsis		×			
„ annotinus		×				rigidulus			(×)		
„ subgriseus					×	asplenioides		×			×
„ filicuspes			×			crispus		×			
„ reflexus		×				Kegelianus	×				
„ Krauseanus		×				Hornschuchii	×				
„ occultus		×				macroblastus	×				
„ zygodonticarpus		×				repandus			×		
„ introflexus	×					„ amboroicus ...	×				
„ penicillatus ..		×				Moenckemeyera obtusifolia	×				
		1650				Syrrhopodon macrophyllus					×

	Trop.			subtrop.			Trop.			subtrop.	
	I	II	III	I	II		I	II	III	I	II
Syrrhop. submacrophyllus				×		Streptopogon setiferus		×			
argentinicus		×		×		" spathulatus		×			
ochroleucus		×				Tortula mnifolia	×	×			
papillosus		×				glacialis		×			
scaber		×				angustifolia			(×)		
lycopodioides		×				aculeata			×		
elatior		×				" armata			×		
		1650				Merceya cataractae		×			
goyazensis		×				Ptychomitrium Sellowii					×
		1650				Rhacomitrium dimorphum			×		
Gaudichaudii		×				Eustichia Spruceana			×		
Leprieurii	×					Anoectangium euchloron		×			
Miquelianus	×					Zygodon liliputanus			×		
circinatus	×					linguiformis	×	×			×
brachystelioides	×					caldensis		×	×		
serpentinus		×				coraniensis		×			
" ciliolatus		×				ramulosus		×			
Calympures bolivianum	×					ovalis			×		
Hymenostomum anomalum			×			subdenticulatus		×			
Weisia tortivelata	×					stenocarpus		×			
longidentata	×					cylindricus			×		
" viridula	×					basidentatus		×			
Rhamphidium pygmaeolum		×				vestitus		×			
" Levieri		×				andinus	×	×			
Trichostomum quitense		×				ferrugineus		×			
fallax		×	×			paucidens		?			
" chilense		×				brevipes		?			
Tortula Germainii		×		×		perichaetialis			×		
" pilcomayica				×		" inconspicuus		×			
Leptodontium filicicola		×				Orthotrichum elongatum			×		
sulphureum			×			liliputanum		×			
luteum			×			patulum		×			
Mandoni			×			pariatum		×			
undulatum			×			epilosum			×		
rhacomitrioides					×	exsertisetum		×	×		
papillosum		×				Tacacomense		×	×		
planifolium			×			" apiculatum		×			
vaginatum			×			Macromitrium filiforme		(×)		×	×
" cirrifolium		×	×			Herzogii		×⅃	×		
Streptotrichum ramicolum			×			nubigenum			×		
Hyophila contermina	×					subscabrum	×	×			
" involutifolia	×					macrosporum			×		
Didymodon campylopyxis		×				solitarium			×	×	×
" macrophyllus		×				subcrenulatum			×		
Barbula unguiculatula				×		validum		×			
Humboldtii				×		brevihamatum		×			
tortelloides				×		longifolium		×⅃			
amblyacra	×					argutum		×			
" laevigata		×				crispatulum			×		×
Williamsiella tricolor			(×)			liberum		×			
Streptopogon erythrodont.		×	×			Hornschuchii					×
peruvianus		×				pinnulatum		×⅃			

— 285 —

	Trop.			subtrop.			Trop.			subtrop.	
	I.	II	III	I	II		I	II	III	I	II
Macromitrium Didymodon		×				Brachymenium verrucosum			× ?		
macrothele	×					Acidodontium brachypod.		× l			
obtusum	×					macropoma		×			
tumidulum	×					pallidum		×			
Swainsonii	×					longifolium			×		
stellulatum	×					lonchotrachylon			×		
subdiscretum		×				,, spinicuspes		× l			
ulophyllum		×				Anomobryum soquense		×			
atroviride	×					Bryum Stephanii		×			
pentastichum	×					sericeum		×			
Tocaremae		×				oedilloma		×			
sublaeve	×	×				bimum		×			
refractifolium		×				longedecurrens		×			
amboroicum				×		genucaule		×			
,, crenulatum		×				linearifolium		×			×	×
Schlotheimia longicaulis		×				perserratum		×			×
sublevifolia		×		×		microcomosum		×			
trichomitria	×	×				Mayense	×				
	1500				×	Atenense	×				
fuscoviridis	×					cavum	×				
	1500-1200					densifolium	×				
							1600				
Jamesonii	×					coloratum		×			
	1500					,, Incacorralis		×			
rugifolia	×					Rhodobryum Beyrichian.	×	×			
	1440					grandifolium					×
Sprengelii	×	×				verticillatulum		× l			
angustata	×	×·				,, caulifolium		× l	×		
,, pilomitria		× ?				Mnium rostratum	×	× l		×	×
Tayloria Moritziana		×				Rhizogonium spiniforme	×	×			
Mandoni			×			,, bolivianum		×			
Cochabambae			× ?			Leptotheca boliviana		×			
,, scabriseta			×			Leiomela brachyphylla		×	×		
Entosthodon apiahyensis				×		deciduifolia		×			
faucium		×				bartramioides	×				
andicola	×						1500				
,, acutifolia	×					Bartramia rosea		×	×		
Funaria calvescens		×	×			pruinata			×		
Mielichhoferia longipes			×			secunda			×		
Stableria tenella		×	×			macropoma			×		
Orthodontium longisetum		×				squarrosa			×		
,, confine	×	×				mollis		× l			
Webera spectabilis			×			flavicans		×	×		
apolensis	×	×	×			,, fragilifolia		×	×		
papillosa		×				Philonotis curvata	×		×		
loriformis		×				fontanella			×		
,, subleptopoda			×			tenella	×	×			
Epipterygium pellucens		×				Gardneri		×			
Brachymenium Jamesonii		×	×			lignicola		×			
barbuloides		×				minutissima	×	×			
flexipilum		×				operta	×				
dimorphum	×					angulata		×			
	1500					gracilenta		×			

— 286 —

	Trop.			subtrop.			Trop.			subtrop.	
	I	II	III	I	II		I	II	III	I	II
Philonotis guyabayana			×			Prionodon patentissimus		×			
„ pugionifolia	×					„ pinnatus		×			
Breutelia bryocarpa		×				„ lycopodioides		×			
„ subdisticha		×				„ ptychomnioides		×			
„ secundifolia		×				„ ciliolatoserratus		×!			
„ mniocarpa		×				„ pendulus		×			
„ Hasskarliana		×				„ cavifolius		×			
„ inclinata		×				Lepyrodon tomentosus			×		
„ tomentosa		×			×	Orthostichidium excavatum	×	×			
Catharinea elamellosa		×				„ pentagonum	×				
„ polycarpa		×				Pterobryum densum	×	×		×	×
Polytrichadelphus boliv.		×				Pterobryopsis stolonacea			×	×	
„ rubiginosus		×				Pirea Pohlii	×				
Pogonatum distentifolium		×				Orthostichopsis crinita	×				
„ arcuatum		×				„ dimorpha	×				
„ abbreviatum	×					Squamidium nigricans	×	×			
„ laxirete	×					„ perinflatum		×			
„ subbifarium	×					„ filiferum	×	×			
Polytrichum Antillarum		×	×			„ diversifolium	×	×			
„ juniperinum		×	×			„ leucotrichum		×	×		
Erpodium Lorentzianum				×		„ Lorentzii					×
„ Balansae				×		„ turgidulum				×	×
Rhacocarpus Humboldtii			×		×	„ macrocarpum	×	×			
„ chlorotus		×				Pilotrichella versicolor		×			
Acrocryphaea julacea	×			×		„ cyathipoma	×			×	×
„ Gardneri	×	×				„ viridis	×				
Cryphaea patens		×				„ angustifolia		×			
„ ramosa		×	×			„ flexilis		×	×		
„ microspora			×			Papillaria· appressa		×			
„ Jamesonii		×	×			„ nigrescens	×	×		×	
„ pilifera		×				„ Deppei					×
„ gracillima		×!				„ squamatula		×	×		×
„ macrospora		×				„ tenella		×			
„ hygrophila			×			„ imponderosa	×	×			
„ latifolia		×				Meteorium illecebrum	(×)	×	×		
„ boliviana			×			Floribundaria tenuissima		×	×		
„ brachycarpa		×?				„ flaccida	×				
„ tenuicaulis			×			Lindigia aciculata		×			
Forestroemia coronata				×		„ debilis		×			
Leucodon squarrosus	×					Meteoriopsis remotifolia		×			
Pseudocryphaea flagellifera	×					„ onusta					×
Prionodon densus	×			×	×	„ patens	×	×			
„ contortus		×		×		„ minuta	×				
„ fuscolutescens		×	×			„ straminea	×				
„ undulatus			×			„ subrecurvifolia	×				
„ bolivianus		×				„ recurvifolia	×				
„ divaricatus		×				„ patula	×				
„ laeviusculus	×					Phyllogonium fulgens	×	×!			
„ flagellaris		×				„ viscosum	×	×			
„ filifolius		×				Nockeropsis undulata	×	×		×	
„ luteovirens		×				„ disticha	×				
						Calyptothecium duplicat.		×			×

	Trop.			subtrop.			Trop.			subtrop.	
	I	II	III	I	II		I	II	III	I	II
Neckera Lindigii		×			×	Fabronia andina		(×)			
trabeculata		×				Anecamptodon cubensis	×				×
Jamesonii		×	×			Helicodontium tenuirostre	×				
Marchalii		×		×		„ capillare	×				
„ eucarpa				×		Daltonia longifolia		×			
Porotrichum longirostre		×				tenuifolia		×	×		
Lorentzii				×	×	gracilis		×			
amboroicum				×		pulvinata		×			
pinnatelloides		×				subirrorata		×			
macropoma		×				latolimbata		×			
bolivianum	×					irrorata		×			
strictum		×				minutifolia				×	
„ microthecium	×					„ Hampeana				×	
Porothamnium gymnopod.		×!				Adelothecium bogotense		×			
ramosissimum		×!				Leskeodon andicola		×			
subramosissimum		×				Eriopus papillatus		×			
neckeraeforme		×				Hookeria acutifolia		×			
explanatum		×				Cyclodictyon limbatum		×			
subexplanatum		×				albicans	×	×			
comosum				×		humile	×				
fasciculatum	×	×				aeruginosum	×				
„ thyrsodes		×?				angustirete			×		
Porotrichodendron superb.		×	×			Stephanii		×			
robustum		×!				obscurum		×			
„ gracile			×			roridum		×			
Porotrichopsis flacca		×				breve		×			
Pinnatella ochracea	×					tocoranience		×			
Entodon Nano Climacium		×				pulchellum		×			
flavissimus		×	×			„ plicatulum	×	×			
gracilisetus		×				Callicostella rivularis	×				
micans				×		pallida	×				
flexipes		×				scabriuscula	×				
microcarpus		×				microcarpa	×				
erythropus		×				strumulosa	×				
Jamesonii		×	×			scabripes	×?				
Hampeanus		×				„ integrifolia	×?				
„ suberythropus				×		Hookeriopsis variabilis	×	×			
Erythrodontium squarros.	×	×		×		purpureophylla		×			
longisetum	×					crispa	×	×			
Germainii				×		pachydictyon					
„ brasiliense				×		falcata		×	×		
Campylodontium onustum	×					subsecunda		×			
„ bolivianum						lepidopiloides		×			
Stereophyllum leucosteg.				×		Williamsii		×			
Lindmannii				×		longiseta	×				
brevipes	×					asprella		×			
pseudoradiculosum	×							1670			
subchlorophyllum	×					undatula	×				
„ flaccisetum	×					incurva	×				
Fabronia argentinica				×		papillidioides	×?				
polycarpa	×			×		Stenodictyon saxicola		×			
Podocarpi				×		Rhynchostegiopsis compl.		×			

Species	Trop I	Trop II	Trop III	subtrop I	subtrop II
Hypnella pilifera		×			
,, Brotheri		×			
,, sigmatelloides	×				
Crossomitrium Wallisii		×			
,, rotundifolium	×	×			
Lepidopilum Mülleri		×			
,, nanothecium		×			
,, Herzogii				×	
,, auriculatum		×			
,, malachiticum	×	×			
,, Ballivianii		×			
,, brachyphyllum	×				
,, Gertrudis		×			
,, intermedium		×			
,, angustifrons		×			
,, ovatifolium		×			
,, pallidonitens	×?				
,, curviramoum	×?				
,, Buchtienii	×				
,, tenuissimum				×	
Helicoblepharum venust.				×	
Hypopterygium Tamarisci	×	×		×	×
,, argentinicum				×	
Rhacopilum tomentosum	×	×		×	
,, Floridae		×			
,, intermedium		×			
Helicophyllum torquatum	×				
Anomodon fragillimus					×
Leskea plumaria		×			×
,, boliviana			×		
Pseudoleskea andina			×		
Leskeadelphus catenulatol.			×		
Raula firmula	×			×	
,, Bornii				×	
Thuidium leptocladum		×			
,, ochraceum			×		
,, Yungarum		×			
,, minutulum	×			×	
,, latopulvinatum					×
,, pusillum	×				
,, scabrosulum	×				
,, involvens	×				
,, schistocalyx	×				
,, brasiliense		×			
,, delicatulum	×				
,, peruvianum		×	×		
Sciaromium crassinervat.		(×)	(×)		
Campylium hispidulum		(×)			
Ctenidium malacodes		×			
,, plumulosum				×	
Rhizohypnum stigmopyxis		×			
,, pelichucense		×			
Rhizohypnum thelistegium	×	×			
,, breviusculum		×			
,, hookerioides		×		×	
,, oxystegium	×	×			
,, elegantulum		×			
,, versipoma	×				
,, docurrens		×			
,, heterostachys		×			
,, acrorrhizon		×			
,, reptans	×	×	×		
,, andicola	×	×			
,, viscidulum		×			×
,, viridicaule		×			
,, robustiusculum		×			
,, Langsdorffii	×				
,, plumosum		×			
,, modestum	×				
,, capillirameum		×			
Ectropothecium apiculat.	×	×			
,, campanulatum		×			
,, aeruginosum	×	×			
Stereodon spiripes				×	
Breidleria amabilis				×	
Isopterygium subglobosum		×			
,, vagans		×			
,, brachyneuron	×				
,, tenerum	×				
,, leucophyllum	×				
,, stigmocarpum	×?				
,, cylindraceum	×?				
Plagiothecium microsphae-					
,, rothecium				×	
,, fallax		×			
,, bolivianum				×	
,, novogranatense				×	
,, conostegium				×	
,, mollicaule				×	
,, submollicaule				×	
Taxithelium pseudoacumi-					
,, natulum	×				
,, subandinum	×				
,, planum	×				
Vesicularia vesicularis	×				
,, amphibola	×				
Catagonium politum				×	×
Pterogonidium pulchellum	×				
Potamium longisetum	×				
Meiothecium commutatum	×				
,, tenerum	×				
Trichosteleum fluviale	×				
,, arrectum	×				
,, ambiguum	×				

	Trop.			subtrop.			Trop.			subtrop.	
	I	II	III	I	II		I	II	III	I	II
Rhaphidostegium decumbens		×				Pleuropus Bonplandii		×			
,, Lindigii		×	×			Brachythec. stereopoma	×	×	×		
,, prominulum	×	×				,, sulphureum		×			
,, orthocarpum			×			,, longisetum		×			
,, eurycystis		×		×		,, grandirete		×			
,, tenerifolium				×		,, rutabulum			×		
,, cuspidiferum		×	×			,, scaberrimum			(×)		
,, caespitosum	×	×				,, bolivioplumosum		×	×		
,, Kegelianum		×				,, calliergonoides		×!			
,, loxense	×	×				,, conostomum		?			
,, galipense	×	×				,, tenuipinnatum		×			
,, densirete		×				,, cochlear		?			
,, andinum		×				,, pseudorutabulum			×		
,, cucullatifolium	×					Oxyrrhynchium clinocarp.		×			
,, tenuicarpum	×					,, rugisetum		×			
,, circinale	×					,, aquaticum		×	×		
,, chrysostegum		×				,, scabripes		?			
,, obliquerostratum	×					Eurhynchium oedogonium		×	×		
,, subsimplex	×					Rigodium leptodendron		×	×		
,, subcylindraceum	×?					Flabellidium spinosum					×
,, Levieri		×				Rhynchostegiella semitorta		×			
,, chlorocormum		×?				Rhynchosteg. conchophyll.		×			
,, turgidulum		×				,, planifolium	×	×			
,, undulatum		×				,, scariosum		×			
Sematophyllum ulicinum		×				,, Tocarema					×
,, pungens	×					,, lamasicum	×				
Schröterella zygodonta		×				,, callistomum	×				
Aptychella proligera		×				,, alboviride	×				
,, caudata		×	×			,, hirtipes		×			
Acanthocladium subnitid.				×		,, minutum		?			
Rhegmatodon schlotheimioides			×			664	201	368	145	90 46 eigene	

Wir haben uns zunächst nur mit den Moosen des **subandinen Abschnittes** zu beschäftigen. Nach obiger Tabelle entfallen auf dieses Waldgebiet 618 Arten = 57 % aller aus Bolivien bekannten Arten.

Es wird sich nun darum handeln, zu ermitteln, wie weit das **subandine Element** an der Zusammensetzung dieser Flora beteiligt ist und wie weit andere Florenelemente diesem Grundstock beigemengt sind. Eine sorgfältige Analysierung ergibt folgende **subandine Gattungen**:

1. *in der subandinen Provinz weiter verbreitet*:

Streptopogon (2 Arten in Afrika)
Brachymitrium (subgen. von Tayloria)
Acidodontium
Prionodon (einige Arten in Brasilien und Afrika)
Stenodictyon
Rhynchostegiopsis
Helicoblepharum
      mit zusammen 35 Arten.

2. *endemisch in Bolivien.*

Streptotrichum (1)
Porotrichopsis (1)
Schröterella (1)
mit zusammen 3 Arten.

Dazu kommen noch 465 Arten aus neotropischen oder circumaequatorialen Gattungen, die bis jetzt entweder nur aus den subandinen Waldgebieten Boliviens oder, wenn auch außerhalb Boliviens, doch n u r a u s d e r s u b a n d i n e n P r o v i n z bekannt sind. Zusammen also 503 Arten = 81,3 % der Flora des subandinen Waldgebietes. Der Rest (= 18,7%) ist nicht subandin, sondern setzt sich zum größten Teil zusammen aus neotropischen Arten, also solchen, die in Mittel- und Südamerika weiter verbreitet sind. Zwei Gattungen — *Leptotheca* und *Eurhizogonium* (subgen. von *Rhizogonium*) — repräsentieren das austral-antarktische Element.

Auf Einzelheiten ist bei Besprechung der verschiedenen Höhenstufen noch einzugehen.

a) Die untere („Yungas"-) Stufe.

Der tropische Hochwald der Yungas ist durch 201 Arten = 32,5% der bolivisch-subandinen Moosflora verhältnismäßig sehr artenreich vertreten. Bei der geringen physiognomischen Rolle, die hier die Moose spielen, ist die hohe Artenzahl sehr überraschend. Wie aber einerseits die Moose hier im Vegetationsbild wenig hervortreten, ist in dieser Stufe auch das subandine Element am wenigsten stark betont. Von subandinen Gattungen ist nur *Prionodon* mit 2 Arten vertreten. 58 Arten = 28,8% sind neotropisch, also weiter in Süd- und Mittelamerika verbreitet. Der Rest gehört meist großen, in allen Florenreichen vertretenen Gattungen an und ist zum größtenTeil, ca. 70%, subandin —also nur in diesem Gebiet bis jetzt gefunden —, steht aber in den meisten Fällen neotropischen Arten Brasiliens nahe.

Bemerkenswert sind hier noch die Gattungen *Anomodon* und *Leucodon*, die wir als boreal bezeichnen dürfen, die aber je mit einer Art im Yungasgürtel repräsentiert sind.

Die stärkst vertretenen Familien und Gattungen dieses Gürtels sind *Dicranelleae, Leucobryaceae, Calymperaceae, Schlotheimia, Pterobryaceae, Meteoriaceae, Hookeriaceae, Thuidium, Isopterygium, Rhaphidostegium* und *Trichosteleum*, woraus deutlich das Überwiegen der pleurokarpen Formen hervorgeht.

b) Die mittlere Stufe.

Sie bedeckt den weitaus größten Flächenraum innerhalb des subandinen Waldgebietes und ist die artenreichste der 3 unterschiedenen Bergwaldgürtel. Sie enthält 368 Arten = 59,5% der bolivisch-subandinen Species.

Davon gehören 36 zu den subandinen Gattungen *Streptopogon, Brachymitrium, Acidodontium, Prionodon, Stenodictyon, Rhynchostegiopsis, Helicoblepharum, Porotrichopsis* und *Schröterella*; das sind 10%. Dazu kommen noch 266 subandine Arten aus meist neotropischen Gattungen, so daß das subandine Element hier 82% der gesamten Flora ausmacht. Der Rest ist neotropisch mit Ausnahme zweier Arten: *Leptotheca boliviana* und *Rhizogonium bolivianum*, welche endemische Vertreter des austral-antarktischen Elementes darstellen.

Die wichtigsten Familien und Gattungen dieser Stufe sind *Campylopus, Streptopogon, Zygodon, Macromitrium, Acidodontium, Bryum* (Rosulata), *Rhodobryum, Leiomela, Cryphaeaceae, Prionodontaceae, Meteoriaceae, Thamnieae, Hookeriaceae, Rhizohypnum, Rhaphidostegium*. Auch hier überwiegen noch die Pleurokarpen über die Akrokarpen.

Besonders bemerkenswert ist die reiche Gliederung der Gattungen *Rhizohypnum* und *Prionodon*, welche zwar nicht rein südamerikanisch sind, aber mit ihren zahlreichen Arten der Andenflora einen sehr bedeutsamen Zug verleihen und physiognomisch in den Vordergrund treten.

c) Die obere Stufe.

Sie bildet einen schmalen Saum längs der Waldgrenze und schließt sich floristisch eng an die mittlere Stufe an, obwohl die Mehrzahl ihrer Arten von denen der tiefer gelegenen Bergwälder verschieden ist. Der Unterschied zwischen beiden wird wohl wesentlich auf den Einfluß des Lichtes zurückzuführen sein, welches um die Waldgrenze einmal qualitativ wirksamer ist und dann auch quantitativ in den niederen Gesträuchformationen ausgiebiger als im Hochwald zur Geltung gelangt.

Die obere Stufe oder „Ceja", wie sie in Peru heißt, enthält nach unserer Tabelle 145 Arten = 23,4 % der subandinen Flora. In Wirklichkeit dürfte sich aber nicht nur die absolute, sondern auch die relative Zahl sehr viel höher stellen. Unter diesen 145 Arten befinden sich 9 Arten aus echt subandinen Gattungen: *Streptopogon*, *Brachymitrium*, *Acidodontium*, *Prionodon*, *Streptotrichum* (endemisch), ferner 116 Arten ausschließlich subandiner Verbreitung, zusammen 125 subandine Arten = 86,2 % der Moosflora dieser Stufe; sie ist also die an subandinen Elementen reichste Abteilung des Bergwaldes.

Der Rest von 14 % oder 20 Arten enthält noch 1 boreale und 5 Arten austral-antarktischer Verwandtschaft, nämlich *Fissidens rigidulus*, 1 *Eustichia*, 1 *Rhacocarpus*, 1 *Lepyrodon* und 1 *Catagonium*. Die Akrokarpen überwiegen hier zum erstenmal über die Pleurokarpen, erreichen aber noch nicht die Höhe der normalen Verhältniszahl von etwa $^2/_8$ zu $^1/_8$.

Die Dichtigkeit des Mooswuchses erreicht in dieser Stufe ihr Maximum. Zu den erwähnten Laubmoosen kommt eine vielleicht noch bedeutendere Zahl von Lebermoosen, doch bin ich nicht in der Lage, auf die geographische Verbreitung dieser Moosgruppe einzutreten.[1]

2. Die subtropischen Randwälder.

Innerhalb Boliviens sind diese Gebiete noch sehr mangelhaft bekannt. Außer den wenigen, von mir auf der Durchreise gesammelten Daten liegt kein bryologisches Material aus den bolivischen Randwäldern vor. Die kleine Stichprobe läßt aber eine weitgehende Übereinstimmung mit den von Lorentz durchforschten Bergwäldern der argentinischen Provinzen Tucuman und Salta erkennen. Die Zahl der in bolivischem Gebiet gefundenen Arten ist naturgemäß viel geringer als die der argentinischen Kordillerenwälder, welche von Lorentz in langjähriger Sammeltätigkeit nachgewiesen wurden.

Durch die Identität zahlreicher Arten in den beiden Gebieten wird die Gleichartigkeit ihrer Floren schlagend nachgewiesen. Von den 89 Arten des bolivianischen Teiles sind 33 = 37 % auch aus den argentinischen Bergwäldern bekannt. Der Rest gehört subandinen und brasilianischen Typen an. Diese noch relativ große Zahl tropischer Elemente wird aber dadurch erklärt, daß der Ort (Tres Cruces in der Kordillere von Santa Cruz), dem meine Stichproben entstammen, der Grenze des subandinen Gebietes sehr nahe liegt, eigentlich sogar dem Übergangsgebiet angehört. Die Übereinstimmung mit den argentinischen Kordillerenwäldern würde sich in den Randketten von Charagua und Aguarague viel ausgesprochener zeigen; doch sind diese bryologisch noch unbekannt.

Einige Arten sind dadurch bemerkenswert, daß sie als letzte Vorposten großer tropischer Sippen gelten können und so die floristische Ausstrahlung des subandinen Gebietes erkennen lassen. Hierher gehört *Prionodon densus*, die einzige Art der großen vorwiegend subandinen Gattung, *Pilotrichella cyathipoma*, ebenfalls die einzige Art der Gattung in diesem Gebiet, *Squamidium Lorentzii* und *Sq. turgidulum*, vikariierende Arten für die subandinen *Sq. leucotrichum* und *Sq. macrocarpum*, *Pterobryum densum*, das von C. Müller im argentinischen Gebiet als eigene Art *Pt. Lorentzii* aufgefaßt wurde, *Hypopterygium argenticum*, das wohl nur eine lokale Rasse des weitverbreiteten *H. Tamarisci* ist, und andere.

Eine Gattung ist den bolivianischen Randwäldern allein eigentümlich, nämlich das von mir bei Tres Cruces entdeckte *Flabellidium*, welches verwandtschaftlich wohl am ehesten mit *Scorpiurium* und *Rigodium* zusammengebracht werden kann.

---

[1] Herr Stephani teilte mir brieflich mit, daß die geographische Verbreitung der südamerikanischen Hepaticae noch zu wenig bekannt sei, als daß sie schon bestimmte floristische Elemente erkennen ließen. Es muß daher in diesem Abschnitt ganz von den Lebermoosen abgesehen werden.

Eine Gliederung des Gebietes kann zurzeit noch nicht vorgenommen werden, weil die Daten dafür zu spärlich sind. In der Tabelle (S. 283) wurde allerdings zwischen den Hochwäldern des Gebirgsfußes und den niederen Gehölzen der Kämme (bei Tres Cruces zwischen 1400 und 1700 m) unterschieden.

II. Das Trockengebiet.
(Andine Provinz.)

Während das Waldland die Kordillere als breiter Saum umgürtet, nehmen die Trockengebiete den Innenraum des Gebirges ein und bedecken den weitaus größten Teil des bolivianischen Berglandes. Das Gemeinsame, alle Teilabschnitte dieses Gebietes verbindende ist die Trockenheit des Klimas und ihr entsprechend der allgemeine xerophytische Charakter seiner Vegetation. Je nach der Höhenlage aber ist sowohl Vegetation als Flora dieser nach der Entwicklungsgeschichte ihres Pflanzenelementes als andin bezeichneten Provinz so verschieden, daß auch hier wieder eine Gliederung in wenigstens 2 scharf getrennte Bezirke vorgenommen werden muß. Der eine begreift in ·ich die M i t t e l g e b i r g s l a g e n mit xerothermer Vegetation, also hauptsächlich die interandinen Becken der großen Ströme: in unserem Gebiet das des Rio Grande, woran sich nach Vegetations- und Florencharakter die Talschaften des oberen Yapacani-, Cotacajes- und Rio de La Paz-Beckens anschließen lassen; dahin gehört auch das von Rusby, Mandon und Williams bereiste Tal von Sorata. Die obere Grenze dieses Gebietes dürfte bei etwa 2800 m zu ziehen sein. Der andere umfaßt die H o c h g e b i r g s l a g e n, also speziell die hohen Kämme der Cordillera Real und C. Oriental zwischen 3500 m und der Schneegrenze, die — örtlich verschieden — bei ca. 5400 m an den N.-Hängen anzusetzen sein dürfte. Der dazwischenliegende Gürtel von 2800—3500 m hat den Charakter eines Übergangsgebietes mit gleichfalls eigentümlicher Phanerogamenflora, das wohl nach genauerer Durchforschung seiner Pflanzenwelt als besondere Stufe abgegliedert zu werden verdient, zu meinen Zwecken jedoch besser an das Mittelgebirge angeschlossen wird, da die Polylepis- und Escalloniagehölze dieser mittleren Stufe in ihrer Moosflora die meisten Anklänge an die untere (Mittelgebirgs-) Stufe zeigen. Ich rechne also das Mittelgebirge im folgenden bis ca. 3500 m, worüber dann das eigentliche Hochgebirge beginnt. Auf eine weitere Gliederung dieser obersten Stufe verzichte ich deswegen, weil die heutige Kenntnis ihrer Flora noch nicht ausreicht, die gewiß vorhandenen verschiedenen Fazies oder Höhenschichten ihrer Pflanzendecke genügend sicher auseinander zu halten. Ich begnüge mich also mit der Zweiteilung in Mittelgebirge und Hochgebirge, die in den nächsten Kapiteln durchgeführt werden soll.

— 293 —

Tabellarische Übersicht über die Arten der andinen Provinz.
(Trockengebiet).

	Mittel-Geb.	Hoch-Geb.		Mittel-Geb.	Hoch-Geb.
Andreaea arachnoidea		X	Campylopus Totarae	X	
Lorentziana		X	,, chrysodictyon		X
angustifolia		X	Benedicti		X
dissitifolia		X	Edithae		X
vilcensis		X	,, insignis	X	
tunariensis		X	Pilopogon gracilis	X	X
barbuloides		X	liliputanus	X	X
clavata		X	nanus		X
laticuspes		X	holomitrius	X	
erythrodictyon		X	,, Tiquipayae		X
robusta		X	Fissidens excurrentinervis		X
striata		X	Bockii		X
,, pseudosubulata		X	incisus		X
,, subenervis		X	terebrifolius		X
Pleuridium andinum		X	pauper	X	
Ditrichum submersum		X	,, rigidulus		X
Tristichium Lorentzii		X	Hymenostylium contextum		X
,, mirabile		X	Gyroweisia boliviana		X
Astomiopsis amblyocalyx		X	Molendoa boliviana		X
Distichium capillaceum		X	,, Herzogii		X
Ceratodon novogranatensis		X	Trichostomum challaense		X
Angstroemia julacea		X	apophysatulum	X	
Polymerodon andinus		X	ferrugineum	X	
Dicranella Jamesonii		X	edentulum		X
campylophylla		X	,, pomangium	X	
laxiretis		X	Leptodontium proliferum		X
submacrostoma		X	spongiosum		X
macrostoma		X	filescens		X
,, callosa		X	erythroneuron		X
Hygrodicranum bolivianum		X	acutifolium		X
Rhabdoweisia fugax		X	rufescens		X
Oreoweisia Lechleri		X	turgidum	X	
ligularis		X	rhacomitrioides	X	
bogotensis		X	Quennoae	X	
ampliata		X	,, ferrugineum		X
,, tunariensis		X	Rhexophyllum laciniatum	X	
Dicranoweisia flexipes		X	Husnotiella glossophylla	X	
,, fallax		X	Chrysoblastella revoluta	X	
Dicranum nigricans		X	,, boliviana		X
Campylopus jugorum		X	Globulina boliviana	X	X
,, subjugorum		X	Hyophila peruviana		X
latinervis		X	Didymodon subtophaceus		X
albidovirens		X	decolorans	X	
tunariensis		X	angustifolius		X
perexilis		X	merceyoides		X
harpophyllus		X	Jamesonii		X
cucullatifolius		X	rubiginosus		X
ingeniensis		X	pelichucensis		X
malagensis		X	contortus		X

	Mittel-Geb.	Hoch-Geb.		Mittel-Geb.	Hoch-Geb.
Erythrophyllopsis boliviana		×	Schistidium praemorsum		×
Barbula fusca		×	subpraemorsum		×
Pflanzii		×	Chocayae		×
flexifolia		×	malacophyllum		×
rectifolia		×	lunariense		×
apiculata		×	fontanum		×
glaucescens		×	Grimmia subovata		×
chocayensis	×		microovata		×
pachygastrella		×	navicularis		×
Punae		×	leucophaeola	×?	
perexilis		×	Herzogii		×
subglaucescens	×		spsirophylla		×
austrorevoluta	×		nigella		×
Williamsiella tricolor		×	olivacea		×
Gertrudia valldinervis	×		squamatula		×
Aloina calceolifolia	×		longirostris		×
Aloinella boliviana		×	fuscolutea		×
Streptopogon heterophyllus	×		flexicaulis		×
Tortula minima		×	quatricruris		×
percarnosa		×	subquatricruris		×
polyseta		×	pansa		×
leiostoma		×	trichophylloidea		×
ligulata	×		julacea		×
Mniadelphus		×	nanoglobosa		×
pichinchensis		×	bicolor		×
angustifolia		×	tristicha		×
fragilis	×		Rhacomitrium crispipilum		×
Goudotii	×		brachypus		×
andicola		×	dimorphum		×
runcinata		×	sublanuginosum		×
serripungens	×		austrosudeticum		×
linguifolia		×	Anoectangium compactum	(×)	
bipedicellata	×	×	Pflanzii		×
Buchtienii		×	Herzogii		×
ruralis		×	Lechlerianum		×
Polylepidis	×		Amphidium cyathicarpum		×
xerophila	×		brevifolium		×
brunnea		×?	Zygodon peruvianus		×
viridula		×?	pichinchensis		×
ciliata		×	Goudotii		×
Encalypta asperifolia		×	oeneus		×
coarctata		×	macrophyllus		×
leiotheca		×	subrecurvifolius	(×)	
Ptychomitrium chimborazense		×	Orthotrichum exsertisetum	×	
papillatum		×	undulatum	×	
Cochabambae	×		verrucosum	×	
Coscinodon trinervis		×	rupestre		×
bolivianus		×	psychrophilum		×
Schistidium angustifolium		×	parvum		×
streptophyllum		×	apiculatum	×	
andinum		×	patulum	×	
apocarpum	×		pariatum	×	
calycinum		×	epilosum	×	

— 295 —

	Mittel-Geb.	Hoch-Geb.		Mittel-Geb.	Hoch-Geb.
Orthotrichum Tacacomense	×		Mielichhoferia macrodonta		×
Macromitrium filiforme	×		,, submacrodonta		×
Tayloria altorum		×	,, castanea		×
Physcomitrium turgidum		×	,, emergens	×?	
Entosthodon fontanus		×	Haplodontium humipetens		×
,, altisetus	×		,, sanguinolentum		×
,, Sipascoyae	×		,, Jamesonii	×	×
,, acidotus		×	,, diplodontum		×
,, subtilis		×	,, cuspidatum		×
,, Lindigii		×	,, crassinervium		×
,, papillosus		×	,, Herzogii	×	×
,, verrucosus	×		,, vilcense		×
,, cartilagineus		×	,, splendidum		×
,, apiculatus		×	,, subsplendidum		×
,, glabripes		×	Wollnya stellata		×
Funaria Jamesonii		×	,, Wilsoni		×
,, boliviana	×		Webera clavicaulis	×	
,, linearidens		×	,, pluriseta		×
,, meesacea		×	,, schisticola		×
,, calvescens	×		,, cruda		×
,, macrospora	×		Mniobryum bolivianum		×
,, hygrometrica		×	Anomobryum filiforme		
,, incurvifolia	×		,, soquense	×	×
,, inflata	×?		,, robustum		×
Mielichhoferia bryocarpa		×	,, obtusatissimum		×?
,, macrospora		×	,, humillimum	×	
,, seriata		×	Bryum flexisetum		×
,, microdonta		×	,, pulchrirete		×
,, minutifolia		×	,, malacophyllum		×
,, micropoma		×	,, phllonoteum		×
,, pusilla		×	,, challaense		×
,, modesta	×	×	,, argenteum		
,, pohlioidea	×	×	,, subsericeum	×	×
,, gracilis		×	,, sericeum	×	
,, angustata		×	,, apophysatum		×
,, subclavitheca		×	,, nanophyllum	×?	
,, Herzogii		×	,, nigropurpureum	×?	
,, subcampylocarpa		×	,, concavum	×?	
,, subglobosa		×	,, rupicola	×	
,, secundifolia		×	,, laevigatum		×
,, andina		×	,, genucaule		(×)
,, campylotheca		×	,, subgenucaule		(×)
,, Lindigii	×?		,, spininervium	×	
,, lonchocarpa		×	Rhodobryum roseum	×	
,, sericea		×	Aulacomnium palustre		×
,, cygnicolla		×	Plagiopus Oederi		×
,, minutissima		×	Anacolia setifolia		×
,, aurifolia		×?	Bartramia perpumila		×
,, boliviana		×	,, Brotheri		×
,, decurrens		×	,, Mathewsii		×
,, clavitheca		×	,, pruinata		×
,, longiseta		×	,, Weddellii		×
,, elegans		×	,, pilicuspes		×

	Mittel-Geb.	Hoch-Geb.		Mittel-Geb.	Hoch-Geb.
Bartramia fragilifolia	×	×	Meteorium illecebrum	(×)	
potosica		×	Meteoriopsis patens	(×)	
polytrichoides		×	Neckera Lindigii	(×)	
defolians		×	Lembophyllum bolivianum		×
ambigua	×	×	Pylaisia panduraefolia	×	
rosea		×	Erythrodontium macrocarpum	×	×
auricola		×?	Fabronia andina	×	×
Conostomum aequinoctiale		×	,, seligeriacea		×
,, macrotheca		×	Schwetschkea boliviana	×	×
,, cleistocarpum		×	,, minuta		×
Philonotis scabrifolia		×	Daltonia Jamesonii var.		×
pellucidiretis		×	Lepidopilidium synoicum		
gracilenta		×	Lepidopilum filoeum	(×)	
guyabayana		×	Lindbergia mexicana	(×)	×
asperrima		×	Leskea julicaulis	×	
Breutelia anacolioides		×	Leptopterigynandrum austroalpinum	×	×
breviseta		×	Hygroamblystegium curvicaule	×	×
Gertrudis		×	,, filicinum		×
undulata		×	,, Punae		×
Lorentzii		×	Sciaromium crassinervatum		×
minuta		×	,, holoneuron		×
integrifolia		×	Cratoneuron submersum		×
patens		×	Drepanocladus exannulatus		×
boliviensis		×	Sendtneri?		×
,, straminea		×	intermedius		×
,, nigrescens		×	,, Barbeyi		×
Catharinea nigricans	×		Scorpidium scorpioides		×
Psilopilum gymnostomulum		×	Calliergon Luipichense		×
,, antarcticum		×	,, stramineum		×
,, aequinoctiale		×	Hygrohypnum aureum		×
,, trichodon		×	,, validum		×
Polytrichadelphus grossidens		×	Campylium hispidulum	×	
,, aristatus		×	,, polygamum var.		×
,, cuspidirostris		×	Hypnum latifolium		×
Pogonatum polycarpum		×	,, cupressiforme		×
,, cylindrotheca	×	×	Catagonium politum		×
Polytrichum intermedium		×	Rhytidium rugosum		×
tenellum		×	Rhaphidostegium brachyacrum	×	
,, juniperinum	×	×	Brachythecium cavifolium		×
Hedwigidium imberbe	×	×	leucuracoides		×
Braunia cirrhifolia	×	×	fissidentoides	×	
argentinica	×		Chocayae	×	
subplicata	×	×	subjulaceum	×	×
plicata	×	×	scaberrimum	×	×
secunda	×		,, flaccum	×	
laxifolia	×		Cirriphyllum andinum		×
,, divaricatula	×		,, laevifolium		×
Rhacocarpus Humboldtii		×	Oxyrrhynchium aquaticum		(×)
australis		×	Brybnia Pflanzii		×
excisus		×	Rhynchostegiella toncolensis		(×)
,, squamosus		×	Mandoniella spicatinervia	×	
Fontinalis turfacea		×	414	100	337
Lepyrodon tomentosus		×		gemeinsam 23	

Zu dieser Tabelle sind einige Bemerkungen nötig. Die Bryophyten des Trockengebietes sind selbst nicht alle Xerophyten, sondern gehören zu einem großen Teil, besonders im Hochgebirge, mesophytischen Verbänden, teilweise sogar hygrophytischen Assoziationen an. Wir treffen eben die Moose innerhalb der xerophytischen Phanerogamenvegetation vorzugsweise an schattigen, länger feucht bleibenden Orten, besonders in dauernd berieselten Schluchten (Quebradas), und nur eine relativ kleine Zahl ist xerophytisch angepaßt an die extreme Trockenheit des Klimas und die geringe Luftfeuchtigkeit der Dornbusch- und Steppenformationen. Zu diesen gehören aber gerade die eigenartigsten Typen, wie *Leucocampylopus, Rhexophyllum, Globulina, Husnotiella, Chrysoblastella, Aloina* und *Gertrudia*. Trotzdem mußten sie alle in diesem Abschnitt untergebracht werden; denn das Trockengebiet mit Einschluß seiner Mesophyten- und Hygrophytenverbände ist eine f l o r i s t i s c h e E i n h e i t, da der Grundstock seiner Flora das a n d i n e E l e m e n t ist und es dadurch im schärfsten Gegensatz zum Waldgebiet mit seinen subandinen und neotropischen Florenbestandteilen steht.

1. Das Mittelgebirge.

Der Trockenheit des Klimas entsprechend ist hier die Moosflora sehr schwach entwickelt. In der Physiognomik der Formationen kommt ihr keine Bedeutung zu, wenn schon dem aufmerksamen Beobachter in den Gehölzen der Quebradas die *Orthotrichaceen* an den Baumästen und die breiten Teppiche der *Braunia*-Arten über den Felsblöcken nicht entgehen können. Aber im Vergleich mit dem Waldgebiet und selbst mit dem Hochgebirge, bleiben die während mehr als eines halben Jahres sengender Hitze und Trockenheit ausgesetzten Bergländer der Binnenketten in ihrer Moosvegetation weit zurück. Trotz der relativ geringen Zahl (100) ihrer Arten besitzen sie aber doch einen hohen Prozentsatz sehr eigentümlicher Typen, die z. T. endemischen Gattungen angehören, so *Rhexophyllum, Gertrudia, Chrysoblastella, Leucocampylopus, Leptopterigynandrum* und *Mandoniella*, z .T. in merkwürdigem verwandtschaftlichem Verhältnis zu Arten des mexikanischen Hochlandes stehen, so *Globulina, Husnotiella* und einige *Braunia*-Arten. Die auffallenden Beziehungen Bolivias zu Mexiko, die auch in andern Formationen zu erkennen sind, treten besonders stark in den xerophytischen Verbänden hervor. Auf die Hypothesen zur Erklärung dieser sehr merkwürdigen Tatsache soll hier nicht eingegangen werden.

Aus der beigegebenen Tabelle (Seite 293) sieht man, wie ganze große Familien, so die *Andreaeaceen, Dicranaceen* und *Grimmiaceen* in den warmen Mittelgebirgslagen fehlen oder nur durch einzelne Arten vertreten sind. Bemerkenswert ist daneben die reiche Gliederung der *Trichostomaceen* und *Pottiaceen*, ferner das Hervortreten der Gattungen *Orthotrichum* und *Braunia*. Als fremdartige Ausstrahlungen stammen aus dem subandinen Bezirk Arten der Gattungen *Meteorium, Meteoriopsis, Neckera, Lepidopilidium* und *Lepidopilum*, aus dem Hochgebirge der Gattungen *Ptychomitrium, Anoectangium, Mielichhoferia* und *Haplodontium*.

Bei der Schilderung der Formationen wird auf manche der Arten dieses Gebietes nochmals zurückzukommen sein.

2. Das Hochgebirge.

Mit 337 Arten (= 81 % der andinen Flora Bolivians[1]) stellt sich die bolivianische Hochkordillere als ein überaus reiches Florengebiet dar. Es übertrifft hierin die Alpen, welche über der Baumgrenze 353 Arten besitzen, zweifellos ganz wesentlich. Denn es ist in Betracht zu ziehen, daß einmal die Alpen sehr sorgfältig und in allen Teilen durchforscht sind, und dann, daß das Alpengebirge alpine und hochalpine Gebiete in viel größerem Umfang als die bolivianische Cordillere einschließt. So findet sich also in der Hochkordillere der Reichtum ihrer Moosflora auf engem Raum zusammengedrängt, wodurch der Eindruck der Mannigfaltigkeit noch ganz wesentlich gesteigert wird. Der Endemismus des bolivianischen Hochgebirges ist nicht nur in zahlreichen Arten ausgedrückt, sondern spiegelt sich auch in mehreren ganz eigentümlichen Gattungen. Da ich die Berechtigung einer Grenzpfahlfloristik nicht anerkenne, so rechne ich zu diesen Hochgebirgsendemismen auch solche Gattungen, die in der benachbarten argentinischen und peruanischen Hochkordillere vertreten sind. Denn die floristische Einheit dieses ganzen Gebietes kann keinem Zweifel unterliegen. Endemische Gattungen des Gebietes sind also *Tristichium, Astomiopsis,*

---
[1] Das sind wohl kaum zwei Drittel aller hier vorkommenden Laubmoose.

Illecebraria (subgen. von *Angstroemia*), *Polymerodon*, *Simplicidens*, *Chrysoblastella*, *Williamsiella*, *Erythrophyllopsis*, *Aligrimmia*, *Plagiocleidion* (subgen. von *Entosthodon*), *Wollnya*, *Pseudodimerodontium* (subgen. von *Schwetschkea*) und *Leptopterigynandrum*. Dazu kommt noch *Julocladium* (subgen. von *Physcomitrium*) mit einem Fundort in den Hochanden von Ecuador, *Globulina* und *Aloinella* mit je einer vikariierenden Art in Mexiko.

Neben dem a n d i n e n Element, das naturgemäß weit vorherrscht, machen sich noch 2 Fremdelemente, deren Heimat in der gemäßigt-kühlen und kalten Zone beider Halbkugeln liegt, bemerkbar, nämlich das a u s t r a l - a n t a r k t i s c h e und das b o r e a l e Element. Dieser Fremdeinschlag bekundet sich z. T. in identischen Arten, z. T. in eigenen Arten austral-antarktischer oder borealer Sippen.

Mit dem a u s t r a l - a n t a r k t i s c h e n Gebiet gemeinsam besitzt das bolivianische Hochgebirge folgende Arten:

Andreaea pseudosubulata
Andreaea subenervis
(einer antarktischen Gruppe der Gattung nächst verwandt)
Fissidens rigidulus
Tortula runcinata

Bryum laevigatum
Philonotis scabrifolia
Psilopilum antarcticum
Catagonium politum

und folgende Gattungen:

Hygrodicranum
Catenularia (Philonotis)
Anacoliopsis (Breutelia)
Psilopilum
Polytrichadelphus

Rhacocarpus
Lepyrodon
Lembophyllum
Sciaromium
Catagonium

Mit dem b o r e a l e n Florengebiet gemeinsam besitzt das bolivianische Hochgebirge folgende Arten:

Sphagnum medium
Distichium capillaceum
Dicranella heteromalla
Rhabdoweisia fugax
Grimmia subovata
(der *G. ovata* nächst verwandt und für sie vikariierend)
Rhacomitrium austrosudeticum
(mit *Rh. sudeticum* nächst verwandt und dafür vikariirend)
Anoectangium compactum
Orthotrichum rupestre
Webera cruda
Anomobryum filiforme

Aulacomnium palustre
Plagiopus Oederi
Hygroamblystegium curvicaule
„ filicinum
Drepanocladus exannulatus
„ intermedius
Scorpidium scorpioides
Calliergon stramineum
Campylium polygamum
Rhythidium rugosum
Brachythecium rutabulum

und folgende Gattungen:

Rhabdoweisia
Oreoweisia
Eudicranum
Gyroweisia
Hymenostylium
Molendoa
Coscinodon
(Grimmia)
Anoectangium
Ptychostomum (Bryum)
Aulacomnium

Fontinalis
Hygroamblystegium
Cratoneuron
Drepanocladus
Scorpidium
Calliergon
Hygrohypnum
Campylium Sect. I u. II
Rhythidium
Brachythecium
Cirriphyllum
Bryhnia.

Der boreale Einschlag erscheint hier mit 63 Arten wesentlich stärker als der antarktische mit 29 Arten. Doch geben die absoluten Zahlen nicht den richtigen Begriff von der Wichtigkeit der einzelnen Arten in einer Flora. Denn in allen Formationen muß zwischen den tonangebenden „Grundformen" und den mehr zufälligen Beimischungen unterschieden werden. Das antarktische Element liefert nun besonders charakteristische und durch Häufigkeit ausgezeichnete Florenbestandteile, wie die Gattungen *Polytrichadelphus, Rhacocarpus* und *Lepyrodon*. So könnte man den unteren Saum des Hochgebirges als den *Polytrichadelphus*-Gürtel bezeichnen. In ähnlichen Höhenlagen, aber auf felsigem Substrat, dominiert *Rhacocarpus* in mächtigen Rasen, und *Lepyrodon tomentosus* var. *tunariensis* bildet das Leitmotiv der Moosflora der höchsten Schiefergebirgskämme. *Fissidens rigidulus* ist in allen kalten Bächen des Hochgebirges daheim und *Andreaea subenervis*, einer neuseeländischen Gruppe der Gattung verwandt, ist das Charaktermoos längs der Schmelzwasser der höchsten Berge.

In diesem hohen Grad tritt unter den borealen Elementen nur die Gattung *Molendoa* und *Grimmia* hervor, wobei anzumerken ist, daß man die Gattung *Grimmia* nicht einmal mit Sicherheit als boreal bezeichnen kann, da ihre Arten über die ganze Erde verbreitet sind und wohl ein uraltes Geschlecht darstellen, das floristisch nur schwer zu deuten und zu werten ist. Die *Amblystegieen* sind fast alle accessorische Erscheinungen in den auf glazialem Boden auftretenden Vermoorungen. Sie sind sicher rezent, eiszeitlich oder nacheiszeitlich eingewandert, da sie ausnahmslos an Stellen vorkommen, die nachweisbar vor nicht zu langer Zeit mit Gletschern bedeckt gewesen waren. Auch die antarktischen Arten dürften größtenteils jüngere Florenelemente darstellen und zu gleicher Zeit mit den erwähnten borealen Arten eingewandert sein, nämlich zur Zeit der maximalen Vergletscherung der Kordillere, als eine klimatische Verbindung zwischen dem antarktischen Kordillerenabschnitt und der tropischen Kordillere bestand, d. h. zu einer Zeit, als die breite Lücke der Hochgebirgswüste von Atacama noch nicht klaffte. Damals waren alle heut trocken liegenden, wüstenartigen Täler dauernd von den Schmelzwässern der Gletscher durchflossen und trugen eine üppig grünende Pflanzendecke, so daß der Wanderung feuchtigkeitliebender und misothermer Elemente von Süden nach Norden und umgekehrt, wenigstens in der östlichen Kordillere, keine Hindernisse im Weg standen. Von Phanerogamen, deren disjunkte Verbreitung im antarktischen und tropischen Abschnitt der Kordillere auf andre Weise unerklärlich wäre, nenne ich nur die Gattung *Gunnera*. Doch möchte ich mich hier nicht näher über die Verbreitungsverhältnisse der Gefäßpflanzen auslassen, da diese Abhandlung ja nur den Moosen gewidmet ist und an andrem Ort auf die Phanerogamenflora des Gebietes ausführlich einzugehen sein wird.

Ganz seltsam mutet eine *Daltonia* auf 4000 m Höhe an; sie ist die einzige Vertreterin der großen, vorzugsweise tropischen Familie der *Hookeriaceen*.

Von größter Bedeutung für die Zusammensetzung der Hochgebirgsflora sind dann einige weiter verbreitete Gattungen, die aber gerade in der Hochkordillere eine selten reiche Entfaltung gefunden haben. Hierher gehört an erster Stelle *Mielichhoferia*, die mit 33 Arten im bolivianischen Hochgebirge vertreten ist, daneben die verwandte Gattung *Haplodontium* mit 10 Arten. Allein an diesem so sehr charakteristischen starken Einschlag der *Mielichhoferieen* könnte jeder Bryogeograph eine Sammlung aus der Hochkordillere erkennen.

Sehr formenreich sind ferner die Gattungen *Andreaea* mit 14 Arten, *Leptodontium* mit 7 Arten, *Tortula* mit 16 Arten, *Schistidium* mit 10 Arten, *Grimmia* mit 19 Arten und die Familie der *Bartramiaceae* mit 34 Arten, darunter besonders einige *Vaginella*- und *Breutelia*-Arten als Charaktermoose bestimmter Subformationen.

Das Verhältnis der Akrokarpen zu den Pleurokarpen ist 291 : 46 oder 6 : 1. Der Unterschied gegenüber den übrigen Florengebieten könnte kaum schärfer ausgeprägt sein. Im trockenen Mittelgebirge ist dasselbe Verhältnis 77 : 23 oder 3,3 : 1.

Auf besonders charakteristische Assoziationen und auf die zahlreichen speziellen „Anpassungen" der Hochgebirgsmoose wird in dem Abschnitt über die Moosformationen hinzuweisen sein.

Tabellarische Übersicht der floristischen Elemente.

Zum Schluß mag eine tabellarische Übersicht der bemerkenswertesten floristischen Elemente unseres Gebietes ihren Platz finden. Es werden nur Gattungen angeführt.

I. Das andine Element:

1. im andinen Gebiet weiter verbreitet:

Eupilopogon
Plagiocleidion (subg. von Entosthodon)
Polyptychium (subg. von Breutelia)

2. von disjunkter Verbreitung, einerseits Mexiko, andererseits Bolivien-Argentinien:

Husnotiella (1 Mexiko — 1 Bolivia)
Globulina (1 Mexiko — 1 Bolivia)
Aloinella (1 Mexiko — 3 Bolivien-Argentinien)

3. endemisch in Argentinien-Bolivien-Peru:

Illecebraria (subg. von Angstroemia)(2)
Polymerodon (1)
Tristichium (2)
Astomiopsis (2)
Leucocampylopus (subg. von Campylopus) (1)
Simplicidens (1)
Chrysoblastella (2)
Williamsiella (1)
Erythrophyllopsis (1)

Gertrudia (1)
Rhexophyllum (1)
Aligrimmia (1)
Julocladium (subg. von Physcomitrium) (1)
Wollnya (3)
Pseudodimerodontium (subg. von Schwetschkea) (2)
Leskeadelphus (1)
Leptopterigynandrum (1)
Mandoniella (1)

II. Das subandine Element.

1. Im subandinen Gebiet weiter verbreitet:

Streptopogon (mit 2 Ausnahmen)
Brachymitrium (subg. von Tayloria)
Acidodontium
Prionodon (mit wenigen Ausnahmen)

Stenodictyon
Rhynchostegiopsis
Helicoblepharum

2. endemisch in Bolivien:

Streptotrichum (1)
Porotrichopsis (1)

Schröterella (1)
Flabellidium (1) — ob subandin?

III. Das neotropische Element.

Moenkemeyera (2 Arten in Westafrika)
Macropyxidium (subg. von Syrrhopodon)
Peromnion (subg. von Brachymenium)
Pseudocryphaea
Orthostichidium (3 Arten in Westafrika)
Pirea
Pterobryum
Crinidium (subg. von Orthostichopsis)
Squamidium (4 Arten in Afrika)
Lindigia (2 Arten in Afrika)
Meteoridium (subg. von Meteoriopsis)
Phyllogonium

Porothamnium
Adelothecium
Leskeodon (1 Art in Java, 1 in Neu-Guinea)
Hookeriopsis
Hypnella (4 Arten in Afrika)
Crossomitrium
Helicophyllum
Rhizohypnum (einige Arten in Afrika)
Pterogonidium (1 Art in Neu-Caledonien)
Aptychella
Potamium
Rigodium

IV. Das austral-antarktische Element.

Hygrodicranum
Eurhizogonium (subg. von Rhizogonium)
Leptotheca
Catenularia (subg. von Philonotis)
Anacoliopsis (subg. von Breutelia)
Psilopilum (1 Art in der Arktis)
Polytrichadelphus

Rhacocarpus
Lepyrodon
Lembophyllum
Sciaromium
Catagonium
Acanthocladium

V. Das boreale Element.

Distichium
Rhabdoweisia
Oreoweisia
Eudicranum (subg. von Dicranum)
Gyroweisia
Hymenostylium
Molendoa
Coscinodon
(Grimmia)?
Anoectangium
Ptychostomum (subg. von Bryum)
Mnium
Aulacomnium
Fontinalis

Pylaisia
Anomodon
Hygroamblystegium
Cratoneuron
Drepanocladus
Scorpidium
Calliergon
Hygrohypnum
Campylium (Sect I und II)
Rhythidium
Brachythecium
Cirriphyllum
Bryhnia

Das andine Gebiet enthält vorwiegend:
    1. andine, 2. austral-antarktische, 3. boreale Elemente.

Das subandine Gebiet enthält vorwiegend (fast ausschließlich)
    1. subandine, 2. neotropische Elemente, dazwischen sehr wenige austral-antarktische eingestreut.

III. Moosformationen.

Wenn im folgenden von Moosformationen gesprochen wird, so sind damit nicht eigene, durch Moose allein zusammengesetzte Pflanzenverbände gemeint, sondern es sollen die Moose im Rahmen der Gesamtformation, in welcher sie n e b e n den übrigen Pflanzen ein gleichgeordnetes Glied bilden, betrachtet werden. Es wird sich also zunächst darum handeln, die Pflanzenformationen unsres Gebietes übersichtlich zusammenzustellen und nach ihrem allgemeinen ökologischen Gepräge kurz zu charakterisieren. Dabei läßt es sich kaum umgehen, auch einige der hervortretendsten Phanerogamen, nach welchen wir ja gewöhnlich die Formationen benennen, zu erwähnen.

I. Gehölze.[1]

1. Regenwälder.

Das Klima ist heiß und feucht. Der Wald ist hochwüchsig und hauptsächlich aus immergrünen Laubbäumen zusammengesetzt; der Laubfall ist unregelmäßig. Lianen sind häufig. Die Lichtmenge, welche den Bewohnern der Waldtiefe zur Verfügung steht, ist gering.

In diese Abteilungen gehören die Bergwälder der subandinen Region mit Gürtel I und II.

---
[1] Ich folge hier der Einteilung von Brockmann-Jerosch und Rübel.

Den unteren Gürtel kann man als den **Palmengürtel**, den mittleren als den **Baumfarngürtel** bezeichnen. Denn das Charakteristische des unteren Gürtels ist die große Häufigkeit der Palmen — der Gattungen *Iriartea, Attalea, Chamaedorea, Martinezia* und *Astrocaryum* — neben dem Fehlen der Baumfarne; im mittleren Gürtel die Häufigkeit der Baumfarne — der Gattungen *Alsophila, Cyathea* und *Dicksonia* — und das völlige Ausbleiben der Palmen.

2. Lorbeergehölze.

Im Gebiet sind diese Gehölze sowohl als Wald- wie als Gesträuchformationen entwickelt. Klimatisch stellen sie den Typus des temperierten Regenwaldes dar. Vorherrschend sind niedere, hartblättrige Holzgewächse, oft mit auffallend großen Blüten. Diese Formationen nehmen den oberen Saum des subandinen und subtropischen Waldes ein. Charakteristische Bäume liefern die Gattungen *Escallonia, Weinmannia, Myrica, Podocarpus, Gaiadendron* und *Clethra*. Epiphyten sind reichlichst vertreten. Das Licht dringt tief in die Vegetationsschichten hinab und ermöglicht eine sehr weitgehende Ausfüllung der Innenräume eines Bestandes. Nach der Häufigkeit der hier auftretenden Nebel kann man diese Formation auch kurz als **Nebelwald** bezeichnen.

3. Hartlaubgehölze.

Diese Gehölzformationen sind bedingt durch eine ganz allgemein ungünstige Wasserbilanz und die Notwendigkeit, eine lange, heiße Trockenzeit auszuhalten. Die Blätter sind klein und hart. Dornsträucher und Sukkulenten herrschen vor. Diesen Charakter besitzen alle Gehölze des **xerothermen** interandinen Gebietes. Vorherrschend sind *Schinopsis marginata, Prosopis Kuntzei, Aspidosperma Quebracho, Capparis* spec., *Peireskia* spec., *Cereus* spec. etc. Hier lassen sich auch die Queuiñawälder des *Polylepis*gürtels zwischen 3000 und 3900 m anschließen.

4. Sommerwälder.

Hierher gehören die oben unterschiedenen „subtropischen Randwälder" am Ostrand der Kordillere vom 18. Grad südwärts. Ihr Klima ist warm temperiert. Der Laubfall tritt periodisch auf. Immergrüne Gewächse finden sich nur im Unterholz. Von Bäumen sind *Tipuana speciosa, Juglans* spec., *Diatenopteryx, Piptadenia* spec. etc. besonders bezeichnend. Durch den winterlichen Laubfall erfolgt eine starke Austrocknung und Durchlichtung des Waldinnern, welche den Moosen wenig zusagt. Als Epiphyten trifft man besonders extrem angepaßte Xerophyten, am häufigsten graue schuppenhaarige *Tillandsien*.

II. Wiesen.

1. Immergrüne Bergwiesen.

Das Klima dieser die alpinen Lagen der Kordillere außerhalb der Felsreviere beherrschenden Formation ist gemäßigt bis kühl-temperiert. Die Temperaturgegensätze sind schroff und bedeutend. Minimale Temperaturen von — 15 Grad sind beobachtet. *Calamagrostis-, Agrostis-* und *Festuca-Arten* sind am häufigsten. Ein zusammenhängender Rasen ist selten; die meisten Gräser bilden Büschel und breite Horste; ihr Bau ist xerophytisch.

2. Hochmoore.

In gleicher Höhenlage, besonders häufig auf glazialen Böden. Das Substrat besteht zumeist aus *Distichia muscoides*, welche harte hochgewölbte Polster bildet, die an ihrer Basis in Torf übergehen. Ähnlich verhält sich auch ein dicht rasig wachsender *Plantago*. *Sphagna* sind wohl sehr selten; von mir wurden solche im Gebiet nur noch um die Waldgrenze beobachtet.

III. Einöden.

1. Steppen.

Im Gebiet sind die Steppen der warmen interandinen Täler, welche mit Hartlaubgehölzen wechseln, von den Steppen der kühl-temperierten bis kalten Hochgebirgsländer zu unterscheiden. Beide zeichnen sich durch harte Büschelgräser und sparrige Krüppelsträucher aus, die allerdings von ganz verschiedenen Arten geliefert werden. Die Hochgebirgssteppe, in welcher auf der einen Seite, bei extremer Trockenheit, Polsterpflanzen, wie z. B. *Azorella*-Arten auftreten, andrerseits in feuchteren Vertiefungen die Tolaheide gedeiht, kann man kurz zusammenfassend mit dem einheimischen Namen „Puna" belegen. Die untere Grenze der Puna dürfte 3500 m sein. Sie gehört den trockenen Hochländern der innersten Kordillere an.

2. Felsreviere des Hochgebirges.[1]

Diese Abteilung umfaßt die felsigen Substrate der hohen Kordillerenkämme, deren Flora ausschließlich aus Moosen und Flechten besteht. Hier gibt es extrem trockene und dauernd durch Wasser befeuchtete Stellen neben einander. Hier herrschen die reinen Laubmoosformationen vor.

1. Regenwälder und Lorbeergehölze.

Jedem wird der physiognomische Unterschied zwischen der unteren, tropisch-heißen und der höheren, subtropischen Region der Regenwälder am Abhang der Kordillere auffallen. Im tropisch-heißen Hochwald treten Moose nirgends als Formationselemente hervor. Man findet fast nur kleine, unscheinbare Formen, die nicht zu größeren Verbänden zusammentreten, sondern spärlich auf Baumrinde, morschen Strünken, faulendem Laub und feuchten Steinen leben. Große, zusammenhängende Moosdecken oder Polster sind fast unbekannt, und unbedeutend ist auch die Rolle, welche den Hängemoosen zukommt. Trotzdem ist die Zahl der Arten nicht gering. Dieses Merkmal, nämlich floristisch reiche Gliederung neben geringer Individuenzahl und dem Mangel eigener Moosverbände, ist charakteristisch für alle tropisch-heißen Regenwälder, nicht nur der Kordillere allein. Er ist genau ebenso bezeichnend für die feuchten Monsunwälder des indomalayischen und afrikanischen Gebietes, für die Amazonasniederungen und alle andern tropisch-heißen Waldgebiete.

Der hervortretendste Zug des tropisch-heißen Regenwaldes ist also für uns die Moosarmut. Eine Schilderung des Formationscharakters ist dadurch sehr erschwert, daß fast alle Arten durch weite Zwischenräume voneinander getrennt und durch das Gebiet zerstreut sind und neben der üppigen Entfaltung der Gefäßpflanzen nahezu verschwinden. Am meisten Moose treffen wir noch in den Talböden unweit der Bäche, wo die Feuchtigkeit am größten und die Temperatur durch das kühle Bergwasser etwas gemildert ist. Hier gibt es sogar gewisse Gruppierungen — Assoziationen — von Moosarten, die man als charakteristisch bezeichnen kann und die wahrscheinlich in allen Tälern des Gebirgsrandes in gleicher Weise wiederkehren. Als Beispiel führe ich ein Moosbild aus der Quebrada de Cuñucú im Amborógebiet an. Hier bildet *Rhizohypnum elegantulum* und *Rhynchostegium ulicon*, zwei Arten, die dem unteren Gürtel allein angehören, auf feuchtem, steinigem Boden oft ausgedehnte Lager. Auf Baumwurzeln und auf alten Strünken breiten sich weiche Polster von *Rhizogonium spiniforme* (circumaequatorial) und *Leucobryum*arten, und die Basis der Baumstämme, jedoch selten höher als bis 1 m über dem Boden, umklammern in dichtem Netz die Rhizome einiger Astwedelmoose, so verschiedene *Bryopteris*- und *Plagiochila*-Arten mit oft langen, übergebogen herabhängenden Wedeln, dann *Pterobryum densum*, *Porothamnium fasciculatum*, *Orthostichidium excavatum*, *Pirea Pohlii*, *Neckeropsis undulata* und *N. disticha*, während höher oben in lockerem Verband oder einzeln, flockenartig anklebend, *Pseudocryphaea flagellifera*, *Acrocryphaea julacea* und *Helicophyllum torquatum* folgen. Feuchtschattige Lauben, besonders Astwerk im Unterholz, bewohnen einige zarte Hängemoose, am häufigsten

---

[1] Bei Brockmann-Jerosch findet sich keine ganz entsprechende Bezeichnung.

Pilotrichella cyathipoma, Meteoriopsis patula und *M. subrecurvifolia*. Ihr Auftreten ist aber so sporadisch, daß ein Vergleich mit den Hängemoosen des oberen Bergwaldgürtels, die in ungeheuren Massen eine eigene Moosformation bilden, sich von selbst verbietet.

G i e s e n h a g e n sucht a. a. O. die Ursache für diesen Unterschied zwischen den Wäldern des Gebirgsfußes und der höheren Lagen in dem verschiedenen F e u c h t i g k e i t s g e h a l t der Luft; dieser steigt in der wärmeren Ebene und am Fuß des Gebirges nie so hoch, wie in den kühleren Höhen. Während in den tropisch-heißen Gebieten die Erwärmung durch die Sonnenstrahlen unter Tags eine allmähliche Abnahme des Wassergehaltes der Luft bewirkt, nimmt die Feuchtigkeit in den Hochregionen zur selben Zeit ständig zu, da die mit Feuchtigkeit beladenen, aufsteigenden Luftströme durch die Abkühlung in höheren Lagen sich mit Wasserdampf anreichern, so daß schließlich in einer gewissen Höhe, oft schon zu früher Morgenstunde, Nebelbildung eintritt. Daß hierdurch ein sehr fühlbarer Unterschied in der Wasserbilanz der Pflanzen der beiden verglichenen Gebiete bewirkt wird, ist ohne weiteres einzusehen.

Die Untersuchungen K. M ü l l e r s über die Aufnahmefähigkeit der Moose für Wasser aus wasserdampfgesättigter Atmosphäre scheinen mir in der Richtung zu weisen, daß das Gedeihen der Moose in hohem Grade davon abhängig ist, ob sie der umgebenden Luft Wasser entnehmen können, und dies ist wohl erst bei dampfgesättigter Luft in ausreichendem Maße der Fall. In tropfbar flüssigem Zustand wird ja Wasser von allen Moosen mit Leichtigkeit an der ganzen Oberfläche aufgenommen, aber diese Eigenschaft kommt nicht in Betracht, sobald wir es mit Zeiten fehlender Niederschläge oder mangelnder Tau- und Nebelbildung zu tun haben. Und solcher gibt es in jedem Regenwald der Tieflagen genug. So erklärt sich die Tatsache, daß in den Wäldern der Ebene und niederen Berge die *Leucobryaceen* und *Calymperaceen* mit xerophilen oder halbxerophilen Strukturen besonders häufig sind und die Moose sich sehr häufig in nichtturgescentem Zustand befinden.

Wenn zwar auch in den höchsten Waldgebieten, wo der Nebel fast täglich anhängt, gelegentlich intensive Sonnenbestrahlung eine austrocknende Wirkung ausübt, so bedeutet das für die Wasserbilanz jener Moose nicht so viel, wie der fast täglich durch Verdunstung hervorgebrachte Wasserverlust in den warmen Wäldern der Ebene, schon deswegen, weil sich die Austrocknung bei den meist in mächtigen Polstern wachsenden Bergmoosen nur auf die peripheren Teile erstreckt.

Hier, in der Wuchsform, in der Art, wie die Einzelindividuen sich zu Verbänden zusammenschließen, liegt ein ganz wesentlicher Unterschied zwischen Höhen- und Tiefenwald. Die Ursache dafür — und dies scheint mir neben dem verschiedenen Feuchtigkeitsgehalt der Luft der wichtigste Punkt zu sein, — liegt in der L i c h t m e n g e, welche den Moosen zur Verfügung steht. Dieselbe ist in den hochstämmigen, aus mehreren Stockwerken aufgebauten Wäldern des Gebirgsfußes sehr gering, daher der viel lockerere Wuchs der Moose im unteren Bergwaldgürtel und damit verbunden die wesentlich größere Austrocknungsgefahr. Oder anders ausgedrückt, die Moose des schattigen Hochwaldes können sich den Schutz gegen Austrocknung, welcher in dem engen Zusammenschluß zu wasserspeichernden Polstern, Kissen und Filzen liegt, nicht leisten, weil die zur Verfügung stehende Lichtmenge zu gering ist. Je höher wir aber hinaufkommen und je lichter es in dem immer mehr zusammensinkenden Walde wird, desto dichter werden die Moosverbände, und es ist klar, daß die gewaltigen Kissen und Polster, welche Stämme und Äste bedecken, wenn sie sich einmal voll Wasser gesogen haben, die Umgebung auch bei starker Sonnenbestrahlung noch lange mit Wasserdampf zu sättigen vermögen. Besonders den Hängemoosen, die ja durch ihren freien Wuchs, durch die Loslösung des Einzelindividuums aus dem großen Verband, der Austrocknung am meisten ausgesetzt sind, kommt dieser von den Polstermoosen ihrer Nistplätze gelieferte Feuchtigkeitsüberschuß zugute. Einmal erhalten sie alles abfließende Wasser und dann tauchen sie auch mit ihrer Basis dauernd in den feuchten Schwamm, aus dem sie auf rein kapillarem Wege längs des Stengels noch eine Menge Wasser aufnehmen können. Es mag hier übrigens erwähnt werden, daß die Hängemoose selbst mit ihren durcheinander kriechenden basalen Stengelteilen oft dichte Rasen und Filze bilden und stets nur einen Teil ihrer Äste zu Hängesprossen ausbilden. Weitere Einrichtungen zum Festhalten von Wasser besitzen diese Moose in der Stellung und Form ihrer Blätter, welche meist ein ganzes System kapillarer Hohlräume herstellen. Schließlich mag noch der Vollständigkeit halber auf die fast allen Moosen gemeinsame Fähigkeit, einen hohen Grad von Austrocknung ohne Schaden zu ertragen, hingewiesen werden; doch ist dieselbe in dem vorliegenden Fall wohl kaum von praktischer Bedeutung.

Daß der Lichtgenuß tatsächlich einen sehr wichtigen Faktor im Leben der Moose darstellt, geht auch aus der Beobachtung hervor, daß selbst in den Bergwäldern an besonders schattigen Plätzen trotz enormer Feuchtigkeit die Menge der Moose zurückgeht.

Von Bedeutung für die Besiedelungsfähigkeit des Waldbodens durch Moose ist auch zweifellos die Menge des abgefallenen Laubes, ferner die Konkurrenz durch Krautpflanzen, die den Rest des in die Waldtiefe hinabdringenden Lichtes mit ihren breiten Blättern verschlucken und durch ihr rascheres Wachstum sich über den Boden erheben, bevor ein Moos seine Decken zu breiten vermag. Am anspruchslosesten in dieser Richtung sind einige *Rhynchostegien*, so *Rhynchostegium conchophyllum* und *Rh. planifolium* und einige *Hookeriaceen*, wie *Cyclodictyon*arten und *Hypnella pilifera*.

Der Typus der *Hochstamm-Solitärmoose*,[1]) welcher sowohl der tiefen Laubschüttung als auch dem sehr verminderten Lichtgenuß am besten angepaßt erscheint, fehlt in den bolivianischen Wäldern.

Einen andern Typus treffen wir dagegen häufig, wenn auch meist nicht auf dem Waldboden selbst, sondern mehr auf Strünken und am Grund der Baumstämme. Das sind die *Wedelmoose*, deren dorsiventraler Bau (Horizontalausbreitung der Äste und verflachte Beblätterung) dem einseitigen Lichteinfall und der geringen Lichtmenge entspricht. Hierher gehören z. B. *Hypopterygium Tamarisci*, *Porotrichum*- und *Neckeropsis*-Arten und von Lebermoosen die zahlreichen *Plagiochila*- und *Bryopteris*-Arten. Der Typus der Wedelmoose kommt allen 3 Gürteln der Kordillerenwaldes zu.

Überwiegend an Individuenzahl und physiognomisch am auffallendsten sind in allen feuchten Wäldern der Tropen und Subtropen die H ä n g e m o o s e. Am häufigsten sind sie in den lichten Nebelwäldern. Schon durch ihren Wohnort an den Ästen der Bäume oder Sträucher sind sie im Lichtgenuß günstiger als die übrigen Moose gestellt und reagieren daher auf Lichtreize weniger exakt als die ausgesprochenen Schattenformen. Der von G i e s e n h a g e n beschriebene Typus von *Barbella javanica*, welcher einen deutlichen Unterschied zwischen der radiär beblätterten Hauptachse und dorsiventral beblätterten, horizontal abstehenden seitlichen Kurztrieben erkennen läßt, ist durchaus nicht allgemein. Zwar entspricht er den Forderungen, die man nach zahlreichen Beobachtungen zu stellen gewöhnt ist: radiärer Wuchs bei allseitig gleichmäßiger Beleuchtung, dorsiventraler Wuchs bei einseitig einfallendem Licht. Die „Verstöße" gegen dieses „normale" Verhalten sind aber so zahlreich, daß man nicht wohl daran vorübergehen kann, obwohl damit keineswegs in Abrede gestellt werden soll, daß Beziehungen zwischen Bau und Beleuchtungsverhältnissen meistens bestehen und abweichende Wuchsformen sehr häufig dadurch erklärt werden können. Meines Erachtens hat man jedoch bei solchen Betrachtungen allzuwenig den Bauplan der betreffenden Moose in Rechnung gesetzt und sich zu leicht mit denjenigen biologischen Feststellungen zufrieden gegeben, welche mit der äußeren Erscheinung der betreffenden Arten im Einklang stehen, ohne zu fragen, ob das Reagieren der betreffenden Art auf den Lichtreiz nicht in ihrem erblich fixierten Bauplan begründet sei oder ob nicht gar gelegentlich unabhängig von Lichtreizen gewisse äußere Formen zustande kommen, die man sonst als Anpassungen aufzufassen pflegt. Es ist doch sicher auffallend, daß bei a l l e n B a r b e l l e n, die gewiß eine entwicklungsgeschichtlich einheitliche Gruppe bilden, der Unterschied zwischen Hauptachsen und Nebenachsen besteht, daß aber bei a l l e n Arten der Gattungen *Meteorium*, *Squamidium*, *Pilotrichella*, *Meteoriopsis* und *Papillaria*, die doch in der Zahl den *Barbellen* weit über sind, eine solche Beeinflussung durch das Licht nicht zu beobachten ist, sondern daß bei ihnen trotz der vollkommen gleichen Wuchsbedingungen sowohl Haupt- als Nebenachsen radiär beblättert sind. Mehr noch — wie will man erklären, daß bei den vollkommensten Typus der Hängemoose repräsentieren, sowohl Haupt- als Nebenachsen 2zeilig und ganz verflacht beblättert sind, obwohl gerade hier, wo selbst die Nebenachsen sich sehr bald in die Richtung der Hauptachse ein-

---

[1]) Ich folge den von G i e s e n h a g e n l. c. vorgeschlagenen Bezeichnungen.

stellen und nach abwärts hängen, radiär gebaute Sprosse am meisten zu erwarten wären. Gewiß, hier liegt eine zweischneidige Scheitelzelle vor, die natürlich zwei Blattzeilen hervorbringt; aber unverständlich bleibt trotzdem, weshalb gerade solche Moose die extremsten Hängeformen ausgebildet haben und weshalb hier nicht durch einseitig gefördertes Wachstum, was doch so häufig ist, die zweizeilige Stellung in eine Stellung höherer Ordnung übergeführt wurde. Diese Starrheit der Form ist nur dann verständlich, wenn wir auch in der Blattstellung erblich fixierte Eigenschaften und Anlagen annehmen, die nicht ohne weiteres biomorphisch beinflußbar sind.

Ähnlich liegen die Verhältnisse bei den Wedelmoosen, wo allerdings die überwiegende Zahl deutlich dorsiventrale Blattstellung in Verbindung mit der Ausbreitung der Sproßachsen in einer Ebene erkennen läßt. Diesen Formen steht aber das typische, durchaus radiär beblätterte Wedelmoos *Pterobryum densum* und die fiederästigen Arten der Gattung *Prionodon*, *P. luteovirens*, *pinnatus*, *lycopodioides*, *ptychomnioides*, *patentissimus* und *cavifolius* entgegen. Auch die *Thuidien* zeigen trotz ihres extrem dorsiventral ausgebildeten Achsensystems durchweg bis in die äußersten Verzweigungen radiäre Beblätterung.

Eine ausführlichere Darlegung dieser eigenartigen Verhältnisse behalte ich mir für später vor. Hier mag es genügen, die Bewohner des Waldes nach ihrem Wuchs in verschiedene biologische Gruppen einzuteilen und ihr Vorkommen in den Pflanzenformationen zu verfolgen.

Ich halte mich dabei, wie schon oben angeführt, an die Giesenhagensche Einteilung und Bezeichnung, muß aber noch verschiedene kleine Untergruppen unterscheiden, welche bei G i e s e n h a g e n nicht erwähnt werden. Auch möchte ich anmerken, daß mir die G i e s e n h a g e n sche Bezeichnung „Moosfilz" nicht glücklich gewählt erscheint, da bei den von Giesenhagen hierher gerechneten Typen gerade keine charakteristische filzige Verwebung vorliegt, sondern die einzelnen Moospflanzen durch Wuchs, Verzweigungsart und Innovationen sowie Ausläufer zu einem lockeren Verband vereinigt werden. Diese elastischen, von Hohlräumen durchsetzten Massen sind eigentlich nicht wohl als Filz zu bezeichnen; ich würde sie lieber als „Lager" bezeichnen. Um jedoch die Nomenklatur nicht unnötig zu beschweren, mag die Giesenhagensche Bezeichnung hier adoptiert werden.

Ich unterscheide also folgende Typen:

I. *K u r z r a s e n.*

Sie spielen in unserem Gebiet nur an offenen Stellen als Bewohner von Erdhängen eine gewisse Rolle. Hierher sind zu rechnen: *Ditrichum*, *Dicranella*, *Funaria*, manche *Bryum*-Arten, *Webera*, *Rhamphidium*, *Barbula* etc.

II. *H o c h r a s e n.*

Sie sind in verschiedenen Wuchsformen häufige Bewohner des Waldbodens oder faulenden Holzes und durchs ganze Gebiet verbreitet. Es sind zu unterscheiden:

1. *Lockerrasen* (die einzelnen Stengel im Abstand der ausgebreiteten Blätter voneinander entfernt): *Polytrichadelphus bolivianus*, *Polytrichum juniperinum*, *Pogonatum subbifarium* und *P. distantifolium*, *Bartramia squarrosa*, *Campylopus Jamesonii*, *C. Pseudodicranum* *Rhodobryum*-Arten, *Bryum linearifolium*.

2. *Dichtrasen* (die einzelnen Stengel dicht aneinander gepreßt und die Blattspreiten ineinander greifend): *Leiomela*, die meisten Bryumarten der *Rosulata*-Gruppe, viele *Campylopus*- und *Bartramia*-Arten.

III. *M o o s p o l s t e r.*

1. *Echte Polster* (die Achsen parallel und senkrecht zur Unterlage, meist dicht durch Wurzelfilz verwoben): *Anoectangium*, *Zygodon*. Hierher gehören wenige Waldmoose, am häufigsten ist diese Form an Felsen des Hochgebirges.

2. *Kissen* (die Achsen radial von einem Mittelpunkt ausgehend, die peripheren der Unterlage angeschmiegt): *Orthotrichum*, *Acidodontium*. Am schönsten wird dieser Typus von den *Grimmien* und *Andreaeen* des Hochgebirges repräsentiert.

3. *Flocken* (den Kissen ähnlich, aber klein und sehr locker gefügt): *Streptopogon, Daltonia, Schröterella*, einige *Zygodon*-Arten, *Symblepharis*, viele Lebermoose, so winzige *Lejeuneen* und *Metzgerien*. In dieser Gruppe finden sich Übergänge zu den Laubwedelmoosen (so *Lepidopilum*).

IV. *Moosdecken*.

Sie zeichnen sich durch flache Ausbreitung der Haupt- und Nebenachsen aus, sind dorsiventral gebaut und bedecken dicht anliegend ihr Substrat fast lückenlos. Hierher gehören die meisten *Hookeriaceen* (mit Ausnahme von *Daltonia* und *Lepidopilum*), *Plagiothecium* etc., von Kleinformen viele *Rhaphidostegium*arten, *Ectropothecium*, *Vesicularia* und *Taxithelium* und ferner als eigenes Glied die regelmäßig fiederästigen *Thuidien* und *Leskeen* mit zwar in einer Ebene ausgebreiteten Haupt- und Nebensprossen, aber radiärer Beblätterung.

V. *Moosteppiche*.

Es seien so diejenigen deckenartigen Moosverbände genannt, bei welchen die Sproßachsen in niederliegende Langtriebe und aufgerichtete Kurztriebe, beide mit radiärer Beblätterung, differenziert sind. Hierher gehört z. B. *Brachythecium* und *Erythrodontium*.

VI. *Moosfilze* (oder Mooslager).

Hierher sind zu rechnen die Verbände der halbbäumchenförmigen *Rhizohypnum*-Arten, ferner *Rigodium leptodendron*, *Porotrichodendron superbum* und ähnliche Wuchsformen, von Lebermoosen *Plagiochila grossitexta* und *Lepicolea pruinosa*.

VII. *Mooskrausen*.

Ich bezeichne so die halskrausenartig horizontal oder schief abwärts von der vertikal gestellten Unterlage abstehenden Moosverbände. Sie setzen sich hauptsächlich aus Wedelmoosen zusammen. Und zwar lassen sich unterscheiden:

1. *Astwedelmoose* (die Wedelform wird durch die in einer Ebene ausgebreiteten Sproßsysteme gebildet; die Beblätterung ist meist ausgesprochen dorsiventral, zuweilen aber auch radiär). Hierher gehören *Neckera, Neckeropsis, Porotrichum, Porothamnium, Pinnatella, Pterobryum, Orthostichidium* und die fiederästigen *Prionodon*-Arten, von Lebermoosen die meisten *Plagiochilen*, *Madotheca*- und *Bryopteris*-Arten, sowie viele *Frullanien*.
2. *Laubwedelmoose* (die schmale Wedelform wird durch die in einer Ebene ausgebreiteten relativ großen Blätter hervorgebracht). Hierher gehört besonders *Lepidopilum*, *Adelothecium*, *Eriopus* und *Rhizogonium bolivianum*, von Lebermoosen einige *Plagiochila*arten. An diese Gruppe ließen sich anschließen die
3. *Schirmastmoose*, welche aber nicht immer horizontal oder schief von ihrer Unterlage abstehen, sondern meist auf aufrechtem, fast blattlosem Hauptsproß schirmartig ausgebreitete beblätterte Kurztriebe tragen. Diesen Typus repräsentiert *Hypopterygium*.

VIII. *Hängemoose*.

Ihr Charakter wurde oben schon kurz geschildert. Hierher gehören fast alle *Meteoriaceen*, von den *Neckeraceen* die *Phyllogonien*, von den *Pterobryaceen Orthostichopsis*, einige *Cryphaea*- und *Prionodon*-Arten.

Wenn wir nun diese verschiedenen Wuchsformen nach ihrer räumlichen Verteilung innerhalb einer Pflanzenformation untersuchen, so zeigt sich aufs deutlichste, daß sie sich stets als Funktion ihres Standortes erklären lassen. Nehmen wir als Beispiel ein ganz bestimmtes, eng umschriebenes Gebiet; ich wähle dazu einen Ausschnitt aus dem Nebelwald von Comarapa, der mir so reiche Ausbeute geliefert hat und als Typus für den obersten Gürtel des Kordillerenwaldes dienen kann. Das niedere, aber dichte Gehölz besteht aus 5—8 m hohen Bäumen, am häufigsten ist *Weinmannia fagaroides*, *Escallonia spec.*, 2 *Podo*-

carpusarten, Barnadesia spec., *Fagara* spec.; von den Ästen der Bäume hängen die schmalen Sporophylle der *Vittaria Ruiziana* neben einer pendelnden *Lycopodiacee* herab und in ihren Moospolstern nisten kleine Orchideen: *Pachyphyllum* und *Neodryas*. In feuchten Einschnitten erheben sich die Kronen schöner Baumfarne (*Dicksonia Karsteniana*) und zahlreiche andre Farne, wie *Dryopteris Filix mas var. paleacea, Plagiogyria semicordata* und *Athyrium Dombeyi* schmücken den feuchten Waldboden, den ein satt grüner Rasen von *Hymenophyllum multiflorum* deckt. An der Zusammensetzung dieses Rasens beteiligen sich auch mehrere Moose, so die hochstenglige *Bartramia mollis* und das üppig schwellende *Rhodobryum caulifolium* im Verein mit ausgedehnten Lagern oder Filzen von *Lepicolea pruinosa, Mastigobryum Hariotii, Mnium ligulatum, Thuidium peruvianum, Breidleria amabilis* und ein paar *Rhizohypnumarten*. Aus diesem saftig grünen Moos- und Farnrasen erheben sich die Wurzelschwellen der Bäume, überzogen mit einem dichten Filz etagenförmig wachsender Moose, weitaus überwiegend *Rigodium leptodendron* und *Porotrichodendron superbum*, während stammaufwärts einige frei, fast horizontal abstehende Astwedelmoose, z. B. *Porothamnium gymnopodum, Porotrichum macropoma* und *Neckera Lindigii* mit ihren Rhizomen die Rinde dicht überspinnen. Diese Assoziation reicht etwa 1 m über den Boden am Stamm hinauf, befindet sich also unter dem Einfluß einseitiger Beleuchtung wie die Bodenvegetation und ist demgemäß ausgesprochen dorsiventral gebaut, die Verästelungen und Blattflächen annähernd horizontal oder — genauer — senkrecht zum einfallenden Licht orientiert. Höher aufwärts am Stamm folgen dann, besonders in nischenartigen Vertiefungen der Rinde oder Astnarben die prächtigen Kissen und Flocken von *Holomitrium macrocarpum* und *Symblepharis boliviana*. Schließlich verzweigt sich der Stamm, oft schon 2 m über dem Boden in knorrig hin- und hergebogene, meist weit horizontal ausgebreitete Äste, die auf ihrer ganzen Oberfläche dicht von Moosen besetzt sind. Die Oberseite besiedeln Formen von polster- und kissenförmigem Wuchs; von letzteren besonders charakteristisch einige *Macromitriumarten*: *M. nubigenum, M. Herzogii* und *M. macrosporum*, welches durch seine Ausläufer und Kriechsprosse einen Übergang zum Moosfilz bildet; ferner *Schlotheimia sublaevifolia*. Den Moosfilz vertritt *Leptodontium vaginatum*. Auf der Oberseite der Äste lagernd und hinkriechend, speziell die dünneren Auszweigungen bis zu den feinsten Verästelungen besetzend, tritt daneben besonders augenfällig die Unmenge von Hängemoosen hervor, deren schleierartig herabwallende, bis $^1/_2$ m lange Hängesprosse im durchfallenden Sonnenlicht in den prächtigsten Farben schimmern. An erster Stelle stehen nach ihrer Häufigkeit *Meteorium illecebrum* und *Squamidium leucotrichum* mit lichtgrünen, an den älteren Stengelteilen geschwärzten Sprossen, *Pilotrichella flexilis* mit goldbraunen Quasten und Girlanden und *Phyllogonium fulgens* mit glänzend kupfer- und goldrötlichen Schuppenbändern. Von Lebermoosen nehmen an dieser Wuchsform mehrere *Frullanien* der Gruppe *Meteoriopsis* teil, so *Frullania subaculeata, Haeckeriana* und *capilliformis* in zarten braunroten bis fast schwarzen Spitzenschleiern. An den dünnsten Ästchen, welche einem breiten Kissen oder Filz keinen Raum bieten, siedelt sich neben den Hängemoosen das Heer der Moosflocken an, kleinste Individuengruppen, die meist nur mit der Basis an der Unterlage befestigt sind und ihre Stengel radial nach allen Richtungen hin entsenden. Eine Verwebung durch Wurzelfilz in kleine Kissen kommt nur ausnahmsweise zustande, nämlich bei *Acidodontium* und *Zygodon*. *Orthotrichum* und *Symblepharis* bilden Übergangsformen zwischen Zwergkissen und Flocke. Zur Flockenform gehören vor allem die *Daltonien*, *Streptopogon* und überaus zahlreiche kleine Lebermoose, unter denen sich von den winzigen *Lejeuneen* (*Brachiolejeunea, Harpalejeunea, Archilejeunea* etc.), welche Kleinformen von *Frullania* und *Plagiochila* alle Übergänge zur Laubwedelform und zum Krauswuchs der großblättrigen *Plagiochilen* finden. In dieser Gruppe weist der Nebelwald über Comarapa einen ungeheuren Reichtum auf, da fast alle Zweigchen und Äste über und über von den bunten, aus dem hellsten Grün und Gelb bis ins tiefe Violettschwarz spielenden Moosflöckchen beladen sind.

Selbstverständlich würde es möglich sein, auch innerhalb der Formen dieses Mikrokosmos noch feinere Unterscheidungen nach der Einzelorganisation vorzunehmen. So sind z. B. die radial von der Unterlage wegstrebenden Sprosse eines *Streptopogon* in mancher Beziehung verschieden von den horizontal abstehenden, oft in balkonartigen Lagern angeordneten und mit ihren Spitzen aufwärtsgekrümmten Sproßsystemen der *Lejeuneen* und *Frullanien* oder den fast regellos durcheinander gewobenen, einer

Watteflocke nicht unähnlichen *Trichocoleen*häufchen. Hier in Einzelheiten zu gehen, würde aber weit über den Rahmen dieser geographischen und Formations-Übersicht gehen. Es sollte nur auf die Mannigfaltigkeit des Bauplanes aller dieser das Mosaik einer Moosformation bildenden Einzeltypen hingewiesen werden.

In obigem Versuch, ein Formationsbild aus dem Nebelwald über Comarapa zu skizzieren, wurden nur die wichtigsten Typen herausgegriffen; Vollständigkeit war gar nicht bezweckt. Einen Überblick über die Gesamtheit aller diese Formation zusammensetzenden Moose findet man in dem Schlußabschnitt, welcher eine Zusammenstellung der Funde von den wichtigsten Sammelstellen nach ihrer Verteilung über die verschiedenen Substrate enthält.

2. Hartlaubgehölze.

Hierher rechne ich alle Gehölzformationen des trockenen interandinen Gebietes, obwohl sie floristisch an den verschiedenen Orten und in verschiedenen Höhenlagen sehr verschieden sind. Ihre Verschiedenheit drückt sich aber weit stärker in der phanerogamen Flora als in den Bryophyten aus. Letztere weisen im Gegenteil so viele gemeinsame Züge auf, daß ihre Zusammengehörigkeit keinem Zweifel unterliegen kann. Immerhin lassen sich zwei Typen voneinander unterscheiden, nämlich der Dornbusch und die Trockenwälder der mittleren, warmen Lagen, welche sich durch eine extreme Moosarmut auszeichnen, und der Queuiñawald der Berghänge zwischen 2800 und 3900 m (maximal), welcher entweder aus reinen Beständen einer *Polylepis*art (*Polylepis incana* und *P. tomentella*)[1]) besteht oder sich auch wechselnd aus Gruppen von *Escallonien*, *Alnus jorullensis* und *Hesperomeles*arten zusammensetzen kann. In diesem sind die Moose sowohl als Epiphyten auf den Baumästen als auch auf schattigen Felsblöcken nicht selten; am dichtesten drängen sie sich in den wasserdurchflossenen Quebradas zusammen. Im allgemeinen aber tragen sie alle mehr oder weniger deutliche Züge einer xerophytischen Lebensweise an sich.

Aus dem Dornbusch kenne ich nur 2 allerdings sehr typische Moosarten, die haartragende *Tortula xerophila* und die eigentümliche *Gertrudia validinervis*, beides Formen mit dem vollkommensten Typus des Rollblattes.

In den Polylepisgehölzen spielen dagegen einige *Orthotrichum*arten als Bewohner der Baumäste eine wichtige Rolle, am häufigsten *O. exsertisetum*; von der großen Gattung *Macromitrium* die vorzugsweise den Trockengebieten angehörende Art *M. filiforme* und die interessante monotypische Gattung *Rhexophyllum*; kleine *Fabronien*, eine endemische *Streptopogon*art, *St. heterophyllus* und die monotypischen Gattungen *Mandoniella* und *Leptopterigynandrum* vervollständigen das Bild. Letztere Art geht als Leitmotiv durch dieses ganze Gebiet und auf felsiger Unterlage bis ins Hochgebirge hinauf. Von Bewohnern des steinigen oder felsigen Untergrundes verdienen besonders die *Braunien* hervorgehoben zu werden, die mit 7 Arten diesem Gebiet und der damit eng verwandten Hochgebirgsregion allein angehören. Die breiten Rasen der *B. secunda* und *B. subplicata* gehören zu den gewöhnlichsten Erscheinungen, die als dichte Lager die Felsblöcke überziehen. Die haartragenden Arten *B. cirrifolia* und *B. plicata* ziehen die trockensten Stellen vor, die ihren Platz mit dem starren, braungelben *Hedwigidium imberbe* der für das interandine Gebiet so sehr charakteristischen *Tortula serripungens* und der ebenso bezeichnenden *Lindbergia mexicana* teilen. Von Wichtigkeit sind sodann noch die breite Polster bildenden *Leptodontium*arten *L. turgidum*, *L. Quennoae* und *L. rhacomitrioides*, die mit ihrem flockigen Stengelfilz einen ganz eigenen Typus repräsentieren. Auf Einzelheiten soll auch hier nicht eingegangen werden. Es mag genügen, darauf hinzuweisen, daß die Elemente, welche diesen Formationen angehören, von denjenigen der Regenwälder und Lorbeergehölze völlig verschieden sind.

3. Sommerwälder.

Die Moosarmut, welche diesen Wäldern eignet, beruht zweifellos auf der nachteiligen Wirkung der blattlosen Jahreszeit, während welcher das Waldinnere aufs empfindlichste austrocknet. Daher wohl

---

[1]) Mit dem einheimischen Namen „Queuiña".

der schreiende Gegensatz im inneren Ausbau zwischen den subandinen Regenwäldern und den subtropischen Randwäldern, der vielleicht in der floristischen Zusammensetzung noch stärker hervortreten würde, wenn nicht einzelne schattige Winkel, während des ganzen Jahres feuchte Schluchten einer Anzahl von Moosen, die den benachbarten feuchten Wäldern angehören, Asylrecht gewährten. Dahin gehören Arten von *Hypopterygium, Callicostella, Lindigia, Rhacopilum* etc., welche sich ganz fremd in dem veränderten Rahmen ausnehmen. Eine einzige Art, *Forsstroemia coronata*, repräsentiert einen den speziellen Lebensbedingungen gut angepaßten Typus. Haupt- und Nebenachsen rollen sich fast spiralig bei der Austrocknung ein und erinnern in dieser eigenartig xeromorphen Organisation an die gleichfalls xerophilen *Leucodon*arten, *Pterogonium, Pterigynandrum* und *Leptopterigynandrum*; noch extremer ist dieser Rollasttypus bei dem mediterranen *Leptodon Smithii* ausgeprägt. Zwei charakteristische Moose der Sommerwälder sind auch die beiden *Erpodium*-Arten: *E. Balansae* und *E. Lorentzii*. Von den laubwerfenden Wäldern der ostbolivianischen Ebenen kenne ich ferner *E. coronatum* und an gleichfalls der Trockenheit zeitweilig ausgesetzten Stellen um Rio de Janeiro *E. Glaziovii*. Nach den Fundortsangaben über den Rest der Gattung darf man schließen, daß auch die Gattung *Erpodium* zu den Charaktertypen der periodisch austrocknenden und stark durchlichteten Wälder gehört. Als weitere Leitmoose dieser Randwälder lassen sich noch *Rauia firmula, Entodon micans* und *Stereophyllum Lindmannii* bezeichnen. Ihre Bedeutung liegt aber mehr auf floristischem Gebiet.

Mit diesen wenigen Bemerkungen muß ich die Sommerwälder, deren ökologische Bedingungen im einzelnen noch recht wenig bekannt sind, verlassen.

4. Immergrüne Bergwiesen.

Durch den lockeren horst- oder büschelartigen Wuchs der Gräser bleiben überall kleine Flecken des Erdbodens zwischen dem höheren Pflanzenwuchs frei und bieten, oft feucht und von den dichten Grasbüscheln beschattet, der Ansiedelung kleiner Moose die günstigsten Bedingungen dar. Weitaus die Mehrzahl der andinen Typen bewohnt die von höherer Vegetation entblößten Erdstellen des Hochgebirgsrasens, nur wenige nisten sich in den Rasen selbst ein. Die Natur ihres Wohnortes, lange Trockenzeiten und häufige Fröste, dabei auch, wo der Schattenschutz der Grasbüschel nicht hinreicht, starke Insolation, bedingen eine xeromorphe Ausstattung auch dieser Moose. Wenn das Klima des Standortes dem der meteorologischen Daten entsprechen würde, so wäre wohl der größte Teil dieses Bodens für Moose unbesiedelbar, aber wie in den meisten Fällen unterscheidet es sich wesentlich davon. Wenn auch immerhin noch genug Ansprüche an die Bedürfnislosigkeit dieser Moose gestellt werden, so stellt sich doch besonders die Wasserbilanz nicht so schlecht, als es auf den ersten Blick erscheinen könnte. Einmal beziehen sie die nötige Feuchtigkeit den in der Trockenzeit häufigen Reif- und Taubildungen, dann aber bilden auch die Horste der hohen Gräser, besonders der *Calamagrostis*arten mit ihren mächtigen Strohtuniken wirksame Wasserreservoire, welche die windstille Atmosphäre zwischen den einzelnen Grasbüscheln mit Wasserdampf sättigen. Ganz kahle, von jeder höheren Vegetation entblößte Erdstellen entbehren meist auch jeder Besiedelung durch Moose. Erst auf reiner Felsunterlage stellen sich Moose ein, die auf sich allein angewiesen, den Unbilden ihres Wohnortes zu trotzen wagen. Es sind nur noch wenige Familien, welche diesen Kampf aufzunehmen vermögen, fast nur *Grimmien* und *Andreaeen*; was von andern Arten dazwischen vorkommt, verdankt seine Existenz wohl nur der Auffindung eines Schlupfwinkels, etwa einer wasserdurchrieselten Spalte, einem tiefschattigen Überhang oder einem benachbarten Schneefleck, der die nötige Feuchtigkeit spendet. Der freien Oberfläche des Felsleibes, unbekümmert um die Wasserversorgung, die lediglich den Atmosphärilien geliefert wird, vertrauen sich nur *Grimmien* und *Andreaeen* an. Doch wird erst später über die Moosvegetation der Felsen im einzelnen zu sprechen sein.

Die Moosvegetation der Hochgebirgswiesen ist überaus lückenhaft. Das Auftreten der meisten Arten kann man als „herdenweise" bezeichnen. Von engeren Verbänden kommen nur dicht gedrängte Kurzrasen vor. Die Zahl der Arten und die Mannigfaltigkeit aber, welche diese in ihrem Habitus ärmliche Moosvegetation auszeichnet, ist geradezu überraschend.

Auch hier soll wieder ein Moosbild, der Natur entnommen, den Reichtum und die eigenartige Zusammensetzung dieser Formation verdeutlichen. Der Leser mag mich auf einem Streifzug ins obere Llavetal begleiten, das zwischen die Felskämme des Tunari und der Negros eingebettet, eine reiche Fundgrube echter Hochgebirgsmoose darstellt! Die Talfurche, von einem klaren Bach durchflossen, und ihre beidseitigen, flachwellig bis an den Fuß der Felswände aufsteigenden Abhänge tragen jenes charakteristische, aus der Entfernung geschlossen erscheinende Kleid harter Büschelgräser, wie es die Mulden und Rücken der Hochkordillere von Cocapata über 4000 m allenthalben bedeckt. Vorherrschend sind die starren Büschel der „Paja", *Calamagrostis elegans* und *Agrostis bromoides*, gelbgrüne bis graue, harte Besen von $1/_2$—1 m Höhe, die in fast regelmäßigen Abständen, nur wenig von anderen, niedrigeren Gräsern, besonders *Festuca*arten, untermischt den Boden bedecken. Zur Regenzeit belebt ein bunter Flor von Alpenblumen diese Horstwiesen. Wer nicht scharf beobachtet, wird der Formation das Prädikat „moosfrei" geben. So ist es leicht verständlich, daß Phanerogamenbotaniker aus diesen Gebieten fast gar keine Moose mitgebracht haben, auch wenn sie ihnen im Waldgebiet, wo man sie schlechterdings nicht übersehen kann, Aufmerksamkeit schenkten. Und doch finden wir hier zahlreiche Arten, darunter solche, die von biologischen Gesichtspunkten betrachtet, das allerhöchste Interesse beanspruchen. Sie sind meist so winzig, daß man schon am Boden kriechen muß, um sie überhaupt zu sehen. Welche Formenmannigfaltigkeit aber enthüllt sich dann dem Auge! Steigt man den östlichen Talabhang vom Llavebach empor, so findet man zwischen den Grasbüscheln allenthalben den Boden mit zwergigen Moosen bedeckt. Eine ihrer Haupteigentümlichkeiten, dem Blütenreichtum der Alpenpflanzen analog, fällt sofort auf; die Räschen sind fast stets mit Sporogonen über und über besät. Die *Mielichhoferieen* mit ihren schlank gestielten orangegelben bis rotbraunen Sporenkapseln beherrschen den Habitus. *Mielichhoferia bryocarpa*, *M. pusilla* und *M. angustata*, *Haplodontium sanguinolentum*, *H. diplodontium*,[1]) *H. Jamesonii*[1]) und das mielichhoferieenähnliche *Bryum subsericeum* bilden zierliche Miniaturgärtchen und ganze Beete von *Entosthodon papillosus*, mit den orangegelben, birnförmigen Kapseln dicht bedeckt, breiten sich daneben. Mehr herdenweise wächst *Funaria meeseacea* und einige der interessantesten Zwergmoose: die kleistokarpen *Pleuridium andinum* und *Tristichium Lorentzii*, in ihrer Gesellschaft das verwandte *Tristichium mirabile* und die höchst eigentümliche *Astomiopsis amblyocalyx*; die dicht gedrängten Kurzrasen von *Globulina boliviana* bilden charakteristisch fuchsrote Flecken, von denen die tiefbraunen Räschen des *Didymodon decolorans* und der *Bartramia perpumila* und die hechtbläulichen Polsterräschen des *Conostomum aequinoctiale* scharf abstechen. Dazwischen breiten sich zart grüne, morgens von feinen Tautröpfchen glänzende Decken einer winzigen *Fossombronia* und die harten, silbergrau schimmernden Krusten der *Stephaniella boliviensis* und einer *Jamesoniella*-Art. An andern Erdstellen reifen Tausende von braun firnißglänzenden, in eine weite, blasige Haube gehüllten Kapseln der *Tortula leiostoma*. *Tortula polyseta* und *Pohlia pluriseta* lieben mehr die Bachnähe. Aber noch ist der Köstlichkeiten kein Ende. An schattigen Erdbrüchen des Bacheinschnittes finden wir auf kleinstem Raum vereinigt *Fissidens Bockii*, *F. incisus*, *F. terebrifolius*, *Angstroemia julacea* und *Physcomitrium turgidum*, alles winzige Gestältchen, daneben den merkwürdig robusten *Simplicidens andicola*. Längs der vom Wasser bespritzten Bachränder unter den Wurzelüberhängen des weit vorspringenden Rasens grünen breite Teppiche von *Androcryphia confluens*, *Symphyogyne bogotensis* und *Anthoceros* spez., durchsetzt mit *Mniobryum bolivianum*, *Tortula Mniadelphus* und *T. polyseta*, *Breutelia integrifolia*, *Philonotis scabrifolia* und *Tortula rancinata*. Die beiden letzteren vertreten hier in durchaus charakteristischer Umgebung das austral-antarktische Element, im kalten Wasser des Baches begleitet von den gleichfalls antarktischen *Fissidens rigidulus* und *Hygrodicranum bolivianum*. Mehr im Gras eingebettet wachsen *Leptodontium acutifolium*, *Didymodon rubiginosus* und *Campylopus jugorum*.

Um gegen die floristische Treue nicht zu verstoßen, habe ich eine große Zahl von Arten nicht genannt, die zwar der gleichen Formation angehören, von welchen ich aber aus dem Llavetal keine Fundorte kenne. Hierher sind noch von wichtigeren Arten zu rechnen: *Pilopogon gracilis* und *P. liliputanus*, *Aloinella*

---

[1]) Die beiden Arten wurden durch ein Versehen im systematischen Teil nicht aufgeführt.

boliviana, Encalypta asperifolia, E. coarctata und *E. leiotheca*, die übrigen *Mielichhoferien* und *Haplodontien*, *Conostomum cleistocarpum, Erythrophyllopsis boliviana* und *Psilopilum gymnostomulum*.

Über die biologischen Eigentümlichkeiten, die gleicherweise allen Hochgebirgsformationen zukommen, wäre am Schluß noch einiges zu sagen.

5. Hochmoore.

An Stellen stärkerer Befeuchtung, also besonders an flachen Stellen mit träger Wasserbewegung entstehen inmitten der soeben behandelten Formation die Hochmoore. Am meisten begegnen wir solchen auf Talböden und über alten Seebecken glazialen Ursprungs, wo der Grundmoränenschlamm stehendes Wasser nicht einsickern läßt; sie spielen hier in den Verlandungsformationen die Titelrolle. Im Gegensatz zu unseren Breiten, wo *Sphagna* und andre Moose die Hauptrolle beim Aufbau der Hochmoore spielen, treten in den hochandinen Torf- und Wiesenmooren die Moose ganz zurück. Wichtiger sind sie in dem der Vermoorung vorangehenden Stadium als Bewohner der seichten Glazialtümpel, in denen einige Moose ausgedehnte untergetauchte Wiesen bilden. Bemerkenswert sind hier *Hygrodicranum bolivianum*, *Ditrichum submersum, Fontinalis turfacea, Cratoneuron submersum, Androcryphia confluens* und eine *Jamesoniella*-Art. Daneben sind allerhand flockige Grünalgen, *Nitella spec.* und als schwimmende Decken *Azolla caroliniana*, letztere in Moortümpeln, zu beobachten.

Der eigentliche Verlander und Torfbildner ersten Ranges ist allenthalben *Distichia muscoides*, welche in breit und hoch gewölbten harten Polstern vom Ufer her vordringt. Ihre dicht gefügten Kissen hängen überall wie Balkone, mit ihrer Basis die Oberfläche des Wassers berührend, am Uferrand vor. Die zweizeilig beblätterten Sprosse sind so eng aneinander gepreßt, daß nur selten eine andre Pflanze in ihren Polstern sich ansiedeln kann; daher auch die Seltenheit der Moose in dieser Formation. Erst, wo an einer Stelle — etwa nach Austrocknung des Bodens — die *Distichia*-Polster verrotten und oberflächlich zerstört werden, siedeln sich einzelne Moose an, von denen ich als charakteristisch *Funaria linearidens* und *Aulacomnium palustre var. marginatum* kennen gelernt habe. Zu der gleichen Gesellschaft, besonders wo *Distichia* zurücktritt, gehört *Campylopus harpophyllus, C. latinervis, C. cucullatifolius, C. ingeniensis* und *Breutelia integrifolia*. Bedeutender ist die Zahl der Moose in den hochandinen Quellrieden, wo ebenfalls Torfbildung in geringer Mächtigkeit stattfindet. Hier findet man folgende Arten: *Dicranella Jamesonii, D. campylophylla, D. laziretis* und *D. submacrostoma, Campylopus malagensis, Leptodontium proliferum, L. spongiosum, L. rufescens, Barbula paludicola, Entosthodon fontanus, Anomobryum robustum, Bryum flexisetum, B. laevigatum, Aulacomnium palustre var. marginatum, Bartramia polytrichoides, Conostomum macrotheca, Philonotis pellucidiretis, Breutelia undulata, B. Lorentzii, B. minuta, B. integrifolia, B. straminea, Psilopilum antarcticum, Rhacocarpus Humboldtii, Hygroamblystegium curvicaule, Drepanocladus exannulatus, Calliergon Luipichense, C. stramineum, Hygrohypnum aureum, Campylium polygamum var. latifolium* und *Rhythidium rugosum*. *Sphagna* treten im Gebiet nur an der Waldgrenze auf; im eigentlichen Hochgebirge habe ich vergebens danach gesucht. Auch von anderen Sammlern liegen keine solchen Beobachtungen vor, was um so merkwürdiger ist, als W e b e r b a u e r aus den peruanischen Hochanden *Sphagneen* anführt.

6. Steppen.

Bei zunehmender Trockenheit des Klimas wird in den kühl temperierten Hochländern des innerandinen Gebietes aus den Sempervirentiprata oder immergrünen Hartgraswiesen die Steppe. Den schlechteren Lebensbedingungen dieser Formation entspricht die weitgehende Verarmung in der Mooswelt. Der Typus bleibt im allgemeinen derselbe, die Anpassungen aber im einzelnen werden noch extremer xeromorph. Kleine *Haplodontien*, wie *Haplodontium sanguinolentum* und *H. cuspidatum* sind noch zu finden, während die *Mielichhoferien* zurückbleiben. Die meisten Arten dieser Xerophytenformation stammen aus den Familien der *Pottiaceae* und *Trichostomaceae*. Dichte Kurzrasen, kätzchenförmige Sprosse und das Rollblatt sind dieser Biomorphose charakteristisch. Hierher gehören *Barbula apiculata, B. pachygastrella, B. Punae, Globulina boliviana, Husnotiella glossophylla, Tortula percarnosa, Aloinella boliviana, Trichostomum challaënse* und *T. edentulum, Anomobryum soquense, A. humillimum* und *Bryum challaënse*. Das Gebiet ist leider nur sehr unvollkommen durchforscht und verspricht noch, trotz der äußersten Spärlichkeit und Winzigkeit der Moose, die interessantesten Funde.

Die Steppen der warmen interandinen Täler haben ihre Behandlung schon bei den Hartlaubgehölzen gefunden, da sie sich in ihrem bryologischen Inhalt vom Dornbusch nicht trennen lassen.

7. Felsreviere des Hochgebirges.

Die reichste Entfaltung findet die Moosvegetation des Hochgebirges auf felsiger Unterlage. Nach der chemischen Zusammensetzung pflegt man zwischen kalkholden und kieselholden Moosen zu unterscheiden. In unserem Gebiet gibt es keine kalkreichen Gesteine; wir haben lediglich zwischen den meist granitischen Massengesteinen (nur in der Quimzacruzkordillere) und den silurischen und devonischen Sedimenten zu unterscheiden, die vorwiegend aus dunkelgrauen Tonschiefern bestehen; seltener sind devonische rote Sandsteine. Im Kontaktbereich der Aracagranite sind die silurischen Tonschiefer in Hornblendeschiefer mit reicher Erzführung (Zinn, Eisen, Wolfram) umgewandelt. Die Unterschiede in der Vegetation zwischen den Massengesteinen und den Schiefern dürften weniger durch die chemische Beschaffenheit des Substrates verursacht sein, sondern finden ihre Erklärung wohl am besten in dem physikalisch verschiedenen Verhalten dieser Gesteine. Der Granit verwittert mehr makroklastisch in grobe, an ihrer Oberfläche wenig zersetzte Körner, während der Schiefer an der Oberfläche, besonders an den Schichtköpfen, fein zerspaltet und in dieser erdigkrümligen Verwitterungshaut das günstigste Substrat für Moose darbietet.

In der ganzen Ostkordillere kommen als Unterlage fast n u r Schieferfelsen in Betracht. In der Quimzacruzkordillere entfallen weitaus die m e i s t e n Fundorte auf die z. T. kontaktmetamorph veränderten Schiefer. Eine Gegenüberstellung nach der Gesteinsbeschaffenheit ist also nicht empfehlenswert, da aus dem Granit viel weniger Fundorte und Beobachtungen vorliegen, die beiden zu vergleichenden Größen deshalb ganz ungleichwertig ausfallen müßten. Für die scharfe Unterscheidung einer unteren hochandinen und einer oberen hochandinen oder subnivalen Stufe liegen nicht genügend Aufzeichnungen vor. Weitaus die meisten der hochandinen Felsmoose stammen aus Höhen von 4400 m aufwärts. Tatsächlich reichen ausgedehntere Felsreviere selten tiefer in die Hochsteppe und Hartwiesen hinab. Die höchsten von mir (und überhaupt in Bolivia) beobachteten Fundorte von Moosen liegen um 5300 m am Cerro San Luis in der Monteblancokette (Quimzacruz), wo ich noch *Campylopus subjugurm* und eine sterile *Mielichhoferia* sammelte. Um 5200 m hat Frau E. K n o c h e am Aguilakamm mehrere Moose, darunter *Tortula ciliata, Amphidium brevifolium, Haplodontium splendidum* und *Philonotis scabrifolia*, gefunden, und die von mir im Sekundärkamm am Gipfel des Cerro Tunari aufgenommenen Moose stammen aus Höhen nicht weit unter 5200 m. Wie schon oben erwähnt, setzt sich das Gros der Felsmoosvegetation aus Grimmiaceen und Andreaeaceen zusammen, von weiteren wichtigen Gattungen sind hervorzuheben: *Distichium, Oreoweisia, Dicranoweisia, Molendoa, Anoectangium, Amphidium, Zygodon, Bartramia, Hedwigidium, Braunia, Rhacocarpus, Leptopterigynandrum*.

Eine Einteilung der Felsmoose läßt sich wohl am besten auf folgender Grundlage geben:

1. An freiliegenden, sonnigen, trockenen Stellen:

Andreaea arachnoidea	Dicranoweisia flexipes
,, Lorentziana	,, fallax
,, angustifolia	Didymodon contortus
,, laticuspes	Barbula glaucescens
Oreoweisia ampliata	Tortula ruralis
,, bogotensis	Ptychomitrium chimborazense

— 314 —

Ptychomitrium papillosum
Coscinodon trinervis
,, bolivianus
Schistidium angustifolium
  streptophyllum
  calycinum
  andinum
  praemorsum
,, Chocayae
Grimmia subovata
  microovata
  navicularis
  leucophaeola
  Herzogii
  speirophylla
  nigella
  olivacea
  squamatula

Grimmia flexicaulis
  quatricruris
  trichophylloidea
  fuscolutea
  pansa
,, julacea
Rhacomitrium brachypus
,, austrosudeticum
Orthotrichum rupestre
  psychrophilum
,, parvum
Haplodontium Herzogii
Polytrichum intermedium
Hedwigidium imberbe
Braunia argentinica
,, subplicata
Leptopterigynandrum austroalpinum

2. An freiliegenden, wasserberieselten oder wenigstens feuchten Stellen.

Andreaea dissitifolia
  vilocensis
  tunariensis
  barbuloides
  clavata
  erythrodictyon
  robusta
  pseudosubulata
,, subenervis
Polymerodon andinus
Hymenostylium contextum
Barbula Pflanzii
,, flexifolia
Schistidium malacophyllum

Schistidium tunariense
,, fontanum
Grimmia subquatricruris
  bicolor
,, tristicha
Wollnya stellata
Bryum pulchrirete
,, apophysatum
Rhacocarpus Humboldtii
  excisus
,, australis
Sciaromium holoneuron
Hygrohypnum validum
Brachythecium cavifolium

3. In Felsspalten oder Nischen (meist schattig-feucht).

Distichium capillaceum
Rhabdoweisia fugax
Molendoa boliviana
,, Herzogii
Tortula andicola
Anoectangium Pflanzii
,, Herzogii
,, Lechlerianum
Amphidium cyathicarpum
,, brevifolium
Zygodon pichinchensis
,, Goudotii
,, oeneus
Physcomitrium turgidum
Mielichhoferia subglobosa

Haplodontium vilocense
Webera cruda
Bryum philonoteum
Plagiopus Oederi
Anacolia setifolia
Bartramia Brotheri
  pruinata
,, Weddellii
Philonotis scabrifolia
Breutelia Gertrudis
Lepyrodon tomentosus var. tunariensis
Fabronia andina
Hypnum latifolium
Cirriphyllum andinum
,, laevifolium

4. In trockenen, tiefschattigen Löchern zwischen Felsblöcken.

Distichium capillaceum
Didymodon Jamesonii
Erythrophyllopsis boliviana

Williamsiella tricolor
Tortula Mniadelphus
Zygodon macrophyllus

Bryum spec.
Philonotis scabrifolia f. pinnulata
Catagonium politum

Brachythecium subjulaceum
Bryhnia boliviana

5. Auf schwarzem Humus an begrasten Felsen.

Oreoweisia Lechleri
" ligularis
" bogotensis
Angstroemia julacea
Campylopus jugorum
" subjugorum
" perexilis
Pilopogon nanus
Didymodon angustifolius
Erythrophyllopsis boliviana
Aloinella boliviana
Rhacomitrium crispipilum
Tayloria alforum
Entosthodon acidotus
Mielichhoferia subcampylocarpa

Mielichhoferia secundifolia
Haplodontium humipetens
" splendidum
Bryum flexisetum
" subnanophyllum
Bartramia flavicans
" perpumila
" fragilifolia
" potosica
Conostomum aequinoctiale
Breutelia patens
" boliviensis
" nigrescens
Daltonia Jamesonii var. laevis
Catagonium politum

Zum Schluß dürften noch einige Bemerkungen über die allgemeine Erscheinungsform der hochandinen Moose und die Einrichtungen, durch die sie den extremen Bedingungen ihres Wohnortes angepaßt sind, am Platze sein.

Weitaus die Mehrzahl der hochandinen Moose wachsen in Kissen und Polstern, selbst pleurokarpe Arten, wie *Lepyrodon tomentosus var. tunariensis, Hypnum latifolium, Cirriphyllum andinum* nehmen diesen Wuchs an, indem sie zahlreiche aufrechte, in Kissenform dicht aneinander gepreßte Sprosse bilden. Zu den ausgeprägtesten Kissenformen gehören *Ptychomitrium, Coscinodon, Grimmia, Orthotrichum* und *Andreaea*; sie gehören der nackten Felsoberfläche an. In Felsspalten und Nischen dominiert die Polsterform, dichte Verfilzung ist hier die Regel; die typischen Vertreter sind Arten der Gattungen *Hymenostylium, Molendoa, Anoectangium, Amphidium, Zygodon, Mielichhoferia* und *Haplondontium*. Auf schwarzem Humus herrschen Kurzrasen vor; Beispiele sind *Oreoweisia, Angstroemia, Campylopus, Bryum, Bartramia, Conostomum.* Daneben finden sich breite Rasen und Filze, wie die *Eubreutelien* und *Rhacomitrium crispipilum*, welches habituell und als Formationsglied etwa die gleiche Rolle wie das nordische *Rh. hypnoides* spielt.

Die Beblätterung ist im allgemeinen gedrängt. Die Blätter liegen im trockenen Zustand meist eng an; kätzchenartige Sprosse kommen in allen Verwandtschaftskreisen vor. Besonders typische Beispiele dafür sind *Angstroemia julacea, Astomiopsis, Aloinella, Globulina, Anomobryum, Haplodontium, Bryum subsericeum, B. apophysatum, Physcomitrium turgidum, Tayloria altorum, Conostomum, Hedwigidium, Lepyrodon, Leptopterigynandrum, Cirriphyllum andinum*. Bei vielen Polstermoosen verwebt reichlicher Stengelfilz die einzelnen Individuen zu kompakten Massen, so bei *Anoectangium* und *Molendoa*. Die Bewohner sonniger, exponierter Standorte tragen häufig an den Spitzen der Blätter Glashaare; der bekannteste Typus ist *Grimmia* und *Coscinodon*, aber auch bei den *Bartramiaceen* kommen solche vor, nämlich bei *Bartramia pilicuspes* und *Conostomum aequinoctiale*. Ein Analogon bilden die chlorophyllfreien Blattspitzen der *Brya* aus der *Argyrobryum*-Gruppe und einiger Lebermoose, *Jamesoniella* und *Marsupella*-Arten. Das Extrem in dieser Richtung erreichen die Arten der Gattung *Stephaniella*, bei welchen die Blätter ganz chlorophyllfrei sind und nur noch als Schutzorgane für die den Stengel dicht bedeckenden grünen, assimilierenden Paraphyllien funktionieren. Im inneren Bau drückt sich die xerophytische Anpassung einmal in der häufig auf der Rücken(Außen-)Seite stark verdickten Cuticula der Blattzellen, sodann überhaupt in der sehr starken Verdickung aller Blattzellwände aus; damit Hand in Hand schreitet die Verdickung der mechanischen Elemente der Blattrippe, doch dürfte es sich hier nicht mehr um die mechanischen Funktionen, vielmehr um die Aufgabe der Wasserspeicherung handeln.

Der Hohlblatttypus und die Umrollung des Blattrandes bei zahlreichen Arten sind ebenfalls ausgesprochene Xeromorphosen. Mit zu den extremst angepaßten Hochgebirgsmoosen gehören, neben den *Stephaniella*-Arten, *Aloinella* mit dichten Polsterräschen, kätzchenförmigen Sprossen, hohl muschelförmig mit den Rändern eingekrümmten Blättern und fädigen Wucherungen des Assimilationsgewebes auf der Blattinnenseite, sowie die ganz ähnlich organisierte *Aligrimmia*, welche von R. S. Williams in der Westkordillere an besonders trockenen Stellen entdeckt wurde.

Die reichliche Sporogonbildung ist eine Parallelerscheinung zu dem von unsern Alpenpflanzen bekannten Blumenreichtum. Häufig ist eine Verkürzung des Kapselstieles, ein großer Teil der typischen Felsmoose hat eingesenkte, also zwischen den Perichaetialblättern geschützte Kapseln, z. B. viele *Grimmien, Schistidium, Coscinodon, Ptychomitrium, Amphidium, Tayloria altorum*. Rückbildung des Peristoms (*Mielichhoferia, Bartramia Brotheri, Entosthodon*arten etc.) und völlige Peristomlosigkeit (*Tristichium mirabile, Astomiopsis, Angstroemia, Physcomitrium turgidum, Tortula polyseta* und *T. leiostoma, Ptychomitrium chimborazense, Bartramia perpumila, Psilopilum gymnostomulum* etc.) sind häufige Erscheinungen. Das Extrem in dieser Richtung bildet die Kleistokarpie. Drei Arten haben es erreicht: *Pleuridium andinum, Tristichium Lorentzii* und *Conostomum cleistocarpum*. Es ist bezeichnend, daß alle 3 den höchsten Hochgebirgslagen angehören.

Eine ausführliche Darlegung aller dieser hier nur kurz angedeuteten Verhältnisse behalte ich mir vor. Immerhin mag aus dem wenigen Gesagten die Vielseitigkeit der Fragestellungen auf diesem von den Pflanzengeographen noch kaum betretenen Gebiet hervorgehen.

IV. Art-Verzeichnisse von einzelnen besonders reichen Fundstellen.

1. Waldgebiet.

1. Bergwald von Tres Cruces (Kordillere von Santa Cruz) ca. 1400—1500 m.

a) Hochwald (untere Stufe).

Laubmoose:

Holomitrium macrocarpum
Campylopus alopecurus
Leucobryum spec. (No. 3548)
„ spec. (No. 3899)
Fissidens Wallisii
„ Sanctae Crucis
„ asplenioides
Syrrhopodon argentinicus
„ macrophyllus
„ submacrophyllus
Hymenostomum anomalum
Tortella Germainii
Barbula unguiculatula
„ Humboldtii
Zygodon linguiformis
Macromitrium filiforme
„ solitarium
Entosthodon apiahyensis
Rhodobryum Beyrichianum
Mnium ligulatum
Leiomela spec. (No. 3900)
Forstroemia coronata
Prionodon densus
„ contortus

Pterobryum densum
Pterobryopsis stolonacea
Squamidium turgidulum
„ macrocarpum
Pilotrichella cyathipoma
Papillaria nigrescens
Neckeropsis undulata
Calyptothecium duplicatum
Neckera Marchalii
„ Lindigii
Porotrichum Lorentzii
Erythrodontium squarrosum
Anacamptodon cubensis
Helicodontium spec. (No. 3562)
Hypopterygium Tamarisci
Thuidium minutulum
Rhizohypnum hookerioides
„ viscidulum
Rhaphidostegium eurycystis
„ tenerifolium
„ Lindigii
Acanthocladium subnitidum
Flabellidium spinosum
Rhynchostegium Tocaremae

Lebermoose:

Metzgeria albina
Plagiochila paucirama
    dubia
    cava
    informifolia
    barutana
    flabellifrons
    homochroma
    ecuadoriensis
    patentissima

Calypogeia muscicola
Madotheca cognata
  ,, pilistipula
  ,, ptilopsis
  ,, subcillata
  ,, venezuelana
Bryopteris longispica
  ,, trinitensis
  ,, filicina
Mastigolejeunea decurrens

b) *Buschgürtel (obere Stufe).*

Laubmoose:

Campylopus Jamesonii
    Pseudodicranum
  ,, spec. (No. 3534)
Fissidens asplenioides
Leptodontium rhacomitrioides
Macromitrium filiforme
    crispatulum
  ,, solitarium
Schlotheimia sublaevifolia
Bryum linearifolium
  ,, perserratum
Braunia cirrifolia
Cryphaea patens
Pterobryum densum

Squamidium turgidulum
  ,, macrocarpum
Pilotrichella cyathipoma
  ,, flexilis
Papillaria Doppel
  ,, squamatula
Meteorium illecebrum
Meteoriopsis remotifolia
  ,, patens
Erythrodontium Germainii
  ,, brasiliense
Fabronia Podocarpi
Leskea plumaria

Lebermoose:

Plagiochila lacerifolia
Radula subtropica
  ,, ramulina
Frullania brasiliensis
    glomerata
    hians
    spiniloba
    triquetra
    coalita
    apiahyna
    andina
    purpurascens
    subaculeata
    squarrosa

Frullania hastatistipula
Omphalanthus filiformis
  ,, grandistipulus
Brachiolejeunea mamillata
Hygrolejeunea cordifissa
    eluta
    orba
  ,, cuspidata
Eulejeunea symphoreta
Macrolejeunea Herzogiana
Strepsilejeunea Kunthiana
  ,, papulifolia
Eucamolejeunea tenerrima

Die Lebermoose sind in dieser Formation numerisch weit überwiegend, ihre aërischen Formen beherrschen mit den Hängeformen der *Meteoriaceen* zusammen vollkommen die Physiognomie der Vegetation.

2. Nebelwald über Comarapa, ca. 2600 m.

Laubmoose:

Symblepharis boliviana
Holomitrium macrocarpum
Dicranum speciosum
  ,, bolivianum forma
Campylopus ptychotheca
    densicoma
    leucognodes

Campylopus Jamesonii
  ,, filicuspes
(Pilopogon gracilis)
Fissidens asplenioides
Syrrhopodon argentinious
Leptodontium undulatum
    capituligerum

Leptodontium vaginatum
„ cirrifolium
Eustichia Spruceana
Zygodon basidentatus
Macromitrium filiforme
  pinnulatum
  Herzogii
  longifolium
  nubigenum
  „ macrosporum
Schlotheimia sublaevifolia
Orthodontium spec. (No. 4305)
Webera spectabilis
Acidodontium spinicuspes
„ brachypodium
Bryum perserratum
Rhodobryum caulifolium
„ verticillatulum
Mnium ligulatum
Rhizogonium bolivianum
„ spiniforme
Bartramia mollis
Cryphaea ramosa
  patens
„ gracillima
Prionodon lycopodioides
  ciliolatoserratus
  pendulus
  bolivianus
„ contortus
Squamidium leucotrichum
Pilotrichella flexilis
Meteorium illecebrum

Lebermoose:

Dumortiera hirsuta
Aneura muscicola
„ plumaeformis
Metzgeria myriopoda
„ villosicosta
Symphyogyne bogotensis
„ apiculispina
Jamesoniella rotundifolia
  verrucosa
„ fragillima
Lophocolea Wehmeri
Syzygiella Herzogiana
Plagiochila connatistipula
  Hariotii
  Familleri
  Lacouturei
  Douini
  Lindani
  triangulifolia
  deciduifolia
  papillifolia
  grossiseta
  heterofolia
  quitensis

Floribundaria tenuissima
Phyllogonium fulgens
Neckera Lindigii
„ Jamesonii
Porotrichum macropoma
Porothamnium gymnopodum
  ramosissimum
„ subramosissimum
Porotrichodendron superbum
„ robustum
Daltonia pulvinata
„ pellucida
Eriopus papillatus
Hookeriopsis subsecunda
Hypnella pilifera
Hypopterygium Tamarisci
Thuidium peruvianum
Ctenidium malacodes
Rhizohypnum reptans
  viridicaule
„ pelichucense
Breidleria amabilis
Plagiothecium microsphaerothecium
„ conostegium
Catagonium politum
Rhaphidostegium decumbens
„ Lindigii
Aptychella caudata
Pleuropus Bonplandii
Brachythecium sulphureum
„ grandirete
Rigodium leptodendron

Plagiochila trilobata
  Beauverdii
  rotundifolia
  purpurea
  cava
  pichinchensis
  sparsifolia
  subwallisiana
  grossitexta
  procera
  effuseramea
  Lotsyana
  Friesei
  barbata
  Lachenaudii
  cuencensis
  Patzschkei
  Jaapii
  Inuensis
  rigidula
  Delognei
  Solmsii
„ Corbieri
Tylimanthus bifidus

Tylimanthus Herzogii
Chiloscyphus difficilis
Schisma serratum
Mastigobryum variedentatum
　　　　　　incisostipulum
　　　　　　Hariotii
　　..　　　Douini
Lepicolea pruinosa
　　,,　　Herzogiana
Trichocolea Allionii
　　　　　Herzogii
　　　　　paupercula
　　,,　　difficilis
Scapania boliviensis
Madotheca pilistipula
Radula ramulina
　　　　conforta
　　　　convexa
　　,,　　appendiculata
Frullania Lechleri
　　　　andina

Frullania　Arecae
　　　　　Pfefferi
　　　　　Hakeri
　　　　　Herbeyana
　　　　　curvirames
　　　　　hastatistipula
　　　　　fusiflora
　　　　　brasiliensis
　　　　　phalangiflora
　　..　　capilliformis
Omphalanthus filiformis
Mastigolejeunea decurrens
Archilejeunea involuta
Eulejeunea Spruceana
Diplasiolejeunea Paukerti
Strepsilejeunea boliviensis
Harpalejeunea boliviana
Taxilejeunea cuspidata
　　,,　　peruviana
Cheilolejeunea boliviensis

Die Lebermoose sind nach der Artenzahl im Übergewicht, als Formationselemente halten sich Laub- und Lebermoose ungefähr die Wage. Die breiten Kissen, Polster und Filze werden meist von Laubmoosen gebildet, denen zahlreiche Lebermoose eingestreut sind. Ein Rasen von *Leptodontium* oder *Dicranum speciosum* etc. enthält zuweilen bis zu 10 verschiedene Lebermoose.

3. **Feuchte Bergwälder im Einzugsgebiet des Rio San Mateo**
(tiefster erreichter Punkt ca. 1400 m).

a) *Unterer Gürtel* (unter 2000 m).

Laubmoose:

Campylopus alopecurus
Fissidens oligophyllus
　　　　　Carionis
　　　　　mateoënsis
　　,,　　asplenioides
Rhamphidium pygmaeolum
Leptodontium filicicola
　　..　　papillosum
Didymodon campylopyxis
Schlotheimia longicaulis
　　..　　sublaevifolia
Funaria calvescens
Bryum linearifolium
　　,,　　genucaule
Rhodobryum Beyrichianum
Mnium ligulatum
Leptotheca boliviana
Leiomela brachyphylla
Philonotis lignicola
Polytrichadelphus bolivianus
Pogonatum distantifolium
Cryphaea Jamesonii
　　,,　　patens
Prionodon densus
　　,,　　contortus
Pterobryum densum
Orthostichidium excavatum

Squamidium leucotrichum
Pilotrichella versicolor
Papillaria appressa
　　,,　　squamatula
Lindigia aciculata
Meteoriopsis patens
Calyptothecium duplicatum
Neckera Lindigii
　　..　　Marchalii
Porotrichum strictum
Porothamnium explanatum
Entodon Nanoclismacium
　　..　　flexipes
Erythrodontium squarrosum
Hypopterygium Tamarisci
Rhacopilum Floridae
Thuidium leptocladum
Rhizohypnum stigmopyxis
　　　　　heterostachys
　　　　　acrorrhizon
　　　　　reptans
　　　　　robustiusculum
　　　　　capillirameum
Rhaphidostegium eurycystis
　　　　　caespitosum
　　,,　　Kegelianum
Rhynchostegium conchophyllum

Lebermoose:

Lophocolea celluloso-crenulata
Plagiochila huatuscana
,, pauciramea
,, dubia
,, luxiramea
,, ampliata
,, similis
,, variespinosa
Bryopteris longispica
,, trinitensis
Madotheca caudata

Madotheca renifolia
Radula andicola
Frullania fusiflora
,, evolutiloba
Ptychocoleus dentilobulus
,, boliviensis
Dicranolejeunea oblongifolia
,, axillaris
Mastigolejeunea decurrens
Taxilejeunea hamatifolia

b) *Oberer Gürtel* (über 2000 m).

Laubmoose:

(Rhabdoweisia fugax)
Oreoweisia laxirotis
Holomitrium macrocarpum
Campylopus trichophorus
,, leucognodes
,, spurioconcolor
Trichostomum fallax
Tortella Germainii
Didymodon macrophyllus
Zygodon stenocarpus
Macromitrium crispatulum
,, subscabrum
,, validum
Tayloria Mandoni
,, scabriseta
Orthodontium longisetum
Brachymenium barbuloides
,, flexipilum
Rhizogonium bolivianum
Bartramia secunda

Bartramia squarrosa
Prionodon lycopodioides
,, ptychomnioides
,, pendulus
,, undulatus
Squamidium leucotrichum
Pilotrichella flexilis
Papillaria imponderosa
Meteorium illecebrum
Lindigia debilis
Neckera Lindigii
Porotrichum pinnatelloides
Porotrichopsis flacca
Hookeriopsis subsecunda
Hypnella pilifera
Plagiothecium bolivianum
,, novogranatense
,, conostegium
Catagonium politum
Rhaphidostegium turgidulum

Lebermoose:

Metzgeria gigantea
,, Schiffneri
,, Spindleri
Jamesoniella latifolia
,, rufescens
,, limbata
Lophocolea cervicornis
Syzygiella Herzogiana
Plagiochila Alberti
,, Buchii

Plagiochila linearicuspidata
,, decurvo-homomalla
,, Caversii
,, Doerfleri
,, repetitofurcata
Schisma boliviense
Lepidozia serpens
,, Urbanii
Trichocolea filicaulis
Radula Ooebelii

4. **Umgebung von Incacorral** (zwischen 2000 und 2300 m).

Laubmoose:

Dicranella Guilleminiana
,, nanocarpa
Campylopus reflexus
,, fulvus
,, ptychotheca
,, Incacorralis
,, Yungarum
,, densicoma

Leucobryum giganteum
Fissidens Incacorralis
,, asplenioides
Syrrhopodon scaber
Trichostomum fallax
Rhamphidium pygmaeolum
,, Levieri
Leptodontium cirrifolium

Streptopogon erythrodontus
,, peruvianus
,, spathulatus
Zygodon inconspicuus
Macromitrium crenulatum
,, refractifolium
Webera loriformis
,, papillosa
Bryum albidum
argenteum
sericeum
Stephanii
perserratum
microcomosum
,, linearifolium
Mnium ligulatum
Bartramia flavicans
,, rosea
Philonotis Gardneri
,, Guyabayana
Breutelia tomentosa
Catharinea elamellosa
Pogonatum arcuatum
Polytrichum juniperinum
Cryphaea pilifera
,, Jamesonii
Prionodon pinnatus
filifolius
,, bolivianus
Pterobryum densum
Squamidium leucotrichum
,, nigricans
Pilotrichella flexilis
Papillaria imponderosa
Floribundaria tenuissima
Meteorium illecebrum
Lindigia aciculata
,, debilis
Phyllogonium viscosum
Neckera Lindigii
trabeculata

Porotrichum pinnatelloides
Porothamnium ramosissimum
Entodon Nanoclimacium
flavissimus
gracilisetus
,, pallidisetus
Daltonia subtrorsa
,, latolimbata
Eriopus papillatus
Cyclodictyon obscurum
Lepidopilum Mülleri
,, ovatifolium
Hypnella pilifera
Hypopterygium Tamarisci
Rhacopilum intermedium
Thuidium leptocladum
Yungarum
,, peruvianum
Rhizohypnum heterostachys
plumosum
decurrens
andicola
,, viscidulum
Campylium hispidulum
Breidleria amabilis
Rhaphidostegium Lindigii
decumbens
andinum
loxense
Aptychella proligera
Brachythecium sulphureum
longisetum
grandirete
,, bolivioplumosum
Oxyrrhynchium aquaticum
,, rugisetum
Eurhynchium oedogonium
Rhynchostegiella semitorta
Rhynchostegium conchophyllum
planifolium

Lebermoose:

Targionia robusta
Lunularia cruciata
Dumortiera hirsuta
Aneura Uleana
Metzgeria arborescens
gigantea
,, attenuata
Symphyogyne bogotensis
,, Goebelii
Monoclea Gottschei
Lophocolea longiseta
Solenostoma bolivianum
Plagiochila grossitexta
Slateri
Bryhnii

Lepidozia Herzogiana
Madotheca latetrigona
,, rufescens
Radula grandiloba
Frullania andina
Berggrenii
,, Jelskii
Dicranolejeunea boliviensis
Renauldii
,, pulcherrima
Brachiolejeunea cordistipula
Harpalejeunea grossearmata
Anoplolejeunea acutifolia
Taxilejeunea pusilla

5. Bergwald des Sillar (Espiritu Santo-Weg) zwischen 1400 und 1800 m.

Laubmoose:

Sphagnum meridense
Dicranella Perrottetii
Campylopus Gertrudis
Leucobryum giganteum
" spec. (No. 2685)
Fissidens macrophyllus
" innovans
Syrrhopodon papillosus
Orthotrichum liliputanum
Tayloria Moritziana
Bryum linearifolium
Rhodobryum Beyrichianum
Leiomela brachyphylla
Philonotis Gardneri
Prionodon fuscolutescens
Meteoriopsis patens
Squamidium nigricans
" filiferum
" leucotrichum
" macrocarpum
Entodon gracilisetus
Leskeodon andicola
Cyclodictyon limbatum
" albicans

Cyclodiction pusillum
Callicostella spec. (No. 2757c)
Hookeriopsis variabilis
" purpureophylla
" falcata
" crispa
Hypnella pilifera
" Brotheri
Crossomitrium rotundifolium
Lepidopilum curvisetum
" malachiticum
" brachyphyllum
" spec. (No. 2688)
" spec. (No. 2712)
Hypopterygium Tamarisci
Rhacopilum tomentosum
Rhizohypnum delicatulum
Ectropothecium aeruginosum
" campanulatum
" spec. (No. 2692)
Isopterygium vagans
" subglobosum
Rhaphidostegium cuspidiferum

Lebermoose:

Dumortiera hirsuta
Marchantia brasiliensis
Aneura Wallisii
" lamellifera
Metzgeria terricola
" boliviana
Symphyogyne paucidens
" brasiliensis
" Goebelii
" Brogniartii
" canaliculata
Lophocolea quadridens
" quadridentata
" Osculatii
" Lechleri
" boliviensis
Plagiochila geniculata
" subcristata
" macrotricha
" cobana
" subconvoluta
" barutana

Plagiochila acanthoda
" contingens
" bursata
" Macvivarii
Isotachis paucidens
" Lindigiana
Lepidozia Allionii
Trichocolea filicaulis
" flaccida
" Allionii
Frullania andina
" brasiliensis
Omphalanthus filiformis
Dicranolejeunea axillaris
Hygrolejeunea Herzogii
" cordifissa
Ceratolejeunea peruviana
Cyclolejeunea peruviana
Taxilejeunea acutifolia
" isocalycina
" chimborazensis

6. Oberes Coranital (zwischen 2400 und 2700 m).

Laubmoose:

Holomitrium macrocarpum
Campylopus leucognodes
" Jamesonii
" trichophorus
Fissidens Wallisii

Leptodontium longicaule
" cirrhifolium
Streptopogon erythrodontus
" peruvianus
Zygodon coraniensis

— 323 —

Zygodon ramulosus
Macromitrium macrosporum
      „   liberum
      „   brevihamatum
Brachymenium Jamesonii
Acidodontium pallidum
Webera spectabilis
      „   papillosa
Leiomela deciduifolia
Breutelia secundifolia
Cryphaea macrospora
Prionodon pinnatus
      „   fuscolutescens
Squamidium leucotrichum
           filiferum

Pilotrichella flexilis
Floribundaria tenuissima
Meteorium illecebrum
Daltonia longifolia
      „   tenuifolia
Entodon Nanoolimacium
           flavissimus
      „   microcarpus
Pseudoleskea andina
Thuidium leptocladum
Breidleria amabilis
Rhizohypnum robustiusculum
Aptychella proligera
Rhaphidostegium Lindigii
Rhynchostegium planifolium

Lebermoose:

Androcryphia confluens
Metzgeria acuminata
      „   arborescens
Anastrophyllum hians
Lophocolea quadridens
Leioscyphus campanulatus
Syzygiella boliviana
Plagiochila montana
           barutana
           echinella
           bahiensis
           permixta
           cuervina
           choachina
           subrotundifolia
           Friesei
           Jensenii
           Schinzii
           argentinica

Plagiochila striolata
Mastigobryum Lindigii
      „   bolivianum
Lepicolea pruinosa
Schisma serratum
Radula subtropica
           frondescens
      „   boliviana
Frullania paradoxa
           brasiliensis
           boliviana
           viminicola
           megalostipa
           Beauverdii
           spiniloba
           cuencensis
      „   glomerata
Brachiolejeunea rupestris
           laxifolia

7. Unteres Coranital (zwischen 1500 und 1900 m).

Laubmoose:

Ditrichum capillare
Dicranella Beyrichiana
Campylopus annotinus
Syrrhopodon ochroleucus
Trichostomum quitense
Streptopogon erythrodontus
      „   peruvianus
Tortula mnüfolia
Mercoya cataractae
Anoectangium euchloron
Zygodon subdenticulatus
Macromitrium longifolium
      „   brevihamatum
Funaria calvescens
Mielichhoferia pohlioides
Acidodontium pallidum
Bryum oediloma
      „   linearifolium
Rhodobryum spec. (No. 4723)

Leiomela brachyphylla
Philonotis tenella
      „   Gardneri
Breutelia inclinata
      „   subdisticha
Acrocryphaea Gardneri
Cryphaea Jamesonii
Prionodon luteovirens
           cavifolius
           spec. (No. 4750)
      „   spec. (No. 4751)
Squamidium macrocarpum
Floribundaria tenuissima
Lindigia acicalata
      „   debilis
Meteorium illecebrum
Meteoriopsis patens
Neckera Marchalii
Daltonia longifolia

— 324 —

Daltonia gracilis
  ,, pulvinata
Isopterygium tenerum
Rhizohypnum viscidulum
              viridicaule
              breviusculum

Rhaphidostegium cuspidiferum
Aptychella proligera
  ,, caudata
Rhynchostegium planifolium
             conchophyllum

Lebermoose:

Metzgeria arborescens
Marsupella exigua
Lophocolea longissima
Chiloscyphus parvistipulus
Plagiochila Schiffneri
         ligulato-opposita
         brevivittata
         rufifolia
         Miyakei
         repetitofurcata
  ,, informifolia
Lepidozia amazonica
Isotachis ecuadoriensis
Scapania boliviensis

Radula appendiculata
Frullania Beauverdii
  ,, campanulata
Eulejeunea Spindleri
Mastigolejeunea decurrens
Harpalejeunea Spruceana
Diplasiolejeunea pellucida
Dicranolejeunea nudiflora
  ,, pulcherrima
Taxilejeunea pendula
         longiloba
         Herzogiana
         rufescens

8. Waldgrenze über Tablas (ca. 3400 m).

Laubmoose:

Sphagnum erythrocalyx
  ,, sparsum
     pulchricoma
  ,, platyphylloides
Ditrichum capillare
Ceratodon novogranatensis
Tristichium mirabile
Angstroemia julacea
Oreoweisia ligularis
  ,, laxiretis
· Rhabdoweisia fugax
Symblepharis boliviana
Dicranum bolivianum
  ,, speciosum
Campylopus albidovirens
         trichophorus
         ptychotheca
         concolor
         cavifolius
         cucullatifolius
  ,, ingeniensis
Pilopogon gracilis
  ,, nanus
Metzleria spiripes
Fissidens asplenioides
Leptodontium luteum
          Mandoni
          sulphureum
  ,, vaginatum
Streptotrichum ramicolum
Williamsiella tricolor
Didymodon rubiginosus

Didymodon angustifolius
Tortula armata
Encalypta coarctata
Rhacomitrium crispipilum
Eustichia Spruceana
Amphidium cyathicarpum
Macromitrium subcrenulatum
  ,, macrosporum
Entosthodon Lindigii
Mielichhoferia pusilla
         pohlioidea
         subcampylocarpa
         castanea
  ,, submacrodonta
Webera subleptopoda
  ,, apolensis
Acidodontium longifolium
Bryum argenteum
Leiomela deciduifolia
Bartramia macropoma
         squarrosa
         secunda
  ,, pruinata
Philonotis fontanella
  ,, curvata
Breutelia straminea
        brevifolia
        Hasskarliana
  ,, Lorentzii
Polytrichadelphus grossidens
Polytrichum juniperinum
Rhacocarpus Humboldtii

Rhacocarpus excisus
Lepyrodon tomentosus
Prionodon fuscolutescens
Neckera eucarpa
Porothamnium comosum
Porotrichodendron gracile
Daltonia tenuifolia
Hookeriopsis pachydictyon
Pseudoleskea andina
Thuidium ochraceum
Ctenidium malacodes
,, plumulosum

Rhizohypnum reptans
Stereodon spiripes
Braidleria amabilis
Plagiothecium conostegium
,, bolivianum
Catagonium politum
Rhaphidostegium Lindigii
Aptychella caudata
Brachythecium rutabulum
,, bolivioplumosum
Eurhynchium oedogonium

Lebermoose:

Aneura capillacea
,, Glaziovii
,, lamellifera
Metzgeria leptoneura
Symphyogyne Goebelii
,, chiloensis
Anastrophyllum leucostomum
,, nigrescens
,, parvum
,, cuspidatum
Jamesoniella Allionii
,, trigonifolia
Lophocolea Lorentziana
,, quadridens
Leioscyphus schizostomus
Syzygiella anomala
Plagiochila flavorufescens
,, grossitexta
,, ovata
,, maxima
,, fuscolutea
,, notha
,, alpina
,, Trianae
,, subviminea
,, purpurea

Plagiochila latissima
,, tovarina
,, subrotundifolia
Tylimanthus patagonicus
Schisma divergens
,, bivittatum
Isotachis Lindigiana
,, macula
,, ripensis
,, ecuadoriensis
Trichocolea Allioriii
Lepicolea boliviensis
Lepidozia appendiculata
,, boliviensis
,, rufescens
Frullania coalita
,, paradoxa
,, subaculeata
,, hastatistipula
,, Heeckeriana
,, Herzogiana
,, connata
,, villosa
Harpalejeunea tuberculata
Hygrolejeunea cordifissa
Taxilejeunea asperrima

9. Talschlucht von Tablas (zwischen 1800 und 2000 m).

Laubmoose:

Sphagnum spec. (No. 4648)
Dicranum bolivianum
Campylopus concolor
Leucobryum giganteum
Syrrhopodon scaber
,, lycopodioides
Streptopogon erythrodontus
Zygodon subdenticulatus
Macromitrium argutum
Entosthodon faucium
Acidodontium macropoma
Bryum linearifolium
Leiomela brachyphylla
Breutelia inclinata
Arrocryphaea Gardneri

Cryphaea pilifera
Squamidium perinflatum
,, leucotrichum
Pilotrichella versicolor
,, angustifolia
Papillaria imponderosa
Meteorium illecebrum
Lindigia aciculata
Meteoriopsis patens
Neckeropsis undulata
Neckera Lindigii
Porotrichum longirostre
Porothamnium subexplanatum
Daltonia longifolia
Hookeria acutifolia

Adelothecium bogotense
Hookeriopsis variabilis
          lepidopiloides
„   Williamsii
Crossomitrium Wallisii
„   rotundifolium
Lepidopilum Mülleri
„   auriculatum
Hypnella pilifera
Hypopterygium Tamarisci
Rhacopilum intermedium
Thuidium leptocladum

Ctenidium malacodes
Rhizohypnum acrorrhizon
        heterostachys
„   andicola
Ectropothecium apiculatum
Catagonium politum
Rhaphidostegium decumbens
        undulatum
        prominulum
„   loxense
Sematophyllum ulicinum
Rhynchostegium conchophyllum

Lebermoose:

Plagiochasma bolivianum
Monoclea Gottschei
Aneura muscicola
Metzgeria boliviana
Androcryphia confluens
Symphyogyne mexicana
„   apiculispina
Lophocolea cervicornis
Calypogeia subrotunda
Plagiochila Bakeri
    Camusii
    ventricoso-trigona
    anguste-oblonga
    falcato-oblonga
    Berggrenii
    effuse-intricata
    Barbeyi
    Nathorstii
    Farlowii
    Ambronnii
    Geppii
    gamma
„   semidentata
„   submacrotricha
Cephalozia diacanthos
Isotachis trifida
Mastigobryum Douini
Trichocolea Allionii

Lepidozia Sprucei
    Allionii
„   heterophylla
Radula verrucifolia
„   longituba
Marchesinia longissima
Frullania fusiflora
    Ambronnii
    brachyclada
„   Goebeliana
Omphalanthus filiformis
„   grandistipulus
Dicranolejeunea axillaris
    oblongifolia
„   Herzogiana
Diplasiolejeunea pellucida
Eulejeunea symphoreta
„   subsymphoreta
Harpalejeunea excisostipula
Taxilejeunea apiculata
    cordistipula
    lancifolia
    rufescens
    acutifolia
    pterogonia
„   paucidens
Megaceros Jamesonii
    bolivianus

10. Bergwald des Rio Tocorani (zwischen 2100 und 2400 m).

Laubmoose:

Sphagnum spec. (No. 4118)
Trichostomum quitense var.
Leptodontium cirrifolium
Streptopogon peruvianus
Macromitrium brevihamatum
Orthodontium longisetum
Bryum longedecurrens
Rhizogonium bolivianum
Mnium ligulatum
Leiomela brachyphylla
„   deciduifolia
Prionodon luteovirens

Prionodon fuscolutescens
    bolivianus
„   spec. (No. 4057)
Squamidium perinflatum
„   leucotrichum
Papillaria imponderosa
Meteorium illecebrum
Lindigia aciculata
„   debilis
Meteoriopsis remotifolia
Phyllogonium viscosum
Porothamnium neckeraeforme

— 327 —

Porothamnium subramosissimum
Porotrichum macropoma
    ,,   longirostre
    ,,   pinnatelloides
Entodon Nanoclimacium
Eriopus papillatus
Leskeodon andicola
Cyclodictyon roridum
    ,,   breve
    ,,   tocoraniense
    ,,   Stephanii
Hookeriopsis variabilis
Lepidopilum Mülleri

Lepidopilum Ballivianii
    ,,   Gertrudis
Rhynchostegiopsis complanata
Hypnella pilifera
Rhacopilum tomentosum
Thuidium leptoladum
Rhizohypnum scorrrhizon
Ectropothecium aeruginosum
Plagiothecium fallax
Schröterella zygodonta
Pleuropus Bonplandii
Oxyrrhynchium clinocarpum

Lebermoose:

Monoclea Gottschei
Aneura pinguis
    ,,   crassicaulis
    ,,   gracillima
    ,,   Glaziovii
Metzgeria fruticola
Symphyogyne paucidens
    ,,   apiculispina
Lophocolea longiseta
Leioscyphus campanulatus
Plagiochila Duriei
    ,,   multispina
    ,,   deciduifolia
    ,,   Tocorani
    ,,   rufoviridis
    ,,   rutifolia

Plagiochila longiramea
    ,,   gracilicaulis
    ,,   falcata
    ,,   nigricaulis
Mastigobryum incisolobatum
Trichocolea Allionii
Lepidozia subtilis
Madotheca pilistipula
Radula cornucopiae
Ptychanthus boliviensis
Mastigolejeunea decurrens
Omphalanthus filiformis
    ,,   grandistipulus
Anthoceros mexicanus
Taxilejeunea muscicola
    ,,   acutifolia

11. Waldgrenze im Tocorani-Tal (ca. 2800—3100 m).

Laubmoose:

Ditrichum capillare
Ceratodon novogranatensis
Oreoweisia laxiretis
Fissidens rigidulus
Webera spectabilis
Rhodobryum caulifolium
Philonotis curvata
Breutelia mniocarpa
Cryphaea pilifera
    ,,   gracillima

Squamidium filiferum
Papillaria squamatula
Meteorium illecebrum
Lepidopilum Herzogii
    ,,   tenuissimum
Helicoblepharum venustum
Entodon flavissimus
Sciaromium crassinervatum
Braidleria amabilis

Lebermoose:

Plagiochila minutidens
    ,,   validissima

Mastigobryum Douini
Lepidozia flavescens

II. Trockengebiet.

12. Unteres Chocayatal mit Cuesta de Liryuni (3000—3500 m), Polylepis- und Escallonia-Wäldchen.

Laubmoose:

Fissidens rigidulus
Trichostomum ferrugineum
Leptodontium turgidum
Rhexophyllum laciniatum

Didymodon decolorans
Barbula chocayensis
Streptopogon clavipes
Tortula ruralis

Tortula armata
„   „ fragilis
Schistidium apocarpum
Amphidium cyathicarpum
Zygodon spec. No. 3600
Orthotrichum apiculatum
„   exsertisetum
Funaria boliviana
   „   calvescens
   „   macrospora
Mniobryum bolivianum
Webera clavicaulis
Bryum rupicola
   „   genucaule
Breutelia bryocarpa

Hedwigidium imberbe
Braunia secunda
   „   subplicata
   „   laxifolia
Lepidopilum filosum
Lindbergia mexicana
Leptopterigynandrum austroalpinum
Hygroamblystegium curvicaule
Brachythecium Chocayae
   „   leucuraeoides
   „   subjulaceum
   „   flaccum
   „   spec. No. 3463
Oxyrrhynchium aquaticum

Lebermoose:

Targionia robusta

Brachiolejeunea Mandoni

13. Oberes Llavetal (4100—4400 m) mit Umgebung der Tunariseen.

Laubmoose:

Pleuridium andinum
Distichium capillaceum
Astomiopsis amblyocalyx
Tristichium mirabile
   „   Lorentzii
Ceratodon novogranatensis
Dicranella campylophylla
Hygrodicranum bolivianum
Oreoweisia Lechleri
   „   ligularis
   „   ampliata
   „   tunariensis
Dicranoweisia flexipes
   „   fallax
Campylopus tunariensis
   „   jugorum
   „   harpophyllus
Fissidens rigidulus
   „   terebrifolius
   „   Bockii
   „   incisus
Simplicidens andicola
Leptodontium proliferum
   „   acutifolium
Williamsiella tricolor
Globulina boliviana
Erythrophyllopsis boliviana
Didymodon decolorans
   „   rubiginosus
Barbula flexifolia
   „   Pflanzii
Tortula polyseta
   „   leiostoma
   „   Mniadelphus
   „   runcinata
   „   andicola
Schistidium tunariense

Schistidium malaccophyllum
Grimmia subovata
   „   flexicaulis
   „   navicularis
Rhacomitrium crispipilum
   „   austrosudeticum
Amphidium cyathicarpum var.
Zygodon macrophyllus
Orthotrichum parvum
Physcomitrium turgidum
Entosthodon papillosus
Funaria meesacea
Mielichhoferia angustata
   „   pusilla
   „   bryocarpa
   „   modesta
   „   campylocarpa
Haplodontium diplodontum
   „   Jamesonii
Webera pluriseta
Anomobryum soquense
Mniobryum bolivianum
Bryum argenteum
   „   subsericeum
   „   malaccophyllum
   „   pulchrirete
   „   philonoteum
   „   flexisetum
   „   genucaule
Aulacomnium palustre var.
Bartramia fragilifolia
   „   perpumila
   „   defolians
   „   ambigua
Philonotis pellucidiretis
Breutelia integrifolia
   „   patens

Pogonatum polycarpum
Polytrichum juniperinum
Hedwigidium imberbe
Braunia subplicata
,, argentinica
Leptopterigynandrum austroalpinum

Hygroamblystegium Punae
Hygrohypnum aureum
,, validum
Campylium polygamum
Brybnia boliviana
Oxyrrhynchium aquaticum

Lebermoose:

Metzgeria boliviana
,, heteroramea
Symphyogyne bogotensis
Androcryphia confluens
Fossombronia spec. (No. 4804)
Marsupella pusilla

Lophozia multiflora
Lophocolea alpina
Hariotii
,, longiseta
Stephaniella boliviensis

14. Felsen des Cerro Tunari (4600—5200 m).

Laubmoose:

Andreaea arachnoidea
erythrodictyon
clavata
,, tunariensis
Distichium capillaceum
Campylopus subjugorum
Didymodon contortus
Tortula andicola
Grimmia subovata
speirophylla
bicolor

Anoectangium Herzogii
,, Pflanzli
Zygodon pichinchensis
Mielichhoferia subglobosa
Haplodontium crassinervium
Bryum apophysatum
Bartramia fragilifolia
,, Weddellii
Breutelia Gertrudis
Lepyrodon tomentosus var.
Hypnum latifolium

Laubmoose:

Jamesoniella verrucosa
Plagiochila Weymouthiana
Hieronymii

Lophocolea pinnatistipula
Anastrophyllum pusillum
Frullania Arnellii

15. Umgebung der Saittulaguna (4200—4300 m).

Laubmoose:

Andreaea arachnoidea
Dicranella laxiretis
Campylopus perexilis
Molendoa boliviana
Leptodontium acutifolium
Didymodon merceyoides
Erythrophyllopsis boliviana
Barbula Pflanzli
,, paludicola
Grimmia flexicaulis
navicularis
quatricruris
,, nigella
Rhacomitrium austrosudeticum

Amphidium cyathicarpum
Anoectangium Lechleri
Entosthodon fontanus
Mielichhoferia Herzogii
Haplodontium Herzogii
Webera cruda
Bryum laevigatum
Bartramia fragilifolia
,, rosea
Conostomum aequinoctiale
Philonotis scabrifolia
Breutelia undulata
,, integrifolia
Rhytidium rugosum

Lebermoose:

Jamesoniella Allionii

Isotachis aequifoliata

16. Hochtal von Viloco, Quimzacruzkordillere (4300—5000 m).

Laubmoose:

Andreaea subenervis
,, arachnoidea

Andreaea Lorentziana
barbuloides

Andreaea dissitifolia
　　　　 vilocensis
　　„　 robusta
Tristichium mirabile
Distichium capillaceum
Dicranella campylophylla
Angstroemia julacea
Oreoweisia Lechleri
Dicranoweisia spec. (No. 3184)
Pilopogon nanus
Fissidens spec. (No. 3136)
　„　　　 „　 (No. 3138)
Leptodontium erythroneuron
Barbula Pflanzii
　　　　 fusca
　„　　 flexifolia
Tortula polyseta
　　　　 leiostoma
　　　　 pichinchensis
　　　　 ruralis
　„　　 andicola
Schistidium fontanum
Grimmia speirophylla
　„　　 tristicha
Rhacomitrium crispipilum
Zygodon pichinchensis
Entosthodon fontanus
　„　　 acidotus
Funaria hygrometrica
Mielichhoferia subcampylocarpa
　　　　 seriata

Mielichhoferia subglobosa
　„　　 secundifolia
Haplodontium vilocense
　„　　 subsplendidum
Anomobryum filiforme
　„　　 robustum
Bryum argenteum
　　　　 apophysatum
　　　　 flexisetum
　„　　 subgenucaule
Bartramia Brotheri
　　　　 pruinata
　　　　 Weddellii
　　　　 fragilifolia
　　　　 polytrichoides
　„　　 ambigua
Conostomum aequinoctiale
　　　　 macrotheca
　„　　 cleistocarpum
Philonotis scabrifolia
Breutelia Lorentzii
　„　　 integrifolia
Psilopilum antarcticum
Rhacocarpus Humboldtii
Fabronia andina
Lindbergia mexicana
Calliergon Luipichense
Hygrohypnum validum
Catagonium politum forma
Brachythecium scaberrimum

Lebermoose:

Marsupella cuspidata
Sphenolobus achrous
Lophozia multiflora
Jamesoniella Allionii

Jamesoniella spec. (No. 3109)
Tylimanthus pusillus
Cephalozia grandifolia
Anastrophyllum parvum

17. **Umgebung der Mine Monteblanco** (Quimzacruz), ca. 4700—5300 m; hierher gehört auch der Aguilakamm.

Laubmoose:

Andreaea subenervis
　　　　 clavata
　　　　 laticuspes
　　　　 arachnoidea
　　　　 angustifolia
　„　　 robusta
Ditrichum submersum
Campylopus subjugorum
　„　　 Edithae
Leptodontium acutifolium var.
　„　　 ferrugineum
Tortula ciliata
Coscinodon trinervis
　„　　 bolivianus
Grimmia subquatricruris

Grimmia tristicha
Amphidium cyathicarpum
　„　　 brevifolium
Funaria linearidens
Mielichhoferia subglobosa
Haplodontium splendidum
Bryum apophysatum
Aulacomnium palustre var.
Bartramia Weddellii
　„　　 polytrichoides
Philonotis scabrifolia
Calliergon stramineum
Brachythecium lescuraeoides
Cirriphyllum andinum
　　　　 laevifolium

Lebermoose:

Androcryphia confluens

Isotachis Ulaeana

Literatur zu den Laubmoosen.

1. Ångström, Joh. Primae lineae musc. cognosc., qui ad Caldas Brasiliae sunt collecti. Öfv. af Kgl. Sv. Vet. Ak. Förh. 1876, No. 4.
2. Bescherelle, E. Prodromus Bryologiae Mexicanae. Mémoires de la Soc. nat. des sc. natur. de Cherbourg, Tome XVI.
3. — Musci in „Cryptog. Centrali-Americanae a cl. F. Lehmann lectae." Bull. Herb. Boiss. Tome II, No. 6, 1894.
4. — Note sur les Mousses du Paraguay. Mém. de la Soc. nat. des sc. natur. de Cherbourg, Tome XXI., 1877.
5. — Selectio Novorum Muscorum. Journal de Botanique, 1891.
6. Britton, E. G. An enumeration of the Plants collected by H. Rusby in Bolivia, 1885—1886. Bull. of the Torr. Bot. Club 1896.
7. Brotherus, V. F. Musci in Engler et Prantl Nat. Pfl.
8. — Musci Schenckiani. Hedwigia 1894.
9. — Beiträge zur Kenntnis der brasilianischen Moosflora, Hedwigia 1895.
10. — Nouvelles contributions à la fl. bryol. du Brésil. Bihang till K. Vet.-Ak. Handl. Bd. XXI, Afd. III.
11. — Die Laubmoose der ersten Regnellschen Expedition. Bihang till K. Vet.-Ak. Handl. Bd. XXVI. Afd. III.
12. — Contributions à la flore bryologique du Brésil. Act. Soc. sc. Fenn. 1891, No. 5.
13. — Musci Amazonici et subandini Uleani. Hedwigia, Bd. XLV.
14. — Musci frondosi in J. Perkins, Beiträge zur Flora von Bolivia. Englers Bot. Jahrb. Bd. 49, 4. 1.
15. Cardot, J. Coup d'oeil sur la flore bryologique du Mexique. Revue Bryol. 1911.
16. — Diagnoses préliminaires de Mousses mexicaines. Revue Bryol. 1909, 1910 und 1911.
17. — Deux genres nouveaux de la région magellanique (Neuroloma et Hygrodicranum), Revue Bryol. 1911, No. 3.
18. — La Flore Bryologique des Terres Magellaniques, de la Géorgie du Sud et de l'Antarctide. Wissensch. Erg. der Schwed. Südpolar-Exp. 1901—1903. Bd. IV Lf. 8. Stockholm, 1908.
19. Geheeb, A. Révision des mousses récoltées au Brésil dans la province de San Paulo par. J. J. Puiggari pendant les années 1877—1882. Revue bryol. 1900.
20. — Additamenta ad Enum. Muscor. hactenus in prov. brasil. Rio de Janeiro et Sao Paulo detect. Flora 1891.
21. Giesenhagen, K. Die Moostypen der Regenwälder. Annales du Jardin Botan. de Buitenzorg. 2. Ser. Suppl. III.
22. Hampe, E. Species novae Muscorum a Lindigio in Novo-Granada coll. Linnaea 1863.
23. — Musci in Triana et Planchon, Prodromus Florae Novo-Granatensis. Paris 1863—1867.
24. — Bemerkungen zu Musci in Prodr. Fl. Nov.-Gran., Bot. Ztg. 1869.
25. — Musci frondosi Brasilienses Pars 1—4. Havniae 1870—1877 in Journ. d'hist. nat. de Copenhague.
26. — Enumeratio Muscorum in prov. brasil. Rio de Janeiro et Sao Paulo detect. Havniae 1879.
27. — Symbolae ad floram Brasiliae centralis cognoscendam. Musci. Vidensk. Meddel. fra den naturh. Foren. in Kjobenhavn 1872.
28. — Musci frondosi a cl. Krause in Ecuador coll. Bot. Ztg., 1869.
29. Herzog, Th. Beiträge zur Laubmoosflora von Bolivia. Beih. zum Bot. Centralblatt, Bd. XXVI (1909), Abt. II.
30. — Weitere Beiträge zur Laubmoosflora von Bolivia. Beih. zum Bot. Centr., Bd. XXVII (1910), Abt. II.
31. — Bemerkungen zu den neuen Laubmoosgattung Wollnya, Beih. zum Bot. Centr., Bd. XXVIII (1911), Abt. II.
32. — Vom Urwald zu den Gletschern der Kordillere. Stuttgart, 1913.
33. — Die bolivischen Kordilleren. Petern. Mitt. 1913 Mai- und Juniheft.
34. — Beiträge zur Kenntnis von Tektonik und Glazial der bolivischen Ostkordillere. Geolog. Rundschau, 1914.
35. Hooker, W. J. Plantae cryptogamicae quas in plaga orbis novi aequinoctiali collegerunt Alex. von Humboldt et Aimé Bonpland. Adjectis tabulis species quaedam novas minusve cognitas (Musc. frondosorum et hepat.) exhibentibus, London 1816.
36. Hornschuch. Musci in Martii Flora Brasiliensi. Monachii 1840—1865.
37. Lorentz, P. G. Musci frondosi a cl. Krause in Ecuador prope Loja collecti. Bot. Ztg. 1868.
38. Martius. Icones select. plantarum cryptogamarum quas in itinere per Brasiliam annis 1817—1820 colleg. et descr. Monachii 1828—1834.
39. Mitten, G. Musci Austro-Americani. Enumeratio muscorum omnium austr. am. auctori hucusque cognitorum. Journ. of the Linn. Soc. Vol. XII, 1869.

40. M o n t a g n e. Flora Boliviensis. Cryptogamie. Paris 1839.
41. — Cryptogamae brasilienses s. plantae cellul., quas in itinere per Brasiliam a A. St. Hilaire collect. recens. Ann. sc. nat. 1839.
42. M ü l l e r, C. Hal. Prodromus Bryologiae Bolivianae. Nuovo Giornale botanico italiano (Nuova serie) Vol. IV, Fasc. I e II (1897).
43. — Prodromus Bryologiae Argentinicae Pars I, Linnaea 1879; Pars II, Linnaea 1882; Pars III, Hedwigia, Bd. XXXVI, 1897.
44. — Symbolae ad Bryologiam Brasiliae et regionum vicinarum, Hedwigia 1900.
45. — Musci Novo-Granatenses. Flora 1875, No. 34 und 35.
46. — Musci Novo-Granatenses. Linnaea 1873.
47. — Genera Muscorum. Classes Schistocarporum, Cleistocarporum, Stegocarporum complectentia, exceptis Orthotrichaceis et Pleurocarpis. Leipzig 1901.
48. — Relation über die von Gardner in Brasilien gesammelten Moose. Bot. Ztg. 1844 und 1845.
49. M ü l l e r, K. Untersuchung über die Wasseraufnahme durch Moose etc. Jahrb. f. wissenschaftl. Bot., Bd. XLVI, Heft 4.
50. R a d d l. Crittogame Brasiliane. Modena 1827.
51. R e n a u l d, F. e t C a r d o t, J. Mousses nouvelles de l' Herbier Boissier (Hypnum Barbeyi). Bull Herb. Boiss. Tome II, No. 1, 1894.
52. — Musci Costaricenses. Bull. de la Soc. royale de bot. de Belg. t. XXXI, 1892.
53. — Musci exotici novi vel minus cogniti. Bull. de la Soc. royale de bot. de Belg. t. XXIX, 1890.
54. S p r u c e, R. Mosses of the Amazon and Andes. Journ. Linn. Soc. Vol. V, 1851.
55. — Catalogus Muscorum terrae Amazon. et Andes. London 1867.
56. W i l l i a m s, R. S. Bolivian Mosses, Part 1 und II. Bull. of the New York Botan. Garden Vol. 3, No. 9, 1903 und Vol. 6, No. 21, 1909.

Nachtrag.

S. 78. 318a. **Haplodontium Jamesonii** (Tayl.)
Im oberen Llavetal, ca. 4200 m, No. 4820;
im Hochland von Totora, ca. 2800 m. No. 5110.
S. 78. 318b. **Haplodontium diplodontum** (Mitt.) Jaeg.
Im oberen Llavetal auf Erde am Bachrand, ca. 4200 m, No. 4817.
S. 133. 574a. **Hookeriopsis crispa** (C. M.) Jaeg.
Auf Steinen im Wald beim Sillar, ca. 1700 m, No. 2684.

Berichtigungen.

S. 41. 155. **Barbula flexifolia** Herzog nov. spec. ist in **B. Rothii** Herzog nov. spec. umzuändern, da, wie Herr Dr. G. Roth mir mitteilt, schon eine *B. flexifolia* Hpe. existiert.
S. 68. 273. **Macromitrium macrosporum** Herzog nov. spec. ist in **M. gigasporum** Herzog nov. spec. umzuändern, da schon ein *M. macrosporum* Broth existiert. (Frdl. Mitteilung von Herrn Dr. G. Roth.)

Namen-Register.[1]

Acanthocladium subnitidum (Hpe.) 15**0**, 289
Acidodontium brachypodium (C. M.) 82
    lonchotrachylon (C. M.) 82
    longifolium (Schimp.) 82
    macropoma (C. M.) 82
    pallidum Herzog 82
  ,, spinicuspes Broth. 82
Acrocryphaea Gardneri (Müll.) 10**6**, 286
  ,, julacea (Hornsch.) 10**6**, 286 303,
Adelothecium bogotense (Hpe.) 12**9**, 287
Aloina calceolifolia 17**0**, 311, 394
Aloinella boliviana Broth. **46**, 294, 313, 315
Amphidium brevifolium Broth. 17**0**, 294 313, 314,
  ,, cyathicarpum (Mont.) **61**, 294, 314
Anacamptodon cubensis (Sull.) 12**8**, 287
Anacolia setifolia (Hook.) **90**, 295 314,
Anastrophyllum bolivianum St. 1**86**
    cuspidatum St. 1**86**
    hians St. 1**86**
    laxifolium Mont. 18**6**
    leucostomum Taylor 1**86**
    Maudoni St. 1**86**
    nigrescens (Mitt.) St. 1**86**
    parvum St. 187
  ,, pusillum St. 187
Andreaea angustifolia Broth. **9**, 293, 313
    arachnoidea C. M. **8**, 293, 313
    barbuloides Broth. 1**0**, 293, 314
    clavata Broth. 1**0**, 272, 293, 314
    dissitifolia Broth. **9**, 272, 293, 314
    erythrodictyon Herzog 11, 272, 293, 314
    laticuspes Broth. 1**0**, 293, 313
    Lorentziana C. M. **9**, 293, 313
    pseudosubulata C. M. 1**09**, 272, 293, 298, 314
    robusta Broth. 11, 272, 293, 314
    striata Mitt. 1**09**, 293
    subenervis Mitt. 11, 271, 272, 293, 298, 299, 314
    lunariensis Broth. 1**0**, 293, 314
  ,, vilocensis Broth. **9**, 272, 293, 314

Aneura boliviensis St. 17**6**
    capillacea St. 174
    crassicaulis St. 174
    Glaziovii S. 174
    gracillima St. 175
    Herzogiana St. 175
    lamellifera St. 175
    metzgeriaeformis St. 175
    muscicola St. 17**6**
    parasitans St. 175
    pinguis (L.) 17**6**
    plumaeformis S. 17**6**
    pulvinata St. 175
    Uleana St. 17**6**
  ,, Wallisii St. 17**6**
Angstroemia julacea (Hook.) Mitt. 1**3**, 1**68**, 272, 293, 311, 315
Anoectangium compactum Schwgr. **60**, 294, 298
    euchloron (Schwgr.) **60**, 284
    Herzogii Broth. **60**, 294
    Lechlerianum Mitt. **60**, 294
    Mandonianum Schimp. 17**0**
  ,, Pflanzii Broth. **60**, 294
Anomobryum cymbifolium (C. M.) 171
    filiforme (Dicks.) Husn. **82**, 295, 298
    humillimum (C. M.) 171, 295, 313
    obtusatissimum (C. M.) 171, 295
    robustum Broth. **83**, 295, 312
  ,, soquense Par. **83**, 285, 295, 313
Anomodon fragillimus H. 172, 288
Anoplolejeunea acutifolia St. 2**51**
Aptychella caudata Herzog 1**56**, 289
  ,, proligera (Broth.) 1**57**, 289
Archilejeunea involuta St. 2**48**
  ,, Tonduzana St. 2**48**
Astomiopsis amblyocalyx C. M. 1**3**, 293, 311
Aulacomnium palustre (L.) Schwgr. **90**, 274, 295, 298, 312
Barbula amblyacra C. M. 17**0**, 284
    apiculata (Hpe.) 4**3**, 294, 313
    austrorevoluta Besch. 17**0**, 294

---
[1] Die fett gedruckten Zahlen beziehen sich auf den systematischen Teil. Ein Hinweis auf die in den Fundortslisten verzeichneten Arten unterblieb des Raumes wegen, da zahlreiche Wiederholungen zu häufige Zitate nötig gemacht hätten.

Barbula chocayensis Broth. et Herzog **43**, 294
,, flexifolia Herzog 41, **166**, 314, 942
,, fusca C. M. 41, 294
,, glaucescens (Hpe.) **45**, 293, 313
,, Humboldtii Herzog **167**, 284
,, laevigata (Mitt.) Jaeg. **170**, 284
,, pachygastrella Herzog **43**, 294, 313
,, paludicola Broth. **44**, 312
,, perexilis C. M. **170**, 294
,, Pflanzii Broth. 41, 294, 314
,, Punae Herzog **43**, 294, 313
,, rectifolia (Mitt.) **42**, 294
,, subglaucescens C. M. **170**, 294
,, tortelloides C. M. 44, 284
,, unguiculatula C. M. **42**, 284
Bartramia ambigua Mont. **95**, 296
,, auricola C. M. 171, 296
,, Brotheri Herzog **91**, 295, 314, 316
,, defolians Herzog **95**, 296
,, didymocarpa (Anacolia) (C. M.) 171
,, flavicans Mitt. **91**, 285, 315
,, fragilifolia C. M. **93**, 285, 296 315,
,, ithyphylloides Schimp. 171
,, macropoma Herzog **91**, 285
,, Mathewsii (Mitt.) **92**, 295
,, mollis Herzog **94**, 285 308.
,, perpumila C. M. **91**, 295, 311, 315, 316
,, perpusilla C. M. 171
,, pilicuspes Herzog **92**, 295, 315
,, polytrichoides C. M. **93**, 275, 296, 312
,, potosica Mont. **93**, 296, 315
,, pruinata Herzog **92**, 285, 295, 314
,, rosea Herzog **95**, 285, 296
,, secunda Schimp. **92**, 285
,, squarrosa Herzog **93**, 275, 285, 306
,, Weddellii Herzog **92**, 295, 314
Brachiolejeunea cordistipula St. **251**
,, laxifolia (Tayl.) **252**
,, Leiboldiana St. **252**
,, mamillata St. **252**
,, Mandoni St. **252**
,, rupestris (G.) **252**
,, succisa St. **252**
Brachymenium barbuloides C. M. **81**, 285
,, dimorphum R. S. W. 171, 285
,, flexipilum Herzog **81**, 285
,, Jamesonii Tayl. **81**, 285
,, verrucosum (C. M.) 171, 285
Brachythecium bolivio-plumosum C. M. **101**, 278, 289
,, cavifolium Herzog **159**, 269, 314
,, calliergonoides Broth. **161**, 289
,, Chocayae Herzog **160**, 296
,, cochlear C. M. **172**, 289
,, conostomum (Tayl.) **172**, 289
,, fissidentoides Herzog **160**, 296
,, flaccum C. M. **161**, 296
,, grandirete C. M. **159**, 289
,, lescuraeoides Broth. **159**, 296
,, longisetum Herzog **159**, 289

Brachythecium praelongum C. M. **172**
,, pseudorutabulum C. M. **172**, 289
,, rutabulum (Br. eur.) **161**, 289, 298
,, scaberrimum Herzog **161**, 289, 296
,, stereopoma (Spruce) **159**, 289
,, subjulaceum Herzog **161**, 296, 315
,, sulphureum (Geh. et Hpe.)=**159**, 289
,, tenuipinnatum (C. M.) **172**, 289
Braunia argentinica C. M. **105**, 296, 314
,, cirrhifolia (Wils.) **105**, 296, 309
,, divaricatula Herzog **105**, 296
,, laxifolia Herzog **105**, 296
,, plicata (Mitt.) 171, 296, 309
,, secunda Schimp. **105**, 296, 309
,, subplicata E. Britt. **105**, 296, 309, 314
Breidleria anacolioides Herzog **97**, 296
Breutelia anacolioides Herzog **97**, 296
,, boliviensis Herzog **101**, 296, 315
,, brevifolia Herzog **100**
,, breviseta (C. M.) 171. 296
,, bryocarpa Herzog **100**, 286
,, Gertrudis Herzog **98**, 296, 314
,, Hasskarliana (Hpe.) **98**, 286
,, inclinata (Hpe. et Lor.) **98**, 286
,, integrifolia (Tayl.) **100**, 296, 311, 312
,, Lorentzii (C. M.) **98**, 296, 312
,, macrocarpa Schimp. 171
,, minuta Herzog **100**, 296, 312
,, inniocarpa (Schimp.) **100**, 286
,, nigrescens Herzog **101**, 296, 315
,, nutans Mont. 171
,, patens Herzog **101**. 296, 315
,, scorpioides (C. M.) 171
,, secundifolia (C. M.) **100**, 286
,, straminea Herzog **101**. 296
,, subdisticha (Hpe.) **98**, 286
,, tomentosa (Sw.) **100**, 286
,, undulata Herzog **98**, 296, 312
,, Wainioi Broth. 171
Bryhnia Pflanzii Broth. **102**, 296
Bryum albidum Broth. **84**
,, apophysatum C. M. **86**, 295, 314, 315
,, argenteum L. **84**, 295
,, Atenense R. S. W. 171, 285
,, bimum Schreb. **83**, 285
,, cavum C. M. 171, 285
,, challasase Broth. **84**, 295, 313
,, coloratum C. M. 171, 285
,, concavum Mitt. 171, 295
,, densifolium Brid. 171, 285
,, flexisetum Mitt. **82**, 295, 312, 315
,, genucaule C. M. **86**, 285, 295
,, Incacorralis Herzog 171, 285
,, laevigatum (Hook. f. et Wils.) **86**, 295, 298, 312
,, linearifolium C. M. **86**, 275, 285, 306
,, longedecurrens Broth. **85**, 285
,, malacophyllum Broth. **85**, 295
,, Mayense Spruce 171, 285
,, microcomosum C. M. **86**, 285

Bryum nanophyllum C. M. 171, 295
nigropurpureum C. M. 171, 295
oediloma C. M. 88, 285
perserratum Broth. 87, 285
philonotaeum Broth. 84, 295, 314
pulchrirete Broth. 88, 295, 314
rupicola Broth. 85, 295
sericeum Mitt. 85, 285, 295
spininervium Broth. 87, 295
Stephanii Herzog 86, 285
subgenuacaule Broth. 86, 295
subnanophyllum Herzog 85, 315
" subsericeum Broth. 84, 295, 311, 315
Callicostella integrifolia C. M. 172, 287
microcarpa (Hornsch.) 172, 287
pallida (C. M.) 172, 287
rivularis (Mitt.) 172, 287
scabripes C. M. 172, 287
" scabriuscula (C. M.) 172, 287
" strumulosa (Hpe. et Lor.) 172, 287
" spec. 182, 277
Calliergon Luipichense R. S. W. 145, 296, 312
" stramineum (Dicks.) 172, 296, 298, 312
Calymperes bolivianum R. S. W. 170, 284
Calypogeia annabanensis St. 228
muscicola St. 228
" subrotunda St. 228
Calyptothecium duplicatum (Schwgr.) 115, 286
Campylium hispidulum (Brid.) 144, 288, 296
" polygamum (Bryol. eur.) 144, 296, 298, 312
Campylodontium bolivianum C. M. 171, 287
" onustum (Hpe.) 171, 287
Campylopus albidovirens Herzog 19, 272, 293
alopecurus C. M. 21, 283
annotinus Mitt. 22, 283
Benedicti Herzog 109, 293
cavifolius Mitt. 22, 283
chrysodictyon (Hpe.) Mitt. 109, 283, 293
concolor Mitt. 21, 283
cucullatifolius Herzog 22, 293, 312
densicoma C. M. 20, 283
Edithae Broth. 109, 293
filicuspes Broth. 22, 283
filifolius (Hornsch.) Mitt. 109, 283
fulvus Herzog 21, 283
Gertrudis Herzog 21, 283
harpophyllus Herzog 22, 293, 312
heterophyllus Mitt. 109, 283
humilis Mont. 109, 283
ingeniensis R. S. W. 22, 293, 312
insignis Herzog 28, 293
introflexus (Hedw.) Mitt. 109, 283
Jamesonii (Hook.) 21, 283, 306
jugorum Herzog 19, 293, 311, 315
julaceus (Hpe.) 109, 283
Krauseanus (Hpe. et Lor.) 109, 283
latinervis Herzog 19, 272, 293, 312
laxiretis Herzog 109
leptodus (Mont.) Mitt. 109, 283

Campylopus leucognodes C. M. 20, 283
malagensis Herzog 28, 293, 312
microtheca Herzog 109, 283
multicapsularis (C. M.) 109, 283
nanofilifolius (C. M.) 109, 283
occultus Mitt. 109, 283
pelichucensis R. S. W. 109, 283
penicillatus (Hornsch.) Jaeg. 109, 283
perexilis C. M. 21, 315, 293
perreduncus (C. M.) 109, 283
Pseudodicranum Herzog 109, 283
ptychotheca Herzog 19, 283
reflexus Broth. 28, 283
rosulatus (Hpe.) 109, 283
spurioconcolor (C. M.) 21, 283
subcubitus R. S. W. 109, 283
subgriseus Hpe. 22, 283
subjugorum Broth. 19, 315, 293
trichophorus (Hpe.) Herzog 20
trivialis (C. M.) 109, 283
tunariensis Herzog 19, 293
Yungarum Herzog 109, 283
" zygodonticarpus (C. M.) Par. 109, 283
Catagonium politum (Hook. fil. et Wils.) 154, 288, 296, 315
Catharinaea elamellosa Herzog 102, 286
nigricans C. M. 102, 296
" polycarpa (Schimp.) 171, 286
Cephalozia diacantha (Mont) St. 222
" grandifolia St. 222
Ceratodon novogranatensis Hpe. 18, 293
Ceratolejeunea brasiliensis (G.) St. 250
" peruviana St. 250
Cheilolejeunea boliviensis St. 266
" Herzogiana St. 267
Chiloscyphus difficilis St. 222
" parvistipulus St. 222
" porphyrius Nees 222
Chrysoblastella boliviana R. S. W. 170, 293
" revoluta Herzog 30, 293
Cirriphyllum andinum Herzog 162, 296, 314, 315
" laevifolium Herzog 162, 296, 314
Cololejeunea Herzogii Goebel 260
Conostomum aequinoctiale Schimp. 95, 296, 311, 315
cleistocarpum Herzog 94, 296, 312, 316
" macrotheca Herzog 94, 296, 312
Coscinodon bolivianus Broth. 52, 294, 314
" trinervis (R. S. W.) Broth. 52, 294, 314
Cratoneuron submersum Herzog 145, 296, 312
Crossomitrium rotundifolium Herzog 134, 288
" Wallisii C. M. 135, 288
Cryphaea boliviana C. M. 171, 286
brachycarpa C. M. 171, 286
gracillima Herzog 107, 286
hygrophila C. M. 171, 286
Jamesonii Tayl. 107, 286
latifolia Mitt. 171, 286
macrospora Herzog 108, 286
microspora Herzog 107, 286
patens Hornsch. 107, 286

Cryphaea pilifera Tayl. 107, 286
„ ramosa Wils. 106, 286
„ tenuicaulis C. M. 171, 286
Ctenidium malacodes Mitt. 147, 288
„ plumulosum Herzog 147, 288
Cyclodictyon aeruginosum (Mitt.) 171, 287
„ albicans (Sw.) 180, 287
„ angustirete Herzog 182, 287
„ breve Herzog 182, 287
„ humile (Mitt.) Broth. 172, 287
„ limbatum (Hpe.) 180, 287
„ obscurum Herzog 181, 287
„ plicatulum (C. M.) 172, 287
„ pusillum Herzog 180, 277
„ roridum (Hpe.) 180, 287
„ Stephanii Herzog 182, 287
„ tocoraniense Herzog 181, 287
Cyclolejeunea peruviana (L. et L.) St. 255
Daltonia gracilis Mitt. 128, 287
„ Hampeana Sch. 171, 287
„ irrorata Mitt. 171, 287
„ Jamesonii Tayl. 128, 277, 296, 315
„ latolimbata Broth. 129, 287
„ longifolia Tayl. 128, 287
„ minutifolia C. M. 171, 287
„ pellucida Herzog 128
„ pulvinata Mitt. 128, 287
„ subirrorata Broth. 129, 287
„ tenuifolia (Mitt.) 129, 287
Dicranella apolensis R. S. W. 169, 283
„ Beyrichii Hpe. 14, 283
„ boliviana Herzog 165
„ callosa Hpe. 169, 293
„ campylophylla (Tayl.) Jaeg. 14, 168, 293, 312
„ Guilleminiana (Mont.) Hpe. 14, 283
„ heteromalla (Dill.) Schimp. 14, 288, 298
„ Hilariana Mont. 169, 283
„ Jamesonii Tayl. 14, 293, 312
„ Kunzeana (C. M.) Mitt. 169, 283
„ laxiretis Herzog 14, 293, 312
„ macrostoma (C. M.) 169, 293
„ nanocarpa C. M. 14, 283
„ Perrottetii (Mont.) Mitt. 14, 283
„ submacrostoma Broth. 14, 293, 312
„ tenuirostris (Kunze) Mitt. 169, 283
Dicranolejeunea axillaris (Mont.) 253
„ boliviensis St. 253
„ gigantea St. 253
„ Herzogiana St. 254
„ nudiflora St. 254
„ oblongifolia St. 253
„ pulcherrima St. 255
„ Renauldii St. 255
Dicranoweisia brunnea Herzog 165
„ fallax Herzog 18, 293, 313
„ flexipes Herzog 17, 293, 313
Dicranum bolivianum C. M. 18, 283
„ Germainii C. M. 169, 283
„ nigricans Herzog 18, 293

Dicranum speciosum Hook. et Wils. 18, 272, 283
„ spectabile C. M. 169, 283
Didymodon angustifolius Herzog 39, 293, 315
„ campylopyxis C. M. 40, 284
„ contortus Herzog 40, 293
„ decolorans (Hpe.) R. S. W. 39, 293, 311
„ Jamesonii Tayl. 40, 314, 293
„ macrophyllus Broth. 40, 284
„ merceyoides Broth. 40, 293
„ pelichucensis R. S. W. 40, 293
„ rubiginosus (C. M.) 40, 293, 311
„ subtophaceus R. S. W. 170, 293
Diplasiolejeunea Pauckerti (Nees) 267
„ pellucida S. 267
Distichium capillaceum (Sw.) Br. eur. 18, 272, 293, 298, 314
Ditrichum capillare C. M. 12, 283
„ rufescens Hpe. 169, 283
„ submersum Card. et Herzog 11, 293, 312
Drepanocladus Barbeyi Ren. et Card. 172, 296
„ exannulatus (Gümb.) 148, 296, 298, 312
„ intermedius (Schimp.) 172, 296, 298
„ Sendtneri (Schimp.) 148, 296
Dumortiera hirsuta (Sw.) R. B. N. 174
Ectropothecium aeruginosum (C. M.) 150, 288
„ apiculatum (Hornsch.) 150, 288
„ campanulatum Mitt. 150, 288
Encalypta asperifolia Mitt. 51, 294, 312
„ coarctata (Mitt.) 51, 294 312,
„ leiotheca Herzog 51, 294 312,
Entodon erythropus Mitt. 171, 287
„ flavissimus C. M. 125, 287
„ flexipes C. M. 125, 287
„ gracilisetus Hpe. 125, 287
„ Hampeanus C. M. 171, 287
„ Jamesonii (Tayl.) 171, 287
„ micans Herzog 124, 310, 287
„ microcarpus Broth. 125, 287
„ Nanoclimacium C. M. 124, 287
„ suberythropus C. M. 171, 287
Entosthodon acidotus (Tayl.) 73, 295, 315
„ altisetus Herzog 72, 295
„ apishyensis (C. M.) 72, 285
„ faucium Herzog 72, 285
„ fontanus Herzog 71, 295, 312
„ Lindigii Hpe. 73, 295
„ papillosus C. M. 73, 295, 311
„ Sipascoyae Herzog 72, 295
„ verrucosus (C. M.) 73, 295
Epipterygium Mandoni C. M. 170
„ pellucens Herzog 81, 285
Eriopus papillatus Herzog 129, 287
Erpodium Balansae C. M. 104, 286, 310
„ Lorentzianum C. M. 104, 286, 310
Erythrodontium brasiliense (Hpe.) 127, 287
„ Germainii (C. M.) 127, 287
„ longisetum (Hook.) 171, 287
„ macrocarpum Broth. 127, 296
„ squarrosum (C. M.) 126, 287
Erythrophyllopsis boliviana Broth. 41, 168, 294, 312, 314, 315

Eulejeunea Spindleri St. 267
        Spruceana St. 268
        symphoreta S. 268
  ,,   subsymphoreta St. 268
Euosmolejeunea tenerrima (Ldbg.) 266
Eurhynchium oedogonium (C. M.) 162, 289
Eustichia Spruceana (C. M.) Par. 60, 284
Fabronia andina Mitt. 129, 296, 314, 287
        argentinica C. M. 128, 287
        Attaleae Herzog 128
        Podocarpi C. M. 128, 287
        polycarpa Hook. 171, 287
        saligeriacea C. M. 171, 296
  ,,   singulidens C. M. 171
Fimbriaria fissisquama St. 178
Fissidens amboroicus Herzog 169, 283
        asplenioides Hedw. 26, 283
        Bockii Herzog 25, 293, 311
        Carionis C. M. 26, 283
        crispus Mont. 169, 283
        excurrentinervis R. S. W. 25, 293
        Hornschuchii Mont. 169, 283
        Incacorralis Herzog 27, 283
        incisus Herzog 25, 293, 311
        innovans Herzog 27, 283
        Kegelianus C. M. 169, 283
        macroblastus R. S. W. 169, 283
        mateoensis Broth. 27, 283
        oligophyllus C. M. 26, 283
        pauper Herzog 166, 293
        repandus Wils. 169, 283
        rigidulus (Hook. f. et Wils.) 27, 283, 291, 293, 298, 299, 311
        Sanctae Crucis Broth. 26, 283
        terebrifolius C. M. 166, 293, 311
  ,,   Wallisii C. M. 26, 283
Flabellidium spinosum Herzog 163, 289
Floribundaria flaccida (Mitt.) 171
  ,,   tenuissima (Hook. et Wils.) 114
Fontinalis turfacea Herzog 166, 296, 312
Forsstroemia coronata (Mont.) 169, 286, 310
Fossombronia Herzogii Goebel 269
Frullania Alberti St. 237
        Ambronnii St. 242
        andina St. 241
        apiahyna G. 241
        Arecae G. 238
        Arnellii St. 241
        Bakeri St. 243
        bangiensis St. 241
        Barbeyana St. 241
        Beauverdii St. 241
        Berggrenii St. 238
        boliviana S. 233
        brachyclada S. 239
        brasiliensis Raddi 242
        campanulata St. 242
        capilliformis St. 244
        coalita St. 243

Frullania connata Ldbg. et G. 244
        crispistipula St. 239
        cuencensis Tayl. 239
        curviramea St. 244
        evolutiloba St. 244
        flexicaulis S. 242
        fusiflora St. 239
        glomerata L. et L. 245
        Goebeliana St. 245
        Hueckeriana Ldbg. 245
        hastatistipula St. 245
        Herzogiana St. 246
        hians L. et L. 239
        Jelskii Loitl. 246
        Lechleri St. 247
        megalostipa S. 240
        nodulosa Nees. 248
        ovistipula St. 240
        paradoxa L. et L. 244
        Pfefferi St. 247
        phalangiflora St. 247
        purpurascens St. 244
        rioblancana St. 240
        spiniloba St. 240
        squamuligera S. 242
        squarrosa Nees 242
        subaculeata S. 247, 308
        triquetra L. et L. 244
        truncatiloba St. 240
        villosa St. 248
        viminicola S. 240
  ,,   Winteri St. 241
Funaria acutifolia (Hpe.) 170
        andicola (Mitt.) 170
        apiculata Schimp. 170
        boliviana Schimp. 73, 295
        calvescens Schwgr. 73, 285, 295
        cartilaginea C. M. 170
        glabripes C. M. 170
        hygrometrica (L.) Sibth. 73, 295
        incurvifolia C. M. 170, 295
        inflata C. M. 170, 295
        Jamesonii (Tayl.) 170, 295
        linearidens C. M. 73, 274, 295, 312
        macrospora R. S. W. 73, 295
        meeseacea C. M. 73, 295, 311
  ,,   subtilis (C. M.) Broth. 170
Gertrudia validinervis Herzog 44, 294, 309
Globulina boliviana C. M. 30, 293, 311, 312
Grimmia bicolor Herzog 56, 294, 314
        flexicaulis C. M. 57, 294, 314
        fuscolutea Hook. 170, 294, 314
        Herzogii Broth. 55, 294, 314
        leucophaeola C. M. 55, 294, 314
        longirostris Hook. 170, 294
        microovata C. M. 55, 294, 314
        nanoglobosa C. M. 170, 294
        navicularis Herzog 55, 294, 314
        nigella Herzog 55, 294, 314

Grimmia olivacea Herzog 54, 294, 314
,, pansa R. S. W. 170, 294
,, quatricruris C. M. 57, 294, 314
,, speirophylla Herzog 55, 294, 314
,, squamatula Herzog 56, 294, 314
,, subovata Schimp. 54, 294, 298, 314
,, subquatricruris Broth. 57, 294, 314
,, trichophylloides Schimp. 170, 294, 314
,, tristicha Herzog 58, 294, 314
Gyroweisia boliviana R. S. W. 170, 293
Haplodontium crassinervium Herzog 76, 295
,, cuspidatum Herzog 76, 295, 312
,, Herzogii Broth. 76, 295, 314
,, humipetens C. M. 77, 295, 315
,, sanguinolentum C. M. 78, 295, 311, 312
,, splendidum Broth. 170, 295, 313, 315
,, subsplendidum Broth. 79, 295
,, vilocense Broth. 79, 295, 314
Harpalejeunea boliviana St. 255
,, exciso-stipula St. 256
,, grosse-armata St. 256
,, Spruceana St. 257
,, tuberculata Jack. 257
Hedwigia albicans (Web.) 164
Hedwigidium imberbe (Sm.) 164, 296, 309, 314
Helicoblepharum venustum (Tayl.) 168, 286
Helicodontium capillare (Sw.) 171, 287
,, tenuirostre Schwgr. 171, 287
Helicophyllum torquatum Hook. 172, 288, 303
Holomitrium crispulum Mart. 169, 283
,, macrocarpum C. M. 18, 283, 308
Homalolejeunea excavata Mitt. 264
Hookeria acutifolia Hook. 129, 287
Hookeriopsis asprella (Hpe.) 172, 287
,, falcata (Hook.) 183, 287
,, incurva (Hook. et Grev.) 172, 287
,, lepidopiloides Herzog 183, 287
,, longiseta R. S. W. 172, 287
,, pachydictyon Herzog 183, 287
,, papillidioides (C. M.) 172, 287
,, purpureophylla (C. M.) 183, 287
,, subsecunda (Mitt.) 183, 287
,, undulata (C. M.) 172, 287
,, variabilis (Hornsch.) 183, 277, 287
,, Williamsii Herzog 184, 287
Husnotiella glossophylla Herzog 85, 293, 313
Hygroamblystegium curvicaule (Jur.) 144, 296, 298, 312
,, filicinum (L.) 173, 296, 298
,, Punae C. M. 144, 296
Hygrodicranum bolivianum Herzog 15, 293, 311, 312
Hygrohypnum aureum Herzog 145, 296, 312
,, validum Herzog 146, 296, 314
Hygrolejeunea cordifissa (Tayl.) 265
,, cuspidata (G.) St. 265
,, eluta (Nees) St. 265
,, Herzogii St. 265
,, orba (G.) 266
Hymenostomum anomalum Broth. 29, 284
,, contextum Herzog 29, 314

Hyophila contermina (C. M.) 170, 284
,, involutifolia (C. M.) 170, 284
,, peruviana R. S. W. 170, 293
Hypnella Brotheri Herzog 188, 286
,, pilifera (Hook. et Wils.) 188, 288
,, sigmatelloides (C. M.) 172, 288
Hypnum latifolium Herzog 164, 296, 314, 315
,, cupressiforme L. 161, 296
Hypopterygium Tamarisci (Sw.) 188, 277, 288, 291, 306
Isopterygium brachyneuron (C. M.) 172, 288
,, cylindraceum (C. M.) 172, 288
,, leucophyllum (Hpe.) 172, 288
,, stigmocarpum (C. M.) 172, 288
,, subglobosum Herzog 161, 288
,, tenerum (Sw.) 172, 288
,, vagans Herzog 162, 288
Isotachis aequifoliata St. 227
,, ecuadorensis St. 227
,, heterophylla St. 227
,, Lindigiana G. 227
,, mascula G. 227
,, paucidens St. 227
,, ripensis S. 228
,, trifida (G.) S. 228
Jamesoniella Allionii St. 182
,, boliviana St. 183
,, fragillima St. 183
,, latifolia St. 183
,, limbata St. 184
,, nudifolia St. 184
,, ovato-trigona St. 184
,, papillifolia St. 184
,, rotundifolia St. 185
,, rufescens St. 185
,, trigonifolia St. 185
,, verrucosa St. 185
Leiomela bartramioides (Hook.) Par. 171, 285
,, brachyphylla (C. M.) 90, 285
,, deciduifolia Herzog 90, 285
Leioscyphus campanulatus St. 216
,, chiloscyphoides Mitt. 217
,, schizostomus S. 217
Lembophyllum bolivianum Herzog 125, 296
Lepicolea boliviensis St. 228
,, Herzogiana St. 229
,, pruinosa (Tayl.) S. 229, 307, 308
Lepidopilidium synoicum Herzog 184
Lepidopilum angustifrons Hpe. 172, 288
,, auriculatum Herzog 185, 288
,, Ballivianii Herzog 186, 288
,, brachyphyllum Broth. 186, 288
,, Buchtienii Broth. 172
,, curvirameum C. M. 172, 288
,, filosum Herzog 186, 296
,, Gertrudis Herzog 187, 288
,, Herzogii Broth. 188, 288
,, intermedium (C. M.) 172, 288
,, malachiticum Herzog 185, 288
,, Mülleri (Hpe.) 185, 277, 288

Lepidopilum nanothecium C. M. 185, 288
　　　　　　ovatifolium Herzog 172, 288
　　　　　　pallidonitens C. M. 172, 288
　　　　　　tenuissimum Herzog 187, 288
Lepidozia Allionii St. 225
　　　　amazonica S. 225
　　　　appendiculata St. 225
　　　　boliviensis St. 226
　　　　flavescens St. 226
　　　　Herzogiana St. 226
　　　　heterophylla St. 226
　　　　rufescens St. 226
　　　　serpens S. 226
　　　　Sprucei St. 226
　　　　subtilis St. 226
　　　　Urbanii St. 227
Leptodontium acutifolium Mitt. 85, 293, 311
　　　　　　capituligerum C. M. 86
　　　　　　cirrhifolium Mitt. 167, 284
　　　　　　erythroneuron Herzog 85, 293
　　　　　　ferrugineum Broth. 170, 293
　　　　　　filescens Hpe. 84, 293
　　　　　　filicicola Herzog 84, 284
　　　　　　longicaule Mitt. 167
　　　　　　luteum (Tayl.) 85, 168, 284
　　　　　　Mandoni C. M. 85, 284
　　　　　　papillosum Hpe. 87, 284
　　　　　　planifolium Herzog 87, 284
　　　　　　proliferum Herzog 88, 293, 312
　　　　　　Quennoae C. M. 170, 309
　　　　　　rhacomitrioides (C. M.) 86, 284, 293, 309
　　　　　　rufescens Broth. 85, 293, 312
　　　　　　spongiosum Herzog 84, 293, 312
　　　　　　sulphureum (C. M.) Mitt. 85, 284
　　　　　　turgidum Herzog 86, 293, 309
　　　　　　undulatum Herzog 84, 284
　　　　　　vaginatum Herzog 87, 284, 308
Leptopterigynandrum austroalpinum C. M. 142, 296, 314
Leptotheca boliviana Herzog 89, 285
Lepyrodon tomentosus (Hook.) 111, 286, 296, 299, 314, 315
Leskea boliviana C. M. 172, 288
　　　　catenularia C. M. 172
　　　　julicaulis C. Müll. 140, 296
　　　　plumaria Mitt. 140, 288
Leskeadelphus catenulatulus (C. M.) Herzog 140, 288
Leskeodon andicola (Spruce) 129, 277, 287
Leucobryum calycinum C. M. 160, 283
　　　　　crispum C. M. 169, 283
　　　　　giganteum C. M. 25, 283
　　　　　macrofalcatum C. M. 169, 283
　　　　　Martianum (Hornsch.) Hpe. 169, 283
　　　　　strictum C. M. 169, 283
Leucodon squarrosus Herzog 171, 286
Lindbergia mexicana (Besch.) 139, 296, 309
Lindigia aciculata (Tayl.) 114
　　　　debilis (Wils.) 114
Lophocolea alpina St. 217
　　　　　boliviensis St. 217
　　　　　celluloso-crenulata St. 218

Lophocolea cervicornis St. 219
　　　　　grossitexta St. 219
　　　　　Hariotii St. 219
　　　　　Lechleri G. 219
　　　　　longiseta St. 219
　　　　　longissima St. 220
　　　　　Lorentziana St. 220
　　　　　Mandoni St. 220
　　　　　Osculatii De Not. 220
　　　　　pinnatistipula St. 220
　　　　　quadridens St. 220
　　　　　quadridentata St. 221
　　　　　Sprucei St. 221
　　　　　Wehmeri St. 221
Lophozia boliviensis St. 187
　　　　multiflora St. 187
Lunularia cruciata (L.) Dum. 174
Macrolejeunea Herzogiana St. 265
Macromitrium amboroicum Herzog 170, 285
　　　　　　argutum Hpe. 67, 284
　　　　　　atroviride R. S. W. 170, 285
　　　　　　bolivianum C. M. 170
　　　　　　brevihamatum Herzog 68, 284
　　　　　　crenulatum Hpe. 170, 285
　　　　　　crispatulum Mitt. 66, 284
　　　　　　Didymodon Schwgr. 170, 285
　　　　　　filiforme (Hook. et Grev.) 65, 274, 284, 295, 309
　　　　　　Herzogii Broth. 66, 284, 308
　　　　　　Hornschuchii Hpe. 66, 284
　　　　　　liberum Mitt. 67, 284
　　　　　　longifolium Brid. 67, 284
　　　　　　macrosporum Herzog 68, 285, 308
　　　　　　macrothele C. M. 170, 284
　　　　　　nubigenum Herzog 67, 308
　　　　　　obtusum Mitt. 170, 285
　　　　　　pentastichum C. M. 170, 285
　　　　　　pinnulatum Herzog 65, 284
　　　　　　refractifolium C. M. 170, 285
　　　　　　solitarium C. M. 67, 284
　　　　　　stellulatum · (Hornsch.) Brid. 170, 285
　　　　　　subcrenulatum Broth. 66, 284
　　　　　　subdiscretum R. S. W. 170, 285
　　　　　　sublaeve Mitt. 170, 285
　　　　　　subscabrum Mitt. 66, 284
　　　　　　Swainsoni (Hook.) Brid. 170, 285
　　　　　　Tocaremae Hpe. 170, 285
　　　　　　tumidulum Mitt. 170, 285
　　　　　　ulophyllum Mitt. 170, 285
　　　　　　validum Herzog 66, 284
Madotheca acutiloba St. 283
　　　　caudata St. 283
　　　　cognata Ldbg. et G. 284
　　　　fissistipula St. 284
　　　　latetrigona St. 285
　　　　Pilgeri St. 285
　　　　pilistipula St. 286
　　　　ptilopsis S. 286
　　　　ramentifissa St. 286
　　　　renifolia St. 286

Madotheca rufescens St. 236
    spinistipula St. 237
    subciliata L. et L. 237
    Swartziana Ldbg. 237
  „ venezuelana St. 237
Mandoniella spicatinervia (R. S. W.) Herzog 165, 296
Marchantia brasiliensis L. et L. 174
    plicata N. et M. 174
  „ Wilmsii St. 174
Marchesinia longissima St. 252
Marsupella cuspidata St. 151
    exigua St. 151
  „ pusilla St. 151
Mastigobryum azuayense St. 225
    bolivianum St. 226
    Braunianum St. 223
    decurrens St. 225
    Douini St. 224
    Hariotii St. 224, 308
    incisobilobatum St. 224
    incisostipulum St. 225
    Lindigii St. 225
  „ variedentatum St. 225
Mastigolejeunea Büttneri St. 249
    decurrens St. 249
  „ fuscovirens St. 250
Mastigophora diclados (Endl) Nees 229
Megaceros bolivianus St. 268
  „ Jamesoni (Taylor) 268
Meiothecium commutatum (C. M.) 172, 288
  „ tenerum Mitt. 172, 288
Merceya cataractae Mitt. 50, 284
Meteoriopsis minuta (C. M.) 171
    onusta (Spruce) 115, 286
    patens (Hook.) 115, 286, 296
    patula (Sw.) 171, 286, 304
    recurvifolia (Hornsch.) 171, 286
    remotifolia (Hornsch.) 115, 286
    straminea (C. M.) 171, 286
  „ subrecurvifolia Broth. 171, 286, 304
Meteorium illecebrum (C. M.) 115, 276, 296, 308
Metzleria longiseta (Hook.) Broth. 169, 283
  „ spiripes (C. M.) 24, 283
Metzgeria acuminata St. 176
  „ albinea S. 176
    arborescens St. 177
    attenuata St. 177
    boliviana St. 177
    fruticola S. 177
    gigantea St. 177
    Herzogiana St. 178
    heteroramea St. 178
    Lechleri St. 178
    leptoneura S. 178
    myriopoda Lindb. 178
    nudicosta St. 178
    pulvinata St. 179
    Schiffneri St. 179
    Spindleri St. 179

Metzgeria sublnvoluta St. 179
    terricola St. 180
  „ villosicosta St. 180
Microlejeunea Herzogiana St. 260
Mielichhoferia andina Sull. 170, 295
    angustata Broth. 75, 295, 311
    aurifolia C. M. 170, 295
    boliviana C. M. 170, 295
    bryocarpa Broth. 75, 295, 311
    campylotheca C. M. 170, 295
    castanea Broth. 77, 295
    clavitheca Herzog 170, 295
    cygnicolla Schimp. 170, 295
    decurrens C. M. 170, 295
    elegans Herzog 170, 295
    emergens (C. M.) 77, 295
    gracilis Broth. 75, 295
    Herzogii Broth. 76, 295
    Lindigii Hpe. 170, 295
    lonchocarpa C. M. 170, 295
    longipes C. M. 76, 285
    longiseta C. M. 170, 295
    macrodonta Broth. 76, 295
    macrospora Broth. 76, 295
    microdonta Broth. 76, 295
    micropoma C. M. 75, 295
    minutifolia C. M. 76, 295
    minutissima C. M. 170, 295
    modesta C. M. 75, 295
    pohlioidea C. M. 75, 295
    pusilla Hook. 75, 295, 311
    secundifolia Herzog 76, 295, 315
    seriata Broth. 76, 295
    sericea Schimp. 170, 295
    subcampylocarpa Broth. 76, 295, 315
    subclavitheca Broth. 75, 295
    subglobosa R. S. W. 76, 295, 314
  „ submacrodonta Broth. 77, 295
Mniobryum bolivianum Broth. 81, 296, 311
Mnium rostratum Schrad. 86, 285
Moenckemeyera oblusifolia R. S. W. 169, 282
Molendoa boliviana Broth. 53, 293, 314
  „ Herzogii Broth. 59, 293, 314
Monoclea Gottschei Lindb. 181
Neckera eucarpa Schimp. 116, 287
    Jamesoni Tayl. 116, 287
  „ Lindigii Hpe. 116, 276, 287, 296 308,
  „ Marchallii Herzog 116, 287
  „ trabeculata Herzog 171
Neckeropsis disticha (Hedw.) 171, 286, 303
  „ undulata (Palis.) 115, 286, 303
Ochrobryum Gardnerianum Mitt. 169, 283
  „ obtusifolium Mitt. 169, 283
Octoblepharum albidum L. 24, 272, 283
  „ pulvinatum Mitt. 169, 283
Omphalanthus filiformis (Sw.) Nees 245
  „ grandistipulus St. 245
Oreoweisia ampliata Mitt. 16, 293, 313
    bogotensis Hpe. 16, 169, 293, 313

Oreoweisia laxiretis Broth. 15, 283
　　　　　Lechleri C. M. 15, 293, 315
　　　　　ligularis Mitt. 16, 293, 315
　　　„　　lunariensis Herzog 16, 293
Orthodontium confine Hpe. 170, 285
　　„　　longisetum Hpe. 70, 285
Orthostichidium excavatum (Mitt.) 111, 286, 303
　　„　　pentagonum (Hpe. et Lor.) 171, 286
Orthostichopsis crinita (Sull.) Broth. 171, 286
　　„　　dimorpha (C. M.) 171, 286
Orthotrichum apiculatum Mitt. 167, 294
　　　　　elongatum Tayl. 68, 284
　　　　　emersulum C. M. 170
　　　　　epilosum R. S. W. 170, 284, 294
　　　　　exsertisetum C. M. 68, 284, 294, 309
　　　　　liliputanum Broth. 68, 284
　　　　　Mandoni Schimp. 170
　　　　　pariatum Mitt. 170, 284, 294
　　　　　parvum Herzog 64, 294, 314
　　　　　patulum Mitt. 170, 284, 294
　　　　　psychrophilum Mont. 64, 294, 314
　　　　　rupestre Schleich. 64, 294, 298, 314
　　　　　sordidulum C. M. 170
　　„　　Tacacomense R. S. W. 170, 284, 295
　　„　　undulatum Mitt. 68, 294
　　„　　verrucosum C. M. 64, 294
Oxyrrhynchium aquaticum (Hpe.) 162, 278, 289, 296
　　　　　clinocarpum (Tayl.) 162, 289
　　　　　rugisetum (Hpe.) 162, 278, 289
　　„　　scabripes (C. M.) 172, 289
Papillaria appressa (Hornsch.) 113, 286
　　　　　Deppei (Hornsch.) 113, 286
　　　　　nigrescens (Sw.) 113, 286
　　　　　squamatula C. M. 113, 286
　　„　　tenella Herzog 171, 286
Petalophyllum bolivianum St. 181
Philonotis angulata (Tayl.) 171, 285
　　　　　asperrima (C. M.) 171, 296
　　　　　curvata (Hpe.) 96, 285
　　　　　filiramea (C. M.) 171
　　　　　fontanella (Hpe.) 97, 285
　　　　　Gardneri (C. M.) 97, 285
　　　　　gracilenta (Hpe.) 171, 285, 296
　　　　　Guyabayana (C. M.) 171, 286, 296
　　　　　lignicola Dismier et Herzog 97, 285
　　　　　minutissima (C. M.) Par. 171, 285
　　　　　operta R. S. W. 171, 285
　　　　　pellucidiretis (C. M.) 97, 296, 312
　　　　　pugionifolia (C. M.) 171, 286
　　　　　scabrifolia (Hook. f. et Wils.) 97, 296, 298, 311, 313, 315
　　„　　tenella (C. M.) 97, 285
Phyllogonium fulgens (Sw.) 115, 286, 308
　　„　　viscosum (Palis.) 115, 286
Physcomitrium turgidum Mitt. 70, 295, 311, 314, 315, 316
Pilopogon gracilis Brid. 24, 293, 311
　　„　　holomitrius C. M. 24, 293
　　　　　liliputanus C. M. 24, 293, 311
　　　　　nanus C. M. 24, 293, 315

Pilopogon Richardii (Schwgr.) 24, 283
　　„　　Tiquipayae Herzog 24, 293
Pilotrichella angustifolia Herzog 112, 286
　　　　　cyathipoma (C. M.) 112, 286, 291, 304
　　　　　flexilis (Sw.) 112, 276, 286, 308
　　　　　versicolor (C. M.) 112, 286
　　„　　viridis (C. M.) 171, 286
Pinnatella ochracea Herzog 171, 287
Pires Pohlii (Schwgr.) 171, 286, 303
Plagiochasma bolivianum St. 172
Plagiochila acanthoda G. 188
　　　　　Alberti St. 188
　　　　　alpina G. 189
　　　　　Ambronnii St. 188
　　　　　ampliata St. 189
　　　　　anguste-oblonga St. 189
　　　　　apicidens St. 189
　　　　　argentina G. 189
　　　　　bahiensis Ldbg. 189
　　　　　Bakeri St. 190
　　　　　barbata St. 190
　　　　　Barbeyi St. 190
　　　　　barutana G. 190
　　　　　Beauverdii St. 191
　　　　　Berggrenii St. 191
　　　　　brevivittata St. 191
　　　　　Bryhnii St. 192
　　　　　Buchii St. 193
　　　　　bursata Ldbg. 193
　　　　　Camusi St. 193
　　　　　capillicaulis St. 193
　　　　　cava St. 194
　　　　　Caversi St. 194
　　　　　choachina G. 194
　　　　　cobana St. 194
　　　　　connatistipula St. 194
　　　　　contingens G. 195
　　　　　Corbieri St. 195
　　　　　cuencensis St. 195
　　　　　cuervina G. 195
　　　　　deciduifolia St. 195
　　　　　decurvohomomalla St. 195
　　　　　Delognei St. 196
　　　　　dendiramea St. 196
　　　　　Doerfleri St. 196
　　　　　Douini St. 196
　　　　　dubia L. et G. 197
　　　　　Durlei G. 197
　　　　　echinella G. 197
　　　　　ecuadorensis St. 197
　　　　　effuse-intricata St. 197
　　　　　effuseramea St. 197
　　　　　emarginato-bidentula St. 197
　　　　　falcata St. 198
　　　　　falcato-oblonga St. 198
　　　　　Familleri St. 198
　　　　　Farlowii St. 198
　　　　　flabellifrons S. 199
　　　　　flavo-rufescens St. 199

Plagiochila Friesei St. 199
  fuscolutea Tayl. 199
  gamma St. 199
  geniculata Ldbg. 199
  Oeppii St. 199
  gracilicaulis S. 200
  grossiseta St. 200
  grossitexta St. 200, 307
  Hariotii St. 200
  heterofolia St. 200
  Hieronymi St. 201
  homochroma S. 201
  huatuscana G. 201
  Jaapii St. 201
  Jensenii St. 201
  implexa L. et G. 202
  informifolia St. 202
  Inuensis St. 202
  jovoensis St. 202
  lacerifolia St. 202
  Lechenaudti St. 202
  Lacouturei St. 203
  latissima St. 203
  laxiramea St. 203
  ligulato-opposita St. 204
  Lindaui St. 204
  linearicuspidata St. 204
  longiramea St. 204
  Lotsyana St. 205
  macrotricha S. 205
  Macvivarii St. 205
  maxima St. 205
  minutidens St. 205
  Miyakei St. 206
  montana S. 206
  multispina St. 206
  Nathorstii St. 206
  nigricaulis St. 206
  notha G. 207
  nudicauda St. 207
  obliquetruncata St. 207
  ovata Ldbg. et G. 207
  papillifolia St. 207
  patentissima St. 207
  Patzschkei St. 207
  pauciramea St. 208
  permista S. 208
  pichinchensis S. 208
  procera Ldbg. 208
  purpurea St. 208
  quitensis St. 208
  relicta St. 208
  repetitofurcata St. 208
  rigidula L. et G. 209
  rotundifolia St. 209
  rufifolia St. 209
  rufo-viridis S. 209
  Schiffneri St. 209
  Schinzel St. 209

Plagiochila Schmidtii St. 209
  semiamplectens St. 210
  semidentata St. 210
  similis St. 210
  Slateri St. 211
  Solmsii St. 211
  sparsifolia St. 211
  striolifolia St. 211
  striolata St. 211
  subaequalis St. 212
  subconvoluta G. 212
  subcristata G. 212
  subhyalina St. 212
  submacrotricha St. 212
  subrotundifolia St. 212
  subviminea St. 212
  subwallisiana St. 213
  Tocorani St. 213
  towarina G. 213
  Trabutii St. 213
  Trianae G. 213
  triangulifolia St. 213
  trilobata St. 214
  validissima St. 214
  variespinosa St. 214
  viminea S. 215
  Weymouthiana St. 215
  ,,   Yoshinagana St. 215
Plagiopus Oederi (Gunn.) 90, 295, 298, 314
Plagiothecium bolivianum Broth. 153, 288
  conostegium Herzog 154, 288
  fallax Herzog 152, 288
  microsphaerothecium Herzog 152, 288
  mollicaule R. S. W. 172, 288
  ,,   novogranatense (Hpe.) 154, 288
Pleuridium andinum Herzog 11, 293, 311, 316
Pleuropus Bonplandii (Hook.) 150, 289
Pogonatum abbreviatum Mitt. 171, 286
  arcuatum Mitt. 108, 286
  cylindrotheca Herzog 108, 296
  distantifolium C. M. 108, 286, 306
  laxirete R. S. W. 171, 286
  polycarpum Schimp. 108, 275, 296
  ,,   subbifarium Mitt. 171, 286, 306
Polymerodon andinus Herzog 14, 293
Polytrichadelphus aristatus (Hpe.) 103, 296
  bolivianus Herzog 103, 286, 306
  cuspidirostris C. M. 103, 296
  grossidens (C. M.) 103, 275, 296
  integrifolius (C. M.) 171
  rubiginosus Mitt. 171, 286
  Trianae Hpe. 171
  ,,   umbrosus Mitt. 171
Polytrichum Antillarum Rich. 171, 286
  intermedium Herzog 104, 296, 314
  juniperinum Willd. 104, 296, 306
  ,,   tenellum (C. M.) 171, 296
Porothamnium comosum Herzog 130, 287
  explanatum (Mitt.) 110, 287

Porothamnium fasciculatum Sw. 171, 287, 303
    „ gymnopodum Tayl. 119, 287, 308
    „ neckeraeforme (Hpe.) 119, 287
    „ ramosissimum (Hpe.) 119, 287
    „ subexplanatum Broth. et Herzog 119, 287
    „ subramosissimum Broth. 119, 287
    „ thyrsoides C. M. 171, 287
Porotrichodendron gracile Herzog 121, 287
    „ robustum Broth. 122, 287
    „ superbum (Tayl.) 120, 287, 307, 308
Porotrichopsis flacca Herzog 122, 287
Porotrichum amboroicum Herzog 171, 287
    „ bolivianum C. M. 171, 287
    „ longirostre (Hook.) 118, 287
    „ Lorentzii (C. M.) 117, 287
    „ macropoma Herzog 118, 287, 308
    „ microthecium C. M. 171, 287
    „ pinnatelloides C. M. 117, 287
    „ strictum Herzog 118, 287
Potamium longisetum R. S. W. 172, 298
Preissia commutata (Ldbg.) Nees 174
Prionodon bolivianus C. M. 110, 286
    „ cavifolius Herzog 109, 286, 306
    „ ciliolato-serratus Herzog 109, 286
    „ contortus Herzog 110, 286
    „ densus (Sw.) 110, 286, 291
    „ divaricatus Mitt. 171, 286
    „ filifolius Herzog 171, 286
    „ flagellaris Hpe. 171, 286
    „ fuscolutescens Hpe. 110, 286
    „ laeviusculus Mitt. 171, 286
    „ luteovirens (Tayl.) 109, 286, 306
    „ lycopodioides Hpe. 109, 286, 306
    „ patentissimus Besch. 109, 286, 306
    „ pendulus Herzog 110, 286
    „ pinnatus Hpe. 109, 286, 306
    „ ptychomnioides Broth. 109, 286, 306
    „ undulatus Mitt. 110, 286
Pseudocryphaea flagellifera E. Britt. 171, 286, 303
Pseudoleskea andina Schimp. 141, 277, 288
Psilopilum aequinoctiale Schimp. 171, 296
    „ antarcticum C. M. 102, 295, 298, 312
    „ gymnostomulum (C. M.) 102, 275, 296, 312, 315
    „ trichodon (Hook. f. et Wils.) 171, 296
Pterobryopsis stolonacea (C. M.) 111, 286
Pterobryum densum (Schwgr.) 111, 291, 286, 303
Pterogonidium pulchellum (Hook.) 172, 298
Ptychanthus boliviensis St. 240
Ptychocoleus dentilobulus St. 240
Ptychomitrium chimborazense Spruce 52, 294, 313, 316
    „ Cochabambae H. 170, 294
    „ papillosum H. 170, 294, 314
    „ Sellowianum (C. M.) 170, 284
Pylaisia panduraefolia Herzog 120, 296
Radula andicola St. 231
    „ appendiculata St. 231
    „ bipinnata Mitt. 231
    „ boliviana St. 231
    „ conferta L. et G. 232

Radula convexa St. 232
    „ cornucopiae S. 232
    „ epiphylla Mitt. 232
    „ frondescens St. 232
    „ Goebelii St. 232
    „ grandiloba St. 232
    „ longituba St. 233
    „ macrostachya L. et G. 233
    „ ramulina Taylor 233
    „ subtropica St. 233
    „ verrucifolia St. 233
Rauia Bornii Herzog 172, 288
    „ firmula (C. M.) 142, 288, 310
Rhabdoweisia fugax (Hedw.) 15, 293, 298, 314
Rhacocarpus australis (Hpe.) 106, 296, 314
    „ chlorotus Herzog 106, 286
    „ excisus (C. M.) 106, 296, 314
    „ Humboldtii (Hook.) 105, 275, 286, 296, 312, 314
    „ squamosus R. S. W. 171, 296
Rhacomitrium austrosudeticum Broth. 66, 273, 294, 314
    „ brachypus C. M. 50, 314, 294
    „ crispipilum (Tayl.) 50, 273, 294, 315
    „ dimorphum C. M. 66, 284, 294
    „ sublanuginosum R. S. W. 170, 294
Rhacopilum Floridae Herzog 189, 288
    „ intermedium Hpe. 189, 288
    „ tomentosum (Sw.) 189, 288
Rhamphidium Levieri H. 170, 284
    „ pygmaeolum (C. M.) 36, 284
Rhaphidostegium andinum (Mitt.) 172, 289
    „ brachyacrum C. M. 172, 296
    „ caespitosum (Sw.) 154, 289
    „ chlorocormum (C. M.) 172, 289
    „ chrysostegum (C. M.) 172, 289
    „ circinale (Hpe.) 172, 289
    „ cucullatifolium (Hpe.) 172, 289
    „ cuspidiferum (Mitt.) 155, 289
    „ decumbens (Wils.) 155, 289
    „ densiretе Herzog 172, 296
    „ eurycystis Herzog 155, 289
    „ galipense (C. M.) 172, 289
    „ Kegelianum (C. M.) 156
    „ Levieri (C. M.) 172, 289
    „ Lindigii (Hpe.) 155, 289
    „ loxense (Hook.) 156, 289
    „ obliquerostratum Mitt. 172, 289
    „ orthocarpum Broth. 155, 289
    „ prominulum Mitt. 155, 289
    „ subcylindraceum (C. M.) 172, 289
    „ subsimplex (Hedw.) 172, 289
    „ tenerifolium (C. M.) 155, 289
    „ tenuicarpum R. S. W. 172, 289
    „ turgidulum Herzog 156, 289
    „ undulatum Herzog 156, 289
Rhegmatodon schlotheimioides Spruce 172, 289
Rhexophyllum laciniatum Herzog 88, 293
Rhizogonium bolivianum Broth. 89, 285, 307
    „ spiniforme (L.) Bruch 89, 285
Rhizohypnum acrorrhizon (Hornsch.) 149, 277, 288

Rhizohypnum andicola (Hook.) 149, 288
,, brevisculum (Mitt.) 147, 288
,, capillirameum C. M. 150, 288
,, decurrens Herzog 149, 288
,, delicatulum Herzog 147
,, elegantulum (Hook.) 172, 288, 302
,, heterostachys Hpe. 149, 277, 288
,, hookerioides Herzog 148, 288
,, Langsdorffii (Hook.) 172, 288
,, modestum Herzog 172, 288
,, pellchucense (R. S. W.) 168, 288
,, plumosum Herzog 149, 288
,, reptans (Sw.) 149, 277, 288
,, robustiusculum Broth. 150, 288
,, stigmopyxis (C. M.) 147, 288
,, thelistegium (C. M.) 147, 288
,, versipoma Hedw. 172, 288
,, viridicaule (C. M.) 149, 288
,, viscidulum Hpe. 149, 277, 288
Rhodobryum Beyrichianum (Hornsche) 87, 285
,, caulifolium C. M. 87, 274, 285, 308
,, grandifolium (Tayl.) 171, 285
,, roseum (Weis.) 87, 295
,, verticillatulum Broth. 87, 274, 285
Rhynchostegiella semitorta (Mitt.) 163, 289
,, toncoiensis Broth. 168, 296
Rhynchostegiopsis complanata C. M. 188, 287
Rhynchostegium conchophyllum (Tayl.) 164, 289, 305
,, planifolium C. M. 164, 289, 305
,, scariosum (Tayl.) 164, 289
,, Tocaremae Hpe. 165, 289
Rhythidium rugosum (Ehrh.) 154, 296, 298, 312
Rigodium leptodendron C. M. 163, 289, 307, 308
Scapania boliviensis St. 231
Schisma bivittatum S. 226
,, boliviense St. 226
,, divergens St. 226
,, Lechleri St. 226
,, limbatum St. 226
,, serratum (L.) St. 226
Schistochila Loriana St. 229
Schistidium andinum Mitt. 53, 294, 314
,, angustifolium Mitt. 52, 294, 314
,, apocarpum (L.) 53, 294
,, calycinum Herzog 170, 294, 314
,, Chocayae Herzog 52, 294, 314
,, fontanum Herzog 54, 294, 314
,, malacophyllum Herzog 53, 294, 314
,, praemorsum (C. M.) 54, 294, 314
,, streptophyllum (Sull.) 52, 294, 314
,, subpraemorsum Broth. 53, 294
,, tunariense Herzog 54, 314
Schlotheimia angustata Mitt. 170, 285
,, fuscoviridis Hornsch. 170, 285
,, Jamesonii (W. Arn.) Brid. 170, 285
,, longicaulis Broth. 69, 285
,, pilomitria C. M. 170, 285
,, rugifolia (Hook.) Brid. 170, 285
,, Sprengelli Hornsch. 170, 285

Schlotheimia sublaevifolia C. M. 69, 285, 306
,, trichomitria Schwgr. 170, 285
Schroterella zygodonta Herzog 157, 289
Schwetschkea boliviana C. M. 171, 296
,, minuta C. M. 171, 296
Sciaromium crassinervatum Mitt. 144, 288, 296
,, holoneuron Herzog 144, 296
Scorpidium scorpioides (L.) 172, 296, 298
Sematophyllum pungens (Sw.) 172, 289
,, uliginum Mitt. 157, 289
Simplicidens andicola Herzog 26, 311
Solenostoma bolivianum St. 182
Sphagnum Boliviae Warnst. 169, 283
,, erythrocalyx Hpe. 8, 283
,, gracile C. M. 169
,, medium Limpr. 169, 283, 298
,, meridense C. M. 8, 283
,, platyphylloides Warnst. 8, 283
,, pulchricoma C. M. 8, 283
,, sparsum Hpe. 8, 283
Sphenolobus achrous S. 187
Squamidium diversifolium R. S. W. 171, 286
,, filiferum (C. M.) 111, 286
,, leucotrichum (Tayl.) 112, 276, 286, 308
,, Lorentzii (C. M.) 171, 286, 291
,, macrocarpum (Spruce) 112, 286, 291
,, nigricans (Hook.) 111, 286
,, turgidulum (C. M.) 112, 291, 286
Stableria tenella (Mitt.) Broth. 170, 285
Stenodictyon saxicola R. S. W. 172, 287
Stephaniella boliviensis St. 182, 311
,, paraphyllina Jack. 182
Stereodon spiripes (Hpe.) 154, 288
Stereophyllum brevipes (C. M.) 171, 287
,, flaccisetum (C. M.) 171, 287
,, leucostegium (Brid.) 127, 287
,, Lindmannii Broth. 127, 287 310,
,, pseudoradiculosum (C. M.) 171, 287
,, subchlorophyllosum (C. M.) 171, 287
Strepsilejeunea boliviensis St. 257
,, Kunthiana (Ldbg.) 258
,, obtusistipula St. 258
,, papulifolia St. 259
Streptopogon clavipes Spruce 46
,, erythrodontus (Tayl.) Wils. 46, 284
,, heterophyllus Herzog 45, 294, 309
,, setiferus Mitt. 170, 284
,, spathulatus Herzog 170, 284
Streptotrichum ramicolum Herzog 87, 284
Symblepharis boliviana C. M. 18, 283, 308
Symphyogyna apiculispina St. 180
,, bogotensis (G.) St. 180, 311
,, boliviensis St. 180
,, brasiliensis Nees 180
,, Brogniartii Mont. 180
,, canaliculata St. 180
,, chiloensis St. 180
,, digitisquama St. 180
,, Goebelii St. 180

Symphyogyna mexicana St. 180
,, paucidens St. 180
Syrrhopodon argentinicus C. M. 29, 273, 284
,, brachystelioides C. M. 170, 284
ciliolatus Herzog 166, 284
circinatus (Brid.) Besch. 170, 284
elatior Hpe. 169, 284
Gaudichaudii Mont. 169
goyazensis Broth. 169, 284
Leprieurii Mont. 170, 284
lycopodioides (Sw.) 29, 284
macrophyllus Broth. 28, 283
Miquelianus C. M. 170, 284
ochroleucus Herzog 29, 284
papillosus C. M. 29, 284
scaber Mitt. 29, 284
serpentinus C. M. 170, 284
,, submacrophyllus Broth. 29, 283
Syzygiella boliviana St. 187
,, Herzogiana St. 188
Targionia robusta St. 173
Taxilejeunea acutifolia (Ldbg.) St. 259
,, apiculata (G.) S. 250
Allionii St. 259
asperrima St. 260
boliviana St. 260
chimborazensis S. 260
cordistipula L. et G. 260
cuspidata St. 260
Dusenii St. 261
epiphylla St. 261
filicaulis 261
flaccida 261
grandifolia St. 261
hamatifolia St. 261
Herzogiana St. 262
isocalycina (Nees) St. 262
lancifolia St. 262
longiloba St. 262
longirostris St. 263
muscicola St. 263
paucidens St. 263
pendula St. 263
pusilla St. 264
peruviana St. 264
Rechingeri St. 264
,, rufescens St. 264
Taxithelium pseudoacuminatulum C. M. 172, 286
,, subandinum Herzog 172, 286
Tayloria altorum Herzog 70, 295, 315, 316
Mandoni C. M. 70, 285
Moritziana C. M. 70, 285
,, scabriseta (Hook) Mitt. 70, 285
Thuidium brasiliense Mitt. 172, 288
breviacuminatum Herzog 168
delicatulum Hedw. 172, 277, 288
involvens (Hedw.) 172, 288
latopulvinatum Herzog 144, 288
leptocladum (Tayl.) 143, 277, 288

Thuidium minutulum (Hedw.) 143, 288
ochraceum Herzog 143, 288
peruvianum Mitt. 144, 277, 308, 288
pusillum Mitt. 172, 288
scabrosulum Mitt. 172
schistocalyx (C. M.) 172, 288
,, Yungarum Herzog 143, 288
Tortella Germainii (C. M.) 82, 284
,, Pilcomayica Herzog 82, 284
Tortula aculeata Wils. 49, 284
andicola (Mont.) 49, 294
angustifolia Herzog 48, 284, 294
armata Broth. 48, 284
bipedicellata Besch. 49, 294
brunnea (C. M.) 170, 294
Buchtienii Herzog 49, 294
ciliata Broth. 170, 294, 313
fragilis Tayl. 48, 168, 294
glacialis (Kunze) Mitt. 170, 284
Goudotii (Hpe.) Mitt. 48, 294
leiostoma Herzog 47, 294, 311, 316
ligulata Herzog 48, 294
linguifolia Herzog 49, 294
minima Herzog 46, 294
Mniadelphus C. M. 48, 294, 311, 314
mnifolia (Sull.) Mitt. 47, 284
percarnosa (C. M.) 47, 294, 313
pichinchensis Tayl. 48, 294
Polylepidis Herzog 49, 294
polyseta (C. M.) 47, 294, 311, 316
runcinata (C. M.) 49, 294, 298, 311
ruralis (L.) 49, 294, 313
scabrinervis (C. M.) Mitt. 49
serripungens (C. M.) 49, 294, 309
viridula (C. M.) 170, 294
,, xerophila Herzog 50, 309, 294
Trematodon bolivianus C. M. 169
,, reflexus C. M. 169, 283
Trichocolea Allionii St. 230
difficilis St. 230
filicaulis St. 230
flaccida S. 230
Herzogii St. 230
,, paupercula St. 230
Trichosteleum ambiguum (Schwgr.) 172, 286
arrectum (Mitt.) 172, 288
,, fluviale (Mitt.) 172, 288
Trichostomum apophysatulum Herzog 81, 293
challaënse Broth. 80, 293, 313
edentulum Broth. 81, 293, 313
fallax Herzog 82, 284
ferrugineum Herzog 81, 293
,, pomangium Broth. et Herzog 166, 293
Tristichium Lorentzii C. M. 12, 293, 311, 316
,, mirabile C. M. 12, 293, 311, 316
Tylimanthus bifidus St. 215
Herzogii St. 215
patagonicus St. 216
pusillus St. 216

Vesicularia amphibola (Spruce) 172, 288
" vesicularis (Schwgr.) 172, 288
Webera apolensis (R. S. W.) 79, 285
　clavicaulis Broth. 80, 295
　cruda (L.) Lindb. 81, 295, 298, 314
　loriformis Herzog 80, 285
　papillosa (C. M.) 79, 285
　plurisela Herzog 171, 295
　Rusbyana (C. M.) 171
　schisticola (C. M.) 171, 295
　spectabilis (C. M.) 79, 285
" subleptopoda Broth. 79, 284
Weisia longidentata R. S. W. 170, 284
" tortivelata R. S. W. 170, 284
" viridula (L.) Hedw. 170, 284
Williamsiella tricolor (R. S. W.) E. Britt. 44, 284, 294, 314
Wilsoniella flaccida (R. S. W.) 169, 283
Wollnya stellata Herzog 79, 295, 314
" Wilsoni Mitt. 170, 295
Zygodon andinus Mitt. 170, 284
" basidentatus Herzog 167, 285
" brevipes C. M. 170, 284

Zygodon caldensis Ångstr. 62, 284
　coranlensis Herzog 63, 284
　cylindricus (Schimp.) 62, 284
　fasciculatus Mitt. 170
　ferrugineus C. M. 170, 284
　Goudotii Hpe. 61, 294, 314
　inconspicuus Herzog 170, 284
　liliputanus C. M. 63, 284
　linguiformis C. M. 63, 284
　macrophyllus Herzog 61, 294, 314
　oeneus Herzog 61, 294, 314
　ovalis Mitt. 62, 284
　paucidens C. M. 170, 284
　perichaetialis Herzog 170, 284
　peruvianus Sull. 170, 294
　pichinchensis (Tayl.) 61, 294, 314
　ramulosus Herzog 62, 284
　recurvifolius Schimp. 170
　stenocarpus Tayl. 62, 284
　subdenticulatus Tayl. 63, 284
　subrecurvifolius Broth. 62, 294
　vestitus R. S. W. 170, 284

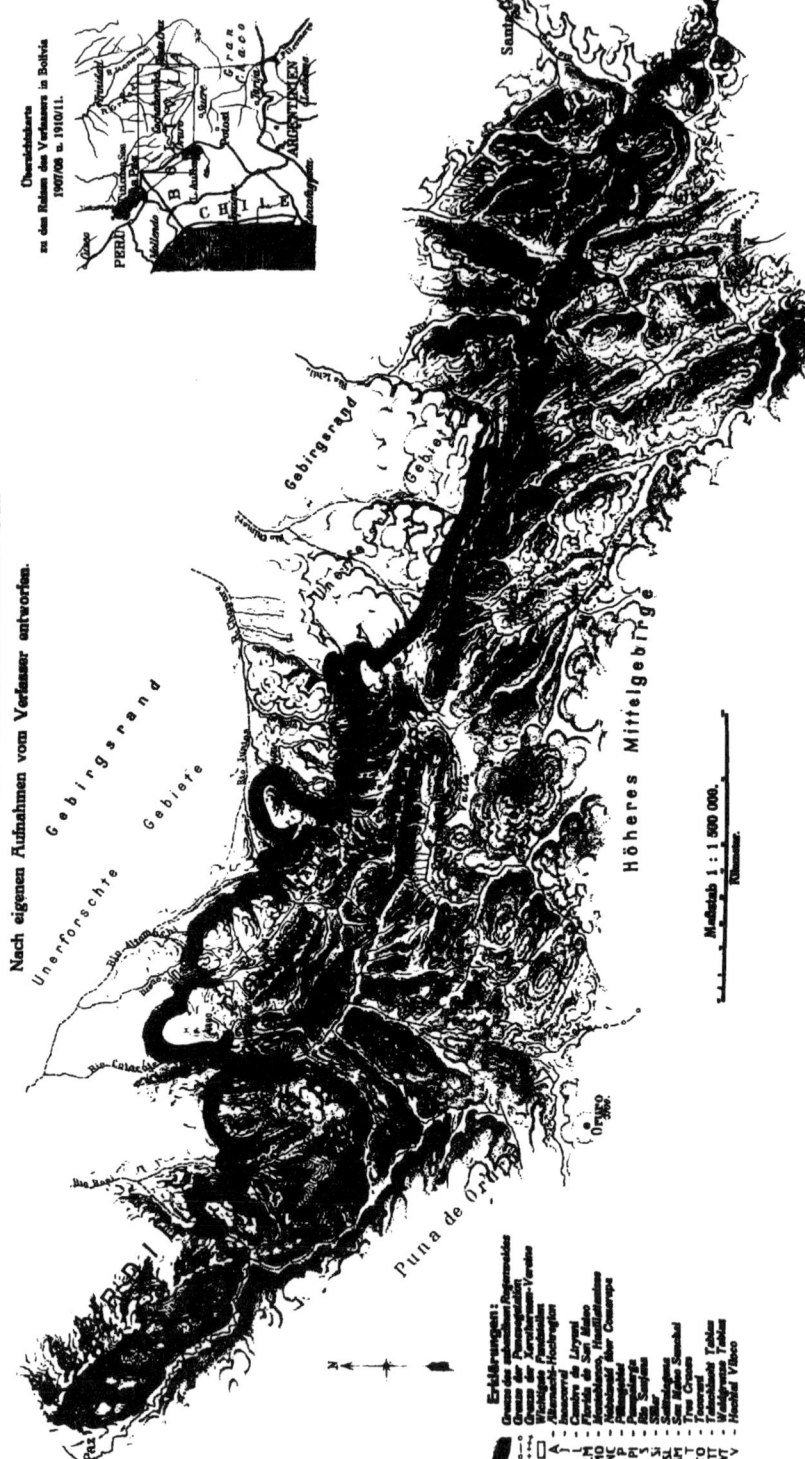

Tafel I.

Erklärung zu Tafel I.

1. *Hygrodicranum bolivianum* Card. et Herzog.
    a Blatt ca. 18:1; *b* Blattquerschnitt unten 250:1; *c* B.querschnitt in der Mitte 250:1; *d* B.querschnitt oben 250:1.
2. *Ditrichum submersum* Herzog.
    a Blatt ca. 12:1; *b* Blattbasis ca. 60:1; *c* Querschnitt durch die B.spitze 250:1.
3. *Campylopus tunariensis* Herzog.
    Ein Bruchblatt 62:1 und Basis eines Laubblattes 125:1.
4. *Campylopus harpophyllus* Herzog, No. 4416.
    Blattquerschnitt 250:1.
5. *Pilopogon Tiquipayae* Herzog, No. 2655.
    Blattquerschnitt 250:1.
6. *Campylopus malagensis* Herzog, No. 4367.
    Blattquerschnitt 250:1.
7. *Campylopus cucullatifolius* Herzog.
    a Stengel 1:1; *b* Blatt 16:1.
8. *Campylopus latinervis* Herzog. No. 4356.
    Blattquerschnitte 250:1.
9. *Campylopus insignis* Herzog.
    a Habitus 1:1; *b* Blattrand unten; *c* Bl.querschnitt oben 250:1; *d* Blattquerschnitt unten 250:1.
10. *Campylopus Jamesonii* (Hook.).
    Habitusbild eines fruchtenden Stengels 1:1.
11. *Campylopus Gertrudis* Herzog.
    a Habitus 1:1; *b* Kapsel 10:1.
12. *Campylopus albidovirens* Herzog.
    Habitus 1:1.
13. *Campylopus trichophorus* (Hpe.).
    Habitus 1:1.

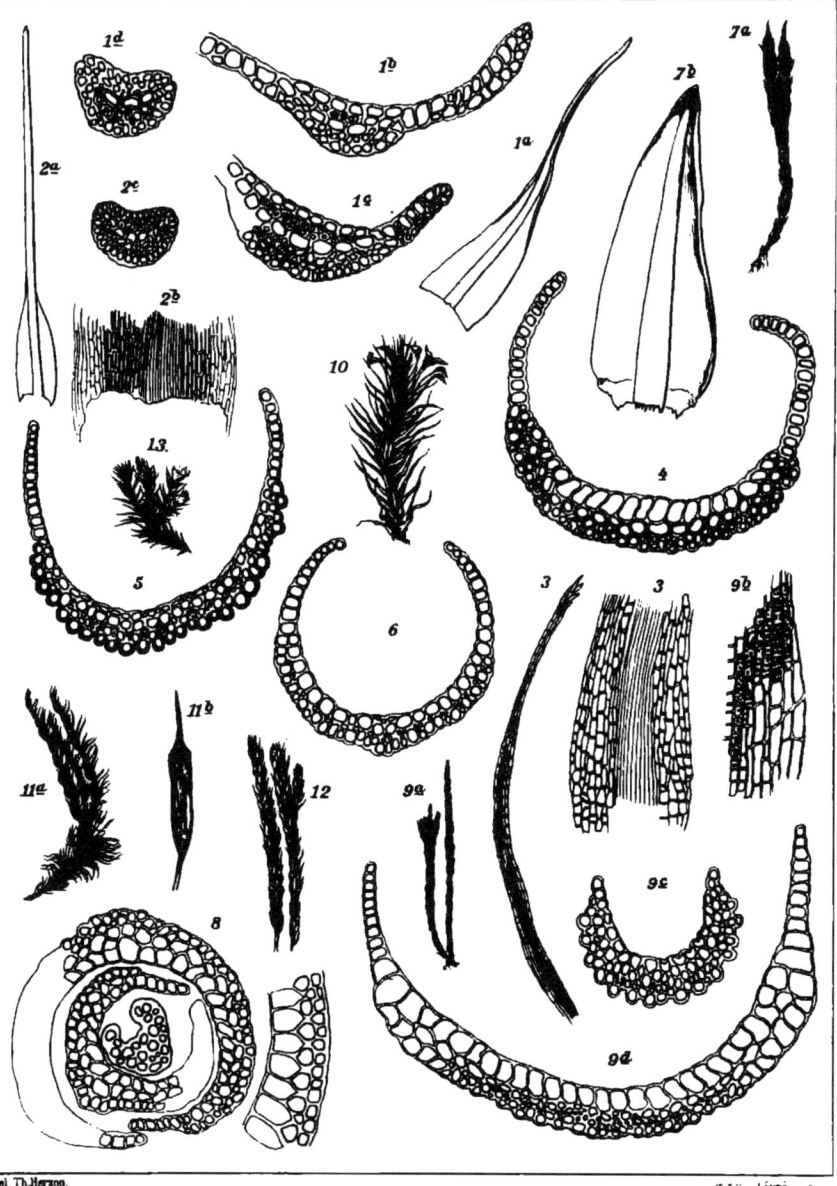

Hygrodicranum, Ditrichum, Campylopus, Pilopogon.

Tafel II.

Erklärung zu Tafel II.

1. *Streptotrichum ramicolum* Herzog.
   a Fruchtende Sproßspitze 2:1; *b* Perichaetium mit 2 Kapseln 3:1; *c* 3 Blätter 20:1; *d* Blattspitze 62:1; *e* Blattrand 250:1; *f* Querschnitt in der B.mitte 250:1; *g* Querschnitt durch die B.basis 250:1; *h* Peristom 62:1; *i* Peristombasis 250:1.
2. *Rhexophyllum laciniatum* Herzog.
   a Fruchtender Sproß 2:1; *b* Perichaetium mit entdeckelter Kapsel 4:1; *c* 3 Blätter 20:1; *d, e, f* Blattrand an verschiedenen Stellen 250:1; *g* Blattquerschnitt oben 250:1; *h* B.querschnitt unter der Mitte 250:1.

Bibliotheca Botanica Heft 87. Taf. II.

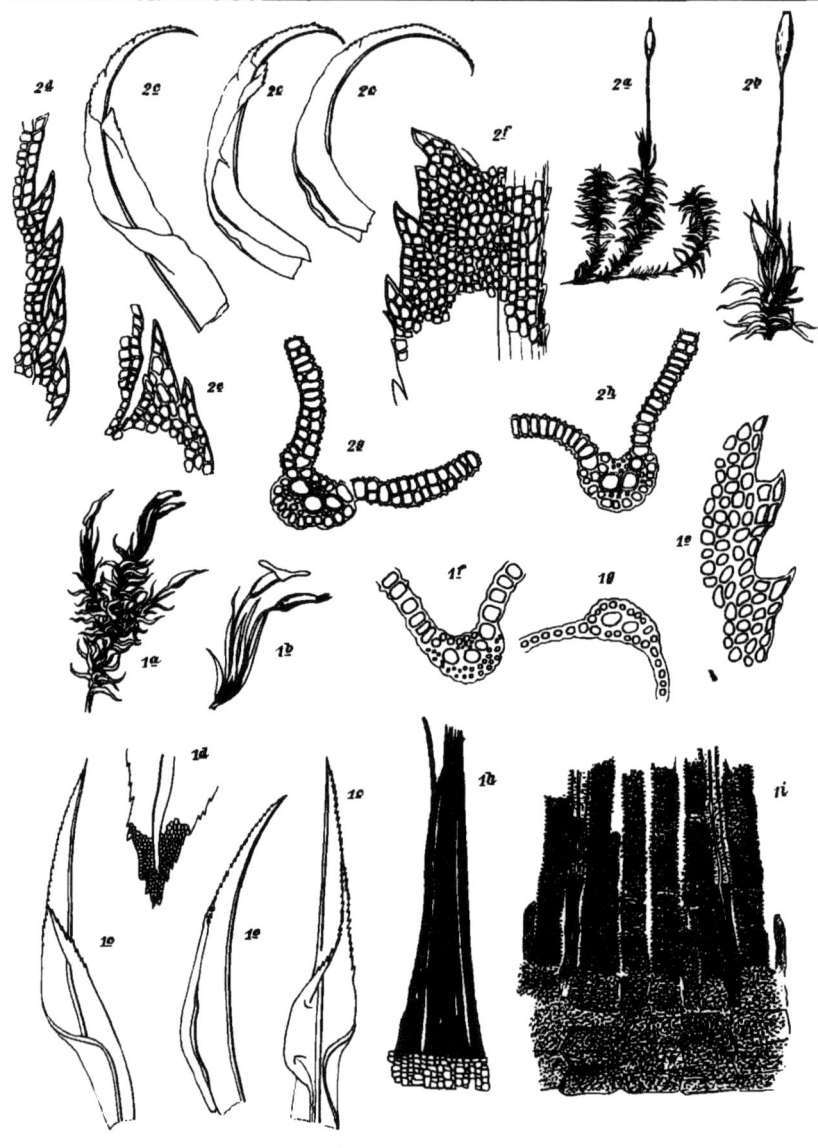

Streptotrichum, Rhexophyllum.

Tafel III.

Erklärung zu Tafel III.

1. *Gertrudia validinervis* Herzog.
   a Sproßspitze 4:1; *b* Blattspitze der var. *serratopungens* 250:1; *c* und *d* B.querschnitte 250:1.
2. *Chrysoblastella revoluta* Herzog.
   a 3 Blätter 30:1; *b* oberer Blattrand 250:1; *c* Blattspitze 250:1; *d* B.querschnitt oben 250:1; *e* B.querschnitt an der Basis 250:1.
3. *Husnotiella glossophylla* Herzog.
   a Blatt 62:1; *b* Blattrand unten 250:1; *c* Blattquerschnitt 250:1.
4. *Erythrophyllopsis boliviana* Broth.
   a Fruchtender Stengel 1:1; *b* Blatt 30:1; *c* Blattquerschnitt in der Mitte 250:1; *d* B.querschnitt oben 250:1; *e, f* Kapseln 15:1 und 20:1; *g* Peristom 250:1.

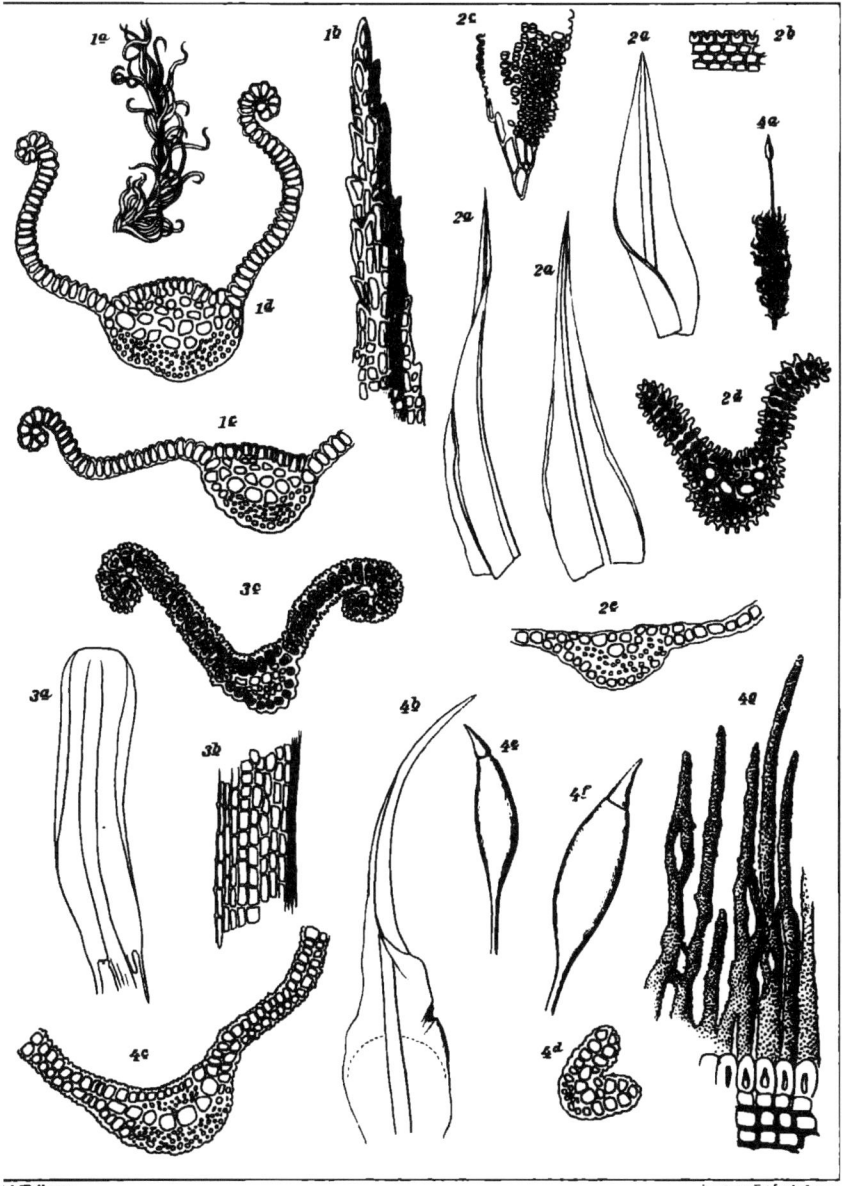

Gertrudia, Chrysoblastella, Husnotiella, Erythrophyllopsis.

Tafel IV.

Erklärung zu Tafel IV.

1. *Mielichhoferia angustata* Broth.
    a Habitus 1:1; *b* Habitus 4:1; *c* Blatt 30:1.
2. *Mielichhoferia microdonta* Broth.
    a Habitus 1:1; *b* Habitus 4:1; *c* Blatt 30:1.
3. *Mielichhoferia seriata* Broth.
    a Habitus 1:1; *b* Habitus 4:1; *c* Blatt 30:1; *d* Kapsel 8:1.
4. *a—c* u. *e. Mielichhoferia bryocarpa* Broth.
    a Habitus von No. 4793 1:1; *a2* Habitus von No. 4800 1:1; *b* Habitus 4:1; *c* Blätter 30:1; *e* Kapsel 8:1.
4 d. *Mielichhoferia pusilla* Hook. Habitus 1:1.
5. *Mielichhoferia subclavitheca* Broth.
    a Habitus 1:1; *b* Habitus 4:1; *c* Blatt 30:1.
6. *Mielichhoferia Herzogii* Broth.
    a Habitus 1:1; *b* Habitus 4:1; *c* Blatt 30:1.
7. *Mielichhoferia castanea* Broth.
    a Habitus 1:1; *b* Habitus 4:1; *c* Blatt 30:1.
8. *Mielichhoferia gracilis* Broth.
    a Habitus 1:1; *b* Habitus 3:1; *c* Blatt 30:1.
9. *Haplodontium sanguinolentum* C. M.
    a Blätter 30:1; *b* Blattspitze 125:1.
10. *Haplodontium crassinervium* Herzog.
    a Blatt 30:1; *b* Blattspitze 125:1 (die Rippe ist weiß gelassen); *c* Zellnetz unten 125:1.

Bibliotheca Botanica Heft 87. Taf. IV.

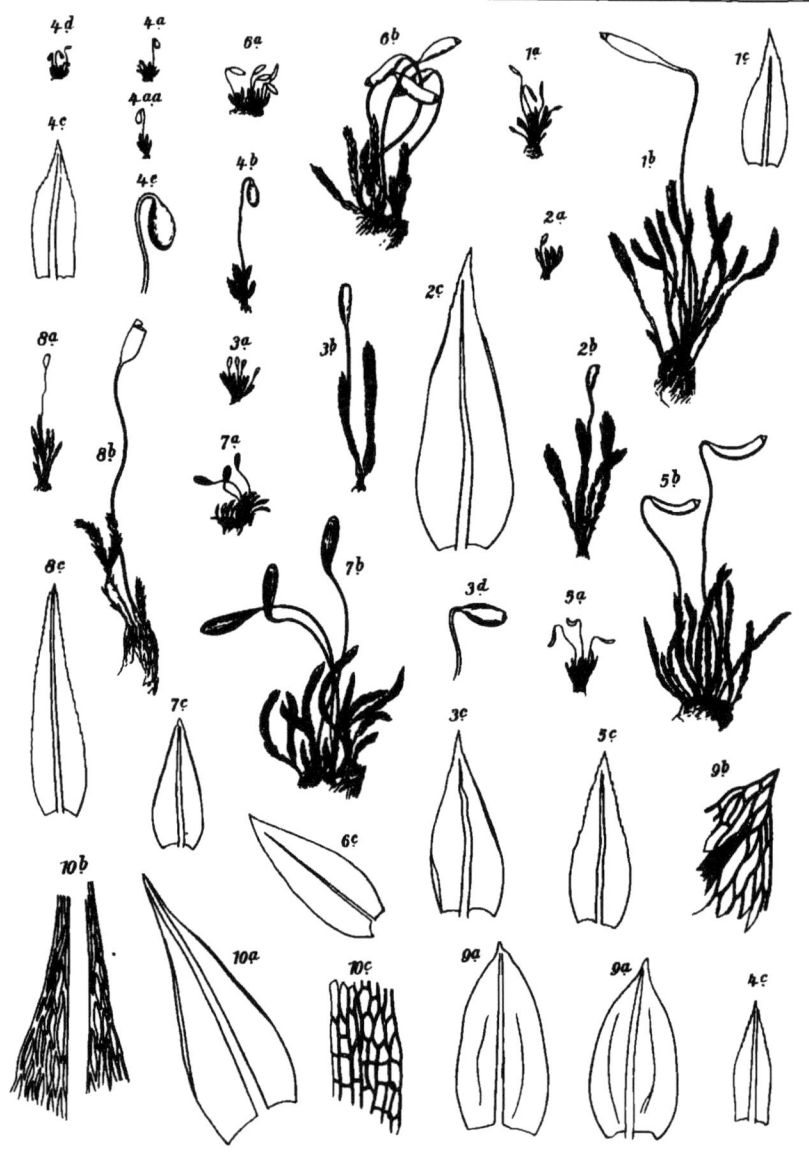

Mielichhoferia, Haplodontium.

Tafel V.

Erklärung zu Tafel V.

1 d. *Mielichhoferia angustata* Broth. Peristom 250:1.
2 d.   *microdonta* Broth. Peristom 250:1.
3 d.   *seriata* Broth. Peristom 250:1.
4 d.   *bryocarpa* Broth. Peristom 250:1.
5 d.   *subclavitheca* Broth. Peristom 250:1.
6 d.   *Herzogii* Broth. Peristom 250:1.
7 d.   *castanea* Broth. Peristom 250:1.
8 d.   *gracilis* Broth. Peristom 250:1.

Bibliotheca Botanica Heft 87. Taf. V.

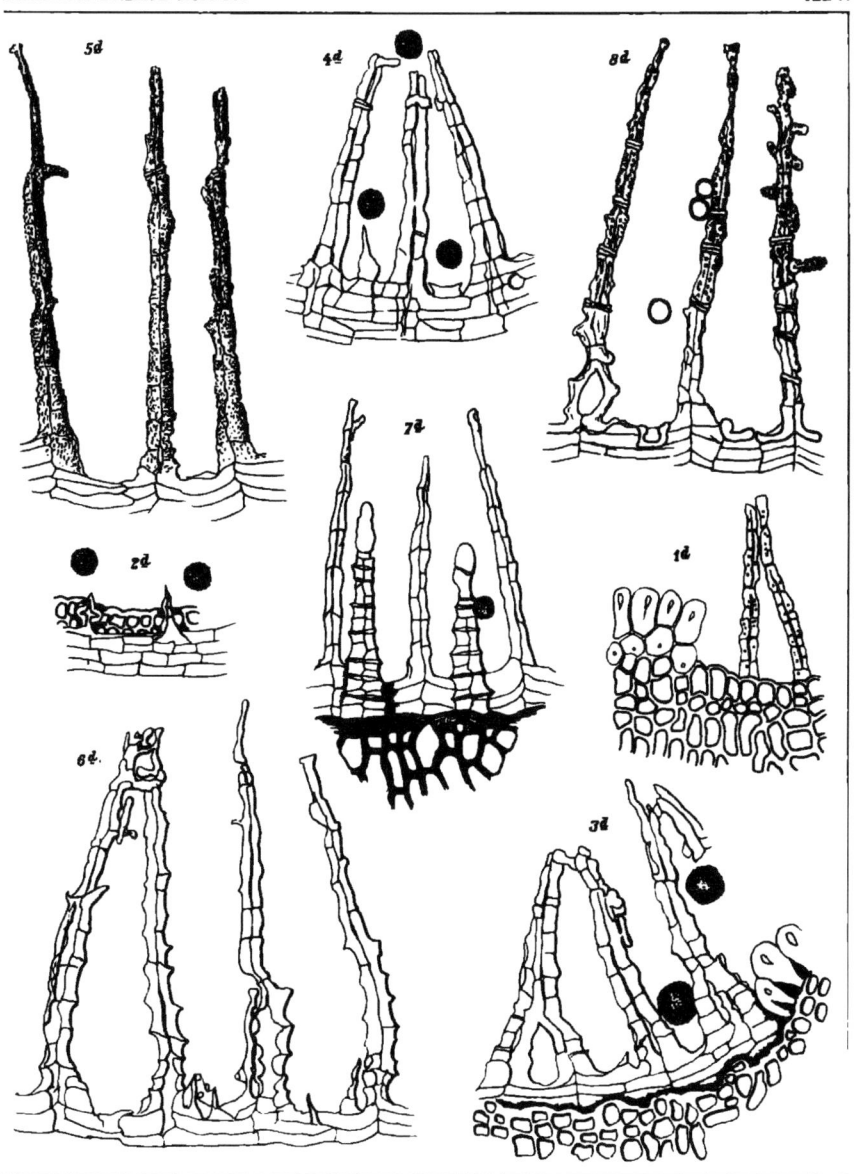

Mielichhoferia.

Tafel VI.

Erklärung zu Tafel VI.

1. *Haplodontium cuspidatum* Herzog.
   a Habitus 2:1; *b* 3 Blätter 60:1; *c* B.spitze 250:1; *d* Peristom 125:1.
2 *a, b* u. *d. Bryum perserratum* Broth.
   a Habitus 1:1; *b* Blatt 9:1; *d* inneres Peristom 250:1.
2 *c. Rhodobryum verticillatulum* Broth. Habitus 1:1.
3. *Bryum longedecurrens* Broth.
   a Habitus 1:1; *b* Stengelblatt 20:1; *c* Blatt eines Innovationssprosses 20:1; *d* Blattspitze 62:1.
4 *a—c. Bryum Stephanii* Herzog.
   a Habitus 2:1; *b* Blätter 25:1; *c* Teil des inneren Peristoms 250:1.
4 *d. Acidodontium pallidum* Herzog. Habitus 1:1.
5 *a—b. Bryum subsericeum* Broth.
   a Habitus 1:1; *b* Habitus 4:1.
5 *c. Acidodontium macropoma* C. M. Habitus 1:1.

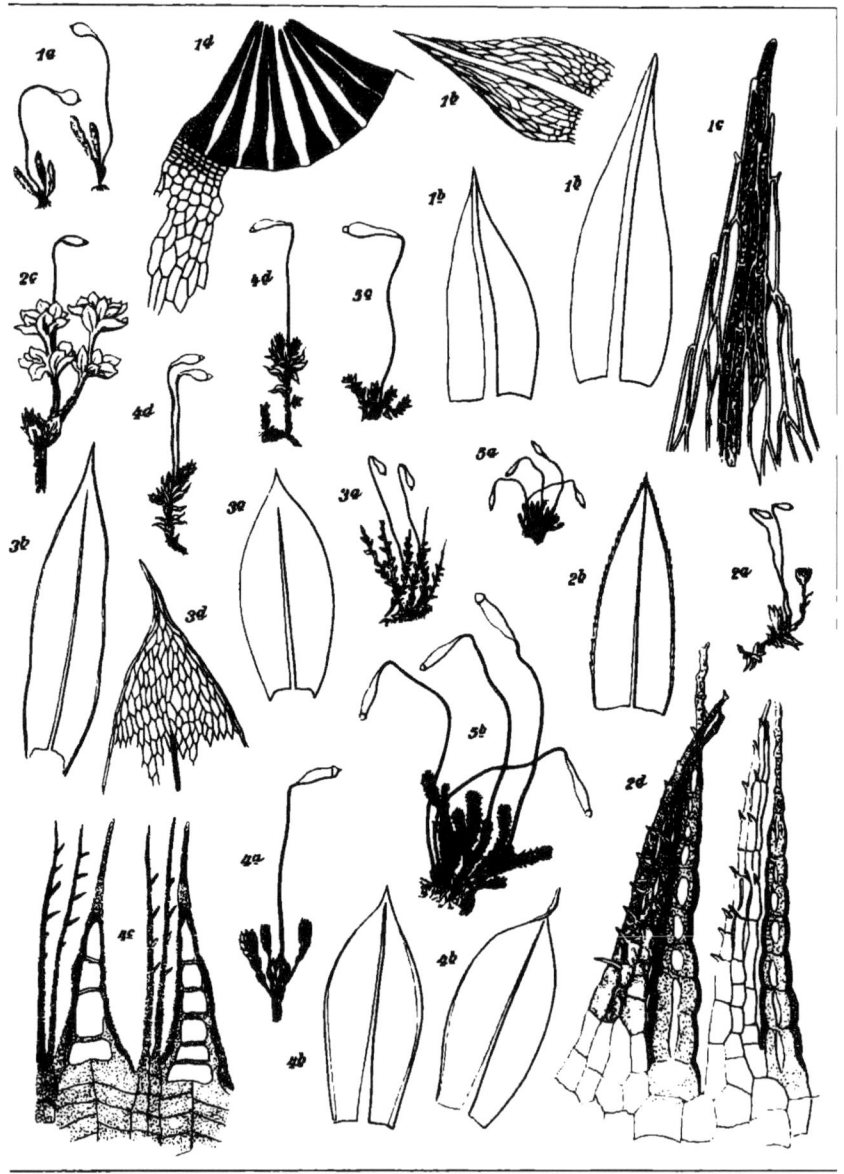

Haplodontium, Bryum, Rhodobryum.

Tafel VII.

Erklärung zu Tafel VII.

1. *Flabellidium spinosum* Herzog.
    a Schematisches Habitusbild 1:1; b, c Habitusbild 1:1; c Stengelblatt 45:1; d Astblatt 45:1; e Aststück 18:1; f Blattspitze 250:1; g Blattflügel 250:1.
2. *Plagiothecium bolivianum* Broth.
    a Habitus 1:1; b Stengelblatt 30:1; c 2 Astblätter 30:1; d, e 3 Perichaetialblätter 30:1; f Blattspitze 250:1; g Blattflügel 250:1; h bedeckelte Kapsel ca. 12:1; i entdeckelte Kapsel ca. 12:1; k Peristom von innen 250:1; l Zahn des äußeren Peristoms von außen 250:1;
3. *Schröterella zygodonta* Herzog.
    a Fruchtende Pflanze 5:1; b 2 Blätter 30:1; c Blattbasis 125:1; d entdeckelte Kapsel 25:1. e, f Peristom 250:1.

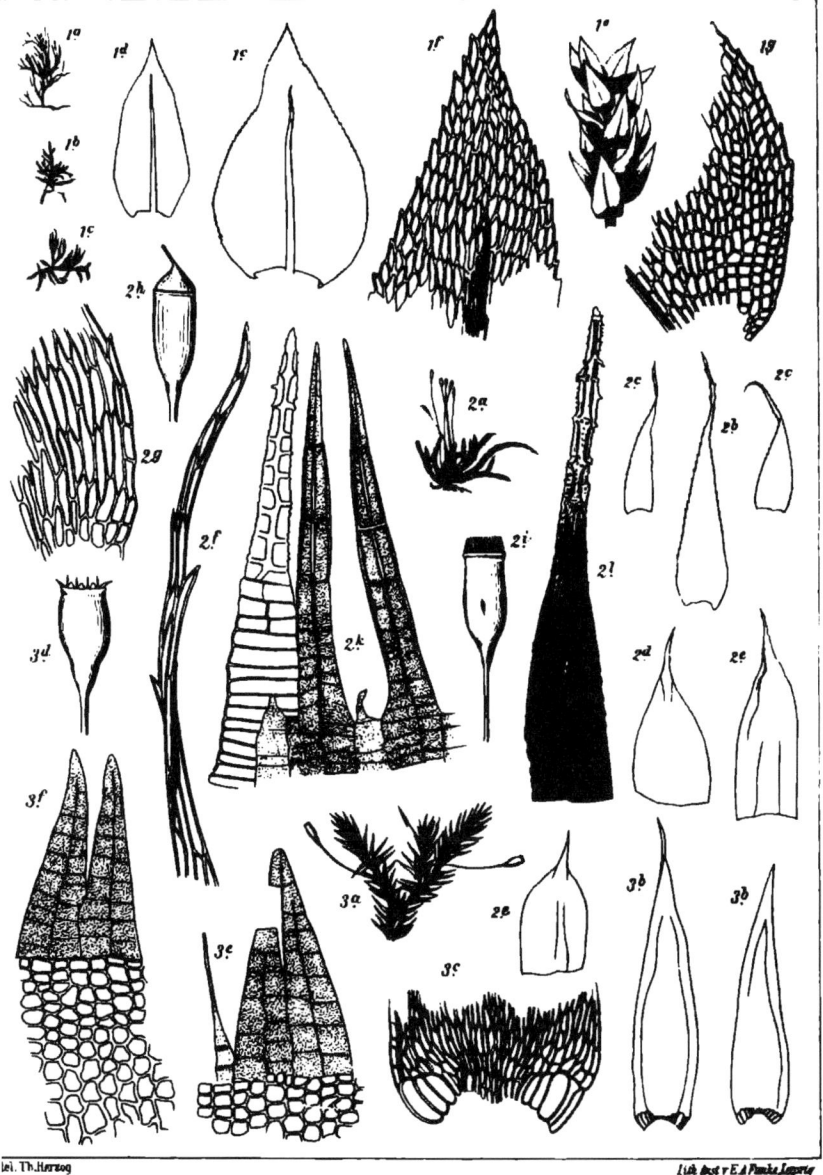

Flabellidium, Plagiothec. bolivianum, Schröterella.

Tafel VIII.

Erklärung zu Tafel VIII.

1—9. *Thuidium leptocladum* (Tayl.).
    1. Habitus 1:1; 2. Ästchen 2. Ordnung 62:1; 3, 4. Stengelblätter 62:1; 5, 6, 7. Astblätter 1. Ordnung 62:1; 8. Perichaetialblatt 31:1; 9. bedeckelte Kapsel.
10—16. *Thuidium Yungarum* Herzog.
    10. Habitus 1:1; 11. Ästchen 2. Ordnung 62:1; 12. Stengelblatt 62:1; 13, 14. Astblätter 1. Ordnung 62:1; 15. Perichaetialblatt 31:1; 16. entdeckelte Kapsel.
17—24. *Thuidium ochraceum* Herzog.
    17. Habitus 1:1; 18. Ästchen 2. Ordnung 62:1; 19, 20. Stengelblätter 62:1; 21, 22. Astblätter 1. Ordnung 62:1; 23, 24. bedeckelte und entdeckelte Kapsel.
25—32. *Thuidium latopulvinatum* Herzog.
    25. Ästchen 2. Ordnung 62:1; 26, 27, 28. Stengelblätter 62:1; 29, 30, 31. Astblätter 62:1; 32. Habitus 1:1.

Bibliotheca Botanica Heft 87. Taf. VIII

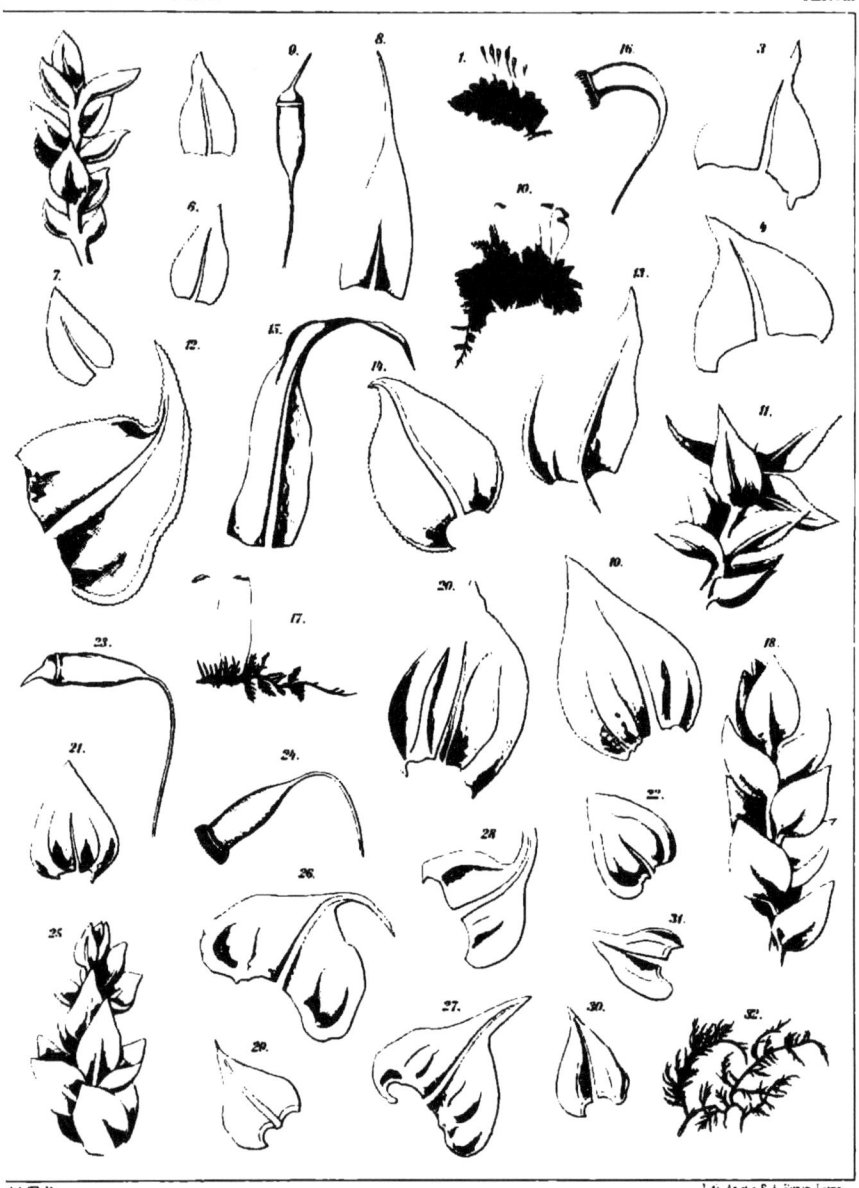

Thuidium .